John R. Baker

Die Rassen der Menschheit

John R. Baker

Die Rassen der Menschheit

Merkmale, Unterschiede und ihre Beziehungen zueinander

Aus dem Englischen
von Siglinde Summerer und Gerda Kurz
Titel der englischen Originalausgabe
Race
erschienen bei
Oxford University Press, London/New York/Toronto

Lizenzausgabe 1989 für
Manfred Pawlak Verlagsgesellschaft mbH,
Herrsching

Umschlaggestaltung: Bine Cordes, Weyarn
Printed in Yugoslavia
ISBN 3-88199-648-6

Inhalt

Freiherrn Egon von Eickstedt
zum Gedenken

Vorwort

Die vorliegende deutsche Ausgabe meines Buches bedeutet für mich insofern eine besondere Freude, als gerade deutsche Wissenschaftler hervorragende Beiträge zu den hier behandelten Themen geliefert haben. Das Buch ist für all jene gedacht, die sich für Rassenprobleme interessieren, gleichviel, ob sie nun über spezielle Fachkenntnisse in einem einschlägigen Wissenszweig verfügen oder nicht, wobei ich, wie der Leser selbst feststellen wird, die Überzeugung vertrete, daß das Verständnis der Rassenprobleme, denen sich die Menschheit konfrontiert sieht, zunächst eine gründliche Beschäftigung mit dem biologischen Hintergrund der Anthropologie voraussetzt.

Auf Wunsch der deutschen Herausgeber habe ich die vorliegende Ausgabe gegenüber dem Original gekürzt und dabei zwei Kapitel – das eine über die Kelten, das andere über den Körpergeruch – eliminiert. Denn so interessant diese Themen für manche Leser auch sein dürften, stehen sie doch zum Hauptgegenstand dieses Buches in keiner so unmittelbaren Beziehung wie die in den restlichen 25 Kapiteln behandelten, deren wichtigste und interessanteste Teile durchweg beibehalten wurden.

Während sich am Schluß der englischen Ausgabe eine nicht weniger als 1172 Bücher und Aufsätze umfassende Bibliographie findet, auf die im Text jeweils durch entsprechende Ziffern verwiesen wird, habe ich auf Wunsch der deutschen Herausgeber die Bibliographie in dieser Ausgabe erheblich gekürzt und die Textreferenzen gänzlich fallenlassen, wobei ich mich bemühte, eine möglichst brauchbare Auswahl zu treffen. Fast ausnahmslos fortgefallen sind Bücher, in denen sich, so wichtig sie in anderer Hinsicht auch sein mögen, nur kurze, auf das Hauptthema bezugnehmende Stellen finden, sowie sämtliche Aufsätze von untergeordneterer Bedeutung. Viele Streichungen jedoch habe ich mit beträchtlichem Bedauern vorgenommen, und ich möchte jedem Leser, der eine in der vorliegenden Kurzbibliographie nicht mehr aufgeführte oder identifizierbare Originalpublikation zu Rate ziehen möchte, empfehlen, sich die englische Ausgabe zu besorgen und das fragliche Werk mit Hilfe der an der entsprechenden Textstelle aufgeführten Bezugsziffer in der umfassenderen Bibliographie am Ende jenes Buches nachzuschlagen.

Zum Schluß noch eine persönliche Bemerkung, die mir der deutsche Leser vergeben möge. Um die wiederholte Erwähnung meines eigenen Namens zu vermeiden, habe ich im englischen Original fast alle meine Beiträge unter der Bezugsziffer 49 zusammengefaßt, unter der sich in der Bibliographie der Vermerk findet: »Baker, J. R., 1973. Unveröffentlichte Beobachtungen«. Durch den Wegfall der Bezugsnummern in dieser Ausgabe ist meist nicht mehr erkennbar, wo es sich um meine eigenen Untersuchungen zum Rassenproblem handelt.

Leser, die der Fortgang meiner Überlegungen zu den Rassenproblemen seit der Erstveröffentlichung dieses Buches interessiert, möchte ich auf meinen unlängst in *Neue Anthropologie* (Jahrgang 3, Heft 3) erschienenen Aufsatz über »Die Rassenwirklichkeit« verweisen.

John R. Baker

Einleitung

Wer ein Buch über ein so weitgespanntes und vielfältig aufgefächertes Thema wie das der Rasse verfaßt hat, fühlt sich angesichts der Aufgabe, seinen Ausführungen ein paar einleitende Bemerkungen vorauszuschicken, in einer gewissen Verlegenheit. Um es kurz zu machen: Meine Absicht ging dahin, Fakten und Sichten im Zusammenhang mit diesem Thema zu erörtern und dabei den Menschen in den Mittelpunkt der Betrachtung zu stellen, allerdings ohne aus den gezogenen Folgerungen irgendeine praktische Nutzanwendung abzuleiten; davon abgesehen jedoch habe ich versucht, den Gegenstand von allen Seiten zu beleuchten.

Dabei habe ich mich bewußt durchweg an die sogenannte historische Methode gehalten – wie ich hoffe, mit Zustimmung des Lesers. Denn nicht selten geht von Ideen, die man in den Schriften längst verstorbener Autoren zutage fördert, die Faszination des Neuen aus, eine stimulierende Wirkung, die sich daraus erklärt, daß uns die von unseren heutigen eingefahrenen Vorstellungsweisen noch ganz unbeeinflußten Verfasser überraschen und zum Nachdenken nötigen, ja, manchmal sogar dazu zwingen, völlig neue Gedanken zu denken. In Wissenschaftszweigen, in denen es hauptsächlich auf Deduktion ankommt, lassen sich neue Ideen ohne weitere Bezugnahme auf die Ansichten der Altvorderen einführen; wo Wissen hingegen dank fortgesetzten Nachdenkens und Argumentierens über einen gewaltigen Informationsschatz Schritt für Schritt zunimmt, sind die Vorstellungen der Gegenwart ohne die Rückwendung zu ihren Ursprüngen nicht ohne weiteres zu verstehen.

Nun interessiert aber die meisten Leute am Thema Rasse vornehmlich der menschliche Aspekt, und das habe ich mir bei der Abfassung dieses Buches beständig vor Augen gehalten. Dennoch vertrete ich als Biologe die Auffassung, daß man, um die Rassenprobleme wirklich zu verstehen, nicht bei den menschlichen Belangen halt machen darf, sondern seine Interessen und seinen Wissenshorizont weiter spannen muß. Denn wie jener bedeutende Anthropologe und Humanist des 18. Jahrhunderts, Johann Friedrich Blumenbach, bei der Behandlung der Gleichheit oder Ungleichheit der Menschenrassen meinte, man sollte nicht ausschließlich am Menschen klebenbleiben und so tun, als wäre er das einzige Lebewesen der Natur (109*), so schrieb T. H. Huxley in seinem *Essay on the methods and results of ethnology*: »Die Anthropologie ist nur ein Sektor der Zoologie . . . die Probleme der Ethnologie unterscheiden sich im Grund nicht von denen, auf die der Zoologe beim Studium jedes weiter verbreiteten Lebewesens stößt« (536). In diesem Sinn ist auch dieses Buch abgefaßt. Mag dem Leser das Wesentliche mancher zoologischer Passagen auch nicht auf Anhieb aufgehen – in den Kapiteln über die einzelnen Menschengruppen wird er ihren Zweck bestimmt begreifen. Letztlich geht es uns hier um die Frage, ob die Rasseidee einen konkreten Hintergrund hat. Dieses Thema läßt sich allerdings nur dann vernünftig abhandeln, wenn einige immer wieder auftauchende Termini von

* Die in Klammern angefügten Zahlen beziehen sich auf die Bibliographie auf den Seiten 386 ff.

Anfang an klar umrissen werden, jene Begriffe, ohne die eine Untersuchung dieser Art nicht auskommt und die sich jeder mit der zoologischen Fachterminologie nicht weiter Vertraute allein schon deshalb einprägen sollte, weil er sich auf diese Weise bei der Lektüre wesentlich leichter tut.

Zeigen Organismen Ähnlichkeiten, die auf Abstammung von gemeinsamen Vorfahren schließen lassen, faßt man sie zu Gruppen zusammen. Eine derartige Gruppe wird als *Taxon,* der Wissenszweig, der sich mit den theoretischen und praktischen Aspekten der Klassifikation der Lebewesen befaßt, als *Taxonomie* bezeichnet. So bildet etwa die Gruppe der behaarten, ihre Jungen säugenden Tiere, zu der so verschiedenartige Vertreter wie Spitzmaus, Flußpferd, Flughund und Mensch gehören, das Taxon oder die *Klasse* der Säuger. Jede Klasse zerfällt in kleinere Taxa, die sogenannten *Ordnungen,* und diese wiederum in *Familien, Gattungen* und *Arten.* Wir haben es also mit einer Stufenfolge von Taxa zu tun.

Eine Familie (wie beispielsweise die der Pongidae oder Menschenaffen) ist im Verhältnis zu den Säugetieren insgesamt ein sehr unbedeutendes, im Vergleich zu den einzelnen Arten, aus denen sie sich zusammensetzt, jedoch ein großes Taxon. Wir benutzen die Begriffe »groß« und »unbedeutend« in einem rein relativen Sinn, um die Stellung des betreffenden Taxons innerhalb der Hierarchie der Taxa anzudeuten, ohne irgendein Werturteil damit zu verbinden.

Mit dem Begriff der Art werden wir uns ausführlicher in den Kapiteln 5 und 6 auseinandersetzen; zunächst mag der Hinweis genügen, daß man unter Art eine Gruppe sich paarender Tiere zu verstehen hat. Ist eine Art weit verbreitet, zeigt sie in den verschiedenen Teilen ihres Lebensraums vielfach Unterschiede im Körperbau samt allen möglichen Kreuzungs- oder Zwischenformen. Läßt sich eine Gruppe klar abgrenzen, so spricht man von einer *Unterart* oder *Rasse.* Die Rasse ist also im Verhältnis zur Art das unbedeutendere Taxon. Viele Fachleute unterteilen die Menschenrassen in weitere Taxa, sogenannte *Unterrassen,* beispielsweise die europide (oder sogenannte »kaukasische«) Rasse in mehrere Unterrassen wie Nordide oder Alpinide. Ja, manche gehen sogar noch einen Schritt weiter und fächern die Unterrassen noch einmal in Taxa, die sogenannten *Lokalformen,* auf. Bei der Behandlung der Probleme, mit denen wir uns in diesem Buch beschäftigen werden, bedarf es dringend eines umfassenden Begriffs, der sich unterschiedslos auf alle Taxa unterhalb der Größenordnung der Art, also auf Rassen, Unterrassen und Lokalformen, anwenden läßt. Da ein solcher Terminus bislang nicht existiert, möchte ich hier den Begriff *ethnisches Taxon* vorschlagen, der im vorliegenden Zusammenhang durchweg gebraucht werden soll. Natürlich könnte man dagegen einwenden, daß die aus griechisch ἔθνος abgeleiteten Wörter (ethnisch, Ethnologie, Ethnographie und andere) von manchen Autoren im Zusammenhang mit den kulturellen oder nationalen Eigenheiten bestimmter Menschengruppen und nicht zur Kennzeichnung der Abstammung von gemeinsamen Vorfahren gebraucht werden, doch ist diese Gepflogenheit nicht allgemein üblich, und außerdem dürfte es schwer sein, einen passablen Ersatz für *ethnisch* aufzutreiben. Die sonst noch in Frage kommenden griechischen und lateinischen Wörter sind entweder so ungebräuchlich, daß sich die meisten Leser nichts darunter vorstellen können, oder bereits in einer ganz präzisen Bedeutung in die modernen Sprachen eingegangen und aus diesem Grund nicht mehr brauchbar (zum Beispiel γένος in seiner latinisierten Form *genus*)*. Vor allem aber ist wichtig, daß der Leser begreift, was hier mit dem Begriff

* Als Synonym für ethnisches Taxon käme noch das lateinische *stirps* (Plural *stirpes*) in Frage – ein an sich durchaus geeigneter Ersatz, der im Gegensatz zu *ethnisch* keine Doppeldeutigkeiten hereinbrächte und sich überdies in ein Adjektiv verwandeln ließe (so könnte man beispielsweise vom »stirpalen Unterschied« zwischen zwei Völkern sprechen).

»ethnisches Taxon« gemeint ist, der die Worte Rasse, Unterrasse und Lokalform nicht etwa ablöst, sondern alle drei umfaßt und insofern auch ersetzen kann.

Verschiedenen Fachleuten erscheint die Rasse in manchen Fällen wichtiger als die Art. So sehen sie bei der Erforschung einer über ein weites Gebiet der Erde verbreiteten, sich kreuzenden Tiergruppe die je nach Standort variierenden »Formen« oder Rassen als die eigentliche Realität an und vertreten die Ansicht, man habe anhand im Museum oder Labor ermittelter struktureller Ähnlichkeiten Formen allzu unbekümmert zu Arten zusammengefaßt, ohne sich mittels konkreter Felduntersuchungen zu vergewissern, ob sie sich in freier Natur tatsächlich kreuzten. Wo immer Formen einander geographisch ablösen, stufen wir sie, vor allem wenn in den Übergangszonen eine Verschmelzung stattzufinden scheint, die ganze Formen- oder Rassenabfolge als *Formenkreis* ein und lassen den Begriff Art gänzlich fallen. Der *Formenkreis* ist demnach also eine Rassengruppe oder -abfolge und deswegen äußerst wichtig, weil man die Menschheit möglicherweise eher als *Formenkreis* denn als Art betrachten sollte. Wir werden dieses Thema in Kapitel 5 noch ausführlich erörtern; hier mag der Hinweis genügen, daß auch der *Formenkreis* ein Taxon darstellt, das sich, genau wie die Art, in Rassen, Unterrassen und Lokalformen gliedert.

Wäre »ethnisches Taxon« ein allgemein anerkannter Begriff, könnte das vorliegende Buch den Titel *»Ethnische Taxa«* tragen, da es sich ebensogut mit Unterrassen wie mit Rassen beschäftigt und gelegentlich auch Lokalformen erwähnt. Doch der Titel eines seriösen Werkes hat in erster Linie verständlich zu sein, und so mußte in diesem Fall die Präzision hintangestellt werden.

Manche, die sich mit dem Thema beschäftigen, tun alle Versuche, die Menschheit in ethnische Taxa einzuteilen, als illusorisch ab. Sie begründen ihre Ansicht mit dem Hinweis auf die Existenz von Zwischenformen, verweisen auf die Schwierigkeit, strikte Kriterien für die Abgrenzung von Rassen und Unterrassen aufzustellen, und halten den Versuch, diese Taxa zu beschreiben, in Wirklichkeit für nichts weiter als eine Aufzählung der Merkmale bloß gedachter Idealtypen. In ihren Augen gibt es nur eine reale Erscheinung – nämlich die zu einem bestimmten Zeitpunkt an einem bestimmten Ort vertretene *Population* in ihrer Gesamtheit, deren ethnische Zusammensetzung im Vergleich zu den Umweltgegebenheiten, die Denken und Tun ihrer Mitglieder bestimmen, kaum ins Gewicht fällt. Obgleich diese Betrachtungsweise in erster Linie in bezug auf den Umstand, daß zwischen Rassen und Unterrassen tatsächlich eine Mischung großen Stils stattgefunden hat, sorgfältige Erwägung verdient, wird in diesem Buch doch das Argument vertreten, daß Rasse und Unterrasse reale Erscheinungen in der Welt der Natur darstellen, die sich ohne sie nicht angemessen beschreiben ließe. Aus diesem Grund findet man am Schluß eine fast alle im Text erwähnten ethnischen Taxa der Menschheit umfassende Klassifikationstabelle. Und wenn Klassifikationen dieser Art auch allein schon deshalb etwas Vorläufiges anhaftet, weil nicht einmal zwei Experten in ihren diesbezüglichen Ansichten völlig übereinstimmen und der Zuwachs an Wissen zweifellos manche Abänderung erfordern wird, enthalten sie doch ein wichtiges Wahrheitselement, das ohne derartigen Ordnungsversuch verborgen bliebe. Diese Tatsache erhellt allein schon daraus, daß willkürliche Abänderungen ins Unsinnige führen, was man von einer sorgfältig konstruierten Tabelle gewiß nicht behaupten kann. So wird jeder, der auch nur einen Schimmer von biologischer Anthropologie besitzt, zugeben, daß es absurd wäre, die Nordiden zu einer Rasse zu erheben, die Sinide und Khoisanide als Unterrassen einschlösse, oder die Mongoliden als Unterrasse der Australisiden einzustufen.

So interessant das Thema der ethnischen Taxa vom rein biologischen Blickwinkel aus, ohne Berücksichtigung des Menschen auch ist und so umfangreich die darüber geschriebene Literatur – die Aufmerksamkeit der Öffentlichkeit konzentriert sich doch in erster Linie auf die menschlichen Aspekte des Problems, auf die Frage, ob sämtliche ethnischen Taxa des Menschen als »gleich« oder in irgendeiner Hinsicht als »ungleich« zu betrachten sind, und ob die einen, falls letzteres zutrifft, den anderen »überlegen« sind. So wurde beispielsweise die europide Rasse (von gewissen Europiden) und die nordide Unterrasse (von gewissen Nordiden) als anderen Rassen beziehungsweise Unterrassen überlegen betrachtet. Diesen ganzen mit der Gleichheit oder Ungleichheit der ethnischen Taxa des Menschen verbundenen Themenkomplex wollen wir mit dem Terminus technicus »das ethnische Problem« oder die »ethnische Frage« umschreiben. Das ist in Anbetracht der sich im Zusammenhang mit den ethnischen Taxa erhebenden vielen biologischen Problemen eine vielleicht etwas bündige Formulierung, die aber nach der vorausgegangenen Erklärung wohl nicht mehr mißverstanden werden dürfte.

Natürlich gibt es in jedem ethnischen Taxon des Menschen viele, die im Rahmen ihrer jeweiligen Gemeinschaft ein verantwortungsbewußtes und nützliches Dasein führen, während umgekehrt oft die für ihren Beitrag zum intellektuellen Reichtum der Welt berühmtesten Taxa zahlreiche geistig so unbedarfte Personen einschließen, daß sie in keiner Gesellschaft als brauchbare Mitglieder erachtet würden. Das aber bedeutet, daß niemand allein aus der Zugehörigkeit zu einem bestimmten ethnischen Taxon einen Überlegenheitsanspruch ableiten kann – was jedoch nicht heißt, daß sämtliche Taxa wirklich »gleich« wären. Wir müssen sorgfältig erwägen, ob es sinnvoll ist, ein ethnisches Taxon einem anderen »überlegen« zu nennen, und im zutreffenden Fall, was man sich in dieser Hinsicht unter Überlegenheit genau vorzustellen hat und ob es sie auch de facto gibt.

Diesen Problemen wollen wir im vorliegenden Buch nachgehen.

Das Thema, mit dem wir uns beschäftigen, ist von Haus aus polemisch. Dennoch hoffe ich, daß auch Leser, die mit den dargelegten Ansichten nicht in allem übereinstimmen, von diesem oder jenem Abschnitt profitieren werden. Sofern es nur gelingt, jene Mißverständnisse auszuräumen, die auf die Dauer weder der einen noch der anderen Seite nützen können, hat das Buch seinen Zweck erfüllt.

Erster Teil

Die Geschichte der Bewußtwerdung der Rassenthematik

1
Von der Genesis bis zu den Philosophen des 18. Jahrhunderts

Die vier im ersten Teil dieses Buches zusammengefaßten Kapitel beschäftigen sich mit Gedanken und Vorstellungen, nicht aber mit den politischen Maßnahmen, mit deren Hilfe man das Gedachte in die Praxis umzusetzen suchte. So wird beispielsweise das humanitäre Wirken eines William Wilberforce oder Thomas Clarkson, die Negersklaverei abzuschaffen, nicht erwähnt – schließlich kann sich jeder historisch oder biographisch Interessierte mühelos selbst über die Fakten informieren (211, 229, 438). Das Thema, mit dem wir uns hier befassen, ist insofern weniger geläufig, als sich die einschlägigen Informationen in vielen sehr unterschiedlichen, teilweise unvermuteten, kaum bekannten, ja sogar ziemlich unzugänglichen Quellen verstreut finden. Nur einer der zitierten Autoren, Hitler, ist vornehmlich als Mann der Tat bekannt, doch schien es mir angesichts der tiefgreifenden Auswirkungen seiner Handlungen auf das menschliche Denken unerläßlich, seine in *Mein Kampf* (494) niedergelegten Ansichten zur ethnischen Frage kurz zu umreißen.

Im übrigen ist das in den vorliegenden Kapiteln behandelte Thema nicht nur allgemein wissenschaftlich interessant, sondern enthält darüber hinaus eine Botschaft für uns Heutige. Denn wenn viele der früheren Denker auch irrige Auffassungen hegten, können sie uns doch in so manchem als nachahmenswertes Vorbild dienen. Ich denke dabei im besonderen an vier so hervorragende Biologen wie Blumenbach, Sömmerring, Camper und Tiedemann, mit denen wir uns in Kapitel 2 näher befassen wollen, Männer, die die ethnische Frage ohne Scheu aufgriffen und, wiewohl keineswegs immer derselben Meinung, unter Verzicht auf persönliche Polemik das zu ihrer Zeit verfügbare Wissen nach besten Kräften auf dieses schwierige Thema anwandten, im umfassenden Sinn Gebildete, die mit treffsicherem Urteil und der Aufgeschlossenheit des Forschers der Wahrheit auf die Spur zu kommen suchten.

Kapitel 3 und 4 geben dann einen Überblick über die geschichtliche Entwicklung bis zum Ende der dreißiger Jahre unseres Jahrhunderts. Exakter gesagt, befassen sie sich ziemlich ausführlich mit einem einzelnen Aspekt unseres Problems. (Warum der rein historische Teil an diesem Punkt abbricht, wird auf Seite 50 erläutert.)

Das den frühesten geschichtlichen Anfängen gewidmete erste Kapitel ist zwangsläufig etwas unzusammenhängend; denn da die meisten verfügbaren Informationsquellen nichts miteinander zu tun haben, lassen sie sich nur äußerst schwer zu einem fortlaufenden Bericht verknüpfen.

Unsere frühen Vorfahren können natürlich in der überwiegenden Mehrzahl bestenfalls eine verschwommene Vorstellung von den physischen Unterschieden zwischen den verschiedenen ethnischen Gruppen besessen haben, haben doch selbst in unserer Zeit mit ihrer gewaltigen Bevölkerungszunahme und den nahezu unbegrenzten Reisemöglichkeiten sicher nur eine kleine Minderheit der Einwohner Europas jemals einen Buschmann (Saniden) oder Hottentotten (Khoiden) und viele Australier noch nie einen Negriden zu Gesicht bekommen. Dennoch muß es, als in der Jungsteinzeit mit der Ausbreitung des Ackerbaus auch die Bevölkerungsziffern allmählich anstiegen, zu häufigeren Begegnungen und in gewissem Ausmaß auch zur Mischung der Unterrassen und in bestimmten weiten Gebieten sogar der Rassen gekommen sein. Allerdings stellten die so entstandenen Mischvölker im allgemeinen keine exakte Zwischenform dar, da die Vorfahren der teilweise hybriden Gruppe in der Mehrzahl einer der beiden Rassen angehörten – ein Vorgang, den man sich am Beispiel der nördlich des Irans, Afghanistans und Pakistans beheimateten Turaniden vergegenwärtigen kann. Es sind Mischlinge zwischen Europiden und Mongoliden, wobei die erstgenannte Gruppe eindeutig dominierte, vermutlich, weil sich die ursprünglichen Bastarde eher mit Europiden als mit Mongoliden verbanden. Dementsprechend werden die Turaniden als Unterrasse der Europiden mit gewissen charakteristisch mongoliden Körpermerkmalen eingestuft.

Ganz ähnlich dürften auch die Äthiopiden Äthiopiens und anderer Regionen (Galla und sonstige Stämme) Europidenmischlinge mit negridem Einschlag sein (manche Wissenschaftler halten sie allerdings für Negride mit europidem Einschlag, 303, 836).

Diese Beispiele zeigen, daß es bei der Begegnung zwischen Unterrassen und manchmal auch zwischen Rassen zur Mischung kommen kann, was sich im Grunde jedoch von selbst versteht, denn empfänden Angehörige verschiedener Unterrassen und Rassen eine unüberwindliche sexuelle Abneigung gegeneinander, handelte es sich bei den ethnischen Klassifikationsgruppen nach landläufiger Definition um *Arten* (vergleiche Seite 59 f.). Die Mischung von Unterrassen und Rassen erschüttert demnach also nicht etwa die Realität dieser ethnischen Kategorien, sondern stellt in Wirklichkeit das *sine qua non* für ihre Existenz dar.

Gelegentlich allerdings machen sich bei Unterrassen oder Rassen starke Vorbehalte gegen eine Mischung bemerkbar. So richteten beispielsweise die Nordindiden (»Indo-Afghanen«), als sie von circa 1500 vor Christus an von Nordwesten nach Indien vorzudringen begannen und hier mit verschiedenen physisch wie kulturell andersartigen Völkern in Berührung kamen, soziale Schranken gegen die freie Hybridation auf, aus denen sich allmählich das Kastenwesen entwickelte, die wohl ausgefeilteste und wirksamste Barriere gegen die Mischung benachbarter Gruppen, die die Welt je gekannt hat.

Auch aus Palästina liegt historisches Quellenmaterial über Vermischungstendenzen und die zu ihrer Verhinderung unternommenen Maßnahmen vor, doch da es bedauerlicherweise an zuverlässigen Angaben über das körperliche Erscheinungsbild der betreffenden Völker fehlt, stehen uns bei unseren Identifizierungsversuchen lediglich Namen zur Verfügung. Dem phantasievollen Bericht der Bibel zufolge wären aus den drei Söhnen Noahs drei ethnische Gruppen hervorgegangen (*Genesis* X), was uns jedoch leider auch nicht viel weiter bringt, denn selbst wenn wir uns der gängigen Meinung anschließen, die mutmaßlichen Nachkommen Sems seien die »Semiten« (19, 674, 39) gewesen, wissen wir damit doch noch lange nicht, wer sie eigentlich waren. Möglicherweise sind die Orientaliden (»Araber«) gemeint, möglicherweise die physisch völlig andersartigen Armeniden, möglicherweise beide samt ihren Mischlingen (674), doch ist auch behauptet worden, die »Semiten« (und damit die hebräischen Patriarchen) hätten ein nordides Element aufgewiesen (395).

Ähnliche Schwierigkeiten ergeben sich auch bei den Nachkommen der anderen beiden Noahsöhne, den Hamiten und Japhetiten. Aber wenn sich aus dem Genesisbericht über den Ursprung der verschiedenen erwähnten Völker (abgesehen von dem Umstand, daß alle auf einen gemeinsamen Vorfahren zurückgeführt werden) auch keinerlei bündige Schlüsse ableiten lassen, spricht doch vieles dafür, daß es sich durchweg um Europide handelte.

Aber wie dem auch sei, fest steht jedenfalls,

daß es in Palästina und Mesopotamien in biblischen Zeiten zwischen verschiedenen Unterrassen zur Mischung kam und daß den Hebräern von ihren geistlichen Führern diesbezüglich dringend Zurückhaltung empfohlen wurde. Obgleich es sich bei den betreffenden ethnischen Gruppen lediglich um Unterrassen derselben (europiden) Rasse, der auch sie selbst angehörten, handelte, kam es besagten Führern nicht in den Sinn, sie als »gleichrangig« anzusehen; man hielt es damals im Gegenteil für durchaus berechtigt, Vertreter einer anderen, als primitiver geltenden Gruppe zu verachten. So verurteilt etwa Noah Kanaan (einen von Hams Söhnen und dessen Nachkommen) mit den Worten: »Verflucht sei Kanaan und sei seinen Brüdern ein Knecht aller Knechte«, also ein Knecht der Semiten und Japhetiten (*Genesis* IX, 25–27). Zweifellos blieben derlei radikale Ansichten über die ethnische Frage nicht ohne Auswirkung auf das jüdische und später in gewissem Ausmaß auch auf das christliche Denken – schlagendes Beispiel die Stelle im Buch Hiob (XXX, 1–10), wo der vom Unglück verfolgte und offenbar von jugendlichen Mitgliedern eines primitiven, noch auf der Vorackerbaustufe stehenden Sammler- und Höhlenbewohnerstammes verspottete Hiob über die ihm in jungen Jahren wohlbekannten Väter seiner Peiniger bemerkt: »Jetzt aber verlachen mich ... deren Väter ich nicht wert geachtet hätte, sie zu meinen Hunden bei der Herde zu stellen.«

Eine Gruppe von Kanaanitern, die sogenannten Hewiter, wurden von den Hebräern mit besonderer Verachtung behandelt und von Josua gezwungen, für ihre hebräischen Herren Holz zu hauen und Wasser zu schöpfen – ein Zustand der Erniedrigung, in dem sie sich zur Zeit der Entstehung des betreffenden Bibelkapitels (*Josua* IX), also vermutlich etliche Jahrhunderte später, noch immer befanden.

Die christliche Ethik brachte dann eine etwas weitherzigere Einstellung gegenüber Angehörigen anderer ethnischer Gruppen mit sich, wobei man allerdings nicht übersehen darf, daß die Frühchristen nur wenig oder überhaupt keine Gelegenheit hatten, Vertreter anderer Rassen, also Menschen von wirklich andersartigem Äußeren, kennenzulernen. Trotzdem setzte sich Paulus sehr entschieden für eine tolerantere Haltung ein.

Daß sich Angehörige verschiedener ethnischer Gruppen andererseits auch durchaus spontan zueinander hingezogen fühlen können, beweist der aus dem 6. Jahrhundert überlieferte Bericht über die Reaktion Gregors (nachmals Papst Gregor I.) beim Anblick von Vertretern der nordiden Unterrasse. Laut Beda fielen Gregor etliche auf dem römischen Marktplatz zum Verkauf stehende angelsächsische Jungen (67, 68) ob ihrer »strahlenden« und »berückenden« *(lucidus* und *venustus)* Gesichter auf. Als er erfuhr, sie hießen Angeln, meinte er: »Zu Recht, denn sie haben ein engelgleiches Aussehen, und es geziemt sich für ihresgleichen, Gefährten der Engel im Himmel zu sein.« (Seine Heiligkeit fügte bei dieser denkwürdigen Gelegenheit noch ein paar weitere, von seinem ehrwürdigen Geschichtsschreiber gewissenhaft berichtete Späßchen an.) Man muß sich jedoch vor Augen halten, daß sich die nordischen Knaben von den Mediterraniden Roms (vom untergeordneten Merkmal der Hautfarbe einmal abgesehen) in der äußeren Erscheinung nicht nennenswert unterschieden, da beide Unterrassen eng miteinander verwandt sind.

Ein großer Sprung führt uns ins 16. Jahrhundert zu Montaignes Essay *Des Cannibales* (*Von den Menschenfressern*, 756), eine kurze, anscheinend zu dem Zweck verfaßte Abhandlung, ein primitives Volk im Vergleich zu den Angehörigen zivilisierter Gesellschaften in einem günstigen Licht darzustellen, wobei sich aus dem zeitlichen Abstand heraus allerdings nicht mehr so recht ausmachen läßt, wieweit der Autor mit diesem Essay ironische Absichten verfolgte. Die Beschreibung scheint (auch wenn dies nirgends expressis verbis steht) auf die Karaiben Westindiens gemünzt, über die der Autor hauptsächlich durch einen mit diesem Erdteil vertrauten Diener informiert ist, einen »einfachen und ungeschlachten Menschen, was eine günstige Voraussetzung ist, um wahrheitsgetreu Zeugnis abzulegen ... Es erfordert entweder einen sehr zuverlässigen Mann oder einen so einfältigen, daß er gar nicht imstande ist, unwahre Erfindungen zu ersinnen und ihnen Wahrscheinlichkeit zu geben«. Gestützt auf den von mehreren Seeleuten und Händlern bestätigten Bericht dieses Mannes, entwirft Montaigne ein bemerkenswertes Bild von der Überlegenheit der *Cannibales* über die Zivilisierten. Ein Beispiel von vielen: Nicht sie, die wilde Früchte äßen, seien als Wilde zu bezeichnen, sondern die Zivilisationsmenschen, die die Naturerzeugnisse künstlich verfälschten. »Ich finde«, so Montaigne, »daß es nach dem, was man mir davon berichtet hat, an diesem Volke nichts Barbarisches oder Wildes gibt, es sei denn, daß jedermann das Barbarei nennt, was nicht seiner Gewohnheit entspricht, wie wir denn in der Tat keinen Prüfstein der Wahrheit und der Vernunft haben als das Beispiel und Vorbild der Meinungen und Bräuche des Landes, in dem wir leben.«

Ohne weitere Emotionen erzählt er daraufhin, diese Leute ließen ihre Kriegsgefangenen zwei bis drei Monate am Leben und versuchten während dieser Zeit auf jede nur erdenkliche Weise, ihnen ein Zeichen der Angst abzunötigen: Sie erzählten ihnen haargenau, was sie erwarte – die Qualen, die sie zu erdulden hätten, die Vorbereitungen, die in der Absicht getroffen würden, ihre Glieder zu zerstückeln und bei einem Festmahl zu verspeisen – was sie zu gegebener Zeit dann auch alles ausführen würden.

Soweit Montaigne, doch nun zu einem hervorragenden, von einem anonymen Reisenden stammenden und 1684 im *Journal des Sçavans* (24) veröffentlichten Aufsatz über Anthropologie, den man allen zur Überbewertung der »Hautfarbe« neigenden Zeitgenossen als lehrreiche Richtigstellung nur empfehlen kann. Der Verfasser dieser höchst beachtlichen Abhandlung über die geographische Verteilung der menschlichen *Espèces ou Races* erkennt ganz richtig, daß die Bewohner Nordafrikas, Arabiens und Indiens derselben Rasse angehören wie die Europas und äußert sich zum Thema Hautfarbe folgendermaßen:

»Denn obwohl zum Beispiel die Ägypter und die Inder sehr schwarz oder vielmehr lohfarben *(baganés)* sind, ist diese Farbe doch nur zufällig und einzig darauf zurückzuführen, daß sie sich der Sonne aussetzen; denn jene, die sich schonen können und nicht so häufig an der Sonne aufzuhalten brauchen wie das (gemeine) Volk, sind nicht schwärzer als viele Spanier. Zwar trifft es zu, daß sich die meisten Inder im Gesichtsausdruck und der vielfach ins Gelbe spielenden Farbe von uns unterscheiden, doch erscheint dies nicht ausreichend, um sie zu einer eigenen Art zu erheben, müßte man es doch sonst mit Spaniern, Deutschen und noch etlichen anderen Völkern Europas ebenso halten.«

Anhand morphologischer Kriterien zieht der Autor sodann einen scharfen Trennungsstrich zwischen den Indern und anderen »farbigen« Rassen und bezeichnet die Frauen aus Lahore (Nordindiden beziehungsweise Indo-Afghanen) als die schönsten von ganz Indien.

Einige der wichtigen, von besagtem anonymem Reisenden erstmals klar formulierten Tatbestände finden sich auch in dem von de Vaugondy fast ein Jahrhundert später veröffentlichten Atlas (1087), demzufolge das Gebiet der anhand ihrer Gesichtszüge *(visage)* identifizierten »Europäer« *(Européens)* nicht nur das eigentliche Europa (mit Ausnahme des nördlichsten Teils Skandinaviens und der Region nördlich des Schwarzen Meeres), sondern auch das nördlich der Sahara gelegene Afrika, Arabien, den Iran, Afghanistan, Pakistan und Indien bis zum Ganges im Süden umfaßt.

Daß man bereits im 17. Jahrhundert die Hautfarbe bestimmter Menschenrassen nicht nur auf Sonneneinwirkung zurückführte, geht aus dem Kommentar (679) hervor, den ein gewisser Leutholf oder Ludolfus 1691 zu seinem (gesondert publizierten) Afrikabuch veröffentlichte: »Dennoch«, schreibt er, »gibt es im Bereiche der (tropischen) Sonne Völker, die, wie wohl nicht eigentlich weiß, doch auch keinesfalls wirklich schwarz zu nennen; manche leben weit entfernt vom Äquator jenseits des einen oder des anderen Wendekreises, wie etwa die Bewohner Persiens oder Syriens oder des Kaps der Guten Hoffnung, und sind dennoch sehr dunkelhäutig.« Ludolfus erwähnt die dunkle Hautfarbe der Eingeborenen Ceylons und anderer Länder und fragt: »Wieso werden, wenn man die natürliche Ursache (ihrer Hautfarbe) dem Himmel und der Sonne zuschreibt, Weiße, die in diesen Landstrichen altern, nicht schwarz?« Kurzum, er ist sich der genetischen Unterschiede zwischen den verschiedenen ethnischen Gruppen durchaus bewußt.

»Aus diesem Mangel an Wissen ist jenes schöne, vom Philosophenklüngel so fleißig abgedroschene Moralurteil entsprungen, die Menschen seien allerorten gleich, und da sie überall den gleichen Leidenschaften und Lastern frönten, bringe es wenig Gewinn, sich um die Charakterisierung der verschiedenen Rassen zu mühen; was ungefähr ebenso sinnvoll ist wie die Feststellung, man könne Peter nicht von Jakob unterscheiden, weil beide Nase, Mund und Augen hätten. Werden jene glücklichen Zeiten denn nie mehr wiederkehren, in denen die Leute sich nicht ums Philosophieren scherten, sondern Männer wie Plato, Thales oder Pythagoras in glühendem Wissensdurst die größten Reisen unternahmen, nur um sich zu informieren, und in die Ferne gingen, um das Joch der nationalen Vorurteile abzuschütteln und die Menschen anhand ihrer Übereinstimmungen und Unterschiede kennenzulernen . . .?«

Wer nicht zufällig im Bilde ist, wird die Stelle wohl kaum dem richtigen Autor zuschreiben – es sei denn, er wüßte schon, was der Leser in diesen historischen Kapiteln feststellen wird –, daß nämlich die religionsfeindlichen, in ihren politischen Ansichten radikalen oder »progressiven« Denker des 18. und 19. Jahrhunderts vielfach an die Ungleichheit der Menschenrassen glaubten. So auch Jean-Jacques Rousseau, von dem der oben zitierte Abschnitt stammt.

Nun geht es Rousseau in seinem berühmten, im Rahmen eines Wettbewerbs der Akademie Dijon zum Thema »Worauf ist die Ungleichheit unter den Menschen zurückzuführen und ist sie durch das Naturgesetz gerechtfertigt?« verfaßten *Discours sur l'origine et les fondements de l'inégalité* (sic) *parmi les hommes* (918–920) zwar nicht primär um die ethnische Frage; aber er räumt, wie das Zitat zeigt, doch ein, daß sich die diversen ethnischen Gruppen geistig wie physisch voneinander unterscheiden, und betont in diesem Zusammenhang die Rolle der (namentlich über Generationen hin wirkenden) Umwelteinflüsse. Sein Hauptinteresse allerdings gilt dem jeweiligen Glück des Menschen in der Vereinzelung und in der Gesellschaft, wobei er das Unglück in höherem Maße auf die zwischen den Angehörigen derselben Gesellschaft bestehende Ungleichheit zurückführt, genauer, zwei Arten von Ungleichheit, nämlich die durch Altersunterschiede, Gesundheitszustand und Geistesgaben bedingte natürliche oder physische *(naturelle ou physique)* und die auf Konsens oder Konvention beruhende moralische oder politische *(morale ou politique)*. Der primitive Mensch, *l'homme dans l'état de nature*, war nach Rousseaus Überzeugung ein Einzelgänger, der nicht einmal den für viele nichtgesellige Tiere spezifischen Zusammenschluß der Geschlechter kannte. In diesem Gesellschaftszustand war der Mensch *glücklich*, da sich nirgends jene Ungleichheit äußern konnte, die mit der Herausbildung der gesellschaftlichen Institutionen dann zutage trat und Miseren aller Art hervorrief.

Übrigens sagt Rousseau dem ursprünglichen Wilden keinerlei moralische Überlegenheit nach, sondern stellt im Gegenteil ausdrücklich fest, im Naturzustand seien die Menschen »weder gut noch schlecht« und besäßen »weder Laster noch Tugenden ... Sie pflegen keinerlei Umgang untereinander und kennen folglich weder Eitelkeit noch Ehrerbietung noch Achtung noch Spott; sie haben nicht die mindeste Ahnung von mein und dein und keinen Begriff von Gerechtigkeit«. In seinen Augen standen die Karaiben (indianide Rasse, brasilide Unterrasse) dem Naturzustand näher als irgendein anderes damals bekanntes Volk, doch erwähnt er sie nur kurz und scheint keine genaueren Kenntnisse über ihre Lebensweise besessen zu haben. In Wirklichkeit waren die Karaiben in früher Zeit nicht eben ungesellig – sie unterhielten Gemeindehäuser *(carbets)* und lebten in so enger ehelicher Gemeinschaft, daß sich der Gatte bei der Geburt seines Kindes dem merkwürdigen Brauch der *couvade* unterzog (268). Alles in allem ist Rousseaus Glaube an die Vereinzelung des Primitiven, wie er selbst auch unumwunden zugibt, weitgehend eine Hypothese, der die heutigen Kenner primitiver Kulturen wohl kaum zustimmen würden.

Obwohl Rousseau 1750 den Preis erhielt, wurde sein *Discours* erst fünf Jahre später gedruckt (918) – gegen den Widerstand des französischen Jurymitglieds und Physiologen C. N. Le Cat, der eine zweispaltige *Widerlegung* veröffentlichte – links Auszüge aus dem *Discours*, rechts seine kritischen Kommentare (193), letztere im großen und ganzen sehr sachlich und ohne satirische oder rhetorische Tendenzen, wenn auch nicht ohne den Hinweis auf manch abscheuerregenden Zug am Leben der Wilden. Daß Le Cat deshalb jedoch keineswegs auf Angehörige fremder Rassen von oben herabsah, zeigt ein anderes Buch, in dem er sich ausgesprochen lobend über die Neger äußert und gegen die Vorstellung zu Felde zieht, die dunkle Hautfarbe deute auf Minderwertigkeit hin: »Glaubt man etwa, Neger besäßen eine geringere Selbstachtung und wären wirklich weniger achtenswert, nur weil der weiße Durchschnittsbürger ihr Äußeres mit Abscheu betrachtet? Sie müssen sehr gutmütig und viel verständiger sein als wir, wenn sie uns nicht mit gleicher Münze heimzahlen« (194). Rousseau ist nicht der einzige berühmte Autor des 18. Jahrhunderts, der sich an der Diskussion der ethnischen Frage beteiligt hat – auch einige der größten Philosophen und politischen Denker der Zeit, darunter Montesquieu, Hume, Kant und Voltaire nahmen dazu Stellung. Allerdings tragen diese überwiegend kurzgehaltenen Kommentare nicht selten rein satirischen Charakter und sind daher bei der Wahrheitssuche wenig hilfreich, so etwa Montesquieus plumpe Bemerkung über die Neger in *De l'esprit des lois:* »Besagte sind vom Scheitel bis zur Sohle schwarz und haben eine so plattgedrückte Nase, daß man sie darob schon fast nicht mehr bemitleiden kann. Es will einem nicht in den Kopf, daß Gott als weises Wesen eine Seele, noch dazu eine gute, in einen so pechschwarzen Körper gesteckt haben sollte« (759).

Zu den Gegnern des konventionellen religiösen Denkens, die kein Hehl daraus machten, daß sie bestimmte ethnische Gruppen für minderwertig hielten, zählt auch der schottische Philosoph und Historiker David Hume. In seinen *Essays, moral and political* schreibt er: »Tatsächlich besteht einiger Grund zu der Annahme, daß all jene Völker, die jenseits der Polar- oder zwischen den Wendekreisen leben, der übrigen Art unterlegen und zu allen gehobeneren menschlichen Geistesleistungen gänzlich unfähig sind« (523). Innerhalb der gemäßigten Zone allerdings besteht laut Hume kein Zusammenhang zwischen Intelligenz und geographischer Breite. Er konstatiert erstaunt, wie leicht sich Neger durch alkoholische Getränke bestechen ließen, und leitet aus der angeblich bemerkenswerten Charakterähnlichkeit der Chinesen über weite, klimatisch höchst unterschiedliche Gebiete hin den Schluß ab, die »Temperamentsunterschiede« zwischen den einzelnen Völkern könnten nicht ausschließlich auf die physische Umgebung zurückgehen, sondern müßten zum Teil wohl zufallsbedingt sein.

Nicht immer ziehen die Philosophen des

18. Jahrhunderts eine scharfe Trennungslinie zwischen Nationen und ethnischen Gruppen. So berichtet Immanuel Kant in seinen *Beobachtungen über das Gefühl des Schönen und Erhabenen* (569) zwar recht ausführlich über die Wesensart der Deutschen, Engländer, Holländer, Franzosen, Italiener, Spanier, Araber, Perser, Inder, Japaner und Chinesen, unternimmt jedoch nicht wirklich den Versuch, sich über den allgemeinen Charakter der europiden Rasse im Gegensatz zur mongoliden zu äußern oder zwischen den verschiedenen europiden Unterrassen zu differenzieren, obgleich der damals (1764) erreichte anthropologische Wissensstand einen Vorstoß in diese Richtung durchaus ermöglicht hätte. Immerhin jedoch unterscheidet Kant die negride Rasse von anderen, flicht einige allgemeine Bemerkungen über ihre Geistesgaben ein und beruft sich zur Bekräftigung seiner Ansichten auf Hume:

»Die *Negers* von Afrika haben von der Natur kein Gefühl, welches über das Läppische stiege. Herr Hume fordert jederman auf, ein einziges Beyspiel anzuführen, da ein Neger *Talente* gewiesen habe, und behauptet: dass unter den hunderttausenden (sic) von Schwarzen, die aus ihren Ländern anderwerts verführt werden, obgleich deren sehr viele auch in Freyheit gesetzt werden, dennoch nicht ein einziger jemals gefunden worden, der entweder in Kunst oder Wissenschaft, oder irgend einer andern rümlichen Eigenschaft etwas grosses vorgestellt habe, obgleich unter den Weissen sich beständig welche aus dem niedrigsten Pöbel empor schwingen, und durch vorzügliche Gaben in der Welt von Ansehen erwerben. So wesentlich ist der Unterschied zwischen diesen zwey Menschengeschlechtern, und er scheint eben so gross in Ansehung der Gemüthsfähigkeiten, als der Farbe nach zu seyn« (569).

Kant geht bei seinem Urteil nicht zuletzt von den bei manchen Negerstämmen üblichen Fetischen aus: »Die unter ihnen weit ausgebreitete Religion der Fetische ist vielleicht eine Art von Götzendienst, welcher so tief ins Läppische sinkt, als es nur immer von der menschlichen Natur möglich zu seyn scheinet. Eine Vogelfeder, ein Kuhhorn, eine Muschel, oder jede andere gemeine Sache, so bald sie durch einige Worte eingeweihet worden, ist ein Gegenstand der Verehrung und der Anrufung in Eidschwüren« (569). Kein anderes unzivilisiertes Volk hat nach Kants Überzeugung einen so hohen Intelligenzgrad aufzuweisen wie die Ureinwohner Nordamerikas.

In seiner *Anthropologie in pragmatischer Hinsicht* (568), einem eher psychologisch als im modernen Sinn anthropologisch orientierten Werk, faßt Kant seine Ansichten über die Wesensart verschiedener Völker dann noch einmal knapper zusammen, wobei er die Tugenden der Armenier besonders herausstreicht, die er als ein höchst ungewöhnliches Volk, »vernünftig«, friedfertig und charakterlich hochstehend schildert (wozu zu bemerken ist, daß ihnen auch Hume große Achtung zollt, 523).

Voltaire ist wie Rousseau ein politisch Radikaler, der nicht an die Gleichheit der Rassen glaubt, seine diesbezügliche Überzeugung jedoch unvergleichlich nachdrücklicher äußert als sein Landsmann. Im Gegensatz zu den meisten Philosophen und politischen Denkern, die sich mit dem ethnischen Problem befaßten, zeigt er reges Interesse für die physischen Unterschiede zwischen den Rassen, insbesondere für den sogenannten *tablier*, die »Hottentottenschürze« der Khoidenfrauen, über die im 18. Jahrhundert phantastische Geschichten kursierten. (Eine detaillierte anatomische Beschreibung findet man in Kapitel 15.)

Voltaire greift dieses Thema erstmals in seinem Buch *La philosophie de l'histoire* (1765) auf (1108), indem er die Begriffe *espèces* (Arten) und *races* (Rassen) beliebig durcheinanderwürfelt und den *tablier* fälschlich den *Caffres* zuschreibt.

Nach seiner Meinung unterscheiden sich die Neger aufgrund »ihrer Kulleraugen, ihrer plattgedrückten Nase, ihrer stets wulstigen Lippen, ihrer andersgeformten Ohren, ihres

wolligen Kraushaars und selbst ihres Intelligenzgrades von den übrigen menschlichen *espèces*«, doch diese Unterschiede auf klimatische Einflüsse zurückzuführen, hält er für abwegig, da Neger auch in kälteren Ländern Nachkommen ihrer Art zeugen. »Die Schürze, mit der die Natur die Kaffern ausgestattet hat und deren schlaffe weiche Haut vom Nabel bis zur Mitte des Oberschenkels herabhängt, die schwarzen Brustwarzen der Samojedenfrauen, der Bart der Männer unseres Kontinents und das durchweg bartlose Kinn der Amerikaner sind so deutlich ausgeprägte Unterschiede, daß man sich kaum vorstellen kann, diese Leute gehörten nicht verschiedenen *races* an« (1108).
In *Les lettres d'Amabed* (1110), einem Briefroman zwischen einem Inder aus Benares namens Amabed und Shastasid, dem *Grand Brame de Maduré*, kommt Voltaire dann erneut auf den *tablier* zurück. Amabed zeigt sich anläßlich eines Südafrikabesuches von der eigentümlichen Anatomie der Hottentottenfrauen sehr beeindruckt und schreibt vom Kap der Guten Hoffnung an Shastasid:
»Diese Leute scheinen nicht von Bramas Kindern abzustammen. Die Natur hat die Weiber mit einem Schurz aus ihrer eigenen Haut ausgestattet; dieser Schurz bedeckt ihr *joyau*, mit dem die Hottentotten einen regelrechten Kult treiben . . . Je mehr ich über die Hautfarbe dieser Menschen nachdachte, über das Glucksen und Schnalzen, mit dem sie sich in Ermangelung einer artikulierten Sprache verständigen, über ihr Gesicht und den Schurz ihrer Frauen, desto mehr festigt sich in mir die Überzeugung, daß sie mit uns nicht gleichen Ursprungs sein können. Unser Geistlicher behauptet, Hottentotten, Neger und Portugiesen stammten vom gleichen Vorfahren ab – eine wirklich lächerliche Idee.«
Auch in den *Questions sur l'encyclopédie* (1109) hebt Voltaire die Verschiedenartigkeit der Menschen hervor: »Neigungen und Wesensart der Menschen unterscheiden sich so sehr wie ihre Landstriche und Regierungsformen. Es ist noch nie gelungen, ein Lappen- oder Samojedenregiment aufzustellen, während ihre Nachbarn, die Sibirier, unerschrockene Soldaten sind . . . Nur ein Blinder und ein Starrsinniger obendrein könnte das Vorhandensein all dieser verschiedenen *espèces* bestreiten.« Was freilich das geistige Niveau des Durchschnittsmenschen betrifft, gibt sich Voltaire keinerlei Illusionen hin. »Im allgemeinen«, schreibt er, »ist das Menschengeschlecht nicht einmal um zwei oder drei Grad zivilisierter als die Bevölkerung Kamtschatkas. Das Verhältnis zwischen der Masse roher Tiere namens *Menschen* und der kleinen Zahl derer, die denken, ist bei vielen Nationen bestenfalls hundert zu eins« (1109). Voltaire kann es sich nicht verkneifen, in den *Questions* »gewisse üble Witzbolde«, die behaupten, der Mensch sei ursprünglich Einzelgänger gewesen, mit Hohn und Spott zu überschütten – eindeutig ein Seitenhieb gegen Rousseau.
Besonders interessant für den, der sich mit der ethnischen Frage beschäftigt, ist die bei manchen Philosophen des 18. Jahrhunderts zu beobachtende Tendenz, den Menschenaffen mehr Intelligenz zuzuschreiben, als nach den damaligen Kenntnissen vertretbar scheint; ja, Rousseau geht überraschenderweise sogar so weit, den Schimpansen als menschliches Wesen einzustufen (918, 919). So schildert er verschiedene, im Kongo an diesen Tieren gemachte Beobachtungen und fährt dann fort:
»Es ist nicht einzusehen . . . warum die Autoren . . . diese Tiere nicht als wilde Menschen bezeichnen; doch kann man unschwer mutmaßen, daß es wegen ihrer (der Schimpansen) Dummheit und auch, weil sie nicht sprechen können, geschieht; schwache Argumente für all jene, die wissen, daß dem Menschen zwar wohl das Sprachorgan, nicht aber die Sprache selbst natürlich (angeboren) ist und die begreifen, in welchem Maße die Vervollkommnungsfähigkeit den zivilisierten Menschen über seinen ursprünglichen Zustand hinausgehoben haben dürfte.«
Rousseau, der aus Reiseberichten all das herausgriff, was die These von der Intelligenz

der Schimpansen stützte, und alle Gegenbeweise verwarf, betrachtete die Fähigkeit zur Selbstvervollkommnung als »spezifisches Merkmal der menschlichen Art« und befand, dieses Kriterium sei auf den Schimpansen nicht sorgfältig genug angewandt worden, um ihm die Menschennatur füglich absprechen zu können.

Der hochgebildete, aber exzentrische Lord Monboddo, ein schottischer Jurist und Philologe, teilte Rousseaus Ansichten über die Menschenaffen. So schreibt er in seinem anonymen Werk *On the origin and progress of language* (752) über den »Orang-Utan« Angolas und verschiedener Teile Asiens (wie so viele Schriftsteller des 18. Jahrhunderts verwechselt er offensichtlich Orang-Utan und Schimpanse):

»Sie tragen eindeutig Menschengestalt und gehen aufrecht statt auf allen vieren ... benutzen Stöcke als Waffen; leben gesellig, bauen Hütten aus Astwerk und entführen Negermädchen, die sie zu Sklavinnen machen und gleichermaßen zur Arbeit wie zur Lust gebrauchen ... Doch obwohl aus den erwähnten Einzelheiten mit Sicherheit hervorzugehen scheint, daß sie unserer Art angehören, und obwohl sie gewisse Fortschritte in den Lebenskünsten erzielt haben, verfügen sie über keine Sprache.«

Was Monboddo daran überrascht, ist nicht der Umstand, daß sie nicht sprechen, sondern daß sie nicht sprechen lernen können. Mit Rousseau der Meinung, die Sprache sei dem Menschen nicht »natürlich«, erklärt er: »Sofern wir uns von diesem Vorurteil frei machen und nicht darauf bestehen, die übrigen, den Orang-Utans abgehenden Lebenskünste seien dem Menschen gleichermaßen natürlich, können wir ihnen die Bezeichnung *Menschen* unmöglich verweigern.«

Mehr noch als Rousseau und Monboddo scheint Maupertuis die Geistesfähigkeiten der Menschenaffen überschätzt zu haben – vorausgesetzt, die kuriose Anekdote, die der französische Zoologe Étienne Geoffroy Saint-Hilaire gleich an zwei Stellen (398, 399) berichtet, ist nicht frei erfunden: Demnach soll der berühmte Mathematiker geäußert haben, er würde sich in der Gesellschaft von Affen besser amüsieren und mehr lernen als in der der gelehrtesten Männer seiner Zeit. (Ich selbst konnte allerdings in den Schriften des 1759 verstorbenen Maupertuis keinen Anhaltspunkt für Saint-Hilaires Geschichte entdecken.)

2
Blumenbach und seine gelehrten Zeitgenossen

Philosophen, politische Schriftsteller und Historiker waren keineswegs die einzigen, die sich im 18. Jahrhundert mit der ethnischen Frage befaßten. Auch verschiedene angesehene Biologen nahmen zu diesem Problem Stellung, und da sie nicht nur ausführlicher, sondern auch mit wesentlich mehr Zurückhaltung und Sachverstand darüber schrieben, sind ihre Werke selbst heute noch von Interesse und in vielem auch von Bedeutung. Um die Bemühungen eines Blumenbach und seiner Kollegen allerdings voll würdigen zu können, muß man sich ins biologische Denken des 18. Jahrhunderts zurückversetzen und sich vor Augen halten, daß es diesen Männern weniger um die »Gleichwertigkeit« als um den menschlichen Charakter aller Rassen ging, das heißt, sie versuchten, ihre Zeitgenossen davon zu überzeugen, daß die Unterschiede überbetont worden waren. Schließlich darf man in diesem Zusammenhang auch nicht übersehen, daß die Vorstellung, der Mensch habe sich aus einem anthropoiden Stamm entwickelt, damals den meisten fremd war und daß der Evolutionsgedanke selbst in Wissenschaftlerkreisen noch in den Kinderschuhen steckte.

Linné lag beispielsweise der Gedanke an eine Gleichheit der Menschen noch so fern, daß er die Geistesfähigkeiten jeder Rasse in ähnlicher Weise aufführte wie ihre körperlichen Unterscheidungsmerkmale, wobei die von ihm unter dem Namen *Europaeus* zusammengefaßten Menschen, wie aus der Beschreibung ihrer physischen Züge ersichtlich, eindeutig den heute als nordid (und vielleicht auch den als osteuropid) bezeichneten Unterrassen angehörten. In seiner üblichen kurzbündigen Art nennt er diese Menschengruppe »tatkräftig, sehr scharfsinnig, eroberungsfreudig« (669) (in der 12. Auflage seines *Systema naturae* (670) ersetzt er dann aus unbekannten Gründen *acutissimus* durch *argutus*, schlagfertig, eine kuriose kleine Änderung, die Gmelin in der von ihm besorgten 13. Auflage, (671), beibehält). In schlagendem Gegensatz zu seinen Bemerkungen über *Europaeus* brandmarkt Linné die Gruppe *Afer* (die, der Körperbeschreibung nach zu schließen, die negride und khoisanide Rasse umfaßt) als »gerissen, faul und nachlässig«. Wie er die Menschenaffen einstufte, ist an anderer Stelle ausgeführt (S. 28f.).

Der 1752 in Gotha geborene Johann Friedrich Blumenbach (Abbildung 1) promovierte 1775 an der Universität Göttingen und erhielt unmittelbar darauf einen Lehrstuhl für Medizin. Er reiste nur sehr wenig (345, 346, 709), verbrachte fast sein ganzes Leben in Göttingen (wo er 1840 auch starb) und machte sich vor allem durch Abhandlungen über Anthropologie, Physiologie und vergleichende Anatomie einen Namen. Seine Ansichten zur ethnischen Frage finden sich in seinem berühmten Werk *De generis humani varietate nativa liber*, das drei Auflagen erlebte (106, 107, 108), sowie in seinen *Beyträgen zur Naturgeschichte* (109, 110).

Blumenbach wußte zwar noch nichts von der Evolution des Menschen aus affenähnlichen Vorfahren (wie überhaupt von der Entwicklungsgeschichte im modernen Sinn), erkannte aber, daß Pflanzen und Tiere infolge Domestikation oder Klimawechsel Form- und Gestaltveränderungen erfahren können, und er hielt die dem Individuum im Laufe seines Daseins künstlich aufgeprägten neuen Merkmale für erblich. Er betrachtete sämtliche hierdurch an einer Spezies bewirkten Veränderungen als *Degeneratio* (108) oder *Degeneration* (109) der *Varietas primigenia* (107) oder *Stammrace* (109), da seiner Auffassung nach neue Arten lediglich durch einen besonderen Schöpfungsakt entstehen konnten (109). Die Menschen führte er auf eine einzige Spezies zurück. Die *Varietas primigenia* nannte er *Caucasiana*, in etwa wohl eine Entsprechung zur europiden Rasse (der in diesem Buch gebräuchlichen Terminologie), aus deren Degeneration alle übrigen Varietäten hervorgegangen waren, ein Prozeß, den er damit erklärt, daß der Mensch extremen Klimaverhältnissen ausgesetzt ist, von allen Organismen bei weitem die stärkste Domestikation erfahren hat (108) und gelegentlich künstlich auf seinen Körperbau einwirkt.

Nun darf man aber aus der Verwendung des Wortes *Degeneratio* nicht schließen, Blumenbach habe die Überlegenheit der europiden Rasse betonen wollen, tatsächlich richtete sich sein ganzes Sinnen und Trachten darauf, die Einheit der Menschheit herauszustellen und den landläufigen Glauben an die spürbare Unterlegenheit bestimmter Rassen zu korrigieren, ohne deshalb freilich die Existenz gewisser handgreiflicher Strukturunterschiede leugnen zu wollen. So bemerkt er etwa im Hinblick auf die Gesichtszüge der Negriden: »Obgleich, wie gesagt, fast alle menschlichen Embryos plattnasig sind, besitzen doch besagte Äthiopier so ungemein breite Nasen und *intersinia* (Nasenlöcher) . . . daß jedermann diese Rasse allein schon an diesen Merkmalen erkennt, auch wenn er die wulstigen Lippen noch ganz außer acht läßt« (106). Selbst ein Blinder könne, meint Blumenbach, sofern er nur die leiseste Vorstellung vom großen Unterschied zwischen einem Mongolen- und einem »Äthiopier«-Gesicht besitze, einen Kalmückenschädel durch bloßes Abtasten auf Anhieb von einem Negerschädel unter-

1 Johann Friedrich Blumenbach, Verfasser des Werkes »De generis humani varietate nativa liber« (106). – Nach einem Stich im Besitz der Royal Society.

scheiden. Andere Merkmale wiederum, die möglicherweise für wichtig genug angesehen werden könnten, um irgendeine Menschengruppe als eigene Art einzustufen, spielt Blumenbach geflissentlich herunter; so schiebt er zum Beispiel eine Besonderheit wie *tablier* oder *ventrale* ebenso beiseite, wie Voltaire sie überschätzt hatte: »Nach dem neuesten Zeugnis von Reisenden müssen wir das kutane *ventrale* der Hottentottenweiber . . . in dieselbe Kategorie verweisen wie den menschlichen Schwanz, nämlich ins Reich der Märchen« (106). In einem Punkt allerdings hat er recht – wenn er die Hautfarbe als Unterscheidungsmerkmal zwischen Arten ablehnt (106).

Wie bereits angedeutet, ist für Blumenbach – abgesehen davon, daß er Angehörigen der *Varietas prima* oder *primigenia* (also den Europiden) im Vergleich zu den Vertretern aller übrigen Rassen die »schönste Erscheinung« *(pulcerrimae formae)* attestiert (107) – Degeneration keineswegs gleichbedeutend mit Minderwertigkeit.

Nachdrücklich plädiert er sogar für eine positivere Einstellung den Negern gegenüber. »Wir kennen kein sogenanntes wildes Volk«, schreibt er, »das sich durch Beispiele der Vervollkommnungsfähigkeit und sogar der Befähigung zu Gelehrsamkeit und Bildung dergestalt hervorgetan und dadurch so eng an die kultiviertesten Völker der Erde angeschlossen hätte *wie die Neger*« (109) – eine Behauptung, die er anhand vieler eindrucksvoller Beispiele für die Geistesgaben einzelner Schwarzer belegt.

Ein enger Freund Blumenbachs aus gemeinsamen Jenaer Studienjahren (345), der später bei ihm in Göttingen wie auch bei Camper in Holland studierte und sich, nachdem er sich eine Zeitlang für Magie und Rosenkreuzer interessiert hatte, ausschließlich seinen wissenschaftlichen Studien zuwandte und als hervorragender Humananatom Professuren an mehreren deutschen Universitäten bekleidete (807), ist Samuel Thomas Sömmerring (1755–1830). Dieser hauptsächlich für seine bahnbrechenden Arbeiten über das sympathische Nervensystem bekannte Wissenschaftler, ein Freund Goethes (der ihn vor allzu kühnen Spekulationen warnte), veröffentlichte 1784 ein Büchlein über die Anatomie des Negers im Vergleich zu der des Europäers (987), das er im darauffolgenden Jahr in einer stark erweiterten Neuauflage vorlegte (988). Die beiden kleinen Bände, mit denen er nach eigener Aussage hauptsächlich den Zweck verfolgte, »zu erfahren, ob die Mohren oder die Europäer sich mehr den Affen näherten«, enthalten eine bemerkenswert objektive und in den meisten Punkten auch zutreffende Darstellung der zwischen Negriden und Europiden bestehenden Unterschiede. Sömmerrings Analyse basiert im erstgenannten Fall im wesentlichen auf drei in seinem Besitz befindlichen Schädel und auf der Sezierung von vier Leichen. Er geht den Körper systematisch durch und erwähnt neben den unmittelbar ins Auge springenden unter anderem folgende Unterschiede: Augapfel und Augenhöhle sind beim Neger etwas größer; die einem dritten Augenlid entsprechende halbmondförmige Falte im inneren Augenwinkel ist besser entwickelt; am Schädel sind die Nasenöffnungen *(Nares)* von der Nasenhöhle nicht scharf getrennt und die hinteren Öffnungen der Nasenhöhle, da die Keilbeinflügel weiter auseinanderstehen, viel größer als beim Europäer; obere und untere Schneidezähne springen dergestalt vor, daß sie in einem Winkel aufeinandertreffen; der Unterkiefer ist viel kräftiger ausgebildet und in dem Teil, an dem der Kaumuskel ansetzt, sehr breit; Finger und Zehen sind länger, die Hüften schmäler.

Nach Abschluß seiner Untersuchungen konnte Sömmerring zu Recht von sich behaupten, seine Arbeit ohne Vorurteil durchgeführt zu haben:

»Man wird aus meiner ganzen Abhandlung sehen, dass bey dieser Untersuchung bloss meine Absicht war, zu erfahren, ob die Mohren oder die Europäer sich mehr den Affen näherten? Es war mir am Ende gleichgültig, dies eben so gut von den weissen als den schwarzen Menschen zu behaupten, nur hätte ich Gründe dafür finden müssen; allein je mehr ich diese Untersuchung kaltblütig fortsetzte, desto mehr ward ich gewahr, dass dies sichtlich vom Neger gelte . . . Die Mohren bleiben aber drum dennoch Menschen, und über jene Klasse (den Affen) wahrer vierfüssigen Thiere, gar sehr erhaben, gar sehr auffallend von ihnen unterschieden und abgesondert . . . Auch darin bin ich völlig seiner (Campers) Meynung, dass, wie ich schon Anfangs in der Vorrede sagte, der Neger nicht blos Mensch, sondern von gleicher Species mit uns sey, dass er eben so gut durch unmerkliche Nuancen der Bildung, der Farbe etc. zum Abessinier, Hottentotten etc. übergeht, als andre Menschenvarietäten durch eben so unmerkliche Uebergänge in einander fließen.«

Sömmerring meint zwar, daß ». . . die auszeichnenden Organe des Verstandes, die unsern Abstand von Thieren verursachen, im Durchschnitte den Neger vielleicht etwas hinter uns zurücklassen«, bemerkt aber einschränkend: »... unter den Schwarzen giebts einige, die ihren weissen Brüdern näher treten, und manche aus ihnen sogar an Verstande übertreffen«. Wer Sömmerrings Buch unvoreingenommen studiert, wird zugeben müssen, daß er sich, welche Fehler er mangels ausreichender anatomischer Unterlagen im einzelnen auch gemacht haben mag, allein von dem Verlangen, die Wahrheit herauszufinden, leiten ließ.

Der als vergleichender Anatom berühmte Niederländer Petrus Camper (1722–1789) ist in unserem Zusammenhang hauptsächlich wegen der von ihm entwickelten quantitativen Methode zum objektiven Vergleich der Menschenrassen untereinander sowie mit bestimmten Tieren von Interesse. Seine »Gesichtslinie« darf, auch wenn Albrecht Dürer fast 250 Jahre früher am lebenden Modell bereits ähnliche Studien angestellt hatte, mehr oder weniger als Ausgangspunkt der modernen Schädelkunde (Kraniologie) gelten (295). Aber der betriebsame und vielseitige Camper hat sich nicht nur als Anatom, sondern auch als bedeutender Chirurg und Geburtshelfer hervorgetan und hat als gerichtsmedizinische Autorität sowie als Künstler und Bildhauer von beachtlichem Können gegolten. 1789 starb er unerwartet über der Herausgabe seiner in der Rohfassung schon seit 1768 existierenden, aber erst 1786 mehr oder weniger abgeschlossenen *Dissertation*, die dann zwei Jahre nach seinem Tod von seinem Sohn in französischer Übersetzung veröffentlicht wurde (187).

Camper verfährt folgendermaßen: Er bringt den Schädel in eine (willkürlich gewählte) Horizontallage, bei der sich die Ohrenöffnungen (das heißt die Eingänge in den knöchernen äußeren Gehörgang) und der Nasenboden in derselben Horizontalebene befinden. Er selbst fixiert diese Punkte zwar nicht genau, scheint aber, wie aus seinen Zeichnungen ersichtlich, gewöhnlich *Porion* und *Nariale* zu wählen, und fertigt sodann eine naturgetreue Wiedergabe der linken Schädelhälfte an, wobei er sich, um perspektivische Verzerrungen zu vermeiden, eines *point de vue ambulant* bedient, bei dem jeder Punkt am Objekt unmittelbar in die Zeichnung übernommen wird. Als nächstes zieht er eine Verbindungslinie (auf Abbildung 2 A, B, C als ND markiert) durch (oder unmittelbar neben) *Nariale* und *Porion* sowie eine zweite, die Vorderseite des ersten Schneidezahns und die Stirn streifende Linie GM (ohne Rücksicht darauf, daß diese unter Umständen die Nasenbeine an ihrer Verbindungsstelle durchschneidet). Diese zweite, auf Abbildung 2 durch Pfeile gekennzeichnete Linie ist die berühmte »Gesichtslinie«, der Winkel, den sie mit der Horizontalebene bildet, der sogenannte »Gesichtswinkel« – ein Ausdruck, den Camper selbst allerdings offenbar noch nicht gebrauchte, obwohl er den Winkel stets maß und die ermittelten Werte registrierte.

Springen die unterhalb der Stirn liegende obere Gesichtspartie und der Oberkiefer vor, ist der Gesichtswinkel zwangsläufig klein, wie übrigens auch bei einer fliehenden Stirn. Heute lassen sich die Schrägen verschiedener Gesichtspartien gesondert messen, aber auch Campers Gesichtswinkel leistete seinem Erfinder bereits gute Dienste, ermöglichte er ihm doch den Vergleich zwischen den Schädeln verschiedener Menschenrassen und denen von höheren Affen und geschwänzten Affen, bei denen sich aufgrund der Neigung von Stirn, oberer Gesichtspartie und Oberkiefer ein sehr spitzer Gesichtswinkel ergibt.

Bereits in einem früheren Werk hatte Camper eine anatomische Studie über den Orang-Utan (184, 186) samt zugehöriger Schädelzeichnung mit Gesichtslinie vorgelegt, doch verläuft in diesem Fall die Linie zur Bezeichnung der Horizontalebene ziemlich weit unterhalb des äußeren Gehörgangs und des unteren Randes der Nasenöffnung (wenn auch offenbar parallel zu der Linie, die sich durch diese beiden Punkte legen

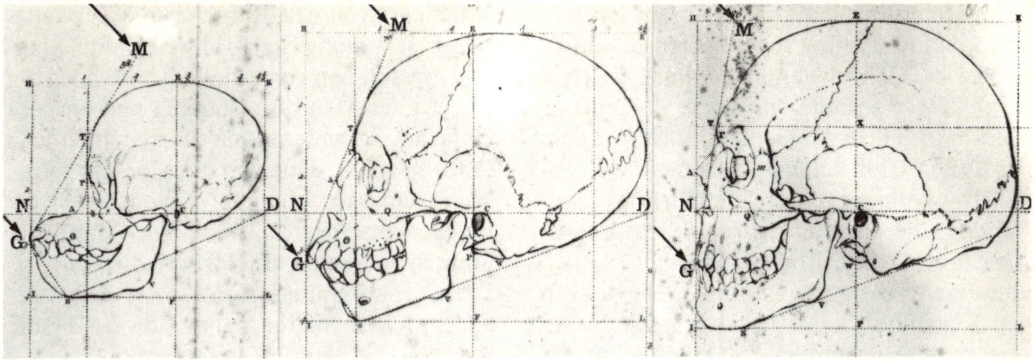

2 Schädelskizzen Campers zur Veranschaulichung seiner »Gesichtslinie«. A: Schädel eines jungen Orang-Utan, B: eines jungen Negers und C: eines typischen Europäers. ND = Campers Horizontallinie, MG = die Gesichtslinie (siehe Pfeile). (Da die Bildtafeln des Originals im Lauf der Zeit verblaßt sind, zeigen die vorliegenden fotomechanischen Wiedergaben eine gewisse Unschärfe.) – Aus: Camper (187).

ließe). In Campers postum veröffentlichtem Buch (187) taucht der Orang-Utan-Schädel dann erneut auf, wobei nun die Horizontalebene in der gewohnten Weise fixiert und die Gesichtswinkel dieses Tieres, eines nicht näher spezifizierten Affen, und bestimmter Menschenrassen aufgeführt werden: Affe, 42°; Orang-Utan, 58° (derselbe Wert wie im früheren Werk); junger Neger, 70°; Europäer, 80° (Abbildung 2). Camper hielt den Winkel zwischen Gesichtslinie und Horizontale für einen brauchbaren Gesichtsindex und konstatierte, in dieser Hinsicht stehe der Neger dem Affen näher als der Europäer.

Camper beobachtete noch verschiedene andere Besonderheiten der Anatomie der Neger. So wußte er im Gegensatz zu vielen Reisenden und den meisten Naturwissenschaftlern seiner Zeit, die die Nasenform dieser Rasse auf künstliche Deformierung zurückführten, daß bereits vor der Geburt ein Formunterschied zu den Europäern besteht (185), und erwähnt, daß die halbmondförmige Falte im inneren Augenwinkel bei Negern größer ist als bei Europäern – auch wenn er sie irrigerweise für etwas prinzipiell anderes als die Nick- oder Blinzhaut der Tiere hielt (188).

Friedrich Tiedemann (1781–1861), der deutsche vergleichende Anatom und Physiologe, dessen ethnische Untersuchungen in engem Zusammenhang mit den Studien Blumenbachs, Sömmerrings und Campers stehen und der sich, obwohl die erste Auflage von Blumenbachs *De generis humani varietate* (106) schon fünf Jahre vor seiner Geburt erschien, als Blumenbachs Freund bezeichnete, wie er auch mit der Forschungsarbeit Sömmerrings und Campers eingehend vertraut war, geht in seiner Abhandlung über das Gehirn des Negers unter anderem der Frage nach, ob zwischen Neger- und Europäergehirn ein wesentlicher Unterschied bestehe, und wenn ja, ob das des Negers größere Ähnlichkeit mit dem des Orang-Utans aufweise (1059).

Seine Messungen der Schädelkapazität ergaben, daß das Gehirn des Negers durchschnittlich nicht kleiner ist als das des Europäers, auch wenn die eigentlichen Gehirnmessungen für Neger insgesamt niedrigere Werte erbrachten. Im besonderen erwies sich die vordere Hirnpartie beim Neger als »etwas schmäler« als bei den meisten Europäern, doch fehlte es Tiedemann an Forschungsmaterial, um berechtigterweise auf irgendeinen konstanten Unterschied schließen zu können. Die einzige Abweichung, die

er im Gehirnbau der beiden Rassen entdekken konnte, war die regelmäßigere Anordnung der Gehirnwindungen und -furchen beim Neger – übrigens auch das einzige Merkmal, in dem das Gehirn des Negers dem des Orang-Utan nähersteht als das des Europäers –, wohingegen er Sömmerrings Feststellung, die Hirnnerven seien beim Neger stärker als beim Europäer, bestritt.
Ohne weiteres dagegen räumt er ein, viele in den Küstenbezirken Afrikas lebende Neger zeigten in bestimmten Strukturmerkmalen Annäherungen an den Affen, so zum Beispiel größere Gesichtsknochen, vorspringende Schneidezähne samt Zahnfächern, stark hervortretende Backenknochen, fliehendes Kinn, flache Nasenbeine, kräftige, vorspringende Kiefer, die Lage des Hinterhauptsloches, einen langen Oberarm sowie die Länge, Breite, Form und Stellung des os calcis. Allerdings glaubt er aufgrund von Reiseberichten, daß viele Negerstämme im Inneren Afrikas diese Merkmale nicht aufwiesen, wie er es auch als ungerecht bezeichnete, die Verstandeskräfte der Neger nach jenen gewaltsam aus ihrer Heimat verschleppten Schwarzen zu beurteilen, die man fern von ihren Familien in Sklaverei hielt. »Die Geistesfähigkeiten der Neger«, schreibt er, »scheinen im allgemeinen denen der Europäer und anderer Rassen nicht unterlegen ... Das Hauptergebnis meiner Untersuchungen über das Gehirn des Negers ist, daß es weder von der Anatomie noch von der Physiologie her gerechtfertigt scheint, sie in moralischer oder intellektueller Hinsicht niedriger einzustufen als die Europäer« – wobei nur unerfindlich bleibt, weshalb Tiedemann in einem Aufsatz über die Anatomie (und nicht die Funktion) des Negergehirns auf die Physiologie zu sprechen kommt.

Mit der Ausbreitung der Kunde vom Menschenaffen im Laufe des 18. Jahrhunderts rückte das Problem seiner Beziehung zum Menschen in den Brennpunkt des Interesses. Da zur gleichen Zeit Forschungsreisende immer mehr Informationsmaterial über verschiedene, von den Europäern in der äußeren Erscheinung stark abweichende Menschenrassen lieferten, die teilweise noch auf der Vorackerbaustufe standen und ein sehr einfaches Sammlerdasein führten, hielt man es für möglich, daß auch die Menschenaffen Menschen sein könnten – womit sich die Frage nach der »Gleichheit« sämtlicher Menschenrassen von selbst erledigt hätte.
Die erste sorgfältige Analyse der Anatomie eines Menschenaffen nahm Edward Tyson, Arzt am Bethlem Hospital in London, vor und veröffentlichte im letzten Jahr des 17. Jahrhunderts ein Buch über dieses Thema (1079). Allerdings handelte es sich bei dem untersuchten Exemplar nicht, wie Tyson meinte, um einen Orang-Utan, sondern um einen im Inneren Angolas gefangenen und lebend nach England gebrachten Schimpansen. Tyson beschreibt ziemlich ausführlich äußere Erscheinung, Skelett und Muskulatur, bringt einiges über Eingeweide und Gehirn, erwähnt das Vorhandensein eines Blinddarms oder *Processus vermiformis* (den, wie er bereits wußte, viele geschwänzte Affen nicht aufweisen). Insgesamt führt er 48 Punkte auf, in denen sein Exemplar »einem Menschen stärker ähnelte, als höhere und geschwänzte Affen es tun«, und 34, in denen es »vom Menschen abwich und mehr dem Affengeschlechte glich«.

Linné, der das Problem merkwürdigerweise in seinem Buch über die schwedische Fauna erstmals anschneidet (668), gelangte anhand der ihm zugänglichen Informationen zu der Meinung, die Menschenaffen unterschieden sich im Körperbau nicht nennenswert vom Menschen. »Ich muß gestehen«, schreibt er, »daß es mir als Naturhistoriker bislang nicht geglückt ist, irgendein Merkmal ausfindig zu machen, anhand dessen sich nach wissenschaftlichen Prinzipien eine Unterscheidung zwischen *Homo* und *Simia* treffen ließe.« In seinem *Systema naturae* (669) rechnet er der Gattung *Homo* dann zwei Arten zu, *Homo sapiens* (den Menschen) und *Homo troglodytes* (die Menschenaffen). Als Beispiel für

Homo troglodytes benennt er zwar nur den Orang-Utan, doch da er anmerkt, diese Art komme auch in Afrika vor, bezieht sich ein Teil seiner Information eindeutig auf den Schimpansen (der Gorilla war der damaligen Wissenschaft noch unbekannt).

Leclerc de Buffon, der große französische Zoologe, der 1740 in Paris einen lebenden jungen Schimpansen beobachten konnte, den man in Gabun gefangen und darauf dressiert hatte, wie ein Mensch bei Tisch zu essen, beschreibt das Gehirn dieser Tiere als von »genau derselben Form und Größe« wie das menschliche, fügt aber die etwas überraschende Bemerkung an »und dennoch denkt es nicht« (162). Ebenso lehnt er es ab, den Orang-Utan als Menschen einzustufen, auch wenn er es durchaus verständlich findet, daß ihn die *Indiens* (wie er die Bewohner Ostindiens nennt) »durch seinen soviel wie wilder Mensch bedeutenden Namen mit dem Menschengeschlechte in Zusammenhang setzten, denn er gleicht im Körperbau mehr dem Menschen als anderen Affen oder irgendeinem sonstigen Tier«.

Camper, der 1770 in Groningen einen jungen Orang-Utan sorgfältig sezierte und darüber einen Bericht verfaßte (184, 186), fixierte in seiner präzisen anatomischen Beschreibung ein für allemal die Unterschiede zwischen dieser Art und dem Schimpansen und grenzte sie anhand mehrerer Merkmale, insbesondere des kurzen Daumens und der riesigen Kehlsäcke (die er sezierte und zeichnete), auch scharf gegen den Menschen ab.

In spürbarem Gegensatz zu Linné betont Blumenbach den Unterschied zwischen Mensch und Menschenaffen über Gebühr, wobei er besonderes Gewicht auf die Zweihändigkeit des Menschen legt. Wie er in der ersten Auflage seines *De generis humani varietate* bemerkt:

»Eine weitere Besonderheit des Menschen ergibt sich unmittelbar aus dem Gesagten, nämlich, daß ich einzig dem Menschengeschlecht zwei Hände zuschreibe, während die Affen im Gegensatz dazu entweder mit vieren oder keiner ausgestattet sind; ihre gegen die übrigen Zehen abgesetzte große Zehe erfüllt dieselben Funktionen wie die Daumen der Hände« (106).

Auch in der zweiten Auflage seines Buches betont er die Zweihändigkeit des Menschen im Gegensatz zu den »Simiae« (geschwänzten und höheren Affen), die, da sie alle vier Extremitäten als Kletterhände benutzten, weder zu den *bipedes* noch zu den *quadrupedes* zählten (107). In der dritten, 1795 erschienenen Auflage führt er dann die Termini ein, die sich lange Zeit auf die Klassifikation der Primaten auswirken sollten. Für ihn bildet der Mensch eine eigene Gruppe, die er als »Bimanus« bezeichnet, wobei die Singularendung die Einzigartigkeit des Menschen als Art zum Ausdruck bringen und andeuten soll, daß nur er Zweihänder ist, während sämtliche Affen und Halbaffen in der Taxonomie zur Gruppe der vierhändigen Tiere oder *Quadrumana* zusammengefaßt werden (108).

Diese Regelung galt sehr lange, sie stimmt indessen mit dem modernen Wissensstand nicht mehr überein, pflegen wir doch heute den Menschen mit den höheren Affen als Mitglied der Hominoidea einzustufen und diese Gruppe gegen die Cercopithecoidea (Altweltaffen) und Ceboidea (Affen der Neuen Welt) abzugrenzen (968), während die Halbaffen oder Lemuren wiederum eine eigene Gruppe bilden.

3
Von Gobineau bis Houston Chamberlain

Seit den dreißiger Jahren unseres Jahrhunderts macht sich nahezu weltweit die Tendenz bemerkbar, die Gleichheit aller ethnischen Gruppen zum Glaubenssatz zu erheben, eine Tendenz, deren Anstoß zweifellos in den heftigen, durch die Judenverfolgung unter dem Naziregime hervorgerufenen Emotionen zu suchen ist. Mancher, den die ethnische Frage interessiert, hat sich nach dem historischen Ausgangspunkt jener Ideen umgesehen, die im Denken Hitlers und seiner Genossen so gräßliche Früchte trugen, und ist dabei auf ein Buch des Comte de Gobineau, sicher auch auf manch späteren Autor gestoßen. Leider gibt Hitler selbst demjenigen, der die Herkunft seiner Ansichten zum ethnischen Problem aufdecken möchte, kaum eine Hilfestellung. Gewiß dürften sich ihm während seiner Festungshaft in Landsberg, wo er den ersten Band von *Mein Kampf* (494) mit dem sonderbaren Untertitel *Eine Abrechnung* verfaßte, nur begrenzte Lektüremöglichkeiten geboten haben, aber es erstaunt denn doch, daß er im Kapitel über die ethnische Frage lediglich zwei Persönlichkeiten zitiert – eine knappe antijüdische Äußerung Schopenhauers und ein kleines Reimpaar von Goethe (der übrigens nicht genannt wird). Dennoch kann man natürlich aus verschiedenen Quellen Eindrücke aufnehmen, und so darf es als ziemlich sicher gelten, daß zumindest einige der in diesem Kapitel erwähnten Autoren das Denken bestimmter Naziführer beeinflußten (ob man sie freilich in irgendeiner Weise für die Handlungen der Nazis verantwortlich machen kann, steht auf einem anderen Blatt).

Dieses (wie übrigens auch das nächste) Kapitel unterscheidet sich von den beiden vorausgegangenen nicht nur hinsichtlich des behandelten Zeitraums (1853–1928), sondern auch aufgrund seines beschränkteren Blickwinkels, behandelt es doch lediglich die wachsende Bildung von Gedankengängen, die den Glauben an die Ungleichheit der ethnischen Gruppen begünstigten beziehungsweise zu Recht oder zu Unrecht in diesem Geruch stehen.

Joseph Arthur, Comte de Gobineau (1816–1882), war ein ungewöhnlich vielseitig interessierter Mann, Berufsdiplomat und Verfasser einer Anzahl von Novellen, Erzählungen, Gedichten und Abhandlungen über Philosophie, Geschichte, Orientalistik, Archäologie (darunter auch einem Buch über die Keilschrift, 412). In all seinen Schriften erscheint er nicht nur als typischer Franzose, sondern auch als *littérateur* – ein kultivierter und beschlagener Autor, der seine Ansichten mit aller wünschenswerten Klarheit zu formulieren weiß.
Sein *Essai sur l'inégalité des races humaines* (Versuch über die Ungleichheit der Menschenrassen), ein nicht emotionales und eindrucksvolles, zwischen 1853 und 1855 in mehreren gesonderten Teilen veröffentlichtes Werk (409), spiegelt insofern das Berufsleben seines Verfassers wider, als es sich nicht primär mit biologischen oder anthropologischen Themen wie der Gleichheit oder Ungleichheit der Rassen, sondern mit Nationen und geschichtlichen Ereignissen befaßt, genauer, mit der Frage, warum große Nationen dem Untergang geweiht scheinen. Um

dieses Problem zu lösen, prüft Gobineau sorgfältig die von anderen ins Treffen geführten Gründe: Glaubensverfall, Fanatismus, Sittenverderbnis, Verschwendung, Mißwirtschaft, Despotismus, verwirft sie jedoch angesichts der historischen Fakten allesamt. Er führt diverse Beispiele an, in denen Nationen ihren Nachfolgern moralisch eindeutig überlegen waren, in denen der Glaube just in Zeiten des nationalen Niedergangs blühte oder eine Kultur verfiel, obgleich die Menschen besser regiert wurden als je zuvor. Griechen, Perser und Römer waren untergegangen, obwohl sie die Verschwendung nie dergestalt auf den Gipfel getrieben hatten wie Gobineaus eigene Landsleute und Zeitgenossen.

Nach reiflicher Erwägung des Problems gelangt Gobineau zu der Ansicht, die Antwort könne möglicherweise in der Ungleichheit der Rassen oder, in der Terminologie dieses Buches gesprochen, in der Ungleichheit bestimmter ethnischer Gruppen liegen (Seite 10).

Der erste zivilisatorische Akt ist laut Gobineau der durch Bündnis oder Eroberung bewirkte Zusammenschluß verschiedener Stämme zu einer Nation. Doch während manche ethnischen Gruppen zu diesem Schritt befähigt scheinen und eine zur Herausbildung einer Zivilisation ausreichende Einheit zustande bringen, sind andere dazu offenbar nicht imstande. Dabei scheint die Ursache nicht in äußeren Gegebenheiten zu liegen, da sich solche Versager ebensogut in kalten wie in gemäßigten und heißen Klimazonen, in fruchtbaren Ländern wie dürren Wüsten, an Flußufern und Küsten wie im Binnenland finden.

Die (vermutlich eng miteinander verwandten) verbündeten Stämme, die sich zur Nation zusammenschließen, verschmelzen durch wechselseitige Eheschließungen zu einem homogenen Ganzen. Städte entwickeln sich und ziehen mit dem Größerwerden Scharen von Fremden an. Eine internationale Gesellschaft beginnt sich herauszubilden. Doch unter den neu Hinzukommenden be-

3 Joseph Arthur, Comte de Gobineau, Verfasser des wohl bekanntesten Werkes über die ethnische Frage: Essai sur l'inégalité des races humaines (409). – Nach einem Gemälde in der Bibliothèque Nationale et Universitaire, Straßburg.

finden sich auch Angehörige ethnischer Gruppen, die selbst keine Zivilisation aufzubauen wußten, und so setzt die *dégénération* ein:

»Wendet man das Wort *degeneriert* auf ein Volk an, dann bedeutet das, daß ein Volk nicht mehr den inneren Wert besitzt, den es ehedem hatte, weil es nicht mehr das ursprüngliche Blut aufweist, sondern durch fortwährende Vermischung seinen Wert eingeschränkt hat. Anders ausgedrückt: es hat trotz des gleichen Namens nicht mehr die ursprüngliche Rasse seiner Begründer erhalten. Der Mensch des Verfalls, der Mensch, der degeneriert ist, ist, vom volklichen Standpunkt aus betrachtet, ein vom Helden der großen Epoche verschiedenes Subjekt geworden.«

Dieser kurze Passus faßt Gobineaus Grundgedanken, den er in seinem Buch sehr

ausführlich erläutert, bemerkenswert klar zusammen.
Gobineau mißt der Umwelt nur untergeordnete Bedeutung bei: »Nicht der Ort, so möchte ich behaupten, bestimmte den Wert einer Nation, denn er hat ihn noch nie bestimmt und wird ihn auch nie bestimmen: Vielmehr war es die Nation, die dem betreffenden Gebiet seinen wirtschaftlichen, moralischen und politischen Wert gab, gegeben hat und geben wird.« Und er weist darauf hin, daß sich die großen Kulturen Indiens, Ägyptens, Chinas und Mesopotamiens keineswegs in naturbegünstigten Landstrichen entfalteten, vielmehr mußten die Begründer dieser Kulturen zunächst einmal ihr Gesellschaftssystem auf einen hohen Stand bringen, ehe sie mittels Bewässerung und ähnlicher technischer Vorrichtungen die naturgegebenen Vorteile überhaupt nutzen konnten:
»Ich möchte hier auf die in ihren Bergen abgeschlossenen Armenier verweisen (denselben Bergen, in denen so viele andere Völker als Barbaren leben und sterben), die seit dem fernsten Altertum im Verlauf vieler Generationen ein ziemlich hohes kulturelles Niveau erreichten, und das, obgleich die betreffenden Regionen nahezu gänzlich abgeschnitten waren, keinerlei nennenswerte Fruchtbarkeit aufwiesen und in keiner Verbindung zum Meere standen.«
Die jüdische Zivilisation der Frühzeit betrachtet Gobineau als Ableger Mesopotamiens mit etlichen ägyptischen Einflüssen und führt die Unfähigkeit der Juden, eine wirklich eigenständige Kultur aufzubauen, auf den Umstand zurück, daß sie *chamatisés* (das heißt bis zu einem gewissen Grad mit den *Chamites*, den Hamiten, vermischt) waren. Desungeachtet zeigt er großen Respekt vor den Juden und äußert sich über sie in einer Weise, die all jene, die ihm die Untaten des Nazismus in die Schuhe schieben möchten, eines anderen belehren dürfte. Er schildert sie als ein von Natur aus überlegenes Volk, das ähnlich wie die Armenier in einer eher ungünstigen Umwelt lebte und in dieser Umwelt eine Zeitlang auch prosperierte: »Die Juden . . . umgeben von Stämmen, die Dialekte einer mit ihrer eigenen verwandten Sprache sprachen . . . übertrafen nichtsdestoweniger all diese Gruppen. Man sieht sie als Krieger, Ackerbauern, Geschäftsleute. Monarchie, Theokratie, die patriarchalische Gewalt der Familienoberhäupter und die demokratische Macht des durch Versammlungen und Propheten repräsentierten Volkes wogen einander auf eine höchst bizarre Weise auf. Man sieht sie unter dieser einzigartig komplizierten Regierungsform lange Jahrhunderte des Wohlstandes und Ruhmes durchleben und durch eines der intelligentesten Auswanderungssysteme die Schwierigkeiten überwinden, die ihrer Ausbreitung durch die engen Grenzen ihres Gebietes gezogen sind. Und wie sah, um unsere Frage zu wiederholen, dieses Gebiet aus? . . . Was waren die Juden in diesem elenden Winkel der Welt? Sie waren, noch einmal sei's gesagt, ein in allen Unternehmungen fähiges Volk, ein freies Volk, ein starkes Volk, ein intelligentes Volk. Als sie in tapferem Widerstand, die Waffe noch in der Hand, ihre Stellung als unabhängige Nation einbüßten, lieferten sie der Welt fast ebensoviele Gelehrte *(docteurs)* wie Kaufleute.«
Wiewohl Anhänger des »Monogenismus«, der damals weitverbreiteten Auffassung, die gesamte Menschheit gehe auf ein und denselben Ursprung zurück, stellt Gobineau, ohne zu zögern, doch manche ethnischen Gruppen auf eine niedrigere geistige Stufe. »Der Europäer«, so meint er, »kann nicht hoffen, den Neger zu zivilisieren«, schränkt diese gröbliche Behauptung aber sogleich durch den nachdrücklichen Hinweis ein, er spreche nicht von den moralischen und intellektuellen Fähigkeiten einzelner. »Ich lehne«, schreibt er, »Argumente nach Art der Aussage ›Jeder Neger ist töricht‹ absolut ab, und zwar in erster Linie deshalb, weil ich in diesem Fall genötigt wäre, jeden Europäer für intelligent zu halten – eine Ungereimtheit, von der ich meilenweit entfernt bin.«
Benjamin Franklins Kalauer, der Neger sei

ein Tier, das möglichst viel fresse und möglichst wenig arbeite, weist Gobineau gleichfalls mit Entschiedenheit zurück.

Die meisten wissenschaftlichen Beobachter, so meint er, zeigten eine ausgeprägte Tendenz, primitive menschliche Typen weit zu unterschätzen. Dabei »ist selbst in den abstoßendsten Kannibalen noch ein Funke göttlichen Feuers lebendig, so daß sich die Fähigkeit zu verstehen zumindest bis zu einem gewissen Grad entzünden kann«.

Das Hauptkriterium für die Überlegenheit einer *race* ist laut Gobineau ihr Vermögen, eine große Kultur aufzubauen, deren es im Lauf der Geschichte seiner Ansicht nach zehn gegeben hat, sieben in der Alten Welt und drei in Amerika. In der Alten Welt waren es die der Inder, Ägypter, Assyrer, Griechen, Chinesen, Römer und schließlich die der *races germaniques* und in Amerika die der *Alléghaniens,* Mexikaner und Peruaner (wobei zu bemerken ist, daß zu Gobineaus Zeit die Abhängigkeit der assyrischen Kultur von der sumerischen noch nicht ohne weiteres erkennbar war). Was seine alleghanische Kultur betrifft, so dürfte es sich dabei um einen Zweig der nach neueren Erkenntnissen in den Vereinigten Staaten einst weitverbreiteten alten »Moundbuilders«-Kultur handeln.

Wie aus dem Zusammenhang klar hervorgeht, versteht Gobineau unter den sogenannten *races germaniques* Angehörige der nordiden Unterrasse, die sich in gewissem Ausmaß mit Slawen und anderen Stämmen vermischt haben, ohne dadurch allzu schnell ihre natürliche Tatkraft einzubüßen. Die Germanen, Schöpfer der Kultur des modernen Europa, sind laut Gobineau ein Zweig der »arischen Rasse«, auf die er (zumindest teilweise) nicht weniger als sechs der großen Kulturen der Alten Welt zurückführt – nämlich alle außer der assyrischen, ist er doch überzeugt, die Kultur sei von indischen Ariern nach China getragen worden. Offenbar decken sich Gobineaus Arier mit den verschiedenen Völkern der indogermanischen Sprachenfamilie – jedenfalls definiert er diese seiner Meinung nach großen Urheber der Kultur nirgends in anthropologischen Begriffen.

Gobineaus umfangreiches Buch klingt pessimistisch aus: Rassenmischung zerstört die großen Kulturen der Neuzeit, wie sie die der Vergangenheit zerstört hat: »Vermischung, überall und immer Vermischung: Das ist das eindeutigste, sicherste und dauerhafteste Werk großer Gesellschaften und mächtiger Zivilisationen.« Und er gliedert die Existenz des Menschen auf Erden in zwei Perioden. »Die eine, der Vergangenheit angehörende, hat die Jugend, Kraft und geistige Größe der Art erfahren und besessen; die andere, mittlerweile angebrochene, wird sich taumelnden Schritts auf Hinfälligkeit und Altersschwäche zubewegen.«

Charles-Henri-Georges Pouchet, Professor am Pariser Musée d'Histoire Naturelle und langjähriger Mitherausgeber des *Journal de l'Anatomie et de la Physiologie,* hatte bereits als fünfundzwanzigjähriger, noch völlig unbekannter Autor 1858 ein Buch mit dem Titel *De la pluralité des races humaines* (853) veröffentlicht. Im Lauf der Jahre folgten zahlreiche Abhandlungen über alle möglichen zoologischen und histologischen Themen (856), aber, von einigen verstreuten anthropologischen Bemerkungen, unter anderem über die Hautfarbe, und einer Textbearbeitung für die Zweitauflage seines Buches (854) abgesehen, keine mehr über die Ungleichheit der Rassen.

Gobineaus Werk war Pouchet zwar bekannt, scheint ihn aber nicht sonderlich beeindruckt zu haben. Jedenfalls ging er das Problem von einer völlig anderen Seite an. Trotz seiner Überzeugung von der prinzipiellen Gleichartigkeit von Mensch und Menschenaffen hinsichtlich Körperbau und psychischer Struktur betonte er doch nachdrücklich die physische und seelische Verschiedenartigkeit der Menschenrassen, von denen er manche, besonders die Neger, für intellektuell eindeutig unterlegen hielt. Diese Verschiedenartigkeit führt er, bestrebt, das Problem objektiv, einzig der Suche nach der Wahrheit, nicht aber irgendeinem vorgeschobenen humanitären Motiv verpflichtet, zu analysieren, nicht auf direkte Klimaeinwirkung oder Rassenvermischung zurück (obwohl er von der potentiellen Fruchtbarkeit sämtlicher Rassen untereinander überzeugt ist), auch nicht, wie Blumenbach, auf Degeneration; er vertritt vielmehr den Polygenismus, das heißt den Glauben an den gesonderten Ursprung der Menschenrassen.

Die Anhänger des Monogenismus glaubten an die gemeinsame Abstammung aller Menschen; da aber zwischen den Rassen offenkundige Unterschiede bestehen, mußte wohl ein evolutionärer Wandel stattgefunden haben. Unlogischerweise jedoch wandten sich ausgerechnet die Verfechter des Monogenismus am schärfsten gegen die zur Zeit der Veröffentlichung von Pouchets Buch laut werdenden Evolutionsvorstellungen. Pouchet selbst dagegen, der als Anhänger der Theorie von der Urzeugung ursprünglich der Auffassung zuneigte, die verschiedenen Rassen seien völlig unabhängig voneinander entstanden (wie die Verwendung des Wortes *pluralité* in der ersten Auflage seines Buches unterstreicht), ändert unter dem Einfluß von Darwins *Entstehung der Arten* (254) seine Ansichten: In der zweiten, 1864 publizierten Auflage äußert er die Überzeugung, die verschiedenen Menschenarten seien *unabhängig voneinander* aus einem vormenschlichen Vorfahren hervorgegangen und daher mit diesem enger verwandt als untereinander. Daraus folgt (auch wenn Pouchet selbst diesen Schluß nicht zieht), daß eine konvergente Evolution stattgefunden haben muß, zeigen die menschlichen »Arten« doch Ähnlichkeiten, die ihre Vorfahren noch nicht aufgewiesen haben können. Diese bei Pouchet in nuce angelegte Idee wurde bald darauf von Vogt (1105) weiterentwickelt. (Der Gedanke einer konvergenten oder parallelen Evolution aus einer *menschlichen* Urform liegt auch einer 1937 von Peters veröffentlichten Abhandlung zugrunde (836) und wird in stark abgewandelter Form von Coon in seinem neuen Buch *The origin of human races*, 227, in interessanter Weise ausgebaut.)

Darwin hatte sich in der ersten Auflage der *Entstehung der Arten* sehr vorsichtig zur Evolutionsgeschichte des Menschen geäußert und lediglich beiläufig bemerkt, im Zuge künftiger Forschungen werde die Physiologie auf eine neue Grundlage gestellt werden, nämlich die, »daß jedes geistige Vermögen und jede Fähigkeit nur auf allmählichem Wege erlangt werden kann. Es wird Licht geworfen werden auf den Ursprung des Menschen und seine Geschichte« (254), eine Stelle, die er in den späteren Auflagen dann etwas nachdrücklicher formulierte (256). Pouchet nun preschte, wie bereits angedeutet, auf diesem Sektor kühn vor: Wenn der Mensch nicht durch einen besonderen Schöpfungsakt, sondern im Zuge der Evolution entstanden war, stellten die Menschenrassen möglicherweise Etappen in diesem Prozeß oder Zweige eines Evolutionsbaumes dar. Diese Annahme schien nur natürlich, und so kann es kaum überraschen, daß der nächste bedeutende Beitrag zur ethnischen Frage von einem Zoologen stammte.

Carl Vogt war eine bemerkenswerte Persönlichkeit – ein deutscher Radikaler, der wegen Beteiligung an der 48er Revolution die Heimat verlassen mußte und als Professor für Naturgeschichte an der Universität Genf eine ziemlich bissige »linksgerichtete« und antireligiöse Propaganda trieb, gleichzeitig jedoch als bedeutender früher Anhänger des Darwinismus in seinen Schriften mit Nachdruck und Erfolg die Evolutionslehre verbreitete. Sein (zumindest im Hinblick auf die ethnische Frage) wichtigster Beitrag zu diesem Thema, die 1863 in Buchform veröffentlichten *Vorlesungen über den Menschen, seine Stellung in der Schöpfung und in der Geschichte der Erde* (1105) wird (wie übrigens auch Vogts andere Schriften) in Darwins acht Jahre später publizierter *Abstammung des Menschen* (258) von der ersten Seite an wiederholt erwähnt (1106).

Besonders beeindruckt zeigt sich Vogt von

Gratiolets Studien über die Gehirne und Gehirnabgüsse von geschwänzten und höheren Affen (430), anhand derer der französische Anatom zu dem Schluß gelangt war, die drei großen Menschenaffen bildeten keine natürliche Gruppe. Diese Untersuchungen, so Gratiolet, »legten mit großer Wahrscheinlichkeit nahe, daß nach demselben Beurteilungsmaßstab, nach dem der Orang-Utan ein Gibbon ist, der Gorilla zu den Pavianen und der Schimpanse zu den Makaks zählt« (430), weshalb er denn auch vorschlug, den Gorilla zur Gattung *Cynocephalus,* den Schimpansen zu *Macacus* und den Orang-Utan zu *Hylobates* zu rechnen. Natürlich wußte er, daß die großen Affen untereinander Ähnlichkeiten aufweisen, die den kleineren abgehen – er erwähnt selbst ihre Schwanzlosigkeit, die Breite des Brustbeins und die Gewohnheit, beim Gehen die Fingerrücken auf den Boden aufzustützen, Merkmale, die er indessen für wesentlich belangloser hielt als die – vermeintlichen – Übereinstimmungen in der Anatomie des Gehirns.
Vogt übertrug Gratiolets Entdeckungen auf dem Sektor der vergleichenden Anatomie in die Sprache der Evolutionslehre, das heißt, er nahm einen fortschreitenden konvergenten Wandel an, demzufolge die drei großen Affen keinen gemeinsamen affenähnlichen Vorfahren besessen, sondern sich jeweils selbständig aus verschiedenen Gattungen geschwänzter Affen entwickelt haben sollten, um sich dann in der Folge in verschiedenen Punkten enger einander anzunähern. Möglicherweise handelt es sich hier um die erste klare Formulierung des Prinzips der konvergenten Evolution, das durch spätere Forschungen in manchen Fällen überzeugend bestätigt wurde (wenn auch nicht gerade im Hinblick auf die Evolution der großen Affen). Vogt verdeutlicht den Vorgang am Bild des Evolutionsbaumes und äußert die (in Anbetracht ihrer Neuheit recht bemerkenswerte) Idee: »Aber die Vervollkommnung biegt die Zweige mit ihren Spitzen wieder gegen einander.«
»Zeigt uns die Menschengeschichte nicht etwas Aenliches?« fragt er und zieht den Schluß, daß, sofern sich die verschiedenen Menschenrassen bis zu ihrem Ursprung zurückverfolgen ließen, kein einheitlicher menschlicher Urtypus zum Vorschein käme, sondern der Stammbaum im Gegenteil auf verschiedene Affengruppen zurückginge: » . . . so führen uns alle diese Thatsachen nicht auf einen gemeinsamen Stamm, auf eine einzige Zwischenform zwischen Mensch und Affen hin, sondern auf vielfache Parallelreihen, welche sich, mehr oder minder local begrenzt, aus den verschiedenen Parallelreihen der Affen entwickeln mochten.« Kurzum, Vogt ist, wie schon Pouchet, Anhänger des Polygenismus.
Übrigens stimmte Darwin Vogts Folgerung von der Abstammung der Menschenrassen von besonderen Stammeltern zwar nicht zu, attestierte aber den verschiedenen Rassen große Unterschiede in der geistig-seelischen Veranlagung, besonders in den Gemütskräften, und bis zu einem gewissen Grad auch in den intellektuellen Fähigkeiten (258).
Besonders in Deutschland waren viele der frühen Darwinisten religionsfeindlich eingestellt und neigten politisch der »Linken« zu (807), so auch der altmodisch-religiös erzogene Ernst Haeckel (1834–1919), der sich zunächst von Carl Vogts Schriften schockiert zeigte, in späteren Jahren jedoch einen völlig veränderten Standpunkt vertrat und sich als einer der Hauptbefürworter des Darwinismus auf dem europäischen Festland hervortat. Mittlerweile ein Gegner der christlichen Religion und politisch ein Radikaler, verbündete er sich mit Vogt, dessen Ansichten über die Ungleichheit der Menschenrassen er teilte. Seine besondere Bewunderung galt der reichlich unscharf definierten »indogermanischen Rasse«, die seiner Ansicht nach »alle übrigen Menschenrassen in der geistigen Entwickelung weit überflügelt hat« (453).
Für Francis Galton (1822–1911) bedeutete die Veröffentlichung der *Entstehung der Arten* einen »echten Wendepunkt« in seinem Leben. Das Buch, so schrieb er an den

Verfasser (einen entfernten Verwandten) »hat die Befangenheit meines alten Aberglaubens wie einen Alptraum verscheucht und mir erstmals Gedankenfreiheit gegeben« (100). Zweifellos begann sich der wendige und vielseitige, als Forschungsreisender, Meteorologe, Genetiker und Begründer der Eugenik bekannte Galton im Zuge seiner Reisen durch Südwestafrika, wo er mit Buschmännern und dem noch sehr primitiven »Ghou Damup« oder Bergdama-Stamm, außerdem mit Hereros und Ovambos in Berührung kam (378), für die ethnische Frage zu interessieren – übrigens unbehindert durch irgendwelche egalitären Gefühle:

»Ich wende mich ohne jedwede Einschränkung gegen alle Behauptungen von naturgegebener Gleichheit. Die Erfahrungen im Kindergarten, auf der Schule, der Universität und im Berufsleben liefern eine Kette von Gegenbeweisen . . . Wie immer wir die Befähigung auch testen mögen, wir stellen stets dieselben ungeheuren geistigen Unterschiede fest« (379).

Galton unternahm als erster den Versuch, das ethnische Problem auf mathematischer Basis, nämlich auf der Grundlage des vom belgischen Astronomen Quetelet erläuterten Gesetzes der Abweichung vom Mittelwert (868, 869) zu behandeln. Dieser hatte bei der statistischen Auswertung von Datenmaterial über verschiedene Körpermerkmale, unter anderem den Brustumfang schottischer Soldaten, festgestellt, daß sich das Zahlenverhältnis zwischen den einzelnen Gruppen mathematisch formulieren ließ und daß die so ermittelte Formel auch bei anderen ähnlichen Messungen angewandt werden konnte.

Die Grafik 4 erläutert Quetelets Prinzip anhand eines imaginären Beispiels, bei dem eine Million Personen nach den Meßwerten eines bestimmten Merkmals in Gruppen eingeteilt wurden (wobei die Höhe der Blöcke jeweils die Zahl der unter die betreffende Gruppe fallenden Personen anzeigt). Man kann beliebig viele Gruppen oder »Stufen« ansetzen – im vorliegenden Fall sind es 14, je 7 beidseits des Durchschnittswertes (arithmetischen Mittels). Jede Stufe differiert von der nächsten um dieselbe Spanne, dadurch ergibt sich gemeinhin eine ähnliche Figur wie auf Abbildung 4, bei der die einzelnen Stufen durch Buchstaben gekennzeichnet sind, und zwar die über dem Mittel-

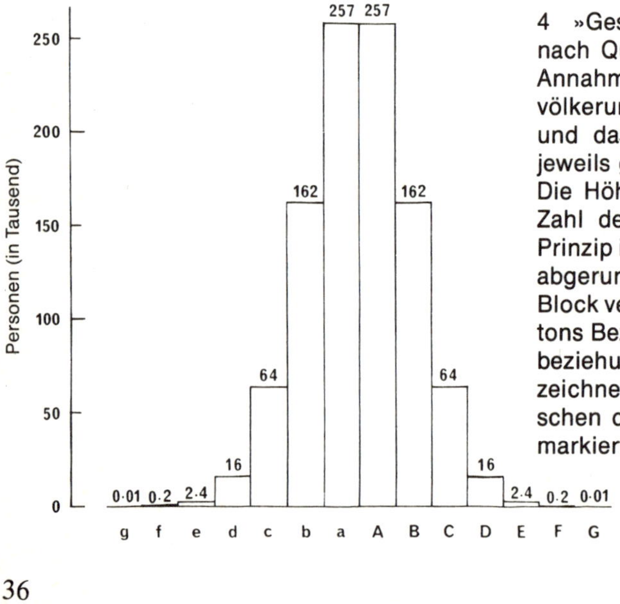

4 »Gesetz der Abweichung vom Mittelwert« nach Quetelet. Die Darstellung geht von der Annahme aus, daß bei einer Einmillionenbevölkerung ein bestimmtes Merkmal gemessen und dabei 14 Gruppen oder »Stufen« von jeweils gleicher Reichweite ermittelt wurden. Die Höhe der Blöcke zeigt (in Tausend) die Zahl der Personen an, die nach Quetelets Prinzip in jeder Stufe zu erwarten sind (diese – abgerundete – Zahl findet man über jedem Block vermerkt). In Übereinstimmung mit Galtons Bezeichnungen sind die Stäbe mit Groß- beziehungsweise Kleinbuchstaben gekennzeichnet. Der auf der Abszissenachse zwischen den Blöcken a und A liegende Punkt markiert den Durchschnitt (Mittelwert) der gesamten Bevölkerung. – Schematische Darstellung nach Galtons Angaben (379).

wert liegenden mit großen und die darunter liegenden mit kleinen.
Galton kam nun auf die Idee, Quetelets Prinzip lasse sich womöglich auch auf die verschiedenen Intelligenzstufen anwenden (379). Um diese Möglichkeit zu testen, unterzog er die von einer Anzahl von Kandidaten bei verschiedenen Prüfungen erzielten Noten einer mathematischen Analyse und stellte dabei fest, daß die Verteilung tatsächlich dem Queteletschen Schema entsprach. Er entschied sich für 14 Intelligenzstufen, je sieben beidseits des Mittelwertes, die er mit Groß- beziehungsweise Kleinbuchstaben bezeichnete (vergleiche die Grafiken 4 und 5), und gelangte zu dem Schluß, daß einer von circa 79 000 Probanden in die höchste Stufe G und entsprechend auch in die untere Stufe der Imbezillität, g, fällt; einer von 43 000 in die Stufen F und f, doch bereits jeder vierte in die Durchschnittsstufen A und a. Jenseits der beiden höchsten, in seiner statistischen Analyse verwendeten Stufen F und G (»hervorragend«) konstatierte Galton noch die Existenz einiger weniger geistig überragender Personen, die sich aufgrund ihrer geringen Zahl jedoch statistisch nicht mehr erfassen ließen, und ordnete diese »illustren« Geister in eine Stufe X ein, der auf der anderen Seite der Skala eine unter x zusammengefaßte Gruppe von Schwachsinnigen entsprach.
Anhand dieser – zwangsläufig auf unvollständige Daten aufgebauten – Untersuchung gelangte Galton zu der Ansicht, das allgemeine Prinzip der Intelligenzstreuung bleibe bei allen ethnischen Gruppen gleich, nur der Mittelwert und damit die Bandbreite von g bis G und von x bis X differiere. Er verweist unter anderem auf die eindrucksvolle Zahl illustrer Persönlichkeiten unter der freien attischen Bevölkerung im Jahrhundert ab 530 vor Christus (auf Perikles, Thukydides, Sokrates, Xenophon, Plato, Euripides, Phidias). Damals fielen im Verhältnis zur Gesamtbevölkerung weit mehr Personen in die höchsten Stufen als etwa im zeitgenössischen England, woraus Galton die Folgerung ableitete, daß die intellektuelle Bandbreite zwar dieselbe geblieben war, sich aber nach oben verschoben hatte, daß also beispielsweise der Stufe A bei den attischen Griechen eine zwischen B und C liegende Stufe bei seinen englischen Zeitgenossen entsprach. Das Diagramm 6 veranschaulicht Galtons Schlüsse über die Intelligenzstreuung bei dieser und anderen Personengruppen. Das nicht von

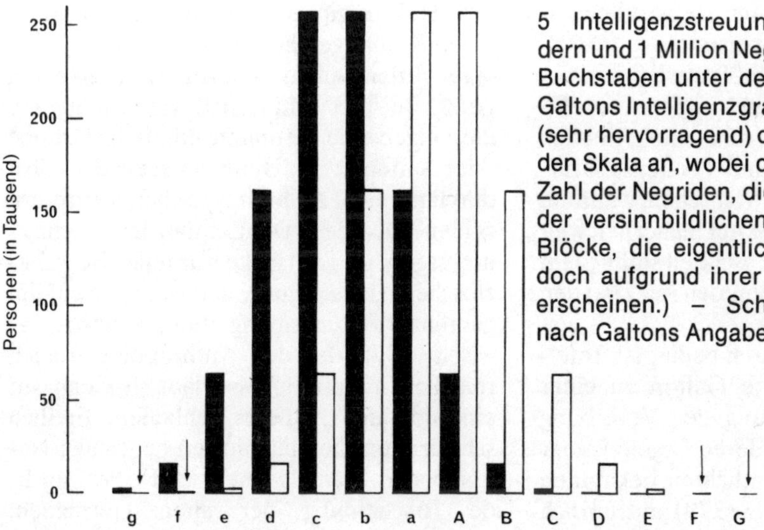

5 Intelligenzstreuung bei 1 Million Engländern und 1 Million Negriden (nach Galton). Die Buchstaben unter der Abszissenachse geben Galtons Intelligenzgrade von g (imbezill) bis G (sehr hervorragend) der für Engländer geltenden Skala an, wobei die schwarzen Blöcke die Zahl der Negriden, die weißen die der Engländer versinnbildlichen. (Die Pfeile weisen auf Blöcke, die eigentlich weiß sein sollten, jedoch aufgrund ihrer Kleinheit nur als Strich erscheinen.) – Schematische Darstellung nach Galtons Angaben (379).

Hunde, u.s.w.	x g f e d c b a A B C D E F G X
Australier	x g f e d c b a A B C D E F G X
Neger	x g f e d c b a A B C D E F G X
Engländer	x g f e'd c b a A B C D E F G X
attische Griechen zwischen 530–430 vor Christus	x g f e d c b a A B C D E F G X

6 Galtons Vergleich der Intelligenzstreuung bei verschiedenen Menschengruppen sowie bei Hunden und anderen intelligenten Tieren. Die Buchstaben x, g, f und so weiter bezeichnen Intelligenzgrade von der niedrigsten Stufe x bis zur höchsten Stufe X. – Schematische Darstellung der Galtonschen Ansichten (379).

ihm selbst stammende, aber seine Ergebnisse exakt wiedergebende Diagramm zeigt, daß er die Negriden im Durchschnitt niedriger einstuft als die Engländer, jedoch eine breite Überschneidungsspanne annimmt. So fällt Toussaint L'Ouverture, der schwarze »Befreier« Haitis, nach englischen Maßstäben in Stufe F (»hervorragend«), während er auf der Skala der Negriden zur »illustren« Stufe X zählt und ein Negride der Stufe A intellektuell einem Engländer der Stufe b entspricht. (In welchem Zahlenverhältnis sich die Angehörigen beider Gruppen auf die verschiedenen Intelligenzgrade verteilen, zeigt die Grafik 5.)

Wie das Diagramm 6 zeigt, stellt Galton die Australiden (australischen Eingeborenen) eine Stufe unter die Negriden, doch gibt er selber zu, das verfügbare Datenmaterial habe nicht ausgereicht, um sie wirklich zuverlässig und korrekt einzustufen.

Des weiteren hielt er dafür, Stufe F (»hervorragend«) bei Hunden und anderen intelligenten Tierarten entspreche »im Hinblick auf Gedächtnisleistung und Verstandeskräfte in etwa Stufe f bei den Menschen, während die G-Klasse dieser Tiere mit Sicherheit weit über der g-Klasse der Menschheit steht«. (Im Diagramm 6 fällt F bei Hunden mit f bei den Engländern zusammen.)

Diese Analyse der ethnisch bedingten Intelligenzunterschiede führte Galton zu einer allgemeinen Untersuchung der Vererbung der Geistesfähigkeiten, deren Ergebnisse er in seinem 1869 veröffentlichten bekannten Werk *Hereditary Genius* (379) ausführlich erläutert. Am Rande sei angemerkt, daß er zwar keine spezielle Studie über die Juden durchführte, aber immerhin bemerkte, sie schienen »reich an hochintelligenten Familien«.

Von dem ganz seinen privaten Interessen lebenden britischen Gentleman Galton zum aktiv politisch engagierten deutschen Berufshistoriker Heinrich von Treitschke (1835–1896) ist ein weiter Schritt. Doch da sich Treitschke als angesehene Persönlichkeit des öffentlichen Lebens zur jüdischen Einwanderung äußerte, müssen wir ihn hier kurz erwähnen, wobei gleich vorweggenommen sei, daß er als überzeugter Nationalist zwar in gewissem Sinn als Wegbereiter der Nazis gelten, aber seiner ganzen Wesensart nach keinesfalls mit den für die Verbrechen des Hitlerregimes Verantwortlichen über einen Kamm geschoren werden darf.

Wie Hitler selbst ist auch Treitschke ein gutes Beispiel dafür, daß vielfach gerade diejenigen eine bestimmte ethnische Gruppe oder Nation in den Himmel heben, die selbst durchaus nicht zu ihren typischen Vertretern zählen. Der dem Deutschtum leidenschaftlich ergebene Treitschke war teilweise tschechischer Abstammung, und wenn die auf ihn gemünzte Beschreibung »unverkennbar slawisch« (478) für den Anthropologen auch reichlich unbestimmt ist, läßt sie doch auf ein alpinides Äußeres schließen. Freilich schwärmten die glühendsten deutschen Nationalisten damals mehr für die nordide Erscheinung der alten Germanen.

Treitschke befürchtete, die Tugenden des deutschen Volkes könnten durch die Präsenz zu vieler oder zu einflußreicher Juden verfälscht werden. Zwar verfaßte er kein bedeutenderes Werk über die ethnische Frage, spielte aber in kleineren Schriften den Beitrag der Juden zur deutschen Literatur herunter und äußerte sich besorgt über ihren starken Einfluß auf die deutsche Literaturkritik. Projüdische Bücher, so behauptete er, würden lobend besprochen, antijüdische hingegen verrissen, wie die Juden seiner Meinung nach auch einen zu großen Sektor der deutschen Presse in der Hand hatten. Er wandte sich gegen die massive Judeneinwanderung aus Polen und beanstandete das zahlenmäßige Übergewicht jüdischer Schüler in den Oberklassen der Berliner Gymnasien (478).
Trotz alledem war Treitschke gegen eine extremistische Judenpolitik und empfahl lediglich gemäßigte Eindämmung, da er es nicht nur für unsinnig, sondern auch für ausgesprochen ungerecht gehalten hätte, die umfassende Emanzipation der Juden rückgängig machen oder auch nur einschränken zu wollen. Ja, der Gedanke, sich in ihre Glaubensangelegenheiten einzumischen, lag ihm so fern, daß er sie ermunterte, ihre religiösen Praktiken nicht aufzugeben.

Da die Werke Friedrich Nietzsches (1844 bis 1900) »zur nationalsozialistischen Pflichtlektüre zählten und als feierliches Geschenk unter Diktatoren dienten« (823), müssen wir seine Aussagen hier gleichfalls kurz erwähnen, obgleich es alles andere als einfach ist, einen knappen und dabei doch halbwegs klaren Eindruck vom Denken dieses ungewöhnlichen, um nicht zu sagen unbegreiflichen Mannes zu vermitteln, dessen Schriften mit denen der übrigen in diesem und dem nächsten Kapitel behandelten Autoren so gut wie nichts gemein haben. Am bezeichnendsten ist wohl der zwischen 1883 und 1891 veröffentlichte *Zarathustra* – jedenfalls erscheint er weniger überzogen als manches andere, offenbar schon den endgültigen geistigen Zusammenbruch des Verfassers ankündigende Werk.
Also sprach Zarathustra (805, 866) ist laut Nietzsche nicht primär für die akademisch Gebildeten, sondern *Für Alle und Keinen* bestimmt – insofern zutreffend, als die einzelnen Wörter und Sätze tatsächlich jedermann verständlich und mithin für alle, gleichzeitig aber auch in dem Sinn für keinen sind, daß niemand mit Sicherheit den tieferen Sinn aller Aussagen zu deuten vermag. Der Stil ist sonderbar, vielfach sogar ausgesprochen verblüffend, aber wie es an einer typischen Stelle heißt: »Mein Mundwerk – ist des Volks: zu grob und herzlich rede ich für die Seidenhasen. Und noch fremder klingt mein Wort allen Tinten-Fischen und Feder-Füchsen.« Weshalb Nietzsche sein Buch allerdings überwiegend in kurzen, an die Verse der Bibel erinnernden Abschnitten verfaßte, bleibt ebenso unerfindlich wie die Gründe, die ihn bewogen haben mögen, in die Rolle des persischen Denkers zu schlüpfen – das Wenige, was wir über den wirklichen Zarathustra wissen, liefert jedenfalls keine befriedigende Erklärung.
Durchaus klar hingegen ist Nietzsches Hauptziel – nämlich, der Ausbreitung eines gedankenlosen Egalitarismus entgegenzuwirken und Sonderrechte für den *Übermenschen* zu fordern, dem es nach Meinung des Autors zusteht, sich über das Wohl Geringerer hinwegzusetzen. Doch obwohl Nietzsche für Mitleid nur Verachtung übrig hat (». . . was in der Welt stiftete mehr Leid, als die Thorheiten der Mitleidigen?«), läßt er, unbekümmert um Konsequenz und Logik, seinen Helden wiederholt in Not geratenen Freunden beispringen. Im einen Moment wird Zarathustra vom *Willen zur Macht* verzehrt, behauptet »viele wegzulocken von der Herde – dazu kam ich«, um schon im nächsten völlig unerwartet zu verkünden: »Gerne liege ich hier, wo die Kinder spielen, an der zerbrochnen Mauer, unter Disteln und rothen Mohnblumen.« Zwischen heftigen Ausbrüchen und ruhigen Maximen finden sich unverhofft reizvolle Paradoxe wie:

»So ihr aber einen Feind habt, so vergeltet ihm nicht Böses mit Gutem: denn das würde beschämen. Sondern beweist, dass er euch etwas Gutes angethan hat.« Oder: »... thut dir ein Freund Übles, so sprich: ›ich vergebe dir, was du mir thatest; dass du es aber *dir* thatest, wie könnte ich das vergeben!‹« Oder, noch überraschender: »Vornehmer ist's, sich Unrecht zu geben als Recht zu behalten, sonderlich wenn man Recht hat.«

Gegen Ende des Buches erscheint Zarathustra dann ziemlich pessimistisch. Er hat in seiner Berghöhle, wo er mit Adler und Schlange, den Emblemen der Macht und Weisheit, haust, seine *höheren Menschen* versammelt, um sie in seinen Lehren zu unterweisen – zwei Könige, einen Papst (seit Gottes Tod unbeschäftigt), einen schlimmen Zauberer, einen freiwilligen Bettler, einen Wanderer, seinen eigenen Schatten, einen alten Wahrsager, einen Gewissenhaften des Geistes und, als sonderbarsten von allen, den häßlichsten Menschen. Allem Anschein nach jedoch mißlingt es ihm, ihnen seine Botschaft zu übermitteln, und so jagt er sie zu guter Letzt allesamt davon und bricht zu neuen Abenteuern auf.

Weshalb man Nationalsozialisten ausgerechnet dieses Buch so dringend nahelegte, bleibt um so unerfindlicher, als Nietzsche (der keinen sonderlichen Respekt vor dem deutschen Volk bekundet, ja sogar an die Gründung eines antideutschen Bundes denkt und sich mit seiner teilweise polnischen Abstammung von den Grafen von Nietzki brüstet, 641, 57) darin den Staat in unmißverständlichen Termini verurteilt, die ethnische Frage überhaupt nicht anschneidet und das Thema »Juden« nur dreimal kurz erwähnt.

Viel offener kommt Nietzsches wirkliche Einstellung zur ethnischen Frage in seiner *Morgenröthe* (803) zum Ausdruck, einem Band mit in sich selbständigen *Gedanken*, darunter auch einer Reflexion über »Das Volk Israel«, die die Nazis eigentlich hätte überraschen müssen:

»... die seelischen und geistigen Hülfsquellen bei den jetzigen Juden (sind) ausserordentlich ... ihre Tapferkeit unter dem Deckmantel erbärmlicher Unterwerfung, ihr Heroismus im *spernere se sperni* übertrifft die Tugenden aller Heiligen ... Die Art, wie sie ihre Väter und ihre Kinder ehren, die Vernunft ihrer Ehen und Ehesitten zeichnet sie unter allen Europäern aus ... Dann werden sie die Erfinder und Wegzeiger der Europäer heissen.«

Man möchte wünschen, Nietzsche hätte seine ganze Botschaft in so schlichte Worte gefaßt – er wäre weniger mißverstanden worden.

Im letzten Jahr des 19. Jahrhunderts erschienen schließlich zwei in der gesamten Betrachtungsweise nicht ganz unähnliche, in Rang und Wert jedoch recht ungleiche Bücher über die ethnische Frage, von denen das eine, von einem Extremisten verfaßte, nur geringen Einfluß ausübte, während das andere, wesentlich gemäßigtere, von den Theoretikern des Dritten Reiches als eine der Grundlagen der nationalsozialistischen Politik betrachtet wurde.

Der Haeckelschüler G. Vacher de Lapouge (er übersetzte Haeckels kleine Schrift über die Philosophie des Monismus ins Französische und versah sie mit einer Einleitung), ein Mann mit weitgespannten historischen, soziologischen und anthropologischen Interessen sowie (im Gegensatz zu vielen anderen Studenten des ethnischen Problems) soliden praktischen Kenntnissen auf dem Gebiet der Biologie und Humananatomie, veröffentlichte 1887 eine Abhandlung über die ihn beunruhigenden ethnischen Verschiebungen innerhalb der Bevölkerung Frankreichs (635), die er in *endemics* (Einheimische) – große, blonde, blauäugige Dolichocephalen (Nordide) – und *immigrants* (Einwanderer) – kleinere, braunhaarige Brachycephalen (Alpinide) einteilt. Während er die erstgenannten als überlegen ansieht und eine Liste berühmter Franzosen aufstellt, die ihrem Porträt oder anderen Anhaltspunkten nach zu schließen, dieser Unterrasse anzugehören schienen, behauptet er von den französischen Brachycephalen, sie hätten nur wenig hervorragende Literaten, Wissenschaftler und Politiker hervorgebracht. Lapouge gibt eine detaillierte Beschreibung der jeder Gruppe eigenen geistig-seelischen Merkmale, wobei er bis zu der Behauptung geht, der Nordide sei »protestantischen Glaubens«.

Diese Ansichten baut Lapouge dann in seiner einige Jahre später an der Universität Montpellier gehaltenen Vorlesungsreihe weiter aus und faßt sie in einem 1899 veröffentlichten Buch mit dem Titel *L'Aryen: son rôle social* (635) zusammen. Wie er einleitend erklärt, handelt es sich dabei in Wirklichkeit um eine Beschreibung des Linnéschen *Homo europaeus* – das aus der Philologie stammende Titelwort, so Lapouge, habe er nur deshalb gewählt, weil kein allgemeinverständlicher, das Thema exakter umschreibender Begriff existiere. Obgleich es dem Autor um die Glorifizierung des Nordiden geht, beginnt er mit einer sorgfältigen Beschreibung der verschiedenen Unterrassen Nord- und Mitteleuropas, die er als Arten einstuft und mit latinisierten Namen versieht, wobei die lateinische Bezeichnung *dinaricus* für eine dieser »Arten« und ihre genaue Definition nützliche Dienste leisten sollte.

»Der einzige gefährliche Rivale des Ariers« ist laut Lapouge der Jude, den er als arrogant im Erfolg, servil im Unglück, gerissen, betrügerisch, äußerst geldgierig, intellektuell zwar hochbegabt, aber dennoch unschöpferisch brandmarkt. »Er ist von Natur aus zu produktiver Arbeit unfähig, ein Höfling und Spekulant, kein Arbeiter oder Bauer ... Raffsüchtig und nichts denn dieses, ist er Bourgeois, ist und will nichts anderes sein als Bourgeois.«

Im Gegensatz zu Lapouge haben es im großen und ganzen gerade die glühendsten Bewunderer der Nordiden und verwandter Völkerstämme an präzisen anthropologischen Definitionen der von ihnen angeschwärmten ethnischen Gruppe mangeln lassen. In dieser Beziehung bildet auch Houston Stewart Chamberlain (1855–1927) in seinem 1899 veröffentlichten, der ethnischen Frage gewidmeten Werk *Die Grundlagen des 19. Jahrhunderts* (201) keine Ausnahme (auch wenn seine *Germanen* den *Homo europaeus* des französischen Autors mit Sicherheit einschließen).

Der britische Admiralssohn Chamberlain hatte nach seiner Erziehung durch einen deutschen Hauslehrer bei Carl Vogt in Genf Zoologie studiert und sich anschließend in Dresden niedergelassen, wo er sich für die Musik und Philosophie seines späteren Schwiegervaters Richard Wagner begeisterte. Obgleich bis zu einem gewissen Grad naturwissenschaftlich geschult und in seinen Ansichten zweifellos durch Vogt beeinflußt, war der von deutscher Kultur durchdrungene Chamberlain, der sogar Bücher in der Sprache seiner Wahlheimat verfaßte, doch in erster Linie Historiker und Biograph (bezeichnenderweise hielt er sein Werk über Immanuel Kant für seine wichtigste Publikation).

In den *Grundlagen* bezieht Chamberlain denn auch den Standpunkt des vornehmlich an Europa und dem Nahen Osten interessierten Geschichtsforschers, der eine möglichst allgemein gehaltene Schilderung und Erklärung des 19. Jahrhunderts zu geben sucht, sich zu diesem Behuf jedoch genötigt sieht, bis in die Zeit der frühen Israeliten zurückzugehen und der langen, dem eigentlich ins Auge gefaßten Jahrhundert voraufgehenden Periode rund die Hälfte seines umfangreichen Werkes zu widmen. Da es ihm in erster Linie darum zu tun ist, die Tugenden der *Germanen* zu preisen und ihren Einfluß hervorzuheben, muß er den Beginn des Mittelalters einige Jahrhunderte früher ansetzen als normalerweise üblich und die Bedeutung der Renaissance entgegen aller sonstigen Wertungen herunterspielen. »Das Erwachen der Germanen zu ihrer welthistorischen Bestimmung als Begründer einer durchaus neuen Civilisation und einer durchaus neuen Kultur«, schreibt er, »bildet diesen Angelpunkt; das Jahr 1200 kann als der mittlere Augenblick dieses Erwachens bezeichnet werden.« Chamberlain hielt das seit 1200 nach Christus herrschende Mittelalter noch nicht für abgeschlossen und betrachtete das 19. Jahrhundert lediglich als Teil der langen Vorbereitungsperiode eines neuen Zeitalters, das schließlich an seine Stelle treten sollte.

Die im »Mittelalter« (seiner Definition) erzielten Fortschritte führt er vornehmlich auf die *Germanen* zurück (»Waren aber die Germanen bei der Gestaltung der Geschichte nicht die Einzigen, so waren sie doch die Unvergleichlichen«). Fatalerweise gebraucht er den Begriff *Germanen* in zwei Bedeutungen, einer weiteren und einer engeren:

»Ich verstehe in diesem Buche unter dem Wort ›Germanen‹ die verschiedenen nordeuropäischen Völkerschaften, die als Kelten, Germanen und Slaven in der Geschichte auftreten und aus denen – meist in unentwirrbarer Vermengung – die Völker des modernen Europa entstanden sind. Dass sie ursprünglich einer einzigen Familie entstammen, ist sicher, ich werde im sechsten Kapitel den Nachweis führen; doch hat sich der Germane im engeren, taciteischen Sinne des Wortes so sehr als geistig, sittlich und physisch unter seinen Verwandten hervorragend bewährt, daß wir berechtigt sind, seinen Namen als Inbegriff der ganzen Familie hinzustellen.«

An einer späteren Stelle seines Buches äußert sich Chamberlain etwas zurückhaltender: »Ja, nicht einmal die Blutsverwandtschaft (zwischen Kelten, Germanen und Slaven) postuliere ich; zwar glaube ich an sie, doch bin ich mir der ungeheueren Verwickeltheit dieses Problems wohl bewusst.« Er behauptet, die Slawen seien ursprünglich den Angehörigen der beiden anderen Gruppen in der körperlichen Erscheinung ähnlich gewesen und hätten erst nach und nach ihr gegenwärtiges, von dem der anderen vielfach so stark abweichendes Äußeres angenommen. Außerdem, so betont er, brauchten die Germanen keineswegs immer blond zu sein.

Zweifellos faßt Chamberlain unter dem Sammelbegriff *Germanen* im weiteren Sinn eine willkürlich zusammengewürfelte Auswahl aus Nordiden, Osteuropiden, Alpiniden und Dinariden zusammen, doch muß man ihm zugute halten, daß seine anthropologischen Kenntnisse beschränkt sind, da er weder ein gesteigertes Interesse für diese Wissenschaft noch ein wirkliches Zutrauen zu ihren Ergebnissen aufzubringen vermochte.

Chamberlain will den Leser davon überzeugen, daß Griechen, Römer und Juden nur einen unbedeutenden Beitrag zur Entfaltung der europäischen Kultur leisteten – ein Thema, dem er einen beträchtlichen Teil seines Buches widmet. Er beklagt den wachsenden Einfluß der Juden in Politik, Recht, Wissenschaft, Handel, Literatur und Kunst Europas, brandmarkt die wahllose Mischung verschiedener ethnischer Gruppen wie Gobineau als ausgesprochenes Übel (so schreibt er den Niedergang des Römischen Reiches seinem »rassenlosen Chaos« zu), teilt aber dessen pessimistische Zukunftserwartungen nicht. Doch so negativ ihn etwa das »Völkerchaos« des alten Nahen Ostens anmutet, erscheinen ihm Eheschließungen zwischen eng verwandten Volksstämmen (für die er *Germanen, Keltogermanen* und *Slavogermanen* hält) legitim, ja sogar ausgesprochen segensreich. »Rasse«, schreibt er, »ist nicht ein Urphänomen, sondern sie wird erzeugt: physiologisch durch characteristische Blutmischung, gefolgt von Inzucht; psychisch, durch den Einfluss, welchen lang anhaltende, historisch-geographische Bedingungen auf jene besondere, specifische, physiologische Anlage ausüben.« Ob er auch den Umweltfaktoren einen Einfluß auf die genetischen Eigenschaften der »Rasse« zuschrieb, ist ungewiß.

Nach Chamberlains Ansicht unterscheiden sich die Juden (»dieses fremde Volk«, ». . . ewig fremd«) nicht nur von den Germanen, sondern von den indoeuropäischen Völkern insgesamt grundlegend. Man begreift freilich nicht ganz, warum er sich so viel

Mühe machte, die intellektuellen Leistungen des jüdischen Volkes zu schmälern. Er glaubte an die »Heiligkeit reiner Rasse«, hielt die Juden für Mischlinge zwischen *semitischen* (orientaliden), *syrischen* (armeniden) und *indoeuropäischen* Völkern, bewunderte aber die Hartnäckigkeit, mit der sie den einmal begründeten Stamm rein zu erhalten suchten. Auch wenn ihm seine starke Abneigung gegen die orientaliden und armeniden Unterrassen den Blick trübte, sympathisierte er trotzdem nicht mit den extremen Judengegnern. In der langen Einleitung zu seinem Buch spricht er von der ». . . geradezu lächerlichen und empörenden Neigung«, den Juden zum allgemeinen Sündenbock für alles Mißliche in unserer Zeit abzustempeln – ein Thema, das er im Hauptteil in Form der Frage, ob man die Juden nun schmähen und herabsetzen solle, noch einmal aufgreift und mit der Bemerkung beantwortet: »Das wäre ebenso unedel, wie unwürdig und unvernünftig.«

So interessant und wertvoll die *Grundlagen* auch in vielem sind, soviel detailliertes historisches Wissen ihr gewissenhafter und seriöser Verfasser hereinbringt, die Leistungen der Mediterraniden und Juden werden doch weit unterschätzt. Außerdem ist die willkürliche Verquickung gewisser Unterrassen, ihre Abhebung von anderen, vom anthropologischen Standpunkt aus unhaltbar. Offensichtlich kam es Chamberlain nie in den Sinn, die Nordiden (das heißt seine *Germanen* im engeren Sinn) könnten mit den Mediterraniden wirklich ziemlich eng verwandt sein.

Bei Ausbruch des Ersten Weltkrieges 1914 schlug sich Chamberlain auf die deutsche Seite und erhielt zwei Jahre später die deutsche Staatsbürgerschaft. Ein wahres Glück für ihn, daß er einige Jahre vor der Machtergreifung der Nazis starb.

4
Von Kossinna bis Hitler

Nach ihrer Machtergreifung werteten die Nazis auch Schriften des zwei Jahre zuvor verstorbenen deutschen Philologen und Archäologen Gustaf Kossinna (1858–1931) zu ihren Gunsten aus. So erklärte etwa Reichsinnenminister Frick 1933 bei der Festlegung der Richtlinien für den Geschichtsunterricht an allen deutschen Schulen:

»An erster Stelle sei die Vorgeschichte genannt, weil sie nicht nur den Ausgangspunkt für die geschichtliche Entwicklung unseres Erdteils in die mittel-europäische Urheimat unseres Volkes verlegt, sondern auch als ›hervorragend nationale Wissenschaft‹ (Kossinna) wie keine zweite geeignet ist, der herkömmlichen Unterschätzung der Kulturhöhe unserer germanischen Vorfahren entgegenzuwirken« (522).

Selbst wenn Kossinna die Vorstellungen der Nazis zur ethnischen Frage bis zu einem gewissen Grad mitgeprägt haben mag, ist sein diesbezüglicher Einfluß offenbar – sehr zum Nachteil seines Rufes als seriöser Forscher – entschieden überschätzt worden (208).

Eine geistig wie bildungsmäßig gleichermaßen überragende Persönlichkeit im Kreise derer, die – zu Recht oder Unrecht – als Vorläufer des Nazismus gelten, ist der Mathematiker und Philosoph Oswald Spengler (1880–1936), der sich in seinen Schriften als äußerst beschlagener, mit den wichtigsten Kulturen der Welt von der fernen Vergangenheit bis in unser Jahrhundert vertrauter Geschichtsphilosoph erweist. 1918, kurz vor Beendigung des Ersten Weltkrieges, veröffentlichte der damals noch fast Unbekannte den ersten Band seines berühmten Werkes *Der Untergang des Abendlandes*, 1922 dann den zweiten. Als im darauffolgenden Jahr die endgültige zweibändige Gesamtausgabe (997) erschien, waren bereits 113 000 Exemplare verkauft – ein Erfolg, der, wie die vielen Neuauflagen beweisen, auch später anhielt.

Der vornehmlich für das allgemein gebildete, breite Leserpublikum gedachte *Untergang* (Spengler hielt nicht viel von der »fachwissenschaftlichen Katheder-Philosophie«) stieß auch bei Berufsphilosophen und -historikern auf reges Interesse. Dabei zeigte sich, daß, abgesehen von den in der ersten Auflage enthaltenen Irrtümern, welche die Fachleute auch unverzüglich dem Autor ankreideten, die Hauptfolgerungen nicht so ohne weiteres zu erschüttern waren. Tatsächlich heischen Spenglers Originalität und umfassendes Wissen Respekt. Wenn er auch insgesamt ziemlich langatmig schreibt, versteht er doch selbst die weitausholenden, mit der Hauptthese nicht unmittelbar zusammenhängenden Passagen interessant darzustellen – kurzum, sein Buch fesselt und ist auch heute noch in vielem spannend und lesenswert.

Wenn wir uns hier mit Spenglers Schriften in einiger Ausführlichkeit befassen, so zum einen wegen ihres unmittelbaren Interesses, zum anderen, weil sie gründlich mißverstanden worden sind, und schließlich, weil der Verfasser ein recht ungewöhnliches Bild vom Wesen der Kultur entwirft. Verständlicherweise wird das Vermögen, eine Kultur aufzubauen, ganz allgemein als Beweis für besondere Geistesfähigkeiten gewertet (ein Thema, dem wir uns in Kapitel 25 noch zuwenden werden), doch sehen wir uns hier zunächst einmal Spenglers ziemlich unkonventionelle Vorstellungen zu diesem Punkt an.

Spengler versteht unter *Abendland* ganz Europa westlich von Weichsel und Adria samt Nordamerika, während er Rußland von Westeuropa strikt scheidet und die künstliche Unterteilung der »Kontinente« durch den Ural ablehnt. Zwar geht es ihm in erster Linie um den Untergang der (soeben definierten) abendländischen Bevölkerung, doch holt er zu diesem Zweck weiter aus und analysiert Ursprung, Aufstieg und Verfall der bekanntesten Kulturen der Welt.

Der Leser des *Untergangs* mag sich verwundert fragen, wie ein so dezidiert unpropagandistisches Buch, das keinerlei aktive Maßnahmen empfiehlt, sondern lediglich den unausweichlichen Gang der Entwicklung nachzuzeichnen sucht, je in den Ruf geraten konnte, direkt oder indirekt zum Aufkommen des Nationalsozialismus beigetragen zu haben, zumal darin weder von den besonderen Tugenden der Deutschen noch von den besonderen Fehlern der Juden die Rede ist. In der Tat schenkt Spengler diesen beiden Gruppen sogar weit weniger Beachtung als vielen anderen, da es ihm lediglich darum geht, seine Ansichten über das Schicksal – den Aufstieg und Fall – verschiedener Völker im Laufe der Geschichte auszubreiten. Obwohl er anerkennt, daß sich dieser Aufstieg und Niedergang bei jedem der großen Völker auf ganz spezifische Weise vollzog, hält er den Vorgang doch für generell ähnlich und den endgültigen Verfall für unvermeidlich und verficht die These, das Abendland sei in diese unabwendbare Phase des Abstiegs eingetreten.

Spengler gliedert Aufstieg und Niedergang in vier Stadien oder »Geistesepochen«. Zunächst ist die Bevölkerung, das *Urvolk, landschaftlich-intuitiv*; es existieren noch keine großen Städte, doch ist bereits ein intellektueller Gärungsprozeß im Gang. Diese Periode dauert in der westlichen Welt von ungefähr 900–1300 nach Christus (während sie etwa in Indien schon zwischen 1500 und 1200 vor Christus erreicht war) und bringt Denker wie Franz von Assisi, Thomas von Aquin, Duns Scotus und Dante hervor. Hierauf folgt die sogenannte »Kulturepoche«, in der das mittlerweile zum *Kulturvolk* aufgestiegene Volk seinen höchsten Stand erreicht. Die Städte breiten sich aus, sind aber noch ganz der betreffenden Kultur verhaftet, »Traditionen«, zu denen die Anerkennung von Adel, Kirche, Privilegien und Dynastie, die Bejahung von Konventionen in der Kunst und der dem Intellekt gezogenen Grenzen in der Wissenschaft zählen, spielen in diesem Stadium eine wichtige Rolle. Diese Phase durchliefen die westlichen Völker vom 14./15. Jahrhundert bis ins späte 17. Jahrhundert, wobei Spengler als hervorragende Persönlichkeiten Savonarola, Luther, Calvin, Galilei, Bacon, Descartes, Bruno, Leibniz, Pascal, Fermat und Newton benennt. Gegen Ende dieser Epoche konstatiert er dann eine (in England mit dem Aufkommen des Puritanismus verknüpfte) Verarmung des Glaubenslebens, auf die mit gewissen Überschneidungen der »Herbst« oder das Zeitalter der Aufklärung folgt. Die Großstädte breiten sich immer weiter aus, die geistige Schöpfungskraft erreicht mit Locke, Voltaire, Rousseau, Laplace, Goethe, Kant und Hegel ihren Höhepunkt, doch die Vernunft wird laut Spengler überbetont und der Glaube zu stark rationalisiert.

Mit dem 19. Jahrhundert tritt die westliche Welt dann in jene Phase ein, die das Hauptthema des Buches bildet. Die Bevölkerung verliert jegliches Empfinden für das »Wir«, die mittlerweile viel zu großen, internationalen Städte sind für das Volk, das die betreffende Kultur aufbaute, längst nicht mehr repräsentativ, eine *weltstädtische*, nach Spenglers Ansicht kulturzersetzende Zivilisation hat sich herausgebildet. Traditionslose, in formlos fluktuierenden Massen auftretende »Tatsachenmenschen« bevölkern die Städte, ungläubige, schlaue, unproduktive Existenzen, die eine tiefe Abneigung gegen alles Bäuerliche hegen. Die geistige Schöpferkraft ist dahin, an die Stelle der Religion treten (in Spenglers Augen zweitrangige) praktisch-ethische Substitute, das abstrakte Denken entartet zur bereits erwähnten »fachwissenschaftlichen Katheder-Philosophie«. Sonderbarerweise bezeichnet Spengler in diesem Zusammenhang Nietzsche als charakteristischen Vertreter – ausgerechnet den Mann, dem er nach eigener Aussage mehr als irgendeinem anderen (außer Goethe) verdankte (Nietzsche, so schreibt er an anderer Stelle, sei » . . . bis zur Pforte gelangt, aber vor ihr stehen geblieben«). Mit Nietzsche führt er ein merkwürdiges Sammelsurium von Denkern auf, deren Namen für heutige Ohren durchaus nicht nach Dekadenz klingen, so Bentham, Comte, Darwin, Spencer, Marx, Schopenhauer, Wagner, Ibsen, Gauß. In der Politik schließlich macht sich der Trend bemerkbar, von der individuellen Kultur, der das Volk seine Größe verdankte, abzurücken und auf Internationalismus, Pazifismus und Sozialismus zuzusteuern.

Damit erfüllt sich für Spengler das Schicksal aller Kulturen, der endgültige Untergang:

»Die Zivilisation ist das unausweichliche *Schicksal* einer Kultur. Hier ist der Gipfel erreicht . . . Zivilisationen sind die *äußersten* und *künstlichsten* Zustände, deren eine höhere Art von Menschen fähig ist. Sie sind ein Abschluß; sie folgen dem Werden als das Gewordene, dem Leben als der Tod, der Entwicklung als die Starrheit, dem Lande und der seelischen Kindheit, wie sie Dorik und Gotik zeigen, als das geistige Greisentum und die steinerne, versteinernde Weltstadt. Sie sind ein *Ende*, unwiderruflich, aber sie sind mit innerster Notwendigkeit immer wieder erreicht worden.«

Die in unserem Zusammenhang wichtigste Frage nun lautet, was Spengler eigentlich unter *Volk* (wie er die Schöpfer einer Kultur nennt) versteht, denn zweifellos ist er gerade in diesem Punkt am gründlichsten mißverstanden worden. Hier nun zeigt sich, daß er wider alle Vermutung der ethnischen Zusammensetzung der verschiedenen, zu *Kulturvölkern* aufgestiegenen Völker nur sehr wenig Gewicht beimißt. »Völker«, so erklärt er bezeichnenderweise, »sind weder sprachliche noch politische noch zoologische, sondern seelische Einheiten«. »Volk« ist nach seiner Definition »ein Verband von Männern, der sich als Ganzes fühlt«, und in einem bemerkenswerten Passus heißt es, erst das Wirken einer Gruppe von Männern mache das Volk zum Volk. »Alle großen Ereignisse der Geschichte sind nicht eigentlich von Völkern ausgeführt worden, sondern haben Völker erst hervorgerufen.«

Wohl am klarsten kommen Spenglers Ansichten zur ethnischen Frage in folgendem längeren Auszug zum Ausdruck:

»Weder die Einheit der Sprache noch der leiblichen Abstammung ist entscheidend. Was ein Volk von einer Bevölkerung unterscheidet, es aus dieser abhebt und wieder in ihr aufgehen läßt, ist stets das innere Erlebnis des ›Wir‹. Je tiefer dieses Gefühl, desto stärker ist die Lebenskraft des Verbandes. Es gibt energische, matte, flüchtige, unverwüstliche Volksformen. Sie können Sprache, Rasse, Namen und Land wechseln; so lange ihre Seele dauert, eignen sie sich Menschen jeder denkbaren Herkunft innerlich an und formen sie um . . . Man glaube doch nicht, daß je ein Volk durch die bloße Einheit der leiblichen Abstammung zusammengehalten wurde und diese Form auch nur durch zehn Generationen hätte wahren können. Es kann nicht oft genug wiederholt werden, daß diese physiologische Herkunft nur für die Wissenschaft und niemals für das Volksbewußtsein vorhanden ist und daß kein Volk sich je für *dieses* Ideal des »reinen Blutes« begeistert hat. Rasse haben ist nichts Stoffliches, sondern etwas Kosmisches und Gerichtetes, gefühlter Einklang eines Schicksals, gleicher Schritt und Gang im historischen Sein.«

1919, ein Jahr nach Erscheinen des ersten und drei Jahre vor der Publikation des zweiten Bandes seines Hauptwerks brachte Spengler ein sonderbares kleines Buch mit dem Titel *Preußentum und Sozialismus* (999) heraus. Damals war soeben die Weimarer

Republik an die Stelle des Bismarck-Hohenzollern-Reiches getreten, und Spengler suchte nun die extreme »Linke« (unabhängige Sozialisten und Kommunisten) und die extreme »Rechte« (Monarchisten und Konservative) zu einer einheitlichen, gegen die parlamentarische Regierung in Weimar gerichteten Opposition zusammenzuschweißen. *Preußentum und Sozialismus* unterscheidet sich im Stil so grundlegend vom *Untergang*, daß man es schwerlich demselben Autor zuschreiben würde: Es besteht überwiegend aus kurzen, abrupten Sätzen und trägt durchweg propagandistischen, unintellektuellen Charakter. Spengler plädiert darin für den (im *Untergang* noch als Zeichen der Dekadenz gewerteten) Sozialismus, allerdings für eine Form, der wohl die wenigsten Sozialisten diesen Namen zuerkennen würden (doch jeder, so der Verfasser, definiert Sozialismus seinen eigenen Zwecken entsprechend). Er verurteilt den Marxismus (Marx selbst erscheint ihm als destruktiver, unschöpferischer Kritiker – »nur der Stiefvater des Sozialismus«) und spricht allein den Deutschen, nicht aber den Juden die Fähigkeit zu, echte Sozialisten zu sein. Zwar kann die Regierungsgewalt seiner Auffassung nach nur bei einer Elite liegen, doch sollte sich allen die Chance bieten, in die herrschende Gruppe aufzusteigen: »Was ich erhoffe, ist, daß niemand in der Tiefe bleibt, der durch seine Fähigkeiten zum Befehlen geboren ist, daß niemand befiehlt, der durch seine Begabung nicht dazu berufen war.«
Vom sozialistischen Experiment sowjetischer Prägung hält Spengler indessen nichts; denn wie er in einem für das gesamte Buch überaus charakteristischen Passus bemerkt: »Nichts kann jämmerlicher sein als die Versuche eines gewissen Protestantismus, seinen Leichnam mit bolschewistischem Kot wieder lebendig zu reiben.« Privateigentum und Erblichkeit des Reichtums sollen unter Spenglers Sozialismus zwar beibehalten, die Industriellen aber durch striktes Reglement von oben an die Kandare genommen, die Arbeitgeber in gewisser Weise zu Staatsbeamten gemacht (»soll in Zukunft der Handel den Staat oder der Staat den Handel regieren?«) und politische Parteien sowie Wahlen abgeschafft werden.
Insofern die Konservativen den wahren preußischen Geist bewahrt haben, sind sie laut Spengler unwissentlich Sozialisten: »Altpreußischer Geist und sozialistische Gesinnung, die sich heute mit dem Hasse von Brüdern hassen, sind ein und dasselbe.«
Diesen sogenannten preußischen Geist bewundert er über die Maßen: »Preußentum ist ein *Lebensgefühl,* ein *Instinct,* ein *Nichtanderskönnen.*« Friedrich Wilhelm I. (der Vater Friedrichs des Großen) hatte mit seinem zentralisierten bürokratischen Staat den Weg gewiesen. Man sieht, Spenglers Ideal hat nicht das Geringste mit den pazifistischen, internationalistischen Ansichten so vieler linientreuer Sozialisten gemein.
»Wir brauchen . . . eine Klasse von sozialistischen Herrennaturen. Noch einmal: der Sozialismus bedeutet Macht, Macht und immer wieder Macht. Pläne und Gedanken sind nichts ohne Macht. Der Weg zur Macht ist vorgezeichnet: der wertvolle Teil der deutschen Arbeiterschaft in Verbindung mit den besten Trägern des altpreußischen Staatsgefühls, beide entschlossen zur Gründung eines streng sozialistischen Staates, zu einer Demokratisierung im preußischen Sinne.«
Wobei die wahren Sozialisten ». . . nicht Rechte von anderen, sondern Pflichten von sich selbst« fordern.
Da Spengler in dieser Schrift auf die Schaffung eines nationalistischen, sozialistischen Staates drängt, gilt er verständlicherweise als einer der Begründer des Nationalsozialismus, doch war er (wiewohl nominell Sozialist) in Wirklichkeit ein viel zu eingefleischter Individualist, um sich vom Parteiengeist mitreißen zu lassen. Gewisse Leitsätze der nazistischen Doktrin blieben für ihn ebenso indiskutabel wie der Eintritt in die Partei, wie sich auch seine Einwände gegen die Juden nicht gegen die mutmaßlich andersartige ethnische Gruppe, sondern lediglich gegen

ihr kulturelles Erbe richteten, da er sie in die Nation integriert sehen wollte.
Während Spengler in seinen im Herbst 1932 veröffentlichten gesammelten Werken Hitlers Politik noch verurteilt hatte, zeigt er sich in der kurz nach der Machtergreifung von 1933 erschienenen Schrift *Jahre der Entscheidung* eher zwiespältig (521). Doch das Regime duldete nicht einmal gelinden Widerstand, und so wurde der Verkauf des Buches unterbunden (allerdings erst, nachdem schon viele Exemplare abgesetzt waren) und ein Verbot erlassen, Spenglers Namen in der Presse auch nur zu erwähnen. Die Nazis betrachteten ihn inzwischen als einen »auf Abwege geratenen Vorläufer« (521).
Kuriose, nahezu lächerliche Umstände führten dann zum endgültigen Verblassen seines Sterns. Es war ein kleines Buch, dessen Verfasser, Johann von Leers, Spenglers Ansehen in den Augen der echten Nazis zu untergraben suchte (647); sonderbarerweise hatte er nämlich nach und nach eine Abneigung gegen die diversen »farbigen« Völker der Welt, darunter auch die Japaner, an deren Freundschaft den Nazis besonders gelegen war, entwickelt. »Was stört uns Deutsche eine japanische Ausdehnung in der Mandschurei und Mongolei?« fragte von Leers und fuhr fort: »Sie ist ein rein japanisch-chinesisch-russisches Problem.« So wurde – merkwürdige Ironie – Spengler ausgerechnet von einem linientreuen Nazi wegen seiner unkritischen Abneigung gegen »farbige« Völker attackiert.
Spengler wurde des weiteren nicht behelligt, sondern verschwand einfach von der öffentlichen Bildfläche und starb 1936 an einem Herzanfall. In welch anderem Licht könnte er heute dastehen, hätte er nur den *Untergang* und nicht auch noch das *Preußentum* verfaßt!

Läßt sich das in den beiden vorliegenden Kapiteln Gesagte nun irgendwie zusammenfassen, oder vertreten die genannten Autoren zu unterschiedliche Standpunkte, um sie auf einen allgemeinen Nenner zu bringen?
Nietzsche und Spengler können – entgegen der landläufigen Auffassung und ungeachtet der besonderen Bedeutung ihrer Schriften – von vornherein als für die ethnische Frage irrelevant ausgeklammert werden. Nietzsche ist zwar von Haus aus antiegalitär eingestellt, proklamiert aber nicht die Ungleichheit ethnischer Gruppen. Spengler zeigt wohl starkes Interesse am *Volk* und seiner unter bestimmten Voraussetzungen vorhandenen Fähigkeit, eine große Kultur aufzubauen (die sich dann im Laufe der Zeit zur Zivilisation wandelt und verfällt), macht aber hinlänglich deutlich, daß er unter *Volk* keine ethnische Gruppe versteht. Von der Antipathie gegen »farbige Völker«, die er gegen Ende seines Lebens an den Tag legt, ist in seinen bedeutenden Schriften noch nichts zu spüren, und sein *Preußentum und Sozialismus* kündigt die nazistische Bewegung bestenfalls durch den nationalistischen Eifer und die politische Verblendung, nicht aber durch eine Vorliebe für irgendeine bestimmte ethnische Gruppe an.
Fünf der dreizehn in den beiden letzten Kapiteln erwähnten Autoren, nämlich Gobineau, Haeckel, Lapouge (er ganz besonders), Chamberlain und Kossinna verkünden lautstark die Überlegenheit von Völkern, die bald als »nordisch«, bald als »Germanen«, »Indogermanen« oder »Arier« umschrieben werden. Bemerkenswerterweise pocht keiner auf die Überlegenheit der europiden Rasse als solcher – alle begnügen sich damit, eine Unterrasse oder eine anthropologisch nicht klar definierte Gruppe von Europiden herauszustellen.
Nur einer, nämlich Lapouge, verurteilt die Juden mit Nachdruck; Treitschke gibt sich gemäßigt antijüdisch, Chamberlain erst recht, und Gobineau bleibt zwiespältig. Die übrigen bekunden, klammert man Nietzsches hier teilweise zitierte Lobeserhebungen aus, wenig oder gar kein Interesse an der Judenfrage, und so ist auch kaum vorstellbar, daß einer dieser Männer, Lapouge vielleicht ausgenommen, aktive Ausschreitungen gegen Juden begangen oder sie gutgeheißen

hätte, selbst wenn einige die Einwanderung von Juden (wie übrigens auch die gewisser anderer Völker) begrenzen und Mischehen verhindern wollten.

Wer die Werke der genannten Autoren ohne Vorurteil liest, wird erkennen, daß ihre Äußerungen zur ethnischen Frage zum Teil durchaus ins Schwarze treffen. Lapouge ist zwar höchst voreingenommen, aber Männer wie Gobineau und Chamberlain lassen sich nicht leichthin abtun, und auch in den Schriften der meisten anderen finden sich interessante, nachdenkenswerte Passagen. Sollte man entscheiden, welches Einzelwerk einen bestimmten Aspekt der ethnischen Kontroverse am zutreffendsten zum Ausdruck bringt, müßte man wohl Gobineaus *Essai sur l'inégalité des races humaines* nennen – nur daß diese Schrift zwangsläufig in vielem veraltet ist und überdies die meisten Leser durch ihre Weitschweifigkeit abschrecken würde.

Bei allen noch so festen Vorsätzen, die ethnische Kontroverse objektiv darzustellen, kann man sich doch der Erschütterung und des Abscheus nicht ganz erwehren, wenn man sich von diesen Autoren, die ihren Mitmenschen Denkanstöße gaben, jenem Manne zuwendet, der einen so unmittelbaren und unheilvollen Einfluß auf ihre Handlungen ausübte. Dabei ist Hitlers in zwei Bänden (1925 und 1927) veröffentlichtes Buch *Mein Kampf* (494) nicht einmal so heftig und emotionsgeladen, wie man aufgrund seiner Massenkundgebungen der dreißiger Jahre vermuten möchte.

Der bei Erscheinen des ersten Bandes 36jährige Adolf Hitler (1889–1945) geht im ersten Teil seines recht gut geschriebenen und nicht uninteressanten Kapitels über die ethnische Frage vom biologischen Standpunkt aus und erwähnt die Tendenz der Tiere, sich ausschließlich mit Artgenossen zu paaren – in seinen Augen ein Fingerzeig für den Menschen, gleichfalls nur Partner aus der eigenen ethnischen Gruppe zu wählen. Doch Hitlers Biologie ist von dem mystischen Glauben an einen allen Arten unter natürlichen Bedingungen angeborenen Drang zur Selbststeigerung durchdrungen. Wenn er sich dann seinem Hauptthema zuwendet, verzichtet er von vornherein auf jedwede Wissenschaftlichkeit, das heißt, er versucht überhaupt nicht, die beiden ihn vornehmlich interessierenden Menschengruppen, die »Arier« und die Juden, anthropologisch zu definieren; so bleibt letztlich unklar, wer *der Arier* eigentlich ist und anhand welcher Kriterien wir ihn identifizieren sollen. (Daß die Germanen zu Tacitus' Zeiten Hitler selbst keinen Moment lang als potentiellen Angehörigen eines ihrer zahlreichen Stämme betrachtet hätten, braucht wohl nicht eigens betont zu werden.) Dennoch legt Hitler auf die ethnische Andersartigkeit der Juden großes Gewicht und weist die Behauptung, sie stellten lediglich eine Religionsgemeinschaft dar, aufs entschiedenste zurück.

Im historischen Teil des Kapitels, der sich mit dem allmählich wachsenden jüdischen Einfluß in Deutschland auseinandersetzt, legt Hitler dar, wie die Juden durch Beherrschung des Finanzwesens zunächst Macht über die Fürsten, dann über Adel und Bürgertum gewonnen hätten, um sich schließlich an die Spitze der Gewerkschaftsbewegung zu setzen, obwohl ihnen angeblich jedes echte Interesse für die Angehörigen der Arbeiterklasse abging. Im besonderen klagt Hitler über die zunehmende Kontrolle der Juden über die Presse, die sie mit großer Schläue insgeheim zu ihrem eigenen Vorteil zu nutzen verstünden – ein Passus, in dem man Treitschkes Einfluß wahrzunehmen vermeint. Wenn die Juden, so Hitler, von der Gleichheit aller Rassen sprächen, so nur um ihre Taktiken zu bemänteln und ihre Opfer hinters Licht zu führen.

Hitler scheut nicht vor Übertreibungen, Verleumdungen und Verunglimpfungen zurück, wie sie namentlich bei kleinlichen und rachsüchtigen Gemütern Anklang finden. So erklärt er, den Juden fehle ». . . vollständig die allerwesentlichste Voraussetzung für ein Kulturvolk, die idealistische Gesinnung«, behauptet, »das scheinbar große Zusammengehörigkeitsgefühl ist in einem sehr primitiven Herdeninstinkt begründet, wie er sich ähnlich bei vielen anderen Lebewesen auf dieser Welt auch zeigt«, schmäht den Juden: »Er ist und bleibt der typische *Parasit*, ein Schmarotzer, der wie ein schädlicher Bazillus sich immer mehr ausbreitet, sowie nur ein günstiger Nährboden dazu einlädt«, und setzt den jüdischen Beitrag zu Wissenschaft und Kunst in rechthaberischer Weise herab. Selbst auf dem Theater sei der Jude »nur der Gaukler, besser der Nachäffer«. Dagegen steht die absurde Überschätzung der allen anderen überlegenen »Arier«: »Was wir heute an menschlicher Kultur, an Ergebnissen von Kunst, Wissenschaft und Technik vor uns sehen, ist nahezu ausschließlich schöpferisches Produkt des Ariers. Gerade diese Tatsache aber läßt den nicht unbegründeten Rückschluß zu, daß er allein der Begründer höheren Menschentums überhaupt war.«

Wie bereits erwähnt (vergleiche Seite 30), zitiert Hitler in seinem Kapitel über die ethnische Frage nur zwei Autoren, Schopenhauer und Goethe, doch scheint er mit ziemlicher Sicherheit auch von Gobineau beeinflußt: Die Behauptung, die Juden hätten nie eine eigene Zivilisation zustandegebracht, ist ein Indiz; die Bezeichnung »Arier« (statt *Germanen* oder *Indogermanen*) ein weiteres, und die Anspielung auf den genetischen Niedergang infolge Rassenmischung schon fast ein Beweis: »Alle großen Kulturen der Vergangenheit gingen nur zugrunde, weil die ursprünglich schöpferische Rasse an Blutsvergiftung abstarb.«

Wer Hitlers Bemerkungen zur ethnischen Frage 1925 las, mußte wohl zu dem Schluß gelangen, daß er, sollte er je an die Macht kommen, aus einer unüberwindbaren Voreingenommenheit heraus gegen den Einfluß der Juden sicherlich drastische Schritte in Deutschland unternehmen würde. Daß jedoch die Gedanken, die er in sich trug, schließlich zum Massenmord führen sollten, konnten damals nur wenige ahnen.

1928, ein Jahr nach dem zweiten Band von *Mein Kampf*, erschien in den USA ein Buch mit dem Titel *Contemporary sociological theories* (992), ein von Pitirim Sorokin, Professor für Soziologie an der University of Minnesota verfaßtes Werk, das auch ein Kapitel über die ethnische Frage enthält. Dieses Kapitel ist insofern bemerkenswert, als es den Schlußpunkt hinter jene Periode der ethnischen Kontroverse setzt, in der beide Seiten frei ihre Meinung äußern und objektiv die in die eine oder andere Richtung weisenden Anhaltspunkte darlegen konnten. Vom Beginn der dreißiger Jahre an wagte dann außerhalb Deutschlands und der mit ihm verbündeten Länder im Grunde niemand mehr, irgendeine Rasse in irgendeiner Hinsicht über irgendeine andere zu stellen, aus Angst, als Befürworter oder Sympathisant der nazistischen Sache zu erscheinen. Die Anhänger der Rassengleichheit konnten unwidersprochen schreiben, was sie wollten, und nutzten ihre Chance in den folgenden Jahrzehnten auch weidlich. Sorokin selbst schlug sich auf keine der beiden Seiten, sondern beschränkte sich darauf, knapp ihre kontroversen Argumente darzulegen.

Wie in der Einleitung bereits erwähnt, wird in diesem Buch durchweg die historische Methode angewandt, und wenn von nun an kein Versuch mehr unternommen wird, den allgemeinen Verlauf der Kontroverse über das ethnische Problem zu verfolgen, so deshalb, weil aus den obenerwähnten Gründen keine solche mehr stattgefunden hat. Desungeachtet jedoch wurden in verschiedenen Wissenschaftszweigen viele einschlägige neue Erkenntnisse gewonnen, und so wollen wir die historische Methode nun in anderer Weise anwenden – nicht, um einen allgemeinen, zeitlich fortschreitenden Überblick zu geben, sondern um die Fortschritte auf jedem einzelnen Sektor aufzuzeigen. Besondere Aufmerksamkeit soll jenen Bereichen zukommen, die später als andere erstrangige Bedeutung erlangten und daher bis jetzt nur beiläufig erwähnt wurden, allen voran den Intelligenztests und der Genetik.

Zweiter Teil

Die biologischen Allgemeinzusammenhänge

5
Was bedeutet »Art«?

»Die Menschheit ist eins: ... alle Menschen gehören der gleichen Art an«, heißt es im ersten Satz der offiziellen Erklärung einer Gruppe von Soziologen und Biologen, die im Dezember 1949 unter der Schirmherrschaft der UNESCO in Paris zur Erörterung der ethnischen Frage zusammengekommen waren (1080). Doch was ist unter »Art« eigentlich zu verstehen?

Diese Frage ist für unser Thema von so grundlegender Bedeutung, daß wir bei ihrer Beantwortung ziemlich weit ausholen müssen. Manche halten die Überzeugung, alle Menschen gehörten ein und derselben Art an, für ein stichhaltiges Argument zugunsten der »Rassengleichheit«. Daß der Artbegriff schwer definierbar sein würde, sah im übrigen bereits Darwin kommen:

»... die Unterschiede auch noch so geringer Art zwischen zwei Formen werden jetzt, wenn sie nicht durch Zwischenstufungen vermischt erscheinen, von den meisten Naturforschern als genügend betrachtet, um beide Formen als Arten einzureihen. Somit werden wir genötigt sein, anzuerkennen, daß der einzige Unterschied zwischen Arten und wohlausgeprägten Varietäten der ist, daß man von letzteren weiß oder glaubt, sie seien durch Zwischenstufen miteinander verbunden, während die ersteren es früher waren ... Es ist ganz gut möglich, daß Formen, die jetzt allgemein als bloße Varietäten gelten, später eines specifischen Benennens wert gehalten werden ... wir werden wenigstens von dem vergeblichen Forschen nach dem unentdeckten und unentdeckbaren Wesen der Bezeichnung ›Art‹ befreit sein« (254).

Wie aus dem Zusammenhang klar hervorgeht, gebraucht Darwin in diesem wichtigen Passus das Wort »Varietäten« im selben Sinne, in dem der moderne Biologe von »Unterarten« oder »Rassen« spricht. Die Frage, ob das Forschen wirklich vergeblich ist, soll in diesem Teil des Buches als erste behandelt werden; sie wird uns zwei Kapitel lang beschäftigen. Doch der biologische Hintergrund des ethnischen Problems ist weit umfassender. Niemand, der nur den Menschen kennt, kennt ihn wirklich, ja, man könnte im Hinblick auf die ethnische Frage beinahe sagen, der eigentliche Untersuchungsgegenstand bei der Erforschung des Menschen sei die Tierwelt.

Viele, die sich in Wort und Schrift mit dieser Frage befassen, denken dabei nur an den Menschen, wie er existiert, seit einige seiner Vorfahren das schlichte Dasein von Nahrungssammlern aufgaben und mit dem Übergang zu Ackerbau und Dorfleben den ersten Schritt zur Zivilisation vollzogen. Doch jedem, der sich mit Paläontologie beschäftigt hat, muß diese Betrachtungsweise allzu eingeengt erscheinen, um als Grundlage für eine zutreffende Beurteilung der menschlichen Natur, geschweige denn für das Verständnis der ethnischen Frage auszureichen. Der Mensch ist nur als Produkt seiner tierischen Vorfahren zu verstehen, wobei es festzuhalten gilt, daß er noch immer weitgehend Tier ist und, paläontologisch gesprochen, eben erst aufgehört hat, nur dies zu sein. Um sich diesen Sachverhalt klarzumachen, muß man sich nur einmal eine ausführliche, den gesamten Zeitraum von der Ablagerung der ersten Fossilien in den kambrischen Formationen bis zum heutigen Tage umfassende Geschichte unserer Erde vorstellen, in der die Zahl der Druckzeilen jeweils der Zahl der berichteten Jahre entspräche. Wenn dieses Werk aus 120 Bänden zu je 500 Seiten bestünde, würde die Geschichte des Menschen von den ersten zivilisatorischen Schritten bis heute nicht einmal ganz die letzte Seite des letzten Bandes füllen. Und doch reicht seine Ahnenschaft bis auf die erste Seite des ersten Bandes, bis weit in vorkambrische Zeiten zurück; denn im Kambrium gab es bereits viele Tiergruppen, und kein Biologe wird die Ansicht vertreten, die entfernten Vorfahren des Menschen seien, lange nachdem andere Tiergruppen bereits den Entwicklungsstand der kambrischen Fossilien erreicht hatten, urplötzlich auf unserer Erde aufgetreten.

Anmerkungen zur Nomenklatur

Es mag pedantisch erscheinen, die Untersuchung der äußerst interessanten Frage, inwieweit sich die Vorstellung von »Arten« mit der Wirklichkeit deckt und welche Folgerungen sich daraus für das ethnische Problem ergeben, mit der Behandlung des scheinbar so trockenen und unnötig formalen Themas »Terminologie« einzuleiten. Leser, die mit diesem Gegenstand bereits vertraut sind, mögen daher getrost sogleich auf S. 55 weiterblättern; den anderen jedoch sei empfohlen, diese wenigen Seiten zu lesen, kann doch Unkenntnis des in der Zoologie üblichen Sprachgebrauchs zu vielen *faktischen* Mißverständnissen führen.

Bekanntlich teilen die Zoologen sämtliche Tiere einschließlich des Menschen in große Gruppen, sogenannte *Stämme* (Phyla) ein, so Chorda (Rückensaitentiere), Mollusca (Weichtiere) und Annelida (Gliederwürmer). Die Chordaten gliedern sich in *Klassen*, darunter die der Mammalia (Säugetiere), und die Klassen in *Ordnungen* wie Primates (Herrentiere), Rodentia (Nagetiere) und Carnivora (Raubtiere). Diese Ordnungen wiederum werden in *Familien* unterteilt, beispielsweise die der Primates in die drei Familien Cercopithecidae (Altweltaffen), Pongidae (Menschenaffen) und Hominidae (Menschen). Eine Familie umfaßt gewöhnlich mehrere *Gattungen* (Genera); so stufen manche Wissenschaftler *Pithecanthropus* (den fossilen Java-Menschen), *Sinanthropus* (den fossilen Peking-Menschen) und *Homo* (den Neuzeitmenschen) als Gattungen der Hominidae ein, obgleich die meisten modernen Fachgelehrten lediglich die Gattung *Homo* gelten lassen. Eine Gattung besteht aus einer oder mehreren »Arten« (Spezies), deren Name jeweils an den Gattungsbegriff angehängt wird. So sind die gemeine Schnirkelschnecke *(Helix aspersa)* und die Weinbergschnecke *(Helix pomatia)* zwei Arten der Gattung *Helix*; und so betrachten manche *Homo neandertalensis* und *Homo sapiens* (den Neuzeitmenschen) als verschiedene Arten der Gattung *Homo*, während andere wiederum den Neandertaler unter *Homo sapiens* einreihen.

Es ergäbe ein Chaos, wollte jeder Zoologe jede Tierart nach Lust und Laune benennen, und so ist es ein wahres Glück, daß wir auf diesem Sektor über international anerkannte Regeln verfügen, die soweit wie irgend möglich sicherstellen, daß für jede Art nur ein korrekter Name existiert. Eine detaillierte Erörterung dieser Regeln findet man in einem brauchbaren Buch mit dem Titel *The international code of zoological nomenclature* (1014). Zwar ist es nicht möglich, hier auch nur eine kurze Zusammenfassung dieser außerordentlich (wiewohl nicht unnötig) komplizierten Regeln zu geben, aber wir wollen doch für die mit diesem Thema nicht vertrauten Leser einige Punkte anführen, die vielleicht zu Mißverständnissen führen könnten.

Das gültige terminologische System definiert objektiv, wie eine bestimmte Tierart zu benennen ist, nicht jedoch, wie man die Arten in Gattungen oder größere Gruppen einzuteilen hat, da die Zoologen in diesem Punkt nicht selten geteilter Meinung sind.

Als Grundregel der Nomenklatur gilt das »Gesetz der Priorität«, demzufolge die korrekte Bezeichnung für eine Tierart jener Name ist, der sich in der 1758 veröffentlichten zehnten Auflage von Linnés *Systema naturae* (669) findet, sofern die betreffende Art in diesem Werk aufgeführt ist; ist sie es nicht (und die überwiegende Mehrzahl ist es nicht), so hat jener Name Gültigkeit, der sich in Übereinstimmung mit dem Linnéschen System in der ältesten nach dieser zehnten Auflage erschienenen Publikation findet. Diese »Regel« besitzt den großen Vorzug, daß das Erscheinungsdatum fast immer objektiv feststeht und somit in dieser Hinsicht keine Kontroversen aufkommen können.

Der Name seinerseits dient lediglich als Etikett, das heißt, er liefert nicht unbedingt zutreffende Informationen über ein Lebewesen. So muß sich beispielsweise eine als *europaeus* bezeichnete Art nicht notwendig auf Europa beschränken, ja, es kann sogar sein, daß sie in Europa überhaupt nicht vertreten ist (wie viele Pflanzen mit dem Beinamen *japonica* in Wirklichkeit aus China stammen). Es ist kaum anzunehmen, daß Linné den Neuzeitmenschen deshalb *Homo sapiens* taufte, weil er alle Menschen für weise hielt, und ähnlich behält auch der fossile *Homo rhodesiensis* (im Sprachgebrauch derer, die ihn als eigene Art einstufen) trotz der Tatsache, daß sich seine Relikte im heutigen Sambia fanden, seinen Namen bei. Mag die terminologische Regel, derzufolge ein Name nicht wirklich deskriptiv zu sein braucht, auch noch so abwegig erscheinen, sie bewährt sich in der Praxis jedenfalls doch so gut, daß ihre Abschaffung weit mehr Verwirrung stiften würde als ihre Beibehaltung.

Ein weiterer wichtiger Punkt ist die besondere Verwendung des Wortes »Typus« innerhalb der zoologischen Nomenklatur. Ein bestimmtes Exemplar in einem bestimmten Museum gilt nur insofern als »Typus« einer Art, als es, falls sich herausstellt, daß die Art falsch definiert wurde und aufgrund neuer Erkenntnisse in zwei (oder mehr) Arten aufgeteilt werden muß, den ursprünglichen Namen behält, während die neu ermittelten Arten einen neuen bekommen, worüber leider weithin Unklarheit herrscht. Das Wort »Typus« bedeutet im zoologischen Sprachgebrauch also nicht, daß das dergestalt bezeichnete Exemplar für die Gruppe, der es zugerechnet wird, besonders typisch sein müßte, geht es doch lediglich um deren korrekte *Benennung*. Ein Fehler läge also nur dann vor, wenn der »Typenname« auf eine Tiergruppe übertragen würde, welcher der »Typus« gar nicht angehörte. In jeder zoologischen Klassifikationsgruppe (Taxon), wie Unterart, Art, Gattung, Familie etc., kann es wirklich typische Formen geben, die die Gruppe gut verkörpern, da sie in keinem Merkmal auffällig abweichen, während andere so eigenartig erscheinen, daß sie niemand für die Gesamtgruppe typisch fände – ein wichtiger Punkt, der in Kapitel 8 (S. 94) noch ausführlicher behandelt werden soll. Hier muß fürs erste der Hinweis genügen, daß der Begriff »Typus« in der zoologischen Nomenklatur in einem speziellen, klar abgegrenzten Sinn gebraucht wird und daß der Typus durchaus nicht typisch zu sein braucht.

Wenn es um Unterarten (Rassen) geht, tritt an die Stelle des zweigliedrigen Namens ein dreigliedriger. So trägt die europide (»kaukasische«) Rasse die Bezeichnung *Homo sapiens albus*. Auch hier wiederum braucht der Name der Unterart oder Rasse nicht im strengen Sinne beschreibend zu sein. Angehörige der Rasse *Homo sapiens albus* haben in keinem Fall eine wirklich weiße *(albus)* Haut, ja, manche Vertreter dieser Rasse in Indien und Äthiopien sind sogar ausgesprochen dunkelhäutig.

Für jede Menschenrasse existieren zwei unterschiedliche Bezeichnungen: eine, die in jeglicher Hinsicht den internationalen Regeln der Nomenklatur entspricht (zum Beispiel *Homo sapiens albus*), und ein »alltäglicher« oder »volkstümlicher« Name (zum Beispiel Europide), für den zwar keine international anerkannten Regeln gelten, der sich aber dennoch in Wort und Schrift oft als recht nützlich erweist. Ein Verzeichnis der Menschenrassen, in dem die korrekten, den terminologischen Regeln entsprechenden Namen ihrem Alltagsäquivalent, wie es von Eickstedt (303) und Peters (838) gebrauchen, gegenübergestellt sind, findet sich am Schluß dieses Buches.

Wie die »offiziellen Namen« brauchen auch die Alltagsbezeichnungen nicht wirklich deskriptiv zu sein. Das beweist die Existenz endemischer europider Populationen in Indien und Äthiopien.

Es muß mit allem Nachdruck hervorgehoben werden, daß hinsichtlich der Zahl oder Gruppierung der menschlichen Rassen und Unterrassen keine allgemeine Übereinstimmung herrscht. Diese Eigenart wird in Kapitel 7 (Seite 86ff.) an einem Beispiel aus dem Tierreich noch erläutert werden. Dabei wird sich zeigen, daß man über bestimmte anatomische Details durchaus unterschiedlicher Auffassung sein kann, ohne daß dadurch das Gesamtsystem im mindesten erschüttert würde. Manche Zuordnungen wären zwar unsinnig, doch über andere läßt sich durchaus vernünftig diskutieren. Insgesamt arbeiten die Taxonomen auf ein immer vollkommeneres System hin, das die Beziehung zwischen den ethnischen Taxa möglichst korrekt zum Ausdruck bringen soll.

Die offizielle Verwendung von Begriffen wie »Klasse«, »Ordnung«, »Familie« und »Gattung« ist nötig, um die hierarchische Staffelung der Taxa zu gewährleisten, also sicherzustellen, daß das Wort »Ordnung« beispielsweise stets eine unter Klasse und über Familie stehende Gruppe bezeichnet. Andererseits läßt sich nicht in dem Sinn *definieren*, was eine Klasse, Ordnung, Familie oder Gattung ist, daß man anhand objektiver Anhaltspunkte sagen könnte, eine bestimmte Gruppe von Säugetieren, Vögeln oder Reptilien müsse notwendig als Ordnung angesehen werden. Es ist nichts weiter als eine praktische Übereinkunft, daß man sich auf Namen wie »Klasse« und »Ordnung« geeinigt hat, um darauf ein aufsteigendes System aufzubauen. Die entscheidende Frage in unserem Zusammenhang ist indessen, ob die Bezeichnungen »Arten« und »Unterarten« (»Rassen«) im Gegensatz zu den übrigen Klassifikationsbegriffen mehr als nur hierarchische Ordnungsbegriffe darstellen, das heißt, ob sie in einem anderen Sinne real sind als Klassen, Ordnungen und so fort. Falls die Bezeichnungen »Art« und »Rasse« lediglich hierarchische Gültigkeit besitzen, kann jeder nach Lust und Laune behaupten oder bestreiten, alle Menschen gehörten ein und derselben Art an – ein Thema, mit dem wir uns im restlichen Teil dieses Kapitels sowie in Kapitel 6 und 7 auseinandersetzen wollen.

Die Art im paläontologischen Sinn

Zunächst einmal muß dargestellt werden, wie das Wort »Art« bei der Erforschung des evolutionären Wandels gebraucht wird. Ein solcher Wandel hat sich auf zweierlei Weise vollzogen. Zum einen können aus einer einzigen Tierart im Laufe der Zeit zwei oder mehr Arten und aus diesen wiederum andere entstehen, so daß man bildhaft sagen könnte, der Evolutionsbaum verzweige sich; ja, man sollte ihn eigentlich eher als Busch denn als Baum bezeichnen. Für diesen Evolutionstypus hat Rensch den Namen *Kladogenesis* eingeführt (894). Zum anderen aber kann auch ein Wandel eintreten, ohne daß sich eine Tierart in zwei oder mehr aufspaltet. Das hatte schon Charles Darwin bei der Abfassung seiner *Entstehung der Arten* klar erkannt (254). »In manchen Fällen«, schreibt er, »beschränkt sich der Modifikationsprozeß zweifellos auf eine einzige Abstammungslinie, so daß sich die Zahl der modifizierten Abkömmlinge nicht erhöht.« Ich werde diese Art evolutiven Wandels im folgenden »Adastogenesis« nennen (aus griechisch ἄδαστος, ungeteilt, und γένεσις Abstammung), wobei dieser Terminus dem entspricht, was der englische Geistliche J. T. Gulick in einem 1887 veröffentlichten, äußerst interessanten Aufsatz als »monotypische Evolution« bezeichnet (443). Gulick versteht darunter »jedwede Umformung einer Art, die die Einheitlichkeit des Typus nicht zerstört«, während er für das, was Rensch lange nach ihm »Kladogenesis« nannte, die Termini »polytypische« und »divergente Evolution« verwendet (der einzige Nachteil der von ihm geprägten Begriffe ist, daß sie sich nicht ohne weiteres in Adjektive verwandeln lassen).

Gelegentlich findet sich »Anagenesis« in derselben Bedeutung verwendet (178) wie Adastogenesis. Hyatt allerdings definiert »Anagenesis« als »die Entstehung progressiver Merkmale« (541), und auch Rensch (894), der seine Ansichten über den Evolutionsverlauf sorgfältig präzisiert, gebraucht es in diesem Sinne. Bei keinem der beiden Autoren taucht das Wort in der Bedeutung von Adastogenesis auf.

Adastogenesis bezeichnet mithin also die einfachere Form des evolutionären Wandels. Wo sie auftritt, sind die Veränderungen von einer Generation zur nächsten so geringfügig, daß es niemandem einfiele, die Populationen beider Generationen als verschiedene »Arten« einzustufen. Mit anderen Worten, könnten die Paläontologen bei ihren Untersuchungen von einer vollständig erhaltenen Fossilienabfolge ausgehen, bliebe die Entscheidung, an welchem Punkt sie die Entstehung einer neuen Art ansetzten, reine Ermessenssache. Angenommen, eine Population wäre nach den in einer bestimmten geologischen Schicht »A« gefundenen Exemplaren benannt worden, so würde der Paläontologe eine neue Art in der untersten über »A« gelegenen Schicht, in der sich alle Exemplare von denen in »A« unterschieden, identifizieren und benennen (vergleiche Simpson, 969). Diese höhere Schicht wollen wir hier »B» nennen. Wäre nun eine Population dieser adastogenetischen Reihe zufällig zuerst nach einer unter oder über »A« gelegenen Schicht »C« benannt worden, in der die einschlägigen Merkmale geringfügig von denen in »A« abwichen, so würde die nächste neue Art nach einer Schicht »D« benannt, in der sich die Merkmale von denen in »C« – und *nicht* von denen in »A« – unterschieden. Der Ursprung einer neuen Art hinge demnach also von der zufälligen Erstentdeckung einer zu einer kontinuierlichen Adastogenetischen Reihe zählenden Population und nicht von irgendeinem biologischen Merkmal der Evolutionsfolge ab.

In der Praxis freilich ist die geologische Überlieferung gewöhnlich so lückenhaft, daß sich die Fossilien einer adastogenetischen Reihe in zwei verschiedenen Schichten deutlich voneinander unterscheiden und keine Zwischenformen auffindbar sind. In diesem Fall betrachten die Paläontologen die beiden Fossiliengruppen als verschiedene Arten und geben ihnen dementsprechend auch verschiedene Namen. Die Definition der Arten hängt demnach also von dem zufälligen Umstand ab, daß manche Schichten mit fossilen Einschlüssen erhalten blieben, während andere durch Erosion abgetragen wurden.

Läge eine vollständige Fossilienreihe vor, anhand derer sich die kladogenetische Evolution zweier Formen aus einer Urform erkennen ließe, würde der Paläontologe die Entstehung der neuen Art in jener geologischen Schicht ansetzen, in der sich alle vorhandenen Exemplare entweder der einen oder der anderen Form zuordnen ließen. Damit ergäbe sich allerdings das Problem, ob nun zwei oder nur eine neue Art entstanden wären. Doch in solchen Fällen pflegen die Paläontologen selbst dann von der Entstehung *zweier* neuer Arten zu sprechen, wenn sich die eine in nichts von der ursprünglichen Art unterscheidet (969). Wäre indessen die zweite Art durch irgendeinen Zufall nicht entdeckt worden, wäre natürlich auch eine Neubenennung unterblieben. Dieses Problem tritt allerdings nur selten auf, da die Lückenhaftigkeit der geologischen Überlieferung das Studium der kompletten Evolutionsabfolge vereitelt und statt dessen die Entdeckung deutlich voneinander abweichender Formen begünstigt.

Aus dem bisher Gesagten folgt, daß die »Art« im paläontologischen Sprachgebrauch durch willkürliche Kriterien bestimmt wird. Dennoch wäre die Paläontologie ohne die Beschreibung und Benennung von Arten ein Chaos. Die willkürliche Unterscheidung zwischen den in den geologischen Formationen konservierten »Arten« vergangener Zeiten richtet auch so lange keinen Schaden an, als man sich vor Augen hält, daß das Wort »Art« in diesem Zusammenhang in einem besonderen Sinn gebraucht wird. Man kann, so man will, von »paläontologischen« oder »fossilen« Arten sprechen, wobei diese Termini soviel wie »Art im paläontologischen Sinn« bedeuten. Das muß man bei Diskussionen der menschlichen Evolution anhand des fossilen Beweismaterials natürlich beachten. Und außerdem gilt es festzuhalten, daß sich die Frage, ob man nun zwei weitgehend gleiche fossile Formen als gesonderte »paläntologische Arten« einstufen soll, nicht auf allgemein verbindliche Weise entscheiden läßt.

Manche Paläontologen erkennen heutzutage in der Entwicklung der Gattung *Homo* nur zwei Strukturstufen an und geben dem fossilen Menschen der älteren und primitiveren Stufe gewöhnlich den Namen *Homo erectus* (Dubois). Der Artname *erectus* stammt vom Java-Menschen, der von seinem Entdecker E. Dubois 1894 die Bezeichnung *Pithecanthropus erectus* erhielt. Das Adjektiv sollte zum Ausdruck bringen, daß das Exemplar, wiewohl eine Zwischenform zwischen Affe und Mensch, bereits aufrecht ging. Neuerdings wird jedoch argumentiert, der Unterschied zwischen dieser Form und dem Neuzeitmenschen reiche nicht aus, um den Gebrauch verschiedener Gattungsnamen zu rechtfertigen, und ersetzt daher *Pithecanthropus* vielfach durch *Homo*. Der Peking-Mensch, der früher gleichfalls als eigene Gattung betrachtet und als *Sinanthropus pekinensis* bezeichnet wurde, ist dem Java-Menschen in vielerlei Hinsicht so ähnlich, daß ihn zahlreiche Paläontologen derselben Art zurechnen. Die meisten späteren Formen einschließlich der im Neandertal entdeckten werden vielfach mit dem Neuzeitmenschen *Homo sapiens* zusammengefaßt.

Homo (beziehungsweise *Pithecanthropus*) *erectus* läßt sich von *Homo sapiens* anhand verschiedener Kriterien unterscheiden. Um hier die wichtigsten vorzustellen: In der medianen Sagittalebene des Schädels (das ist die Medianebene zwischen der rechten und der linken Seite), erscheinen Stirn- und Scheitelbein bei *erectus* leicht abgeflacht, bei *sapiens* hingegen gewölbt, während das Hinterhauptsbein bei *erectus* stärker vortritt als bei *sapiens* (wozu anzumerken ist, daß es beim Neandertaler kräftig vorspringt). Die Augenhöhlen befinden sich bei *erectus* weitgehend auf der Vorderseite des Gehirnschädels, bei *sapiens* hingegen unterhalb. Betrachtet man die Schädel von hinten (oder besser noch im Querschnitt), so gleicht der von *erectus* im Umriß annähernd einem Fünfeck: Er ist an der Basis am breitesten, neigt sich sodann an den Seiten nach innen und dann noch weiter nach innen, um in der Scheitellinie in einem Wulst zusammenzulaufen. Bei *sapiens* hingegen erscheint der Schädel (selbst beim Neandertaler) im Umriß eher abgerundet und lädt weit über der Basis seitlich am stärksten aus. Wichtiger als all diese Unterscheidungsmerkmale jedoch dürfte die Tatsache sein, daß die Schädelkapazität (und mithin das Gehirn) bei *erectus* nur gering (circa 775–1280 Milliliter, bei *sapiens* hingegen ganz erheblich (circa 1200–1800 Milliliter) ist.

Gleichviel, ob wir die Evolution der Gattung *Homo* als kladogenetische oder adastogenetische Entwicklung betrachten, fest steht jedenfalls, daß, sofern die Skelette sämtlicher Menschen, die je auf Erden existierten, für wissenschaftliche Studien verfügbar wären, eine vollständige Abfolge vorläge und niemand anhand objektiver Beweise den Punkt definieren könnte, an dem ein neuer Artname zulässig wäre. Ist indessen, wie der Paläontologe Weidenreich meint, beim Fehlen plötzlicher Sprünge nur ein einziger Name statthaft, so geht er selbst nicht annähernd weit genug. In diesem Fall müßte nämlich der untermenschliche affenartige Vorfahr aus dem Pliozän ebenso den Namen *Homo sapiens* erhalten wie das Reptil, das diesem im Mesozoikum voraufging, die Amphibie, die als Vorläufer dieses Kriechtiers im späten Paläozoikum lebte, und schließlich der Fisch, der als Vorform besagter Amphibie vor schätzungsweise 300 Millionen Jahren existierte: Denn es gibt keinerlei Anhaltspunkte dafür (noch ist es wahrscheinlich), daß es jemals zwischen zwei aufeinanderfolgenden Generationen zu einem Bruch gekommen sein sollte.

So ist es also nichts weiter als eine praktische Übereinkunft, die menschliche Evolution in die beiden Stadien *erectus* und *sapiens* zu gliedern, und völlig belanglos, ob wir diese Stadien nun Arten oder Gattungen nennen oder ob wir (wie früher allgemein und auch heute noch vereinzelt) innerhalb dessen, was derzeit gemeinhin als die »Art« *erectus* figuriert, verschiedene Gattungen annehmen. Wir können die Stufen der Hierarchie benennen, wie wir wollen, denn im Rahmen der fossilen Geschichte hat die Art nichts wirklich Eigen-Artiges.

Die Art im morphologischen Sinn

Der Taxonom erhält in seinem Museum aus allen Teilen der Welt zahllose Tierexemplare, allerdings meist ohne genauere Angaben, so daß er bei der Unterscheidung von »Arten« ausschließlich auf die aus dem Studium des Körperbaus abgeleiteten Kriterien angewiesen ist. Er befindet sich also in einer ganz ähnlichen Lage wie der Paläontologe, das heißt, auch er muß ziemlich willkürlich entscheiden, ob sich zwei oder mehr Exemplare hinlänglich gleichen, um derselben Art zugerechnet zu werden. Besteht, ohne daß Zwischenformen bekannt wären, ein ebenso großer Unterschiedlichkeitsgrad wie gemeinhin zwischen den verschiedenen Arten seines Fachgebiets, so kann er die beiden Formen mit Fug und Recht unter verschiedene Artnamen fassen - ein für die Verständigung unerläßlicher Schritt, ohne den die verschiedenen naturwissenschaftlichen Systematiker ihr Wissen untereinander nicht austauschen könnten. So wird also eine Anzahl von Exemplaren auf rein struktureller oder »morphologischer« Basis einer bestimmten Art zugerechnet und mit einem entsprechenden Namen versehen. Art in diesem Sinne wird manchmal als »morphologische Art« bezeichnet, das heißt als Art, die auf rein struktureller Grundlage ohne Berücksichtigung anderer Kriterien wie zum Beispiel der Paarungsgewohnheiten definiert wurde. Zutreffender wäre die Bezeichnung »Art im morphologischen Sinn«. Theoretisch könnte sich die Benennung von Arten auf rein morphologischer Basis schließlich erübrigen, doch können wir derzeit und wohl auch in Zukunft nicht darauf verzichten.

Eine Art im morphologischen Sinn zeigt nicht gezwungenermaßen allerorts genau dieselbe Erscheinungsform. Ist sie über ein weites Gebiet verbreitet, treten gewöhnlich örtliche Unterschiede auf. Sofern sich diese auf geringfügige Abstufungen beschränken, also kleiner sind als die normalerweise zwischen den anerkannten Arten des betreffenden Taxons beobachteten, werden sämtliche Formen zur selben Art gerechnet. Manchmal zeigen die Populationen beidseits eines teilweise isolierend hereinwirkenden geographischen Hindernisses wie zum Beispiel einer Bergkette oder eines breiten Flusses merkliche Abweichungen; fehlt indessen ein absolutes Unterscheidungsmerkmal, anhand dessen sich mit Sicherheit sagen ließe, von welcher Seite des Hindernisses das einzelne Exemplar stammt, rechnet man beide Populationen zur selben Art, wenn auch zu verschiedenen *Unterarten* oder *Rassen* (wofür gelegentlich auch der Ausdruck »geographische Rasse« gebraucht wird).

Manchmal stellt sich im Verlauf weiterer Forschungen heraus, daß eine Art im morphologischen Sinn auch noch in anderer Hinsicht als Art gelten kann, aber die meisten Arten sind doch ausschließlich anhand morphologischer Kriterien definiert worden.

Die Art im genetischen Sinn

Dans la nature, il n'existe que des individus & des suites d'individus, c'est à dire des espèces.

Daubenton, 1754 (260)

Laut Blumenbach (108) soll der englische Naturforscher John Ray als erster vorgeschlagen haben, Tiere, die sich paaren und fruchtbare Nachkommen hervorbringen, zur selben Art zu zählen. Ich selbst konnte in Rays Werken allerdings keine ausdrückliche Feststellung dieses Sinnes finden. Zwar erörtert er in seiner 1686 erschienenen *Historia plantarum* (881) die Bedeutung des Begriffes »Art« im Tier- und Pflanzenreich, weist aber lediglich darauf hin, daß man sich bei der Entscheidung der Frage, ob zwei Formen nun zur selben Art gehörten, nicht nur von strukturellen Unterschieden oder Ähnlichkeiten leiten lassen, sondern auch untersuchen sollte, ob sie von ähnlichen Elternformen stammten: »denn diejenigen, die sich artmäßig unterscheiden, bewahren ihre Art (gesondert) für immer, wie auch die eine Art nicht aus dem Keim *(semine)* der anderen erwächst und umgekehrt.« Und in einem anderen Werk (882) erwähnt Ray kurz den Maulesel, doch nur, um die Frage aufzuwerfen, warum »dieses Bastardprodukt sich nicht seinerseits fortpflanzt und so eine neue und beständige Rasse entsteht; (daß) aber die Natur hier Einhalt gebietet und nicht weiter voranschreitet, ist mir ein unerklärliches Rätsel«.

Der erste, der die Kreuzungsfähigkeit ausdrücklich zum Kennzeichen der Art erhob, scheint der Comte de Buffon gewesen zu sein. Im Tierreich, so bemerkt er 1749, seien die Arten anhand klar erkennbarer Unterschiede leichter auseinanderzuhalten als im Pflanzenreich und fährt dann fort: »Überdies gibt es noch ein weiteres vorzügliches Mittel, die Tierarten zu erkennen und voneinander zu unterscheiden, nämlich die Tatsache, daß man diejenigen derselben Art zurechnen sollte, die sich durch Paarung fortpflanzen und so die Artähnlichkeit bewahren, und dagegen jene verschiedenen Arten, die auf gleiche Weise nichts zu erzeugen vermögen« (159). In der Folge definiert Buffon Art sodann noch exakter anhand des Kriteriums, daß Vertreter verschiedener Arten bei der Kreuzung entweder überhaupt keine oder unfruchtbare Nachkommen hervorbringen.

Später im selben Jahrhundert stellte der schottische Arzt John Hunter eine ähnliche, wenn auch merkwürdig kompliziert klingende Definition des Wortes »Art« auf (524, 525). Laut Hunter ist Art »eine Klasse von Tieren, innerhalb derer sich die Individuen miteinander paaren und so Junge hervorbringen, deren Nachkommen (den übrigen Mitgliedern), der Klasse entweder von vornherein gleichen oder in der Folge ähnlich werden«. Gemeint ist, daß die Elternformen trotz etwaiger Unterschiede derselben Art angehören, wenn die Nachkommen ihres hybriden Abkömmlings und seiner Jungen bei fortgesetzter Kreuzung mit Angehörigen ein und derselben Elternform schließlich dieser gleichende Individuen hervorbringen, mit anderen Worten, wenn eine der ursprünglichen Ausgangsformen mit der anderen verschmolzen ist. Ein höchst sonderbarer Zufall fügte es, daß ein gutes Jahrzehnt später ein nicht minder berühmter Namensvetter und Landsmann des renommierten Arztes und Anatomen völlig unabhängig eine ähnliche, wenn auch einfachere Idee formulierte. »Das wahre Unterscheidungsmerkmal zwischen verschiedenen Tierarten«, so dieser andere John Hunter, »scheint mir letztlich in dem Unvermögen zu liegen, miteinander Nachkommen zu zeugen, die sich ihrerseits weiter fortpflanzen können« (526). Aus der Tatsache, daß Wölfinnen und Schakalweibchen mit Hunden eine zweite Bastardgeneration hervorzubringen vermögen, schloß Hunter, alle drei müßten ein und derselben Art angehören (526, 527). Heute allerdings werden der europäische Wolf *(Canis lupus)* und der gemeine Schakal *(Canis aureus)* allgemein verschiedenen Arten zugerechnet, während die Vorfahren des Haus-

hundes *(Canis familiaris)* nicht mit Sicherheit bekannt sind.
Dobzhanskys Definition des Artbegriffs stellt im wesentlichen eine Verfeinerung und Weiterentwicklung der von Buffon und den beiden Hunters formulierten Ideen dar: »Art kann bei Organismen mit geschlechtlicher Kreuzbefruchtung definiert werden als Populationsgruppen, die in ihrem Fortpflanzungsverhalten in solchem Grade isoliert sind, daß zwischen ihnen kein oder nur ein so langsamer Genaustausch stattfindet, daß die genetischen Unterschiede weder abgeschwächt noch verwischt werden« (227). Es fällt sofort auf, daß all die vielen Tiere mit ungeschlechtlicher Fortpflanzung ausgeklammert werden, obwohl die Zoologen übereinstimmend auch unter ihnen Arten unterscheiden. Da sich jedoch der Mensch und all seine nahen Verwandten in der Tierwelt ausschließlich sexuell fortpflanzen, brauchen wir uns mit der Anwendung des Wortes »Art« auf Organismen mit ungeschlechtlicher Fortpflanzung hier nicht weiter zu beschäftigen. Gelegentlich wird eine nach Dobzhanskys Kriterium definierte Art als »biologische Art« bezeichnet – ein recht unglücklich gewählter Ausdruck, denn da die Biologie die Wissenschaft vom Leben ist, muß jede Artdefinition notwendig biologisch sein. Ein treffenderer Terminus wäre »genetische Art«, worunter man eine durch »Genaustausch«, das heißt durch Übertragung von Genen von einem Mitglied der Gruppe auf ein anderes definierte Art zu verstehen hätte, doch am besten sollte man wohl von »Art im genetischen Sinn« sprechen.
Der Leser könnte nun aus dem bisher Gesagten den Eindruck gewinnen, im genetischen Zusammenhang habe das Wort »Art« (im Gegensatz zu seinen übrigen Anwendungsbereichen) eine festumrissene Bedeutung. In Wirklichkeit jedoch ist die Definition zwar nützlich, aber nicht völlig befriedigend. Ihr größter Nachteil liegt darin, daß sie sich lediglich auf eine während eines knapp begrenzten Zeitraums, fast notwendig in der Gegenwart existierende Population beziehen kann und daher die Evolutionsgeschichte außer acht läßt.
Bei strikter Anwendung der Dobzhanskyschen Definition müssen verschiedene Tiere trotz großer Ähnlichkeit zu verschiedenen Arten gerechnet werden. Ein bemerkenwertes Beispiel liefern die Malariamücken und ihre Verwandten, wobei die einschlägigen Fakten nicht nur wissenschaftlich äußerst interessant, sondern auch von großer praktischer Bedeutung für die Erhaltung der Volksgesundheit in Malariagebieten sind. 1920 fand man heraus, daß sich eine Art der Gattung *Anopheles*, nämlich *Anopheles elutus,* durch geringfügige Abweichungen im Erwachsenenstadium sowie das Aussehen der Eier von der bekannten Malaria- oder Fiebermücke, *Anopheles maculipennis*, unterscheidet. Detalliertere Kenntnisse über dieses Thema jedoch verdanken wir in der Hauptsache einem pensionierten italienischen Gesundheitsbeamten namens Falleroni, der ab 1924 die Zucht von *Anopheles*-Stechmücken zu seinem Steckenpferd machte. Dabei stellte er fest, daß sich mehrere Eitypen unterscheiden lassen, daß ein und dasselbe Weibchen stets gleich aussehende Eier legt und daß die aus diesen Eiern geschlüpften Weibchen wiederum Eier gleichen Typs produzieren. Kurzum, Falleroni fand heraus, daß die gleich erscheinenden ausgewachsenen Tiere in Wirklichkeit verschiedenen Arten angehören, die sich anhand der Eier identifizieren lassen. Er benannte verschiedene Arten nach seinen Freunden, und diese Bezeichnungen sind mittlerweile in die gebräuchliche wissenschaftliche Nomenklatur eingegangen.
Einige Jahre später, nämlich 1931, erregte die Angelegenheit dann die Aufmerksamkeit von L. W. Hackett, der zusammen mit A. Missiroli den Hauptbeitrag zur Klärung dieser merkwürdigen Geschichte geleistet hat (449, 447, 448). Ihre Untersuchungen ergaben, daß in Europa sechs verschiedene *Anopheles*-Arten existieren, die selbst Fachleute bei noch so sorgfältiger mikroskopischer Untersuchung im Erwachsenensta-

dium nicht mit Sicherheit auseinanderzuhalten vermögen; eine siebte Art, *Anopheles elutus*, läßt sich, sofern ihr Alter bekannt ist, anhand geringfügiger Unterschiede identifizieren, und auch die Larven zweier Arten können mittels winziger Abweichungen auseinandergehalten werden. Sonstige Unterschiede, die man (vom Eistadium abgesehen) zwischen den Arten zu erkennen glaubte, erwiesen sich als gegenstandslos.

Da sich die sieben Stechmückenformen in freier Natur nicht kreuzen, müssen sie nach Dobzhanskys Definition samt und sonders als eigenständige Arten betrachtet werden. Bei sechs der sieben Arten »schwärmen« die Männchen vor der Kopulation; sie schließen sich zu großen, hoch in der Luft herumschwirrenden, bald auseinanderstiebenden, bald sich wieder vereinigenden Gruppen zusammen, in welche die (jeweils von Schwärmen ihrer eigenen Art angelockten) Weibchen einfallen, um mit einem männlichen Artgenossen zum Hochzeitsflug zu starten.

Obwohl also die sichtbaren Unterschiede zwischen den Arten nur geringfügig und fast ausschließlich aufs Eistadium beschränkt sind, müssen – und das ist im Hinblick auf die ethnische Frage der interessanteste Tatbestand – die einzelnen Arten Unterschiede in Nervensystem und Sinnesapparat aufweisen, da jede Art ihre eigenen Gewohnheiten hat. So schwärmen beispielsweise die Männchen einer Art *(atroparvus)* nicht, so erkennen, wie schon erwähnt, die Weibchen ihre männlichen Artgenossen, so legen manche Arten ihre Eier in Süß-, andere hingegen in Brackwasser, und so saugen die Weibchen mancher Arten Rinderblut und sind insofern für den Menschen unschädlich, während andere den Menschen anfallen und mit ihrem Speichel die Malaria übertragen.

Wir könnten hier noch weitere Beispiele anführen, in denen zwischen Arten keine größeren morphologischen Unterschiede bestehen wie bei *Anopheles*; dafür unterscheiden sich die Rassen einer einzelnen Art – und manchmal sogar die Unterrassen einer Rasse – in ihren typischen Formen oft durch deutlich ausgeprägte, an vielen Körperteilen beobachtbare Abweichungen. Kurzum, die Arten brauchen nicht notwendig sehr verschieden und die Rassen nicht unbedingt sehr ähnlich zu sein.

Nach allgemeiner Auffassung unterscheidet sich die Art im genetischen Sinn von der Rasse dadurch, daß sie sich (unter normalen Lebensbedingungen in freier Natur) mit anderen Arten nicht vermischt, während sich die Unterarten oder Rassen einer Spezies entweder am Rande ihres jeweiligen Verbreitungsgebietes kreuzen oder aber im dazwischen liegenden Bereich durch so leichte, fast unmerkliche Abstufungen ineinander übergehen, daß man Bastardierung annehmen muß. Daß diese Unterscheidung zwischen Art und Rasse indessen keineswegs immer strikt zutrifft, zeigt sich besonders anschaulich am äußerst komplizierten Beispiel der Silbermöwe, das verschiedene Zoologen, insbesondere Stegman (1005), Mayaud (716), Stresemann und Timofeeff-Ressovsky (1020), unabhängig voneinander genauestens untersucht haben – zu Recht, beweist dieser Fall doch wieder einmal, daß wir der Frage, ob eine bestimmte Gruppe verwandter Organismen nun als einzige Art zu betrachten ist oder nicht, kein übertriebenes Gewicht beimessen sollten.

Der erste, der Silbermöwen einen Artnamen gab, war der dänische Schriftsteller Pontoppidan, und zwar nannte er skandinavische Exemplare *Larus argentatus*. Als man dann feststellte, daß sich die Art *Larus argentatus* Pontoppidans in viele Rassen auffächert, gab man der skandinavischen Rasse nach den üblichen terminologischen Regeln die Bezeichnung *Larus argentatus argentatus*, in Rasseuntersuchungen auch nur kurz *argentatus* genannt. Die britische Rasse dieser Art, *argenteus* (siehe Abbildung 7, Seite 62), weist große Ähnlichkeit mit *argentatus* auf; Rücken und Flügel zeigen (mit Ausnahme der schwarz-weißen Spitzen) eine silbrige oder blaßblaugraue Färbung, die Füße einen leicht rosigen (»fleischfarbigen«) Ton. Möwen dieses allgemeinen Typs findet man im ganzen Atlantikbereich über Island bis Kanada und weiter über die Beringstraße am gesamten nördlichen Saum des asiatischen Kontinentes, bis sich durch Überschneidung mit dem Habitat von *argentatus* im Weißen Meer östlich der skandinavischen Halbinsel der Kreis um den Pol schließt. Folgt der Zoologe dieser Route von Skandinavien aus westwärts, so durchquert er im Verlauf seiner Fahrt die Territorien von sieben Rassen und läßt eine achte rechterhand in Grönland und eine neunte im Bereich der Hudson Bay liegen. Dabei stellt er einen fortschreitenden Wandel in den Merkmalen der sieben Rassen fest: Rücken und Flügel der Möwen verfärben sich allmählich zu einem lichten, dann zu einem dunkleren Schiefergrau und spielen schließlich fast ins Schwärzliche; die Füße nehmen über allerlei Zwischenschattierungen einen gelblichen Ton an, die Flügel werden verhältnismäßig länger, der gesamte Körper größer. Dieser stufenförmige Übergang wird darauf zurückgeführt, daß sich die Rassen an den Grenzen ihrer Territorien kreuzen. Eine solche Kette verwandter, einander progressiv ablösender Formen wird mit dem von Professor J. S. Huxley geprägten Begriff »Cline« bezeichnet (533). Obwohl sich viele einschlägige Beispiele anführen ließen, bildet ein vollständiger Kreis um die ganze Erde doch die Ausnahme.

Nach den geschilderten Erscheinungen würde nun wohl niemand bezweifeln, daß all diese Rassen einer einzigen Art angehören, widersprächen nicht *argentatus* und eine weitere Form, *Larus argentatus antelius*, platterdings dieser Annahme; denn im Weißmeergebiet, wo sie zusammentreffen, kreuzen sie sich nicht (obgleich von gelegentlicher sexueller Anziehung zwischen Individuen beider Formen berichtet worden ist). Demnach wäre also der Zoologe, wenn er von Norwegen aus nach Westen um die Welt reiste, bis er das Verbreitungsgebiet von *antelius* erreichte, geneigt, sämtliche Silbermöwen derselben Art zuzurechnen, während er bei umgekehrter Route mit ziemlicher Sicherheit *argentatus* und *antelius* von dem Moment an als verschiedene Arten betrach-

7 Arten oder Rassen? A: Silbermöwe (Rasse argenteus); B: kleinere schwarzrückige Möwe (Rasse britannicus = graellsii). – Die beiden von J. Haywood fotografierten Exemplare befinden sich im Oxford University Museum.

ten müßte, in dem er das Weiße Meer erreichte und hier beobachtete, daß beide Formen in ihren physischen Merkmalen nicht ineinander übergehen und sich nicht kreuzen.

Es ließen sich noch viele ähnliche Beispiele für das anführen, was Stresemann und Timofeeff-Ressovsky als »Überschreitung der Bereiche der Unterarten ohne Bildung von Zwischenformen und Bastardpopulationen« bezeichnen. Die beiden Autoren zitieren sieben verbürgte und elf mußmaßliche Beispiele aus der Vogelwelt. Rassen, die den Lebensraum miteinander teilen, ohne daß es zur Bastardierung kommt, meiden einander häufig dadurch, daß sie innerhalb des gemeinsam besiedelten Territoriums unterschiedliche ökologische Nischen einnehmen, obgleich auch dies, wie am Beispiel der Möwen ersichtlich, nicht notwendig der Fall zu sein braucht.

Ein Problem für jeden, der Art anhand des genetischen Kriteriums zu definieren sucht, stellen gewisse nichtmarine Tiere dar, die auf Inseln mitten im weiten Meer leben. Die See verhindert jeden effektiven Genzustrom vom Festland her (obgleich gelegentlich wohl versprengte Exemplare auftauchen müssen, wie in ferner Vergangenheit, als die Insel besiedelt wurde). Oft beginnt sich die dergestalt isolierte Population in Färbung und morphologischen Merkmalen so zu verändern, daß man Inselexemplare von den Vertretern der typisch kontinentalen Art unterscheiden kann. In solchen Fällen pflegt man Mutmaßungen anzustellen, ob sich die beiden Formen unter natürlichen Lebensbedingungen wohl kreuzen würden, und betrachtet, sofern man dies für wahrscheinlich hält, die Inselform als Rasse der kontinentalen Art (178). Selbstverständlich stützt sich die Artdefinition in derartigen Fällen weder auf den objektiven Nachweis eines Genaustauschs noch auf die Wahrscheinlichkeit, daß er je stattfinden wird, sondern lediglich auf die Annahme, daß es dazu käme, wenn etwas einträte, was eben bekanntermaßen nicht eintritt. Dieselben Definitionsschwierigkeiten ergeben sich auch, wenn sich die Inselform von der auf dem Festland nicht unterscheidet, da kein nennenswerter Genaustausch stattgefunden hat. Es ist zwar sachlich von Nutzen, die Inselform zur selben Art zu zählen wie die kontinentale, wird doch damit die Aufmerksamkeit auf die morphologische Ähnlichkeit (oder Identität) der beiden Populationen gelenkt, doch verliert der Gesichtspunkt des Genaustauschs bei der Definition der »Art« durch diese Praxis an Gewicht.

Merkwürdig ähnlich liegt der Fall bei jenen indischen Kasten, die sich streng auf die Verwandtenehe beschränken und so seit Anbeginn ihres Bestehens mit der restlichen Bevölkerung keinen Genaustausch mehr pflogen. Hier wird eine bestimmte Personenklasse durch einen rigoros durchgesetzten Brauch ähnlich isoliert, als lebte sie auf einer Insel im Ozean. Bei strikter Anwendung von Dobzhanskys Definition müßte man die Mitglieder einer solchen Kaste als eigene Menschenart betrachten, obwohl sich anhand keines einzigen morphologischen Merkmals zuverlässig entscheiden ließe, ob jemand nun zu besagter Kaste gehörte oder nicht. Man könnte dagegen ins Treffen führen, das Fehlen struktureller Unterschiede beweise, daß Kastenmitglieder keine besondere Art darstellten, doch beruhte die Definiton in diesem Fall auf morphologischen Kriterien, nicht auf dem Vorhandensein oder Fehlen eines Genaustauschs.

Realgattung, Formenkreis und Rassenkreis

Einen außerordentlich interessanten Beitrag zum Artproblem stellen die Schriften Immanuel Kants dar. Zwar sind sie in manchem ihrer Zeit verhaftet, doch scheint der große Philosoph da und dort weit in die Zukunft vorausgeschaut zu haben.

Kant zieht eine scharfe Trennungslinie zwischen *Naturbeschreibung* und *Naturgeschichte* (654). Während sich die erstgenannte als Produkt dessen, was er ziemlich abschätzig das *Schulsystem* nennt, auf die schlichte Beschreibung der Natur, wie sie jetzt existiert, beschränkt, ist letztere im wahren Sinn des Wortes eine Geschichte – ein Bericht über zeitliche Ereignisse *einschließlich der Entstehung von Rassen.* Um Kant recht zu begreifen, muß man sich vergegenwärtigen, daß er mit dem Wort *Gattung* eine sich kreuzende Form, nicht ein »Genus« im formalen Sinn, bezeichnet. »Im Thierreiche«, schreibt er, »gründet sich die Natureintheilung in Gattungen und Arten auf das gemeinschaftliche Gesetz der Fortpflanzung, und die Einheit der Gattungen ist nichts anders, als die Einheit der zeugenden Kraft«, die bei recht unterschiedlich anmutenden Tieren vorherrscht.

»Daher muß die *Büffonsche* Regel, dass Thiere, die miteinander fruchtbare Jungen erzeugen, (von welcher Verschiedenheit der Gestalt sie auch sein mögen) doch zu einer und derselben physischen Gattung gehören, eigentlich nur als die Definition einer Naturgattung der Thiere überhaupt im Unterschiede von allen Schulgattungen derselben angesehen werden. Die Schuleinteilung geht auf *Klassen*, welche nach *Ähnlichkeiten*, die Natureintheilung aber auf Stämme, welche die Thiere nach *Verwandtschaften* in Ansehung der Erzeugung eintheilt. Jene verschafft ein Schulsystem für das Gedächtniss; diese ein Natursystem für den Verstand: die erste hat nur zur Absicht, die Geschöpfe unter Titel, die zweite, sie unter Gesetze zu bringen« (564).

Bezeichnenderweise gehen Kants Überlegungen zu diesem Thema auf den Umstand zurück, daß er auch Vorlesungen über physikalische Geographie zu halten hatte. Er erkannte, daß bei der Ausbreitung der Pflanzen und Tiere über die Erdoberfläche jede *Stammgattung* eine evolutionäre Veränderung, eine sogenannte *Anartung*, erfuhr, wobei die Stammgattungen seiner Meinung nach bereits die *Anlagen* mitbrachten, sich in neuen Landstrichen und Klimazonen entsprechend zu verändern, die erkennbar unterschiedlichen Formen *(Racen)* jedoch die Fähigkeit behielten, sich zu kreuzen und fruchtbare Nachkommen hervorzubringen. Kant verwarf die Idee morphologischer *Arten* und betrachtete die ganze Gruppe verschiedener *Racen* als echten sich kreuzenden Stamm oder *Realgattung*, die er von der akademischen *Nominalgattung*, bei deren Definition die Fortpflanzungsvorgänge außer acht gelassen wurden, scharf unterschied. In Kants Augen ließen sich die tatsächlichen Gruppierungen der Tiere am besten mittels der *Realgattungen* erfassen, die sich jeweils durch weite Verbreitung zu zahlreichen geographischen *Racen* entwickeln konnten (565). Indem er aber den Artbegriff fallen ließ und nur zwei Klassifikationsgruppen, *Realgattung* und *Racen*, anerkannte, war er seiner Zeit um über ein Jahrhundert voraus.

In Anwendung dieser Prinzipien rechnete Kant alle Menschen »einer und derselben Naturgattung« zu, teilte diese in nur vier *Racen* ein (von denen drei, nämlich *Europide, Negride* und *Mongolide* noch heute anerkannt werden) und gab der Überzeugung Ausdruck, die europide Rasse stelle die Urform dar, von der sich die anderen herleiten (565).

Obwohl stets bestrebt, sich auf die Realität zu konzentrieren, theoretisierte Kant doch auch über den Ursprung der *Realgattungen.* Dabei scheint er zu dem Schluß gekommen zu sein, sie könnten sich auf gleiche Weise aus Urformen entwickelt haben wie die *Racen* aus den *Stammgattungen* (auch wenn er dies nicht expressis verbis formuliert). Diese Gedankengänge legte er überraschenderweise in seinem berühmten philosophischen Werk *Critik der Urtheilskraft* (566) nieder, in dem er freizügig über die ferne Vergangenheit spekulierte vielmehr sich, um seinen eigenen sonderbaren Ausdruck zu gebrauchen, als »Archäolog der Natur« betätigte, bereit, selbst den Menschen in sein großes Evolutionsschema einzubeziehen. Die Ähnlichkeit vieler *Gattungen* schien ihm auf echte Verwandtschaft zurückzugehen, das heißt, sie ließen sich theoretisch durch »die stufenartige Annäherung einer Thiergattung zur andern« vom »Menschen bis zum Polyp« zurückverfolgen.

»... Hier steht es nun dem *Archäologen* der Natur frei aus den übriggebliebenen Spuren ihrer ältesten Revolutionen, nach allem ihm bekannten oder gemuthmassten Mechanism derselben, jene grosse Familie von Geschöpfen (denn so müsste man sie sich vorstellen, wenn die genannte durchgängig zusammenhängende Verwandtschaft einen Grund haben soll) entspringen zu lassen.«

Kant nahm an, die Erde habe sich durch besagte Revolutionen vom ursprünglich herrschenden Chaos wegentwickelt und dabei »anfänglich Geschöpfe von minder zweckmäßiger Form« hervorgebracht, und »diese wiederum andere, welche angemessener ihrem Zeugungsplatze und ihrem Verhältnisse unter einander sich ausbildeten« – Ideen, die, wie er in einer Fußnote anmerkt, wohl den allermeisten Wissenschaftlern irgendwann einmal durch den Kopf gehen.

Die Idee der *Realgattung* jedenfalls – wenn auch nicht die revolutionären Vorstellungen, die den »Archäologen der Natur« inspirierten – kam schließlich tatsächlich noch einem anderen deutschen Denker: Im letzten Jahrzehnt des darauffolgenden Jahrhunderts begann der Naturforscher und protestantische Geistliche Otto Kleinschmidt völlig unabhängig seine *Formenkreislehre* aufzustellen, die er in zahlreichen Aufsätzen erläuterte und über ein Vierteljahrhundert später schließlich in einem Buch zusammenfaßte (592). Anfangs hatte er keine Ahnung, daß sein *Formenkreis* und seine *Rassen* ziemlich genau Kants *Realgattung* und *Racen* entsprachen, und als er dann schließlich durch Zufall auf Kants Schriften stieß, ersetzte er eine Zeitlang *Formenkreis* durch *Realgattung*. Doch während sich Kant in erster Linie (wenn auch keineswegs ausschließlich) für die menschliche *Realgattung* und ihre Komponente, die *Racen*, interessiert hatte, vermittelte Kleinschmidt unvergleichlich umfassendere zoologische Kenntnisse. Wie Kant lehnte er den *Art*begriff als wirklichkeitsfern ab – seiner Meinung nach hatte das Wort zu viel mit Morphologie und zu wenig mit den wirklichen Beziehungen zu tun. In einer Hinsicht jedoch unterscheidet sich sein *Formenkreis* von Kants *Realgattung*. In einem frühen Aufsatz für die Deutsche Ornithologische Gesellschaft faßt Kleinschmidt die Quintessenz der Lehre, der er seine ganze Energie als Wissenschaftler widmen sollte, in einem einzigen Satz zusammen, in dem er die Behauptung aufstellt, »dass zwischen ›guten Arten‹ und ›blossen geographischen Vertretern‹ nicht scharf geschieden werden könne, denn auch gute Arten seien oft geographische Vertreter von einander« (591). So betrachtete er zwei verschiedene, einander geographisch ablösende Formen durchweg als *Rassen* eines einzigen *Formenkreises*, gleichgültig, ob sie sich nun kreuzten oder nicht. Damit schloß ein einzelner *Formenkreis* häufig viele »guten Arten« der alten Systematik als *Rassen* ein und war so ein wesentlich weiterer Begriff (obgleich Kleinschmidt einräumt, daß ein *Formenkreis* in manchen Fällen auch nur aus einer *Rasse* bestehen kann).

Übrigens neigte Kleinschmidt dazu, den Neandertaler, den Broken Hill-Menschen und möglicherweise auch *Pithecanthropus* demselben *Formenkreis* zuzurechnen wie die Rassen des Neuzeitmenschen (592).

Der *Formenkreis* gleicht »der Art im genetischen Sinn«, scheint aber insofern wirklichkeitsnäher, als er die Entwicklungsgeschichte der zugehörigen Formen mitberücksichtigt und sich nicht nur auf den zu einem bestimmten Zeitpunkt stattfindenden Genaustausch stützt. Dennoch ist Kleinschmidts Lehre in einem entscheidenden Punkt unannehmbar. Seiner Meinung nach hätte sich nämlich jeder *Formenkreis* unabhängig von allen übrigen aus einem primitiven, in grauer Vorzeit existierenden Vorfahren entwickelt, mit anderen Worten, wirkliche Verwandtschaft beziehungsweise gemeinsame Vorfahren gäbe es nur innerhalb des *Formenkreises*, was ein unwahrscheinliches Ausmaß an adastogenetischer Parallelentwicklung voraussetzte. Leider wird auch der brauchbare Teil der *Formenkreislehre* durch diese unhaltbare Hypothese beeinträchtigt. Offenbar stieß Kleinschmidt bei dem Versuch, seine *Formenkreise* zeitlich zurückzuverfolgen, auf dieselben Schwierigkeiten, die auch die »Art im paläontologischen Sinn« aufwirft, und suchte sie dadurch zu umgehen, daß der die Kladogenese nur innerhalb des *Formenkreises* gelten ließ.

Der deutsche Naturwissenschaftler Bernhard Rensch, eine Autorität auf dem Gebiet der Taxonomie, führte dann den Terminus *Rassenkreis* ein. Rensch, der seine diesbezüglichen Vorstellungen in einer Reihe von Aufsätzen und Büchern darlegte (891, 892), fand es unumgänglich, sich von dem in den alten Systematiken gebräuchlichen Artbegriff zu distanzieren, statt dessen zur Vorstellung des *Rassen-* oder *Formenkreises* überzugehen und damit auch die Unterscheidung zwischen Arten und Rassen fallenzulassen (891). Er hob hervor, daß sich die Rassen eines einzelnen *Rassenkreises* oft nicht weniger voneinander unterschieden als »gute Arten«, deren Existenz er indessen vor allem bei offenbar überall gleichartigen kosmopolitischen Formen (wie zum Beispiel bestimmten Einzellern) durchaus bejahte. Daneben gibt es auch »junge Arten«, die noch nicht die Zeit hatten, sich über ein weites Gebiet auszubreiten und zu differenzieren, sowie »Artüberbleibsel«, die in ferner Vergangenheit auf irgendeine Weise in einem beschränkten Bereich, aus dem es kein Entrinnen gab, abgeschnitten wurden. Für alle diese Formen gebraucht Rensch im Gegensatz zu Kleinschmidt weiterhin den Begriff *Arten.* Doch wenn seine Schriften auch wissenschaftlicher sind als die Kleinschmidts, steht doch dahin, ob er seine Gedankengänge nicht ebensogut in der Kleinschmidtschen oder auch der Kantschen Terminologie hätte ausdrücken können.

Wo immer zwei oder mehr nahe verwandte, aber verschiedene Tierarten im selben Bereich, ja sogar in derselben ökologischen Nische zusammenleben, muß mit ziemlicher Sicherheit zunächst Isolation geherrscht haben, die in der Folge dann aufgehoben wurde – andernfalls wäre es wohl kaum zur kladogenetischen Evolution gekommen. Es kann vernünftigerweise nicht bezweifelt werden, daß teilweise geographische Isolation auch bei der Entwicklung der Menschenrassen, die in ihren typischen Formen so auffallend voneinander abweichen, eine entscheidende Rolle gespielt hat. Diese Isolation wird, wie der viktorianische Anthropologe Dr. J. Beddoe bereits im vorigen Jahrhundert erkannte, schon seit langem durch die neuzeitlichen Erfindungen abgebaut. »Die durch den Ausbau der Eisenbahn und die veränderten Gesellschaftsverhältnisse immer rascher fortschreitende Binnenwanderung und Vermischung«, schrieb er 1885, »wird in der nächsten Generation Abgrenzungen und Größenverhältnis der britischen Rassen unentwirrbar verwischen (69).« Beddoe bezog sich nur auf Europa und hätte insofern von »Unterrassen« sprechen sollen; doch mittlerweile haben Dampfschiff und neuerdings das Flugzeug eine bislang ungekannte räumliche Annäherung der *Rassen* herbeigeführt. Möglich, daß ohne diese mechanischen Vorrichtungen die kladogenetische Evolution der Menschenrassen weiter fortgeschritten wäre und so zu den psychologischen Vorbehalten, die sich derzeit bis zu einem gewissen Grad isolierend auswirken, und der Rassenmischung im Wege stehen, schließlich auch noch genetische Barrieren gekommen wären.

6
Hybridismus und das Artproblem

Die selektive Partnerwahl

Daß die Evolution fortschreiten konnte, muß in der Hauptsache auf die wiederholte Aufspaltung einer Art in zwei oder mehrere (also auf »Kladogenesis«, vergleiche Seite 55) zurückgehen – andernfalls nämlich gäbe es keine systematischen Taxa wie Gattungen, Familien und Ordnungen, sondern lediglich beziehungslos nebeneinanderstehende Formen. Adastogenesis, das heißt evolutionärer Wandel ohne derartige Aufspaltung, kann in der Regel nur zeitweise auftreten und führt, sofern er nicht in Kladogenesis umschlägt, zum Aussterben. Doch die Kladogenese setzt voraus, daß aus einer sich kreuzenden Form zwei oder mehrere entstehen, was wiederum nur dann eintreten kann, wenn sich zwei oder mehr Rassen herausbilden, die sich nicht oder kaum mehr miteinander kreuzen. Hierzu kann es beispielsweise infolge geotektonischer Veränderungen, etwa der Verbreiterung eines Flusses oder der Aufwölbung einer Bergkette kommen, wodurch die ursprünglich zusammenhängende Population in teilweise getrennte Gruppen aufgesplittert wird. Allerdings tritt eine derartige Isolation nur selten plötzlich auf und ist im allgemeinen auch nicht durchgängig. Wenn sich aber die Rassen trotz unvollständiger Isolation schließlich zu gesonderten Formen (»Arten«) entwickeln, muß den Individuen wohl die Tendenz innewohnen, sich nur mit weitgehend ähnlichen Exemplaren zu paaren und die sexuelle Partnerschaft mit Angehörigen einer anderen Population zu meiden. Wie Broca nicht eben originell feststellt: »Tiere, die in vollkommener Freiheit leben und nur ihren natürlichen Instinkten folgen, wählen in der Paarungszeit gewöhnlich ihresgleichen und kreuzen sich fast immer mit Angehörigen ihrer eigenen Art« (139) – wobei die sexuelle Abneigung gegen geringfügig andersartige Formen lediglich ein besonders deutliches Beispiel für die natürliche Tendenz der Tiere darstellt, die Kreuzung mit stark abweichenden, anderen Arten, Gattungen, Familien oder Ordnungen angehörenden Formen zu meiden.

Nun ist es zwar wohl vorstellbar, daß es auch ohne physische Isolation zur Herausbildung neuer Taxa kommt, etwa indem Individuen, die einander in Aussehen, Geruch oder Verhalten zufällig besonders ähneln, die Tendenz entfalten, sich zusammenzuschließen und einander als Geschlechtspartner zu wählen; daß aber eine derartige Tendenz im Rahmen der Evolution eine nennenswerte Rolle gespielt haben sollte, ist doch ziemlich unwahrscheinlich. Normalerweise müssen eine partielle Isolation und ein evolutiver Wandel vorausgehen, bevor sich die Trennungslinien zwischen den Taxa durch Erkennen der »eigenen Art« vertiefen.

Mit dem bei freilebenden Tieren nur ausnahmsweise auftretenden Hybridismus zwischen verschiedenen Arten werden wir uns weiter unten (Seite 69 ff.) noch befassen. Im allgemeinen ist die wahllose Kreuzung verschiedener Formen, gleichviel, ob es sich dabei um »Arten« oder deutlich gegeneinander abgesetzte Rassen handelt, nicht unbedingt günstig. Die Nachkommenschaft kann allerlei Mängel aufweisen, etwa ein verändertes Zahlenverhältnis der Geschlechter, das vermutlich auf frühzeitigen Abort der

Angehörigen des einen oder anderen Geschlechts, bei Säugetieren gewöhnlich der Männchen, zurückgeht. Es kann vorkommen, daß zwei verwandte Formen dasselbe Territorium besiedeln und sich dennoch nicht kreuzen, da ihre Paarungszeiten verschieden liegen oder sie innerhalb des gemeinsamen Bereichs verschiedene Habitate innehaben; in vielen Fällen aber wird die Isolation durch eine deutlich ausgeprägte Vorliebe jeder Form für einen Partner der eigenen Art aufrechterhalten. Allerdings weichen die Gründe für diese Bevorzugung und die dem Hybridismus entgegenwirkenden Mechanismen bei verschiedenen Tiergruppen stark voneinander ab.

Daß zwischen Angehörigen verschiedener Arten selbst bei engstem Zusammenleben und trotz weitgehender Übereinstimmung im Werbungs- und Paarungsverhalten vollkommene genetische Isolation herrschen kann, beweist das Beispiel der Grant- und der Thomson-Gazelle (*Gazella granti* und *Gazella thomsoni*), die im großen Ngorongoro-Krater in Tansania in gemischten Herden zusammenleben und einander so verblüffend ähneln, daß sie von Ortsfremden nahezu unfehlbar verwechselt werden (315). Welche »Isolationsmechanismen« die Kopulation dieser beiden Gazellenarten verhindern, ist unbekannt – möglicherweise wirkt ein optischer Mechanismus herein, möglicherweise spielt auch der Geruch eines Leistendrüsensekrets eine Rolle.

Da innerhalb der Taxonomie des Menschen den Schädeln besondere Bedeutung zukommt, ist es interessant, auch die Schädel dieser beiden so eng zusammenlebenden und sich dennoch nicht kreuzenden Gazellenarten zu vergleichen. Auch hier zeigt sich eine verblüffende, viel deutlicher ausgeprägte Ähnlichkeit als etwa zwischen einem Eskimo und einem Lappen oder zwischen einem typischen Nordiden und einem typischen Alpiniden, obgleich die beiden letztgenannten lediglich *Unterrassen* der europiden *Rasse* darstellen. Zwar ist der Schädel von *granti* größer, im übrigen aber bestehen nur unerhebliche morphologische Unterschiede. Bei vielen niedrigeren Meerestieren findet keine selektive Patnerwahl im eigentlichen Sinne statt, da männliche und weibliche Keimzellen einfach ins Meer entleert werden und die Verschmelzung des Spermatozoons mit einem Ei gleicher Art von den selektiven Fähigkeiten dieser Zellen, nicht ihrer ausgewachsenen Erzeuger abhängt (auch wenn die zeitliche Beschränkung der Fortpflanzungsperiode den Vorgang erleichtern kann). Marine Wirbeltiere dagegen entlassen ihre Geschlechtsprodukte normalerweise nicht wahllos ins Meer. So pflegen sich etwa bei den Knochenfischen Männchen und Weibchen der gleichen Art in großer Zahl zu einem gemeinsamen Geschlechtsakt zu versammeln, für den die Franzosen ein eigenes Wort, *la fraye* (81) geprägt haben (nicht zu verwechseln mit *la frai*, Fischlaich). Doch wenn die Tiere auch Angehörige ihrer »eigenen Art« erkennen, findet dennoch keine Paarung oder Partnerwahl statt – Männchen wie Weibchen entleeren lediglich ihre Geschlechtsprodukte innerhalb des begrenzten, von der Gesamtgruppe eingenommenen Bezirkes.

Bei manchen Knochenfischarten schließen sich dem einzelnen Weibchen mehrere Männchen an und befruchten die ausgestoßenen Eier, während sich bei anderen jeweils nur ein Männchen mit einem Weibchen zu diesem Zweck zusammentut. Eine echte Kopulation ist bei Knochenfischen ziemlich ungewöhnlich, kommt aber gelegentlich (so beim Guppy, *Poecilia reticulata*) dennoch vor.

Die Vorfahren aller höheren Wirbeltiere finden sich unter den Crossopterygii oder Quastenflossern, einer im Mitteldevon entstandenen, also rund 300 Millionen Jahre alten Fischgruppe. Ein Angehöriger dieser Gruppe, der berühmte Coelacanth, *Latimeria chalumnae*, existiert heute noch im Indischen Ozean vor der afrikanischen Küste, doch wissen wir leider weder etwas über seine Fortpflanzungsgewohnheiten (746) noch, ob er ein Kopulationsorgan besitzt.

Unbekannt sind auch die Befruchtungsvorgänge bei den Lungenfischen (Dipnoi) (824), einer äußerst ungewöhnlichen, offenbar mit den Crossopterygii verwandten Gruppe, die sich gleichfalls bis heute gehalten hat. Doch da drei Vertreter dieser Gruppe – der südamerikanische *Lepidosiren paradoxa* (578) sowie die afrikanischen Formen *Protopterus annectens* (158) und *Protopterus aethiopicus* (437) – ihre Eier in Nestern ablegen, findet zwischen den Geschlechtern mit Sicherheit irgendeine Vereinigung statt (übrigens bewacht bei den beiden erstgenannten Formen das Männchen die Jungen).

Nach allem, was wir über die Gewohnheiten der Knochenfische im allgemeinen und der Lungenfische im besonderen wissen, erscheint es mehr als unwahrscheinlich, daß sich ihre Vorfahren, die Süßwasser-Crossopterygii des Mitteldevons, ohne *fraye* oder eigentliche Kopulation durch willkürliche Entleerung von Spermatozoen und Eiern fortgepflanzt haben sollten; und ihre unmittelbaren Nachfahren, die frühen Amphibien, praktizierten zweifellos gleichfalls, wie ihre Abkömmlinge noch heute, irgendeine Form der geschlechtlichen Vereinigung. Das aber bedeutet, daß die Vorfahren des Menschen von urältesten Zeiten bis heute, als sie das Stadium der Crossopterygii, Amphibien, Reptilien und Säugetiere durchliefen, mit Sicherheit ihre »eigene Art« erkannten. Es läßt sich nicht zuverlässig, ja, nicht einmal annähernd ermitteln, wie viele Generationen die Ahnenschaft des Menschen seit den Tagen der frühen Crossopterygii umfaßt haben mag, doch legt eine auf den Zeitpunkt der Geschlechtsreife und die Lebenserwartung der geschlechtsreifen Exemplare verschiedener Gruppen aufgebaute Schätzung nahe, daß es zumindest sechzig Millionen Generationen gewesen sein müssen; und in jeder dieser Generationen erkannten, über all die Millionen Jahre hin, die Eltern bei der Ausübung des Geschlechtsaktes ausnahmslos ihre »eigene Art«. Unter »eigener Art« sind hier Tiere zu verstehen, die ihrer eigenen Gruppe, ihren wirklichen Verwandten, hinlänglich glichen, wodurch die Paarung zu einer fortgesetzten Generationenfolge führen konnte.

Die Fähigkeit, einen Artgenossen als geeigneten Geschlechtspartner auszumachen, ist für eine ungeheure Zahl verschiedener Tierarten einschließlich sämtlicher Landtiere eine so unumgängliche Notwendigkeit, daß sie der Nichtbiologe für selbstverständlich hält. Sie ist in der Tat eines der fundamentalsten Merkmale all jener zahllosen, den unterschiedlichsten Gruppen angehörenden Tiere, bei denen der Fortpflanzung entweder eine *fraye* oder ein wirklicher Paarungsakt voraufgehen muß.

Hybridismus unter natürlichen Lebensbedingungen

Die Verfechter des »genetischen« Kriteriums räumen zwar ein, daß sich Angehörige verschiedener Arten gelegentlich paaren und dabei fruchtbare Nachkommen hervorbringen, betonen aber, daß zwischen diesem Vorgang und der Kreuzung von Angehörigen verschiedener Rassen (Unterarten) einer einzelnen Art ein merklicher Unterschied bestehe. Im letztgenannten Fall zeigt die Nachkommenschaft eine ganz allmähliche Abstufung der bereits bei den (ohnehin nicht scharf trennbaren) Elternformen vorhandenen Merkmale; kommt es jedoch zur Kreuzung verschiedener Arten, sind die Nachkommen spürbar andersartig und unterscheiden sich sowohl untereinander als auch von den Elternformen sehr deutlich (178). So haben sich nach Ansicht mancher Fachleute Neandertaler und *Homo sapiens* im engeren Sinn in Palästina gekreuzt und dabei so merkwürdig abweichende Formen hervorgebracht, daß man die Elternpopulationen unter Umständen verschiedenen Arten zurechnen sollte.

Der Taxonom muß von Fall zu Fall entscheiden, ob der bei der Nachkommenschaft zu beobachtende Unterschiedlichkeitsgrad ausreicht, um die Elternformen in verschiedene Arten einzuteilen. Ein gutes Beispiel liefern die Raben- und die Nebelkrähe, zwei Formen, die sich in der äußeren Erscheinung sehr stark voneinander unterscheiden, denn im Gegensatz zur durchgängig schwarz schillernden Rabenkrähe sind bei der Nebelkrähe ein Teil des Rückens und fast die gesamte Unterseite hellgrau gefärbt. Während die Rabenkrähe in England, Frankreich, einem Teil Spaniens, in West- und Süddeutschland, der Schweiz sowie den italienischen und österreichischen Alpen vertreten ist, findet man die Nebelkrähe in Irland, Nordschottland, Skandinavien und Mitteleuropa in einer Zone, die sich grob gesprochen von der Elbe im Westen bis zum Ural, Kleinasien und dem Iran im Osten erstreckt (732, 802). Die Territorien beider Formen überschneiden sich jeweils in einem Landstreifen, der im einen Fall annähernd von Südwest nach Nordost durch Schottland (Abbildung 8) und im anderen von Norden nach Süden durch Mitteleuropa verläuft, wobei der ziemlich ungleiche kontinentale Streifen eine Durchschnittsbreite von etwa 65 Kilometer aufweist. Man vermutet, daß sich die beiden Formen in vergangener Zeit aus einem gemeinsamen Vorfahren entwickelten und getrennte Gebiete besiedelten, um in der Folge in einer »sekundären Übergangszone« oder einem »Bastardgürtel« (717) - so genannt, weil sich in den Überlappungsgebieten beide Formen bis zu einem gewissen Grad kreuzen - erneut Kontakt zueinander aufzunehmen. Die Mischlinge stellen keine ausgewogene Zwischenform zwischen den Elterntypen dar, sondern unterscheiden sich im großen und ganzen sowohl untereinander als auch von beiden Elternformen. Während nun die einen die bei der Nachkommenschaft auftretenden Unterschiede für ausreichend halten, um Raben- und Nebelkrähe als verschiedene Arten, *Corvus corone* und *Corvus cornix*, einzustufen, erscheinen den anderen die Abweichungen so geringfügig, daß sie die Elternformen unter eine einzige Art, *Corvus corone,* fassen, sie aber in zwei Unterarten oder Rassen, *Corvus corone corone* und *Corvus corone cornix,* aufgliedern. Kleinschmidt betrachtet sie, wie nicht anders zu erwarten, einfach als Rassen eines einzigen *Formenkreises* (593).

Man hat nun geltend gemacht, in Fällen dieser Art gehe es im wesentlichen darum, ob sich die genetische Konstitution der beiden Formen *außerhalb* der eigentlichen Hybridationszone verändert (86). Zwar steht außer Zweifel, daß unter gewissen Umständen durch Kreuzung ein Genaustausch zwischen verschiedenen Arten stattfinden kann - ein Vorgang, für den der Begriff »Introgression« gewählt wurde -, doch ist damit nicht notwendig ein Wandel der Art, in die die Gene der anderen eingehen, verbunden, da sich die fremden Elemente nachteilig auswirken und folglich durch natürliche Zuchtwahl wieder eliminiert werden können. Fest steht indessen, daß sich überall da, wo in der Natur Hybridismus auftritt, keine scharfe Trennungslinie mehr zwischen Arten und Unterarten (Rassen) ziehen läßt (718).

Daß unter bestimmten Voraussetzungen Hybridismus in der Natur tatsächlich zur Entstehung einer neuen Art führen kann, zeigt sich am Beispiel der Enten *(Anas)*: 1856 wurde eine neue, nur auf Guam und zwei Nachbarinseln der (südlich von Japan gelegenen) Marianengruppe heimische Art, *Anas oustaleti,* entdeckt, die sich bei genauerer Untersuchung als Mischform aus *Anas poecilorhyncha* und *Anas platyrhynchos* erwies (1163). Demnach müssen sich Exemplare der auf vielen Inseln dieses Erdteils (so den Karolinen und Palau-Inseln, den Philippinen und Japan) vertretenen Form *Anas poecilorhyncha* in der Vergangenheit bis zu den Marianen ausgebreitet und dort mit Angehörigen der zu den Zugvögeln zählenden, doch außerhalb ihres normalen Zuggebietes vagabundierenden Art *Anas platyrhynchos* (Stockente) gekreuzt haben. Eine Introgression scheint nicht stattgefunden zu haben: Sowohl *Anas poecilorhyncha* als auch *Anas platyrhynchos* sind, wo immer sie außerhalb der Marianen vorkommen, ausgesprochen »gute« Arten. Die hybride Art weist eine gewisse Variabilität auf – wohl infolge des unterschiedlichen Ausmaßes an Rückkreuzung mit den beiden Elternarten. Letztere lassen sich in Gefangenschaft (wie viele Angehörige der Gattung) ohne weiteres bastardieren, wobei ihre Nachkommenschaft eine ausgeprägte Ähnlichkeit mit einer der charakteristischen Formen von *Anas oustaleti* aufweist. Man kann demnach also in der Gefangenschaft eine »natürliche« Art züchten, oder, anders ausgedrückt, der Ozean, der die isolierten Marianen-Inseln umgibt, hat sich wie die Drahteinfriedung eines Vogelgeheges ausgewirkt, allerdings eine Einfriedung mit etlichen Löchern, durch die gelegentlich auftauchende Versprengte hereinschlüpfen konnten. (Wie wir noch sehen werden, Seite 76, scheint es unter den mannigfaltigen Menschenformen ein Gegenstück zu *Anas oustaleti* zu geben.)

Man kann nach allem, so man will, sagen, Hybridismus zwischen Arten trete bei wildlebenden Tieren nur selten auf, doch begibt man sich damit mehr aufs Gebiet der terminologischen Debatten als der Naturtatsachen. Bereits vor über hundert Jahren warf Broca die Frage auf, ob wir uns, wenn wir den Hybridismus zum *pierre de touche* der Art, und die Art wiederum zum Prüfstein des Hybridismus machen, nicht in einem Circulus vitiosus bewegen (139).

Hybridismus und Domestikation

Wenn sich Tiere *von Natur* aus miteinander paarten, meinte der deutsche Zoologe J. L. Frisch in der ersten Hälfte des 18. Jahrhunderts (362), sei dies ein untrügliches Zeichen dafür, daß sie zur selben Art gehörten. Offenbar wollte er mit der Fügung *von Natur* andeuten, daß unter natürlichen Lebensbedingungen die Paarungsbereit-

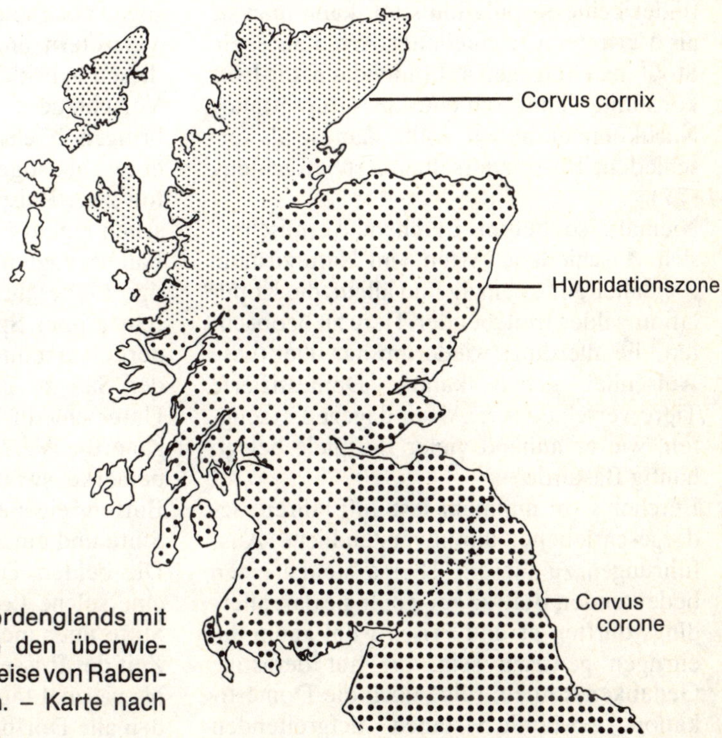

8 Schottland und ein Teil Nordenglands mit der »Bastardzone« zwischen den überwiegend von Nebel- beziehungsweise von Rabenkrähen besiedelten Regionen. – Karte nach den Angaben von Meise (732).

schaft den Beweis für gleiche Artzugehörigkeit erbringt, während es bei domestizierten oder in Gefangenschaft gehaltenen Tieren auch zwischen Angehörigen verschiedener Arten zur Kopulation kommen kann. Jedenfalls legte Blumenbach Frischs Worte in diesem Sinn aus (108), obgleich sich dieser in seinem Werk über die deutsche Vogelwelt, in dem er ausführlich den Hybridismus bei gefangenen Kanarienvögeln und ihren Verwandten erörtert, nicht eingehender mit der Artdefinition befaßt (361).

Der erste, der sich klar und unmißverständlich zu diesem Thema äußerte, war Berthout van Berchem der Jüngere. In einer lesenswerten, 1789 publizierten Abhandlung über die Unterscheidung der Arten schreibt er:

»Zunächst einmal ist zu bedenken, daß für wildlebende Tiere andere Regeln gelten als für Haustiere ... indem der Mensch sein eigenes Wesen verfälschte, hat er auch die Tiere verändert und verfälscht ... Bei wildlebenden Tieren läßt sich eine Art am sichersten an der Paarung erkennen ... findet keine Kopulation statt, kann man sie als Vertreter verschiedener Arten ansehen. Stößt man hingegen auf Individuen, die trotz konstanter Unterschiede im Naturzustande Nachkommen haben, sollte man sie als verschiedene Rassen derselben Art betrachten« (77).

Niemals, so betont Berchem, vermischten sich verschiedene Arten »im Naturzustand ... daher gilt es einzig und allein, die Kopulation wilder freilebender Tiere zu beobachten, die allerdings wiederum nur über diese Aufschluß geben kann«. Domestizierte Tiere verschiedener Arten dagegen erzeugten, wie er anhand vieler Beispiele belegt, häufig Bastarde.

Berchems vor nunmehr fast 200 Jahren niedergeschriebene, unmißverständliche Ausführungen zu diesem Thema stellen einen bedeutenden Beitrag zur Zoologie dar; allerdings dürften er und Frisch wohl kaum die einzigen gewesen sein, die auf derartige Gedanken kamen, führt doch die Domestikation gewöhnlich einen tiefgreifenden Wandel in den Gewohnheiten herbei. So kann sich ein Tier, das in Freiheit seinen Unterschlupf peinlich sauber hält, unter künstlich geschaffenen Lebensbedingungen an Schmutz gewöhnen oder sich auf eine seinen natürlichen Freßgewohnheiten völlig zuwiderlaufende Nahrung umstellen. Ein Beweis dafür ist der Gorilla, der in freier Natur strikter Vegetarier ist, während er in zoologischen Gärten fast immer auch erhebliche Fleischmengen (vielfach Pferdefleisch) verzehrt (231, 786). Ganz ähnlich kann auch das sichere Gespür für geeignete Paarungspartner, das im Rahmen der kladogenetischen Evolution eine so wichtige Rolle spielte, dergestalt verfallen, daß sich zwei deutlich verschiedene Formen, die sich in freier Wildbahn nie und nimmer als Geschlechtspartner akzeptiert hätten, kreuzen.

»So sonderbar dieser Tatbestand auch erscheinen mag«, schreibt Charles Darwin in *The variation of animals and plants under domestication* (257), »viele Tiere vereinigen sich in Gefangenschaft ebenso leicht oder sogar noch leichter als mit Artgenossen mit Vertretern anderer Arten und zeugen mit diesen hybride Nachkommen«.

Verschiedene angesehene Wissenschaftler bringen höchst sonderbare Belege für ein derart abartiges Verhalten. So erwähnt Buffon zwei Beispiele eines *amour violent* zwischen einem Hund und einer Sau. Im einen Fall bezeugten viele Personen »die gegenseitige Liebesglut der beiden Tiere; der Hund (ein großer Spaniel) unternahm sogar wiederholt erstaunliche Anstrengungen, sich mit der Sau zu paaren, doch verhinderte die Unterschiedlichkeit ihrer Fortpflanzungsorgane die Vereinigung«. Ein weiteres, noch bemerkenswerteres Beispiel trug sich auf Buffons eigenem Gut zu, wo ein Müller eine Stute und einen Bullen im selben Stall hielt. Die beiden Tiere entwickelten füreinander eine solche Leidenschaft, daß der Bulle die Stute über mehrere Jahre hin während der Zeit des Rossens, sofern man es zuließ, dreibis viermal täglich besprang – ein Vorgang, den alle Dorfbewohner bestätigten (164).

Ähnliches berichten Lacépède und der große Cuvier in ihrem Buch über die Menagerie des Französischen Nationalmuseums für Naturgeschichte über einen gefangenen Mandrill *(Mandrillus sphinx)* (624):

»Wir hatten bereits Gelegenheit, über die sexuelle Liebe *(amour)* von Affen zu Frauen zu sprechen: Keine andere Art zeigt lebhaftere Anzeichen davon als eben diese. Das hier beschriebene Individuum pflegte beim Auftauchen gewisser Weibspersonen in einen Anfall von Raserei zu geraten, doch vermochten es mitnichten alle, ihn bis zu diesem Grade zu erregen: Man konnte klar erkennen, daß er seine Neigung nur bestimmten Erwählten anzudeuten wünschte, wobei er unfehlbar immer die jüngeren bevorzugte. Hatte er sie in der Menge erspäht, zitierte er sie mit Lauten und Gebärden herbei und hätte sich, wäre es ihm freigestanden, zweifelsohne zu Gewalt hinreißen lassen« (624).

Auch Darwin, der sich bei Zoowärtern und einem ebenso besonnenen wie scharfsinnigen Tiergarten-Veterinär über diese Verhaltensweise erkundigte, gelangte zu der Überzeugung, die Männchen verschiedener »Quadrumanen«-Gattungen (Affen und Primaten) fühlten sich in manchen Fällen zu Frauen sexuell hingezogen, eine Anziehungskraft, die er hauptsächlich (wenn auch nicht ausschließlich) auf den Geruch zurückführte (258). Und Georges Cuviers Bruder Frédéric, dem die französische Ménagerie Royale unterstand, bezeichnet gefangene Affen und Primaten ganz allgemein als sexuell wenig wählerisch. »Allem Anschein nach«, so schreibt er, »nimmt der Widerwille, der die Arten voneinander scheidet und sie vor der Vermischung bewahrt, desto spürbarer ab, je weiter man sich dem Menschengeschlecht nähert« (400).

Daß domestizierte Vögel in ihrem sexuellen Verhalten manchmal ähnliche Anomalien an den Tag legen können, zeigt das sonderbare, von Réaumur berichtete Beispiel einer Ente. »Ich hatte«, so bemerkt er, »täglich Gelegenheit zu beobachten, wie sich eine Ente gewöhnlichster Sorte niederduckte, um die Liebesbezeigungen eines Hahnes (nicht immer desselben) über sich ergehen zu lassen, denen sie sich ebenso bereitwillig hingab wie denen eines Erpels. Und auch der Hahn schien für diese Ente nicht minder entbrannt als für eine Henne« (883). Offenbar waren die Hähne imstande, die Erpelfunktionen wirksam auszuüben. Als die Ente dann schließlich einen arteigenen Gefährten fand, paarte sie sich auch mit diesem.

Im Grunde sind all diese abnormen und in sich sinnlosen Verhaltensweisen nichts weiter als extreme Beispiele dafür, daß Tiere unter dem Einfluß der Domestikation jegliches Unterscheidungsvermögen und sexuelle Gespür einbüßen können.

Obgleich Buffon bei seiner Artdefinition keine klare Trennungslinie zwischen natürlichen und unnatürlichen Lebensbedingungen zieht, hat er unser Wissen über den Hybridismus bei domestizierten Tieren doch beträchtlich erweitert, zumal er selbst und seine Kollegen (165), insbesondere Broca (138, 139, 140), dieses Problem in den 150 Jahren vor der allgemeinen Anerkennung der Mendelschen Entdeckungen sorgfältig untersuchten. In der Folgezeit konzentrierten die Biologen ihre Aufmerksamkeit dann allerdings auf jene Kreuzungen, die sich nach den Mendelschen Gesetzen analysieren ließen, und kümmerten sich kaum noch um Bastardbildungen zwischen Tierarten, die in so vielen Genen mit kumulativer Wirkung voneinander abwichen, daß der neu entstehende Tiertyp unbrauchbar war. Tatsache bleibt jedoch, daß verschiedene frühe Forscher sorgfältig experimentiert und gründlich über die Probleme des Hybridismus zwischen den Arten nachgedacht haben. Dabei stellten sie fest, daß Hybridismus keineswegs auf ein Entweder/Oder hinausläuft. Der hochangesehene französische Arzt, Anatom und Anthropologe Paul Broca hat für die verschiedenen Fruchtbarkeitsgrade bei Kreuzungen zwischen Arten ein paar recht brauchbare Begriffe eingeführt (139). Demnach liegt überall dort »homogenetischer« Hybridismus* vor, wo die Kreuzung irgendeinen Grad an Fruchtbarkeit, von der gelegentlichen Zeugung eines unfruchtbaren Bastards bis zum vollen Fruchtbarkeitsgrad der Elternformen, ergibt. Broca unterscheidet bei der Hybridation folgende Fruchtbarkeitsgrade:

agenetisch: die Bastarde sind unfruchtbar (Beispiel: Maulesel);

dysgenetisch: die Angehörigen der F_1- (erste Filial-) Generation sind untereinander unfruchtbar, bei Rückkreuzung mit einer der Elternformen jedoch zuweilen fruchtbar;

paragenetisch: die F_1-Generation ist bei Kreuzung mit einer oder beiden Elternformen fruchtbar und kann auf diese Weise dauerhafte teilhybride Formen hervorbringen; kreuzt man jedoch die F_1-Bastarde, so bleibt eine F_2- (zweite Filial-) Generation entweder gänzlich aus oder kann sich über die Generationen hin nicht dauerhaft fortpflanzen;

eugenetisch: die Angehörigen der F_1-Generation sind sowohl untereinander als auch mit den Elternformen in vollem Umfang fruchtbar; sämtliche Bastarde können dauerhafte Formen hervorbringen.

Moderne Untersuchungen haben ergeben, daß sich die verminderte Fruchtbarkeit bei paragenetischem Hybridismus vielfach in einem niedrigen Prozentsatz an Nachkommen des heterogametischen Geschlechts, das heißt bei Säugetieren der Männchen und bei Vögeln der Weibchen niederschlägt. Daß bei Bastarden von Kanarienvögeln und anderen Arten das männliche Geschlecht überwiegt, wußte bereits Buffon, der in aller Ausführlichkeit über derartige Kreuzungen berichtete (163).

Daneben überwachte Buffon auch Kreuzungsversuche zwischen Schafen und Ziegenböcken (162, 260), also zwischen verschiedenen Gattungen – Experimente, die offenbar gelingen und fruchtbare Bastarde ergeben können. Broca jedenfalls hält diese Möglichkeit für verbürgt (139) und erwähnt, die Franzosen hätten eine eigene Bezeichnung für den Mischling, nämlich *chabin.* Und auch Alfred Russel Wallace zitiert in seinem berühmten Werk *Darwinism* (1117) mehrere Beispiele für die erfolgreiche Durchführung dieser Kreuzung, wobei das aufgeführte Informationsmaterial auf paragenetischen Hybridismus schließen läßt. Im übrigen scheint diese Kreuzung »unilateral«, um Brocas Ausdruck zu gebrauchen, das besagt, es gibt Anhaltspunkte dafür, daß Widder mit Ziegen keine Nachkommen erzeugen (260). Die von zuverlässigen Beobachtern bestätigte Tatsache, daß sich Hausziege *(Capra hircus)* und Hausschaf *(Ovis aries)* unter bestimmten Voraussetzungen bastardieren, ist insofern besonders bemerkenswert, als zwischen den Angehörigen dieser beiden Formen so deutlich ausgeprägte Unterschiede bestehen, daß die Taxonomen sie nicht nur zu verschiedenen Gattungen, sondern sogar zu verschiedenen Unterfamilien, den Caprinae und den Ovinae, rechnen (356).

Wir wollen hier aus der Fülle der Beispiele für Hybridismus zwischen Arten bei gefangenen oder domestizierten Tieren nur einige, und zwar solche herausgreifen, die im voraufgehenden Kapitel erwähnte Arten betreffen. Besonders interessant liegt der Fall bei den *Anopheles*-Stechmücken (447). Hält man sie in kleinen Käfigen, so können die Männchen nicht schwärmen, was sich wiederum störend auf das Paarungsverhalten der Weibchen auswirkt, die sich nur mit Männchen der schwärmenden Arten kreuzen. Das Ungewöhnliche nun ist, daß sie sich unter den erwähnten Umständen wider ihre sonstigen Gewohnheiten mit Männchen der nichtschwärmenden Art, *Anopheles atroparvus,* paaren und es tatsächlich zur Befruchtung kommt. Nicht weniger als fünf *Anopheles*-Arten bringen auf diese Weise Bastardembryos hervor, wobei es sich allerdings um agenetischen oder dysgenetischen Hybridismus handelt. Während bei manchen Kreu-

* Die von Broca verwendeten französischen Begriffe sind hier leicht vereinfacht. So wurde zum Beispiel *homœogénésique* durch »homogenetisch« ersetzt.

zungen die Entwicklung in den Frühstadien haltmacht, gehen aus anderen (zum Beispiel bei Verwendung von Weibchen der Art *Anopheles melanoon*) gesunde erwachsene Tiere hervor. Allerdings ist hier die männliche Nachkommenschaft unfruchtbar, gemäß der Regel, daß Sterilität bei Bastarden normalerweise beim heterogametischen Geschlecht auftritt.
Die verschiedenen Möwenarten *(Larus)* lassen sich in Gefangenschaft gleichfalls ohne weiteres kreuzen.

Hybridismus und Domestikation beim Menschen

Die Abnahme des Gespürs für die »eigene Art« infolge Domestikation verdient im Hinblick auf die Artfrage beim Menschen sorgfältige Erwägung.
Blumenbach stellte schon vor langer Zeit fest, der Mensch sei »von allen Lebewesen das am stärksten domestizierte« (108), und Berthout van Berchem wies in seiner Abhandlung über die Auswirkungen der Domestikation auf die Bastardierung bei Tieren darauf hin, daß »der Mensch, indem er sein eigenes Wesen verfälschte, auch die Tiere verändert und verfälscht hat« (77), (vergleiche Seite 72). Obwohl unser Verdauungskanal auf Anpassung an eine ähnliche Ernährungsweise wie die der Menschenaffen schließen läßt, die unter natürlichen Bedingungen kein Fleisch von Säugetieren fressen (231, 786), haben wir uns infolge Domestikation an viele Nahrungsmittel gewöhnt, die unsere wildlebenden anthropoiden Vorfahren (von denen wir Gebiß und Magendarmkanal ererbt haben) verweigert hätten. Wie bereits erwähnt (Seite 73–75) verändert die Domestikation die instinktiven sexuellen Verhaltensweisen der Tiere, und dies gilt genauso auch für den Menschen. Wie Broca in seinem Aufsatz über den Hybridismus beim Menschen hervorhebt (140), ist die Abstumpfung infolge Domestikation so weit fortgeschritten, daß von den frühesten überlieferten Zeiten an Gesetze gegen eine ungezügelte Triebhaftigkeit erlassen werden mußten. Man denke nur an das mosaische Gebot: »Du sollst auch bei keinem Tier liegen, daß du an ihm unrein werdest. Und keine Frau soll mit einem Tier Umgang haben; es ist ein schändlicher Frevel« (3. Mose 18, 23) – eine auf das Höchstmaß an Abstumpfung bei der Wahl der Geschlechtspartner ungeschnittene Vorschrift, aber wie Broca bemerkt: »Der Mensch, insbesondere der Zivilisationsmensch, ist von allen Lebewesen in seinem Liebesleben das am wenigsten wählerische« (140). Die medizinische Literatur weiß von Fällen zu berichten, in denen wahre Monstren in Menschengestalt heirateten und Kinder zeugten. Zweifellos haben Alkohol und andere das klare Unterscheidungsvermögen und Urteil trübende Narkotika den Menschen in diesem Punkt noch weniger wählerisch gemacht, aber die primäre Ursache ist doch wohl in der Domestikation zu suchen.
Natürlich besteht, was die Tendenz zum wahllosen Sich-Paaren betrifft, keine exakte Parallele zwischen Mensch und Tier, da der Mensch bestimmt, welche Möglichkeiten zur Wahl passender oder unpassender sexueller Partner sich seinen Haustieren bieten, während er selbst ohne vergleichbare Einschränkung Partner des einen oder anderen Typs wählen kann.
Es wäre der Überlegung wert, welche Einstellung wohl der Neuzeitmensch heutzutage gegenüber dem Hybridismus bezöge, wenn sich einige seiner prähistorischen Verwandten in wenig veränderter Form gehalten hätten. Gewiß würde kein normaler Zeitgenosse freiwillig den Paarungsakt mit einem der Australopithecinen vollziehen, und die Annahme des (häufig als Rasse von *Homo erectus* eingestuften) *Pithecanthropus* als Geschlechtspartner erschiene wohl den meisten von uns als Rückfall ins Tierische.
Der Broken Hill-Mensch *(Homo rhodesianus* Woodward) wäre aufgrund seines furchterregenden Aussehens wohl ebenso inakzeptabel wie der typische Neandertaler, und das

wohlgemerkt, obwohl gewisse Anzeichen auf Hybridismus zwischen dem letztgenannten und *Homo sapiens* im engeren Sinn hindeuten. Dagegen würde der Cro-Magnon-Mensch (Mann wie Frau) bei den modernen Europiden ziemlich sicher Anklang finden, hätte er – was möglicherweise tatsächlich der Fall gewesen sein könnte (48) – seit dem oberen Pleistozän überlebt. Obgleich in diesem Zusammenhang vieles Vermutung bleiben muß, scheint doch das eine festzustehen, daß, würde uns die Reihe unserer Vorfahren vollzählig präsentiert, jeder von uns die Grenze auf seine Weise zöge. Die weitherzige Billigung merklich andersartiger Partner durch die einen erschiene den anderen als unerträgliche Verrohung, während letztere wiederum von den Freizügigeren als »Rassisten« abqualifiziert würden. (Allerdings sollten sich die »Weitherzigen« vor Augen halten, daß sie seitens ihrer mutmaßlichen prähistorischen Partner, da diese vermutlich viel zu wenig domestiziert und mithin zu »natürlich« wären, um einen Neuzeitmenschen anders als mit Abscheu zu betrachten, wahrscheinlich eine Abfuhr zu gewärtigen hätten.)

Man darf füglich bezweifeln, ob sich zwei Tierarten mit so deutlich ausgeprägten morphologischen Unterschieden, wie sie beispielsweise zwischen zahlreichen Europiden und Saniden bestehen, unter den Lebensbedingungen in freier Natur als sexuelle Partner akzeptieren würden. Geht dieses Einander-Akzeptieren jedoch auf ein vermindertes Gespür für die »eigene Art« infolge des vom Menschen erreichten Domestikationsgrades zurück, so kann die Existenz von Mischlingen nicht als Beweis dafür dienen, daß Europiden und Saniden derselben »Art« angehören. Selbst typische Nordide und Alpinide, die beide als *Unterrassen* einer einzigen *Rasse* (Unterart), nämlich der europiden, gelten, unterscheiden sich in ihren morphologischen Merkmalen – beispielsweise der Schädelform – viel stärker voneinander als zahlreiche Tier*arten*, die sich in freier Natur niemals kreuzen, obwohl sich ihre Territorien überschneiden. Obgleich man zu Recht bezweifeln kann, ob sich zwei so verschiedenartige Formen wie Europiden und Khoisaniden unter »natürlichen« Voraussetzungen mischen würden, hat eine solche Kreuzung bekanntermaßen tatsächlich stattgefunden und nicht nur entscheidend zur Entstehung der sogenannten Coloureds, der »farbigen Bevölkerung« der südafrikanischen Kap-Provinz beigetragen, sondern auch die Griqua und Rehebother Bastaards Südwestafrikas hervorgebracht. Die Ereignisse, die im Kapland zum Heranwachsen dieser Mischlingsbevölkerung führten, sind insofern von besonderem Interesse, als sie bemerkenswerte Parallelen zu gewissen, mit der Bastardbildung zwischen Arten zusammenhängenden Vorgängen im Tierreich liefern (Seite 74). Als Van Riebeck und seine kleine niederländische Emigrantengruppe 1652 in der Tafelbai landeten, fanden sie hottentottische Hirten vor, Angehörige von Stämmen, auf die vermutlich die heutigen Koranas zurückgehen. Nun waren aber nicht nur die Holländer, sondern auch die Hottentotten, die erst kurz zuvor bis zur Südspitze des schwarzen Kontinents vorgestoßen waren, zoologisch betrachtet in diesem Erdteil »Versprengte« (1016). Soweit das Land überhaupt jemandem »gehörte», zählte es zu den Jagdgründen der Buschmänner und der im Küstenbereich vertretenen verwandten »Strandloopers«. Während die Buschmänner alle großen Gebirgspässe und festen Plätze an der Peripherie des von den Holländern besiedelten Gebietes hielten und sich in der Kapumgebung selbst als eigenständiges, unbesiegtes Volk behaupten konnten (1016), kam es zwischen Holländern und Hottentotten auf dem für beide Völker gleichermaßen fremden Boden nach und nach zu einer gewissen Mischung. Die daraus hervorgegangenen Bastarde waren die ersten Vertreter der nachmaligen farbigen Kapbevölkerung, die eine weitere Bastardierung durchmachte, als die Holländer in der Folge Arbeiter aus ihren ostindischen Besitzungen ins Land holten.

Trotz hybriden Ursprungs zeigt die farbige Kapbevölkerung keine Anzeichen verminderter Fruchtbarkeit: Um 1909 war ihre Zahl auf rund eine halbe Million, fünfzig Jahre später auf 1 400 000 angestiegen (26). Das beweist indessen nicht, daß Hybridismus beim Menschen durchweg eugenetisch wäre, sind doch viele der möglichen Kreuzungen entweder unterblieben oder aber die Resultate nicht publik geworden. Man darf wohl den Schluß ziehen, daß derartige Verbindungen fruchtbar wären, doch sei dahingestellt, ob es sich unbedingt um eugenetischen Hybridismus handeln würde. So könnten beispielsweise statistische Erhebungen ein Übergewicht der weiblichen Nachkommenschaft offenbaren, was wiederum auf eine überaus gestörte Entwicklung von Embryos des heterogametischen Geschlechts hindeutete. Außerdem müßte erst noch nachgewiesen werden, daß die Filialgenerationen in direkter Linie ohne Rückkreuzung mit einer der Elternformen ihre Fruchtbarkeit behielten. Es sei daran erinnert, daß bei Kreuzungen zwischen domestizierten Tierarten die hybriden Nachkommen bei Paarung mit ihresgleichen gelegentlich nur eine verminderte Fruchtbarkeit besitzen, nicht hingegen bei Kreuzung mit den Elternformen (paragenetischer Hybridismus).

Sind zwei Menschenrassen in einem Land in sehr ungleichem Zahlenverhältnis vertreten, werden sich die Bastarde notgedrungen in erster Linie mit Angehörigen der zahlenstärkeren Rasse verbinden und daher unter Umständen eine ausschließlich paragenetische Fruchtbarkeit entfalten (vergleiche Broca, 139).

Sind zwei Menschenrassen in einem Land in etwa in gleicher Zahl vertreten, steht eine davon jedoch auf einer höheren Zivilisationsstufe, bieten sich den Mischlingen allem Anschein nach unterschiedliche Heiratschancen. Während die weiblichen Bastarde offenbar häufig Angehörige der fortgeschritteneren Rasse oder andere Mischlinge, bei denen die Merkmale dieser Rasse überwiegen, ehelichen, zeigen die männlichen Hybriden die entgegengesetzte Tendenz (140). Daraus aber folgt, daß es sich bei vielen dieser Verbindungen um Rückkreuzungen mit Elternformen handelt. Selbst wenn die F_1-Bastarde wieder ihresgleichen heiraten, besteht doch keinerlei Gewähr, daß es ihre Nachkommen Generation um Generation ebenso halten oder daß, falls sie es tun, die Fruchtbarkeit in vollem Umfang erhalten bleibt. Da es in derartigen Fällen fast unvermeidlich zu zahlreichen Rückkreuzungen kommt, läßt sich kein Nachweis für eugenetischen Hybridismus erbringen.

Nach allem, was in diesem und dem vorangegangenen Kapitel dargelegt wurde, scheinen die Fakten des menschlichen Hybridismus nicht zu beweisen, daß alle Menschenrassen einer einzigen »Art« angehören. Die Artvorstellung ist an und für sich schon verschwommen, wird doch das Wort in ganz unterschiedlichen Bedeutungen gebraucht, von denen keine Allgemeingültigkeit besitzt. Im genetischen Sinne angewandt, hat es tatsächlich insofern einen gewissen Sinn, als es sich auf Tiere bezieht, die zu einem bestimmten Zeitpunkt unter natürlichen Lebensbedingungen in freier Natur existieren (obgleich es selbst hier in all jenen Fällen der präzisen Bedeutung ermangelt, in denen es zur Kreuzung zwischen sogenannten »guten Arten« kommt). Auf den Menschen hingegen, der unter den extremsten Domestikationsbedingungen lebt und vielfach bei der Wahl seiner sexuellen Partner einen bei wilden Tieren unbekannten Grad an Abstumpfung an den Tag legt, scheint der Begriff nicht anwendbar.

7
Was bedeutet »Rasse«?

Nachdem im Kapitel über die Art wiederholt von Rasse oder Unterart die Rede war, weiß der Leser bereits, daß bei Tieren mit weitem Verbreitungsgebiet häufig Veränderungen im Erscheinungsbild auftreten, und zwar in besonders auffälliger Weise überall dort, wo eine geographische Schranke wie zum Beispiel eine Bergkette, eine Wüste oder ein breiter Fluß partiell isolierend hereinwirkt. Nun sind aber die beidseits dieser Barriere angesiedelten Populationen keineswegs völlig verschieden. Es finden sich Übergangsformen und vielfach sogar unmittelbare Beweise für eine Vermischung, wenn auch freilich nicht in ausreichendem Maße, um alle Unterschiede zu verwischen. Sind diese Unterschiede so deutlich ausgeprägt, daß man im großen und ganzen sagen kann, aus welcher Region das einzelne Exemplar stammt, erhalten die beiden Rassen gewöhnlich gesonderte Namen. Ließe sich jedes Exemplar mit Sicherheit als Angehöriger der einen oder anderen Population identifizieren, wäre also evident, daß zwischen ihnen kein Genaustausch stattfindet, gälten sie, wie geringfügig die Unterschiede auch immer wären, als verschiedene Arten im genetischen Sinne des Wortes. Rasse definiert sich demnach also gerade durch das Vorhandensein von Zwischenformen, wobei die Definition in dem Sinne induktiv sein muß, daß sie einen allgemeinen Eindruck der Unterscheidungsmerkmale vermittelt, ohne den Anspruch zu erheben, im einzelnen auf jedes Individuum anwendbar zu sein.

In der Praxis mag es sich empfehlen, die Anerkennung verschiedener Rassen von einem willkürlich festgesetzten Prozentsatz an zulässigen Zwischenformen abhängig zu machen und zu dekretieren, Population »A« unterscheide sich von Population »B«, wenn x Prozent der Vertreter von »A« nicht zu »B« gehörten. Natürlich läßt sich der exakte Wert von x nicht objektiv ermitteln, doch kann, wenn sich die Taxonomen auf eine hohe Zahl (vielleicht 75) einigen, kaum ein Zweifel daran bestehen, daß die Einteilung in Unterarten oder »Rassen« gerechtfertigt ist. Im allgemeinen jedoch sind die Unterschiede so evident und x eindeutig so hoch, daß die Taxonomen die Unterscheidung von Rassen auch ohne statistische Erhebung befürworten.

Selbst wenn es sich in vielen Fällen als nützlich erweist, eine ganze Anzahl von Rassen als *Formenkreis* zu betrachten, hält man gewöhnlich an der Artidee fest und verwendet eine auf dem Linnéschen System aufbauende Nomenklatur, in der an den Gattungs- und den Artnamen noch eine dritte Bezeichnung für die Unterart angehängt wird (zum Beispiel *Larus argentatus antelius*). Diese Benennung der Rassen erleichtert die Diskussion vieler hochinteressanter Probleme, ohne doch – soweit absehbar – irgend jemand einen übersteigerten Eindruck von der Größe oder Häufigkeit der Rasseunterschiede zu vermitteln. Dennoch erheben manche Fachleute gegen das dreigliedrige Benennungssystem den Einwand, der Abgrenzung der Rassen hafte eine gewisse Willkür an (148). Der eine Taxonom, so ihr Argument, definiere anhand bestimmter Unterscheidungsmerkmale zwei oder mehr Rassen, während der andere vielleicht ganz andere Charakteristika herausgreife und so die Art wieder anders aufgliedere. Hier erhebt sich jedoch die Frage, ob dieser Einwand für die Rasse in höherem Maße gilt als für die übrigen Taxa. Aber wenn in Fragen der Taxonomie auch mit keinem allgemeinen Konsens zu rechnen ist, ließen sich viele biologische Probleme doch ohne die Hilfe der Taxonomen überhaupt nicht lösen, und überdies sind die Rasseforscher, sofern ausreichende Gründe dafür vorliegen, jederzeit zur Berichtigung ihrer Klassifikationen bereit.

Gelegentlich bekommt man zu hören, die Existenz von Zwischenformen beweise, daß es Rassen in Wirklichkeit gar nicht gebe, doch braucht wohl kaum daran erinnert zu werden, daß es in anderen Zusammenhängen ja auch niemandem einfällt, die Realität von Kategorien mit dem Hinweis auf Zwischenformen anzuzweifeln. So protestiert beispielsweise niemand gegen die Bezeichnungen grün und blau, obgleich zwischen diesen beiden Farben alle nur erdenklichen Abstufungen bestehen, und ebensowenig verwirft irgend jemand die Begriffe »Junge«, »Mann« und »Frau« mit der Begründung, es gebe schließlich auch Jugendliche und Zwitter. Die Realität der Rassen mit dem Hinweis auf Zwischenformen zu bestreiten, ist insofern besonders ungerechtfertigt, als gerade das Vorhandensein von Zwischenformen zu den kennzeichnenden Merkmalen der Rasse gehört: wo keine Zwischenformen, da keine Rassen. Wie Kant hervorhebt, sollten sich diejenigen, die sich von der rein akademischen Klassifikationsmanier – dem *Schulsystem*, wie er es nennt – distanzieren möchten, bei der Beschreibung der Tierwelt auf zwei Taxa beschränken – die *Realgattung* und deren Komponente, die *Racen* (vergleiche Seite 64–65).

Oft führt Anpassung an unterschiedliche Umweltbedingungen auch ohne klar erkennbare geographische Hindernisse zur Entwicklung von Rassen, manchmal auch sind die Rassen einer Art durch graduelle Umweltunterschiede im einen Teil ihres Verbreitungsgebietes und schärfer durch deutlich ausgeprägte Barrieren in einem anderen gegeneinander abgesetzt. Sri Lanka (Ceylon) mit seiner zentralen Bergzone, der im Südwesten angrenzenden feuchten Tieflandzone und der die restliche Insel einnehmenden trockenen Tieflandzone liefert hierfür zahlreiche Beispiele, sind doch viele Säugetierarten in jeder Zone mit einer eigenen Rasse vertreten (841, 307).

Gelegentlich teilen zwei Rassen zwar dasselbe Territorium, nehmen aber verschiedene Habitate (»ökologische Nischen«) ein. Wenn sich die menschlichen Rassen und Unterrassen auch allem Anschein nach hauptsächlich infolge (partieller) geographischer Isolation herausgebildet haben, stößt man doch hier und da auf Beispiele, die an die »ökologischen Rassen« der Tiere erinnern. So scheinen die unter die (palänegride) Negerbevölkerung Afrikas eingesprengten Pygmäen (Bambutiden) in diese Kategorie zu fallen, wobei es sich um keine vollständige Isolation handelt, da sich bei der palänegriden Bevölkerung ein gewisses bambutides Erbe nachweisen läßt.

Nun könnte man, um die im Zusammenhang mit der Rasse aktuellen Fakten aufzuzeigen, jedes weitverbreitete Landtier herausgreifen, doch eignen sich manche Tiere allein schon deshalb besser, weil wir mehr über sie wissen. Was wir brauchen, ist eine zahlreich vertretene Tierart mit mehreren Rassen, die sich (in ihren typischen Formen) mühelos anhand morphologischer Merkmale unterscheiden lassen, Merkmalen, die jeweils durch Zusammenwirken vieler Gene mit kumulativem Effekt (sogenannte »Polygene«) hervorgerufen werden. Darüber hinaus sollten möglichst aus der Analyse der Genwirkungen (denn jedes Gen hat eine beobachtbare Wirkung) abgeleitete Daten und im Idealfall auch noch Informationen über die Chromosomenunterschiede zwischen den Rassen vorliegen. Für Rassestudien gleichfalls von besonderem Interesse sind Unterschiede in Verhalten und Bewegung. Ein Tier, das alle diese Voraussetzungen in nahezu idealer Weise erfüllt, ist der über weite Teile Europas hin (Abbildung 9, Seite 81) in Teichen und ihrer Umgebung heimische Kammolch, *Triturus cristatus*, ja, es ließe sich vermutlich keine Form finden, welche die Bedeutung des Rassebegriffes besser illustrierte, weshalb wir uns hier eingehender mit ihm befassen wollen.

Die verschiedenen Kammolchrassen weisen im allgemeinen eine graubraune Oberseite mit dunkleren Flecken und einen gelborange, dunkel gefleckten Bauch auf. Die graubraunen Flanken wie auch die dunkle Kehle zeigen meist kleine weiße Tupfen, die Haut ist warzig.

Es gibt ein einfaches Mittel, um bei toten Kammolchen die Rassezugehörigkeit zu bestimmen: Man braucht nur die Vorderbeine dicht am Körper nach hinten und die Hinterbeine nach vorn zu biegen und festzustellen, wie weit die Zehenspitzen an Hand oder Arm hinaufreichen; denn die kurzleibigen Rassen haben in der Regel lange Gliedmaßen, die sich in dieser Stellung weitgehend überschneiden, während Rassen mit langgestrecktem Körper kurze Gliedmaßen aufweisen (1151).

Die Karte 10 (Seite 81) zeigt die geographische Verteilung der verschiedenen Rassen, wobei sich in den Überlappungszonen Bastardformen finden. So trifft man bei Bukarest Hybriden zwischen *cristatus* und *danubialis* (1151) und in der Umgehung Wiens alle erdenklichen Zwischenformen zwischen diesen beiden Rassen sowie zwischen ihnen und *carnifex* an (183).

Da sich in der Gefangenschaft F_1-Hybriden der genannten Rassen als kräftig erweisen, während F_2-Hybriden vielfach nicht über das Larvenstadium hinausgelangen (183), dürfte es sich wohl um paragenetischen Hybridismus handeln. Es mag überraschen, daß sich in freier Natur überhaupt Hybriden herausbilden konnten, doch besitzen wir keine wirklichen Anhaltspunkte dafür, daß dieser Hybridismus unter natürlichen Bedingungen in vollem Umfang eugenetisch wäre, fehlt doch allem Anschein nach der experimentelle Nachweis, daß die natürlichen Hybriden eine beliebige Abfolge von Filialgenerationen hervorbringen können.

Vertreter der in den Ländern an der Adria vorkommenden Rasse *carnifex* sind (mit einer Länge bis zu 150 Millimeter) groß, sehr gedrungen gebaut und breitköpfig. Infolge des kurzen Rückens und der langen Gliedmaßen reichen die Zehenspitzen in der obenerwähnten Stellung bis zu den Ellbogen (1151). Die Oberseite ist vielfach olivgrün getönt, beim Weibchen die Rückenmitte häufig durch einen breiten gelben Streifen markiert (bei keiner der Rassen trägt das weibliche Geschlecht einen Kamm).

Die in bestimmten Teilen Griechenlands sowie in der Türkei, Georgien und dem Iran vertretene Rasse *karelini* läßt sich morphologisch annähernd als übersteigerte Form von *carnifex* beschreiben. Sie ist noch stämmiger, weist einen breiten flachen Kopf und im Verhältnis zum Rumpf so lange Gliedmaßen auf, daß die Zehen bis zum Oberarm reichen können. Das gelbe Rückenband allerdings fehlt bei Weibchen dieser Rasse durchweg.

Verglichen mit den übrigen Rassen, ist der in Großbritannien und den nördlichen Teilen Europas beheimatete *Triturus cristatus cristatus* (Abbildung 9) weder gedrungen noch schlank und bildet mit seiner Gesamtkörperlänge (bis zu 135 Millimeter) eine mittlere Form. Die Zehen reichen bis zur Handwurzel, so nimmt auch in dieser Hinsicht *cristatus* eine Zwischenstellung ein.

Die im Donautal vertretene Rasse *danubialis* hebt sich im Körperbau deutlich von *carnifex* und *karelini* ab, zeigt aber eine gewisse Ähnlichkeit mit *cristatus*. Dieser zierliche Molch (Höchstlänge 125 Millimeter) ist schlank und kleinköpfig und besitzt dünne, kurze, so weit auseinanderstehende Gliedmaßen, daß die Zehenspitzen oft nicht einmal bis zu den Fingerspitzen reichen. Er bewegt sich im Wasser völlig anders als die obenbeschriebenen Formen und vollführt mit dem schlanken Rumpf kräftige Schlän-

9 Der Kammolch Triturus cristatus; oben Männchen, unten Weibchen – Aus: Furneaux (372).

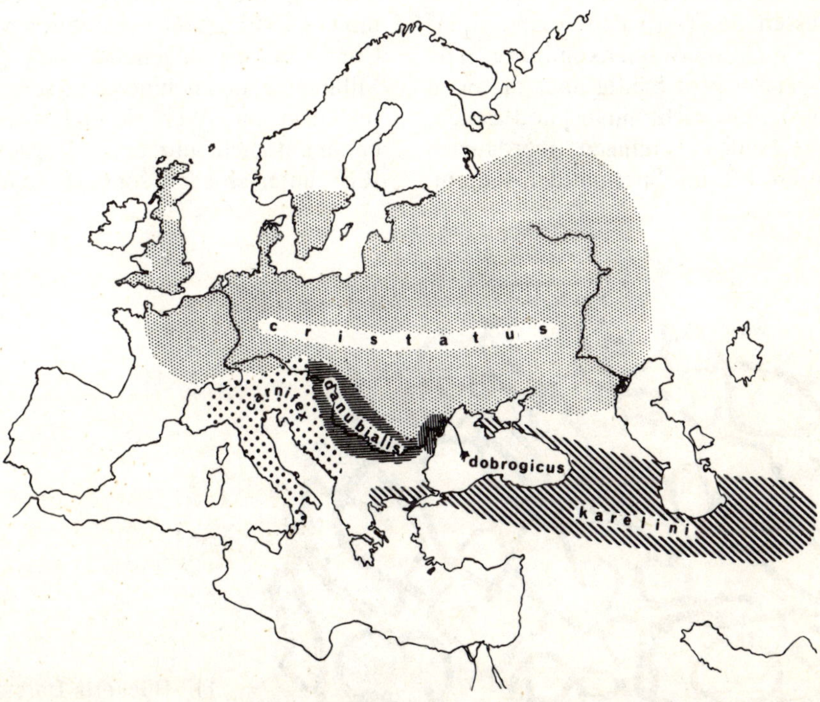

10 Geographische Verteilung der Rassen des Kammolchs, Triturus cristatus, über Europa. – Karte nach den Angaben von Wolterstorff (1151), Mertens und Müller (735) und Smith (982).

gelbewegungen. Die Weibchen tragen vielfach ein gelbes Rückenband.
Während die vier benannten Rassen durchweg zwölf Chromosomenpaare aufweisen (die von *dobrogicus* sind offenbar nicht untersucht worden), treten bei Rassemischlingen bei der Reifung der Keimzellen häufig Anomalien auf. Im Gegensatz zur normalen Spermatogenese, bei der die Zellen in jedem Follikel miteinander Schritt halten – sie befinden sich zu einem bestimmten Zeitpunkt allesamt im selben Reifestadium –, ist bei Rassemischlingen dieser Synchronismus und damit auch die Paarung der väterlichen und mütterlichen Chromosomen vielfach gestört – teilweise infolge im Entwicklungsverlauf auftretender »Translokation«, das heißt Eingliederung eines Chromosomenstücks in ein anderes Chromosom, zu dem es erbmäßig nicht »gehörte«. Wird die normale Chromosomenpaarung durch Unregelmäßigkeiten dieser Art verhindert, entstehen merkwürdig aussehende (»trivalente« und »quadrivalente«) Chromosomenkomplexe. Die Spermatogenese geht häufig über die erste Reduktionsteilung nicht hinaus, und Zellen, welche die beiden Teilungen überdauern, degenerieren oft im Spermatidenstadium. Immerhin aber produzieren die männlichen Bastarde sämtlicher Rassen (soweit bekannt) Spermatozoen (183).
Bastardiert man *Triturus cristatus* mit einer anderen Art, *Triturus marmoratus,* verläuft die Spermatogenese noch anomaler, doch handelt es sich dabei eher um graduelle als um generelle Unterschiede. Im übrigen bestätigen die Unterschiede im Chromosomenverhalten bei der Spermatogenese von Rasse- und Artmischlingen die von den Taxonomen anhand völlig anderer Anhaltspunkte postulierten Verwandtschaftsgrade (632).
Es ist denkbar, daß auch bei der Kreuzung typischer, aus weit voneinander entfernten Gebieten stammender Vertreter derselben Rasse bei der Spermatogenese der Nachkommen Anomalien auftreten (1001), doch besitzen wir diesbezüglich keine Beweise.

Während die Eier (Oozyten I) des Kammmolchs im Eierstock heranreifen, werden die Chromosomen ungeheuer lang (bis zu ¾ Millimeter) und nehmen eine sehr sonderbare Form an. Wer sie näher untersucht, bekommt nicht nur einen Begriff von den Rasseunterschieden, sondern auch von ihren

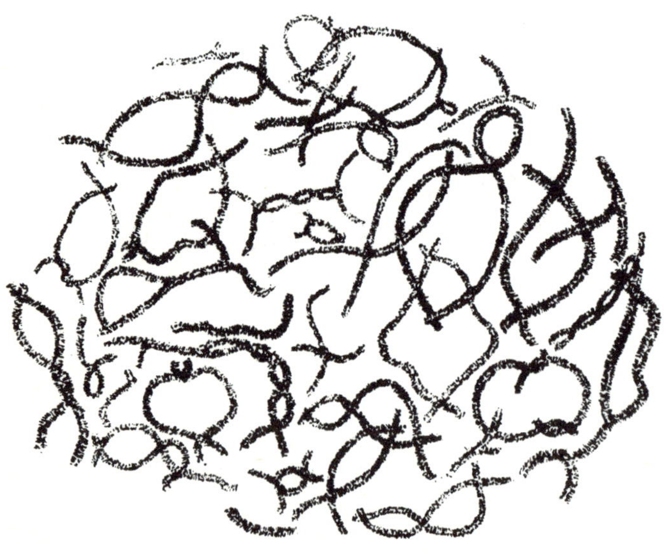

11 Rückerts Darstellung des »Lampenbürsten-Chromosomen« im sich entwickelnden Ei von Pristiurus. – Aus: Rückert (922).

unmittelbaren Ursachen, tritt doch das »Genonema« oder die Genkette bemerkenswert klar zutage, so daß man gewissermaßen die zu den Rasseunterschieden führenden Wirkelemente in Aktion sieht.

Diese besonderen Chromosomen wurden erstmals 1878 vom deutschen Zytologen Walther Flemming im sich entwickelnden Ei des Axolotls (Kolbenmolch, *Amblystoma tigrinum*) entdeckt und in Zusammenarbeit mit einem Medizinstudenten namens Wiebe untersucht. Allerdings legte ihr ungewöhnliches Aussehen den Verdacht nahe, die betreffenden Strukturen könnten durch die bei mikroskopischen Präparaten verwendeten Reagentien hervorgerufen worden sein - eine Möglichkeit, die Flemming vier Jahre später bei der Publikation der gemeinsam erarbeiteten Ergebnisse (342) auch andeutete, obgleich er und sein Mitarbeiter unterdessen noch bei anderen Amphibien und bestimmten, nicht näher benannten Fischen ähnliche Chromosomen festgestellt hatten. Zehn Jahre später veröffentlichte ein anderer deutscher Zytologe, Rückert, eine wesentlich genauere Untersuchung über vergleichbare Chromosomen bei *Pristiurus* (einer Fischart) und verwendete dabei eine Bezeichnung, die heute noch allgemein auf Chromosomen dieses Typs angewandt wird. »Man kann sich«, so schrieb er, »ganz im Groben, eine plastische Vorstellung von dem Bau eines Chromosomenstückes entwerfen, wenn man an einen Lampencylinderputzer denkt, dessen Fäden nach dem Gebrauch stark verbogen und untereinander verfilzt sind« (922). Abbildung 11 (Seite 82) zeigt eine von Rückerts Zeichnungen, auf der man auch die - in Wirklichkeit nicht ganz zutreffende - Ähnlichkeit mit jenem Gerät erkennen kann, das damals zum Reinigen der Glaszylinder in den Petroleumlampen diente und aus einer Mittelachse mit radial nach allen Seiten abstehenden Borsten bestand, kurzum, jenem Instrument, dem die »Lampenbürsten-Chromosomen« ihren Namen verdanken.

Heute weiß man, daß sich außer bei Amphibien und *Pristiurus* auch noch in den heranreifenden Eiern (Oozyten) vieler anderer Tiere Lampenbürsten-Chromosomen finden, so bei bestimmten Reptilien und Fischen, einem Seestern *(Echinaster)*, dem gemeinen Tintenfisch *(Sepia)* und bei *Anilocra*, einem auf Seefischen parasitierenden Schmarotzer (180, 182). Alle diese Tiere haben Eier mit Dotter. Nach Ansicht eines der angesehensten Fachgelehrten auf diesem Gebiet durchlaufen vermutlich die Eier aller Tiere in einem bestimmten Reifestadium eine Art Lampenbürstenphase, nur daß dieser Vorgang bei Eiern mit spärlichem Dotter nicht ohne weiteres erkennbar ist (180).

Was wir heute über Aufbau und Bedeutung der Lampenbürsten-Chromosomen wissen, verdanken wir vielen unabhängig voneinander arbeitenden Forschern, in allererster Linie jedoch Professor J. G. Gall von der University of Minnesota (374, 375, 376), und Professor H. G. Callan von der St. Andrews University (182, 181). Untersuchungen mit dem Phasenkontrast- und Elektronenmikroskop haben ergeben, daß es sich bei den seitlich von der Achse abstehenden Gebilden nicht um Borsten wie bei einer Lampenbürste, sondern in Wirklichkeit um die Schleifen eines kontinuierlichen DNS-Stranges (Desoxyribonukleinsäure, das genetische Material) handelt, der sich vom einen Chromosomenende zum anderen (beziehungsweise bei einem Chromosomenpaar ein Stück weit durch das eine und die restliche Strecke durch das andere Chromosom) zieht (vergleiche Abbildung 12, Seite 85).

Jedes Objekt innerhalb des Zellkerns ist ein ungefähr parallel laufendes, da und dort durch besondere Verknüpfungen (Chiasmata) zusammengehaltenes Chromosomenpaar (vergleiche Abbildung 11 und 12). Das einzelne Chromosom besteht seinerseits wiederum aus zwei (zumindest teilweise) parallel laufenden Fäden, wobei von den vier insgesamt vorhandenen Fäden (Chromatiden) zwei das genetische Material der Mutter und zwei des Vaters repräsentieren. Die ursprünglich getrennten mütterlichen und väterlichen Chromosomen haben sich in einem früheren Entwicklungsstadium des Eis (zygotenes Stadium) gepaart und jeweils der Länge nach in zwei Hälften gespalten (diese Spaltung ist im Lampenbürstenstadium unter Umständen noch nicht völlig abgeschlossen). Die Chromatiden sind in gewissen Abständen zu Klümpchen (Chromomeren) aufgerollt, von denen beidseits eine Schleife absteht. Abbildung 12 zeigt pro Chromosom jeweils nur vier Schleifenpaare, während sich in Wirklichkeit an manchen Chromosomen mehrere hundert finden.

Man nimmt an, daß es sich bei den Schleifen um diejenigen Teile der Chromatiden handelt, die zu einem bestimmten Zeitpunkt die Synthese der Genprodukte, das heißt jener Substanzen steuern, dank derer die Gene ihre Wirkung entfalten können.

Die zwölf Chromosomenpaare unterscheiden sich sowohl in der Länge als auch in der Anzahl und Anordnung der Schleifen. Die Anzahl und Anordnung ist bei jedem einzelnen Chromosom sämtlicher heranreifender Eier aller Individuen einer Rasse im großen und ganzen konstant, auch wenn bei verschiedenen Individuen sowie in verschiedenen Stadien der Eireife gewisse Variationen auftreten. Aufgrund dieser annähernden Konstanz kann man die Chromosomenpaare identifizieren und von I (dem längsten) bis XII (dem kürzesten) numerieren, und die verschiedenen Chromosomen lassen sich dank einiger besonders großer und dicker Schleifen, sogenannten »Landmarken«, verhältnismäßig leicht auseinanderhalten.

Der im Hinblick auf die ethnische Frage entscheidende Tatbestand ist nun, daß sich bei den verschiedenen Rassen von *Triturus cristatus jedes* der zwölf Chromosomen sehr deutlich von allen übrigen unterscheidet. Callan und Lloyd, die dieses Thema eingehend untersuchten (182), haben vier Rassen dieser Art herausgegriffen und jedes der zwölf Lampenbürsten-Chromosomen bis ins letzte Detail beschrieben.

In unserem Zusammenhang muß es genügen, lediglich das Chromosomenpaar Nummer X* etwas genauer zu betrachten. Abbildung 13 A zeigt die übliche Erscheinungsform dieses Chromosoms bei der Rasse *carnifex*, allerdings handelt es sich dabei um eine vereinfachte Darstellung, auf der alle Schleifen mit Ausnahme der Landmarken sowie die Einzelheiten der Chromatiden und Chiasmata weggelassen wurden. Was sofort ins Auge springt, sind die »Riesenschleifen« am (willkürlich so bezeichneten) »linken« Ende (LE) eines jeden Chromosoms. (Durch Verschmelzung der beiden Seiten sieht die Schleife wie ein formloser Klumpen aus.) Callan und Lloyd (182) haben für jedes Chromosom eine, wie sie es nennen, »Chromosomenkarte« angefertigt, auf der ein typisches Chromosom der betreffenden Rasse dargestellt ist. Abbildung 13 B zeigt die Chromosomenkarte für Chromosom X bei *carnifex,* 13 C bei *karelini.* Trotz genereller Ähnlichkeit fallen doch sofort die Unterschiede auf, so die weitaus bescheidenere Dimension der Riesenschleife am linken Ende bei *karelini* sowie die bei dieser Rasse an einer bestimmten Stelle des Chromosoms auftretende Verdickung der Achse (»Axialfäden«). 13 D stellt Chromosom X von *cristatus* dar, das sich von *carnifex* und *karelini* durch Fehlen der Riesenschleife sowie in etlichen anderen Merkmalen deutlich unterscheidet, wiewohl einige der Landmarken denen der anderen Rassen entsprechen. Auch bei *danubialis* fehlt an Chromosom X die Riesenschleife.

Daß die Landmarken nicht bei allen Vertretern einer Rasse genau gleich aussehen, sondern ziemlich stark voneinander abweichen können, zeigt ein Vergleich zwischen 13 A und B.

Die Pfeile auf Abbildung 13 bezeichnen die Lage der »Kinetochoren«, die bei der Aufspaltung der Chromosomen im Verlauf der Zellteilung eine Rolle spielen. Die Axialfä-

* Das Symbol besagt, daß das betreffende Chromosom aufgrund seiner Länge die Seriennummer *zehn* erhält, hat also nichts mit »X-Chromosom« im Sinne eines Geschlechtschromosoms zu tun.

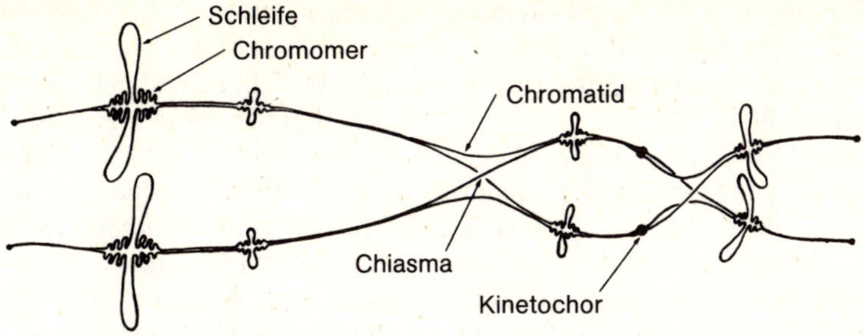

12 Der Grundaufbau eines Lampenbürsten-Chromosoms. Die (nicht maßstabgetreue) schematische Darstellung soll eines dieser Chromosomenpaare veranschaulichen; obwohl jedes Chromosom Hunderte von Schleifenpaaren aufweist, wurden hier nur jeweils vier erfaßt. – Chromomerenstruktur nach Gall (376).

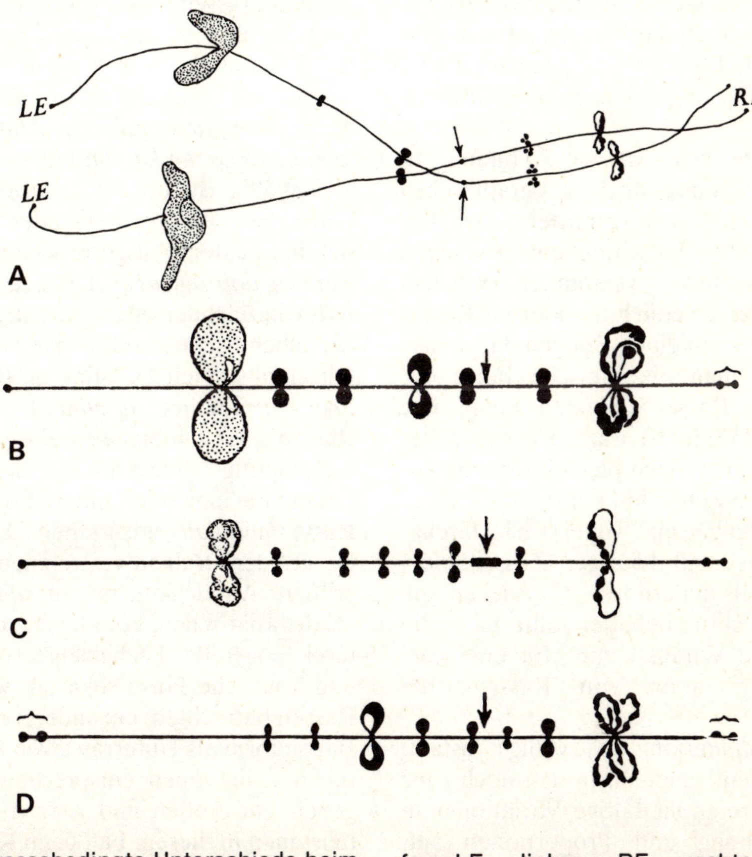

13 Einige rassebedingte Unterschiede beim Lampenbürsten-Chromosom X des Kammmolchs Triturus cristatus. Die Darstellung zeigt lediglich die »Landmarken« (siehe Text). A: Chromosomenpaar X bei der Rasse carnifex. LE: »linkes«, RE: »rechtes« Ende. B: »Chromosomenkarte« des Chromosoms X bei carnifex; C: bei karelini; D: bei cristatus. – Nach Callan und Lloyd (182).

den von *karelini* liegen in Wirklichkeit »links« und »rechts« des Kinetochors, sind aber auf den Chromosomenkarten nicht gesondert dargestellt.
Wer die Chromosomenkarten sämtlicher Lampenbürsten-Chromosomen des Kammmolchs studiert, gewinnt einen anschaulichen Eindruck vom Unterschiedsgrad des genetischen Materials bei den einzelnen Rassen. Dabei geben diese Karten lediglich die Landmarken wieder; könnte man Karten von allen zwölf Chromosomen mit sämtlichen Schleifen anfertigen, wäre das Bild zweifellos noch unvergleichlich eindrucksvoller.

Anhand der Rassen von *Triturus cristatus* lassen sich eine Reihe wichtiger Einsichten über generelle Rasseunterschiede gewinnen, die wir uns im folgenden genauer ansehen wollen.
1. Eine Karte nach Art von Abbildung 10 soll eine Vorstellung von der geographischen Verteilung der Rassen vermitteln, darf aber nicht als exakte Fixierung der jeweiligen Verbreitungsgebiete verstanden werden. Jede der unterschiedlich markierten Regionen stellt lediglich einen Bereich dar, *innerhalb dessen* man die typische Form der betreffenden Rasse vorfinden kann. Die Grenzen sind weder so präzis, wie sie auf der Karte erscheinen, noch bleiben sie notwendig über lange Zeiten hin konstant; es treten Überschneidungen auf, wobei sich im Grenzgebiet naturgemäß häufiger Zwischenformen finden als andernorts - Tatsachen, die man im Gedächtnis behalten sollte, da sie die unabdingbare Voraussetzung für eine korrekte Interpretation von Rassenkarten bilden.
2. Kein Rassenmerkmal ist je völlig konstant. Von den eigentlichen Bastarden noch ganz abgesehen, treten vielfältige Variationen in Größe, Färbung und Proportionen auf. Trotzdem würde niemand die Extremformen, zum Beispiel *dobrogicus* mit *karelini,* verwechseln, noch wurde je die Behauptung aufgestellt, Vertreter einer dieser beiden Rassen fänden sich wildlebend in Ländern wie etwa Großbritannien oder Schweden.
3. Es besteht kein allgemeiner Konsens über die Abgrenzung der Rassen. So betrachtet Wolterstorff (1151) *dobrogicus* nicht als eigene Rasse, sondern als Unterrasse *(»forma«)* von *danubialis*, während Mertens und Müller (735) beide für gesonderte Rassen halten. Ebenso hat man auch *carnifex* und *karelini* als Angehörige derselben Rasse eingestuft (132). Das hat natürlich zur Folge, daß sich keine verbindlichen Angaben über die Zahl der Rassen der Art *Triturus cristatus* machen lassen. Im Hinblick auf den Menschen wird eingewendet, da sich die Zahl der Rassen nicht exakt ermitteln lasse, stehe der gesamte Rassengedanke auf tönernen Füßen – ein Argument, das durch die obenerwähnten Fakten über die Rassen von *Triturus cristatus* zu widerlegen ist. Offensichtlich weist *dobrogicus* größere Ähnlichkeit mit *danubialis* als mit *karelini* auf, wobei ziemlich gleichgültig ist, ob wir *dobrogicus* nun als Unterrasse von *danubialis* oder als Rasse für sich betrachten. Ausgesprochen irrig jedoch wäre es, *dobrogicus* als Unterrasse von *karelini* zu bezeichnen oder beide unterschiedslos derselben Rasse zuzurechnen.
Gleichfalls spielt es keine große Rolle, ob man *carnifex* und *karelini* als verschiedene Rassen oder Unterrassen einstuft, während es eindeutig falsch wäre, sie zu trennen und sodann die eine oder andere Form unter die Rasse *danubialis* einzureihen. Da bei *karelini* die auf dem Balkan vertretenen Exemplare größere Ähnlichkeit mit *carnifex* aufweisen als die asiatischen, könnte ein zur Haarspalterei neigender Fachgelehrter Balkanform und asiatische Form sogar als verschiedene Rassen betrachten, ein anderer hingegen die Balkanform als Unterrasse von *karelini* werten und ihr einen entsprechenden Namen geben; im großen und ganzen jedoch verfährt man in diesem Fall beim Klassifizieren großzügig und faßt beide Formen unter dem Namen *karelini* zusammen. Alle diese Möglichkeiten sind vertretbar, während es nachweislich falsch wäre, besagte Balkanform

bei der Rasse *danubialis* einzuordnen.
4. In vielen Fällen unterscheidet man Rassen (unter anderem) anhand körperlicher Merkmale wie »gedrungene« oder »schlanke« Gestalt. Diese etwas vagen Ausdrücke sind in gewissen Zusammenhängen durchaus brauchbar, doch lassen sich die betreffenden Charakteristika nötigenfalls auch genau messen und statistisch erfassen. Wir haben im voraufgehenden den gedrungenen Kammmolch, *karelini*, und sein schlankes Gegenstück, *dobrogicus*, kennengelernt. Zwangsläufig denkt man an vergleichbare Unterschiede zwischen den ethnischen Taxa des Menschen, etwa zwischen dem stämmigen Palänegriden Zaïres und dem schlanken Nilotiden des Sudan oder dem stämmigen Alpiniden und dem schlanken Nordiden (obgleich zwischen diesen beiden europiden Unterrassen in dieser Hinsicht keine so deutlich ausgeprägten Unterschiede bestehen wie zwischen den negriden). Diese hervorstechenden körperlichen Merkmale weisen jedoch eine große Vielfalt auf. So verbindet sich etwa bei den Molchen ein gedrungener Rumpf mit langen Gliedmaßen und ein schlanker mit kurzen, während es sich beim Menschen genau umgekehrt verhält.

Der Leser wird bemerkt haben, daß die Unterscheidungsmerkmale der Molchrassen in zwei Kategorien fallen: solche, die genetisch analysiert wurden, und solche, bei denen eine derartige Analyse unterblieb. Die gröberen morphologischen Charakteristika (wie Gestalt und Gliederlänge) lassen sich nicht ohne weiteres genetisch untersuchen, da bei Bastardierung der Rassen diesbezüglich keine klar erkennbare Aufspaltung auftritt. Läßt sich in derartigen Fällen bei den Nachkommen aus einer Kreuzung keine Aufspaltung beobachten, sondern treten in den aufeinanderfolgenden Filialgenerationen lediglich Zwischenformen auf, vermutet man, daß das betreffende Merkmal von Polygenen, das heißt vielen Genen mit kumulativem Effekt gesteuert wird. Da die Form vieler verschiedener Körperteile (beispielsweise zahlreicher Knochen samt zugehörigen Muskeln) allem Anschein nach von verschiedenen Gruppen von Polygenen bestimmt wird, dürfte die Gesamtzahl dieser Gene im Vergleich zur Zahl jener, die sich genetisch analysieren lassen, vielfach ziemlich hoch liegen. Wer die Beziehungen zwischen verschiedenen Rassen zu ermitteln sucht, muß es als ausgesprochen unbefriedigend empfinden, lediglich die morphologischen Merkmale zu beschreiben ohne ihre Ursachen analysieren zu können. Bei einigen wenigen Tieren, so insbesondere der Fruchtfliege *Drosophila*, liegt die genetische Analyse der Polygene im Bereich des Möglichen (712); doch in den meisten Fällen, so gerade beim Menschen, der sich nicht gezielt kreuzen läßt und nur außerordentlich langsam fortpflanzt, ist eine derartige Analyse beim heutigen Wissensstand kaum möglich (obgleich im Hinblick auf die menschliche Hautfarbe ein origineller Versuch in diese Richtung unternommen worden ist, 1007, 1008, vergleiche Seite 126).

Das wünschenswerte Zukunftsideal wäre eine lückenlose Analyse der Polygene. Solange es nicht erreicht ist, bleibt zwangsläufig die paradoxe Situation bestehen, daß sich die Fakten desto weniger genetisch analysieren lassen, je mehr Anhaltspunkte für eine Verwandtschaft vorliegen (57).

5. Gelingt es, Chromosomen im verlängerten »Lampenbürstenstadium« zu untersuchen, treten die zahlreichen, für die verschiedenen Rassen charakteristischen Unterschiede zwischen den Genketten (Genonemata) deutlich zutage.

6. Rassen unterscheiden sich vielfach nicht nur in Gestalt und Färbung, sondern auch in ihrem Verhalten. *Triturus cristatus* ist allerdings kein besonders gutes Beispiel für diese Art Rasseunterschiede, da sich die einzelnen Rassen in ihren Lebensgewohnheiten weitgehend gleichen – mit Ausnahme der bereits erwähnten völlig unterschiedlichen Schwimmbewegungen von *carnifex* und *karelini* einerseits und *danubialis* und *dobrogicus* andererseits, Unterschiede, die an die eher hölzernen Bewegungen der meisten

Europiden und die locker-federnden vieler Negriden erinnern. Während dieser Unterschied bei den Kammolchen ohne jeden Zweifel genetisch bedingt ist, mag beim Menschen unbewußte Nachahmung mit hereinwirken, wiewohl kaum vorstellbar ist, daß sich diese Unterschiede ohne genetische Ursache herausgebildet und über solch riesige Gebiete ausgebreitet haben sollten (auch wenn Angehörige beider Rassen natürlich ganz bewußt das Verhalten der anderen kopieren oder meiden könnten).

7. Wer sich mit Rassefragen beschäftigt, sollte sich nicht um die politische Unterteilung der Erde kümmern. So wäre es beispielsweise pure Zeitvergeudung, sämtliche Kammolche Rumäniens, deren man zufällig habhaft werden kann, zu sammeln und ihre Durchschnittsmerkmale zu beschreiben. Nicht, daß dies unmöglich wäre: Der »rumänische« Durchschnittsmolch wäre mäßig lang, weder gedrungen noch schlank und hätte so lange Gliedmaßen, daß die Zehen der Hinterbeine bis zum Fingeransatz reichten; er würde weder die schlangenförmigen Schwimmbewegungen von *danubialis* und *dobrogicus* ausführen noch auch paddeln wie *cristatus*, sondern beide Möglichkeiten auf irgendeine Weise miteinander kombinieren. Ein solches Geschöpf könnte in einer schmalen Bastardzone zwar durchaus vorkommen, wäre aber für die große Mehrzahl der rumänischen Kammolche insofern alles andere als repräsentativ, als diese der einen oder anderen der drei dort heimischen Rassen angehörten. Kurzum, jeder, dem es auf eine genaue Beschreibung der Fakten ankäme, würde aus der Fülle der zugänglichen Informationen die Unterscheidungsmerkmale jeder Rasse ableiten und sodann ihre geographische Verteilung festlegen. Aller Voraussicht nach würden an den Rassegrenzen Bastardzonen existieren, die man, sofern sie sich exakt umreißen ließen, gleichfalls in die Karte eintragen könnte (wie beispielsweise auf Abbildung 8). Es sei hier mit allem Nachdruck hervorgehoben, daß dies das einzig korrekte Vorgehen ist, da man andernfalls wichtige Unterschiede zwangsläufig übersieht. Die »politische« Methode läßt sich nur dann anwenden, wenn alle in einem bestimmten Land vertretenen Exemplare zufällig zur selben Rasse gehören (wie in Schweden zu *Triturus cristatus cristatus*). Dennoch werden laufend Daten (insbesondere genetische) über heterogene menschliche Bevölkerungsgruppen zusammengetragen und willkürlich in einen Topf geworfen, nur weil bestimmte Politiker sie zu einem bestimmten Zeitpunkt einer bestimmten »Nation« zuzuschreiben belieben. Daß bei dieser Methode der Informationsgewinnung die tatsächlichen Fakten in bezug auf Rassen und Unterrassen leicht zu kurz kommen oder verschleiert werden können, braucht wohl nicht eigens erwähnt zu werden.

Der Schimpanse, *Pan satyrus*, dient uns als weiteres Beispiel für Rasseunterschiede (950, 912). Es handelt sich um Unterschiede, deren Art und Ausmaß für den Leser insofern von Belang sind, als dieses Tier von allen heute lebenden Arten dem Menschen nicht nur morphologisch, sondern auch im Hinblick auf die Blutgruppen wahrscheinlich am nächsten stehen dürfte und diesbezüglich die Zwergrasse besonderes Interesse verdient.

Der Umstand, daß bei Jungtieren sämtlicher Schimpansenrassen die unbehaarten Körperpartien zunächst »fleischfarben« sind, um sich erst im Alter von zehn bis zwölf Jahren ins Schwärzliche oder Schwarze zu verfärben, hat, da sich viele Beschreibungen auf noch jugendliche Exemplare beziehen, zu mancherlei Fehlinterpretationen geführt. Die einzigen Körperstellen, die auch bei alten Tieren »fleischfarben« bleiben, sind der Penis des Männchens und die Geschlechtsgegend beim Weibchen. Im übrigen weisen die Jungen aller Rassen einen weißen Haarschopf oberhalb des Afters auf.

Abbildung 14, Seite 89 zeigt die geographische Verteilung der einzelnen Rassen.

Der in Westafrika beheimatete »echte« Schimpanse, *Pan satyrus verus*, die Rasse, der manche Fachleute als einziger den Na-

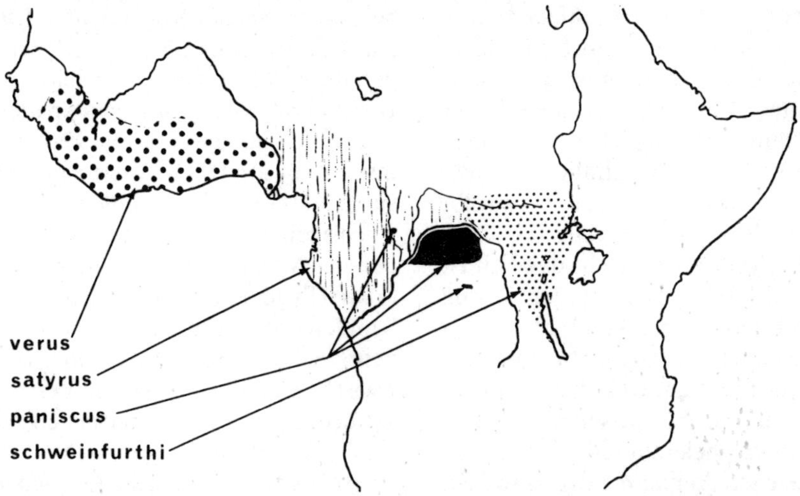

14 Die geographische Verteilung der Rassen des Schimpansen, Pan satyrus, in Afrika. Der schwarze Punkt nördlich des Kongo im Verbreitungsgebiet der Rasse satyrus zeigt in etwa die Stelle an, wo ein Exemplar von paniscus gefangen worden sein soll. – Karte nach den Angaben von Rode (912), Coolidge (225) sowie Urbain und Rode (1081).

men Schimpanse zuerkennen, dunkelt mit dem Älterwerden im Gesicht ziemlich gleichmäßig nach, wogegen die untere Gesichtspartie lange Zeit hell bleibt. Erwachsene Männchen tragen Backenbart und weißen Kinnbart, der durch einen schmalen unbehaarten Mittelstreifen wie gescheitelt wirkende Kopf zeigt stark hervortretende Augenbrauenwülste, welche die Stirn von der Seite ausgesprochen konkav erscheinen lassen. Der in der Scheitelregion hohe Schädel fällt zum Hinterhaupt hin steil ab.

Östlich des Niger findet sich der kahle Schimpanse *Pan satyrus satyrus*, für den besonders der weitgehend unbehaarte, mit einer glänzend schwarzen Kopfhaut überzogene Schädel kennzeichnend ist. Kinn- und Backenbart sind nur schwach entwickelt, das Gesicht dunkelt in unregelmäßigen, allmählich ineinander verschwimmenden Flecken nach. Diese Rasse gleicht in fast jeglicher Hinsicht *verus*, doch sind die Ohren kleiner, der Hinterkopf fällt zum Hinterhaupt hin weniger steil ab, während die Augenbrauenwülste vor allem in der zentralen Region (Glabella) kräftig ausgebildet sind und die Kiefer stärker vorspringen als bei *verus*. Diese Rasse, von dem berühmten Forscher Paul Du Chaillu in Freiheit studiert und als *Troglodytes calvus** bezeichnet (198, 200), wurde später unter dem Namen *Troglodytes aubryi* von Gratiolet und Alix anatomisch aufs genaueste analysiert und in einer vor über hundert Jahren erschienenen, reich bebilderten Publikation beschrieben (430).

Der deutsche Forscher Schweinfurth entdeckte im Gebiet der Niam-Niam-Kannibalen an der Wasserscheide zwischen Bahr-el-Ghazal und Ubangi eine weitere Schimpansenrasse, die ihm zu Ehren die Bezeichnung *Pan satyrus schweinfurthi* erhielt. Diese östliche Rasse, deren Verbreitungsgebiet sich nach heutiger Kenntnis bis in die Nähe des Albert- und Tanganjika-Sees erstreckt, unterscheidet sich von *verus* und *satyrus* stärker als diese beiden Rassen untereinander. Hartmann, der ihre Anatomie vor nahezu hundert Jahren sehr ausführlich beschrieb, be-

* Sowohl Schwarz (950) als auch Rode (912) behaupten, Du Chaillus Spezies *Troglodytes koolookamba* (199) sei in Wirklichkeit mit *Pan satyrus satyrus* identisch, doch dürfte es sich wohl eher um ein Exemplar von *verus* gehandelt haben.

merkt, daß er sie, hätte er sie fünfzehn Jahre früher, als die *Artmacherei* noch in vollem Schwange war, studiert, zu einer neuen Art erhoben hätte (476). Der Schädel dieser Rasse ist schmaler, länglicher und oben flacher, das Gesichtsprofil auffallend gerade, die Augenbrauenwülste weniger vorgewölbt als bei den anderen Rassen. Die Gesichtshaut dunkelt gleichmäßig nach, das Fell ist sehr dicht, männliche Tiere tragen kräftig entwickelten Backen- und Kinnbart.

Der Zwergschimpanse, *Pan satyrus paniscus*, der wesentlich später entdeckt wurde als die anderen Rassen, ist der wissenschaftlichen Welt erst seit 1929 bekannt (949). Entgegen der ursprünglichen Annahme, daß es südlich des Kongo keine Schimpansen mehr gebe, ist das kleine Tier gerade in der von der großen Nordschleife dieses Flusses eingeschlossenen Waldregion ziemlich verbreitet (947, 225). 1939 wurde nördlich des großen Flusses, im Haute-Sangha-Distrikt (1081, 913), also im Verbreitungsgebiet von *Pan satyrus satyrus*, ein männliches Jungtier entdeckt. Falls sich *paniscus* wirklich im Territorium von *satyrus* halten kann, müßte der Zwergschimpanse als eigene Art eingestuft werden, doch bedürfte es dafür eines stichhaltigen Beweises.

Pan satyrus paniscus ist wesentlich kleiner als *verus, satyrus* und *schweinfurthi* und weist im Erwachsenenstadium, abgesehen von der Größe, viele, für Jungtiere der anderen Rassen kennzeichnende Merkmale auf (949, 225, 1081, 913), darunter wohl als hervorstechendstes den weißen Analbüschel; die Ohren sind klein, die Stirn besser entwickelt und der Schädel stärker gewölbt als bei den erwachsenen Vertretern der anderen Rassen; der Hinterkopf fällt zum Hinterhaupt hin scharf ab, die Brauenwülste springen mäßig vor, die anschließende Eindellung ist nur flach, die fast kreisrunden Augenhöhlen sitzen so dicht beieinander, daß die Stirnhöhlen nahezu verschwinden; die Kiefer springen nicht allzu stark vor, die Eckzähne sind klein – *alles* für Jungtiere der anderen Rassen spezifische Merkmale (nur die Schwarzfärbung der Gesichtshaut tritt bei *paniscus* in der Regel weitaus früher ein). Da *Pan paniscus* im Erwachsenenalter jugendliche Merkmale beibehält, ist er ein Beispiel für eine sogenannte »pädomorphe« Form – eine in unserem Zusammenhang insofern besonders wichtige Erscheinung, als sie bemerkenswerte Parallelen zu den kleinwüchsigen Völkerstämmen wie den Negritiden des Malaiischen Archipels, den Bambutiden (Pygmäen) Zentralafrikas sowie den Saniden (den im südlichen Teil dieses Kontinents heimischen Buschmännern) aufweist. Zwischen den erwachsenen Vertretern dieser drei Taxa und den normalen Angehörigen der übrigen ethnischen Gruppen herrscht in etwa dasselbe Größenverhältnis wie zwischen *paniscus* und den restlichen Schimpansenrassen, und außerdem zeigen sie allesamt, von der Größe abgesehen, ebenfalls jugendliche Merkmale. (Einige generelle Anmerkungen zur Pädomorphose finden sich auf Seite 107–109, während die physischen Merkmale der Saniden in Kapitel 15 erörtert werden.)

Obgleich sich die Schimpansenrassen durch ihr Geschrei unterscheiden (947), eignen sie sich, wie wildlebende Menschenaffen überhaupt, nicht sonderlich gut für die Untersuchung rassespezifischer Verhaltensunterschiede. Denn da sie nirgends in großer Zahl vorkommen, ist das Studium ihres Verhaltens unter natürlichen Lebensbedingungen zwangsläufig ein zeitraubendes, viel Geduld erforderndes Unterfangen.

Solche sorgfältig geplanten Experimente, wie man sie mit wildlebenden Weißfußmäusen angestellt hat (vergleiche Seite 91–92), lassen sich bei den nächsten Verwandten des Menschen, dem Schimpansen und dem Gorilla, leider nicht durchführen.

Daß die Rassen einer einzelnen Art im Verhalten voneinander abweichen, ließe sich anhand zahlloser Beispiele belegen. Das Verhalten des Piepers, *Anthus spinoletta*, ist dafür typisch. Der Wasser-Pieper, *Anthus spinoletta spinoletta,* ein in den Sumpfwiesen- und Zwergbaumregionen der mittel- und südeuropäischen Hochgebirge heimischer Vogel, unterscheidet sich durch seine etwas geringere Größe und die schmalen weißen Streifen über den Augen und an den Schwanzrändern vom Felsen-Pieper, *Anthus spinoletta petrosus,* der ausschließlich im Umfeld felsiger Meeresküsten vorkommt (802), also völlig andere Lebensgewohnheiten an den Tag legt. Im Gegensatz zur großen äußeren Ähnlichkeit – die bei *spinoletta* weißgestreiften Partien sind auch bei *petrosus* heller als das übrige Gefieder – unterscheiden sich beide Rassen grundlegend in der Wahl ihres Lebensraumes und dementsprechend auch in der Ernährungsweise (der Felsen-Pieper sucht den Strand nach Meeresmollusken und Krustentieren ab).

In diesem Zusammenhang erhebt sich nun die Frage, ob Vertreter einer bestimmten Rasse ihre Heimat aufgrund angeborener Tendenzen wählen, oder ob die frühe Umgebung den Jungtieren die Vorstellung vom »richtigen« Habitat einprägt. Diese Frage wurde von Dr. S. C. Wecker von der University of Michigan anhand der Weißfußmaus, *Peromyscus maniculatus,* einer Art mit vielen Rassen, von denen die einen Waldgebiete und die anderen (etwas kleineren, kurzohrigeren und kurzschwänzigeren) die Prärie besiedeln, experimentell untersucht (1124, 1125). In der Umgebung der Universität Michigan ist sowohl eine Prärie- oder Graslandform, *bairdi,* als auch eine Waldform, *gracilis,* vertreten, die sich jeweils auf ihr selbstgewähltes Habitat beschränken. Dr. Wecker setzte sich nun das Ziel, die unmittelbare Ursache, warum *bairdi* das Grasland dem Wald bevorzugt, zu erforschen.

Zu diesem Zweck zäunte er am Saum eines Eichen- und Hickorywaldes mit angrenzendem Grasland ein großes, beide Habitate einschließendes Versuchsgehege ab, in dem sich ausgesetzte Mäuse (deren Bewegungen auf ingeniöse Weise registriert wurden) nach Belieben ansiedeln konnten (1124, 1125).

Wildmäuse der Rasse *bairdi* bevorzugten das Grasland, doch da diese Präferenz auf Jugenderfahrungen zurückgehen mochte, züchtete man *bairdi* im Labor und stellte fest, daß die Jungen, wiewohl sie keinerlei natürliche Umwelt kennengelernt hatten, im Versuchsgehege gleichfalls eine sehr dezidierte Vorliebe für das Grasland an den Tag legten. Präriеweißfußmäuse der Rasse *bairdi* besitzen demnach eine angeborene Präferenz für ihr natürliches Habitat und unterscheiden sich in diesem Punkt also offenbar von *gracilis* und anderen Waldrassen.

Die soeben beschriebenen Experimente beweisen jedoch nicht, daß die frühe Umwelt gänzlich ohne Einfluß bliebe – eine Überlegung, die man erfreulicherweise gleichfalls experimentell erforschen konnte. Allem Anschein nach wird die Tendenz der Prärieweißfußmäuse, in freier Natur die »richtige« Umgebung zu wählen, durch natürliche Zuchtwahl aufrechterhalten; denn züchtet man *bairdi* über zwölf oder mehr Generationen hinweg im Labor, ohne daß diese irgendein natürliches Habitat kennenlernen, zeigen die Nachkommen im Versuchsgehege keine ausgeprägte Vorliebe für das eine oder andere Habitat, sondern verteilen sich aufs Geratewohl auf Wald- und Grasbezirke.

Mit diesen »Labormäusen«, also Tieren mit vermindertem Selektionsvermögen im Hinblick auf die Wahl des Habitats, wurden noch weitere interessante Versuche unternommen. So setzte man eine Anzahl von Jungen, noch ehe sich ihre Augen geöffnet hatten, mit ihren Müttern in ein reines Graslandgehege; nach ungefähr einmonatigem Aufenthalt in dieser Umgebung hatte sich ihnen die Vorstellung »Grasland« eingeprägt, denn als man sie ins Versuchsgelände umsiedelte und ihnen die Wahl zwischen Gras und Wald ließ, zeigten sie eine merkliche Vorliebe für das Grasgebiet. Damit war der Nachweis erbracht, daß die frühe Umgebung von Einfluß sein kann, allerdings, wie ein weiteres Experiment zeigte, nur begrenzt; denn als man Junge der »Labormäuse« in einem reinen Waldgehege aufzog, legten sie bei der Umsiedlung ins Wald-Gras-Versuchsgehege keine besondere Vorliebe an den Tag. Die in ihrem Selektionsvermögen beeinträchtigten

»Labormäuse« behielten zwar eine angeborene Fähigkeit, sich das Grasland, nicht aber, sich den Wald einzuprägen.
Dieses interessante Experiment legt die Vermutung nahe, daß bei den Rassen der Weißfußmaus die Wahl des Lebensraumes auch durch einen genetischen Unterschied beeinflußt wird, obgleich die Tatsache, daß sich diese Tendenz bereits nach zwölf Generationen, in denen keine natürliche Selektion des Überlebenstüchtigsten stattfindet, verliert, gewisse Zweifel aufkommen läßt. Außerdem hätte der Versuch an Demonstrationswert gewonnen, wäre er mit *gracilis* wiederholt worden.
Verschiedene Tierrassen unterscheiden sich auch hinsichtlich ihres »Temperamentes«, und dabei dürfte gleichfalls ein genetisches Element hereinspielen. So haben Experimente mit Ratten gezeigt, daß Gene, die das Gewicht, die Größe verschiedener Organe, den Schädelumfang und andere körperliche Merkmale mitbestimmen, auch Zahmheit und Gelehrigkeit beeinflussen können (178).
Ein besonders interessantes Beispiel für rassespezifische Unterschiede in den angeborenen Verhaltensmustern liefert die Honigbiene, *Apis mellifera* Linn. Dank der bemerkenswerten und weithin bekannten Untersuchungen von Frischs über die »Bienensprache« wissen wir, daß Arbeitsbienen einander mitteilen können, in welcher Richtung und ungefähr welcher Entfernung sich eine Futterquelle befindet. Wir brauchen diese »Sprache« hier nicht weiter zu beschreiben, zumal sie von Frisch in seinen eigenen Schriften sehr klar expliziert (363, 364, 365). Es soll lediglich der Hinweis genügen, daß eine Arbeitsbiene der Rasse *Apis mellifera carnica,* wenn sie in einer bestimmten Entfernung eine Nahrungsquelle ausfindig gemacht hat, heimfliegt und den anderen Arbeiterinnen durch einen bestimmten Tanz die nötigen Informationen übermittelt. Das Tempo ihres Tanzes gibt die Entfernung an – je schneller der Tanz, desto näher die Futterstelle.
Nun gibt es aber eine andere Rasse dieser Art, die »italienische« *Apis mellifera ligustica,* die – bildhaft gesprochen – einen anderen Dialekt der Bienensprache spricht. Dieser Dialekt unterscheidet sich in doppelter Hinsicht von dem von *carnica:* Erstens deutet *ligustica* bei nahegelegenen Futterquellen Richtung und Entfernung durch einen *anderen* Tanz an, und zweitens führt sie bei größeren Entfernungen den auch für *carnica* spezifischen Tanz langsamer aus. Hält man nun Vertreterinnen beider Rassen im selben Bienenstock, bringen sie einander in Verwirrung, da sie die wechselseitigen Symbole mißdeuten. Arbeiterinnen der Rasse *ligustica* suchen auf die Botschaft einer *carnica*-Sammlerin hin die Futtergründe zu nahe beim Stock, wie umgekehrt eine *ligustica*-Sammlerin *carnica*-Arbeiterinnen auf eine zwecklose, da zu weite Reise schickt (365).
Übrigens deutet nichts darauf hin, daß junge Arbeitsbienen diese »Sprache« von den älteren Tieren übernehmen, etwa in der Art wie Kinder sprechen lernen. Die Fähigkeit, Richtungs- und Entfernungsbegriffe zu übermitteln, ist den Bienen angeboren, die sich von Geburt an in dieser wichtigen Verhaltenskomponente rassemäßig unterscheiden.

Obgleich die Umwelt für die menschliche Sprache eine so überragende Rolle spielt, scheint doch, wie Eimer bereits vor über 80 Jahren behauptete (304), zweifellos auch ein genetisches Element hereinzuwirken. Zwar werden Etymologie und Grammatik im Laufe des Lebens von Mensch zu Mensch übermittelt, aber die Phonetik hängt zum Teil von angeborenen Merkmalen ab, welche die Artikulation bestimmter Laute erleichtern oder erschweren können. Diese Erkenntnis explizierte als erster Professor C. G. Darlington überzeugend (247, 248) anhand der in Europa auftretenden geographischen Verteilung von Volksgruppen, welche die Laute der Th-Gruppe (wie in englisch this, thick sowie den verwandten Laut des

Baskischen) leicht, und solchen, die sie nur mit Mühe artikulieren können. Darlington, der die Geschichte der Völkerwanderungen im Hinblick auf Veränderungen in der Verteilung dieser Fähigkeit verfolgte, gelangte zu dem Schluß, daß sich die Artikulationsschwierigkeiten bei diesen Lauten mit Volksstämmen aus dem Osten ausgebreitet haben. Invasoren können die Sprachen der von ihnen besetzten neuen Gebiete übernehmen, ohne darüber ihre eigenen phonetischen Fähigkeiten oder Unfähigkeiten einzubüßen, womit letztere möglicherweise auf völlig andere Sprachen übergehen. Wie Darlington nachweist, besteht eine Wechselbeziehung zwischen einer geringen Frequenz des Gens für Blutgruppe 0 und der Schwierigkeit beim Artikulieren der th-Laute.

Obwohl Darlington seine Ergebnisse vom nationalen statt vom ethnischen Blickwinkel her formuliert, kann man grob verallgemeinernd (das heißt unter Ausklammerung bestimmter lokaler Gruppen) sagen, daß unter Alpiniden, Osteuropiden und Armeniden im Gegensatz zu Nordiden und Mediterraniden kaum oder nur wenig th-Sprecher vertreten sind.

Die Rolle genetischer Faktoren bei der Entwicklung von Sprachlauten wurde von Brosnahan untersucht (146).

8
Einige Theorien zur Taxonomie und Evolution

Typische Formen

Bei der Diskussion des ethnischen Problems ließen sich viele Mißverständnisse vermeiden, wollten sich diejenigen, die den Menschen zu ihrem Forschungsgegenstand erheben, zunächst einmal mit der allgemeinen Taxonomie vertraut machen, das heißt mit den Prinzipien, nach denen die Organismen in systematische Gruppen (Taxa) eingeteilt werden. Diese aus dem Studium von Tieren und Pflanzen abgeleiteten Prinzipien sind erst sekundär auf den menschlichen *Formenkreis* angewandt worden, wie sie überhaupt in der Biologie, die sich nicht nur mit einem einzelnen *Formenkreis*, sondern mit sämtlichen Taxa von der Unterrasse bis zum Stamm beschäftigt, viel umfassender und deutlicher in Erscheinung treten. Allerdings sind die neuen Entwicklungen innerhalb dieser Wissenschaft so weitreichend und von solchem Interesse, daß sich die Lehrer auf der Elementarstufe verständlicherweise fast ausschließlich mit ihnen befassen und darüber das reiche, in früheren Zeiten über die Vielfalt der Organismen zusammengetragene Wissen nahezu ebenso vollständig ausklammern wie die Prinzipien, mit deren Hilfe sich Einblick in ein Taxon als Ganzes sowie in seine Geschichte in ferner Vergangenheit gewinnen läßt. Die neue Lehrergeneration besitzt zwar alle Voraussetzungen, um gewisse wichtige Zweige der Biologie zu übermitteln, ist aber vielleicht nicht immer ganz imstande, ein wirkliches Verständnis für die Taxonomie zu wecken. Einzelne Organismen werden herausgegriffen, um bestimmte Aspekte des Tier- oder Pflanzenlebens zu veranschaulichen, *das Studium des Taxons insgesamt* jedoch wird entweder gänzlich vernachlässigt oder höchstens von einem kleinen Teil derer betrieben, die Zoologie oder Botanik als Hauptfach wählen; und von dieser ohnehin begrenzten Zahl werden nur sehr wenige Anthropologen. Dies wiederum hat zur Folge, daß der Mensch und seine Unterteilung in ethnische Taxa vielfach gesondert studiert wird, und zwar von Leuten, die mit dem gewaltigen existenten Wissens- und Erfahrungsschatz, der durch neue Fortschritte auf einzelnen Sektoren weder an Richtigkeit noch an Relevanz verloren hat, in keiner Weise vertraut sind.

Die Klassifikation der Tiere erfolgt nach Ähnlichkeiten, und zwar nach Möglichkeit solchen, die auf gemeinsame Vorfahren zurückgehen. Das einzelne Taxon, gleichviel, ob »groß« – wie etwa eine Klasse – oder »klein« wie ein *Formenkreis* oder eine Rasse, setzt sich aus Individuen zusammen, von denen keines dem anderen völlig gleicht (nicht einmal »eineiige« Zwillinge sind wirklich identisch). Das aber bedeutet, daß die Einteilung in (große oder kleine) Taxa nur von Personen vorgenommen werden kann, die über ein ausreichendes Verallgemeinerungsvermögen verfügen, um vorhandene Ähnlichkeiten zu erkennen. Diese Leute bilden sich eine Vorstellung vom »typischen« Vertreter einer Gruppe und stellen sodann die verschiedenen Abweichungen von dieser Form fest. (Es sei hier daran erinnert, daß der »Typus« einer Art für diese keineswegs typisch zu sein braucht, vergleiche Seite 54.) Einige Vertreter eines Taxons können bestimmten Funktionen angepaßte

Spezialisierungen aufweisen; andere in dem Sinne »degeneriert« sein, daß sie im Laufe der Entwicklung bestimmte, ihren Vorfahren eigene Strukturen eingebüßt haben; und wieder andere insofern »primitiv« erscheinen, als sie nie das für die »typischeren« Formen charakteristische Entwicklungsstadium erreicht haben. In vielen Fällen erweist es sich als nahezu unmöglich, eine brauchbare Definition eines Taxons aufzustellen, die auf alle seine Vertreter zutrifft und die Gruppe doch hinlänglich von jeder anderen Tierart unterscheidet; andererseits ist eine merklich abweichende Form oft so augenfällig durch Zwischenglieder mit anderen, weniger abweichenden verbunden, daß die Realität des Taxons als natürlicher Einheit klar zutage tritt. Am besten geht man erst gar nicht auf eine allumfassende Definition aus, sondern beschreibt die typischen Vertreter der Gruppe und notiert die diversen Abweichungen.

Wichtig ist auch die Einsicht, daß die Methoden der Statistik in der Taxonomie nur begrenzt anwendbar sind. Das Idealbild des »typischen« Vertreters eines Taxons läßt sich nicht dadurch gewinnen, indem man einfach zählt oder mißt und danach die ermittelten Zahlen statistisch auswertet. Ein Beispiel aus der Klasse der Gastropoden (»Einschaler«) vom Stamm der Mollusken mag dies verdeutlichen. Einige Vertreter dieser Gruppe (wie beispielsweise *Trochus,* die an den britischen Küsten zahlreich vorkommende Kreiselschnecke) besitzen keine gesonderte Geschlechtsöffnung: Spermatozoen oder Eier werden in die Niere entleert und gelangen durch den Harnkanal ins Meer. Andere, wie die »Tritonshörner« (*Charonia,* vergleiche Abbildung 15 A, Seite 97), besitzen eine Genitalöffnung, die je nach Geschlecht Spermatozoen oder Eier nach außen entläßt; andere haben als Zwitter zwei Öffnungen, für jede Art Geschlechtsprodukt eine; und wieder andere schließlich weisen außer diesen beiden noch eine dritte Öffnung zur Aufnahme der Spermatozoen eines anderen Individuums auf, so verschiedene Nacktkiemer *(Nudibranchia)* wie Seegurken und Seewalzen. Es wäre nun wenig sinnvoll, die Zahl der Geschlechtsöffnungen sämtlicher Gastropodenarten festzustellen, daraus das arithmetische Mittel zu ziehen und zu konstatieren, die typische Form weise zum Beispiel 1,87 Geschlechtsöffnungen auf.

Auch wäre es verfehlt, allein anhand von Meßergebnissen entscheiden zu wollen, welche Tiere zu den Gastropoden zählen und welche nicht, und doch ist in der Anthropologie ein solch gravierender Irrtum unterlaufen. So nahm etwa der Statistiker C. M. Morant bei einer statistischen Erhebung über alle damals bekannten steinzeitlichen Menschenschädel Europas an jedem Exemplar eine Reihe von Messungen vor, ohne sich darum zu kümmern, ob es sich bei den vermessenen Teilen nicht vielleicht um Unterscheidungsmerkmale verschiedener ethnischer Taxa handelte (765). Bei der statistischen Analyse der Meßwerte könnte daher leicht der Eindruck entstehen, die Schädel stammten durchweg von Angehörigen einer einzigen, homogenen Population – ein Schluß, den auch prompt mehrere Anthropologen aus Morants Daten abgeleitet haben. Er selbst beging, wie der daraus entstandene Aufsatz zeigt, diesen Fehler allerdings nicht, sondern räumte ein, »die Behandlung der Reihe als Stichprobe einer einzigen homogenen Population« könne »verschiedene äußerst bedeutsame ethnische Beziehungen verschleiern«. Mit anderen Worten, seine Arbeit baut auf der Prämisse auf, es habe sich um eine homogene Population gehandelt, was indessen eindeutig nicht zutrifft. So besteht etwa zwischen den sogenannten »négroïdes« (1094), deren Skelette in der Grotte des Enfants bei Mentone entdeckt wurden, und dem Cro-Magnon-Menschen (47) ein auffallender Unterschied.

Auf welche Abwege die »politische Taxonomie« führen kann, wurde bereits angedeutet (vergleiche Seite 88–89), ein beim Studium der Blutgruppen in Europa weithin angewandtes Verfahren, bei dem man ein bestimmtes, durch nationale Grenzen umrissenes Gebiet ohne Rücksicht auf die Fakten so behandelt, als umfaßte es eine homogene Bevölkerung, um es sodann mit einem anderen, auf gleiche Weise behandelten Gebiet zu vergleichen – eine nicht eben zuverlässige Methode, biologische Wahrheiten darzustellen, die bezeichnenderweise auch überall da unterbleibt, wo die ethnischen Unterschiede selbst dem in der morphologischen Anthropologie Unerfahrenen ins Auge springen. So wird niemand, der die Blutgruppen Australiens studiert, die Eingeborenen (Australiden) mit den Personen europäischer Herkunft in einen Topf werfen, da jedem klar wäre, daß ein solches Verfahren die Ergebnisse nur verwirren könnte. Man braucht in der Taxonomie gesunden Menschenverstand, morphologische Einsicht und, sofern verfügbar, paläontologisches Beweismaterial, um herauszufinden, welche Tiere (oder Menschen) zu einer natürlichen Gruppe oder einem Taxon gehören, und sich Einblick zu verschaffen, welche Vertreter der betreffenden Gruppe eigentlich als typisch, welche als primitiv und welche als spezialisiert einzustufen sind.

Nun ließen sich zwar diese Vorstellungen anhand der verschiedenen Taxa des Tierreiches – der Stämme, Klassen, Ordnungen und so weiter – nahezu unbegrenzt illustrieren, aber wohl keine Gruppe eignet sich hierzu besser als die außerordentlich große Klasse der Gastropoden, zu der auch die gewöhnliche Gartenschnecke, *Helix aspersa,* zählt – eine Art, die indessen keiner, der über ihre Anatomie Bescheid weiß, als typische Vertreterin der Gesamtgruppe herausstellen würde. Das Fortpflanzungssystem ist äußerst verwickelt, die Nervenzentren liegen in einer kleinen Region im Kopf, das heißt sind nicht, wie bei so vielen Angehörigen der Gruppe, auf verschiedene Körperpartien verteilt. Dafür ist das spiralig gedrehte Gehäuse für eine sehr große Zahl von Gastropoden charakteristisch.

Wenn ich hier zur Veranschaulichung dessen, was man sich unter typischen, spezialisierten, degenerierten und primitiven Formen vorzustellen hat, eine so umfassende und vielgestaltige Tiergruppe wie eine Klasse wähle, so lediglich deshalb, um in großen Umrissen aufzuzeigen, was in den nachfolgenden Kapiteln, wenn es sich bei dem behandelten Taxon um einen einzelnen *Formenkreis* und seine Komponenten, die Menschenrassen, handelt, nicht minder deutlich im kleinen zutage treten wird. Jedenfalls wird das Verständnis der anthropologischen Fakten durch das voraufgehende Studium leicht interpretierbaren, die Grundzusammenhänge veranschaulichenden Materials erheblich erleichtert.

Bei der Suche nach einer typischen Form muß man die primitiven ausklammern, denn sie sind in verschiedener Hinsicht untypisch, da sie Merkmale aufweisen, die den meisten Vertretern der Klasse fehlen, und andere vermissen lassen, die sich bei vielen oder den meisten finden. Die einzelnen Fachleute würden sich zweifellos für verschiedene Formen entscheiden, doch kann man nicht allzusehr fehlgehen, wenn man wie Parker und Haswell in ihrer ausführlichen Beschreibung im *Text-book of zoology* (820) ein unspezialisiertes Mitglied der Ordnung Pectinibranchia wie die »Trompetenschnecke«, *Charonia nodifera* (Lamarck) (häufig auch als *Triton nodiferus* bezeichnet) als charakteristischen Vertreter der Gesamtklasse wählt. Dieser große marine Gastropode (Abbildung 15 A, B) ist bei den britischen Inseln, im Mittelmeer, Roten Meer, vor der südafrikanischen Küste und weiter bis in den Südpazifik zu finden, wo sein Gehäuse von den Eingeborenen der Neuen Hebriden und anderer Inseln in Spitzennähe angebohrt und als Trompete zur Fernverständigung benutzt wird.

In einem Buch wie diesem wäre eine ausführliche anatomische Beschreibung von *Charonia nodifera* fehl am Platz, doch kann jeder mit den Gastropoden einigermaßen Vertraute aus der Abbildung auf Anhieb ersehen, daß die äußeren Merkmale keine besondere Spezialisierung aufweisen, und auch die in-

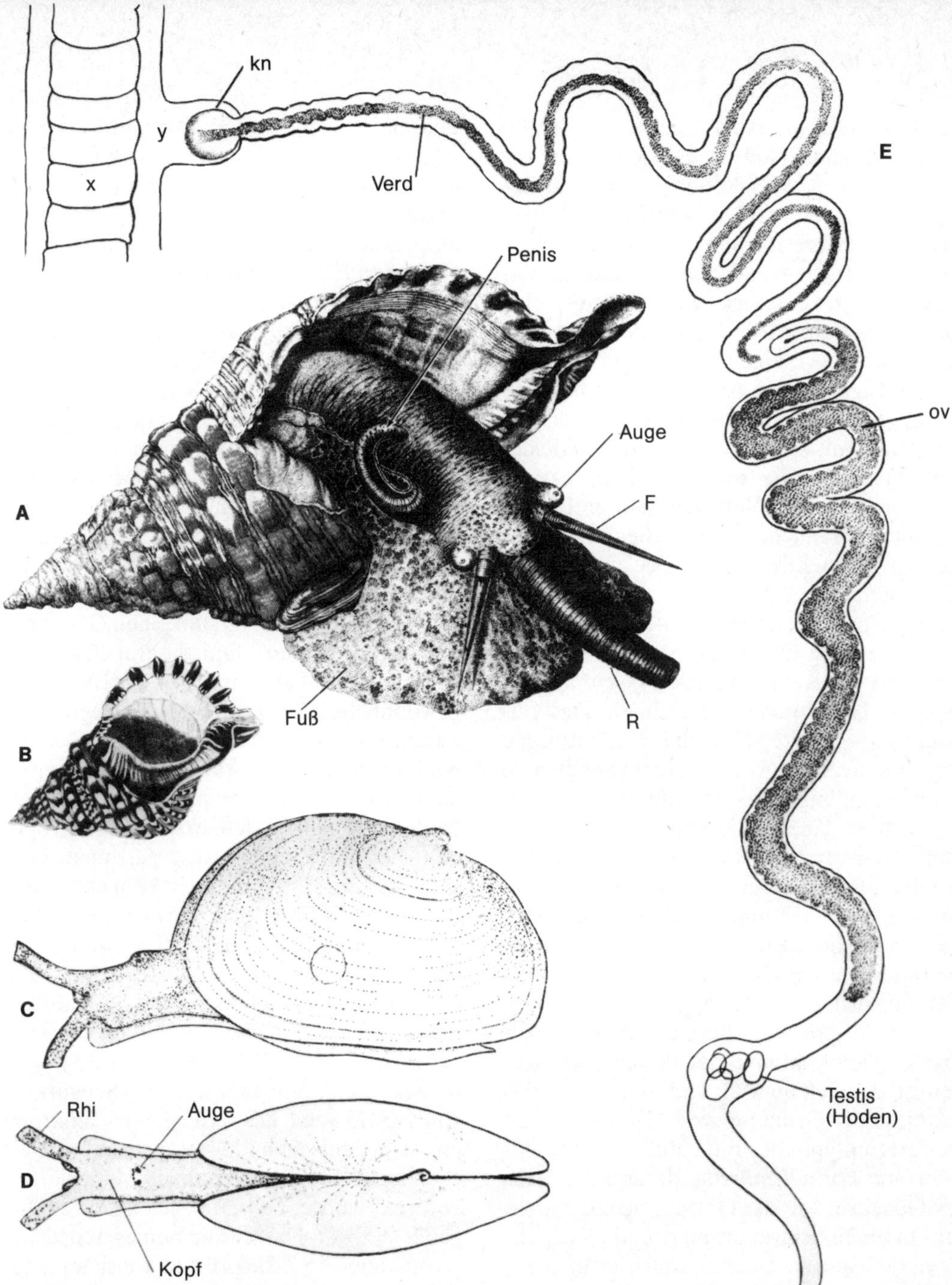

15 Typische und untypische Gastropoden. Typisch: A: Charonia nodifera. R: Rüssel; F: Fühler; B: Gehäuse. Untypisch: C, D: der zweischalige Bauchfüßer Tamanovalva limax, von links nach rechts gesehen. Rhi: Geruchsfühler (Rhinoporen); E: der im Inneren von Stachelhäutern schmarotzende Bauchfüßer Entochoncha mirabilis. Verd: Verdauungskanal von Entochoncha; kn: sein knopfartiger »Kopf«; Ov: Eierstock; x: Verdauungskanal und y: der sogenannte »Blutraum« des Stachelhäuters, Synapta digitata. – A nach Poli (850); B nach Reeve (887); C und D nach Kawaguti und Baba (572); E nach Müller (780). Bildbeschriftungen vom Verfasser.

neren sind für die Anatomie der Gastropoden insgesamt (soweit es sich nicht um ausgesprochen spezialisierte oder abweichende Formen handelt) spezifisch: *Charonia nodifera* besitzt ein spiralig gedrehtes Gehäuse, das dem gleichfalls spiralig gewundenen Eingeweidesack Schutz bietet; eine am Eingeweidesack hängende Hautfalte (den »Mantel«); eine flache Kriechsohle zur Fortbewegung; eine mit Zähnchen besetzte »Raspelzunge« (Radula) und einen Verdauungskanal mit Anus; Augen und ein Gleichgewichtsorgan, die sogenannte Statozyste; ein kompliziertes Nervensystem mit einer Anzahl von Ganglienpaaren, die durch sogenannte Konnektive verbunden sind; sowie eine männliche oder weibliche Keimdrüse, da diese Form getrenntgeschlechtlich ist.

Im Gegensatz zu *Charonia* würde wohl niemand die Kaurischnecken (*Cypraea*) als typische Gastropoden bezeichnen. Das Gehäuse dieser Tiere ist für die Gesamtgruppe alles andere als typisch, überdeckt doch jede neue Windung die voraufgehenden fast gänzlich, so daß sich die Spiralstruktur kaum mehr erraten läßt. Da die zwischen den aufeinanderfolgenden Windungen liegenden Schalenteile nach und nach absorbiert werden, ist die Spiralstruktur nicht einmal mehr im Inneren erkennbar, und außerdem ist die Öffnung nicht, wie üblich, gerundet, sondern zu einem schmalen Schlitz zusammengedrückt. Die Anatomie der Weichteile dagegen ist ziemlich normal, und so fällt *Cypraea* in dieselbe Ordnung wie *Charonia.* Ein weiterer untypischer Bauchfüßer ist die mediterrane Form *Umbrella,* deren abgeflachtes Gehäuse, wie der Gattungsname andeutet, an einen Schirm erinnert und gleichfalls keinerlei Spuren einer Spiralstruktur mehr aufweist. Andere Gastropoden wiederum haben ihr Gehäuse im Laufe der Evolution völlig eingebüßt, so zum Beispiel die sonderbare Planktonform *Pterotrachea,* bei der überdies auch noch der Eingeweidesack und die Fühler fehlen, während vom hinteren Körperende ein langer, fadenförmiger Fortsatz ausgeht.

Alle diese Tiere sind indessen nur in geringem Maß untypisch, gibt es doch noch weit erstaunlichere Abweichungen von der charakteristischen Gastropodenform. Eine der ausgefallensten wurde erst in neuester Zeit entdeckt. Ein flüchtiger Blick auf das auf Abbildung 15 C und D dargestellte Gehäuse würde wohl fast jeden davon überzeugen, daß es sich bei dem abgebildeten Tier um eine zweischalige Muschel, das heißt um einen Angehörigen der Lamellibranchia und keinen Gastropoden handelt. Doch im Gegensatz zu den erstgenannten besitzt dieses merkwürdige, 1959 im Japanischen Meer entdeckte Lebewesen (572) Kopf, Augen und Geruchsfühler. Wie das Studium seiner inneren Anatomie eindeutig zeigt, handelt es sich trotz Doppelschale um einen Gastropoden der Unterklasse Opisthobranchia.

Manche Tiere haben im Lauf der Evolution, gewöhnlich infolge eines sehr begrenzten Lebensraumes, einen einfacheren Körperbau angenommen. Auf diese Weise sind häufig ganz und gar untypische, »degenerierte« Formen entstanden, wofür die Gastropoden gleichfalls einige ausgezeichnete Beispiele liefern. Ein mit den Fakten noch nicht Vertrauter würde das wurmähnliche Geschöpf Abbildung 15 E wohl schwerlich für einen Vertreter dieser Klasse halten, und doch handelt es sich um einen Bauchfüßer, nämlich um *Entoconcha mirabilis,* ein Tier, das in der Leibeshöhle der Seewalze *Synapta digitata* (einer Verwandten der »Seegurke«, *Cucumaria,* und des Trepangs) schmarotzt und vom deutschen Physiologen und vergleichenden Anatomen Johannes Müller (780) entdeckt wurde. Es heftet sich an ein »Blutgefäß« in der Darmwand seines Wirtes an (Abbildung 15 E links) und weist im Vergleich zum oben beschriebenen typischen Gastropoden *Charonia* bemerkenswerte Unterschiede auf: Im Erwachsenenstadium besitzt *Entoconcha mirabilis* nicht nur kein spiralig gedrehtes, sondern überhaupt kein Gehäuse, keinen Eingeweidesack, keinen Mantel, keinen Fuß, keine Raspelzunge, keinen Anus, keine Augen, keine Statozyste, kein Nervensystem – dafür aber gleich zwei Keimdrüsen (Eierstock und Hoden)! Man mag nun zu Recht fragen, wieso man eine vom Typischen so extrem abweichende Form überhaupt noch als Bauchfüßer bezeichnen kann, und doch zählen die Zoologen *Entoconcha mirabilis* übereinstimmend zu dieser Klasse und sogar zur selben Ordnung wie *Charonia* (nämlich der der *Pectinibranchia*). Diese Stellung in der Klassifikation ergibt sich teils aus dem Studium seiner Entwicklung und teils aus dem Vergleich mit einer interessanten Reihe von Zwischenformen, die *Entoconcha mirabilis* mit typischen Vertretern der Gruppe verbinden.

Nach diesen Erläuterungen dürfte verständlich sein, daß manche Gastropoden als »typisch« bezeichnet werden können, weil sie die Gruppe als Ganzes gut repräsentieren, während andere so spezialisiert oder degeneriert scheinen, daß man sie nur als untypisch empfinden kann. Und man wird auch einsehen, daß es im Grunde nicht möglich ist, eine Definition aufzustellen, die alle Gastropoden ein- und alle Nichtgastropoden ausschließt; um nämlich auch noch die extrem abweichenden Formen zu umfassen, müßte sie so vage und allgemein gehalten sein, daß sie keine klare Vorstellung mehr vermittelte und insofern unbrauchbar wäre. Prägt man sich hingegen die Merkmale der typischen Formen ein und verfolgt sodann die fortschreitenden Abweichungen von der Norm bis hin zu so extremen Erscheinungen wie *Entoconcha mirabilis*, kann man die Klasse mit Sicherheit abgrenzen. Der Begriff des Typischen ist in der Taxonomie nicht nur brauchbar, sondern unumgänglich, da für jeden, der sich die Mühe macht, erkennbar, selbst wenn es die vollendet typische Form nicht gibt; und er gilt für alle Klassifikationsgruppen, zumindest von der Klasse an abwärts, obgleich man natürlich in den unteren Rängen der taxonomischen Hierarchie, unter den Gattungen und Arten, keine extremen Abweichungen erwarten darf. Trotzdem ist die Idee selbst bei (Menschen- und Tier-) Rassen gültig und offenkundig, auch wenn die durch Hybridismus erzeugten Zwischenformen den Prozentsatz der typischen Formen unter das normale Maß herunterschrauben.

Primitive Formen

Um zu verdeutlichen, in welchem Sinn das Wort »primitiv« in der Biologie gebraucht wird, hier ein denkwürdiges Zitat aus einem Beitrag Sir Ray Lankesters in der *Encyclopaedia Britannica,* in dem nicht nur die Klasse der Gastropoden, sondern der gesamte Stamm der Mollusken behandelt wird.

Lankester konstruiert eine schematische Molluske, die in gemäßigter Form all die verschiedenen Strukturelemente besitzen soll, die bei den einzelnen Vertretern der Gruppe mehr oder weniger spezialisiert, übersteigert, vielmehr sogar überhaupt nicht vorhanden sind. Eine solch schematische Molluske . . . dürfte mehr oder weniger mit dem übereinstimmen, was wir uns unter den gegebenen Voraussetzungen als die ursprüngliche oder Ur-Molluske vorstellen können (631).

Lankester geht in diesem Passus also weit über die typischen Formen hinaus und stellt sich einen allen Angehörigen des Stammes gemeinsamen primitiven Vorfahren vor.

Bei vielen Tiergruppen bedarf es allerdings keiner sonderlichen Vorstellungsgabe, um auf eine primitive Form zu kommen. Vergleichende anatomische Untersuchungen offenbaren, daß manche Vertreter einer Klasse in vielerlei Hinsicht einfacher sind als andere, ohne doch Anzeichen degenerativer Veränderungen zu zeigen; und diese Formen ähneln oft mehr oder weniger stark den vergleichbaren einfachen Angehörigen anderer Klassen desselben Stammes. Des weiteren kann sich, sofern in den älteren geologischen Formationen Fossilien erhalten geblieben sind, herausstellen, daß die nach den Maßstäben der vergleichenden Anatomie als primitiv eingestuften Formen sehr große Ähnlichkeit mit Tieren aufweisen, die in längstvergangenen Zeiten existierten, bevor sich die »typischen«, »spezialisierten« und »degenerierten« Vertreter der Gruppe entwickelt hatten. Nicht selten wird ein vordem unbekanntes, lebendes Tier entdeckt, das große Ähnlichkeit mit den Vertretern einer primitiven, bis dato nur aus fossilen Relikten bekannten Gruppe aufweist; solche Formen werden vielfach als »lebende Fossilien« bezeichnet.

Alle diese Gegebenheiten lassen sich anhand der Gastropoden vortrefflich erläutern.

Bei der typischen Form *Charonia* finden sich viele Organe nur auf einer Körperseite, während bei anderen, im Bau einfacheren, aber nicht degenerierten Arten dieselben Organe paarweise, links und rechts, auftreten. Das Studium aller relevanten Fakten legt nun die Vermutung nahe, daß beim Urgastropoden jeweils ein gleich großes, unseren Nieren vergleichbares Organpaar existierte; im Laufe der Evolution scheint dann jedoch die merkwürdige, in einem frühen Stadium der Embryonalentwicklung einsetzende Spiraldrehung des Körpers allmählich zur Verkleinerung und schließlich zum Verschwinden der ursprünglich auf der linken Seite gelegenen Organe geführt zu haben, während das von rechts nach links gewanderte Organ seine Größe behielt (in der folgenden Aufzählung beziehen sich die Bezeichnungen »links« und »rechts« auf die endgültige Lage der Organe bei den ausgewachsenen Tieren).

Bei *Charonia* und einer Riesenanzahl weiterer Gastropodenarten sind nur die auf der linken Körperseite gelegenen Organe erhalten, und zwar:

Die Fiederkieme (Ctenidien) oder das Atmungsorgan;

das chemische Sinnesorgan (Osphradium), mit dem das in die Kiemenhöhle (Mantelhöhle) einströmende Atemwasser geprüft wird;

die Schleim-(Hypobranchial-)Drüse, deren Absonderung Exkrementpartikel und andere Teilchen miteinander verklebt und damit die Kiemenhöhle sauber hält;

das Gefäß (Auricula), das der kontraktilen Herzkammer (Ventrikel) Blut zuführt;

die Niere beziehungsweise das Ausscheidungsorgan.

Bei einigen Gastropoden jedoch hat sich die ursprüngliche Anordnung erhalten, das heißt, alle benannten Organe finden sich noch auf beiden Körperseiten, wenn auch im allgemeinen in unterschiedlicher Größe. Ein gutes Beispiel dafür ist das Gemeine Seeohr, *Haliotis tuberculata* (Abbildung 16 A), ein eßbarer Gastropode, der vor den Küsten der Kanalinseln in so großer Zahl vorkommt, daß er industriell verwertet werden kann; andere Arten der gleichen Gattung finden sich vor Kalifornien (»Abalone«), Japan und im östlichen Teil des Indischen Ozeans. Wohl nur wenige von denen, die *Haliotis* als Genußmittel kennen, wissen, daß es sich dabei um einen für den Wissenschaftler besonders interessanten primitiven Bauchfüßer handelt.

Haliotis ist (wie viele primitive Tiere) in verschiedener Hinsicht spezialisiert. Oben abgeflacht, ist die Spiralform des Gehäuses stark rückgebildet; im Grunde ist nur noch die riesige letzte Windung übrig, die fast das ganze Tier birgt (Abbildung 16 A) und ihm das an ein menschliches Ohr erinnernde Aussehen gibt, dem es seinen Namen verdankt (die auf den Kanalinseln übliche Bezeichnung »ormer« ist eine Kurzbildung aus französisch *oreille de mer*, auch der wissenschaftliche Gattungsname bedeutet dasselbe). Hätten Eingeweidesack und Gehäuse die Form einer sich allmählich ausweitenden Spirale, wäre *Haliotis* ein nahezu ideales Beispiel für einen primitiven Gastropoden.

Stößt man innerhalb einer Tiergruppe auf eine primitive Form, kann man damit rechnen, daß sie *Ähnlichkeiten mit Angehörigen verwandter Taxa* aufweist. Auf unser Beispiel bezogen, heißt das, wir können bei anderen Molluskenklassen nach Ähnlichkeiten mit *Haliotis* suchen und werden insofern mit Sicherheit nicht enttäuscht werden, als diese Form viele Merkmale bewahrt hat, die ursprünglich nicht nur ihren Vorfahren unter den Gastropoden, sondern den Vorfahren sämtlicher Molluskenklassen eigen gewesen sein müssen, aber dann im Laufe der Evolution allen Gastropoden bis auf die primitiven abhanden gekommen sind.

Haliotis ist also in fast jeglicher Hinsicht ein primitiver Gastropode, besitzt vorwiegend unspezialisierte Organe, wie man sie bei einer Urform erwartet, und scheint sich, den verschiedenen erstaunlichen Ähnlichkeiten mit primitiven Vertretern anderer Klassen nach zu schließen, nicht sehr weit vom Urahn aller Mollusken entfernt zu haben. Allerdings dürften die frühen Gastropoden große, spiralig gedrehte Eingeweidesäcke und ein von der Spitze zur Öffnung hin sich gleichmäßig ausweitendes Gehäuse besessen haben. Wie bereits erwähnt, ist *Haliotis* in dieser Hinsicht spezialisiert, ist doch der Körper dorsoventral zusammengerückt und vom spiralig gewundenen Gehäuse außer der gewaltigen letzten Windung nicht mehr viel übrig geblieben. Die Frage ist nun, ob es

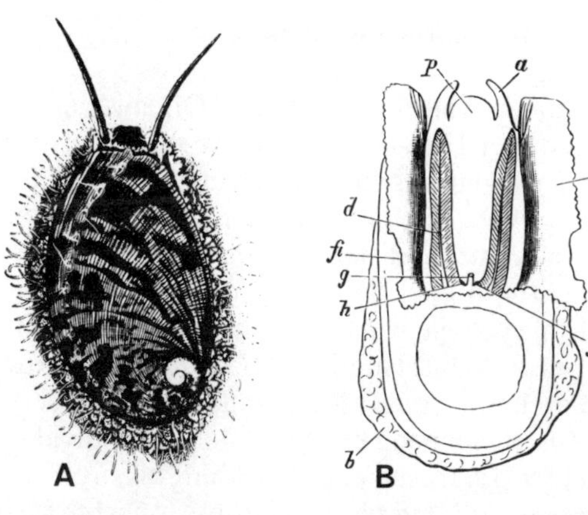

16 A: Die primitiven Gastropoden Haliotis tuberculata und B: Fissurella (Schnitt). Bei Fissurella ist der Mantel der Länge nach aufgeschnitten und nach rechts e geklappt, um die beiden gleich großen Fiederkiemen (Ctenidien) d sichtbar zu machen. a: Fühler; b: Kriechschale; fi: Mantelloch; g: Anus; h und f: Ausführöffnung der rechten und linken Niere; P: Kopf. – A nach Fischer (334); B nach Lankester (631).

einen Gastropoden gibt, der dieselben primitiven Merkmale aufweist, ohne daß es zu dieser Spezialisierung gekommen wäre?

Seit langem kennt man gewisse fossile Gehäuse, die offenbar zu mit *Haliotis* verwandten Formen gehört haben müssen, jedoch einen unspezialisierten Spiraltypus aufweisen, so die den Paläontologen wohlvertraute, vom Trias bis zum Miozän nachweisbare Gattung *Pleurotomaria* (1137). Viele Gattungen der Familie Pleurotomaridae sind freilich noch wesentlich älter und reichen möglicherweise 430 Millionen Jahre bis ins frühe Ordovizium und verwandte Gattungen sogar noch 90 Millionen Jahre weiter bis ins Unterkambrium zurück (1137).

Die fossilen Gehäuse allein genügten indessen nicht, um zweifelsfrei nachzuweisen, daß es sich bei *Pleurotomaria* und ähnlichen Gastropoden wirklich um primitive Formen handelte – hierzu hätte man auch einiges über die Weichteile wissen müssen. 1856 machte man indessen eine bemerkenswerte Entdeckung: Unter einer Anzahl von Mollusken, die von Französisch-Westindien zur Untersuchung nach Frankreich geschickt wurden, befand sich auch ein *Pleurotomaria*-Gehäuse mit unversehrter farbiger Epidermis und einigen daran haftenden Weichteilresten (335). Dieser aus der Tiefwasserzone vor der Insel Marie-Galante stammende Fund weckte naturgemäß die Hoffnung, schließlich des kompletten »lebenden Fossils« habhaft zu werden, was auch tatsächlich noch vor der Jahrhundertwende gelang (242, 133). Doch obwohl einige der nacheinander bei Barbados aus dem Meer gefischten Exemplare noch lebten, blieb die Kenntnis ihrer inneren Organe, von Nervensystem und Raspelzunge abgesehen, recht dürftig. Schließlich jedoch wurde ein Exemplar der Gattung vor der japanischen Küste gefangen und noch lebend von einem japanischen Zoologen untersucht, der es für weitere anatomische und histologische Studien hervorragend präparierte (749). Dieses Exemplar wurde samt etlichen anderen, aus den japanischen Gewässern stammenden von

M. F. Woodward vom Royal College of Science, London, dem wir die meisten Kenntnisse über die Anatomie dieser interessanten Gattung verdanken, sorgfältig unter die Lupe genommen (1154).

Abgesehen von einem Längsschlitz, durch den der Atemstrom mit Fäzes und Exkreten ausgestoßen wird, ist das Gehäuse (Abbildung 17 A) eine einfache, sich regelmäßig erweiternde Spirale, die einen normalen Eingeweidesack umschließt. Soweit sich die Organe von den entsprechenden bei *Haliotis* unterscheiden, sind sie noch primitiver. Vor allem ist das Auge einfacher – im Gegensatz zu *Haliotis* füllt die Linse die offene Grube nicht, so daß das Meerwasser wie beim *Nautilus* ungehindert in das Organ einströmen kann. Einige Gastropoden sind zwar in manchen Körperteilen noch primitiver, doch weist kein anderer Vertreter der Gruppe derart anschaulich so viele urtümliche Merkmale auf. *Pleurotomaria* ist nicht nur ein primitiver Gastropode, sondern kommt, von der für die große Mehrheit der Klasse höchst charakteristischen Spiraldrehung des Körpers abgesehen, Ray Lankesters »Urmolluske« in verschiedener Hinsicht recht nahe.

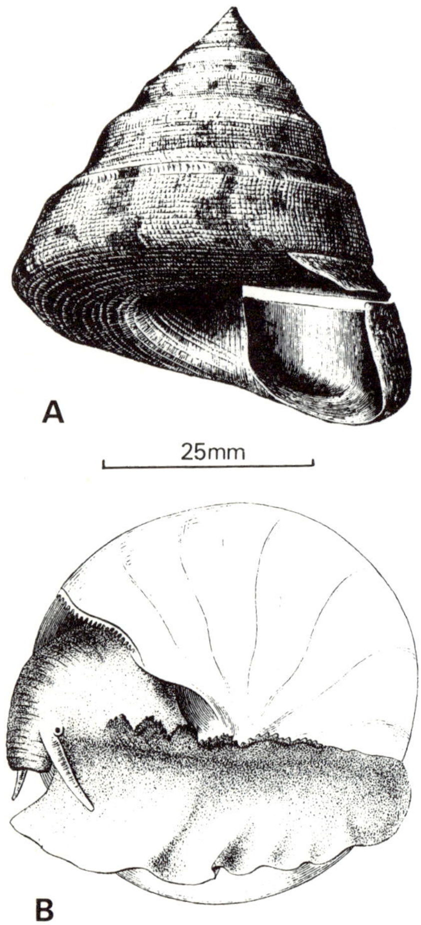

17 Das »lebende Fossil« Pleurotomaria. A: die Schale von Pleurotomaria quoyana; B: Pleurotomaria adansoniana kriechend. – Aus: Dall (242).

Hoffentlich sind diese kurzen Ausführungen, die den in der morphologischen und taxonomischen Zoologie nicht weiter bewanderten Leser mit den Begriffen typisch und primitiv vertraut machen sollten, in Kapitel 14 im Zusammenhang mit einem wesentlich kleineren und weniger differenzierten Taxon, nämlich dem menschlichen *Formenkreis*, von Nutzen.

Die Rekapitulationstheorie

Um zu beurteilen, ob ein Organismus in gewisser Hinsicht als primitiv zu betrachten ist, stützt man sich naturgemäß in erster Linie auf Anhaltspunkte aus der vergleichenden Anatomie und der Paläontologie. Nun erhebt sich aber die Frage, ob nicht auch die Embryologie manchen Hinweis liefern kann. Der Rekapitulationstheorie zufolge tut sie es durchaus, wobei »Rekapitulation« in diesem Zusammenhang bedeutet, daß das Individuum im Laufe seiner Entwicklung bis zu einem gewissen Grad die Evolutionsgeschichte seiner Rasse nachvollzieht – eine Beobachtung, die für die ethnische Frage von besonderer Bedeutung ist. Trifft das nämlich zu, könnte man aus dem Studium der menschlichen Embryologie Rückschlüsse auf die »Primitivität« gewisser Menschengruppen ziehen.

Erste Ansätze zur Rekapitulationstheorie finden sich bereits in Schriften aus dem 18. Jahrhundert und konkreter dann in verschiedenen Arbeiten aus der ersten Hälfte des 19. Jahrhunderts. So verfaßte der deutsche vergleichende Anatom J. F. Meckel 1811 einen »Entwurf einer Darstellung der zwischen dem Embryozustande der höhern Thiere und dem permanenten der niedern Statt findenden Parallele« (727), in dem er einige durchaus zutreffende Vorstellungen zu diesem Thema ziemlich ausführlich darlegt. Er weist zum Beispiel recht detailliert darauf hin, daß Herz, größere Blutgefäße und Gehirn der höheren Wirbeltiere in den embryonalen Entwicklungsstadien Ähnlichkeiten mit den entsprechenden Organen der ausgewachsenen Vertreter niedrigerer Tiergruppen zeigen. Im darauffolgenden Jahrzehnt scheinen sich diese Ideen bereits weitgehend eingebürgert zu haben – jedenfalls bezieht sich von Baer auf (42) *die herrschende Vorstellung, daß der Embryo höherer Thiere die bleibenden Formen der niederen Thiere durchlaufe* . . . Wenige Darstellungen von Verhältnissen in der organischen Welt haben so viel Beifall gefunden, wie die: »daß die höheren Thierformen in den einzelnen Stufen der Entwickelung des Individuums vom ersten Entstehen an bis zur erlangten Ausbildung den bleibenden Formen in der Thierreihe entsprechen, und daß die Entwickelung der einzelnen Thiere nach denselben Gesetzen, wie die der ganzen Thierreihe, erfolge, das höher organisierte Thier also in seiner individuellen Ausbildung dem Wesentlichen nach die unter ihm stehenden, bleibenden Stufen durchläuft.«

Nachdem von Baer in einem einzigen Satz viermal dasselbe sagt (um es dann gar noch ein fünftes Mal zu wiederholen), sollte man eigentlich erwarten, er habe die Rekapitulationsidee bejaht, was indessen nicht zutrifft – nichts weist darauf hin, daß er gewisse Evolutionsvorstellungen hegte.

Noch einen Schritt weiter geht der schweizerisch-amerikanische Zoologe und Paläontologe Louis Agassiz, der die Embryonalstadien heute lebender Tiere mit den Lebensformen längst vergangener Erdzeitalter vergleicht:

»Bei der Erforschung fossiler Fische habe ich wiederholt . . . auf die Ähnlichkeit zwischen embryonalen Formen und den Merkmalen der ältesten Vertreter dieser Gruppe in den verschiedenen Erdzeitaltern hingewiesen. Diese letztgenannte Analogie entspricht einem . . . weiteren wichtigen Grundsatz: daß nämlich die zeitliche Abfolge der geologischen Typen mit den stufenweisen Veränderungen übereinstimmt, die die heute lebenden Tiere im Laufe ihrer Metamorphosen durchlaufen haben« (11).

Nach diesem Passus wäre man geneigt, Agassiz, der sein Thema anhand von Beispielen aus verschiedenen Tiergruppen erläutert, nicht nur für einen Vorläufer, sondern für einen Exponenten der Rekapitulationstheorie zu halten – fälschlicherweise, denn obwohl er bis 1873 lebte, hat er sich nie zur Evolutionslehre bekannt. Der erste, der sie zögernd und noch etwas verschwommen formulierte, war Charles Darwin in der *Entstehung der Arten* (254). In der Regel, so erklärte er da, träfen die Strukturveränderungen, die eine Art von ihren Vorfahren unterscheiden, beim Nachkommen in einer nicht allzu frühen Lebensperiode zu Tage; »eine Veränderung, die in einem gewissen Alter bei einem Tiere sich zeigt«, wird »wahrscheinlich auch in dem entsprechenden Alter bei seinem Nachkommen erscheinen« . . . »Da der Bau des Embryo uns oft mehr oder minder deutlich den Bau seiner alten, noch wenig modifizierten Stammform enthüllt, so sehen wir auch ein, warum alte und ausgestorbene Lebensformen in ihrem erwachsenen Zustande so oft den Embryos der gegenwärtigen Arten der nämlichen Klasse gleichen.«

Diese Ideen untermauerte der zu den frühen Darwinanhängern zählende Fritz Müller in seiner fünf Jahre später veröffentlichten kleinen Schrift *Für Darwin* (775, 776) aufs nachdrücklichste. Müller, der nicht Darwins Vorstellungen verbreitete, sondern auch selbst (namentlich auf dem Gebiet der Mimikry) bedeutende Beiträge zur Evolutionslehre leistete, legt in dieser Publikation anhand

einer Studie über die Entwicklung der Krustentiere die Rekapitulationstheorie in ihren Hauptzügen dar.
Die verschiedenen bekannten Larvenformen dieser Gruppe, so seine Hauptthese, vermittelten einen allgemeinen Überblick über die Entwicklungsgeschichte der ganzen Klasse. Besonders frappierend findet Müller die Tatsache, daß das zu einer der höchstentwikkelten Krustazeengruppen zählende garnelenartige Krustentier *Peneus* (wie auch Vertreter eng verwandter Gattungen) sein Dasein als freischwimmende Larve des Nauplius-Typs beginnt (Abbildung 18) sich sodann zu der völlig andersartigen, für viele *höhere* Krustazeen spezifischen Larvenform »Zoëa« entwickelt und anschließend in ein drittes Larvenstadium eintritt, in dem es große Ähnlichkeit mit *ausgewachsenen* Exemplaren der Familie Mysidae, einer als etwas primitiver als *Peneus* geltenden Gruppe garnelenartiger Formen, aufweist. »Die Garnele«, schreibt Müller, »die wir von Nauplius durch Zoëa und Mysis ähnliche Zustände bis zur Gestalt eines langschwänzigen Krebses begleiten ... (scheint) dasjenige Thier, welches im Bereiche der höheren Kruste (Malacostraca) die vollständigste und treueste Kunde gibt von seiner Urgeschichte.«
In der 1866 veröffentlichten vierten Auflage der *Entstehung der Arten* (255) nimmt Darwin mehrfach auf Müllers Beiträge zur Rekapitulationstheorie Bezug und erwähnt dessen Schlüsse hinsichtlich der Ahnenreihe von *Peneus*. Er selbst bejaht diese Theorie indessen nur mit Vorbehalten und bemerkt noch in der letzten, zu seinen Lebzeiten publizierten Auflage (256) im Hinblick auf das mutmaßliche »Gesetz«, demzufolge alte Formen den Embryos der heute lebenden Arten derselben Klasse ähneln: »... ich hoffe, dies später noch bestätigt zu sehen«. Er wählte fast wortwörtlich dieselbe Formulierung, die sich schon in der dreizehn Jahre früher erschienenen ersten Auflage findet.
Daß die Rekapitulationstheorie schließlich in weiten Kreisen Zustimmung fand, ist

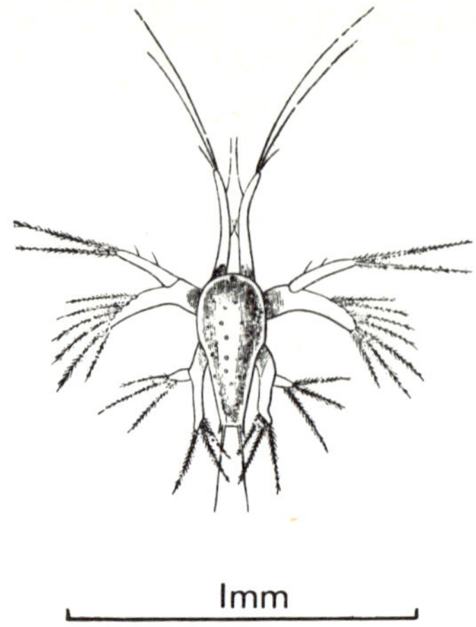

18 Die Nauplius-Larve von Peneus. – Aus: Müller (775).

jedoch weder Darwin noch Fritz Müller, sondern Ernst Haeckel zu verdanken. Dieser Sonderling besaß, so phantastisch manche seiner Schriften auch anmuten mögen, ein beachtliches Darstellungstalent und trug wohl mehr als irgendein anderer (mit Ausnahme T. H. Huxleys) zur Popularisierung der Darwinschen Lehre von der Evolution durch natürliche Zuchtwahl bei. In seiner *Generellen Morphologie* faßt er die Rekapitulationstheorie in gedrängter Form zusammen. Die Ontogenese, so heißt es da, sei die kurze und rasche Rekapitulation der Phylogenese (451) – meines Wissens das erste Beispiel für den Gebrauch des Wortes »Rekapitulation« im Zusammenhang mit den Entwicklungsvorgängen. Haeckel prägte auch den Begriff *Biogenetisches Grundgesetz* als dogmatischere Bezeichnung für die Rekapitulationstheorie, die er in seiner *Anthropogenie*, einem Werk über die Entwicklung und Evolution des Menschen, so klar wie kein anderer darlegt:
»Diese beiden Theile unserer Wissenschaft, einerseits die Ontogenie oder Keimesgeschichte, anderseits die Phylogenie oder Stammesgeschichte stehen in allerengstem Zusammenhange, und die eine kann ohne die andere nicht verstanden werden. Der Zusammenhang zwischen beiden ist nicht

äußerer, oberflächlicher, sondern tief innerer, ursächlicher Natur. Allerdings ist diese Erkenntniss erst eine Errungenschaft der neuesten Zeit, und selbst jetzt wird das darauf gestützte *Grundgesetz der organischen Entwickelung* noch vielfach bezweifelt, ja selbst von berühmten Männern der Wissenschaft nicht anerkannt. Dieses ›biogenetische Grundgesetz‹, auf das wir immer wieder zurückkommen werden und von dessen Anerkennung das ganze innere Verständnis der Entwickelungsgeschichte abhängt, lässt sich kurz in dem Satze ausdrücken: *Die Keimesgeschichte ist ein Auszug der Stammesgeschichte;* oder mit anderen Worten: *Die Ontogenie ist eine kurze Rekapitulation der Phylogenie;* oder etwas ausführlicher: Die Formenreihe, welche der individuelle Organismus während seiner Entwickelung von der Eizelle an bis zu seinem ausgebildeten Zustande durchläuft, ist eine kurze, gedrängte Wiederholung der langen Formenreihe, welche die thierischen Vorfahren desselben Organismus (oder die Stammformen seiner Art) von den ältesten Zeiten der sogenannten organischen Schöpfung an bis auf die Gegenwart durchlaufen haben« (452).

Genau besehen, brauchte man, um diese These abzusichern, eine durch viele geologische Schichten hindurch zu verfolgende vollständige Reihe von Fossilien in allen Stadien der individuellen Entwicklung. In der Regel jedoch haben ausgewachsene Exemplare die besseren Chancen, versteinert zu werden, da sie meist die härteren Bestandteile aufweisen und insofern dem vor der Versteinerung einsetzenden Verwesungsprozeß eher standhalten als Jungtiere. Und außerdem ist es manchmal schwierig, fossile Embryos oder Larven mit den richtigen Erwachsenenformen zu assoziieren. Nun gibt es allerdings eine Tiergruppe, bei der diese Schwierigkeiten nicht so erheblich sind, nämlich die Ammonoidea (Ammoniten), eine viele tausend Arten umfassende ausgestorbene Ordnung oder Unterordnung der Kopffüßer, deren versteinerte Relikte sich in den paläozoischen und in wahren Riesenmengen in den mesozoischen Formationen finden, und zwar von winzigen Formen bis zu regelrechten Giganten mit einem Schalendurchmesser bis zu zwei Meter. Die Schale dieser Gruppe, eine charakteristische flache Spirale, gleicht im großen und ganzen der des heutigen *Nautilus*, und wie bei diesem erfolgte das Wachstum vom Zentrum her. In frühester Jugend bildete das Tier die erste Kammer, um dann im Lauf seines Lebens die Spirale immer weiter zu vervollständigen. Da sich auf der Oberfläche des Gehäuses Rippen und Dornen ausbildeten (die in den verschiedenen Altersphasen unterschiedliche Muster ergaben), trugen ausgewachsene Exemplare gewissermaßen ihre eigene Lebensgeschichte mit sich herum. In den älteren Schichten fanden sich dann leicht abweichende Formen, offenbar die Ahnenreihe der späteren Exemplare.

Der amerikanische Paläontologe Alpheus Hyatt, in der zweiten Hälfte des 19. Jahrhunderts unumstrittener Experte für diese Tiergruppe, war überzeugt, die Ammoniten seien ein Beweis für die Rekapitulationstheorie, da er einen Zusammenhang zwischen der Entwicklungsgeschichte des Individuums und der Evolutionsgeschichte der Gruppe, der es angehörte, zu erkennen glaubte (541). Der Schalenbau geologisch älterer *ausgewachsener* Ammoniten schien ihm in manchen Teilen dem *jugendlicher* Vertreter neuerer (mutmaßlich von ersteren abstammender) Arten zu entsprechen.

Offenbar haben im Lauf langer Zeitperioden auftretende Modifikationen in den äußeren Schalenmerkmalen bei verschiedenen Abstammungslinien zu zufälligen Erscheinungsformen geführt, die Hyatt im Sinne der Rekapitulationstheorie deutete – das jedenfalls erbrachten die später von Brinkmann an Jura-Ammoniten durchgeführten statistischen Untersuchungen. Brinkmann, der seine Ergebnisse in einem umfangreichen Beitrag in einer wissenschaftlichen Zeitschrift veröffentlichte (137), konnte keine Anhaltspunkte für eine *generelle* Ähnlichkeit zwischen den Schalenteilen, die die Tiere im jugendlichen Stadium bilden, und jenen, die ausgewachsene Exemplare verwandter Arten in älteren Formationen aufweisen, entdecken. In manchen Fällen bestand eine solche Ähnlichkeit, in anderen nicht, deshalb ließ sich auch keine Regel aufstellen.

Dessen ungeachtet, fand die Rekapitulationstheorie im ersten Viertel unseres Jahrhunderts noch weithin Zustimmung und wurde von Haeckel und anderen auch auf die Vorfahren des Menschen angewandt. So zog etwa der Anthropologe Klaatsch aus dem Umstand, daß die Schädel junger Orang-Utans und Gorillas dem des erwachsenen Menschen stärker ähneln als die ausgewachsener Affen, den Schluß, der gemeinsame Vorfahr von Affe und Mensch müsse im ausgewachsenen Zustand einen ähnlichen Schädel wie der erwachsene Mensch besessen haben, von dem der Schädel der erwachsenen Affen dann in der Folge abgewichen sei (588). Klaatsch meinte, die Stammformen der Menschenaffen seien dem Menschen weit ähnlicher gewesen als ihre Nachfahren, die heutigen Affen. Lediglich beim Fuß nahm er ausgeprägte Unterschiede an. Diesen Schluß gründete er auf embryologisches, nicht auf paläontologisches Beweismaterial, wobei er merkwürdigerweise auf die Rekapitulationstheorie oder das biogenetische Gesetz nicht wirklich Bezug nahm.

Ließen sich nun aber Klaatschs Folgerungen durch Beweise im Sinne der Rekapitulationstheorie erhärten, erschiene die ethnische Frage in einem neuen Licht; in diesem Falle nämlich könnte man gewisse, an den Schädeln von Australiden und anderen auffallende Besonderheiten, die lange als Zeichen der Primitivität galten, nicht mehr als Merkmale deuten, die von einem affenähnlichen Vorfahren stammten und beibehalten worden wären (auch wenn einer der Verfechter der Rekapitulationstheorie einräumt, das für bestimmte ethnische Taxa charakteristische fliehende Kinn stelle ein wirklich primitives Merkmal dar, 491).

Wie Darwin prophezeit hatte (254), gab die Rekapitulationstheorie der Embryologie gewaltigen Auftrieb. Allerdings wurden schon bald Einwände erhoben, die bis auf den heutigen Tag nicht wirklich entkräftet werden konnten. Bereits von Baer wies die fälschlicherweise häufig ihm zugeschriebene Rekapitulationstheorie mit Nachdruck zurück (43); die entschiedenste Opposition setzte jedoch in den zwanziger Jahren unseres Jahrhunderts ein und schlug sich in einer umfangreichen Literatur nieder, die offenbar zur Ablehnung der gesamten Rekapitulationsidee führte. Heute deutet man die Tatsache, daß sich völlig verschiedene Tiere im Larvenstadium gleichen, auf andere Weise. So zieht man etwa aus dem Umstand, daß die festsitzende Entenmuschel und der freischwimmende *Peneus* – die sich im ausgewachsenen Zustand äußerlich nicht im entferntesten ähneln – ihr Dasein als kaum unterscheidbare Naupliuslarven beginnen, nicht mehr den Schluß, ihr gemeinsamer Vorfahr habe als erwachsenes Tier wie ein Nauplius ausgesehen, sondern nimmt im Gegenteil an, dieser gemeinsame Vorfahr müsse wohl ein Naupliuslarvenstadium durchlaufen haben. Außerdem hieße es nach heutiger Erkenntnis die Dinge von einem allzu beschränkten Blickwinkel aus betrachten, wollte man die Phylogenie eines Tieres einfach im Sinne der Evolutionsgeschichte der *erwachsenen* Vertreter der Reihe, von der es abstammt, deuten. Denn da die individuelle Entwicklung in allen Stadien evolutionäre Veränderungen durchläuft, ist Phylogenie, recht verstanden, eine Beschreibung von Vorgängen, die sämtliche Lebensphasen der Vorfahren betreffen. Eine so gut angepaßte und insofern lebenstüchtige Larvenform wie der Nauplius kann sich durchaus bei zwei oder mehr Tiergruppen gehalten haben, die im ausgewachsenen Zustand heute so weit voneinander abweichen, daß sie im Klassifikationssystem an ganz unterschiedlichen Stellen stehen, wie sich umgekehrt bei anderen, enger verwandten Gruppen zuweilen sehr verschiedenartige Larvenformen herausgebildet haben.

Neuere Untersuchungen haben Klaatschs Folgerungen nicht bestätigt. So müßte man gemäß der Rekapitulationstheorie annehmen, die Vorfahren der heutigen Hunde hätten Schädel mit gewölbter Stirn und kurzen, schwachen Kiefern nach Art der Pekinesen besessen, denn diese Schädelform ist bei sämtlichen Hunden im frühen Embryonalstadium zu beobachten. Verfolgt man jedoch die fossile Ahnenreihe der Canidae, findet man nicht etwa erwachsene Tiere mit pekinesenähnlichem Schädel, sondern erkennt vielmehr eine schrittweise Evolution des Schädeltyps, wie er sich bei Schakal, Wolf und den allem Anschein nach urtümlichsten Formen des Haushundes findet (434). Die Schädelform von Säugetierembryos gibt demnach also keinen Hinweis auf den Schädelbau der erwachsenen Vertreter der jeweiligen Stammformen. Es ist keineswegs ausgefallen, daß Säugetierembryos im Schädelbau gewisse Übereinstimmungen mit dem erwachsenen Neuzeitmenschen aufweisen. Das hat bereits von Baer fast hundert Jahre vor Klaatsch erkannt, vermerkt er doch, Schwein und Hund seien einander zunächst sehr ähnlich und zeigten kurze »Menschengesichter« (42). Und der amerikanische Paläontologe W. K. Gregory meint, wenn der Schädel bei Mensch und Affe in der Jugend nur schwach ausgebildete Kiefer ohne Muskelfortsatz zeige, sei dies kein Beweis dafür, daß ihre gemeinsamen Vorfahren schwache Kiefer ohne Muskelfortsatz besessen hätten, sondern lediglich Anzeichen dafür, daß starke Kinnbacken im Säuglingsalter unnütz wären. »Anzunehmen, der entfernte gemeinsame Vorfahr von Mensch und Menschenaffen habe eine senkrechte Stirn ohne Augenbrauenwülste besessen, heißt eine völlig hypothetische Gruppe erfinden und sich über die Abfolge existenter Zwischenformen von den niederen Säugern einerseits bis zum Menschen andererseits hinwegsetzen« (434). Ebensowenig jedoch ist anzunehmen, dieser gemeinsame Vorfahr von Mensch und Affen hätte sich durch so exzessiv entwickelte Augenbrauenwülste wie der männliche Gorilla und jenes sonderbare und vereinzelte menschliche Fossil, der 1920 in Sambia entdeckte Broken Hill-Mensch, hervorgetan (866, 1136, 48), hat sich doch diesbezüglich bei beiden Gruppen ein gewisses Maß an konvergenter Evolution vollzogen.

Mittlerweile hat sich ein umfangreiches Beweismaterial gegen die Rekapitulationstheorie angesammelt. Eine der interessantesten Attacken, die von Garstang, wurde bereits zu einer Zeit formuliert (388), als noch manch einflußreicher Biologe an dieser Theorie festhielt. Auch das wesentlich später erschienene Buch de Beers, *Embryos and ancestors*, enthält eine brauchbare Kritik zum Thema (71). Keinem der beiden Autoren jedoch geht es in erster Linie um die Relevanz zum Problem der Primitivität beim Menschen. In unserem Zusammenhang hier mag der Hinweis genügen, daß kein biogenetisches »Gesetz« existiert, demzufolge der Vorfahr des Menschen dem menschlichen Embryo ähneln müßte; doch besteht, da dieser Embryo dem der Menschenaffen gleicht, aller Grund zu der Annahme, der gemeinsame Vorfahr von Affen und Mensch habe sich Generation um Generation aus einem ähnlich gestalteten Embryo entwickelt. Wollen wir also herausfinden, welche ethnischen Taxa des Neuzeitmenschen am primitivsten sind, dürfen wir nicht nach solchen Ausschau halten, die im Erwachsenenalter jugendliche oder embryonale Merkmale aufweisen, sondern müssen uns im Gegenteil nach solchen umtun, die Merkmale beibehalten haben, wie sie sich auch bei ausgewachsenen Menschenaffen finden, wenn auch nicht notwendig bei den heute noch zufällig existierenden, wenig repräsentativen Vertretern dieser Gruppe. Auf dieses Thema werden wir im dritten Teil (Kapitel 14) noch zurückkommen.

Pädomorphose

Aus alldem folgt, daß Darwin mit der Behauptung irrt (vergleiche Seite 103), die

Strukturveränderungen, die eine Art von ihrem Vorfahren unterscheide, zeigten sich bei den Nachkommen »in einer nicht allzu frühen Lebensperiode«, und der Embryo enthülle somit »oft mehr oder minder deutlich den Bau seiner alten, noch wenig modifizierten Stammform«. Allerdings trifft zuweilen das *Gegenteil* zu – daß nämlich das ausgewachsene Lebewesen bis zu einem gewissen Grad für die Embryos oder Larven seiner Vorfahren typische Merkmale beibehält und dafür andere, ehedem den erwachsenen Formen eigene, vermissen läßt.

So kann bei manchen Tieren die Geschlechtsreife eintreten, während sie noch Larvenmerkmale aufweisen, oder, anders gesagt, das Larvenstadium kann sich so lange hinziehen, daß die Geschlechtsreife noch in diese Periode fällt, ein Vorgang, für den Kollmann 1885 das Wort *Neotenie* (aus griechisch νέος, jung, und τείνω, ausstrekken, ausdehnen) prägte. Er hatte beobachtet, daß Amphibienlarven verschiedener Arten, sofern man sie über den normalen Zeitpunkt der Metamorphose zur erwachsenen Landform hinaus Wasser hielt, die Larvenmerkmale auch dann beibehielten, wenn man sie schließlich aufs Trockene entließ (604). Kollmann erwähnt Fälle, in denen Kammolche *(Triturus cristatus)* den Winter im Larvenstadium zubrachten und im darauffolgenden Sommer geschlechtsreif wurden, ohne die Larvenform zu verlieren und ohne eine Landphase durchlaufen zu haben, und nennt in diesem Zusammenhang auch den mexikanischen Axolotl.

Heute weiß man, daß der Axolotl *(Amblystoma tigrinum)* häufig auch nach Eintritt der Geschlechtsreife Salamanderlarvengestalt behält und durch äußere Kiemen atmet, sich manchmal jedoch auch in eine dem erwachsenen Salamander ähnliche Form verwandelt und statt Kiemen Lungenatmung aufweist. Verwandte Formen wie *Necturus* und *Proteus* haben die Fähigkeit zur Metamorphose gänzlich eingebüßt und verharren – von der Entwicklung der Geschlechtsorgane abgesehen – immer im Larvenstadium.

Der große Einfluß der Neotenie auf den Evolutionsprozeß wurde vor fast einem halben Jahrhundert von dem britischen Zoologen Professor Walter Garstang hervorgehoben, der darauf hinwies, daß viele der größeren Tiergruppen ihre Merkmale nicht von den erwachsenen Exemplaren, sondern von den Larven ihrer entfernten Vorfahren herleiten (388), daß also in vielen Fällen die ausgewachsene Stammform im Laufe der Evolution ausgeschaltet wurde – das genaue Gegenteil der Rekapitulationstheorie. Garstang weitete die Idee der Neotenie aus und führte dafür den neuen Begriff »Pädomorphose« (aus griechisch παῖς, παίδός – Junge und μόρφωσις, Gestaltung, Formung) ein, laut seiner eigenen knappen Definition »der Einfluß von Larvenmerkmalen auf die Organisation des erwachsenen Tieres«. Nun weist aber der bloße Umstand, daß einige Individuen von *Amblystoma tigrinum* Larvenmerkmale beibehalten, kaum auf einen für die größeren Taxa der Tierwelt fundamentalen Prozeß hin, und so meint Garstang mit Pädomorphose denn auch etwas Bedeutsameres – nämlich ein neues, den evolutionären Veränderungen zugrundeliegendes Prinzip. Diese Idee wurde von A. C. Hardy aufgegriffen und dahingehend ausgebaut, die Pädomorphose habe die Tiere von der engen Anpassung an bestimmte Lebensumstände befreit und ihnen die Möglichkeit geboten, sich ungehindert zu neuen Spielarten zu verzweigen oder, wie er selbst es formuliert, »der Spezialisierung zu entrinnen« (468).

Doch das Grundprinzip der Pädomorphose beschränkt sich nicht notwendig auf Tiere mit einer spezifischen Larvenform, die eine plötzliche und dramatische Metamorphose durchlaufen muß, um sich in das erwachsene Tier zu verwandeln. In Ermangelung einer solchen spezifischen, freilebenden Form, die man im eigentlichen Sinne als Larve bezeichnen kann, entwickelt sich bei sehr vielen Tieren der Embryo allmählich über das kindliche, jugendliche und heranwachsende Stadium bis zur Erwachsenenform fort – ein Vorgang, der zwar keine jähen und tiefgrei-

fenden Strukturveränderungen, aber doch schrittweise Modifikationen mit sich bringt. Auch diese Tiere können evolutionäre Veränderungen im Sinne der Garstangschen Pädomorphose durchmachen, mit anderen Worten, im Erwachsenenstadium, von den ausgereiften Fortpflanzungsorganen abgesehen, Ähnlichkeiten mit den infantilen oder juvenilen Entwicklungsstufen ihrer Vorfahren aufweisen. So stellt etwa der Zwergschimpanse (vergleiche Seite 90) eindeutig eine pädomorphe Unterrasse von *Pan satyrus* dar.
In unserem Zusammenhang ist die Pädomorphose insofern von besonderem Interesse, als der Neuzeitmensch gleichfalls einige pädomorphe Züge aufweist und, wie in Kapitel 15 anhand einer pädomorphen Unterrasse noch aufgezeigt werden soll, gewisse Menschengruppen in dieser Hinsicht wesentlich weiter fortgeschritten sind als andere.

Orthogenese

Nicht wenige haben die Auffassung vertreten, zwischen den Vorgängen der Individualentwicklung einerseits und des Evolutionsprozesses andererseits bestehe eine gewisse Analogie. Die Rekapitulationstheorie reflektiert einen Aspekt dieser Idee; einen anderen vertreten jene Theorien, deren zentrales Thema die Überzeugung bildet, der Variationsverlauf und damit auch die Evolution würden von einer wie immer gearteten »Kraft« (beziehungsweise einem Mechanismus oder Einfluß) gesteuert. Die Vertreter dieser These lehnen Darwins Behauptung, die Evolution gehe auf Zufallsvariationen im Verein mit den höheren Überlebenschancen der lebenstüchtigsten Individuen zurück, übereinstimmend ab.
Diese Evolutionstheorien werden gewöhnlich unter dem Namen »Orthogenese« zusammengefaßt, einem von dem Darmstädter Weltenbummler und Biologen Johann Wilhelm Haacke 1893 geprägten Begriff. Was Haacke unter diesem neuen Terminus technicus versteht, geht aus seinem in erster Linie gegen August Weismanns berühmtes Werk *Das Keimplasma* (1133) gerichteten Buch hervor, in dem er unter anderem schreibt: »Im Anschluß an unsere bisherigen Betrachtungen haben wir aber zunächst zu fragen, ob die Variabilität eine allseitige ist, oder ob sie nur nach vorgeschriebener Richtung hin erfolgt, ob wir Amphigenesis oder Orthogenesis (hier taucht der Begriff zum erstenmal auf) feststellen können« (446). Während die Bezeichnung »Amphigenesis« für Zufallsvariationen wieder außer Gebrauch gekommen ist, hat sich für die Vorstellung, die Evolution folge einer »vorgeschriebenen« Richtung, von der es (bis auf unbedeutende Ausnahmen) kein Zurück gebe, die Bezeichnung »Orthogenese« gehalten. Gleichviel, so Haacke, ob man die Evolutionsgeschichte eines einzelnen Organs (wie beispielsweise des Auges) oder einer großen Tiergruppe wie der Säugetiere verfolge, man stelle niemals eine *Rückkehr* zu einem früheren Zustand fest – eine These, mit der er, abgesehen von vereinzelten Rück-Mutationen, die zwar vorkommen, den Evolutionsverlauf aber nicht nennenswert beeinflussen, durchaus ins Schwarze trifft. Natürlich war Haacke bekannt, daß vor allem bei Schmarotzern degenerative Veränderungen auftreten können, doch ebenso gut wußte er auch, daß dabei keine früheren Stadien der Evolutionsgeschichte rekapituliert werden. Kurzum, er vertrat die Auffassung, die Evolution vollziehe sich in Form eines Variationsprozesses, der weder zufällig abrolle noch zur »Umkehr« oder Wiederholung früherer Stadien führe und bezeichnete diesen Vorgang als Orthogenese.
Mittlerweile jedoch versteht man unter Orthogenese gewöhnlich nicht nur die »vorgeschriebene« Variation, sondern will damit auch zum Ausdruck bringen, daß die Evolution in der Regel »geradlinig« verläuft oder, anders gesagt, daß ein kontinuierlicher Fortschritt in dieselbe Richtung erfolgt. Zum Beweis dafür werden Fälle angeführt, in denen sich verwandte Formen unabhängig

voneinander parallel entwickelt haben, wobei, wie wir noch sehen werden, manche Biologen diese geradlinige Entwicklung auf eine ungeklärte, den Organismen selbst innewohnende Ursache zurückführen, während andere (allerdings wenige) sie dem Einfluß der Umwelt auf den Variationsverlauf zuschreiben.
Im Zusammenhang mit der ethnischen Frage interessieren natürlich insbesondere die angeborenen Möglichkeiten, die sich bei geeigneten Umweltbedingungen in Form geistiger Leistung manifestieren können. Genau wie es unter den Einzelmenschen »Spätentwickler« gibt, so müssen nach landläufiger Auffassung auch gewisse ethnische Taxa, die sich bisher geistig nicht besonders hervorgetan haben, als »Spätentwickler« im evolutionären Sinne gelten. Dabei ist man (nach Darstellung des amerikanischen Paläontologen G. L. Jepsen, 552) absolut davon überzeugt, sie würden schließlich dasselbe Niveau wie die übrige Menschheit erreichen – eine Ansicht, die etwa der holländische Anatom L. Bolk in seiner Abhandlung über die menschliche Evolution unmißverständlich zum Ausdruck bringt (120).
Bemerkenswerte Anhaltspunkte für eine geradlinige Evolution fand der österreichische Paläontologe M. Neumayr, als er im nördlichen Teil des heutigen Jugoslawien bestimmte äußerst fossilienreiche Süßwasserablagerungen aus dem Pliozän studierte, worüber er 1875 einen ausführlichen Bericht veröffentlichte (795, 794). In dieser geologischen Formation sind Arten der weitverbreiteten, gemeinhin unter dem Namen *Paludina* bekannten Sumpfdeckelschneckengattung *Viviparus* in so großer Zahl vertreten, daß manche Schichten die Bezeichnung *Paludinenschichten* führen. Neumayr stellte beim Übergang von früheren zu späteren Ablagerungen eine, wie er meinte, evolutionäre Formenreihe fest. Zeigten die ältesten Formen ein glattes Gehäuse mit gleichmäßigen Windungen, so bildeten sich bei den jüngeren allmählich Rippen und Furchen aus, die immer stärker hervortraten, bis schließlich regelrechte Buckel entstanden waren – ein in den aufsteigenden Schichten auffallender schrittweiser Formenwandel, den Neumayr anhand eindrucksvoller Illustrationen belegte.
Hyatt wiederum kam aufgrund seiner bereits erwähnten (vergleiche Seite 105–106) Ammonitenstudien zu dem Schluß, die Evolution müsse wohl von inneren Ursachen und nicht primär durch die natürliche Zuchtwahl gesteuert sein (544, 542). So zeigte eine bestimmte Ammonitenform in den frühen Evolutionsstadien »progressiv direkte« (das heißt geradlinige) Formveränderungen der Schale, wurde dann mit dem Auftreten abweichender Formen »progressiv indirekt«, um sich schließlich auf die phylogenetische Entsprechung zur Senilität zuzubewegen und damit in ein »retrogressiv direktes« Stadium einzutreten. Diese Parallele zwischen ontogenetischem und phylogenetischem Wandel – also zwischen individueller Entwicklung und Evolution – hob Hyatt besonders hervor und schrieb beide inneren Ursachen zu.
Zu den frühen Verfechtern der Idee, der Variationsverlauf werde von einer inneren Kraft beeinflußt, zählt auch der Schweizer Botaniker Carl von Nägeli, dem es wie Hyatt abwegig schien, die Ursache für den evolutionären Fortschritt in der natürlichen Zuchtwahl von Zufallsvariationen zu suchen. Sein Buch zu diesem Thema (785) unterscheidet sich jedoch in der ganzen Betrachtungsweise grundlegend von Hyatts und Neumayrs Schriften (auch wenn später die Vorstellungen der drei Männer unter der – damals noch nicht existierenden – Kategorie »Orthogenese« zusammengefaßt wurden). Nägeli unterscheidet zwischen Umwelteinflüssen (den *äußeren Ursachen*) und *inneren Ursachen*, wobei die erstgenannten lediglich zeitweilige, nichterbliche Modifikationen bewirken, während letztere beständige Veränderungen hervorrufen und somit neue Varietäten und Arten hervorbringen (785).
Unter diesen inneren Ursachen hatte man sich mit dem genetischen Material, dem

Idioplasma (wie Nägeli die Entsprechung zur DNS der heutigen Wissenschaft nannte), zusammenhängende Molekularkräfte vorzustellen, wobei dem *Idioplasma* aufgrund seiner chemischen Zusammensetzung ein *Vervollkommnungsprincip* innewohnen sollte. Nägeli lehnte jede mystische Deutung seiner Überzeugungen ab, die er selbst als »mechanisch-physiologische Theorie der Abstammungslehre« umschrieb, ohne diese Theorie allerdings durch hieb- und stichfestes, das heißt durch Beobachtungen und Experimente anderer überprüfbares Beweismaterial zu untermauern.

Im Rahmen der langen und an überraschenden Wendungen reichen Geschichte der Orthogenese scheint niemand so häufig zitiert und so oft mißverstanden worden zu sein wie der Schweizer Zoologe G. H. T. Eimer, Professor für Zoologie und vergleichende Anatomie an der Universität Tübingen, der Haackes Terminus als erster aufgriff und weithin publik machte. Zwar behauptet Nordenskiöld in seiner *History of biology*, Eimer habe sich an die von Nägeli vorgezeichneten Linien gehalten und die Idee einer »inneren Kraft« bejaht (807), in Wahrheit aber hielt Eimer Nägeli für einen Teleologen und distanzierte sich diesbezüglich ganz entschieden von ihm. »Auch ich will«, schrieb er, »nichts wissen von einer besonderen, inneren Entwicklungskraft – es geht nach meiner Ansicht Alles bei der Entwicklung mit ganz natürlichen Dingen, ganz materiell, *physikalisch*, zu« (304, 305). Das Auftreten von Variationen führte er auf den unmittelbaren Einfluß der Umwelt auf den Organismus und *nicht* auf die Auswirkungen von Gebrauch und Nichtgebrauch zurück:

»Nach meiner Auffassung sind die physikalischen und chemischen Veränderungen, welche die Organismen während des Lebens durch die Einwirkung der Umgebung, durch Licht oder Lichtmangel, Luft, Wärme, Kälte, Wasser, Feuchtigkeit, Nahrung usw. erfahren und welche sie vererben, die ersten Mittel zur Gestaltung der Mannigfaltigkeit der Organismenwelt und zur Entstehung der Arten. Aus dem so gebildeten Material macht der Kampf ums Dasein seine Auslese.«

Eimer vertrat die Ansicht, die Einwirkung der Umwelt führe (im Verein mit der natürlichen Zuchtwahl) während bestimmter Zeitabschnitte eine mehr oder minder geradlinige Evolution herbei und betonte aus diesem Grund die Realität der Orthogenese. Da sich zu jedem beliebigen Zeitpunkt bestimmte Vertreter einer Gruppe stärker in eine bestimmte Richtung entwickelt haben als andere, kann man durch Beobachtungen an verwandten, heute lebenden Tieren die orthogenetischen Stadien verfolgen. Eimer beschäftigte sich zunächst mit Eidechsen und führte in der Folge sehr umfangreiche Studien über die Gruppe der Lepidopteren (Schmetterlinge) durch, denen er den zweiten Band seines Werkes widmete (304). Da die in der natürlichen Umwelt vorhandenen Ionenstrahlen das Ausmaß der in den Keimzellen der Organismen stattfindenden Mutationen tatsächlich leicht heraufsetzen und die natürliche Zuchtwahl gelegentlich über einen begrenzten Zeitraum hin (vergleiche Seite 113) zur geradlinigen Evolution führt, stimmen Eimers Ansichten bis zu einem gewissen Grad mit dem heutigen Wissensstand überein.

Gleichfalls zu den Anhängern der Orthogenese kann der Philosoph und Biologe Hans Driesch gerechnet werden, obwohl ihn mit denen, die wie Eimer die geradlinige Evolution materiell zu erklären suchten, nicht viel verbindet. An der Evolution (oder »Abstammung«, wie er sie beharrlich nennt) in Wirklichkeit nur mäßig interessiert, setzt er an die Stelle von Lamarcks und Darwins Erklärungen (denen er allerlei schwache Punkte nachweist) die Idee der »Entelechie«, laut seiner Definition ein »Etwas an den Lebenserscheinungen«, »das seinen Zweck in sich selbst trägt« (284). Der Begriff der Entelechie ist von Aristoteles übernommen, doch verwendet ihn Driesch nach eigener Aussage nicht im Sinne der aristotelischen ἐντέλεχειν. Drieschs ausgesprochen teologische und vitalistische, nicht ohne weiteres durch Beobachtung und Experiment überprüfbare Ansichten erinnern in manchem an Nägelis *Vervollkommnungsprincip*, wiewohl sich Nägeli sicherlich von ihnen distanziert hätte. (Driesch seinerseits tut Nägeli mit der trockenen Bemerkung ab, er begnüge sich genau besehen mit der simplen Feststellung, in der Phylogenie müsse wohl irgendein unbekanntes Organisationsprinzip am Werk gewesen sein, 284).

Gewisse Übereinstimmungen mit Drieschs Ansichten finden sich in Professor L. S. Bergs (1926 in englischer Übersetzung erschienenem) Buch *Nomogenesis* (78), obwohl der an der Staatsuniversität Leningrad tätige Ichthiologe Berg, ein Freund des berühmten russischen Genetikers N. I. Wawilow, die Vorstellung, der Vitalismus könne das Verständnis von Zweckanpassungen vertiefen, ebenso ablehnt wie die Idee der Entelechie. Wie so viele andere zeigt sich Berg indessen von der Vorstellung einer fundamentalen Übereinstimmung zwischen Entwicklung und Evolution (oder zwischen »Morphogenesis« und »Transformismus« beziehungsweise »Abstammung«, um mit Driesch zu sprechen) beeindruckt. Und wie die anderen Anhänger der Orthogenese kann er die Lehre von der Evolution durch natürliche Zuchtwahl zufälliger Variationen (die Driesch nicht ganz zu Unrecht »das Eliminationsprinzip« genannt hatte) nicht akzeptieren:

»Die Entwicklungsgesetze der organischen Welt sind in Ontogenie und Phylogenie dieselben . . . Weder hier noch dort ist für den Zufall Raum . . . Neue Merkmale bilden sich im Verlauf der ontogenetischen wie phylogenetischen Entwicklung nicht zufällig, sondern in einer bestimmten Abfolge und auf solche Art und Weise aus, daß wir, sofern wir das voraufgehende Stadium kennen, das nächstfolgende vorhersagen können« (78).

Berg gebraucht für seine Überzeugung, der evolutionäre Wandel sei in gewisser Weise vorgezeichnet oder Gesetzmäßigkeiten unterworfen, »deren Auswirkungen wir sehen und ermessen, deren Ursachen wir jedoch nicht verstehen und vielleicht nie verstehen werden und die dennoch Gesetze und keine Zufallsereignisse sind« (78), den Terminus »Nomogenese«. Da er daneben jedoch den Begriff »Orthogenese« wiederholt verwendet, sieht man nicht recht ein, wozu es eines neuen Namens bedurfte. Zwar betont er, der Evolutionsprozeß werde von inneren Kräften gesteuert, räumt aber gleichzeitig ein, die natürliche Zuchtwahl habe zum *Aussterben* von Ammoniten, Flugsauriern, Dinosauriern und vieler anderer Gruppen geführt.

Im Anschluß an Hyatt haben verschiedene moderne Paläontologen, darunter der Amerikaner H. F. Osborn, orthogenetische Ansichten vertreten. Wie so viele seit Neumayr waren sie von Fossilienreihen in aufeinanderfolgenden geologischen Schichten beeindruckt, die einen augenfälligen Beweis für die geradlinige Evolution zu liefern scheinen.

Wer an den unaufhaltsamen intellektuellen Fortschritt rückständiger ethnischer Taxa glaubt und seine diesbezügliche Überzeugung mit dem Prinzip der Orthogenese begründen will, kann demnach also auf Schützenhilfe aus ganz unterschiedlicher Richtung zählen. Er mag Eimers Auffassung teilen, daß Umweltfaktoren eine geradlinige Evolution erzwingen, oder aber annehmen, etwas dem Organismus selbst Innewohnendes ziele notwendig auf eine fortschreitende Evolution ab. Entscheidet er sich für die zweite Möglichkeit, kann er entweder mit Nägeli ein Generation um Generation auf das Keimplasma einwirkendes materielles, mechanisch-physiologisches »Vervollkommnungsprincip« annehmen, wie Hyatt den Menschen ins »progressiv direkte« Evolutionsstadium einordnen oder auch wie Berg eine Homologie zwischen Entwicklung und Evolution feststellen und beide auf dieselbe, allerdings unbekannte und vielleicht nie erkennbare Ursache zurückführen; er mag, gestützt auf Osborns paläontologisches Beweismaterial, an die Existenz eines ungeklärten, inneren, aristogenetischen Prinzips glauben oder auf den Vitalismus zurückgreifen und Drieschs Entelechiegedanken übernehmen. Doch für welche Auffassung er sich auch immer entscheiden mag, er sollte die in den (für die Hauptvarianten der orthogenetischen Theorie repräsentativen) Werken der genannten Autoren aufgeführten Anhaltspunkte sorgfältig studieren.

Anhänger der Orthogenese verweisen gern auf die den Organen angeblich innewohnende Tendenz, im Laufe der Evolution selbst dann größer und komplexer zu werden, wenn diese Vergrößerung oder zusätzliche Komplexität zwecklos oder gar nachteilig scheint – eine Auffassung, die bei eingehenderem Studium allerdings fragwürdig anmutet. So wird das Aussterben des Riesenhirschs *Megaceros giganteus* vielfach auf das phantastische Wachstum des Schaufelgeweihs beim Männchen zurückgeführt, und so kann man gelegentlich die Meinung hören, am Aussterben der (selbst für geologische Begriffe) lange Zeit in weiten Teilen der Welt zahlreich vertretenen Säbelzahntiger, *Machairodus*, sei nicht zuletzt die Überentwicklung der oberen Eckzähne schuld gewesen. Dem steht jedoch die Auffassung entgegen, das Geweih von *Megaceros* könne sich ebensogut auch aufgrund geschlechtlicher Zuchtwahl (durch Bevorzugung seitens der Weibchen) vergrößert haben – Tatsache jedenfalls ist, daß der wahre Grund für sein Aussterben unbekannt ist; und was *Machairodus* betrifft, so nahm die Größe der Eckzähne im Verhältnis zu der des Schädels nach dem Oligozän nicht mehr zu, während diese sonderbaren Tiere erst im Pleistozän, also fast 30 Millionen Jahre später, endgültig ausstarben (552, 971).

Beim Versuch, orthogenetische Theorien zu beurteilen, muß man sich stets vor Augen halten, wie ungesichert zwangsläufig eine Theorie ist, die sich auf die Überzeugung einer fundamentalen Übereinstimmung zwischen Individualentwicklung und Evolution gründet. Es ist naheliegend, daß bei der Embryonalentwicklung »innere Ursachen«, um mit Nägeli zu sprechen, hereinspielen, wie es auch nicht allzu abwegig scheint, bei diesem Vorgang das Wirken eines »Vervollkommnungsprincips« anzunehmen. Dank der modernen Forschung auf dem Gebiet der experimentellen Embryologie und Genetik können wir uns jedoch von solch vagen Termini distanzieren, und wenn auch noch viel zu entdecken bleibt, steht uns doch bereits eine Fülle von Informationen über die den Entwicklungsverlauf steuernden Faktoren zur Verfügung. Dieses ganze umfangreiche Wissensmaterial liefert freilich, das sei hier mit allem Nachdruck betont, keinerlei Hinweis darauf, daß der Verlauf der Evolution möglicherweise durch vergleichbare Prozesse gesteuert sein könnte.

Mehr Anhaltspunkte für die Orthogenese als die Embryologie liefert die Paläontologie, lassen sich doch Fälle anführen, in denen bestimmte Stämme während eines begrenzten (selten über eine Million Jahre hinausreichenden) (971) Zeitraums allem Anschein nach eine geradlinige Evolution durchlaufen haben (vergleiche Seite 109 f.). Allerdings könnte unter nahezu gleichen Lebensbedingungen auch die natürliche Zuchtwahl zu einem ähnlichen Ergebnis geführt haben. Diesen Prozeß umschrieb L. Plate, Professor für Zoologie an der Universität Berlin, mit dem Begriff *Orthoselection*. Er meint damit in seiner eigenen, etwas sonderbar klingenden Definition »Evolution im Sinne der Selectionstheorie, indem die äußeren Faktoren auf die Artgenossen sehr ungleich einwirken, so daß die Zuchtwahl die Richtung der Evolution bestimmt« (847). Nach seiner Ansicht kann nicht nur Orthoselektion, sondern in manchen Fällen auch der Einfluß der Umwelt ohne nennenswertes Hereinspielen der Zuchtwahl zur geradlinigen Evolution führen, ein Vorgang, für den er den Haackeschen Begriff *Orthogenesis* übernimmt. Während Plate eine allzu scharfe Trennung von Orthoselektion und Orthogenese mit der Begründung ablehnt, beide könnten auch zusammenwirken, dürften die heutigen Anhänger der »Orthoselektion« die Orthogenese wohl einstimmig verwerfen.

Durch den ungeheuren Schatz an faktischem Wissen, der neuerdings in der Paläontologie zusammengetragen worden ist, haben viele einst anerkannte Theorien an Glaubwürdigkeit verloren. Aus dieser Richtung erfolgte auch der Hauptangriff gegen die Orthogenese, ausgerechnet von dem Wissenszweig, der als ihr stärkster Stützpfeiler galt, wozu unter anderen G. L. Jepsen, Professor für Geologie an der Princeton University (552), und G. G. Simpson vom American Museum of Natural History (971) wichtige Beiträge leisteten. Geht man von bestimmten, zu einem bestimmten Zeitpunkt existierenden Arten aus und verfolgt die Entwicklung nach rückwärts, findet man in vielen Fällen mühelos Anhaltspunkte für eine kontinuierliche Evolution, beginnt man hingegen in grauer Vorzeit und versucht die divergente Nachkommenschaft alter Formen zu verfolgen, ergibt sich ein völlig anderes Bild. Man stellt dann nämlich fest, daß gewisse, zufällig besonders gut bekannte Aspekte der Evolutionsgeschichte, allzu grob vereinfacht dargestellt, zu falschen Vorstellungen führten.

So findet sich beispielsweise in fast jeder Elementareinführung in die Evolution ein Kapitel über die Vorfahren des Pferdes, das über die allmähliche Größenzunahme, die Reduzierung der Zehenzahl an Vorder- und Hinterhand, die Verlängerung des Gesichts, die Anpassung von Gebiß und Hals ans Grasen usw. informiert, kurzum, den Studenten durch Text und Bild ganz von selbst auf den Gedanken der Orthogenese bringt. Beschäftigt man sich dagegen etwas eingehender mit der Geschichte der ganzen Gruppe, zu der die Pferde gehören, ergibt sich ein völlig anderer Eindruck. Sollte man einen »Stammbaum« zeichnen, so bestünde dieser nicht aus einem palmengleichen Stamm, der mit *Hyracotherium* im Unteren Eozän begänne und über *Orohippus, Miohippus, Merychippus, Protohippus* und *Pliohippus* immer weiter emporstiege, um sich schließlich zur Blätterkrone der heutigen Equidae (Zebras, Esel und Pferde) aufzufächern, er würde vielmehr einem Strauch gleichen, von dem auf der Höhe des Obermiozäns ein Seitenzweig ausginge, der sich im Pliozän und Peistozän wiederholt gabelte, um schließlich in einem einzelnen Ästchen bis zum höchsten Punkt emporzuwachsen (vergleiche Simpson, 970).

Bei einer detaillierten Beschäftigung mit den Vorfahren der direkten wie der Seitenlinien stellt man in jeder geologischen Schicht merkwürdige Modifikationen fest, die sich in das orthogenetische Schema einfach nicht einfügen lassen, da keinerlei geradlinige Trends nachzuweisen sind; Organe vergrößern sich, ändern sich bei verschiedenen Arten und Gattungen auf unterschiedliche Weise, um sich bei einigen ihrer Nachkommen dann wieder rückzubilden oder gänzlich zu verschwinden. So läßt sich auch bei den Vorfahren des Pferdes kein konstanter Trend hinsichtlich Körpergröße, Längenverhältnis von Tibia/Femur und Radius/Humerus oder Bau des Gebisses feststellen (971).

Wenn wir die Orthogenese (im weitesten Sinn) als Evolutionsursache ablehnen, so meinen wir damit, daß den Organismen unseres Wissens kein automatischer Mechanismus innewohnt, aufgrund dessen Generation um Generation in festgelegter Ordnung Variationen auftreten, die notwendig zu einem schrittweise und geradlinig verlaufenden Fortschritt führen. Die Mutation ist vielmehr als »Zufallsprozeß« in dem Sinne zu betrachten, daß sie schädliche, neutrale oder vorteilhafte Modifikationen bewirken kann, je nachdem, in welchem Gen-Komplex diese Modifikationen zuerst auftreten oder mit welchen Gen-Komplexen sie sich in nachfolgenden Generationen durch geschlechtliche Fortpflanzung verbinden. Außerdem spielt die Selektion in der von Darwin geschilderten Weise eine Rolle. »Da jede Art weit mehr Individuen hervorbringt, als überleben können, und da folglich ein nicht nachlassender Kampf ums Dasein waltet, hat jedes Lebewesen, das in irgendeiner ihm selbst nutzbringenden Weise, und wäre es noch so geringfügig, variiert, unter den vielschichtigen und manchmal ihrerseits variierenden Lebensbedingungen eine bessere Überlebenschance durch *natürliche Zuchtwahl*« (254). Später gibt Darwin unumwunden zu, sein Ausdruck »natürliche Zuchtwahl« sei bildlich gemeint (256), doch wird ihn heute – anders als bei Erscheinen der Erstauflage seines Buches – wohl ohnehin niemand mehr mißverstehen.

Neben der »natürlichen« Zuchtwahl in freier Natur gibt es bei domestizierten Tieren auch die »methodische« oder die »unbewußte« (257), je nachdem, ob der Mensch seine Haustiere durch bewußte Selektion seiner Zuchtstämme oder lediglich infolge seines Wunsches, die besten Exemplare eines Wurfes zu besitzen, also ohne vorgefaßten Plan, verbessert. Das einzige domestizierte Lebewesen, bei dem er weder eine methodische noch eine unbewußte Selektion anwendet, ist er selbst. Das aber bedeutet, daß wir nur insoweit mit einer Zunahme der angeborenen Intelligenz rechnen können, als begabte Leute bestrebt sind, untereinander zu heiraten und damit eine geistige Aristokratie zu begründen; und daß jede ethnische Gruppe, die insofern rückständig ist, als sie einen niedrigeren Prozentsatz von Geburt an Begabter aufweist als andere Gruppen, in diesem Zustand verharren muß, es sei denn, sie wendete eugenische Methoden an.

Nicht-adaptive Evolution

Vor nahezu einem Jahrhundert wies der britische Geistliche John Gulick darauf hin, daß der evolutionäre Wandel nicht in jedem Fall auf Zuchtwahl zurückgehen müsse – eine Behauptung, auf die ihn die außerordentliche Vielzahl von Arten und »Varietäten« einer zur Familie der Achatinellidae zählenden, landbewohnenden Lungenschneckenart auf der Hawaii-Insel Oahu gebracht hatte (442). Diese Insel wird durch die von der zentralen Bergkette strahlenförmig ausgehenden scharfen Gebirgskämme in Täler unterteilt; doch obwohl sich diese isolierten Regionen in Klima und Vegetation weitgehend gleichen, findet sich in einem bestimmten Tal vielfach nur eine einzige Form (sei es Art oder »Varietät«). In diesem Fall hatte nach Gulicks Meinung die Zuchtwahl bei der Evolution keine Rolle gespielt, sondern vielmehr eine zufällige Einwanderung und Variation stattgefunden. Ein Vogel mochte in ein bis dahin schneckenloses Tal auf einem Blatt zwei Individuen befördert haben, auf die fast alle schließlich dort vertretenen Exemplare zurückgingen. Doch kein Mechanismus gewährleistete, daß die Schneckengrüppchen in frischbesiedelten Tälern genau dieselben Variationen durchmachten wie die in den Ursprungstälern. Wäre nun aber die Zuchtwahl die Ursache der Evolution, hätte auf der ganzen Insel Gleichförmigkeit herrschen müssen. Gulick gibt dazu den interessanten Kommentar ab, daß »die natürliche Zuchtwahl in manchen Fällen ebenso wirksam den gleichen Typ aufrechterhält wie sie in anderen Variationen beschleunigt«.

In unserem Jahrhundert haben die Biologen viel darüber gestritten, auf welche Art und Weise es zu Unterschieden in der Gen-Häufigkeit gekommen sein könnte. Eine zufällige Verschiebung dieser Frequenz könnte für Fälle wie den von Gulick geschilderten verantwortlich sein, doch ist man heute ziemlich übereinstimmend der Ansicht, daß die nichtadaptive Variation ohne Hereinwirken der Zuchtwahl im Rahmen der Evolution nur eine untergeordnete Rolle gespielt hat, ja, manche Fachleute lehnen selbst dies noch ab. Einen nicht geringen Einfluß auf die derzeitige Auffassung hatte eine wichtige Untersuchung der beiden britischen Genetiker R. A. Fisher und E. B. Ford über den Evolutionsverlauf, bei der die beiden Forscher in einer isolierten Kolonie des Nachtfalters *Panaxia dominula* die Frequenz eines die Flügelfärbung beeinflussenden Gens ermittelten. Fisher und Ford verfolgten viele Jahre lang die evolutionären Veränderungen in der Häufigkeit dieses Gens und fanden triftige Beweise dafür, daß der Wandel in diesem besonderen Fall einzig und allein auf natürliche Zuchtwahl zurückging (338).

Dennoch besteht Grund zu der Annahme, daß der Gulick-Effekt, wie wir ihn hier nennen wollen, im Verein mit anderen Faktoren im Rahmen der Evolution durchaus eine Rolle spielen kann – eine These, die insbesondere Sewall Wright, Professor für Genetik an der Wisconsin University, vertritt. Wie er hervorhebt, müssen nicht nur die natürliche Zuchtwahl und der Gulick-Effekt, sondern auch periodisch auftretende Mutationen, die Einwirkung von Modifikationsgenen und die Gen-Übertragung von einer Population auf die andere durch Wanderung berücksichtigt werden. Unter Modifikationsgenen versteht man solche, die auf das betreffende Individuum keinen nennenswerten Einfluß ausüben, es sei denn, es besäße zufällig zusätzlich ein Hauptgen, dessen Wirkung sie verändern können. Wenn sich Sewall Wrights Ansichten in knapper Form auch nicht angemessen wiedergeben lassen, wollen wir trotzdem versuchen, einen gewissen Eindruck davon zu vermitteln.

Nach Wrights Auffassung vollzieht sich die Evolution gemeinhin am raschesten innerhalb einer großen Population einer Art, die sich in eine Anzahl halbisolierter Populationen auffächert. Der Gulick-Effekt zeigt sich in der bei diesen Populationen außerdem unterschiedlichen Häufigkeit von Genen, die ein bestimmtes, zunächst jedoch bei keinem vorkommendes Hauptgen zu modifizieren vermögen. Verfügt nun eine dieser halbisolierten Populationen zufällig über eine sehr hohe Frequenz von Genen, die dieses Hauptgen dergestalt abzuändern vermögen, daß die natürliche Zuchtwahl der mit ihm ausgestatteten Individuen begünstigt wird, und tritt dieses Hauptgen innerhalb der betreffenden Population durch Mutation oder Einwanderung eines Trägers dann auf, so breitet es sich rasch aus, da der neue Gen-Komplex ja einen Vorteil im Kampf ums Dasein bringt. Vermehrt sich die Population, kann es zur Auswanderung und Übertragung des neuen Gen-Komplexes auf andere halbisolierte Populationen und auf die ganze Art kommen (1159, 1160, 1161, 1162).

Möglicherweise hat der Gulick-Effekt auch innerhalb der menschlichen Evolution im Paläolithikum eine Rolle gespielt, zu einer Zeit, in der der Mensch allem Anschein nach weitgehend in isolierten Gemeinschaften lebte. In einigen könnten blutgruppenbestimmende Gene ohne direkten Einfluß der Zuchtwahl in unterschiedlicher Häufigkeit aufgetreten sein. (Daß Isolation einer kleinen Gemeinschaft zu jedem Zeitpunkt der menschlichen Geschichte zu ungewöhnlichen Gen-Frequenzen führen kann, beweist das Beispiel der Todas, vergleiche Seite 159 f.) Während zum Beispiel für die große Mehrheit (in vielen Fällen über 90 Prozent und gelegentlich sogar ganze Stämme) der Indianiden (der »Indianer« Amerikas) Blutgruppe 0 charakteristisch ist, zählen weniger als die Hälfte der Schwarzfußindianer Zentralnordamerikas (1353) – möglicherweise nur etwa ein Viertel (383) – zu dieser Blutgruppe. Man könnte nun annehmen, irgendwann in der Vergangenheit sei eine bestimmte, in der Blutgruppenhäufigkeit für die Indianiden insgesamt zufällig nicht repräsentative Personengruppe irgendwie in Isolation geraten, wären die Schwarzfußindianer nicht in anderer Hinsicht ziemlich typische Vertreter der silviden Unterrasse. Es ist unwahrscheinlich, daß eine Volksgruppe, die sich von ihren Verwandten in vielen, den Bau verschiedener Körperpartien beeinflussenden Genen unterschied, in Isolation geraten und ohne den lenkenden Druck der Zuchtwahl eine neue Rasse oder Unterrasse begründet haben sollte. Freilich könnte partielle Isolation im Verein mit Selektion nach Sewall Wrights Theorie bei der menschlichen Evolution eine Rolle gespielt haben.

9
Farbe

»Die Farbe wird vom systematischen Naturwissenschaftler im allgemeinen als unwichtig angesehen.« Darwin (257)

Da die Hautfarbe im Volksmund und im volkstümlichen Schrifttum eine ungeheure Rolle spielt und der Pigmentierung unter all den vielen, bei der Klassifizierung des Menschen zu berücksichtigenden Faktoren tatsächlich einige Bedeutung zukommt, müssen wir uns im folgenden etwas eingehender mit der Frage beschäftigen, was diese Farbe eigentlich ist, wovon ihre Intensität abhängt und welche biologische Funktion sie hat. Da diese Fragen reichlich verwickelt sind und gewisse Kenntnisse über den Aufbau der menschlichen Haut voraussetzen, wollen wir zunächst für alle in der Histologie nicht weiter bewanderten Leser eine kurze Beschreibung der Feinanatomie dieses Körperteils bringen, dabei jedoch alles ausklammern, was für das Verständnis der Hautfarbe nicht unmittelbar vonnöten ist.

Wenn man sich eine große Anzahl mikroskopisch kleiner Bündel von Parallelfasern vorstellt und diese kreuzweise so anordnet, daß sie eine Schicht bilden, hat man in etwa ein Bild von der Bindegewebsschicht, welche die *Lederhaut* oder den inneren Teil der Haut bildet und sie mit dem darunterliegenden Gewebe verbindet. Die Fasern sollen Eiweiß-, sogenannte kollagene Fasern vorstellen, welche die wichtigsten Bestandteile dieser Schicht bilden. Zwischen den Bündeln sitzen kleine, sich verzweigende Röhrchen, das sind die winzigen, auf die Lederhaut beschränkten Blutgefäße der Haut.

Die nicht durchblutete äußere Zellschicht oder *Epidermis* befindet sich, wie schon der Name sagt, *auf* der Lederhaut. Abbildung 19 A zeigt einen Längsschnitt durch diese Schicht (und zwar an einer Körperstelle, wo sie besonders dick ist, nämlich auf der Sohle einer Katzenpfote, doch ist die menschliche Haut ganz ähnlich gebaut). Eine einschichtige Zellage bildet die mit der Oberfläche der Lederhaut verbundene Basalschicht *(Ba.-Schi)*, deren entfernt an Backsteine erinnernde Zellen senkrecht auf der (in unserer Abbildung nicht dargestellten) Lederhaut angeordnet sind. An diese Schicht schließt sich eine dichte Zellmasse an, die sogenannte Malpighische Schicht *(Ml. La)*, nach dem italienischen Biologen Marcello Malpighi genannt, der sie in zwei kurzen, 1665 veröffentlichten Abhandlungen erstmals beschrieb und von der darüberliegenden Schicht unterschied.

An die Malpighische Schicht schließt sich eine Vielzahl übereinandergeschichteter, abgeflachter, annähernd runder, absterbender, verhornter Zellen *(Hor. La)* an, eine Lage, der Malpighi den Namen *cuticula* gab, während sie heute als *stratum corneum* (Hornschicht) bezeichnet wird, wobei ihre an die Malpighische Schicht angrenzenden Zellen weniger abgeflacht erscheinen als die äußeren. Sie bestehen aus dünnen, harten, abgestorbenen Schuppen, die abgestoßen und von unten her neu ergänzt werden.

Von den verschiedenen beschriebenen Zellen der Epidermis vermögen sich nur die der Basalschicht durch Teilung zu vermehren. Diese neuentstandenen Zellen wandern zum Teil nach oben, wo sie der Reihe nach als Zellen der Malpighischen Schicht, als interstitielle Zellen und als Hornschicht in Erscheinung treten, um schließlich an der Oberfläche abgestoßen zu werden, andere bleiben als neue Basalzellen mit der Lederhaut verbunden, so daß also letztlich sämtliche Epidermisschichten von den Zellen der Basalschicht herrühren.

Die Hautfarbe geht teilweise auf das in den Gefäßen der Lederhaut zirkulierende Blut zurück, wird aber auch durch geringe Mengen eines gelblichen Farbstoffs *(Carotin)* beeinflußt, der sich in der *lipoiden* (Fett-) Substanz der abgestorbenen Zellen des stratum corneum und im Unterhautfettgewebe gelöst findet (92). Doch diese Farben sind kein Spezifikum bestimmter ethnischer Gruppen; die Farbe, die in volkstümlichen Erörterungen der ethnischen Frage eine so hervorragende Rolle spielt, ist das *Melanin.* Obgleich bei dunkelhäutigen Menschen fast jede Epidermiszelle Pigment enthalten kann, besitzt keine der beschriebenen Zellen die Fähigkeit, es zu synthetisieren. All diese Zellen, ob (annähernd) backsteinförmig, polygonal oder schuppenförmig, sind typische *Epithel*zellen, das heißt Zellen, wie sie sich gewöhnlich im Epithel finden, dem Gewebe, das (wie im vorliegenden Fall) die äußere Oberfläche beziehungsweise die inneren Hohlräume des Körpers überkleidet. Die in der Regel völlig andersartigen pigmentbildenden Zellen der Tiere dagegen, kugelige oder eiförmige, mit langen, verzweigten Fortsätzen versehene Gebilde, sind gewöhnlich nicht ins Epithel, sondern ins Bindegewebe eingebettet.

Bis in die fünfziger Jahre des vorigen Jahrhunderts hinein hatte niemand im Hautepithel von Mensch oder Tier eine verzweigte Pigmentzelle entdeckt. Erst im Jahr 1857 beschrieb der deutsche Histologe Franz Leydig typische verzweigte Pigmentzellen im Oberflächenepithel (der Haut) des kleinen, von Fischblut lebenden Fischegels *Piscicola geometra* (664). Eine bildliche Darstellung allerdings lieferte Leydig nicht, und so sind die auf Abbildung 19 B und C wiedergegebenen Mikroaufnahmen möglicherweise die ersten offiziellen Abbildungen dieser interessanten, in die Haut von *Piscicola* eingebetteten Zellen. Es fällt auf, daß diese Zellen mit ihren sonderbar verästelten Fortsätzen ausschließlich im Oberflächenepithel liegen, das im Vergleich zur differenzierten Haut des Menschen und vieler anderer Tiere einen sehr simplen Aufbau aufweist. Das Pigment (in diesem Fall nicht Melanin) ist in Form winziger (auf Abbildung 19 C gerade noch erkennbarer) Kügelchen in die Zellen eingelagert. Unter dem Mikroskop zeigen die einzelnen Körnchen eine bräunlich-gelbe Färbung. Leydig, der noch nicht über die Mittel verfügte, um das Pigment zu identifizieren, nannte die Zellen *die verzweigten Pigmentfiguren* und beschrieb sie auch bei der Darstellung der unteren Hautschichten

19 Die Haut und ihre Pigmentzellen. A: Aufbau der Oberhaut bei Säugetieren (Sohle einer Katzenpfote) im Längsschnitt. Ba. Schi: Basalschicht; Hor. La: Stratum corneum (Hornschicht); in. lü: künstlicher Zwischenraum zwischen den Zellen; ker. k.: interstitielle Zellen; Ml. La: Malpighische Schicht; Pa: beim lebenden Organismus mit Bindegewebe gefüllter Raum.
B: Querschnitt durch das Oberflächenepithel (Haut) und die darunterliegenden Schichten des Fischegels, Piscicola geometra; p: ins Epithel eingebettete verzweigte Pigmentzellen; cm: Ringmuskulatur; e: äußere und innere Begrenzung des Epithels; lm: Längsmuskel.
C: die verzweigte Pigmentzelle aus B in stärkerer Vergrößerung. D, E: verzweigte Zellen (Melanozyten) in der Haut des Menschen. D: Querschnitt durch die Fingerhaut; E: Längsschnitt durch die Haut des Unterarms; h: stratum corneum; p: beim lebenden Organismus mit Bindegewebe ausgefüllter Raum; r: Zellen der Malpighischen Schicht. Die Melanozyten wurden mit einer Goldsalzlösung dunkel gefärbt. – A stark vergrößerte Zeichnung aus: Schneider (954); B und C erstmals veröffentlichte Mikroaufnahmen des Verfassers; D und E stark vergrößerte Darstellungen aus: Langerhans (629).

von Frosch *(Rana)* und Eidechse *(Lacerta agilis)* (664).
Die pigmentbildenden Zellen in der Haut der Säugetiere, nach der erzeugten Farbsubstanz Melanin als *Melanozyten* bezeichnet, wurden erstmals 1867 vom Schweizer Zoologen Kölliker in der menschlichen Haut zwischen den Zellen der epidermalen Basalschicht entdeckt (603) und von ihm als *sternförmige Körper* bezeichnet. Kölliker erwähnte zwar, sie glichen Pigmentflecken, mißdeutete sie jedoch als Nervenenden. Im darauffolgenden Jahr wurden sie dann von dem Berliner Medizinstudenten Paul Langerhans beschrieben (629), der sie als erster als Zellen identifizierte (Abbildung 19 D

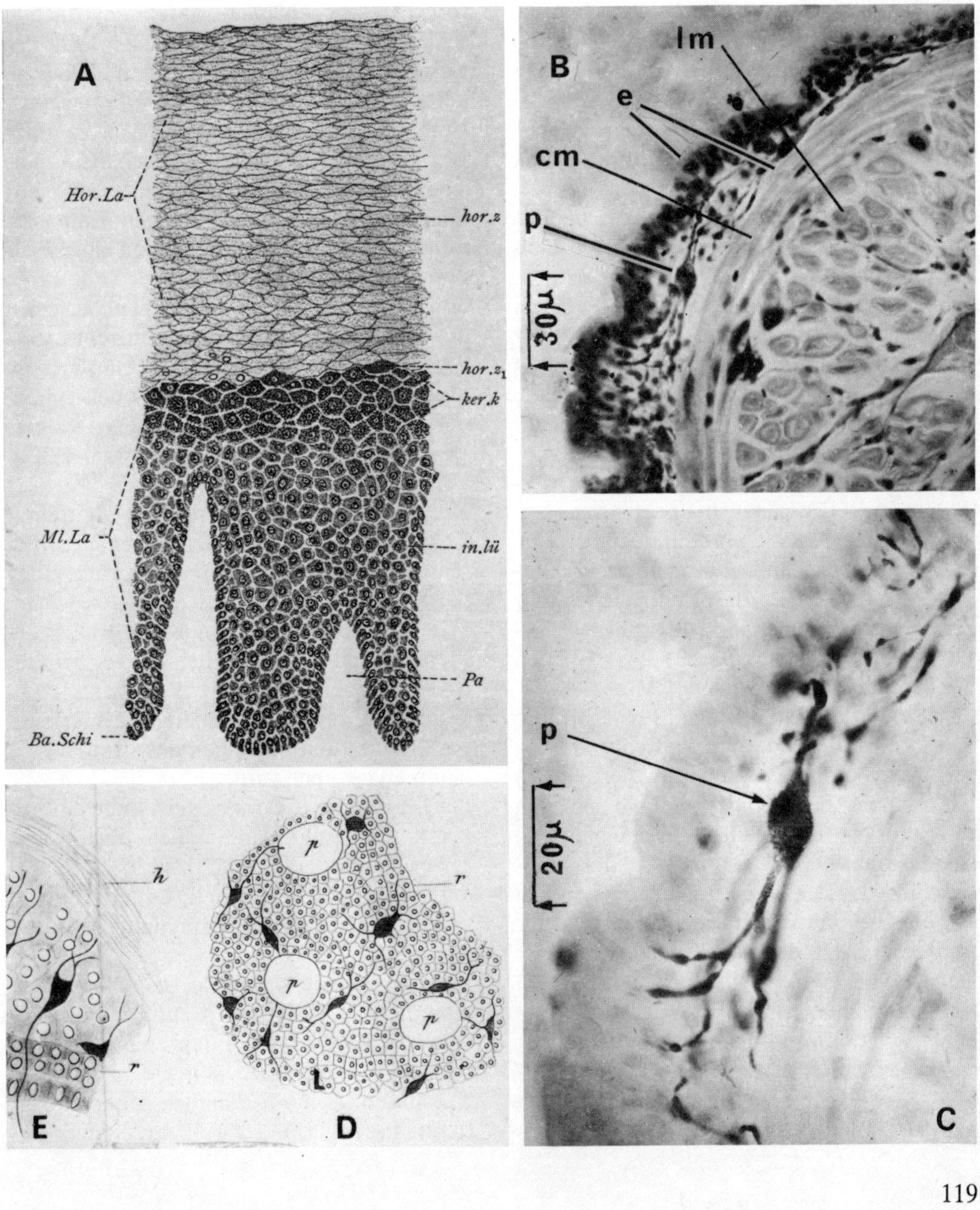

und E) und ihre Ähnlichkeit mit den ihm bekannten gleichfalls verzweigten Pigmentzellenarten konstatierte, ohne jedoch die eingelagerten Farbkörnchen zu bemerken.
Der erste, der die Melanozyten im Oberflächenepithel eines Säugetiers (und zwar in der an die Hornhaut oder das Weiße im Auge angrenzenden Bindehaut der Ratte) richtig erkannte und 1860 unter dem Namen *ramificirte Pigmentzellen* beschrieb, war Heinrich Müller. Er behauptete in zwei gesonderten Aufsätzen, ähnliche Zellen schon vor Leydigs Beschreibung auch in der Epidermis des Störs gesehen zu haben, doch unterließ er es damals offenbar, seine Beobachtung publik zu machen (777, 778).
Die Melaninkörnchen in der menschlichen Haut variieren im Durchmesser von 0,1 bis 0,3 μm, das heißt zwischen einem Zehntel und zwei Fünftel eines Tausendstel Millimeters (285). Selbst bei Negriden zeigt jedes einzelne Körnchen einen satten Goldton, ist also keineswegs schwarz. Die dunkelbraune oder fast schwarze Wirkung ihrer Haut kommt daher, daß die vielen aufeinandergeschichteten Körnchen das einfallende vielfarbige Licht fast gänzlich absorbieren.
Die Melanozyten der Wirbeltiere haben eine sehr sonderbare und völlig andere Entstehungsgeschichte als die Epithelzellen der Epidermis: Sie gehen als Teil des Nervensystems von den beidseits des embryonalen Rückenmarks vorspringenden Medullarwülsten (»Neuralwülsten«) aus (296, 880) und wandern in die Lederhaut des ganzen Körpers ein. Von hier gelangen manche in die Basalschicht der Epidermis, wo sie sich zwischen die Basalzellen einschieben und eine eigenartige Metamorphose durchmachen. Ihre verzweigten Fortsätze breiten sich aus, bis sie die äußersten Enden der Basalzellen berühren, so daß das Protoplasma dieser beiden völlig unterschiedlichen Zellarten ineinander übergeht. Dieser Vorgang konnte mit Hilfe des Elektronenmikroskops eindeutig nachgewiesen werden (286). Die Melanozyten sondern nun Melaninkörnchen ab und schleusen sie durch ihre Fortsätze bis zu den Spitzen und von da in die Basalzellen, wo sie sich auf der der Hautoberfläche zugewandten Seite des Zellkerns ansammeln. Während die Melanozyten bei Europäern nicht viele Farbkörnchen erzeugen, von denen wiederum nur wenige in die Basalzellen gelangen, sind sie bei Angehörigen dunkelhäutiger Rassen und Unterrassen äußerst aktiv, indem sie durch die Spitzen der Zellfortsätze unablässig Melaninkörnchen schleusen, bis sich diese auf alle Teile der Basalzellen mit Ausnahme der Zellkerne verteilt haben (87, 88, 89). Beim negriden Embryo sind vom Ende des vierten oder Beginn des fünften Schwangerschaftsmonats an in den Melanozyten der Haut Melaninkörnchen vorhanden, die gegen Ende des fünften Monats in die Basalzellen einzuwandern beginnen (1170). Schon vor über 300 Jahren wußte Thomas Browne, daß sich die Haut der Negriden lange, ehe ein Lichtstrahl darauf fällt, dunkel färbt. In seinem unter dem Titel *Vulgar errors* bekannten, von ihm selbst vornehmer als *Pseudodoxia epidemica* bezeichneten Werk bemerkt er über die Neger, daß »nicht nur ihre ordnungsgemäß und zum rechten Zeitpunkt Geborenen, sondern auch ihre Fehlgeburten schwärzlich sind, noch ehe sie Glut und Hitze der Sonne verspürt haben« (150).
Wie die Basalzellen, können sich auch die Melanozyten durch Zweiteilung vermehren, wobei offenbar ein gewisser Prozentsatz an die Hautoberfläche wandert und hier vermutlich mit den Schuppen des stratum corneum abgestoßen wird.
Da die Melanozyten auf gewöhnlichen mikroskopischen Präparaten nicht ohne weiteres erkennbar sind, fehlen sie in der Regel auf Darstellungen über den Aufbau der Haut (wie beispielsweise bei Abbildung 19 A).

Melanin ist eine komplexe, bei völlig unterschiedlichen Tiergruppen auftretende Substanz (619, 656, 710). Pflanzen produzieren sie nicht, dafür erzeugen sie aber einen bekannten Stoff von ziemlich ähnlicher Zusammensetzung. Jeder weiß aus eigener Beobachtung, daß sich ein auseinandergeschnittener Apfel unter Einwirkung der Luft an den Schnittflächen bräunlich verfärbt. Die Bildung dieses braunen Pigments veranschaulicht in vereinfachter Form, auf welche Weise im menschlichen und tierischen Körper Melanin entsteht. Zunächst ist in den Apfelzellen als Vorstufe des braunen Farbstoffes ein Phenol vorhanden, eine farblose Substanz, die durch Einwirkung des Enzyms Polyphenoloxydase im Verein mit Sauerstoff der Luft Farbe annimmt. Hierbei oxidiert das Monophenol zunächst zu einem Diphenol und dieses wiederum zu einem Chinon. Ein charakteristisches Merkmal der Chinone aber ist ihre Färbung. Wir wollen uns den Vorgang anhand der Strukturformeln vergegenwärtigen, wobei das Symbol »R« für verschiedene mögliche Atomgruppen steht.

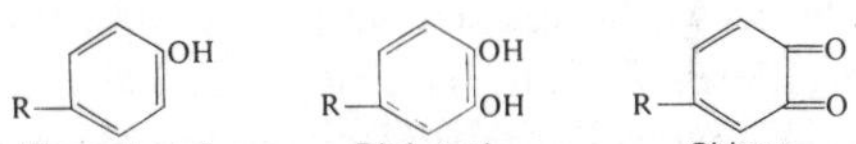

Monophenol Diphenol Chinon

Im tierischen und menschlichen Körper entsteht Melanin aus der Aminosäure Tyrosin (Hydroxyphenylalanin), einem farblosen Monophenol, das als Baustein der meisten Eiweißstoffe in reichlicher Menge vorkommt und unter der Einwirkung des Ferments Tyrosinase zunächst zu einem Diphenol (Dioxyphenylalanin, kurz Dopa) und dann zu einem gefärbten Chinon (dem sogenannten Dopachinon) oxidiert wird. Im Verlauf dieser Umwandlungen bleibt jedoch die Grundstruktur der Aminosäure (auf den schematischen Darstellungen durch die im Winkel von 45° zur Buchseite stehende Atomkette symbolisiert) unverändert.

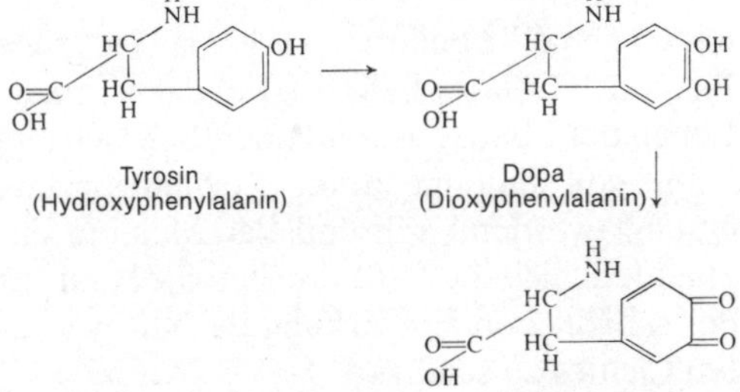

Tyrosin (Hydroxyphenylalanin)

Dopa (Dioxyphenylalanin)

Dopachinon

Durch weitere (nicht tyrosinasebedingte) Veränderungen wird dann die Azidgruppe O=C–OH aus dieser Basisstruktur eliminiert und das Stickstoffatom dem Phenylring angegliedert. Auf diese Weise entsteht die dunkel gefärbte, chemisch mit dem bekannten (heute auch synthetisch hergestellten) Pflanzenfarbstoff Indigo verwandte Substanz Indolchinon.

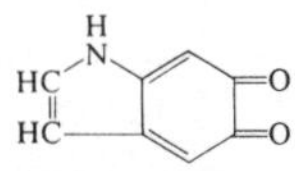

Indolchinon, die Grundlage des Melanins

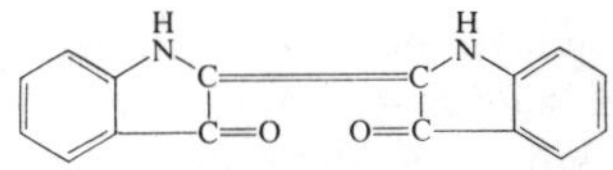

Indigo (Indigotin)

Indolchinon nun *polymerisiert* (das heißt, die Moleküle bilden durch gruppenweisen Zusammenschluß größere Moleküle), und dieses Polymer wiederum verbindet sich mit Eiweiß. Auf diese Weise entsteht schließlich das bekannte Pigment Melanin, die »Farbe«, mit der sich die Wissenschaft im Zusammenhang mit der ethnischen Frage zu beschäftigen hat. Freilich handelt es sich dabei nicht um eine einheitliche chemische Substanz von immer gleicher Zusammensetzung, da Polymerisationsgrad und Proteingehalt Schwankungen unterworfen sein können, doch haben, soweit bekannt, alle Rassen im wesentlichen dasselbe Melanin in der Haut, von dessen jeweiliger Menge die Färbung abhängt (657).

Im übrigen ist Melanin nicht nur für die Haut-, sondern auch für die Haarfarbe verantwortlich. Das Zellhäufchen, aus dem das einzelne Haar herauswächst, enthält ganz ähnliche Melanozyten wie die Haut, aus denen Melaninkörnchen in jene Zellen wandern, die sich im Laufe der Zeit in verhornte Haarzellen verwandeln. Der Farbstoff im Haar, ob es sich nun um Goldblond, Kastanienbraun, Brünett oder fast Schwarz handelt, ist also durchweg Melanin, wobei die Tönung von der jeweils vorhandenen Pigmentmenge abhängt. Die einzige Ausnahme bildet das »rote« Haar, das seine Färbung einer etwas anderen Substanz, dem *Phäomelanin*, verdankt, das sich leider nicht ohne weiteres chemisch analysieren läßt, da es bei der Extraktion eine Veränderung in der Zusammensetzung erfährt (799). Allem Anschein nach jedoch tritt bei der Erzeugung dieses Pigments an die Stelle des Tyrosins die Aminosäure Tryptophan (341). Für die Untersuchung des ethnischen Problems spielt Phänomelanin keine weitere Rolle, da Rothaarigkeit kein Charakteristikum irgendeiner ethnischen Gruppe darstellt, sondern sich auf bestimmte Individuen verschiedener Unterrassen beschränkt (zur Unterscheidung vom Phänomelanin wird das gewöhnliche Melanin manchmal auch als Dopamelanin bezeichnet).

Man könnte nun vielleicht annehmen, die hellhäutigen Unterrassen wiesen in der Epidermis weniger Melanozyten auf als die dunklen Rassen, was jedoch nicht zutrifft. Selbst Albinos verfügen über dieselbe Menge an Melanozyten wie Dunkelhäutige (66), da die Unterschiede von der Aktivität der Melanozyten und nicht von ihrer Zahl abhängen.

Weil die Melanozyten in der Haut der hellhäutigen Unterrassen nachweislich das gesamte System zur Produktion von Melanin enthalten, kann der geringe Melaningehalt nicht auf Tyrosin- oder Tyrosinasemangel zurückgehen (33, 192, 88, 619). Das Tyrosinasesystem ist vielmehr irgendwie *blockiert*, das heißt tritt (mit Ausnahme der Brustwarzen und bestimmter anderer Partien) an den meisten Körperteilen nicht weiter in Aktion.

Daß der in die menschliche Epidermis eingelagerte Farbstoff die Durchlässigkeit für ultraviolettes Licht herabsetzt, konnte anhand eines Experimentes unmittelbar nachgewiesen werden (1049). Bei diesem Versuch erzeugte man bei weißen und schwarzen Probanden mittels *Cantharidin* Blasen auf der Haut. Diese blasenziehende Substanz wird aus Blut und Fortpflanzungsorganen bestimmter Käfer gewonnen, unter ihrer Einwirkung löst sich das stratum corneum von der Malpighischen Schicht, so daß es sich schmerzlos mit der Schere abschneiden läßt. Während man hinsichtlich der Stärke des stratum corneum zwischen Europäern und Negern keinen nennenswerten Unterschied feststellte, zeigte sich, daß diese Schicht bei den Weißen 3½mal soviel ultraviolettes Licht durchläßt wie bei den Schwarzen. Als man nämlich stratum corneum-Fetzchen von Europäer- und Negerhaut auf lebende weiße Haut applizierte und diese der nigerianischen Sonne aussetzte, stellte sich heraus, daß das dunkle stratum corneum der Negerhaut besseren Schutz gegen *Erythem* durch Sonnenbrand (das heißt gegen die Rötung der Haut infolge Blutandrangs in den Gefäßen der oberen Lederhautschicht) gewährte. Dieser Unterschied wird durch die bei Negern in den abgestorbenen Zellen dieser Hautschicht vorhandenen Melaninkörnchen verursacht, welche die ultravioletten Strahlen absorbieren und so verteilen, daß sie von anderen Melaninkörnchen sowie den Proteinen dieser Zellen absorbiert werden können (105). Zweifellos wirkt sich das bei Negern in der Malpighischen Schicht und den Basalzellen reichlich vorhandene Melanin in gleicher Weise aus und reduziert die Durchlässigkeit für ultraviolettes Licht ganz erheblich.

Daß sich helle Haut an der Sonne dunkler färbt, stellt eine Schutzvorrichtung gegen zu viel ultraviolettes Licht dar, das nicht nur zu einer Entzündung der oberen Lederhautschicht führt, sondern auch die lebenden Zellen der Epidermis schädigt. Häufig wird Bräunung als Zeichen von Gesundheit mißdeutet und Hellhäutigkeit zuweilen als »Bleichsucht« bezeichnet – ein Begriff aus der Botanik, der besagt, daß eine Pflanze mangels Licht keinen grünen Blattfarbstoff bilden konnte. Hier handelt es sich jedoch um einen völlig anderen Vorgang: Das grüne Pigment (Chlorophyll) ist für das normale Leben der Pflanze absolut unentbehrlich und kann von ihr nur unter Lichteinwirkung erzeugt werden, während das Melanin der Haut lediglich die Funktion hat, die Haut vor der schädlichen Einwirkung des ultravioletten Lichtes zu schützen.

Ein Übermaß an ultraviolettem Sonnenlicht

kann – und hier liegt seine Hauptgefahr – zu Krebswucherungen (Karzinomen) der Epidermiszellen führen (105). In den gemäßigten Zonen muß das Sonnenlicht einen längeren Weg durch die Ozonschicht der oberen Atmosphäre zurücklegen als in den Regionen, in denen die Sonne senkrechter steht. Ozon aber absorbiert das ultraviolette Licht in hohem Maße, und so werden die europäischen Einwohner subtropischer Länder viel häufiger von Hautkrebs befallen als die dunkelhäutige Bevölkerung (105), insbesondere im Gesicht und an anderen exponierten Körperteilen. Einen kuriosen Sonderfall stellen dabei Weitsichtige dar, die in Erdteilen mit starkem Sonnenlicht im Freien Bifokalgläser tragen: Die untere Linse konzentriert die krebserzeugenden Strahlen auf eine bestimmte Hautpartie unter dem Auge, wo es nicht selten zu Krebsbildungen kommt (1181).

Wie man mittlerweile zuverlässig weiß, wird das ultraviolette Licht von Nukleinsäuren absorbiert und kann Mutationen in den Genen hervorrufen. Es ist daher äußerst wichtig, daß die Melaninkörnchen durch die Verästelungen der Melanozyten auf diejenige Seite des Kerns der Basalzellen gelangen, die der Hautoberfläche am nächsten liegt – jener Seite also, aus der das Licht kommt: Denn der Nukleus enthält die Deoxyribonukleinsäure (DNS) der Gene. Aus diesem Grund bildet sich auf der dem Licht zugewandten Seite des Zellkerns eine kleine Melaninkappe, bei dunkelhäutigen Personen wandern sogar so viele Melaninkörnchen in die Basalzellen ein, daß sie den Zellkern schließlich völlig einbetten können.

Doch nicht nur die Basalzellen der Epidermis werden durch Melanin vor Schäden durch ein Übermaß an ultraviolettem Licht geschützt. Auch die Fibroblasten, die Zellen der Lederhaut, welche die Bindegewebsfasern dieser Schicht bilden, können bei intensiver Sonnenbestrahlung Schaden nehmen. Sie enthalten selbst zwar kein Melanin, sind aber hinlänglich geschützt, wenn in der epidermalen Basalschicht und in den höheren Schichten genügend Körnchen vorhanden sind. Das dürfte auch erklären, warum sich in den Basalzellen von Vertretern jener ethnischen Taxa, die an subtropische oder tropische Umweltbedingungen angepaßt sind, eine solche Fülle von Melaninkörnchen findet. Die Basen (basischen chemischen Gruppen), die einen wichtigen Bestandteil des genetischen Materials (DNS) bilden, werden durch ultraviolettes Licht umgewandelt. Die Fibroblasten enthalten ein System von Fermenten mit der bemerkenswerten Eigenschaft, die umgewandelten Basen zu extrahieren und durch die richtigen zu ersetzen, so daß das genetische Material in seiner ursprünglichen Form erhalten bleibt. Manchen, gegenüber ultraviolettem Licht besonders empfindlichen Personen jedoch fehlt dieses genetische Austauschsystem teilweise, und so tritt, da der durch das Licht verursachte Schaden nicht behoben werden kann (212), *xeroderma pigmentosum* auf, ein Leiden, bei dem die geschädigten Zellen wuchern und in verschiedene Körperteile abwandern, wo sie sich weiter vermehren und bösartige Geschwülste hervorrufen.

Daß ultraviolettes Licht dem Menschen indessen keineswegs in jedem Fall schaden muß (111), sondern bei Kindern Rachitisbildung verhüten kann, indem es durch Einwirkung auf die Haut das im Körper bereits vorhandene Ergosterol in Vitamin D umsetzt, haben unmittelbar nach dem Ersten Weltkrieg in Deutschland durchgeführte Versuche bewiesen.

Die bei den menschlichen Rassen und Unterrassen in verschiedenen geographischen Breiten auftretenden Unterschiede in der Hautfarbe lassen sich durch folgende Hypothese halbwegs zufriedenstellend erklären: Man nimmt an, daß sich der Mensch in den warmen Regionen der Erde entwickelte. Als sich sein von den Vorfahren ererbtes Haarkleid allmählich zurückbildete, dürfte die Pigmentierung der Haut durch natürliche Zuchtwahl jener Personen beibehalten oder verstärkt worden sein, die gegen die intensive ultraviolette Sonnenbestrahlung am besten geschützt waren. Als dann aber mit dem Rückgang des Eises weite fruchtbare Landstriche besiedelt werden konnten, wirkte sich die natürliche Zuchtwahl auf andere Weise aus. Denn da das ultraviolette Licht der schrägstehenden Sonne ohnehin weitgehend von der Atmosphäre absorbiert wurde, bedurfte es nicht nur keines Schutzes mehr, sondern wurde sogar zusehends wichtiger, ein Restchen dieses Lichtes zu erhaschen, um so eine Vitamin D-Quelle zu erschließen. Daher fand nun eine Auslese in der entgegengesetzten Richtung statt, die diejenigen Personen begünstigte, bei denen die melaninhemmenden Faktoren zufällig stark ausgebildet waren. Das Ergebnis war Hellhäutigkeit bei jenen Unterrassen, die weit nach Norden vorstießen, insbesondere Osteuropiden und Nordiden.

Diese Hypothese wird durch die Beobachtung untermauert, daß Kinder westindischer Einwanderer in Großbritannien eine gewisse Anfälligkeit für Rachitis zeigen (die bei der hellhäutigen einheimischen Bevölkerung mittlerweile kaum mehr auftritt) (858). Offenbar reicht in der tropischen Umwelt das Sonnenlicht aus, um die Haut der Negriden zu durchdringen und das Ergosterol in Vitamin D umzuwandeln, oder ist die Nahrung reich genug an diesem Vitamin, während in England das Sonnenlicht nicht immer genügt, was im Verein mit einer vitaminarmen Ernährung zu Rachitis führen kann. Allerdings ließe sich dieser Zusammenhang nur dann eindeutig nachweisen, wenn dunkel- und hellhäutige Kinder gleich ernährt würden und die gleichen Hautpartien der Sonne aussetzten.

Da die Farbe des Haars im Prinzip auf gleiche Weise gesteuert wird, wie die der Haut, dürften diejenigen, die im Laufe der Evolution besonders hellhäutig wurden, auch eine Neigung zu Blondhaarigkeit entwickelt haben, obgleich dieses besondere Merkmal seinen Trägern wohl kaum praktische Vorteile einbrachte. Die extremste Ausformung erfuhr die Blondhaarigkeit (von sporadischem Albinismus abgesehen) bei der osteuropiden Unterrasse, wie man sie heute in Teilen Polens und Nordrußlands antrifft.

Die Augenfarbe geht beim Menschen auf Melanozyten im *Stroma* oder der Bindegewebsschicht der Regenbogenhaut zurück, die zwar auf dieselbe Weise entstehen wie die Melanozyten der Haut, sich aber anders verhalten. Sie sind nämlich »dicht«, das heißt schleusen ihre Melaninkörnchen nicht in andere Zellen ein. Werden viele Melaninkörnchen gebildet, entsteht, genau wie bei der Haut, eine braune oder fast schwärzliche Färbung, sind die Körnchen hingegen dünngesät, kommt eine ganz andere Wirkung zustande. Dann fällt das rote Licht (wie langwelliges Licht überhaupt) mit nur geringfügiger Streuung durch und wird an der Rückseite der Iris absorbiert, während kurzwelligeres Licht durch die Melaninkörnchen eine selektive Beugung erfährt, das heißt von einem Körnchen zum anderen wandert und zum Teil auch nach außen dringt; so erscheint es blau oder bläulich, obwohl kein blaues Pigment vorhanden ist (1091). Die tiefblauen Augen der Osteuropiden und vieler Nordiden gehen ebenso auf diesen sogenannten »Tyndall-Effekt« zurück wie die blaue Haut auf der Schnauze des Mandrillmännchens *(Mandrillus sphinx)*.

Nicht alle aus den Neuralwülsten stammenden Melanozyten gelangen indessen in die Epidermis. Wie jeder Biologiestudent weiß, finden sie sich beispielsweise beim Frosch auch in dem die Nerven und Blutgefäße umgebenden Bindegewebe. Bei vielen Tieren kommen sie im Bindegewebe der Lederhaut vor. So geht die Hautfarbe von Pavianen *(Cynocephalus)* und Makaks *(Macacus)* gänzlich auf Melanozyten der Lederhaut zurück, während beim Schimpansen *(Pan satyrus)* und Orang-Utan *(Pongo pygmaeus)* sowohl in der Lederhaut als auch in der Epidermis Melanozyten vorhanden sind (4). Auch beim Menschen finden sich während des späten Embryonalstadiums und in den ersten Lebensjahren Lederhautmelanozyten, besonders in der Lendengegend und am Gesäß. Hier sind die Melaninkörnchen oft in so reichlicher Menge vorhanden, daß es zur Bildung auffälliger Flecken von über zwei Zentimeter Durchmesser kommen kann. Da die Körnchen meist locker verteilt sind und somit nicht genügend Melanin vorhanden ist, um ein dunkles Braun oder Schwarz zu erzeugen, entsteht zuweilen ein bläulicher Tyndall-Effekt. Wie die Melanozyten der Iris sind auch die der Lederhaut stets undurchlässig.

Als die wissenschaftliche Welt in den achtziger Jahren des vorigen Jahrhunderts erstmals auf diese Flecken aufmerksam wurde, hielt man sie für ein charakteristisches Merkmal der mongoliden Rasse (713), nach heutigem Wissensstand sind sie jedoch in Wirklichkeit bei den meisten Rassen und Unterrassen ziemlich verbreitet (217, 390). Bei den hellhäutigen Unterrassen der europiden Rasse treten sie allerdings nur sporadisch auf (6), obgleich im Spätstadium der Embryonalentwicklung in der Lederhaut stets Melanozyten vorhanden zu sein scheinen. Man hat zwar behauptet, die Ainuiden Japans wiesen niemals solche Merkmale auf (104), doch steht dahin, ob genügend Säuglinge untersucht wurden, um den Nachweis zu führen, daß diese ziemlich isolierte europide Unterrasse in dieser Hinsicht eine Ausnahme darstellt.

Vermutlich handelt es sich bei besagten Flecken um ein archaisches Merkmal, ererbt von Vorfahren, die wie Schimpanse und Orang-Utan reichlich Melanin in der Lederhaut führten.

Die Vererbung der Hautfarbe ist – abgesehen vom genetisch denkbar simplen Albinismus, der in diesem Zusammenhang jedoch nicht ins Gewicht fällt, da sich keine ethnische Gruppe aus Albinos zusammensetzt – ein verwickelter Vorgang. Manche Angehörige blonder Unterrassen vermögen sich gegen ultraviolettes Licht kaum durch Bildung von Melanin in der Haut zu schützen, während die bestimmter anderer Unterrassen (zum Beispiel Mediterraniden und Nordindiden) an der Sonne ausgesetzten Körperteilen bemerkenswert dunkel werden können, an sonnengeschützten Partien dagegen eher hellhäutig bleiben. Die Haut der Negriden ist bereits an geschützten Körperstellen dunkel, kann aber unter Einwirkung von ultraviolettem Licht noch weiter nachdunkeln. Vermutlich werden diese verschiedenen Merkmale und Möglichkeiten genetisch jeweils besonders gesteuert, doch wie stets beim Studium der menschlichen Vererbung wird der Fortschritt dadurch verzögert, daß sich die logisch wünschenswerten Kreuzungen nicht durchführen lassen und zwischen den einzelnen Generationen allzu lange Zeitabstände liegen.

Dennoch spricht allerlei dafür, daß die Hautfarbe beim Menschen von *Polygenen*, das heißt vielen Genen mit summierender Wirkung, gesteuert wird. Das jedenfalls erbrachten einschlägige Untersuchungen an amerikanischen »Negern«, einer hauptsächlich von negriden und europiden Vorfahren abstammenden Mischlingsbevölkerung, die hinsichtlich der Hautfarbe eine sehr breite Fächerung aufweist. Heiraten nun zwei in der Hautfarbe voneinander abweichende, doch nicht extrem verschiedene Angehörige dieser Gruppe, zeigen die Nachkommen gewöhnlich eine Zwischennuance, und ehelichen diese ihrerseits wiederum Partner von leicht abweichender Hautfarbe, pflegt die Nachkommenschaft in der Regel erneut in der Mitte zu liegen. Bei Eltern von sehr unterschiedlicher Hautfarbe könnte, wie Untersuchungen an negrid-europiden Bastarden in Liverpool nahelegen, eine leichte Tendenz zur Dominanz der Hellhäutigkeit bestehen (474). Daß Generation um Generation Zwischenformen auftreten, läßt auf die Wirkung von Polygenen schließen, wobei sich die genetische Interpretation in solchen Fällen notgedrungen auf eine spezielle Form der statistischen Analyse stützt. Allem Anschein nach müssen etwa fünf Genpaare, durchweg summierend und von fast gleicher Wirkung, hereinspielen (1007, 1008). An jedem der fünf Genorte in den Chromoso-

men könnten nun beide Gene für Hellhäutigkeit, je eins für Hell- und Dunkelhäutigkeit oder beide für Dunkelhäutigkeit sein. Europäer würden nicht notwendig lauter »helle« Gene besitzen – eins, zwei oder drei könnten durchaus auch »dunkel« sein. (Leider ist es bei einer statistischen Analyse dieser Art nicht möglich, Komplikationen, wie der Fähigkeit, auf ultraviolettes Licht zu reagieren, Rechnung zu tragen.)
Nichts deutet darauf hin, daß irgendein die Hautfarbe bestimmendes Gen in irgendeiner Weise die menschlichen Geistesfähigkeiten beeinflußte. Mögen sich bestimmte Rassen oder Unterrassen im Laufe der Evolution auch zu einem höheren Durchschnitts-Intelligenzniveau aufgeschwungen haben, ein zwingender Zusammenhang zwischen diesem Vorgang und der Hautfarbe liegt nicht vor. Durchaus möglich hingegen wäre, daß selektive Einflüsse bei einer bestimmten Rasse oder Unterrasse zu einer bestimmten Hautfarbe (egal, ob hell oder dunkel) führten und daß selektive Einflüsse anderer Art dieser Rasse oder Unterrasse unabhängig davon zu einem hohen Durchschnitts-Intelligenzniveau (oder einem hohen Prozentsatz an Personen mit überdurchschnittlicher Intelligenz) verhülfen – ein Beispiel dafür, daß bei einer bestimmten Rasse oder Unterrasse zwei oder mehr von zwei unabhängigen Komplexen gesteuerte Merkmale koexistieren können (wie zum Beispiel Brachycephalie und die eher breite, leicht eingedrückte Nase bei der alpiniden Unterrasse).

Zoologen messen bei der Klassifikation der Tiere den gewöhnlich auf eine Anhäufung von Farbkörnchen in den Zellen oder feinste Parallelfurchung der Epidermis zurückgehenden Farbunterschieden nur wenig Bedeutung bei und legen weit mehr Gewicht auf die gröberen Strukturunterschiede, die etwa dadurch entstehen, daß sich bestimmte Zellen bei zwei oder mehr Tiergruppen auf unterschiedliche Weise anordnen und damit spürbar voneinander abweichende Aggregate bilden oder daß die Zellen unterschiedlich geformtes Skelettmaterial (beispielsweise Knochen oder die äußeren Skelette der Insekten) erzeugen. So kann es den Zoologen nur überraschen, daß bei den landläufigen Debatten über ethnische Probleme auf die Hautfarbe derart großes Gewicht gelegt wird.
Zwischen den verschiedenen Menschenrassen und in geringerem Grad auch zwischen den Unterrassen bestehen ausgeprägte strukturelle oder »morphologische« Unterschiede, von denen einige im dritten Teil dieses Buches sehr ausführlich behandelt werden sollen. Hier mag der Hinweis genügen, daß gewisse Menschenrassen von der europiden (beispielsweise in Nasenbreite, Dicke der Lippen, Vorspringen der Kiefer, Länge und Beschaffenheit des Haars) so stark abweichen, daß es jeden Zoologen oder Anthropologen befremden muß, einen so belanglosen Unterschied wie die Hautfarbe zum wichtigsten Charakteristikum hochgespielt zu sehen.
Und doch kann man über diese in ihren morphologischen Merkmalen völlig andersartigen nicht-weißen Rassen immer wieder hören, das einzige, was sie von uns unterscheide, sei die Hautfarbe, wobei nicht recht vorstellbar ist, daß jemand, der einen australischen Eingeborenen, einen Melanesier, Buschmann oder Neger mit eigenen Augen gesehen hat, derlei Gerede ernstnehmen könnte, das nicht nur den nachgewiesenen Fakten der Anthropologie, sondern auch der gewöhnlichen Alltagsbeobachtung widerspricht.
Ein negrider oder melanesider Albino, der hellhäutiger ist als jeder nicht an Albinismus leidende Europäer, sieht einem Europäer noch weniger ähnlich als ein normaler Melaneside oder Negride, ein Tatbestand, auf den der französische Mathematiker Maupertuis schon vor über zweihundert Jahren hinwies (715). Denn ein blasses Gesicht und strohblondes Haar zusammen mit den Zügen einer nicht-europiden Rasse läßt die tatsächlich bestehenden großen Unterschiede besonders stark hervortreten, unter anderem

vielleicht deshalb, weil bei Dunkelhäutigen die Gesichtszüge nicht so deutlich erkennbar sind. Tatsächlich könnte man ja, wäre die Haut (was niemals der Fall ist) wirklich schwarz, abgesehen von Lippen, Zahnfleisch, Zähnen und Augenweiß nur im Profil irgendwelche Züge wahrnehmen.

Daß die Farbe im Vergleich zu den morphologischen Merkmalen relativ unwichtig ist, geht auch aus der Tatsache hervor, daß es keine Menschenrasse (in dem Sinn, in dem dieser Begriff im vorliegenden Buch verwendet wird, siehe Seite 78 ff.) gibt, deren charakteristisches Merkmal Hellhäutigkeit wäre. Zwar besitzen die meisten Unterrassen der europiden Rasse eine helle Haut, aber die Nordindiden (Indo-Afghanen) und Äthiopiden fallen aus diesem Rahmen. Sikhs und andere Nordindiden werden an der Sonne ausgesetzten Körperpartien hellbraun, Angehörige der äthiopiden Unterrasse sehr dunkel – dunkler als manche negriden Stämme. Wären die Nordindiden etwas hellhäutiger, ließen sie sich kaum mehr von den Mediterraniden unterscheiden, weshalb denn auch manche Wissenschaftler die Nordindiden als Lokalform der mediterraniden Unterrasse ansehen (1085).

In Anbetracht dieser Tatsachen nimmt es wunder, daß Personengruppen, die nicht das mindeste gemein haben, im landläufigen Sprachgebrauch vielfach unter der Rubrik »Farbige« zusammengefaßt werden, gerade so, als beinhalte die Hautfarbe bereits eine genetische Verwandtschaft. So kann es etwa in England vorkommen, daß ein Inder, obwohl er einen ganz ähnlichen Körperbau aufweist wie viele Europäer und seine Vorfahren lange vor den Bewohnern der britischen Inseln eine Kultur aufbauten, als »farbig« eingestuft und so mit Leuten in einen Topf geworfen wird, die sich morphologisch von ihm nicht weniger unterscheiden als von den Europäern und deren Vorfahren, die es nie zu einer eigenen Zivilisation gebracht haben. Das Merkwürdige dabei ist nur, daß diejenigen, die die Menschen derart unwissenschaftlich einteilen, nicht im Schlaf daran dächten, dasselbe Klassifikationsprinzip auch auf Tiere anzuwenden. Sie würden bei der Beurteilung der Vorzüge und Fehler normaler Labrador-Retriever, Scotchterrier und Schipperken gewiß nicht nur vom schwarzen Fell ausgehen und wären sich durchaus darüber im klaren, daß ein goldgelber Labrador-Retriever einem schwarzen in fast jeglicher Hinsicht zum Verwechseln gleicht.

Dritter Teil

Beobachtungen an bestimmten Menschengruppen

10
Einführung zum dritten Teil

In diesem Teil des vorliegenden Buches sollen anhand verschiedener ausgewählter Menschengruppen jeweils bestimmte Aspekte der ethnischen Frage illustriert werden. Da sich die meisten Kapitel dieses Teils bis zu einem gewissen Grad und manche sogar ausschließlich mit Fragen der biologischen Anthropologie befassen, müssen wir zunächst einmal die Relevanz dieses Zweiges der Lehre vom Menschen für das ethnische Problem untersuchen.

Bedauerlicherweise zeigen biologische Anthropologen und Sozialanthropologen eine gewisse Neigung, jeweils eigene Wege zu gehen, gerade, als hätten die Interessen der einen nicht unmittelbar mit denen der anderen zu tun – eine Tendenz, die sich in jüngster Zeit in erhöhtem Maße bemerkbar macht, obwohl sie keineswegs neu ist. Schon vor Jahren konstatierte T. H. Huxley mit Mißfallen, daß gerade in der Naturwissenschaft unbewanderte Ethnologen »die zoologische Methode ganz und gar vernachlässigt haben, wobei diese Vernachlässigung von jenen auf die Spitze getrieben wurde, die keinen Schimmer von Anatomie haben. . . dabei liegt auf der Hand, daß das zoologische Berufungsgericht für den Ethnologen die höchste Instanz darstellt und nichts gegen das aus den physischen Merkmalen abgeleitete Beweismaterial ankann« (536).

Wie bereits in Kapitel 9 hervorgehoben, ist die Hautfarbe bei der Unterscheidung der verschiedenen Menschengruppen relativ belanglos (Seite 126–127), eine Feststellung, die wir hier insofern noch einmal betonen müssen, als die Menschheit im volkstümlichen Sprachgebrauch und Schrifttum ständig in »Weiße« und »Farbige« eingeteilt und gelegentlich sogar ausdrücklich behauptet wird, von der Hautfarbe abgesehen, bestünde zwischen den Rassen kein Unterschied. Wie wenig diese Feststellung zutrifft, beweist unter anderem der Umstand, daß Romanciers, die sich in der biologischen Anthropologie nicht auskennen, gern in lebendig hingeworfenen Skizzen für die Vertreter bestimmter *Unterrassen* (neben der Hautfarbe) spezifische Merkmale schildern. So läßt etwa die Beschreibung des Lavreckij in Turgenjews *Das Adelsnest* keinen Zweifel daran, daß der Held die wesentlichen Erscheinungsmerkmale eines Osteuropiden besitzt, einer Unterrasse, die der Autor offenbar für Rußland besonders charakteristisch fand (und die es für weite Teile des Landes auch tatsächlich ist), denn er spricht von Lavreckijs »rotwangigem, typischem russischem Gesicht mit der hohen weißen Stirn, der etwas starken Nase und den vollen, regelmäßigen Lippen . . . Er war ausgezeichnet gewachsen, und blondes, lockiges Haar umwallte jünglingshaft seinen Kopf« (1071).Daneben erwähnt Turgenjew noch, daß Lavreckij blaue Augen hat, auf dem Familiengut im Gebiet Beshezk in der typisch osteuropiden Region zur Welt kam und sowohl seine Mutter als auch seine Großmutter väterlicherseits aus der Gegend stammten (1071, 1070).

Einen ähnlich scharfen Blick für die an bestimmten Unterrassen der europiden Rasse besonders hervorstechenden Merkmale beweist auch Lermontow, wenn er in seinem halb autobiographischen Roman *Ein Held unserer Zeit* mit knappen Strichen die äußere Erscheinung des fatalistisch eingestellten Leutnants Wulitsch schildert, der anläßlich einer Wette bei einer Abart des »russischen Rouletts« sein Leben aufs Spiel setzt. Lermontows Beschreibung läßt zwingend an einen Dinariden denken, spricht er doch von Wulitschs »hohem Wuchs und dunkler Gesichtsfarbe, seinem schwarzen Haar, schwarzen stechenden Augen und der großen, aber geraden, für sein Volk typischen Nase« (655, 654). Der Spieler wird als Serbe vorgestellt, was den biologischen Anthropologen in Anbetracht der Tatsache, daß Serbien in der Hauptsache von Dinariden bevölkert ist, auch nicht überrascht.

Warum aber, so fragt man sich, wird so häufig behauptet oder angedeutet, die Rassen unterschieden sich nur hinsichtlich der Hautfarbe, wenn dies doch offensichtlich nicht zutrifft? Mich mutet diese gängige Unterbewertung der Rassenunterschiede, die Unterstellung, das einzig Trennende zwischen einem Europäer und einem Chinesen oder Neger (oder welches Beispiel man sonst herausgreifen mag) sei die Farbe, wie ein unbewußtes Eingeständnis an: Das Eingeständnis nämlich, daß die Anerkennung der faktisch vorhandenen fundamentaleren Unterschiede die Ansichten über die ethnische Frage beeinflussen müßte, da es nicht eben wahrscheinlich schiene, daß solche Unterschiede mit einer absoluten Gleichheit der für Denken und Empfinden zuständigen Körperpartien gekoppelt sein sollten.

Diese Annahme wird durch die wohlbekannte Tatsache erhärtet, daß sich »eineiige« Zwillinge – also Zwillinge, die sich aus demselben befruchteten Ei entwickelten und daher denselben Genbestand aufweisen – normalerweise nicht nur physisch, sondern auch geistig-seelisch in hohem Maße gleichen – ein Fragenkomplex, den der amerikanische Forscher H. H. Newman und seine Kollegen in einer statistischen Erhebung über Ähnlichkeiten und Unterschiede bei eineiigen und zweieiigen Zwillingen (das heißt solchen, die sich aus verschiedenen Eizellen entwickelten und einander daher mit Ausnahme des Alters nicht mehr ähneln als normale Geschwister) eingehend untersuchten. Die Untersuchung umfaßte fünfzig (gleichgeschlechtliche) zweieiige und fünfzig eineiige Zwillingspaare, die jeweils unter denselben Umweltbedingungen aufgewachsen waren. Die Wissenschaftler stellten dabei fest, daß sich eineiige Zwillinge zwar nicht selten in ihrer sogenannten »Persönlichkeitsstruktur« unterscheiden (etwa im Umgang mit Fremden eine unterschiedliche Initiative an den Tag legen), sich aber hinsichtlich Intelligenz und Schulleistung viel stärker ähneln als zweieiige. An diesen und gewissen anderen Erscheinungen (wie zum Beispiel dem Charakter der Handschrift und dem Schreibtempo) »erweist sich klar und deutlich, daß sich die Zwillinge mit denselben Erbanlagen stärker gleichen . . . ein Schluß, der eindeutig festzustehen scheint« (798). Das aber bedeutet, daß die (anhand sorgfältig durchdachter Kriterien ermittelte) physische Ähnlichkeit der eineiigen Zwillinge mit einer Ähnlichkeit wichtiger geistig-seelischer Eigenschaften Hand in Hand geht, wobei es festzuhalten gilt, daß Newman und seine Mitarbeiter lediglich Variationen innerhalb von Familien eingehend untersuchten. Da aber zweieiige Zwillinge wie normale Geschwister von ihren Eltern viele gleiche Gene erben, pflegen sie einander mehr zu ähneln als nichtverwandte Personen. Hätten die Forscher die Ähnlichkeiten und Unterschiede zwischen eineiigen Zwillingen mit denen zwischen nichtverwandten Personen verglichen, wäre die auf denselben Genbestand zurückgehende geistig-seelische Ähnlichkeit noch deutlicher zutage getreten. (Eine ausführlichere Untersuchung über die Rolle des genetischen Elements bei der geistigen Merkmalsausprägung findet man in Kapitel 22.)

Nun hegen aber keineswegs nur Nichtbiologen die Vorstellung, das Vorhandensein mannigfaltiger physischer Unterschiede zwischen bestimmten ethnischen Taxa lasse mit einiger Wahrscheinlichkeit auch auf angeborene Unterschiede in den Geisteskräften schließen. Wie Professor H. J. Muller schreibt: »Der überwiegenden Mehrheit der Genetiker scheint die Annahme absurd, die psychologischen Merkmale unterlägen gänzlich anderen Vererbungs- und Entwicklungsgesetzen als die übrigen biologischen Charakteristika ... ein Schluß, der unter anderem durch das beim psychologischen Vergleich zwischen zwei- und eineiigen Zwillingen erarbeitete empirische Beweismaterial untermauert wird« (779). In ähnlichem Sinn äußert sich auch Professor Sir Ronald Fisher: »Für mich steht außer Zweifel, daß sich Genunterschiede, die das Wachstum oder die physiologische Entwicklung eines Organismus beeinflussen, normalerweise *pari passu* auch auf die angeborenen Gemütsneigungen und Geistesfähigkeiten auswirken. Ich würde in der Tat sagen, daß ... ›die verfügbaren naturwissenschaftlichen Kenntnisse eine solide Basis für die Annahme liefern, die verschiedenen Menschheitsgruppen unterschieden sich in ihren angeborenen intellektuellen und emotionalen Entwicklungsmöglichkeiten‹, da sie sich ohne allen Zweifel in einer sehr großen Zahl besagter Gene unterscheiden« (337).

Tatsächlich ist kaum anzunehmen, daß zwei ethnische Taxa, die sich in vielen, verschiedene Körperpartien beeinflussenden Genen voneinander abweichen, in all jenen Genen, die sich auf Entwicklung und Funktion des Nervensystems und Sinnesapparates auswirken, genau übereinstimmen sollten. Aus diesem Grund ist der Grad der physischen Abweichungen zwischen den verschiedenen Menschengruppen für die ethnische Frage durchaus von Belang, und so wollen wir in Kapitel 11 einige allgemeine Angaben über Art und Umfang dieser Unterschiede bringen.

Um die für eine Menschenrasse kennzeichnenden physischen Merkmale an einem konkreten Beispiel zu erläutern, werden wir in Kapitel 12 die Europiden etwas ausführlicher behandeln und außerdem versuchen, anhand eines Vergleichs zwischen zwei europiden Unterrasen einen gewissen Eindruck vom Ausmaß der zwischen Unterrassen bestehenden Unterschiede zu vermitteln. Darüber hinaus soll auch der Hybridismus zwischen Unterrassen sowie zwischen der europiden und anderen Rassen erörtert werden. Um zu klären, was ein ethnisches Taxon ist und was nicht, wollen wir sodann verschiedene Gruppennamen unter die Lupe nehmen, die zwar sehr gebräuchlich sind, aber nicht eigentlich als systematische Bezeichnungen für Taxa gelten können. So werden bestimmte Kategorien von Menschen im täglichen Sprachgebrauch und selbst in der Literatur mit Termini (wie zum Beispiel »Rasse«) belegt, die an ein Taxon denken lassen, während es sich in Wirklichkeit lediglich um Gruppen durch Nationalität, Land, Sprache, Religion oder Brauchtum* zusammengeschlossener Personen handelt. Dieser Tatbestand soll in Kapitel 13 am Beispiel der Juden erläutert werden.

In Kapitel 14 werden die Australiden (die australische Urbevölkerung) einer genaueren Analyse unterzogen, um Licht in die Frage zu bringen, ob sie in ihren physischen Merkmalen engere Verwandtschaftsbeziehungen zu unseren entfernten, halbmenschlichen Vorfahren vermuten lassen als andere heute noch existierende Taxa.

Während das in Kapitel 8 bereits gestreifte Thema der Pädomorphose in Kapitel 15 anhand der Beschreibung und Illustration der höchst bemerkenswerten anatomischen Besonderheiten der Buschmänner und vor allem der Buschmannfrauen auf seine Relevanz für den Menschen untersucht werden soll, wollen wir die physischen Merkmale der Negriden nur kurz erwähnen und uns in den Kapiteln 16–19 vornehmlich mit der sozialanthropologischen Frage befassen.

* Zwar werden manche der benannten Gebiete hauptsächlich von Angehörigen einer bestimmten ethnischen Gruppe bewohnt (beispielsweise Serbien von Dinariden oder die Neuen Hebriden von Melanesiden); aber die fraglichen Gruppen sind selten auf diese Gebiete beschränkt.

11
Physische Unterschiede zwischen den ethnischen Taxa des Menschen: Eingangsbemerkungen

Primäre und sekundäre Merkmale

In Kapitel 8 haben wir uns ausführlich mit der Bedeutung des Ausdrucks »typische Formen« bei der Beschreibung der Taxa der Tierwelt befaßt und hervorgehoben, daß die systematischen Klassifikationen in Anbetracht der nahezu unbegrenzten Formenvielfalt unbestimmt und wenig hilfreich blieben, wenn sie jedes Individuum erfaßten, daß man aber mittels Induktion die typischeren Formen jedes Taxons ausfindig machen und darauf die mehr oder weniger großen Abweichungen vom Typischen feststellen kann.
Nun erweisen sich aber die ethnischen Taxa hinsichtlich gewisser Merkmale als dimorph, das heißt, die einen Vertreter eines Taxons tragen ein bestimmtes Merkmal, das bei anderen fehlt oder durch ein anderes ersetzt ist. Diese dimorphen Formen teilen denselben Lebensraum und pflanzen sich untereinander fort. In gewisser Hinsicht könnte man auch die beiden Geschlechter als dimorphe Formen ansehen, doch ist es nicht üblich, den Begriff auf diesen Sonderfall auszudehnen. Existiert (was häufig vorkommt) ein ethnisches Taxon in mehreren charakteristischen Spielarten, so spricht man von Polymorphismus, wobei – im Gegensatz etwa zu manchen Schmetterlingsarten, bei denen sich sämtliche Männchen gleichen, während die polymorphen Weibchen in Flügelform und -zeichnung charakteristische Unterschiede aufweisen – beim Menschen beide Geschlechter dieselben polymorphen Erscheinungsformen zeigen.
Häufig tritt der Polymorphismus nicht in äußerlich wahrnehmbaren Merkmalen, sondern in den chemischen Eigenschaften des Blutes und anderer Körperflüssigkeiten in Erscheinung – ein wichtiger Punkt, den wir uns anhand eines mit den menschlichen Rassenunterschieden zusammenhängenden Beispiels verdeutlichen wollen.
Der flüssige Bestandteil des menschlichen Blutes (das Plasma) enthält sogenannte *Haptoglobine*, Stoffe, die sich mit dem Hämoglobin, der in den roten Blutkörperchen enthaltenen Substanz, die das Blut färbt und den Sauerstoff von den Lungen in alle Körperteile befördert, chemisch verbinden können. Welche Rolle die Haptoglobine, die sich aus dem Serum des geronnenen Blutes gewinnen lassen, spielen, ist noch weitgehend ungeklärt. Gewöhnlich kommen sie mit dem Hämoglobin nicht direkt in Berührung; wird jedoch ein rotes Blutkörperchen beschädigt oder stirbt ab, tritt das Hämoglobin ins Plasma aus, wo sich das Haptoglobin mit ihm verbindet und auf diese Weise verhindert, daß es durch die Nieren ausgeschieden wird. Nun finden sich aber im menschlichen Blut zwei chemisch verschiedene Haptoglobinarten, Hp 1 und Hp 2, die jeweils auf ein bestimmtes Gen, Hp^1 beziehungsweise Hp^2 zurückgehen. Jeder Mensch kann somit also entweder Hp^1 oder Hp^2 in doppelter beziehungsweise Hp^1 und Hp^2 in einfacher Dosis besitzen. Daneben gibt es aber auch Menschen, die – offenbar aufgrund eines in doppelter Dosis vorhandenen rezessiven Gens, das die Synthese beider Haptoglobinarten verhindert – überhaupt kein Haptoglobin im Blut haben. Demnach existieren also im Hinblick auf das Vorhandensein von Haptoglobin im Blutplasma vier Personenty-

pen – solche, die nur Hp 1, solche, die nur Hp 2, solche, die Hp 1 und Hp 2, und solche, die weder das eine noch das andere aufweisen. Wie sich bei einem Vergleich zwischen einer Gruppe von Europiden (Briten) und nigerianischen Negriden vom Stamm der Yoruba *(Pan 2)* modifiziert durch Hybridation mit Haussa herausstellte (13), unterliegt das prozentuale Verhältnis der Vertreter dieser vier Typen bei verschiedenen Rassen erheblichen Schwankungen, wobei sich annähernd folgendes Bild ergab:

	nur Hp 1	nur Hp 2	sowohl als auch	weder noch
Europide	10	32	55	3
Negride	54	3	11	32

Nun kann man die in dieser Tabelle erfaßten Unterschiede in der Gen-Häufigkeit zwar wohl als »Merkmale« der beiden Rassen bezeichnen, sie aber nicht in dem Sinne zu deren *Definition* heranziehen. Mit ihrer Hilfe ließe sich bestimmen, welche Personen der einen und welche der anderen Rasse angehören. Um Europide von Negriden zu unterscheiden, bedarf es Kriterien anderer Art; ist diese Unterscheidung aber einmal durchgeführt, kann man interessante Fakten über die Verteilung bestimmter Gene bei den Angehörigen beider Rassen feststellen. Während man die zur Unterscheidung der verschiedenen Taxa geeigneten Merkmale als »primär« bezeichnet, werden solche, die diese grundsätzliche Unterscheidung normalerweise eigentlich nicht zulassen, dafür aber in bestimmten Fällen zur Bestätigung von Unterschieden oder zum Nachweis von Mischformen herangezogen werden können, als »sekundär« eingestuft.

In jüngster Zeit hat man auf dem Sektor der »biochemischen Anthropologie« ein reiches Informationsmaterial zusammengetragen, über das auch bereits eine brauchbare Übersicht (621, 622) existiert. Hierher gehören unter anderem die Blutgruppen, in Wirklichkeit nur ein besonders gut bekannter Sonderfall des wesentlich weitergespannten Phänomens, daß zwischen Angehörigen desselben ethnischen Taxons und oft sogar derselben Familie chemische Unterschiede bestehen und daß das *Verhältnis* zwischen den Trägern bestimmter biochemischer Merkmale von einem Taxon zum anderen differiert. Gerade über die prozentuale Häufigkeit der Blutgruppen-Gene bei verschiedenen Populationen existiert ein ungemein reiches Wissensmaterial, das in vielen Lehrbüchern tabellenmäßig erfaßt ist (so zum Beispiel in der besonders brauchbaren Tabelle in Schwidetzkys *Die neue Rassenkunde*, 953).

In einigen wenigen Fällen weisen die Vertreter eines bestimmten ethnischen Taxons in der überwiegenden Mehrzahl dieselbe Blutgruppe auf, so beispielsweise gewisse, von Santiana untersuchte Ureinwohner Ecuadors (929). Santiana, dem das große Verdienst zukommt, die ethnischen Taxa zunächst anhand morphologischer Merkmale identifiziert und erst dann auf die Gen-Häufigkeit hin untersucht zu haben, erforschte die ABO-Blutgruppen von 8112 Angehörigen der andiden Unterrasse der Indianiden (»Indianer«) und stellte dabei fest, daß nicht weniger als 7707 zur Blutgruppe 0 zählten. Statt Zahl oder Prozentsatz der zu jeder der Gruppen A, B, AB und 0 zählenden Personen zu ermitteln, empfiehlt es sich für manche Zwecke, die Häufigkeit der für die Ausprägung der beobachtbaren (phänotypischen) Merkmale verantwortlichen Gene zu spezifizieren. Die einzelne Keimzelle (Spermatozoon oder Ei) kann jeweils nur eins dieser Gene führen, also entweder ein Gen für A, B oder 0. Angehörige der Gruppe AB haben demnach also das Gen für A vom einen und das für B vom anderen Elternteil ererbt. Diese Fakten ließen sich zwar auch durch das Prozentverhältnis der mit den verschiedenen Genen ausgestatteten Keimzellen ausdrücken, doch ist es allgemein üblich, die »Gen-Häufigkeit« in Ziffern wiederzugeben, die zusammen 1,0 (statt 100) ergeben. Ist das Prozentverhältnis der Vertreter der vier Blutgruppen bekannt, läßt sich die Gen-Häufigkeit mittels einfacher algebraischer Gleichungen mühelos errechnen (870, 472), wobei die Frequenz des Gens für A mit dem Symbol *p*, für B mit *q* und für 0 mit *r* umschrieben wird (wir werden auf das Thema der Gen-Häufigkeit in unserem Zusammenhang noch des öfteren zurückkommen).

Bei den von Santiana untersuchten Andiden Ecuadors ergaben sich für die Häufigkeit der für die ABO-Blutgruppen verantwortlichen Gene folgende höchst ungewöhnliche Werte: *p*, 0,019; *q*, 0,007; *r*, 0,974 – ein selbst für eine Unterrasse der Indianiden, bei denen ein hoher Prozentsatz von Personen mit Blutgruppe 0 an der Tagesordnung ist, bemerkenswertes Resultat.

Diese reichlich ausgefallene ABO-Blutgruppen-Gen-Frequenz der Andiden könnte fast zu der Überzeugung verleiten, Gruppe 0 stelle ein primäres Merkmal dieser Unterrasse dar – in auffallendem Unterschied zu den meisten anderen ethnischen Taxa, bei denen eine bestimmte Blutgruppe als primäres Merkmal überhaupt nicht in Frage käme. So hat man zum Beispiel bei den Sikhs (einer nordindiden Unterrasse der Europiden) folgendes Prozentverhältnis zwischen den Gruppen der ABO-Serie festgestellt: A,25,2; B,30,6; AB,8; 0,35,3 (953) – kurzum, es ließe sich nicht sagen, welcher Gruppe ein typischer Nordindider angehören müßte, noch wäre es möglich, die Blutgruppe eines Individuums als Nachweis für seine Unterrassenzugehörigkeit heranzuziehen. Hat man hingegen anhand zahlreicher, aufgrund bestimmter morphologischer Merkmale zu dieser Unterrasse zählender Probanden die Gen-Häufigkeiten der Nordindiden ermittelt, kann man sie als aufschlußreiches *sekundäres* Merkmal dieser (von den Sikhs in besonders typischer Weise repräsentierten) Unterrasse werten.

Einige der menschlichen Blutgruppen kommen auch bei Affen vor, woraus sich, wie J. B. S. Haldane bereits vor Jahren bemerkte, »der paradoxe Tatbestand ergibt, daß eine Bluttransfusion von einem Schimpansen möglicherweise nicht riskanter ist als eine vom eigenen Bruder« (459). Und noch eine weitere, äußerst merkwürdige, den Geschmackssinn betreffende Ähnlichkeit zwischen bestimmten Menschen und bestimmten Schimpansen sei hier erwähnt:

Als der in einem Industriechemielabor in Wilmington (Delaware) tätige Dr. A. L. Fox bei Gelegenheit ein bestimmtes Quantum an Phenylthiocarbamid herstellte (eine farblose Substanz, die aus heißem Wasser nadelförmig auskristallisiert), beschwerte sich ein Arbeitskollege über den bitteren Geschmack des Pulvers. Beide probierten daraufhin das Präparat, aber während Fox die Kristalle geschmacklos fand, bezeichnete sie sein Kollege als »äußerst bitter«. Wie sich bei einem anschließend mit vielen Versuchspersonen beiderlei Geschlechts, unterschiedlichen Alters und verschiedener Rasse durchgeführten Test ergab, empfanden die »Schmecker« Phenylthiocarbamid bereits in Konzentrationen, in denen es den »Nichtschmeckern« überhaupt nicht auffiel, als unangenehm bitter (355). (Bemerkenswerterweise ist Phenylthiocarbamid chemisch mit einer als Süßstoff im Handel befindlichen Substanz verwandt.)

Im selben Jahr, in dem Dr. Fox seine Ergebnisse veröffentlichte (1932), erschienen unabhängig voneinander zwei Aufsätze über die Vererbung des Schmeckvermögens für Phenylthiocarbamid (986, 102). Demnach schien mangelnder Geschmackssinn ein einfaches rezessives Merkmal, obgleich sich aufgrund des Alters und Geschlechts der Probanden sowie der bei den Tests verwendeten Konzentrationen gewisse, allerdings geringfügige Komplikationen ergaben. Insgesamt jedoch erwiesen sich diese ersten Berichte im wesentlichen als zutreffend. Die Unfähigkeit, Phenylthiocarbamid in einer sorgfältig dosierten Konzentration zu schmecken, ist tatsächlich ein rezessives Merkmal (736), wobei in Ländern mit überwiegend europider Bevölkerung gewöhnlich 30 Prozent und mehr zu den Nichtschmeckern zählen (736, 953).

Wie in Edinburgh, London und Whipsnade durchgeführte Versuche ergaben, lassen sich auch (vermutlich zur Rasse *Pan satyrus verus* gehörende) Schimpansen in Schmecker und Nichtschmecker einteilen (339): Von 27 getesteten Tieren beiderlei Geschlechts erwiesen sich sieben (26 Prozent) als Nichtschmecker, und zwar vermutlich aufgrund desselben Gens, das auch die Geschmacksfähigkeit für besagten Stoff beim Menschen steuert.

Da sich der Test mühelos durchführen läßt, steht uns heute aus nahezu allen Teilen der Welt entsprechendes Informationsmaterial zur Verfügung. So wissen wir beispielsweise, daß der Prozentsatz der Nichtschmecker bei den Siniden (Chinesen), die inner- wie außerhalb ihrer Heimat untersucht wurden, gewöhnlich unter 10 Prozent liegt, etwa bei den Chinesen auf Taiwan (Formosa) bei nur circa 6,4 Prozent (197).

Die Erscheinung des Dimorphismus oder Polymorphismus, an der Paare oder größere Gruppen allelomorpher Gene beteiligt sind, ist so wichtig, daß wir noch ein weiteres Beispiel anführen wollen. Bekanntlich tritt bei der negriden Bevölkerung weiter Teile des tropischen Afrika häufig die sogenannte Sichelzellenanämie auf (973), eine Erkrankung, bei der die roten Blutkörperchen vielfach Sichel- oder Halbmondform annehmen und der in ihnen enthaltene rote Farbstoff in der chemischen Zusammensetzung eine (allerdings nur sehr geringfügige) Abweichung von der Norm aufweist. Die Ursache ist ein Gen, das in einfacher oder doppelter Dosis auftreten kann. Im letztgenannten Fall stirbt der Betreffende gewöhnlich bereits im Kindesalter; ist das Gen dagegen nur in einfacher Dosierung vorhanden (wenn also sowohl normale als auch anomale Gene vorhanden sind), resultiert daraus eine gewisse Widerstandskraft gegen Malaria. 1952 wurde die Sichelzellenanämie auch beim südindischen Stamm der Irula entdeckt, einem auf einer einfachen Kulturstufe stehenden Dschungelvolk, und das, wie sich bei einer Blutuntersuchung herausstellte, bei nicht weniger als 30 Prozent der untersuchten Personen (649). Nun sind aber die Irula Weddide, das heißt, sie gehören zum selben Taxon wie die Wedda Ceylons, und so hat man, um das Auftreten dieses besonderen Merkmals bei einem ganz anderen Volk zu erklären, die Hypothese aufgestellt, diese Gruppe habe sich in alter Zeit bis nach Afrika ausgebreitet und durch Mischehen das Sichelgen in die negride Bevölkerung des Schwarzen Kontinents eingeschleppt (649). Singer allerdings, der die Verbreitung des Sichelzellenmerkmals eingehend untersucht hat, hält es ebensogut für möglich, daß es mit den Negriden nach Indien gelangt beziehungsweise gleichzeitig an mehreren Punkten der Erde aufgetreten sein könnte (973). Das scheint allerdings die zutreffendste Erklärung zu sein, muß man doch, wenn sich bei Angehörigen zweier offenkundig nichtverwandter ethnischer Taxa dasselbe Gen findet, immer mit der Möglichkeit einer unabhängigen Mutation rechnen. Es kann also durchaus sein, daß das Sichelgen durch Mutation in Afrika und unabhängig davon in Südindien auftrat und durch natürliche Zuchtwahl in bestimmten Malariagebieten beibehalten wurde. Morphologisch jedenfalls unterscheiden sich die Weddiden sehr stark von den Negriden – bis auf die breite Nase, die sich jedoch auch bei verschiedenen anderen nichtverwandten ethnischen Taxa findet.

Hat man ein Taxon aufgrund primärer Merkmale definiert, kann man die Häufigkeit der Gene, welche Blutgruppen, Haptoglobine und andere biochemische Eigenschaften der Individuen steuern, als sekundäre Merkmale ermitteln oder anders gesagt, man kannesich erst dann ans Auszählen der Gene machen, wenn das Taxon feststeht. Natürlich könnte man auch die Gene eines Volkes wie zum Beispiel der »Russen« zählen (und hat es auch getan), doch ließe sich anhand einer solchen Zählung kein Taxon abgrenzen. Die Völker Rußlands sind sehr verschiedenartig und umfassen neben mehreren europiden Unterrassen (Osteuropiden, Alpiniden, Dinariden, Armeniden und andere) auch zwei mongolide (Sibiride und Tungide). Zwar besteht, da (beispielsweise) in Holland nur wenige Vertreter dieser Gruppen existieren, ein deutlicher Unterschied zwischen den Blutgruppengen-Frequenzen in den beiden Staaten Holland und Rußland, aber es hätte keinen Sinn, die diversen Völker Rußlands in einen Topf zu werfen, nur weil sie zufällig alle im selben Land leben. Man hat behauptet, eine Rasse sei für den Genetiker »eine Population, die sich in der Gen-Häufigkeit von anderen Populationen unterscheidet« (29). Träfe das zu, bildeten Russen und Holländer jeweils eine eigene Rasse, obwohl die europiden Russen den Holländern offensichtlich weitaus näher stehen als den russischen Mongoliden. Eine derartige Betrachtungsweise wäre ähnlich abwegig, als wollte man (vergleiche Kapitel 7) sämtliche Kammmolche Rumäniens zusammenfassen und aus ihren Merkmalen das Mittel errechnen, obwohl in diesem Land drei Unterrassen auftreten, von denen zwei auch außerhalb weit verbreitet sind.

Merkmale, anhand deren sich die typischsten Vertreter eines Taxons von denen eines anderen unterscheiden lassen, gehen in der Regel auf die Wirkung von *Polygenen* zurück, das heißt zahlreicher Gene mit geringfügig kumulativem Effekt. Kreuzt man Angehörige zweier ethnischer Taxa und dann deren Nachkommen, stellt sich gewöhnlich heraus, daß die primären Unterscheidungsmerkmale der Elternformen nicht »mendeln«, sich also bei der Nachkommenschaft nicht aufspalten, sondern daß vielmehr in sämtlichen aufeinanderfolgenden Generationen Mischformen entstehen. In all diesen Fällen darf man annehmen, daß die Unterscheidungsmerkmale der elterlichen Taxa von Polygenen gesteuert werden. Diese Polygene aber werfen erhebliche Probleme auf, im Gegensatz zu jenen Genen, die Blutgruppen und andere polymorphe Merkmale steuern und mit Hilfe der konventionellen genetischen Techniken ohne weiteres zu analysieren sind. Daher steht der Genetiker, wie bereits erwähnt, vor dem unseligen Paradox, daß sich ausgerechnet da, wo die Verwandtschaft oder Verschiedenartigkeit ethnischer Taxa besonders deutlich zutage tritt, die Fakten genetisch am allerwenigsten aufhellen lassen (47). Bei Tieren liegt, da man entsprechende Kreuzungen durchführen kann, die genetische und die Chromosomenanalyse der Polygene manchmal im Bereich des Möglichen (712), doch beim Menschen stößt man auf außerordentliche Schwierigkeiten, die sich nur in Ausnahmefällen und auch da nur mit Hilfe ungewöhnlicher genetischer Techniken (1007, 1008) überwinden lassen.

Da der Polymorphismus der genetischen Analyse keine weiteren Hindernisse entgegenstellt, sieht sich der Genetiker nahezu genötigt, seine Aufmerksamkeit auf Gene zu konzentrieren, die verschiedenen Taxa *gemein* sind und sich von Taxon zu Taxon nur hinsichtlich ihrer Häufigkeit unterscheiden, was indessen leicht zu einer Unterbewertung der zwischen den Taxa bestehenden Unterschiede führen kann. Polygene hingegen beeinflussen morphologische Merkmale, welche die Taxa *unterscheiden*, sind aber der genetischen Analyse nur in bestimmten Fällen und mit Hilfe besonderer Methoden zugänglich.

Das ganze weitgespannte taxonomische System von den Arten über die Gattungen, Familien usw. bis hinauf zum Stamm (Phylum) gründet sich hauptsächlich auf morphologische Anhaltspunkte. Eine genetische Analyse der Ursachen für die zwischen den verschiedenen höheren Taxa bestehenden Unterschiede ist gegenwärtig insofern nahezu unmöglich, als die erforderlichen Experimente eine in der Regel nicht vorhandene Fruchtbarkeit zwischen den Angehörigen dieser Gruppen voraussetzten. Allerdings tut dieser Tatbestand der im wesentlichen morphologischen Basis der Taxonomie keinen weiteren Abbruch, verlieren doch die der Klassifikation der Tiere zugrundeliegenden Prinzipien beim Übergang von der Art oder dem Formenkreis zur Rasse schon allein

deshalb nicht ihre Gültigkeit, weil, wie in den Kapiteln 5 bis 7 dargestellt, zwischen der Rasse und dem nächsthöheren Taxon keine scharfe Trennungslinie verläuft.
Damit soll indessen die genetische Analyse des Polymorphismus in keiner Weise herabgesetzt werden. Innerhalb festumrissener, auf der Basis primärer Merkmale definierter ethnischer Taxa hat die Untersuchung von Gen-Häufigkeiten vielfach eine Fülle brauchbarer zusätzlicher Informationen beigesteuert. Von Nachteil ist nur, wenn offenkundig heterogene Populationen von den Genetikern wie homogene behandelt werden. Im übrigen steht sehr zu hoffen, daß Mittel und Wege zur genetischen Analyse der Polygene, jener eigentlichen Verursacher der primären Unterscheidungsmerkmale zwischen typischen Vertretern der verschiedenen ethnischen Taxa, gefunden werden und daß sich eines Tages durch eine heute noch nicht vorstellbare Technik die Unterschiede zwischen sämtlichen Taxa des Tierreichs von der Unterrasse bis zum Stamm von diesen verursachenden Genen her analysieren lassen.
Nun liefert aber die von den Genetikern untersuchte Art Polymorphismus keineswegs die einzigen sekundären Merkmale, in denen sich die verschiedenen menschlichen Taxa voneinander unterscheiden. Viele den biologischen Anthropologen wohlbekannte, genetisch jedoch nicht analysierte Merkmale finden sich bei einem gewissen Prozentsatz der Angehörigen bestimmter Taxa, während sie bei anderen Taxa selten oder überhaupt nicht auftreten.So zeigt etwa die Anordnung der Schädelknochen in der sogenannten *Pterion*gegend (das ist im Bereich der hinteren oberen Spitze des großen Keilbeinflügels) in manchen Fällen eine gewisse Ähnlichkeit mit dem Gorilla und anderen Affen – eine Anordnung, die bei Australiden (der australischen Urbevölkerung) zwar wesentlich häufiger anzutreffen ist als bei Europiden, bei der Mehrzahl aber doch (wie bei den Europiden) fehlt, so daß die Tendenz zu dieser »affenartigen« oder anthropoiden Erscheinung als *sekundäres* Merkmal der Australiden gelten darf.
Ein ähnlich sekundäres Merkmal der Siniden (Chinesen) ist der bei rund 15 Prozent von ihnen beobachtbare Gaumenwulst oder *Torus* auf der Innen(Zungen-)seite des Unterkiefers (Mandibula), der in der Regel in der Nähe des Eckzahns oder des ersten Prämolars (227) am stärksten ausgebildet ist und bei verschiedenen anderen ethnischen Gruppen nur selten vorkommt.
Wenn der *Torus* auch bei den meisten der mit ihm ausgestatteten ethnischen Taxa ein sekundäres Merkmal darstellt, kann man doch mit einigem Recht behaupten, der *typische* Eskimide weise diesen besonderen Wulst auf, womit er zu einem primären, in gewissem Sinne mit der Blutgruppe 0 der Andiden vergleichbaren Merkmal dieser Gruppe aufrückt. Das aber besagt, daß die Unterscheidung zwischen primären und sekundären Merkmalen, so nützlich sie sich in den meisten Fällen auch erweist, nicht unbedingt absolute Gültigkeit besitzt.

Der Schädel in der Taxonomie

Der Schädel liefert dem Taxonomen bei der Unterscheidung der ethnischen Taxa des Menschen aus mehreren Gründen besonders wertvolle primäre Merkmale. Zwar gibt auch die äußere körperliche Erscheinung brauchbare Anhaltspunkte, doch wirkt sich hier vielfach die Ablagerung von Fettgewebe recht nachteilig aus, das, namentlich im Gesicht, charakteristische Merkmale überdecken kann. Hinzu kommt, daß Knochen im Gegensatz zu den verweslichen Weichteilen, die nur mit Genehmigung der Angehörigen und bei sofortiger sachkundiger Behandlung für Untersuchungszwecke herangezogen werden können, viel leichter beizubringen sind, nicht nur aus Gräbern und Beinhäusern, sondern in fossiler Form auch aus älteren Quellen – ja, sie liefern recht eigentlich das unmittelbare Hauptbeweismaterial für die Evolution des Menschen. Der Schädel ist für den biologischen Anthropologen unter all den vorhandenen Skeletteilen der brauchbarste, zum einen, weil er häufiger gefunden und in Museen ausgestellt wird als der Rest, und zum anderen, weil er sich aus einer Vielzahl von Knochen und Zähnen zusammensetzt, die bei den verschiedenen Taxa häufig recht unterschiedliche Formen aufweisen. Das einzige Handicap für den Taxonomen ergibt sich aus dem Umstand, daß manche Völker diesen Skeletteil während der Kindheit künstlich deformieren, doch lassen sich bei einiger Sorgfalt diesbezügliche Irrtümer durchaus vermeiden.

Vor über dreihundert Jahren, nämlich 1658, bemerkte der als Verfasser von *Religio medici* bekannte Dr. Thomas Browne in einem kleinen Buch mit dem Titel *Hydriotaphia or urne-buriall*, ein Negerschädel sei ohne weiteres zu erkennen, und erörterte die Frage, welche Rückschlüsse sich aus dem Skelettstudium auf das Erscheinungsbild der betreffenden Personen zu Lebzeiten ableiten ließen. »Eine kritische Untersuchung der Gebeine«, so schrieb er, »liefert sichere Anhaltspunkte für die Unterscheidung der Geschlechter, ja, selbst die Hautfarbe liegt nicht jenseits aller Mutmaßungen, da man sich hinsichtlich der Eigenart von *Neger*schädeln nur schwerlich täuschen kann«(151). Leider zählt Browne die einschlägigen Kriterien nicht auf. Zwar findet sich in der Everyman-Reihe veröffentlichten Auswahl aus seinen Schriften (154) eine offenbar ihm selbst zugeschriebene Fußnote des Inhalts, die Negerschädel seien an der Stärke der Knochen erkennbar, aber da andere Unterschiede weit mehr ins Auge springen, dürfte es sich wohl um eine Zutat von fremder Hand handeln. Hundert Jahre nach Browne äußerte sich dann Blumenbach im selben Sinn. »Es liegt«, erklärte er, »so deutlich auf der Hand, daß zwischen der äußeren Erscheinung des Gesichts und dem darunterliegenden Knochenbau ein inniger Zusammenhang besteht, daß selbst ein Blinder, vorausgesetzt, er besäße etwelche Kenntnis von den überaus großen Unterschieden zwischen dem Mongolen- und dem Äthiopiergesicht, ohne allen Zweifel imstande wäre,einen Kalmückenschädel durch bloßes Abtasten von einem Negerschädel zu unterscheiden« (108).

Auch wenn innerhalb jedes einzelnen Taxons naturgegebene Variationen in der Schädelform auftreten, lassen sich gewöhnlich doch brauchbare Verallgemeinerungen hinsichtlich der zwischen den Taxa bestehenden Unterschiede aufstellen. Blumenbach erläutert dies gleichfalls sehr treffend:

»Es liegt ganz eindeutig auf der Hand ... daß die Schädelformen nicht minder als die Hautfarbe und andere an den Einzelpersonen beobachtbare Variationen dieser Art gelegentlich trügen können, da die eine Form durch Abstufungen und unmerkliche Übergänge gleichsam mit anderen verschmilzt; dennoch weisen sie in der Regel eine unverfälschte und auffällige Konstanz von Merkmalen auf, die aufs engste mit den der betreffenden rassischen Gruppe eigenen Zügen zusammenhängen und genau dem jeweiligen Erscheinungsbild der Völker entsprechen« (108).

Nun gibt es aber verschiedene Möglichkeiten, Schädel miteinander zu vergleichen. Da ist zunächst die klassische Methode der Humananatomie und biologischen Anthropologie, welche die einzelnen Knochen und ihre gegenseitige Anordnung minuziös beschreibt. Obgleich sich diese Methode nicht ohne weiteres zur mathematischen Fixierung von Ähnlichkeiten und Unterschieden eignet, liefert sie dem biologischen Anthropologen doch wertvolle Informationen. Eine andere Methode besteht darin, bestimmte Punkte am Schädel herauszugreifen und lediglich ihren Abstand voneinander zu messen. Insgesamt arbeitet die Kraniometrie mit 69 solchen Punkten. So läßt sich beispielsweise die *Glabella* als der Punkt in der Mediansagittalebene* des Stirnbeins definieren, der über der Nasenwurzel zwischen

*Unter *Sagittal*ebene versteht man die Ebene, die den Körper in eine rechte und eine linke Hälfte teilt, sowie jede parallel zu ihr verlaufende Ebene.

den Brauenwülsten am stärksten vortritt, während man unter *Opisthocranion* den am weitesten von der Glabella entfernten Punkt in der Mediansagittalebene des Schädels versteht. Die geradlinige Verbindung dieser beiden Punkte liefert die Schädel*länge*, dagegen wird die Schädel*breite* nicht an fixierten Punkten gemessen, sondern fällt mit der breitesten, im rechten Winkel zur Mediansagittalebene befindlichen Stelle zusammen, wo immer diese im einzelnen liegen mag.*
Hat man *Meßwerte* ermittelt, kann man aus ihnen *Indizes* ableiten, indem man den einen als Prozentsatz des anderen ausdrückt. Die biologischen Anthropologen kennen nicht weniger als 173 solcher Indizes, die sie zum Teil dadurch in noch kleinere Kategorien unterteilen, daß sie für eine oder beide Abmessungen etwas andere Punkte wählen. Die Schädelbreite, ausgedrückt in ihrem prozentualen Verhältnis zur Schädellänge, wird als *Schädelindex* bezeichnet. Um einen generellen Eindruck der verschiedenen Indizes zu vermitteln, sind weitgehend Fachbegriffe üblich (wobei man sich die exakten Prozentwerte vielfach schenkt), und da manche dieser Begriffe auch in diesem Buch des öfteren auftauchen, sollte der mit ihnen noch nicht vertraute Leser sie sich nach Möglichkeit einprägen. Ist ein Schädel weder sonderlich breit noch sonderlich schmal, fällt er unter die Rubrik *mesokran*, die alle Schädel mit Index 75,0 Prozent und mehr, doch unter 80,0 Prozent umfaßt. Schädel von größerer Breite (Index 80,0 Prozent und darüber) heißen *brachykran* (kurzschädelig), solche von geringerer Breite (Index unter 75,0 Prozent), *dolichokran* (langschädelig). Um die Schädelbreite im Verhältnis zur Schädellänge noch exakter zu fixieren, hat man Begriffe wie *hyperbrachykran* und *hyperdolichokran* eingeführt, die hier jedoch nur selten verwendet werden. (Am Rande sei noch bemerkt, daß bei der Angabe der Indizes das Prozentzeichen gewöhnlich wegfällt.)

Obwohl die Indizes zwangsläufig gewisse Mängel haben – so können beispielsweise zwei völlig verschiedenartige Schädel denselben Schädelindex aufweisen, weil zufällig beim einen die Glabella und beim anderen das Hinterhaupt besonders stark vorspringt –, vermitteln sie doch im allgemeinen eine gewisse Vorstellung von der Form des Schädels oder einer Schädelpartie. Ihr einziger nennenswerter Nachteil liegt darin, daß sie dem Anthropologen unter Umständen den Blick für auffällige, im einzelnen für eine Messung und mathematische Formulierung jedoch zu komplizierte Unterscheidungsmerkmale trüben können. Das gilt etwa für die Struktur der Gesichtsöffnung der knöchernen Nasenhöhle (Apertura pyriformis), deren unterer Rand bei den verschiedenen Taxa merkliche Unterschiede in der Struktur aufweist. Obwohl diese Unterschiede auf Anhieb ins Auge springen und sich in ihren Haupttypen mit einem einzigen Wort charakterisieren lassen, wäre ihre Formulierung in stereometrischen Begriffen ein derart kompliziertes Unterfangen, daß bis jetzt noch niemand diesen Versuch unternommen hat.

Auch am lebenden Subjekt kann die allgemeine Kopfform auf solche Art und Weise gemessen werden, um eine Annäherung an den Schädelindex zu erhalten. Dabei dient als Länge der Abstand zwischen der in der Mediansagittalebene zwischen den Augenbrauen am stärksten vorspringenden Stelle und dem in derselben Ebene am weitesten entfernten Punkt am Hinterkopf und als Breite der größte seitliche Abstand oberhalb der Ohren im rechten Winkel zur Mediansagittalebene. Die entsprechenden Messungen werden auf der Hautoberfläche vorgenommen, die durch das verwendete Instrument nicht eingedrückt werden darf. Die in ihrem prozentualen Verhältnis zur Länge ausge-

* Aus Genauigkeitsgründen sei angemerkt, daß man in Fällen, in denen die größte Breite zufällig zwischen zwei über dem Processus mastoideus gelegenen Höckern, den sogenannten Tubercula supramastoidea, auftritt, zur Bestimmung der Schädelbreite eine andere Stelle wählt (vergleiche Martin und Saller, 708).

drückte Breite wird als *Kopfindex* bezeichnet, von dem man nur zwei Einheiten abzuziehen braucht, um eine grobe Annäherung an den Schädelindex zu erhalten. (Leider entsteht häufig dadurch Verwirrung, daß der Begriff »Kopfindex« gebraucht wird, wo »Schädelindex« gemeint ist.) Natürlich werden all diese Indizes durch die Lebensumstände (insbesondere Über- und Unterernährung) beeinflußt, doch haben lebende Probanden gegenüber Skeletten den großen Vorteil, daß sie leichter und in größeren Zahlen verfügbar sind und hinsichtlich des Geschlechts keine Zweifel aufkommen können. Einige der Standardschädelmessungen lassen sich auch mittels Röntgenstrahlen durchführen und somit die Indizes errechnen, nur fehlt es leider gerade in ferneren Erdteilen, wo derartige Beobachtungen besonders interessant wären, an den nötigen technischen Einrichtungen.

Neben Abstandmessungen und den aus ihnen abgeleiteten Indizes leisten bei der Schädelbeschreibung auch *Winkel* nützliche Dienste, die entweder zwischen zwei in bestimmten Punkten zusammenlaufenden (oder darüber hinausgehenden) Geraden oder zwischen einer Geraden und einer bestimmten Ebene gemessen werden. Diese Methode wurde schon vor fast zweihundert Jahren vom holländischen Anatomen Petrus Camper angewandt (186, 187), der die Schädel von Menschen und Affen in eine bestimmte Position brachte und dann den Winkel zwischen der Horizontalen und einer die Vorderfläche des 1. oberen Schneidezahns und die Medianebene der Stirn berührenden Linie (seiner berühmten »Gesichtslinie«) maß (vergleiche Seite 26–27 und Abbildung 2). Heute machen die biologischen Anthropologen bei der Schädelbeschreibung von vierzehn verschiedenen Winkeln Gebrauch (von denen einer in der Fachliteratur in nicht weniger als neun Varianten auftritt, je nachdem, wo Gerade und Ebenen jeweils genau angesetzt werden).

Die mit Hilfe der oben skizzierten Verfahren vorgenommenen Schädeluntersuchungen liefern die wohl wichtigsten Anhaltspunkte bei der Taxonomie des Menschen, obgleich natürlich alle verfügbaren Fakten Beachtung verdienen. So ist es beim Schädelstudium unerläßlich, die rein metrischen Techniken durch die Verfahren der klassischen Morphologie zu ergänzen, das heißt bestimmte Schädel und die Knochen, aus denen sie sich im einzelnen zusammensetzen, einer genauen Analyse zu unterziehen, da ohne eine derartige Kontrolle die statistische Auswertung von Meßergebnissen, Indizes und Winkeln unter Umständen zu Trugschlüssen führen kann.

Diejenigen, die sich bei der Unterscheidung der ethnischen Taxa gänzlich auf statistische Methoden stützen, haben komplizierte mathematische Formeln ausgearbeitet, um den Grad der Ähnlichkeit oder Abweichung zwischen verschiedenen Schädeln zu bestimmen, wobei sie gewöhnlich den zwischen einzelnen Schädeln bestehenden augenfälligen Unterschieden weniger Beachtung schenken als den (willkürlich herausgegriffenen) Übereinstimmungen. Des weiteren behandeln sie gelegentlich eine heterogene, von einem bestimmten Fundort stammende Sammlung von Schädeln so, als gehörten alle zum selben Taxon, und entscheiden von dieser Prämisse aus, ob ein bestimmter Schädel dazuzurechnen ist. So hat man zum Beispiel *angenommen*, sämtliche in Europa gefundenen Schädel aus dem Jungpaläolithikum bildeten eine natürliche Gruppe, und vergleicht noch immer diverse Einzelschädel mit den mathematisch fixierten Merkmalen dieser Gruppe (765) – ein ähnlich abwegiges Verfahren, wie das Studium der Blutgruppen nach Nationalitäten (vergleiche Seite 135 f.). Bemerkenswerterweise hatte Morant, der Statistiker, der die europäischen Steinzeitschädel zur mathematischen Auswertung zusammenfaßte, diese mögliche Fehlerquelle erkannt. »Die Behandlung der Reihe als Stichprobe einer einzigen homogenen Population«, schrieb er, »kann bestimmte ethnische Beziehungen von großer evolutionärer Bedeutung veschleiern, doch scheint ein derartiges Vorgehen gegenwärtig das einzig *statistisch* brauchbare« (765).

Recht erstaunlich dagegen erscheint Morants Bemerkung (der bei seinen statistischen Unterschungen zehn ausgewählte Indizes und Winkel bevorzugte), die »brachyzephalen europäischen Rassen« ließen sich »auf diese Weise nicht von Negern, Australiern und anderen primitiven Typen unterscheiden«. Selbst wenn er versehentlich »brachyzephal« statt »dolichozephal« geschrieben hätte, würde hier die Unzulänglichkeit seiner statistischen Methode evident, kann doch jeder in der biologischen Anthropologie einigermaßen Bewanderte ohne weiteres einen typischen Europiden- von einem typischen Negriden- oder Australidenschädel unterscheiden.

Nun mag mancher trotz der oben (Seite 138) zitierten Bemerkung Blumenbachs der Annahme zuneigen, um die charakteristischen Unterschiede zwischen verschiedenen menschlichen Schädeltypen auf Anhieb zu erkennen, bedürfe es eingehender Vorstudien. Tatsächlich muß man auf bestimmte Unterscheidungsmerkmale zwischen verschiedenen ethnischen Taxa erst aufmerksam gemacht werden, etwa auf den Rand der Gesichtsöffnung der knöchernen Nasenhöhle *(Apertura pyriformis)*. Aber so interessant Merkmale dieser Art (die man, da sie die allgemeine Schädelform nicht weiter beeinflussen, als »untergeordnet« bezeichnen könnte) im einzelnen auch sein mögen, die Hauptunterschiede treten doch vielfach so deutlich zutage, daß sie niemandem entgehen können. So unterscheidet sich etwa der Eskimidenschädel so auffällig von den meisten anderen Schädeltypen, daß ein sechsjähriges Kind eine Anzahl Lappen- und Grönlandeskimoschädel ohne voraufgegangene Anleitung richtig in zwei Gruppen einteilen könnte (vergleiche Abbildung 20), wobei es, da die Lappen trotz ihrer Kleinwüchsigkeit ziemlich große, im Umfang durchschnittlich nur um ungefähr ein Zehntel hinter den übrigen Europäern zurückbleibende Schädel besitzen (402), wohlgemerkt nicht allein von der Größe ausgehen könnte. Doch dem an Schädelvergleichen interes-

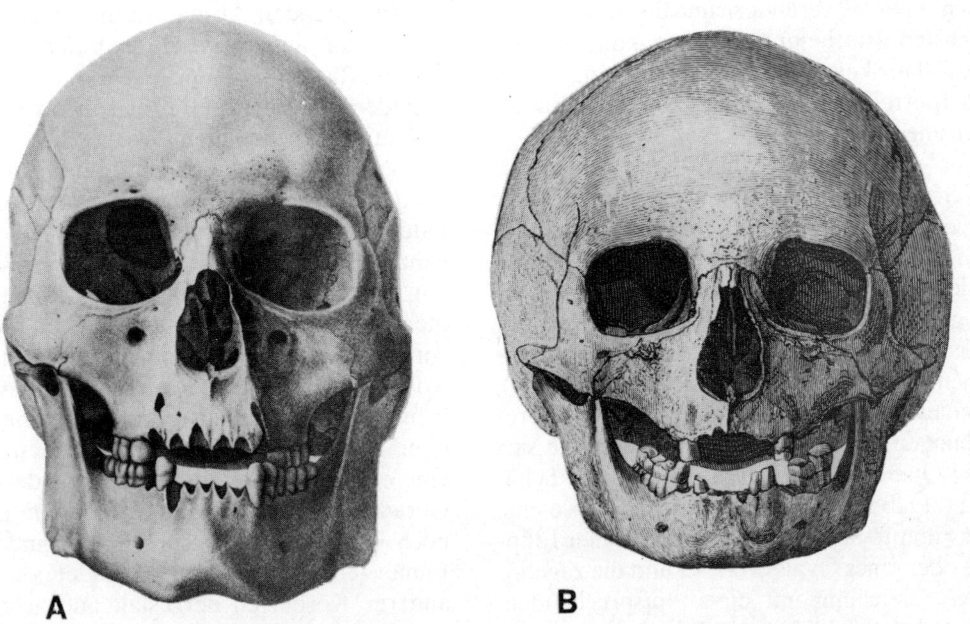

A B

20 A: Eskimiden- und B: Lappidenschädel. – Aus: Quatrefages und Hamy (867).

sierten Forscher stehen noch weit komplizierter ausgeklügelte mathematische Methoden als Morants algebraische Gleichungen zur Verfügung. Sie gehen auf eine bereits im 16. Jahrhundert von Albrecht Dürer (195) erfundene und in der Folge erheblich präzisierte Technik zurück. Dürers Verfahren bestand darin, durch bestimmte Punkte einer Zeichnung zahlreiche Senkrechten und Waagrechten zu ziehen, so etwa in der Profilansicht Senkrechte durch Hinterkopf, den hinteren Rand des Ohrs, die vordere Umrißlinie des Auges, und Waagrechte durch den höchsten Punkt von Kopf und Ohr sowie den tiefsten Punkt der Nase (um nur einige wenige zu benennen). Indem er dann die Abstände zwischen den Geraden veränderte oder diese so legte, daß sie sich nicht mehr im rechten Winkel schnitten, oder ein Linienbündel von einem entfernten Punkt ausgehen ließ und darauf den Kopf beziehungsweise einen anderen Körperteil in allen Einzelheiten dergestalt einzeichnete, daß die Linien durch die (den auf der ursprünglichen Zeichnung entsprechenden) Rechtecke oder anderen Figuren liefen, konnte er das Gesicht beliebig verändern und die unterschiedlichsten Erscheinungsformen konstruieren. Auf das Skelett oder einen anderen inneren Körperteil wandte Dürer diese Technik allerdings nicht an.

Vor gut hundert Jahren machte der als Verfasser physikalischer, psychologischer und philosophischer Werke bekannte G. T. Fechner, der die separaten linearen Messungen der Anthropologen wenig befriedigend fand, den Vorschlag, sich bei der Charakterisierung der Menschenrassen mathematischer Methoden zu bedienen (324), genauer, nach mathematischen Entsprechungen zu den Kurven zu suchen, die sich bei Querschnitten durch menschliche Schädel ergaben. So ließ sich beispielsweise eine bestimmte Schädelpartie mittels einer Ellipse oder eines Ovals erfassen und die zugehörige Gleichung mit einer entsprechenden, dieselbe Schädelpartie bei einer anderen Rasse umschreibenden in Beziehung setzen. Natürlich war sich Fechner der Unmöglichkeit, jede Schädelpartie exakt zu erfassen, durchaus bewußt, aber schließlich, so meinte er, hätten die Geographen auch nicht gezögert, die Erdgestalt zunächst annähernd als Kugel und dann zutreffender als (mathematisch nur mittels einer komplizierten Formel erfaßbares) Rotationsellipsoid zu beschreiben, obgleich sie ganz genau wußten, daß die mathematische Erfassung jedes Felsens, geschweige denn jeder Unebenheit auf der Oberfläche jedes Felsens, ein Ding der Unmöglichkeit darstellt, denn »so kommt man nie zu Ende«.

Fast siebzig Jahre später kam D'Arcy Thompson unabhängig von Fechner im Prinzip auf dieselbe Idee (1041, 1042). In merkwürdiger Übereinstimmung bediente er sich sogar desselben geographischen Bildes, um darzutun, wie wünschenswert die mathematische Analyse organischer Formen auch auf die Gefahr hin sei, damit keine absolute Genauigkeit erzielen zu können. Thompson übernahm im wesentlichen die Dürersche Methode, ordnete aber Senkrechte und Waagrechte auf der Ausgangszeichnung in gleichbleibenden Abständen an, so daß sich ein Raster aus kleinen Quadraten ergab. Diesen Raster veränderte er dann auf verschiedene Weise, zum Beispiel, indem er den Abstand zwischen den Waagrechten vergrößerte, bis sich die Quadrate in ungleichseitige Rechtecke verwandelt hatten; oder indem er die Abstände, statt sie auf der ganzen Zeichnung einheitlich zu vergrößern, von oben nach unten logarithmisch zunehmen ließ; oder indem er anstelle von rechtwinkligen schräge Koordinaten verwandte, wodurch die einzelnen Rasterelemente Ähnlichkeit mit Spielkartenkaros annahmen; oder indem er eine der Koordinaten von einem Brennpunkt ausgehen ließ oder die Geraden in logarithmische Spiralen oder noch kompliziertere Kurven verwandelte. Immer jedoch ließ sich der Schädel oder ein anderer Körperteil dergestalt aufzeichnen, daß die Linien der Zeichnung auf vergleichbare Weise durch die entsprechenden Rasterelemente liefen. Mit Hilfe dieser Verfahren konnte es in *vereinzelten Fällen* gelingen, die Schädelzeichnung des einen Tiers mehr oder weniger überzeugend in die eines anderen zu verwandeln, so durch Veränderung der Rastergeraden in komplizierte Kurven die Seitenansicht eines Menschenschädels (den man anhand von Thompsons Zeichnung allerdings keinem bestimmten Taxon zuordnen kann) in einen Schimpansenschädel. Dabei darf man freilich nicht übersehen, daß eine ganz andere, vermutlich wesentlich kompliziertere mathematische Formel für die Umsetzung erforderlich gewesen wäre, wenn Thompson statt des aufgezeichneten, nicht näher definierten Schädels beispielsweise den eines Alpiniden gewählt hätte.

Thompsons Resultate ließen den Eindruck entstehen, die Unterschiede zwischen den Schädeln verschiedener Menschenrassen gingen vielleicht auf geringfügige Ursachen zurück, welche die Wachstumsraten der verschiedenen Partien in ziemlich einfachen wechselseitigen Relationen beeinflußten, so daß also für die Typenvielfalt weit weniger Einzelursachen verantwortlich waren, als die biologischen Anthropologen ursprünglich angenommen hatten. Dazu ist jedoch zu bemerken, daß in den fünfzig Jahren seit Thompsons Veröffentlichungen weder der Versuch unternommen worden ist, die mathematischen Unterschiede zwischen den Schädeln verschiedener Rassen jeweils von den verursachenden Genen her zu formulieren, noch der geringste Anlaß zu der Annahme besteht, es könne sich um eine einfache genetische Basis handeln. Das gilt übrigens selbst für das Erscheinungsbild des planprojizierten Schädels. Thompsons Schädelzeichnungen geben nämlich nur äußerlich sichtbare Merkmale wieder und beschränken sich bis auf eine Ausnahme (die ausgestorbenen Nashörner) auf eine einzige Ansicht. Bezieht man jedoch neben der Seiten- auch Vorder- und Rückansicht ein, wird die Sache mathematisch unvergleichlich komplizierter; und wollte man dazuhin noch Draufsicht und Ansicht von unten berücksichtigen, ergäben sich selbst dann ungeheure Schwierigkeiten, wenn man die auf der Oberfläche nicht sichtbaren Teile sowie alle geringfügigeren äußeren Unregelmäßigkeiten außer acht ließe. Dabei wäre es ausgesprochen wünschenswert, die mittels der Seitenansicht eruierten und mathematisch formulierten Beziehungen zwischen den verschiedenen ethnischen Taxa anhand der Vorder- und Rückansicht sowie der Draufsicht und der Ansicht von unten zu erhärten. Wesentlich sicherer allerdings wäre es, die Fechnersche Methode anzuwenden und Schnitte durch den Schädel zu legen, da sich die Taxa in den inneren Partien nicht minder stark voneinander unterscheiden als in den äußeren. Und schließlich darf man nicht übersehen, daß gewissen äußeren Merkmalen, die zu wenig hervortreten, um auf Thompsons Zeichnungen zu figurieren, bei der Unterscheidung der Rassen ganz besondere Bedeutung zukommt, so beispielsweise dem unteren Rand der Apertura pyriformis.

Insgesamt legt das verfügbare Beweismaterial die Vermutung nahe, daß Unterschiede zwischen den Schädeln verschiedener Menschenrassen äußerst komplexe Ursachen haben. Im übrigen war sich Thompson selbst offenbar durchaus bewußt, daß die von ihm vorgenommene »Deformation« durch Veränderung der Koordinaten die tatsächlichen Gegebenheiten unzulässig vereinfachte, denn er bemerkt, daß ». . . wir uns auf wesentlich schwerer verständliche Vergleichs- und Untersuchungsmethoden gefaßt machen müssen, die zweifelsohne auch zu wesentlich komplizierteren Ergebnissen führen werden«.

Diese von D'Arcy Thompson als notwendig erkannten »wesentlich schwerer verständlichen Vergleichs- und Untersuchungsmethoden« hat bis zu einem gewissen Grad ein raffiniertes, von P. H. A. Sneath entwickeltes Verfahren geliefert (985), dessen grundlegender Unterschied zum Thompsonschen Vorgehen darin besteht, zwei zum Vergleich vorgesehene Schädel jeweils auf demselben rechtwinkligen, regelmäßig eingeteilten Ra-

ster, nämlich auf gewöhnlichem Millimeterpapier, darzustellen.
Doch bei aller Objektivität und Brauchbarkeit ermöglicht die Sneathsche Methode den Vergleich von Schädeln oder anderen Körperpartien nur unter Bezugnahme auf bestimmte Punkte, die sich indessen nicht notwendig mit jenen decken, die den Grad der Unterschiedlichkeit beziehungsweise Ähnlichkeit zwischen zwei Organismen am klarsten zum Ausdruck bringen. Sneath selbst räumt ohne weiteres ein, daß nach seiner Methode der Schädel von *Australopithecus* sp. dem von *Homo sapiens* sehr unähnlich ist, während sich, hätte er statt bestimmter Punkte in der Mediansagittalebene des Schädels Becken oder Fuß untersucht, ein viel geringerer Unterschiedlichkeitsgrad ergeben hätte. Das aber beweist wieder einmal, daß der Taxonom bereit sein muß, alle analysierbaren Körperpartien, die Licht auf sein Problem werfen können, zu berücksichtigen. Denn ob man sich nun mit den größeren Taxa oder mit kleineren wie Rassen und Unterrassen befaßt, eine befriedigende Klassifizierung setzt Induktion, Anerkennung typischer Formen und anschließende Ausweitung der Taxa durch Einbeziehung anderer, offensichtlich verwandter Formen voraus. Diesen Sachverhalt haben wir in Kapitel 8 bereits ausführlich behandelt, seine prinzipielle Gültigkeit sei hier im Hinblick auf die ethnischen Taxa noch einmal betont.

Abstrakt erschiene es wünschenswert, den Schädel in all seinen verschiedenen Ausformungen den üblichen Verfahren der genetischen Analyse zu unterziehen, und in gewissen Fällen deutet auch tatsächlich einiges darauf hin, daß ein bestimmtes Merkmal von einem einzigen Paar allelomorpher Gene gesteuert wird. Sieht man sich jedoch die einschlägigen Berichte genauer an, kann man sich des Eindrucks nicht erwehren, daß simple Erklärungen nicht alle zugehörigen Tatbestände erfassen und daß die genetische Steuerung des Schädelbaus selbst in jenen Fällen komplex ist, in denen nach den ursprünglichen Beobachtungen nur ein einziges Paar allelomorpher Gene an der Ausprägung eines bestimmten Merkmals beteiligt sein sollte. Es besteht Grund zu der Annahme, daß fast immer Polygene hereinspielen, womit die genetische Analyse allem Anschein nach vor unüberwindlichen Schwierigkeiten steht, nicht nur wegen der bei Polygenen zwangsläufig auftauchenden Probleme, sondern auch aufgrund des Umstandes, daß sich die wünschenswerten Kreuzungen nicht durchführen lassen und die Langsamkeit der menschlichen Fortpflanzung zusätzliche Komplikationen aufwirft. Hinzu kommt noch, daß der Schädelanalyse besondere Hindernisse im Wege stehen. Zwar kann man das Gebiß von Eltern und Kindern untersuchen, da die Zahnkronen unmittelbar sichtbar sind und Extraktionen das ganze Objekt (wenn auch vielfach teilweise zerstört) zugänglich machen, doch davon abgesehen, ist es kaum möglich, Schädelmaterial einer ganzen Generationenfolge beizubringen. Kurzum, die erforderlichen Informationen lassen sich nur mittels Röntgenuntersuchungen gewinnen, denen jedoch gleichfalls Grenzen gezogen sind.

Um festzustellen, welche Rolle der Erbanlage und welche der Umwelt bei der Ausprägung jener physischen Merkmale zukommt, die sich aller Wahrscheinlichkeit nach unter der Einwirkung von Polygenen ausbilden und daher den gewöhnlichen Verfahren der genetischen Analyse entziehen, bedarf es spezieller Methoden. Der erste, der dieses Problem anging (obgleich es den Begriff »Polygene« damals noch gar nicht gab), war der amerikanische Anthropologe Franz Boas, der zu Beginn unseres Jahrhunderts die Größenveränderungen vieler Körperteile bei verschiedenen, aus Europa in die USA eingewanderten Volksgruppen untersuchte. Zu diesem Zweck teilte er die Angehörigen jeder Einwanderergruppe in die beiden Kategorien »im Ausland geboren« und »in Amerika geboren« ein und trug Zahlenmaterial über ihre körperliche Erscheinung zusammen. Nachstehend sind aus seinen umfangreichen Studien einige die Schädelform betreffende Beispiele herausgegriffen, die einen gewissen Eindruck von seinem Vorgehen vermitteln.

In den USA geborene männliche Nachkommen neapolitanischer Eltern zeigten auf fast allen Altersstufen zwischen vier und achtzehn einen Kopfindex, der den im Ausland geborener Neapolitaner gleichen Alters um durchschnittlich 0,1 bis 1,8 Einheiten übertraf. Ebenso lag auch der durchschnittliche Kopfindex der in den USA geborenen männlichen Nachkommen sizilianischer Eltern auf nahezu jeder Altersstufe zwischen fünf und achtzehn um 0,1 bis 3,3 Einheiten über dem im Ausland geborener Sizilianer gleichen Alters. Die Daten für osteuropäische Juden hingegen schienen auf eine entgegengesetzte Wirkung der amerikanischen Umwelt hinzudeuten, denn ihre in den USA geborenen Söhne wiesen (mit einer Ausnahme) auf sämtlichen Altersstufen zwischen fünf und neunzehn einen Durchschnittskopfindex auf, der hinter dem im Ausland geborener Einwanderer gleichen Alters um 0,9 bis 3,4 Einheiten *zurückblieb* (113).

Ein anderer amerikanischer Anthropologe, N. D. M. Hirsch, ermittelte bei eingewanderten russischen Juden Meßwerte, die Boas' Schlüsse über die Auswirkungen der amerikanischen Umwelt auf osteuropäische Juden bestätigten, fand aber andererseits heraus, daß sich bei schwedischen Einwanderern der Kopfindex durch die neue Umgebung nur unbedeutend oder überhaupt nicht veränderte (493).

Diese widersprüchlichen Daten, die darauf hinzuweisen scheinen, daß sich die Umwelt in verschiedenen Fällen gegensätzlich oder überhaupt nicht auswirkt, lassen sich um so schwerer deuten, als es für eine umfassende Analyse an Informationen fehlt und außerdem mit der Möglichkeit gerechnet werden muß, daß sich die wirkliche Herkunft nicht immer korrekt ermitteln ließ. So gibt es keinen Beweis dafür, daß alle unter Bezeichnungen wie »Neapolitaner« zusammengefaßten, im Ausland beziehungsweise in Amerika geborenen Personen eine unmittelbare Ähnlichkeit in der genetischen Konstitution aufwiesen, und selbst bei den vermutlich ziemlich homogenen osteuropäischen Juden könnte nur eine sorgfältige statistische Analyse das wirkliche Ausmaß der zwischen ihren im Ausland und in den USA geborenen Sprößlingen bestehenden Unterschiede aufdecken. Boas selbst räumt ein, die Geschichte der Briten in Amerika, der Holländer in Ostindien und der Spanier in Südamerika legte die Annahme einer »strikt begrenzten Plastizität« nahe (112).

Als wesentlich verläßlichere Methode bei der Lösung derartiger Probleme hat sich die in jüngster Zeit intensiv betriebene Zwillingsforschung erwiesen. So kann man ein bestimmtes Merkmal bei monozygoten (eineiigen) und gleichgeschlechtlichen dizygoten (zweieiigen) Zwillingen messen und untersuchen, ob sich die erbgleichen Paare diesbezüglich stärker ähneln als die erbverschiedenen, und wenn dies zutrifft, in welchem Grad, um durch anschließende statistische Auswertung der Daten zu ermitteln, welcher Anteil Erb- und welcher Umweltfaktoren bei der Ausprägung der Merkmale zukommt.

Aufgabe künftiger Genetiker wird es sein, eine Technik zur Entwirrung der einzelnen Polygene zu entwickeln, die genetisch zur Ausbildung der mannigfaltigen Schädelformen beitragen, und damit eine genetische Formulierung für die Unterschiede zwischen den typischen Schädelformen der verschiedenen ethnischen Taxa zu finden. Solange diese Formulierung noch aussteht, wird uns der Schädel nach wie vor einige der brauchbarsten Anhaltspunkte für taxonomische Unterscheidungen liefern und der regulären genetischen Analyse einige der schlimmsten Hindernisse in den Weg legen, wobei unglücklicherweise ausgerechnet die einer solchen Analyse zugänglichsten Merkmale des Menschen nur ein unzulängliches Bild von der Verschiedenartigkeit der ethnischen Taxa vermitteln.

12
Die Europiden

Da die meisten Leser dieses Buches Europide sein dürften, erscheint es mir angebracht, anhand dieser Rasse einen allgemeinen Eindruck der physischen Merkmale zu vermitteln, in denen sich typische Vertreter einer Rasse von denen anderer unterscheiden, sowie an ausgewählten Beispielen Art und Wesen der zwischen Unterrassen bestehenden Unterschiede zu erläutern. Und da die Europiden überdies ein gutes Beispiel für die Phänomene der Unterrassen- und Rassenmischung darstellen, soll auch dieses Thema in diesem Kapitel behandelt werden.

Der Name der europiden Rasse

Was wir hier in Übereinstimmung mit der Nomenklatur von Eickstedts (303) und Peters' (836) als die »europide« Rasse bezeichnen, figuriert in der zweiten Auflage *(Editio altera)* von Blumenbachs *De generis humani varietate nativa liber* (107) noch als *Varietas prima*, während er in der 1795 veröffentlichten dritten Auflage dann erstmals den Ausdruck *Varietas Caucasia* verwendet (108), und zwar, wie er selber ausdrücklich betont, aus zwei Gründen: erstens, weil im Gebiet des Kaukasus, insbesondere an seinen Südhängen, der seiner Ansicht nach schönste Menschenstamm *(stirps)* beheimatet war, und zweitens, weil er hier die Wiege der Menschheit vermutete. Zu dieser Vermutung hatte ihn der Schädelbau der Georgier geführt. Er war in seinen Augen eine Zwischenform, aus der sich durch Gabelung in zwei Hauptrichtungen und stufenweise Übergänge anderer Typen entwickelt hatten, bis die Extreme – Mongolen und »Äthiopier« (worunter er Negride versteht) – erreicht waren. In dieser Ansicht wurde er unter anderem auch dadurch bestärkt, daß sich die helle Haut der Angehörigen seiner »kaukasischen« Varietät leicht bräunte, während Braunhäutige nicht ohne weiteres hell wurden.

Im übrigen hat Blumenbach den Begriff *Caucasia* nicht offiziell als Bezeichnung für eine Subspezies der Linnéschen Spezies *Homo sapiens* eingeführt – andernfalls hätte er einfach die Maskulinform des Adjektivs an Linnés Artnamen angehängt. Statt dessen jedoch verwendet er das Adjektiv *Caucasia* zur Qualifizierung des Substantivs *Varietas*, und so existiert nach den Internationalen Regeln der zoologischen Nomenklatur (1014) keine menschliche Subspezies (Rasse) mit der Bezeichnung *Homo sapiens caucasius*, ja, kurioserweise scheint nicht einmal festzustehen, wie nach Maßgabe dieser Regeln der korrekte Name der Subspezies überhaupt lauten müßte. Angenommen, der Europide gälte als »typischer Vertreter« der Menschheit, müßte die Subspezies die Bezeichnung *Homo sapiens sapiens* Linnaeus, 1758 (669), führen. Da jedoch in keinem Museum ein solches »typisches Exemplar« existiert, befürworten manche Wissenschaftler den Namen *Homo sapiens europaeus* Linnaeus, 1758 (669), doch scheint bei sorgfältiger Erwägung des Für und Wider der Bezeichnung *Homo sapiens albus* Gmelin, 1788 (671), der Vorzug zu gebühren. Ich möchte den Leser noch einmal daran erinnern, daß keineswegs alle Angehörigen dieser Rasse eine Hautfarbe aufweisen, auf die das Adjektiv »weiß« *(albus)* im landläufigen Sinn zuträfe.

Im Gegensatz zu den wissenschaftlich korrekten Bezeichnungen unterliegen die Trivialnamen der Menschenrassen keinen internationalen Regeln, und so kann jeder nach Lust und Laune verfahren. Doch wäre »kaukasisch«, wie Ripley anmerkt (905), auch hier ein ausgesprochener Fehlgriff, da die Bewohner des Kaukasusgebiets äußest buntgewürfelt und typische Vertreter irgendeiner großen Europidengruppe unter ihnen dünngesät sind. Wollte man die europide Rasse unbedingt nach einem bestimmten, von einem Teil ihrer Vertreter besiedelten Gebiet benennen, würde sich eher das Pandschab empfehlen, sind doch die Bewohner von Ost- und Westpandschab in der überwiegenden Mehrzahl und in vielerlei Hinsicht für einen beträchtlichen Teil der europiden Rasse ziemlich typisch. Da es mir jedoch sinnvoller erscheint, ein möglichst ausgedehntes, von einer großen Vielzahl von Unterrassen bewohntes Gebiet herauszugreifen, werde ich in Übereinstimmung mit dem einzig vollständigen und in sich konsequenten Trivialnamensystem für die menschlichen Rassen und Unterrassen, das von Eickstedt aufstellte (303) und Peters mit geringfügigen Änderungen übernahm (836), in diesem Buch durchweg die Bezeichnung »Europide« verwenden. Diese Bezeichnung sollte allerdings nicht suggerieren, die Europiden seien auf Europa beschränkt oder die zufällig in Europa ansässigen Vertreter dieser Rasse wichtiger als die andernorts beheimateten, denn schließlich gehört die einheimische Bevölkerung weiter Teile Asiens und Afrikas gleichfalls dieser Rasse an. Da sich aber die Bevölkerung Europas in der großen Mehrzahl aus Europiden zusammensetzt und auf diesem Kontinent auch viele der zugehörigen Unterrassen zahlenstark vertreten sind, ist die Bezeichnung denkbar geeignet. Das Suffix *-id*, ist eine Zusammenziehung aus griechisch -ίδης, »von der Familie von« oder »assoziiert mit«, und weist den Europiden als jemanden aus, der entweder Europäer ist oder den Europäern gleicht (allerdings mit der Einschränkung, daß ein geringer Prozentsatz der Europäer keine Europiden sind).

Die physischen Merkmale der europiden Rasse

Ehe wir uns den physischen Merkmalen der europiden Rasse zuwenden, sei hier noch einmal an die Idee der »typischen« Formen (vergleiche Kapitel 8, Seite 94–99) erinnert – ein allgemeiner Begriff, der sich kaum treffender umreißen ließe, als es Helmholtz in seinen Anmerkungen zu Goethes Beiträgen zur Naturwissenschaft getan hat. Die besondere Eigenart der beschreibenden Naturwissenschaften wie Botanik, Zoologie, Anatomie usf. liege, so meinte Helmholtz, darin, das »ungeheure Material von einzelnen Tatsachen« zu sammeln, auszusieben und vor allem in eine logische Ordnung oder ein System zu bringen:

»So weit ist ihre Arbeit nur die trockene eines Lexicographen, ihr System ein Repositorium, in welchem die Masse der Acten so geordnet ist, daß jeder in jedem Augenblicke das Verlangte finden kann. Der geistige Theil ihrer Arbeit und ihr eigentliches Interesse beginnt erst, wenn sie versuchen, den zerstreuten Zügen von Gesetzmäßigkeit in der unzusammenhängenden Masse nachzuspüren und sich daraus ein übersichtliches Gesammtbild herzustellen, in welchem jedes Einzelne seine Stelle und sein Recht behält, und durch den Zusammenhang mit dem Ganzen an Interesse noch gewinnt.«

Helmholtz schreibt Goethe die Idee zu, »daß die Verschiedenheiten in dem anatomischen Baue der verschiedenen Thiere aufzufassen seien als Abänderungen eines gemeinsamen Bauplanes oder Typus«. In diesem Kapitel soll der Versuch gemacht werden, aus dem »ungeheuren Material von einzelnen Thatsachen«, die wir über die körperliche Erscheinung der Europiden besitzen, den »Bauplan oder Typus« abzuleiten, wobei das »Repositorium«, um Helmholtzens Bild zu übernehmen, beträchtlich sein muß (30, 41, 237, 238, 245, 281, 293, 405, 512, 519, 573, 609, 614, 660, 734, 801, 827, 832, 862, 909, 953, 980, 1061, 1062, 1065, 1073, 1074, 1075).

Bei den im folgenden aufgeführten primären Merkmalen handelt es sich durchweg um solche, die typische Europide von typischen Vertretern anderer ethnischer Taxa abheben, jede Person, die einen hohen Anteil dieser Merkmale aufweist, ist ein Europid, ohne daß doch ein einzelnes für sich genommen ein verläßliches Indiz darstellte. Um unnötige Wiederholungen zu vermeiden, möge der Leser selbst, wo immer es nötig ist, die Ergänzung »im Vergleich zum entsprechenden Teil bei anderen ethnischen Taxa« hinzudenken. Wird beispielsweise konstatiert, typische Europide zeigten eine tiefe *Fossa mandibularis*, so heißt das, daß sie bei typischen Vertretern gewisser anderer ethnischer Taxa flacher ist, wie mit der Feststellung »der Prozentsatz an Personen mit Blutgruppe A ist ziemlich hoch« gemeint ist, ziemlich hoch im Vergleich zum prozentualen Anteil dieser Gruppe bei anderen Taxa (und *nicht* etwa im Vergleich zum Prozentsatz der Personen mit Blutgruppe 0).
Im übrigen werden wir uns hauptsächlich mit dem Skelett und den äußeren Merkmalen befassen, da sie sich wesentlich leichter analysieren lassen als die inneren Weichteile.
Leser, die die folgende Aufzählung der primären und sekundären Merkmale der Europiden im einzelnen nicht durchgehen wollen, sollten dennoch einen Blick darauf werfen, um sich einen gewissen Eindruck von jenen Charakteristika zu verschaffen, anhand derer sich typische Vertreter einer Rasse von denen anderer ethnischer Taxa unterscheiden lassen. Es dürfte auch nützlich sein, bei der Lektüre des Kapitels über die biologische Anthropologie der Australiden (Kapitel 14) immer wieder einmal aus Vergleichsgründen auf diese Seiten zurückzublättern.

Primäre Merkmale

Schädel. – Die Hirnkapsel ist groß und »voll«, das heißt am Schädeldach und an den Seiten ebenmäßig gerundet ohne merklich abgeflachte oder eingesunkene Stellen. In der Draufsicht wirkt sie, wie man in der Kraniologie sagt, »ovoid«, obgleich die Form des Stirnbeins das »Ei« am spitzen Ende wesentlich stumpfer erscheinen läßt als die meisten Vogeleier (die des Fisch- und Goldadlers ausgenommen). Die Stirn ist weder ausgesprochen gewölbt noch stark fliehend, die Brauenwülste sind mäßig entwickelt, die Schläfenlinien von der Mediansagittalebene weit entfernt und nicht stark markiert, die Warzenfortsätze des Schläfenbeins groß. Verlängert man die Ebene des Hinterhauptslochs (Foramen capitale magnum), schneidet sie das Gesicht ungefähr in der Mitte der Nasenöffnung (Apertura pyriformis).
Gemessen an der Hirnkapsel, ist der Gesichtsschädel klein, doch im Verhältnis zu seiner Breite lang. Die Jochbeine sind ziemlich klein; betrachtet man den Schädel von oben, sind die zugehörigen Jochbögen gerade noch (oft auch nicht mehr) sichtbar.
Der äußere Rand der Augenhöhlen ist nicht durch Kurven mit großem Radius abgerundet, sondern eher scharf markiert, das in der Augenhöhle gelegene Tränenbein mit der Lateralwand des Siebbeinlabyrinths (Lamina papyracea) durch eine lange Naht verbunden, die Gesichtsöffnung der knöchernen Nasenhöhle (Apertura pyriformis) eng oder nur mäßig weit (leptorrhin oder mesorrhin) und wie ein schmales, auf den Kopf gestelltes Herz geformt und, ein besonders wichtiges Merkmal der Europiden, das später auch noch ausführlich erörtert werden soll, von einem einfachen, scharfen Rand umsäumt. Der Nasenstachel (Spina nasalis) ist kräftig entwickelt, die Nasenbeine sind lang und breit, jedoch im oberen Teil schmaler und (außer im Bereich der mittleren Naht) scharf gegeneinander geneigt. Infolge des großen »Ganzprofilwinkels« zeigt der Schädel Orthognathie.

Die Fossa mandibularis des Schläfenbeins ist tief.
Die kräftig ausgebildeten Unterkieferäste weisen tiefe, u-förmig verlaufende Kerben auf; das Kinn ist nicht fliehend.
Die Zähne sind mäßig groß, die Schneidezähne nur schwach oder gar nicht vorstehend, wobei die Kronen der über die unteren greifenden oberen Schneidezähne in derselben Richtung wie ihre Wurzeln (statt leicht einwärts) stehen und ihre äußeren (lateralen) und inneren Ränder nicht schaufelförmig nach hinten (also auf die Mundhöhle zu) gebogen sind. Die Wurzeln der bleibenden oberen Mahlzähne (Molaren) sind lang und leicht auswärts gebogen; der »Zahnkörper« (der Bereich zwischen Krone und Wurzel) hingegen ist nur kurz, so daß keine Veranlagung zu Taurodontie besteht.
Innere Organe (außer Skelett). – Die Drüsen des äußeren Gehörgangs sondern in der Regel ein weiches, wachsartiges Ohrenschmalz, die kräftig entwickelten Achseldrüsen ein ziemlich scharf riechendes Sekret ab, die Plica semilunaris des Auges weist keinen Knorpel auf (Abbildung 22).
Das Gehirn ist groß – sein Durchschnittsgewicht beträgt bei erwachsenen männlichen europäischen Vertretern der Unterrasse circa 1410 Gramm (1062), die Gehirnhalbkugeln weisen sehr starke Windungen (Gyri) auf, die am Okzipitalpol jeder Hirnhemisphäre liegende Area striata (Sehfläche) verläuft dergestalt von innen nach außen, daß sich auf der Hirnoberfläche keine »Affenspalte« (Sulcus lunatus) bildet.
Äußere Merkmale. – Der typische Europid ist ziemlich groß und breitschultrig und zeigt kräftig vorspringende, bis unter die Mitte des Unterschenkels reichende Waden; für die Frauen ist ein merklich, aber nicht übertrieben vorgewölbtes Gesäß charakteristisch.
Achsel- und Schamhaare sind bei beiden Geschlechtern kräftig entwickelt, beim Mann die Gesichtsbehaarung reichlich und die allgemeine Körperbehaarung mäßig bis stark ausgebildet. Der Haaransatz zieht sich beidseits des Scheitels stärker nach hinten als bei manchen anderen Rassen, das Kopfhaar ist gelockt, weich und im ungeschnittenen Zustand bei den beiden Geschlechtern von unterschiedlicher Länge, die beim Mann selten über 40 Zentimeter hinausgeht, bei der Frau jedoch durchschnittlich circa 70 Zentimeter erreicht. Im Querschnitt erscheint das einzelne Haar oval oder annähernd elliptisch, das gerade Follikel, aus dem es herauswächst, ist schräg gegen die Kopfoberfläche geneigt.
Kleinkinder zeigen eine helle Hautfarbe.
Unterhalb der Braue zieht sich die Haut nach innen und wölbt sich anschließend als Oberlid über den Augapfel vor, senkt sich also nicht ohne ausgeprägte obere Augenhöhlenfurche nahezu senkrecht nach unten (Abbildung 21 A und B). Ober- und Unterlid treffen sowohl im inneren als auch im äußeren Augenwinkel in spitzem Winkel aufeinander, das heißt, der innere Augenwinkel ist durch keine Mongolenfalte oder Plica nasopalpebralis abgerundet (vergleiche Abbildung 21 C). Die Lidspalte verläuft annähernd waagrecht; schaut ein Europider geradeaus, verteilt sich das Augenweiß gleichmäßig beidseits der Iris. Die Wimpern sind lang und auseinandergebogen (vergleiche Abbildung 21 A und B), die Plica semilunaris (Abbildung 22) ist nur klein.
Die Nase springt ziemlich kräftig vor, rechte und linke Nasenhälfte stehen im allgemeinen (außer an ihrer mittleren Verbindungsstelle) im spitzen Winkel zueinander. Die seitlich

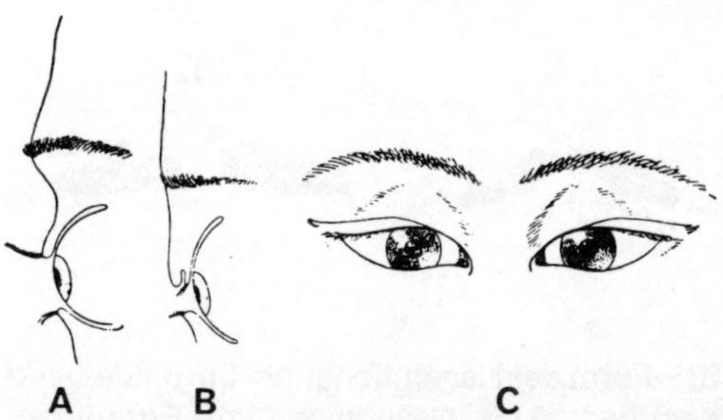

21 Europiden- und Mongolidenaugen. A: schematische Darstellung eines Europiden-, B: eines Mongolidenauges; C: Mongolidenaugen von vorn. – Aus: Baelz (41).

nur wenig ausladenden Nasenlöcher erscheinen langgezogen (Abbildung 23 A), können aber auch annähernd Nierenform mit einem Seitwärtsknick am hinteren Ende aufweisen (Abbildung 23 B). Die Lippen sind mäßig oder sehr schmal und kaum ausgestülpt, die

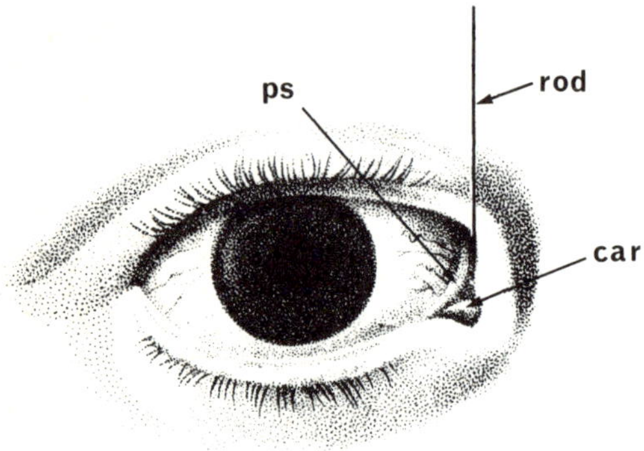

22 Rechtes Auge mit »drittem Lid« (Plica semilunaris); car: Caruncula lacrimalis (Tränensack); ps: Plica semilunaris; rod: Stäbchen, mit dem das Oberlid zur Seite geschoben wird, um die Plica sichtbar zu machen. – Aus: Demours (267), Beschriftung vom Verfasser.

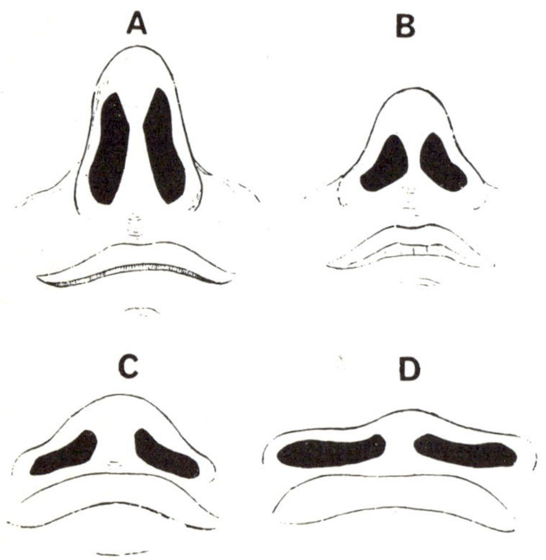

23 Form der Nasenlöcher bei Europiden und Negriden. A, B: Nasentypen von Europiden. Die Nasenlöcher der meisten Europiden weisen eine Zwischenform zwischen diesen beiden Möglichkeiten auf. C, D: Nasentypen von Negriden. – Aus: Topinard (1061).

Ohren groß und im Verhältnis zur Breite lang, die Ohrleiste (Helix) ist eine wohlgeformte Falte, das Ohrläppchen groß.

Sekundäre Merkmale

Das Stirnbein trifft nur selten (bei nur etwa einem Prozent aller Europiden, vergleiche Abbildung 24 C auf Seite 154) am Pterion mit der Squama temporalis zusammen.
Ein außergewöhnliches Merkmal der Europiden besteht in der Verbindung von Blondhaarigkeit mit Hellhäutigkeit und Blauäugigkeit bei den Erwachsenen (wie auch Kindern) bestimmter Unterrassen.
Etwa 30 Prozent aller Europiden vermögen Phenylthiocarbamid in Konzentrationen, die von den restlichen 70 Prozent als sehr bitter empfunden werden, nicht mehr zu schmekken. (Die Zahl der Nichtschmecker liegt im Vergleich zu anderen Rassen sehr hoch.) Gleichfalls sehr hoch ist der Prozentsatz an Personen, die beide Haptoglobine (Hp1 und Hp2) im Blutplasma führen (er beträgt bei den meisten europiden Unterrassen circa 45 bis 50 Prozent). Dagegen ist die Zahl derjenigen, die weder Hp1 noch Hp2 aufweisen wie bei den meisten anderen ethnischen Taxa sehr gering (drei Prozent und darunter).
Der Prozentsatz an Personen mit Blutgruppe A ist ziemlich hoch (er beträgt bei fast allen Unterrassen in der Regel zwischen 32 und 48 Prozent) und im Vergleich zu den meisten anderen Rassen auch der der Träger von Blutgruppe B, wiewohl hier starke Schwankungen auftreten (die Werte bewegen sich gewöhnlich im Bereich zwischen 8 und 24 Prozent, liegen jedoch bei Nordindiden höher).

Europide Unterrassen

Manche Fachgelehrte teilen die Europiden in über ein Dutzend Unterrassen ein, doch wäre nichts damit gewonnen, hier die Merkmale einer jeden aufzuzählen (eine Liste der in unserem Zusammenhang erwähnten findet sich am Ende dieses Buches). Wichtig hingegen ist, einen Begriff vom Ausmaß der zwischen Unterrassen möglichen Unterschiede zu vermitteln, weshalb wir hier zwei – die Alpiniden und die Nordiden – genauer betrachten wollen. Auch die Mediterraniden sollen kurz beschrieben werden, während die Armeniden erst in Kapitel 13 (Seite 166 ff.) an die Reihe kommen. Verschiedene andere europide Unterrassen finden sich (wie schon bisher) beiläufig erwähnt.

Wie bereits bemerkt, stellt das Vorhandensein hybrider Zwischenformen eine der Merkmale einer Rasse dar; Unterrassen gehen noch stärker ineinander über – so sehr, daß sogar Zweifel an ihrer realen Existenz aufkommen konnten. Überdies hätten, so heißt es, viele Anthropologen die Idee der Unterrasse teils in Erinnerung an Hitlers Aktivitäten und teils, weil der Begriff eher zur Charakterisierung extremer Einzeltypen als zur Beschreibung von Populationen verwendet wurde, aufgegeben (228). Diese Gründe sollten uns indessen nicht dazu verleiten, die Augen vor der Wirklichkeit zu verschließen: Der Wissenschaftler darf sich in seinen Ansichten nicht durch die Aktionen der Politiker beeinflussen lassen, und was die Überbetonung extremer Typen betrifft, so läßt sie sich korrigieren, ohne deshalb die Tatsache zu negieren, daß weniger extreme, aber doch deutlich erkennbare Typen existieren. Zwar trifft es zu, daß in einer Familie von Unterrassenmischlingen das eine Mitglied größere Ähnlichkeit mit einem typischen Vertreter einer bestimmten Unterrasse zeigen kann als sein Bruder, aber die Behauptung, die Nachkommenschaft ein und desselben Elternpaares könne sich aus einem typischen Mediterraniden, einem typischen Nordiden und einem typischen Alpiniden zusammensetzen (383), ist meines Wissens bis jetzt durch keinerlei konkreten Beweis erhärtet worden. Nebenbei bemerkt ziehen diejenigen, die das mutmaßliche Auftreten von »Typen« durch zufällige Gen-Neukombinationen hervorheben, die Gene des Polymorphismus als Hauptgrundlage bei der Klassifizierung des Menschen heran, obwohl gerade bei Geschwistern aus derselben Familie die polymorphen Phänotypen sehr häufig auftreten.

Nun existieren zwar in der Tat hybride Zwischenformen (vergleiche Seite 160 bis 165), aber dieser Umstand kann die Realität der Unterrasse so wenig erschüttern wie die Existenz von Promenadenmischungen die der verschiedenen Hunderassen. Daß das Auftreten von Zwischengliedern die eigentlichen Einheiten nicht notwendig zum Verschwinden bringt, wurde bereits dargelegt – ein allgemeines Prinzip, das sich in vielen Teilen der Welt, in denen über lange Zeiten hin keine nennenswerten Bevölkerungsverschiebungen stattgefunden haben, an den Unterrassen sehr deutlich beobachten läßt. Wer dies bezweifelt, bringe nur einmal eine Woche unter der einheimischen Bevölkerung Zentralschwedens zu, mache anschließend einen kurzen Abstecher ins Rheintal nahe dem Rheinursprung (WSW von Chur) und hänge zu guter Letzt einen Besuch auf Sardinien an (wobei er allerdings die Touristenorte meiden sollte). Er wird wohl kaum den Eindruck mit nach Hause nehmen, die Populationen dieser drei Regionen seien nicht voneinander zu unterscheiden, da jeder einzelne das Produkt einer zufälligen Gen-Mischung darstelle. Ist er in der Humanosteologie halbwegs bewandert, mag er noch das an die katholische Kirche im österreichischen Hallstatt angrenzende Beinhaus besuchen und die bemerkenswerte Sammlung von Schädeln vergleichen, die im Lauf der Jahrhunderte aus den örtlichen Friedhöfen entfernt wurden, um neuen Toten Platz zu machen. Dabei wird ihm aufgehen, daß die hier in solcher Vielzahl vertretenen Erscheinungsformen in Schweden oder Großbritannien, vorausgesetzt, dort wären ähnliche Sammlungen angelegt worden, wohl kaum ihresgleichen fänden. Ist ihm ein solcher Besuch nicht möglich, sollte er Saussers Buch über die gleichartigen Beinhäuser des Ötztals bei Innsbruck durchgehen (932), ein ebenso ausführliches wie wissenschaftlich korrektes Werk, das ihn mit Sicherheit von der Vorstellung abbrächte, die Bewohner dieses Tals hätten sich in Vergangenheit und Gegenwart aus einer willkürlich zusammengewürfelten Europidenschar zusammengesetzt.

Den wohl handfestesten Beweis für die Existenz von Unterrassen liefert der Umstand, daß sich selbst in einem Land mit einer ethnisch so stark gemischten Bevölkerung wie den USA die Notwendigkeit ergeben hat, dieser Tatsache im täglichen Leben Rechnung zu tragen. So erschien es amerikanischen Colleges, Schulen und Jugendorganisationen angebracht, Informationen über die Durchschnittsmaße von Europäern verschiedener Altersgruppen einzuholen, um die Konstitution derjenigen, die diesem Durchschnittstyp nicht entsprachen, durch einen geeigneten Ausgleichssport zu verbessern. Diese Aktion seitens der Schulbehörden wurde jedoch von einem Anthropologen kritisiert. »Messen wir einen Vertreter des mitteleuropäischen (das heißt alpiniden) Typs«, schrieb er, »müssen wir seine Maße zum mitteleuropäischen Idealtyp in Beziehung setzen. Es wäre absolut falsch, ihn mit dem Standard zu vergleichen, der aus den Maßen von Nordeuropäern (das heißt Nordiden) abgeleitet wurde.« Es mag manchen Leser überraschen, daß der Verfasser dieser Zeilen kein anderer als Franz Boas war (114), der, wie das Zitat beweist, den Begriff der Unterrasse keineswegs (wie uns so viele anhand anderer Stellen aus seinen Schriften weismachen möchten) für ein Hirngespinst gewisser Anthropologen hielt.

Beispiele für besonders uniforme Populationen finden sich an einer späteren Stelle dieses Kapitels.

Die alpinide Unterrasse

Die alpinide Unterrasse trägt viele, meist von Gegenden, in denen dieses ethnische Taxon besonders gut repräsentiert ist, abgeleitete Namen, so *la race cévenole* oder *auvergnate*, keltische, kelto-ligurische, ligurische Gruppe, »Homo alpinus« (636), rätischer, alpo-karpatischer, keltoslawischer und slawischer Stamm, wobei die Bezeichnung »keltisch« nicht wenig Verwirrung gestiftet hat. In ihrer charakteristischsten Erscheinung erstreckt sich diese Unterrasse von den Cevennen und dem französischen Zentralmassiv über die Schweiz, Bayern, Österreich, die Slowakei und Südpolen bis in die Ukraine und andere Teile Rußlands. Ihre typischsten Vertreter sollen in der Schweiz im Rheintal nahe dem Rheinursprung zu finden sein (Reichers *Disentistypus*, 889).

Den typischen Alpiniden erkennt man an folgenden Merkmalen (128, 269, 450, 503, 512, 636, 682, 889, 890, 905, 932, 953, 1085):

Primäre Merkmale

Schädel. – (Vergleiche Abbildung 24 A und B, Seite 154). Der typische Alpinidenschädel ist mit einem Durchschnittsschädelindex von etwa 85 ausgesprochen brachykran, wobei sich die breiteste Stelle weit hinten an den Scheitelbeinen befindet. Abgesehen von einer kleinen abgeflachten Partie unmittelbar hinter dem Obelion, wo bei dieser Unterrasse die Abschrägung zum Hinterhaupt hin einsetzt, ist die Hirnkapsel insgesamt gleichmäßig gerundet. Die Augenbrauenwülste treten kaum in Erscheinung, die Stirn steigt über den Augenhöhlen steil an und ist selbst an ihrer schmalsten Stelle im Verhältnis zur größten Breite des Gesamtschädels wie auch im Verhältnis zum größten Abstand zwischen den Außenrändern der Orbita beachtlich breit (das heißt, der Frontobiorbitalindex ist sehr hoch).

Die Schädelhöhe (Basion bis Bregma) schwankt und ist in der Regel im westlichen Teil des Verbreitungsgebietes der alpiniden Rasse geringer als im östlichen und nördlicheren jenseits der Donau. (Der hohe Schädel auf Abbildung 24 A stammt aus Böhmen.)

Da die bizygomatische Breite (das ist der größte Abstand zwischen den Jochbögen) groß ist, wirkt das Gesicht breit. Im Verhältnis zu dieser Breite erscheint die an sich nicht unbedeutende Gesichtshöhe (von Prosthion bis Nasion) nur gering.
In der horizontalen Standardposition (Ohr-Augen-Ebene) springt der obere Rand der Augenhöhle etwas weiter vor als der untere (dieses Merkmal ist auf dem sonst in den meisten Punkten typischen Schädel auf Abbildung 24 A nur schwach ausgeprägt). Die Orbita liegen weit auseinander.
Die Nase ist im Vergleich zu der (gewöhnlich mesorrhinen, gelegentlich jedoch auch leptorrhinen) der meisten anderen Europiden breit, die Nasenbeine springen kräftig vor.
Das Gesicht zeigt im großen und ganzen Orthognathie (Geradgesichtigkeit), doch macht sich, wie bei einem Vergleich zwischen 24 A und C deutlich ersichtlich, unterhalb der Nase eine leichte Tendenz zur Prognathie (Vorkiefrigkeit oder Schnauzigkeit, Alveolarprognathie) bemerkbar (der Nordidenschädel, C, zeigt keine Alveolarprognathie).
Der Gaumen ist mäßig breit, die Unterkieferwinkel springen seitlich vor.
Äußere Merkmale. – Der typische Alpinide ist von mittlerer oder eher kleiner Statur (die Durchschnittsgröße beträgt bei männlichen Erwachsenen 164 oder 165 Zentimeter), gedrungen, mit kurzem, dickem Hals, breiten Schultern, stark vorgewölbtem Brustkasten und kurzen Gliedmaßen.
Einen charakteristischen Alpinidenkopf zeigt Nikita Chruschtschow (Abbildung 25 A, Seite 155) und in etwas extremerer Ausprägung auch Marschall Sacharow (Abbildung 25 D). Die allgemeine Kopfform entspricht der Schädelform (Abbildung 25 A zeigt besonders gut den für die östlichen Vertreter dieser Unterrasse typischen hohen Kopf, Abbildung 25 B die ganz erhebliche Breite von Hirnkapsel und Gesicht). Das im Verhältnis zur Breite kurze Gesicht wird von einer steilen, breiten und hohen Stirn ohne merklich ausgeprägte Brauenwülste überwölbt, das Kinn ist gleichfalls breit. Die Nase zeigt im Profil, namentlich bei Frauen, eine leicht konkave Tendenz, verbreitert sich im unteren Teil spürbar und endet in einer fleischigen, häufig aufgestülpten Kuppe; die Form der Nasenlöcher entspricht am ehesten dem Typ auf Abbildung 23 B (Seite 150).
Die Haarfarbe variiert von Dunkel- bis Hellbraun. Die gleichfalls braune Iris zeigt häufig einen leichten Graueinschlag, Gesichts- und Körperbehaarung sind beim Mann kräftig entwickelt (um die Gesichtsform möglichst deutlich zu veranschaulichen, wurden Fotos von glattrasierten Vertretern der Unterrasse gewählt).

Sekundäre Merkmale

Allem Anschein nach ist bislang noch kein Versuch unternommen worden, die Blutgruppen von Personen zu bestimmen, die anhand ihrer primären Merkmale unter die Rubrik Alpinide fallen. Zwar hat man die Bevölkerung verschiedener Nationen umfänglichen Blutgruppentests unterzogen, aber da die Staatsgrenzen nach politischen und nicht nach ethnischen Gesichtspunkten festgelegt werden, sind die eruierten Daten für taxonomische Untersuchungen nur von geringem Wert. Würde man in einer Anzahl von Dörfern samt Umgebung, deren Bewohner ein biologischer Anthropologe als überwiegend alpinid eingestuft hätte, die Blutgruppen einer möglichst großen Einwohnerzahl ermitteln, ließen sich Informationen von großem taxonomischem Wert gewinnen. Anhand der verfügbaren Unterlagen kann man aber lediglich sagen, daß im Vergleich zur europiden Rasse insgesamt ein ziemlich geringer Prozentsatz der westlichen Alpiniden zur Gruppe »B« gehört, während dieser Prozentsatz bei der östlichen Gruppe wesentlich höher liegt. Hinsichtlich des Prozentsatzes von Personen mit den verschiedenen Genkomplexen der Rhesusgruppe dagegen scheinen sich westliche und östliche Alpinide nicht weiter zu unterscheiden.

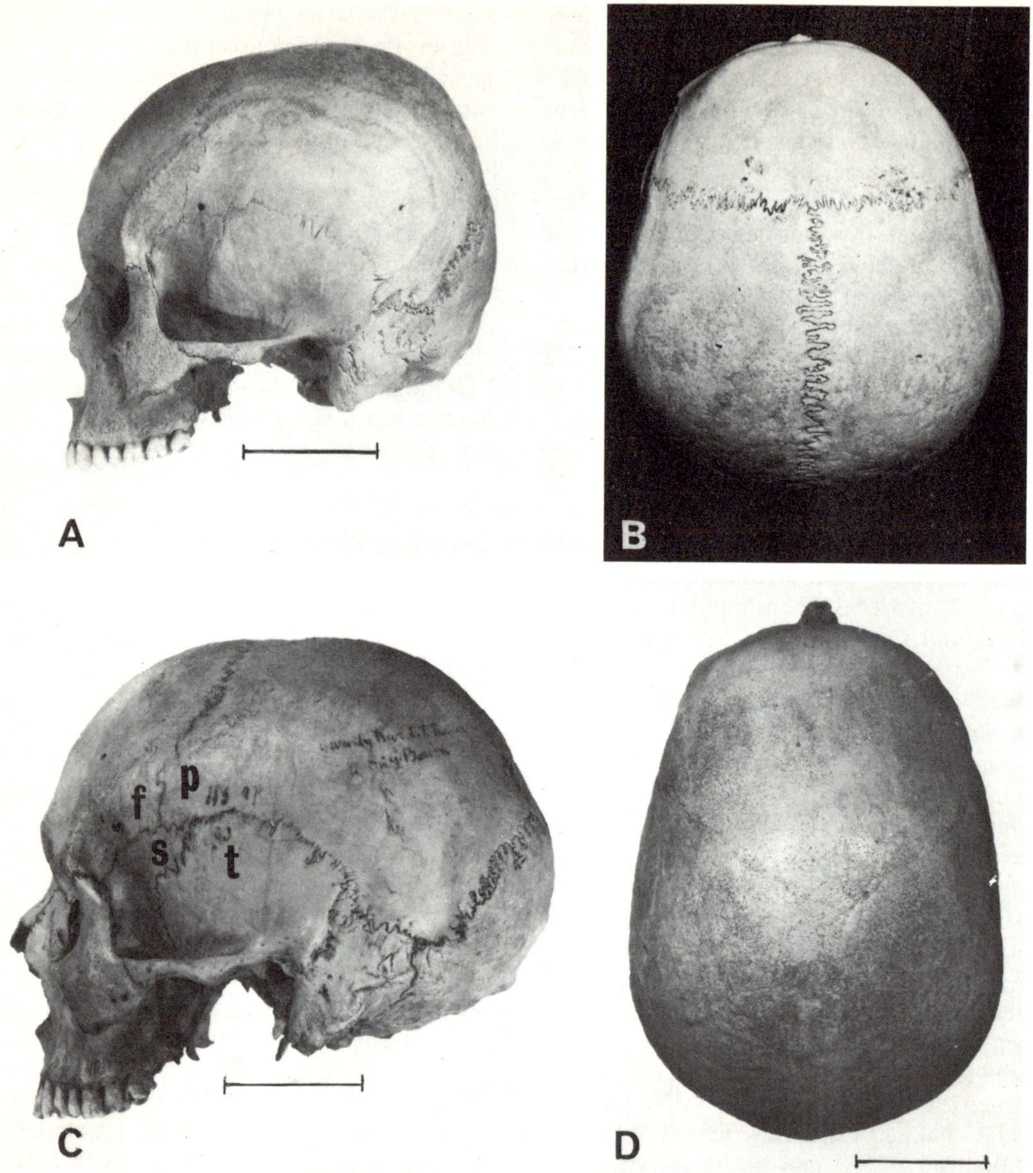

24 Alpinide und nordide Schädel. A, B: böhmischer Alpinidenschädel in Seitenansicht und Draufsicht (Schädelindex 86,4); C, D: nordide Schädel (Schädelindex 72,4 beziehungsweise 72,3). Die Meßskala zeigt 50 Millimeter an; f: Stirnbein; p: Scheitelbein; s: Keilbein und t: Schläfenbein. A zeigt die rechte Schädelhälfte (um den Vergleich mit C zu erleichtern, wurde das Foto seitenverkehrt reproduziert). – Schädel aus dem Oxford University Museum.

25 Alpiniden- und Nordidenköpfe. A: normaler Alpinider (Nikita Chruschtschow); B: extremer Alpinider (Marschall Sacharow); C: normaler Nordider (Lord Kitchener); D: Nordidenskulptur (Bildnis eines »germanischen« Kriegers aus dem dritten vorchristlichen Jahrhundert). – A Press Association, B Associated Press, C Bassano and Vandyke Studios und D Les Musées royaux d'Art et d'Histoire, Brüssel.

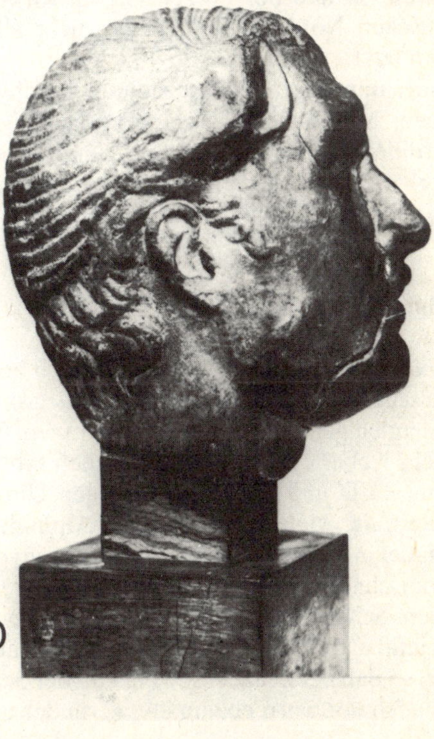

D

Die nordide Unterrasse

Wie die alpinide, so hat auch die nordide Unterrasse viele Namen erhalten – »Homo europaeus« (636), *la race germanique, kymrique, aryenne, nordique, die Germanen, die teutonische Rasse, die Nordrasse* (wozu anzumerken ist, daß manche französischen und deutschen Autoren das Wort »Rasse« gebrauchen, wo wir von »Unterrasse« sprechen).

Die typischsten Nordiden leben in den Niederlanden nördlich des Rheins, an der deutschen Küste von Ostfriesland bis Schleswig-Holstein und jenseits der Elbe bis Mecklenburg, in Dänemark, Norwegen (mit Ausnahme der südlichen und südwestlichen Küstenbezirke), Schweden, auf den Ålands-Inseln, an der finnischen Küste sowie auf den Färöer-Inseln und Island. Die Bevölkerung Großbritanniens ist zwar überwiegend nordiden Ursprungs, hat aber in alter Zeit erhebliche mediterranide (möglicherweise auch mediterranid-äthiopide) Beimischungen erfahren, so daß der Prozentsatz an wirklich typischen Nordiden in der Tat nicht allzu hoch liegt.

In der nun folgenden Aufzählung der physischen Merkmale typischer Vertreter der nordiden Unterrasse soll das Hauptaugenmerk auf solche gelegt werden, in denen sich Nordide von Alpiniden unterscheiden.

Primäre Merkmale

Schädel. – Die Schädelkapsel hält sich beim typischen Nordiden entweder im dolichokranen oder gerade noch im mesokranen Bereich, wobei ein Vergleich zwischen Abbildung 24 D und B den auffallenden Unterschied, den viele Nordiden- und Alpinidenschädel in dieser Hinsicht aufweisen, sehr gut veranschaulicht. Der Schädel auf 24 D hat einen Schädelindex von 72,3; die Tubera parietalia springen bei Nordiden nur mäßig vor, so daß der Schädel sowohl von der Seite als auch von vorn ebenmäßig gerundet und im oberen Teil sanft gewölbt erscheint. Am vorspringenden Hinterkopf bildet das Inion einen deutlich abgesetzten Höcker.

Die Jochbeine zeigen von ihrer Verbindungsstelle mit den Schläfenbeinflügeln an eine gewisse Einwärtsneigung, so daß das Gesicht von vorn schmal erscheint – schmaler als bei irgendeiner anderen europiden Unterrasse mit Ausnahme der Dinariden. Das Gesichtsskelett ist insgesamt im Verhältnis zu seiner Breite hoch, die Augenhöhlen sind groß, oben und seitlich abgerundet und im Verhältnis zur Breite gleichfalls hoch, die Interorbitalbreite ist mäßig.

Die lepthorrhine Nase weist stark vorspringende Nasenbeine auf. Während die heutigen Nordiden sowohl Ganzgesichts- als auch Alveolarorthognathie zeigen, bestand bei den alten »Germanen« teilweise Neigung zu Prognathie (insbesondere der Alveolarregion).

Das Kinn springt vor, während die Unterkieferwinkel (Gonia) nicht nach außen gerichtet sind.

Äußere Merkmale. – Der typische Nordide ist wesentlich größer als der Alpinide; männliche Erwachsene zeigen eine Durchschnittsgröße von circa 173 Zentimeter oder mehr, viele sind auch erheblich größer. Die Gliedmaßen, insbesondere die Beine, sind lang, der Körper im Gegensatz zum gedrungenen Alpiniden eher schlank.

Abbildung 25 C und D zeigen typische Beispiele des nordiden Kopfes, Abbildung 25 C ist die Reproduktion eines Porträts Lord Kitcheners, eines jener Engländer, die die nordiden Züge besonders anschaulich und ohne Übersteigerung repräsentieren. Das Foto darunter zeigt eine in den Brüsseler Musées d'Art et d'Histoire befindliche, sachkundig restaurierte Statue aus dem 3. vorchristlichen Jahrhundert, an der, wie Cumont anmerkt, die für die Kunst jener Epoche kennzeichnende anthropologische Exaktheit auffällt (236). Es stellt vermutlich einen sterbenden oder in der Schlacht gefallenen nordiden Krieger dar, welcher, der Haartracht nach zu schließen, dem damals

zwischen Karpaten und Schwarzem Meer ansässigen Germanenstamm der Bastarnae angehört haben dürfte (573). Insgesamt zeigt diese Statue eine extremere Ausformung des nordiden Typs als die Aufnahme von Lord Kitchener, wobei die Form des Hinterkopfes leider durch das lange Haar verdeckt wird (das vorspringende Hinterhaupt ist eines der auffälligsten Unterscheidungsmerkmale zwischen Nordiden und Alpiniden).
Die Brauenwülste und die leicht fliehende Stirn; die schmale Vorderansicht des Gesichts; die gerade oder leicht konvexe Nase mit den zusammengepreßten Flügeln und der schmalen Kuppe – all diese charakteristisch nordiden Merkmale sind auf den beiden Abbildungen deutlich erkennbar.
Nordide zeigen gewöhnlich eine blühende Hautfarbe und entwickeln bei starker Sonneneinwirkung leicht Sommersprossen.
Die Augen stehen nicht sehr weit auseinander, das Oberlid hängt in vorgerücktem Alter auf der Außenseite vielfach etwas herab, die Iris ist in charakteristischen Fällen blau oder hellgrau, manchmal jedoch auch hellbraun.
Das feine und weiche, nicht sehr füllige Kopfhaar (bei männlichen Vertretern der Unterrasse besteht eine gewisse Neigung zu Kahlköpfigkeit) ist gewöhnlich aschblond (oder »platinblond«, wie es bei Frauen heißt), goldblond, goldbraun, hellbraun oder rotbraun und dunkelt im Lauf der Jahre vielfach nach. Seine Farbe ist von manchen Autoren entschieden überbetont worden, denn entgegen einer weitverbreiteten Annahme liefert Blondhaarigkeit allein noch keinen Hinweis auf nordide Abstammung: Die in Westfalen und der schwedischen Provinz Kopparbergsland ansässigen Dalofaliden beispielsweise sind ebenso blond wie die waschechtesten Nordiden und ebenso die Osteuropiden Nordosteuropas, ein Menschenschlag von völlig anderer körperlicher Erscheinung als die Nordiden, allem Anschein nach ein Seitenzweig der Alpiniden, des Haars) an einen weiter nördlich gelegenen Lebensraum angepaßt hat. Gelegentlich kann man die Meinung hören, die Osteuropiden seien Mischlinge von Alpiniden und Nordiden, doch läßt sich ein nordides Erbe nicht überzeugend nachweisen. Unter den Kabylen im nördlichen Algerien und den Kurden des Nordirak sowie der angrenzenden Gebiete der Türkei und des Iran trifft man gleichfalls sporadisch Blondhaarige und Blauäugige an, und auch die Urbewohner der Kanarischen Inseln, die Guantchen, waren blond und blauäugig (1092, 1093).
Das ziemlich dichte Achselhaar der Nordiden variiert gewöhnlich zwischen aschblond und rötlichbraun, die (bei den Frauen etwas spärlichen) Schamhaare zeigen dieselbe Farbe.
Daß Nordide die th-Laute mühelos artikulieren, wurde bereits an anderer Stelle (Seite 92 f.) erwähnt.

Sekundäre Merkmale

Allem Anschein nach besitzen die Nordiden keine besonderen Merkmale, die eindeutig in diese Kategorie fielen. Der Unterrand der Apertura pyriformis ist immer oder fast immer oxycraspedot, die Blutgruppen gleichen denen der Westalpiniden (soweit überhaupt präzis erforscht, vergleiche Seite 153).

Die verschiedenen Unterrassen der europiden Rasse unterscheiden sich in ihren typischen Erscheinungsformen nicht gleich stark voneinander. So zeigen beispielsweise die nordide und die mediterranide Unterrasse in den morphologischen Merkmalen eine weitaus größere Ähnlichkeit als jede dieser Unterrassen mit den Alpiniden (343, 302). Während selbst ein Laie einen nordiden und einen alpiniden Schädel mühelos auseinanderhalten kann, bereitet die Unterscheidung zwischen einem nordiden und einem mediterraniden Schädel gelegentlich gewisse Schwierigkeiten.
Was indessen die äußeren Merkmale betrifft,

unterscheidet sich der typische Mediterranide Süditaliens und der westlichen Mittelmeerinseln in verschiedener Hinsicht vom Nordiden. Er ist wesentlich kleiner (die mittlere Größe wird für männliche Erwachsene mit nur circa 161 bis 162 Zentimeter angegeben, 269, 331, 450) und im Durchschnitt wohl ein wenig dolichozephaler als der moderne Nordide, und er hat eine etwas steilere Stirn, die im allgemeinen mit einer weniger starken Einsattlung in der Nasion-Region in den Rücken der mäßiger vorspringenden, etwas breiteren (wiewohl noch immer lepthorrhinen) Nase übergeht. Dieser relativ kontinuierliche Übergang von Stirn und Nase fand bei den klassischen Bildhauern große Bewunderung, die ihn zum »griechischen Profil« übersteigerten, einer Erscheinung, die es in Wirklichkeit bei keinem ethnischen Taxon gibt (wohl aber zum Beispiel dem auf Borneo vertretenen Schlankaffen *Presbytis rubicundus rubidus*, 49). Das insgesamt ovale Gesicht des Mediterraniden läuft nach unten vielleicht etwas spitzer zu als das des Nordiden, die Ohren sind vielfach kleiner, die Lippen etwas voller. Die Unterschiede zwischen den Geschlechtern treten deutlicher zutage, etwa in den relativ breiten Hüften der mediterraniden Frauen. Von diesen morphologischen Unterschieden abgesehen, zeigt das Kopfhaar ein sehr dunkles (gewöhnlich als Schwarz bezeichnetes) Braun, und auch die Iris ist sehr dunkel.

Angesichts der in manchen anthropologischen Lehrbüchern abgedruckten kurzen Beschreibungen ethnischer Taxa könnte man leicht den Eindruck gewinnen, als wäre mit der Charakterisierung eines Schädels als brachykran etwas außerordentlich Wichtiges ausgesagt – gerade, als ob alle brachykranen Schädel einander glichen, was jedoch nie der Fall ist. Es gibt brachykrane Europide und brachykrane Mongolide mit jeweils sehr unterschiedlichen Schädeltypen – ein Thema, das der Schweizer Anthropologe M. Reicher anhand eines Vergleichs zwischen Alpiniden- und Tungidenschädeln besonders sorgfältig untersucht hat (889, 890). Die häufig als »Mongolen« bezeichneten Tungiden, die wohl als typischste Vertreter der mongoliden Rasse gelten dürfen, nehmen ein riesiges (allerdings nicht ausschließlich von ihnen besiedeltes) Gebiet ein, das von der nördlichen Eismeerküste bis circa 40° nördlicher Breite, wo sie an die Siniden (Chinesen) angrenzen, und von circa 80° östlicher Länge, der Westgrenze ihres Hauptlebensraums, bis zum Ochotskischen Meer und Japan reicht. Eine isolierte Gruppe lebt an der Nordwestküste des Kaspischen Meeres, viele weitere kleine finden sich an verschiedenen Stellen westlich des Hauptverbreitungsgebietes. Reicher untersuchte Burjaten-, Kalmücken-, Torgoten- und Telengetenschädel und verglich sie mit Alpinidenschädeln aus Bayern, der Schweiz und Tirol, wobei er sein Augenmerk ausschließlich auf Längen, Indizes und Winkel konzentrierte. Hätte er daneben auch noch jene Merkmale berücksichtigt, die sich nicht ohne weiteres messen und statistisch analysieren lassen (wie beispielsweise die Struktur des Unterrandes der Apertura pyriformis), wären die Unterschiede zwischen den beiden Schädelgruppen noch deutlicher zutage getreten. Diese Unterschiede zeigen, wie irreführend die Beschreibung eines Schädels als brachykran sein kann, wenn dieser Begriff die Idee einer grundlegenden Ähnlichkeit suggeriert. Das aber bedeutet, daß der Schädelindex nur dann nützt, wenn man seine Grenzen kennt. Daß die Unterschiede zwischen Alpiniden und Tungiden sehr deutlich hervortreten, sobald man andere Merkmale als den Schädel in die Untersuchung einschließt, braucht wohl kaum angefügt zu werden.

Isolation und Uniformität

Haben Angehörige kleinerer ethnischer Taxa (Unterrassen oder Lokalformen) lange Zeit in mehr oder weniger vollständiger Isolation gelebt, zeigt die betreffende Population (von den Unterschieden zwischen den Geschlechtern abgesehen) in ihren körperlichen Merkmalen vielfach eine beachtliche Uniformität. Die Isolation kann dabei entweder auf physische Ursachen, wie das eine Insel umgebende Meer, oder auf die Resistenz des betreffenden Volksstammes, sich mit Angehörigen anderer ethnischer Taxa zu mischen (oder umgekehrt) zurückgehen. Das extremste Beispiel stellten nach Ansicht des berühmten französischen Anthropologen Paul Topinard die Negritiden der Andamanen dar (1062), ein unter der Bezeichnung Minkopi oder Andamaner bekanntes Zwergvolk, das seine Uniformität in erster Linie der Isolation durch sein Inseldasein verdankte, teils aber wohl auch seinem kleinen Wuchs und ungewöhnlichen Äußeren, die sich zusätzlich isolierend ausgewirkt haben dürften, als sich Vertreter anderer Taxa auf den Inseln ansiedelten.

Ein gutes Beispiel für einen europiden Volksstamm, der Rassenmischung vermieden und infolgedessen ein sehr uniformes Äußeres behalten hat, liefern die Todas der Nilgiriberge im Südwesten Vorderindiens, von deren Existenz die Europäer erstmals durch einen portugiesischen Missionar erfuhren, der 1602 bis in ihr Gebiet vorstieß und sich zwei Tage unter ihnen aufhielt. Der nächste Europäer kam dann allerdings erst über zweihundert Jahre später (906). Tatsächlich ist das von ihnen besiedelte, nach allen Seiten hin steil abfallende Tafelland ziemlich unzugänglich und daher selbst für die Tieflandbewohner der Umgebung wenig einladend. Da jedoch auf den Nilgiribergen noch mehrere andere Stämme hausen, ohne daß es zur Rassenmischung käme, geht die physische Uniformität der Todas nicht nur auf geographische Isolation zurück. Major Ross King, der drei Jahre in dieser Gegend verbrachte, schrieb 1870 über die Todas:

»Selbst dem schlechtesten Beobachter muß ihr ungewöhnliches und auffallendes Äußere sofort ins Auge springen, sind sie doch in Aussehen, Körperbau und Gebaren gänzlich anders als die verschiedenen Tieflandrassen, aber ebenso auffallend anders als die übrigen Stämme in ihrer unmittelbaren Umgebung... Obgleich die Todas mit diesen Stämmen in bestem Einvernehmen zusammenleben, gehen sie doch niemals Ehen mit ihnen ein. Daß es nie zu irgendeiner Mischung der Rassen gekommen ist, wird durch die zwischen ihnen fortbestehenden, deutlich ausgeprägten Unterschiede hinlänglich bewiesen« (581).

Obwohl die Europäer die Syphilis einschleppten (1052), wurde über die Existenz von Mischlingen nichts bekannt. Das ist um so bemerkenswerter, als die Todas die Nilgiriberge mit nicht weniger als vier anderen Stämmen teilten – den Badaga, Kota und zwei Weddidengruppen (den Kurumba und den Irula). Als sie 1602 von jenem portugiesischen Missionar entdeckt wurden, unterhielten sie bereits Kontakte zu den Badagas, deren Häuptlinge sie mit einem ausgesuchten Zeremoniell grüßten, und auch für Angehörige der Weddidengruppen hatten sie eine eigene, wenn auch einfachere Art der Begrüßung entwickelt (906).

Oberstleutnant W. E. Marshall, der das körperliche Erscheinungsbild der Todas 1873 beschrieb, betont ihre gegenseitige Ähnlichkeit und erwähnt »die bemerkenswerte Uniformität der Schädelentwicklung« (703). »Wer einen Toda gesehen hat«, so erklärt er, »kennt die ganze Rasse« - wozu angemerkt sei, daß zwei Todas, je ein Vertreter der beiden Geschlechter, trotz allem zu bevorzugen wären. Thurston, *der* Experte für indische Anthropologie, soll geäußert haben, die Todas wiesen »einen solchen Grad von Inzucht auf, daß sie wie Mitglieder einer Familie aussehen« (1053), eine Feststellung, die der Genetiker und Anthropologe R. Ruggles Gates, der sie 1959 besuchte, bestätigt (392).

Die Todas liefern ein Beispiel für das, was in der zoologischen Literatur als »Relikt« bezeichnet wird – eine Gruppe, die beim Rückgang (oder in manchen Fällen dem teilweisen Aussterben) eines ehedem weiter verbreiteten Taxons zurückgeblieben ist.

Ihre physischen Merkmale weisen sie als Nordindide (Indo-Afghanen) aus (268, 302), weshalb denn auch von Eickstedt den ersten Toda, dessen er ansichtig wurde, für einen Sikh hielt (nur das Fehlen des Turbans dürfte ihn überrascht haben, tragen die Sikhs diese Kopfbedeckung doch ebenso rigoros, wie die Todas ihr Haupt unbedeckt lassen). Die von Rivers aufgestellte Hypothese, die Todas könnten mit den Nambutiris Malabars verwandt sein (906), läßt sich indessen nicht erhärten.

Mittlerweile wurden an insgesamt 282 Todas zwei gesonderte Blutgruppenuntersuchungen vorgenommen (816, 650), die zwar etwas abweichende Werte erbrachten, zusammengenommen aber für die ABO-Blutgruppengene folgende Frequenzen ergaben: p (Frequenz des Gens für Blutgruppe A), 0,179; q (dito für B), 0,347. Während p dem für die Sikhs (also für typische Nordindide) errechneten Wert nahekommt, liegt q beträchtlich höher – ja, zählt zu den höchsten für diese Gruppe jemals ermittelten Werten. Daneben wurden auch die Blutgruppen von 86 Kotas untersucht (650). Wie sich zeigte, wies kein einziger dieser nächsten Nachbarn der Todas Gruppe A oder AB auf, was gleichfalls bestätigt, daß die Todas jegliche Rassenmischung vermieden haben.

Europidenmischlinge

Dürften Isolation und lokale Uniformität in vergangenen Zeiten ziemlich verbreitet gewesen sein, ist in der Welt von heute der Uniformitätsgrad von Volksstämmen wie Minkopis und Todas ungewöhnlich. Mittlerweile sind die verschiedenen Unterrassen und Rassen durch Hybridation in beträchtlichem Maße miteinander verschmolzen, wodurch in manchen Fällen neue, in ihrer Zusammensetzung mehr oder weniger homogene Taxa und in anderen alle möglichen Zwischenformen entstanden sind. Dieser Austausch zwischen verschiedenen ethnischen Taxa ist zu einem guten Teil auf die Bevölkerungszunahme im Zuge der Einführung und Verbesserung des Ackerbaus zurückzuführen; zum anderen trugen aber auch Kriege durch den Austausch von Gefangenen zur Mischung der Populationen bei. Bory de Saint Vincent hat diese Vorgänge vor fast hundertfünfzig Jahren in seinen Ausführungen zur Frühgeschichte seiner Heimat Frankreich mit kaum überbietbarer Treffsicherheit charakterisiert:

»Ebbe und Flut so vieler Stämme. . . mußten zu einer Blutmischung führen, die, indem sie die Merkmale der beteiligten Typen mehr und mehr ineinander übergehen ließ, jene besonderen Spielarten hervorbrachte, aus denen sich die Bevölkerung des Westens heute zusammensetzt – eine Bevölkerung, bei der die gegenseitig weitervererbten Züge der typischen Formen da und dort auf unseren Gesichtern wieder auftauchen, um jedoch unmerklich ineinander zu verfließen« (128).

Diese Verschmelzung hat in Frankreich tatsächlich in großem Umfang stattgefunden, setzt sich die Bevölkerung dieses Landes doch zu einem beträchtlichen Teil aus nordid-alpiniden Mischlingen zusammen, wozu in manchen Gegenden noch mediterranide Elemente kommen. Auch die von Beddoe (vergleiche Seite 66) schon vor langen Jahren prophezeite Rassenmischung infolge der Einführung der Eisenbahn hat sich vollzogen. Dabei war im Jahr 1885 der künftige rapide Ausbau der Verkehrsmittel mit all seinen Folgen für das menschliche Dasein noch in keiner Weise abzusehen.

Manche Autoren haben das Ausmaß der Vermischung allerdings auch überschätzt, so insbesondere Otto Ammon, der sich entgegen dem Titel seines kurzen Aufsatzes *Zur Theorie der reinen Rassentypen* (16) in seiner Hauptuntersuchung nicht mit Rassen, sondern mit dem, wie er sich ausdrückt, *Nordeuropäischen, Alpinen* und *Mittelländischen Typus* samt Zwischenformen befaßt (15), mit anderen Worten, mit Nordiden, Alpiniden, Mediterraniden und ihren Mischlingen. Bei dieser im Großherzogtum Baden, also in der Südwestecke Deutschlands nahe der französischen und Schweizer Grenze an fast 30 000 Wehrpflichtigen und Mittelschülern durchgeführten Erhebung (eine kleine Gruppe von Juden wurde gesondert analysiert) entschieden Ammon und seine Mitarbeiter anhand von Kriterien wie Kopfindex, Statur, Augen-, Haar- und Hautfarbe, ob der einzelne Proband einem der drei benannten Typen zuzurechnen sei und gelangten dabei zu dem Schluß, daß nur 1,45 Prozent dem Nordeuropäischen, 0,39 dem Alpinen und 0,09 dem Mittelländischen Typus angehörten. Dieses Ergebnis führte Ammon zu der These, in einer »gekreuzten Bevölkerung« gebe es keine reinen Typen. Tatsächlich hätte er wohl kaum eine Gegend wählen können, in der der Hybridismus seit altersher fester eingebürgert gewesen wäre: Die drei Unterrassen lebten im Großherzogtum seit dreihundert Jahren zusammen, und hätte man jedes Unterscheidungsmerkmal zwischen ihnen in Betracht ziehen wollen, hätte sich womöglich überhaupt kein *reinrassiges* Individuum gefunden oder bestenfalls sporadische Beispiele und vielleicht einige mehr in abgeschiedenen Gegenden. Ammon vertrat schließlich die Ansicht, sämtliche Populationen seien in gewissem Ausmaß hybrid, der Mischungsgrad jedoch in Europa, insbesondere Mitteleuropa (wo er seine Erhebung durchführte) vermutlich höher als irgendwo sonst auf der Welt (16), wozu hier nur angemerkt sei, daß die gesamte einheimische Bevölkerung des Großherzogtums Baden im strengen Sinne des Wortes *reinrassig* war, da sie durchweg zur europiden Rasse gehörte.

Offensichtlich haben Ammon und seine Mitarbeiter die Zahl der dem *Alpinen Typus* zugehörigen Personen weit unterschätzt, wandten sie doch äußerst anfechtbare Kriterien an. So betrachteten sie insbesondere niemand als *Alpinen,* der nicht schwarzes oder braunschwarzes Haar aufwies (vergleiche Seite 128) – ein Kriterium, das in Wirklichkeit jeden typischen Alpiniden *ausschließt.*

Natürlich lassen sich viele Beispiele für Mischungen zwischen europiden Unterrassen anführen (etwa die armenid-orientaliden Mischlinge, die wir in Kapitel 13 behandeln wollen), ja, es ist möglicherweise sogar zweifelhaft, ob irgendeine Gruppe der heutigen Europiden, von den Todas und einigen anderen isolierten Volksstämmen abgesehen, ausschließlich von Vertretern einer einzigen *Unter*rasse abstammen. In vielen Fällen jedoch ist das Übergewicht einer Unterrasse in der Abstammungsreihe deutlich ersichtlich, was die Anerkennung von Unterrassen rechtfertigt. Innerhalb jeder nicht infolge von Inzucht homogenen Gruppe von Unterrassenmischlingen kann beim einzelnen durch zufällige Gen-Kombination eine größere Ähnlichkeit mit der einen oder anderen Ausgangsform auftreten, vornehmlich dann, wenn in der Ahnenreihe Angehörige einer Unterrasse dominierten.

In Fällen, in denen Vertreter mehrerer europider Unterrassen ein ehedem unterbevölkertes Land kolonisierten, können sich durch wechselseitige Eheschließungen die Trennungslinien dergestalt verwischen, daß auf die Mehrheit der Bevölkerung der Begriff Unterrassen nicht mehr zutrifft, weshalb denn auch bei manchen Angehörigen der betreffenden Population, die noch nie typische Vertreter der verschiedenen europiden Unterrassen zu Gesicht bekommen haben, Zweifel an der Gültigkeit dieses ethnischen Taxons aufkommen mögen.

Nun kann es aber nicht nur durch Unterrassen-, sondern auch durch Rassenmischung zur Entstehung hybrider Populationen kommen. So ist es möglich, daß eine Bevölkerung von Rassenmischlingen durch generationenlange Eheschließungen in den eigenen Reihen ein erkennbar neues ethnisches Taxon hervorbringt. Solche Taxa entstehen in der Regel (wenn auch nicht ausschließlich) dort, wo der natürliche Lebensraum zweier Rassen aneinandergrenzt, und gehen daher auf nur zwei Ausgangsrassen zurück, von denen gewöhnlich eine überwiegt, was sich naturgemäß dominierend auf das physische Erscheinungsbild der Mischlinge auswirkt. Folgerichtig werden sie von den Anthropologen gemeinhin zur dominanten Rasse gezählt, oder genauer, als leicht abweichende Unterrasse derselben eingestuft.

Europide haben zur Entstehung diverser Taxa von Rassenmischlingen einen so dominierenden Beitrag geleistet, daß die Mischlinge der europiden Rasse zugerechnet werden. So überwiegen beispielsweise bei den Turaniden (»Turki«), europid-mongoliden Mischlingen, die physischen Merkmale der europiden Vorfahren gewöhnlich die der mongoliden. Die Turaniden bewohnen ein riesiges Gebiet, das von der Ostküste des Kaspischen Meeres bis an die Grenzen der Mongolei und in einer schmalen, nördlich des Kaspischen Meeres verlaufenden Zunge bis zur Schwarzmeerküste reicht. Das mongolide Element im äußeren Erscheinungsbild reduziert sich zunehmend gegen die Westgrenze ihres Territoriums hin (573).

Auch die Äthiopiden (»Ost-Hamiten« oder »Erythrioten«) Äthiopiens und Somalilands sind im wesentlichen eine europide Unterrasse mit einigem negriden Einschlag. Typische Vertreter dieser Gruppe zeigen einen schlanken, mittelgroßen Wuchs, dolicho- oder mesokrane Kopfformen und einen mehr oder minder europid anmutenden Gesichtsschnitt mit ziemlich schmaler, vorspringender Nase (Abbildung 26 B, Seite 164), doch macht sich an verschiedenen Körperteilen auch der negride Einfluß bemerkbar. Die Haut ist rötlich- oder schwärzlichbraun, das dunkelbraune oder schwarze Haupthaar weder lang wie bei den meisten Europiden noch auch so kurz wie bei den Negriden. Es zeigt in der Beschaffenheit verschiedene lokale Varianten, ist jedoch in der Regel nicht gewellt wie bei den typischen Europiden noch in viele straffe (von den Franzosen als »cheveux crépus« bezeichnete) Spiralen aufgedreht wie das der Negriden, sondern gekräuselt (»cheveux frisés«), das heißt, das einzelne Haar kringelt sich in mehreren Locken von einem Zentimeter Durchmesser und darüber. Die Ohren sind ziemlich klein, Ober- und Unterlippe dicker als bei typischen Europiden, jedoch nicht übermäßig ausgestülpt. Weitere Indikatoren für das negride Erbe ist die Verbindung von Breitschultrigkeit und Schmalhüftigkeit, die Länge der Unterarme, die schwach entwickelte Wade und die – mit Ausnahme des Kopfes – spärliche Behaarung. Da es sich bei den negriden Ahnen vermutlich um Nilotide handelte, besteht bei diesem Mischtaxon naturgemäß generell keine Tendenz zu Prognathie.

Welche europide Unterrasse den nicht-negriden Hauptbeitrag zu diesem Mischtaxon geleistet haben mag, läßt sich um so weniger ausmachen, als hier lokale Varianten vorliegen dürften. Aller Wahrscheinlichkeit nach waren sowohl orientalide (»arabische«) als auch mediterranide (oder protomediterranide) Ahnen beteiligt, wobei die orientaliden Vorfahren möglicherweise (wie in so vielen Regionen) mit Armeniden bastardiert waren (1024, 302, 1085, 228).

Durch sekundäre Mischung der Äthiopiden mit nilotiden Negriden sind Stämme entstanden, die allgemein als Niloto- oder Nilo-Hamiten (manchmal auch als Halb-Hamiten) bezeichnet werden und bei denen die negriden Merkmale etwas stärker in Erscheinung treten. Bei den Masai, einem Hirtennomadenstamm des Kenia-Tansania-Grenzlandes, ist diese weitere Hybridation so schwach, daß sie von manchen Fachleuten den Äthiopiden zugerechnet werden (302). Dasselbe gilt auch für die im Grasland zwischen Bahr el Dschebel und Rudolf-See beheimateten Latuko (Lotuko) und Turkana.

Der in Südwestuganda vertretene Hirtennomadenstamm der Wahima (Bahima) ist zwar ähnlich hochwüchsig wie die Turkana, dürfte aber, verschiedenen Anhaltspunkten nach zu schließen, eine äthiopid-kaffride (und nicht eine äthiopid-nilotide) Mischung darstellen. Wie dem auch sei, jedenfalls dominiert der äthiopide Charakter sehr stark (1024, 573, 450). Die Kaffriden stellen ihrerseits eine äthiopid-negride Mischgruppe dar, bei der

jedoch das äthiopide Element so viel schwächer ist, daß sie als Negride eingestuft werden.
Schon vor langer Zeit bemerkten die französischen Anthropologen Collignon und Deniker, daß »das Wort ›Mohr‹ wie so viele andere unbestimmte und schlecht abgegrenzte Begriffe aus der ethnographischen Terminologie verbannt werden sollte« (218). Bedauerlicherweise jedoch verfügen wir über keine andere Bezeichnung für die »eigentlichen« Mohren oder Mauren, also jenen europid-negriden Mischstamm, der in Mauretanien und den angrenzenden Gebieten vertreten ist.
Daneben versteht man unter »Mauren« oder »Mohren« aber auch die mohammedanischen Berber und Araber Nordwestafrikas samt einem kleineren Prozentsatz an Syrern, die im 8. Jahrhundert fast ganz Spanien eroberten und das Land jahrhundertelang beherrschten, wovon noch heute eine Reihe prachtvoller Bauwerke zeugt. Diese sogenannten Mauren oder Mohren, die allen damaligen nordeuropäischen Völkern nicht nur in der Architektur, sondern auch in Literatur, Wissenschaft, Technik, Handwerk, Gewerbe und Landwirtschaft turmhoch überlegen waren und mit ihrer Zivilisation Spanien einen bleibenden Stempel aufprägten (1123, 860, 472), waren reinrassige Europide, und zwar die Berber (wie noch heute) Mediterranide, vermutlich mit einer gewissen Beimischung der vorgeschichtlichen cromagniden Unterrasse (302, 47), die Araber Orientalide und die Syrer aller Wahrscheinlichkeit nach ein orientalid-armenides Mischvolk. Da die Haut der Orientaliden und mancher Berber unter Sonneneinwirkung leicht bräunt und manche an den unbedeckten Körperpartien ziemlich dunkel werden, wurde mit dem Namen »Mohren« nach und nach Dunkelhäutigkeit assoziiert und der Begriff schließlich auch auf Negride ausgedehnt. Dieser Fehler unterlief selbst Wissenschaftlern, so beispielsweise Sömmerring (Seite 25) in der 1784 erschienenen Erstauflage seines bedeutenden Werkes über die Anatomie der Neger (987) (in der zweiten Auflage änderte er dann allerdings *Mohr* in *Neger* um, 988). Kant hatte in seinen rund zehn Jahre früher erschienenen Schriften diesen Fehler indessen nicht begangen. Für ihn schloß »die Race der Weißen« (das heißt der Europiden) »die Mohren (Mauren von Africa)« ebenso ein wie die Araber im allgemeinen (sowie Perser und bestimmte andere asiatische Völker) (569). (Zum äußeren Erscheinungsbild der Berber vergleiche Abbildung 26 A, die einen Angehörigen des mohammedanischen Stammes der Tuareg zeigt.)
Einer der ersten, die eine angemessene Beschreibung der physischen Merkmale der Mauren lieferten, war der französische Naturhistoriker Michel Adanson, der als junger Mann fünf Jahre im Senegal zubrachte (7). Die ausführlichste Darstellung aber stammt von Collignon und Deniker (218), welche die verstreuten Informationen sammelten und einige Mauren, die 1895 als erste Vertreter ihres Volksstammes in Paris aufgetaucht waren, sorgfältig untersuchten. Dabei gelangten sie zu dem Schluß, die eigentlichen Mauren seien Mischlinge von Berbern und westafrikanischen Negriden (das heißt Sudaniden) mit dominierendem Berberanteil, und dieser Auffassung ist auch von Eickstedt (302).
Daß es sich bei der sogenannten »Negerbevölkerung« der Vereinigten Staaten überwiegend um eine Mischbevölkerung handelt, muß jedem aufgehen, der sich vor dem Besuch der USA durch ausgedehntere Reisen ein Bild von den Negriden Afrikas verschaffen konnte. Erfreulicherweise ist es gelungen, bei amerikanischen Negriden den europiden Anteil ziemlich genau zu ermitteln. Als man nämlich bei einer Anzahl als »Neger« eingestufter US-Bürger die Rhesus-Blutgruppen untersuchte, stellte man eine durchschnittliche CDe-Frequenz von circa 45 Prozent* fest – im Vergleich zu der

*Die Frequenzen der verschiedenen Gen-Kombinationen des Rhesus-Systems werden gemeinhin in Prozenten ausgedrückt.

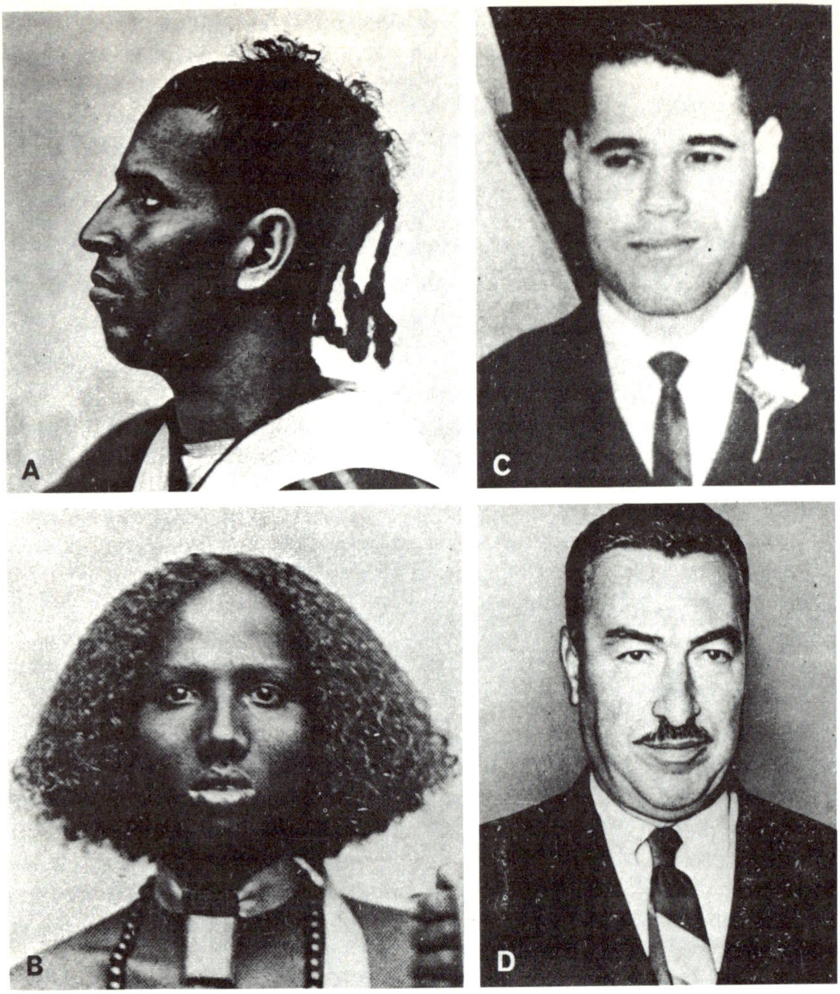

26 Mediterranider, Äthiopider und zwei »Neger«. A: Tuareg-Berber (mediterranid); B: Somali (äthiopid); C und D: Amerikaner, die in überregionalen Zeitungen als Neger bezeichnet wurden (27, 28, 725). – A und B aus: Hutchinson, Gregory und Lyddeker (530), C und D Associated Press.

bei Europiden der USA (und anderer Länder) beobachteten Frequenz von nur circa 2,6 Prozent eine erstaunlich hohe Ziffer. Da es sich bei diesen sogenannten »Negern« nachweislich um europid-negride Mischlinge handelte, löste diese ungewöhnlich hohe CDe-Frequenz zunächst Überraschung aus, doch lieferten Daten über die Häufigkeit der Rhesus-Bluttypen bei echten (afrikanischen) Negriden schon bald eine Erklärung: Wie sich zeigte, wies ihre CDe-Frequenz eine erheblich höhere als die der »Neger«-Mischbevölkerung der USA auf: die Sudaniden bei 64 und die Kaffriden bei 63 Prozent. Mit Hilfe dieser Werte ließ sich der Anteil des europiden Erbes bei den Mischlingen bestimmen.

Die beiden Wissenschaftler Glass und Li analysierten in einer statistischen Erhebung über den europiden Beitrag zur genetischen Konstitution der »Neger« Baltimores bei einer sorgfältig ausgewählten Zufalls-Versuchsgruppe nicht nur die Rhesus-Blutgruppen, sondern auch ABO und MN. Sie gelangten zu dem Schluß, die europide Beimischung betrage circa 30 Prozent, allerdings erwies sich dieser Wert in der Folge als zu hoch gegriffen. Roberts und Hiorns (907), die in Oxford und Leeds den ganzen Komplex des Genaustauschs zwischen Populationen mathematisch genau untersuchten (907) und die bei dieser theoretischen Analyse gewonnenen Prinzipien anschließend auch zur Abschätzung des europäischen Beitrags zur genetischen Konstitution des amerikanischen Negers heranzogen, ermittelten, aufgrund von Informationsmaterial aus diversen Quellen und von verschiedenen Prämissen ausgehend, folgende fünf nicht sehr weit auseinanderliegende Werte: 23,2 Prozent, 23,4 Prozent, 26,0 Prozent, 26,1 Prozent und 26,3 Prozent.

Die Neger der amerikanischen Südstaaten weisen dagegen einen wesentlich niedrigeren Prozentsatz an europiden Genen auf, was man im Hinblick auf die Ergebnisse der in den USA durchgeführten Intelligenztests berücksichtigen muß.

Daß beim einzelnen negrid-europiden Mischling der Anteil des europiden Erbes größer oder kleiner sein kann, versteht sich von selbst; desungeachtet herrscht in den Vereinigten Staaten die (auch von anderen Journalisten kopierte) Unsitte, jeden, der auch nur die Spur eines negriden Erbes aufweist, als »Neger« zu bezeichnen. So wurde der auf Abbildung 26 C Dargestellte in mindestens zwei überregionalen britischen Blättern (28, 725) schlichtweg als Neger eingestuft, obwohl jeder in der biologischen Anthropologie einigermaßen Bewanderte auf dem Foto sieht, daß es sich um einen Mischling mit vermutlich ebenso starkem europidem wie negridem Einschlag handelt. Noch weitaus extremer liegt der Fall bei dem Mann in Abbildung 26 D, der, obwohl er keinerlei morphologische Anhaltspunkte für ein negrides Erbe liefert, im zugehörigen, wiederum in einer überregionalen britischen Zeitung abgedruckten Artikel (27) gleichfalls als Neger qualifiziert wurde.

Dennoch findet sich diese in der Tagespresse übliche Tendenz vielfach selbst in wissenschaftlichen Zeitschriften. Das ist insofern bedauerlich, als man auf diese Weise leicht zu Urteilen über Negride gelangt, die sich anhand wirklicher Vertreter dieser Rasse nicht erhärten lassen. Schließlich würde man, um irgendwelche allgemeinen Informationen über Europide zu gewinnen, ja auch nicht Niloto-Hamiten, Mauren oder Äthiopide als Hauptforschungsobjekte wählen.

Die in diesem Kapitel aufgeführten Beispiele sollten einen gewissen Eindruck von der Rolle der Hybridation in den Spätstadien der menschlichen Evolution vermitteln. Nach Ansicht mancher Autoren hat dieser Prozeß die Mannigfaltigkeit und Vielgestaltigkeit der Menschheit beträchtlich erhöht (797, 893), kann sich aber nicht beliebig fortsetzen: Denn wären alle Menschen auf der Welt fähig und willens, sich ganz nach Zufall und ohne Rücksicht auf ethnische Taxa miteinander zu verbinden, ergäbe sich daraus nach und nach eine Tendenz zur Uniformität. Zufällige Gen-Kombinationen könnten gelegentlich zu ausgeprägter Prognathie, extremer Hautpigmentierung (1007) oder irgendeinem anderen auffälligen Unterscheidungsmerkmal führen, indes wäre der Betreffende vermutlich in vielen anderen Merkmalen mehr oder minder eine Durchschnittserscheinung ohne hervorstechende Besonderheiten. Danach gäbe es auf der Welt nur wenige Individuen, die sich voneinander in so vielen körperlichen Merkmalen unterschieden wie zum Beispiel ein Nordider von einem Buschmann oder ein Tungider von einem Negrito.

13 Die Juden

Um ernsthaft über die ethnische Frage nachdenken zu können, muß man sich der außerordentlichen Vielschichtigkeit des Themas bewußt sein. Wie oft hat man den Eindruck, der Sinn eines Satzes oder auch nur einer Wendung sei unmißverständlich klar, um dann bei gründlicherer Beschäftigung überrascht festzustellen, wie viele Schwierigkeiten und mögliche Mißverständnisse sich oft hinter scheinbar ganz einfachen Formulierungen verbergen. In diesem Kapitel geht es nicht um einen Satz oder eine Wendung, sondern um das einzige Wort »Juden«. Da es nicht möglich ist, hier auch nur einen kurzen Überblick über die Geschichte des Volkes dieses Namens zu geben, wollen wir die Aspekte herausgreifen, welche die hinter einem einzelnen, angeblich eine bestimmte Personengruppe charakterisierenden Wort lauernden Schwierigkeiten und Mißverständnisse am besten ins Licht rücken.

Den Juden steht in unserem Zusammenhang aus mehreren Gründen ein eigenes Kapitel zu: einmal, weil die schreckliche Verfolgung eines Großteils dieses Volkes unter dem Hitlerregime humanen Menschen in aller Welt das ethnische Problem wohl noch deutlicher zu Bewußtsein gebracht hat, als es die Übel der Negersklaverei vermochten; zum anderen, weil die von vielen Juden für so wichtig erachtete Endogamie für unser Thema relevant ist, und schließlich, weil in einer seriösen Untersuchung über die Überlegenheit oder Unterlegenheit bestimmter Menschengruppen der hervorragende Beitrag, den als Juden eingestufte Personen Generation um Generation zu Geistesleben, Künsten, Handel und Finanzwesen stets geleistet haben, gebührende Beachtung verdient.

Doch wer sind die Juden? Nach Ansicht vieler diejenigen, die dem jüdischen Glauben angehören. So heißt es beispielsweise im *Statement on the nature of race and race differences*, das eine Gruppe biologischer Anthropologen und Genetiker im Juni 1951 unter der Schirmherrschaft der UNESCO in Paris abgab: »Muslims und Juden sind ebensowenig Rassen wie Römische Katholiken und Protestanten« (1080). Diese Behauptung erfordert eine genauere Betrachtung.

Dabei wollen wir uns zunächst den heute in verschiedenen Teilen der Welt vertretenen Gemeinschaften zuwenden, die in der einen oder anderen Form den jüdischen Glauben praktizieren, sich jedoch ethnisch von den Juden Europas und Nordamerikas unterscheiden.

Die Falascha oder »schwarzen Juden« Äthiopiens gehören zur äthiopiden Unterrasse (einem in Kapitel 12, Seite 161–162 bereits kurz erwähnten Mischtaxon). Ihnen sagen manche aufgrund der Gesichtszüge eine gewisse Ähnlichkeit mit den europäischen Juden nach (530), was sich allerdings wohl kaum durch biologisch-anthropologische Untersuchungen erhärten ließe.

Im klassischen Äthiopien bedeutete »Falascha« = »Einwanderer«, und in der Tat muß der jüdische Glaube (zu dem sich schließlich viele Einheimische bekehrten) von außen eingeführt worden sein – laut Überlieferung durch die Königin von Saba, Herrscherin der im heutigen Jemen lebenden Sabäer. Wie sich James Bruce, der in den siebziger Jahren des 18. Jahrhunderts Äthiopien erforschte, von den Falascha selbst erzählen ließ, trat die

Königin anläßlich eines Jerusalembesuchs zum mosaischen Glauben über und gebar Salomo einen Sohn; der Knabe, Menilek, soll in Jerusalem erzogen worden sein und später auf der dem Land der Sabäer gegenüberliegenden Seite des Roten Meeres, in Äthiopien, eine jüdische Kolonie gegründet haben. Nachdem sich zunächst das ganze Land zum Judentum bekehrt hatte, konvertierten später alle Bewohner außer den Falascha zum Christentum (156). So überliefert es die Legende. Die zugrundeliegenden Fakten sind allerdings weitgehend ungeklärt. Allem Anschein nach gehörten verschiedene Herrscher Äthiopiens vom 10. bis zum 13. Jahrhundert nach Christus der jüdischen Religion an, und im Norden des Landes hielten sich jüdische Machthaber bis zum Jahr 1617, in dem ein Blutbad der Unabhängigkeit der Falascha ein Ende bereitete. Während Bruce ihre Zahl um 1770 auf eine halbe Million schätzte und im 19. Jahrhundert noch 200 000 existierten, ist der endogame, eine (den Talmud nicht anerkennende) Sonderform der jüdischen Religion praktizierende Stamm (545) mittlerweile auf 25 000 geschrumpft, die verstreut in kleinen Landbezirken des Nordens und in geringer Zahl in Eritrea leben (325).

Eine andere isolierte, in einem fernen Erdteil den jüdischen Glauben praktizierende Gruppe sind die in der Stadt Kotschin und drei benachbarten Dörfern im südwestindischen Staat Kerala ansässigen »Kotschinjuden«. Angeblich soll der mosaische Glaube durch jüdische Flüchtlinge, die sich nach der Zerstörung Jerusalems durch die Römer im Jahr 70 nach Christus hier ansiedelten, ins Land gebracht worden sein. Da sich die heutigen »Kotschinjuden« physisch in nichts von der übrigen indischen Bevölkerung der Gegend unterscheiden, muß wohl auch ein Teil der Einheimischen zum neuen Glauben übergetreten sein. Die »Kotschinjuden« kleiden sich nach Landesart und sprechen wie alle anderen Malajalam; Hebräisch können nur die allerwenigsten, obwohl es in Gebeten verwendet wird. Heute gibt es noch circa 2000 »Kotschinjuden«, doch nimmt ihre Zahl durch Auswanderung nach Israel rapid ab (325); mit den vereinzelt im selben Bezirk lebenden europäischen Juden (die spanische oder deutsche Familiennamen tragen) scheinen sie sich nicht zu vermischen (545, 325).

Weiter im Norden, in der Umgebung von Bombay, existiert eine weitere, zahlenstärkere Gruppe jüdischen Glaubens, die sogenannten Beni-Israel, die in äußerer Erscheinung und Kleidung gleichfalls der einheimischen Bevölkerung gleichen (325), jedoch behaupten, ihren Ursprung bis in die Zeit nach der Zerstörung Jerusalems durch die Babylonier im Jahre 586 vor Christus zurückverfolgen zu können.

Keine zuverlässigen Berichte scheinen dagegen über die Herkunft der chinesischen »Tsung« zu existieren (545). Angeblich sollen diese fernöstlichen Juden seit alters in China leben und zunächst Mischehen mit Chinesen vermieden haben. Seit der Machtergreifung der Kommunisten sind die »Tsung«, die heute ein fast rein mongolides Erscheinungsbild aufweisen (477), in der überwiegenden Mehrzahl ausgewandert (325).

Es liegt auf der Hand, daß sich Falascha, »Kotschinjuden«, Beni-Israel und »Tsung« ethnisch von den europäischen und amerikanischen Juden unterscheiden und lediglich durch den Glauben mit ihnen verbunden sind. Alles in allem stellen sie freilich nur einen verschwindend geringen Anteil der Judenschaft. Er betrug gegen Ende des 19. Jahrhunderts etwa ein Prozent (545), und diese Zahl dürfte sich trotz des Massenmordes an den europäischen Juden durch die Nazis seither wohl kaum erhöht haben.

Und noch eine Gruppe von Juden muß erwähnt werden, die zwar in Europa lebte, sich jedoch im physischen Erscheinungsbild von sämtlichen heutigen europäischen Juden unterschied. Es sind die Chasaren, ein sogenanntes »Tataren«- (oder »Tartaren«-) Volk, das sich im 8. Jahrhundert zum mosaischen Glauben bekehrte und zwischen Kaspischem und Schwarzem Meer sowie im nördlich angrenzenden Gebiet ein im religiösen Sinne jüdisches Reich errichteten. Ihre ethnische Stellung ist unklar, da sich das Wort »Tatar« biologisch-anthropologisch nicht präzis definieren läßt, doch steht fest, daß sie – außer durch den Glauben – mit keiner der modernen Judengruppen zusammenhingen. Das Reich der Chasaren, die ein »völlig unjüdisches« Äußeres gehabt und mit anderen Juden kaum Ehen geschlossen haben sollen (545), wurde im 10. Jahrhundert von den Russen zerstört (149).

Vom traditionell-religiösen Blickwinkel aus gesehen war derjenige Jude, der eine jüdische Mutter hatte (1177), aber diese Formel krankt daran, daß der zu definierende Begriff als Adjektiv in der Definition vorkommt. Dasselbe Manko zeigt auch die vom israelischen Parlament 1970 vorgelegte Neudefinition, derzufolge als Jude zu gelten hat, wer von einer jüdischen Mutter abstammt oder durch das orthodoxe Rabbinat oder die Rabbiner der Jüdischen Reformbewegung oder der Jüdisch-konservativen Bewegung zum jüdischen Glauben bekehrt wurde (33, 1174). Natürlich steht es jedermann frei, in Anlehnung an die UNESCO-Doktrin nur diejenigen als Juden anzusehen, welche die jüdische Religion praktizieren; aber es gibt doch zweifellos in Europa und Amerika viele, die, obwohl sie diesen Glauben nicht ausüben, von anderen als Juden betrachtet werden und diese Einstufung ihrerseits als zutreffend akzeptieren.

1885 stellte der als Verfasser wichtiger Artikel über jüdische Belange bekannte Joseph Jacobs (der sich selbst als Jude bezeichnete) eine brauchbare Liste der berühmtesten Juden zusammen, die zwischen 1785 und 1885 das fünfzigste Lebensjahr vollendet hatten (546), und teilte sie in die von Francis Galton in *Hereditary Genius* (379) aufgestellten Kategorien ein. Wie bereits erwähnt (vergleiche Seite 37–38), hatte Galton eine oberste Kategorie X und eine nächstfolgende G eingeführt; zur Gruppe X (»illustre« Persönlichkeiten) rechnete Jacob vier Juden seiner Liste, nämlich Disraeli, Heine, Lassalle und Mendelssohn-Bartholdy. Es ist in diesem Zusammenhang interessant, kurz der relevanten Frage nachzugehen, ob diese Männer Juden im Sinne der UNESCO-Verlautbarung waren. Hier die Fakten: Disraeli wurde mit zwölf Jahren christlich getauft, Heine ließ sich mit 27 taufen und legte sich bei dieser Gelegenheit den Vornamen »Christian« zu, Mendelssohns Vater hängte, um seinen Familienzweig von dem am alten Glauben festhaltenden zu unterscheiden, an seinen Nachnamen den Zweitnamen »Bartholdy« an und erzog seine Kinder, einschließlich Felix, als protestantische Christen (826). Lassalle schließlich praktizierte zwar als Junge die jüdische Religion, wandte sich von ihr jedoch zu einem nicht näher bekannten Zeitpunkt ab – jedenfalls befolgte er mit 29 die jüdischen Speisegesetze nicht mehr und erklärte mit 35 in einem Brief an Sonja Sontsev ausdrücklich, kein Jude im religiösen Sinn mehr zu sein (350).

Es würde hier zu weit führen, die religiöse Haltung aller 26 Personen nachzuprüfen, die Jacobs in die Kategorie »hervorragend« (Galtons G) einreihte. Manche hielten, wie Meyerbeer, am jüdischen Glauben fest (76), andere waren zwiespältig, wieder andere im religiösen Sinne eindeutig Nichtjuden. So ließ sich etwa der deutsche politische Publizist Löb Baruch im Alter von 32 Jahren taufen und änderte seinen Namen in Ludwig Börne um (826), und der Philosoph Salomon Maimon war ein so eingefleischter Rationalist und Skeptiker, daß ihn der Vorsitzende des Glaubensgerichtes anläßlich seiner Ehescheidung als »verdammenswerten Ketzer« bezeichnete (79). Karl Marx schließlich, der sich mit 27 unter dem Einfluß der Feuerbachschen Schriften dem Materialismus zugewandt hatte und bis an sein Lebensende Materialist blieb, dachte nicht daran, die für gläubige Juden verbindlichen Speisegesetze einzuhalten (625).

Wie man sieht, hätte Jacobs, sofern er unter Juden nur aktive Anhänger des mosaischen

Glaubens verstanden hätte, in dem von ihm untersuchten Jahrhundert keinen einzigen »illustren« und nur sehr viel weniger »hervorragende« Juden benennen können. Statt dessen gelangte er bei seiner äußerst sorgfältigen Analyse zu dem Schluß, ein höherer Prozentsatz jüdischer als nichtjüdischer Engländer sei auf die Stufe der illustren oder hervorragenden Persönlichkeiten aufgestiegen.
Stünde es jedem frei, nach der erforderlichen Unterweisung den jüdischen Glauben anzunehmen, und legte eine größere Anzahl von Personen diesen Wunsch an den Tag, könnte man mit dem Wort »Juden« wie mit dem Begriff »Römische Katholiken« die Anhänger einer bestimmten Religion bezeichnen (wer diesen Glauben zunächst praktiziert, dann aber abgelegt hätte, fiele allerdings nicht mehr unter diese Kategorie). In Wirklichkeit jedoch bestehen zwischen einer missionstreibenden Glaubensgemeinschaft wie der römisch-katholischen und dem Judentum im religiösen Sinn kaum Berührungspunkte, da, wer nicht als Jude zur Welt kommt, nur dann in die jüdische Glaubensgemeinschaft aufgenommen werden kann, wenn er oder sie die auf Seite 168 erwähnten Voraussetzungen erfüllt und Konversionen eine Seltenheit darstellen.

Nun herrscht aber weithin die Auffassung, die gemeinhin als Juden bezeichneten Europäer gehörten einem bereits am Gesichtsschnitt erkennbaren ethnischen Typus an, so daß man einen Juden auch ohne irgendwelche (ohnedies irrelevanten) religiösen Kriterien identifizieren könne. Diese Ansicht gilt es sorgfältig zu prüfen. Dazu sind ein paar Worte zum wissenschaftlichen Studium des Kopfes vorauszuschicken und einige Begriffe anzugeben, die in diesem Zusammenhang nicht unmittelbar von Belang, aber im weiteren Verlauf dennoch nützlich sind.
Der (nichtjüdische) Kopf in Abbildung 27 wurde in der Standardhorizontalebene (Ohr-Augen-Ebene, OAE) aufgenommen. Um diese Ebene zu bestimmen, mußte die Lage des Orbitale, des untersten Punktes des Augenhöhlenrandes, durch die Haut ertastet werden (dieser Punkt ist auf der Abbildung mit orb markiert). Unter Tragion (auf der Abbildung trn) versteht man die Einbuchtung oberhalb des kleinen Haut-Knorpelvorsprungs, genannt Tragus (trs), der sich unmittelbar vor der Ohröffnung befindet. Der Kopf wurde in eine solche Stellung gebracht, daß der vorderste Punkt des Tragion in dieselbe Horizontalebene wie das Orbitale fiel. Im Grunde sollte diese Ebene auch durch den vordersten Punkt des Tragion des anderen Ohrs laufen, doch genügt meist die Vergewisserung, daß der Kopf nicht nennenswert nach rechts oder links geneigt ist. (Auf Abbildung 27 A ist die Standardhorizontalebene als waagrecht durch das Bild laufende Linie angedeutet.)
Die Kopfhöhe kann auf verschiedene Weise gemessen werden. In manchen Fällen empfiehlt es sich, die Entfernung des Vertex, das heißt des in der Mediansagittalebene höchsten Punktes der Hautoberfläche, von der Standardhorizontalebene zu bestimmen.
Wie man Kopfbreite und -länge mißt und aus den erhaltenen Zahlen den Kopfindex errechnet, wurde bereits ausführlich erläutert und bei dieser Gelegenheit auch erwähnt, daß man vom Kopfindex lediglich zwei Einheiten abzuziehen braucht, um den ungefähren Schädelindex zu erhalten.
Die Nase wird im populären Schrifttum meist nur sehr unzulänglich beschrieben. Vielfach heißt es lediglich, sie sei »lang«, was jedoch keine rechte Vorstellung von ihrer Form vermittelt, da nicht gesagt wird, von welchem Punkt man bei der Beurteilung ausgeht. Hängt eine »lange« Nase weit hinunter oder steht sie weit vor? Um sich hier Klarheit zu verschaffen, müssen zunächst einmal in der Mediansagittalebene zwei Punkte fixiert werden, nämlich als oberer das Sellion, die tiefste Stelle an der Nasenwurzel (auf Abbildung 27 A als sel eingezeichnet), und als unterer das Subnasale (sub), der Punkt in der Mediansagittalebene, wo die Haut der Oberlippe mit der des Septums, der knorpeligen

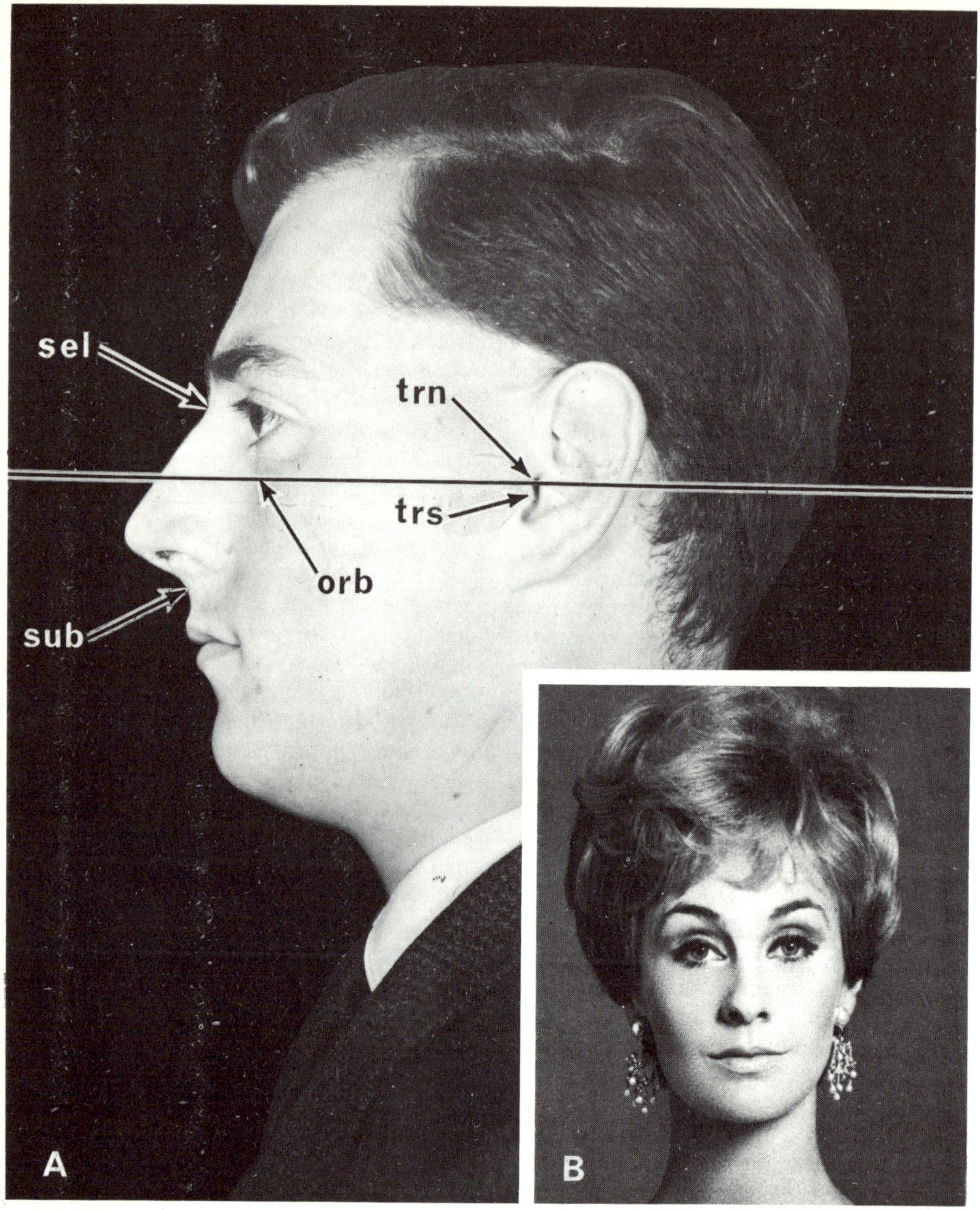

27 Einzelheiten der Gesichtsanatomie. A: Kopf in der (durch die Waagrechte angedeuteten) Standardhorizontalebene (Ohr-Augen-Ebene, OAE); Gesicht einer jungen Frau mit europider Nase nicht-armeniden Typs. orb: Orbitale, sel: Sellion, sub: Subnasale, trn: Tragion, trs: Tragus. – A Aufnahme von J. Haywood, B Daily Telegraph.

Scheidewand zwischen den beiden Nasenlöchern, zusammentrifft. Die Nasenflügel (Alae), welche die Nasenlöcher seitlich begrenzen, sind auf der Außenseite von der übrigen Nase durch eine Furche abgesetzt, die bei bestimmten ethnischen Taxa eine charakteristische Ausprägung aufweist.

Die Form der Nase läßt sich teilweise dadurch erfassen, daß man ermittelt, wie weit ihre Spitze im Verhältnis zu einer durch das Subnasale verlaufenden Parallelebene zur OAE vorspringt. Während die Nasenspitze des auf 27 A Abgebildeten nicht bis zu dieser Ebene reicht, befindet sie sich bei manchen Gesichtstypen so weit unterhalb, daß der Beobachter (sofern sich seine Augenhöhe mit der durch das Subnasale verlaufenden Ebene des in der OAE befindlichen Kopfes deckt) die Nasenlöcher des Betreffenden von vorn nicht mehr sehen kann.

Die größte Breite weist die Nase im Bereich der Alae auf. Diese Maximalbreite läßt sich als Prozentsatz des Abstandes zwischen Sellion und Subnasale ausdrücken (wobei man für die verschiedenen ethnischen Taxa sehr unterschiedliche Werte erhält). Liegt der Prozentsatz unter 70, bezeichnet man den Betreffenden als *leptorrhin* (schmalnasig), beträgt er über 70, aber unter 85, als *mesorrhin* (mittelnasig), geht er über 85 hinaus, als *platyrrhin* (breitnasig).

Auch oberhalb der Flügelfurche zeigt die Nase charakteristische Formunterschiede. In manchen Fällen (siehe Abbildung 27 B) ist sie schmal und scheint in der Frontalansicht beidseits eine Kurve zu beschreiben, die oben harmonisch in den Brauenbogen und unten in den äußeren Saum des Nasenflügels übergeht, dessen Furche so schwach ausgeprägt ist, daß sie von vorn überhaupt nicht in Erscheinung tritt.

Die europäischen Juden gliedern sich in zwei Gruppen, die Aschkenasim und die Sephardim, die sich in ihren physischen Merkmalen deutlich voneinander unterscheiden. Sagt man von jemandem, er habe ein jüdisches Aussehen, denkt man gewöhnlich an Vertreter der aschkenasischen Gruppe, der die typischen Juden Rußlands, Polens und Englands angehören und die die große Mehrheit, vermutlich 90 Prozent, der als Juden bezeichneten Menschen in aller Welt umfaßt (vergleiche Jacobs, 545, und Riple, 905).

Angehörige des aschkenasischen Stammes unterscheiden sich im allgemeinen von den übrigen Europäern durch bestimmte physische Merkmale, deren wichtigste im folgenden angeführt sind (die Beschreibung bezieht sich im wesentlichen auf männliche Erwachsene, 49, 302, 331, 477, 545, 905, 925, 1085).

Typische Aschkenasim sind brachykran, gelegentlich allerdings auch mesokran, wobei die relative Breitschädeligkeit auf besondere Weise zustande kommt: Während bei verschiedenen anderen ethnischen Taxa der brachykrane Eindruck einfach auf einen besonders breiten Kopf zurückgeht, wird er in diesem Fall durch die extreme Kurzköpfigkeit hervorgerufen (daß die Schädelkapazität dennoch aufrechterhalten bleibt, ist der ungewöhnlichen Höhe des Vertex zuzuschreiben). Diese Kurzköpfigkeit ergibt sich aus einer starken Reduzierung der Okzipitalregion, die man sich am besten durch einen Vergleich zwischen dem *(»hypsibrachikranen«)* Schädel auf Abbildung 28 B und dem auf Abbildung 24 C vergegenwärtigt. In manchen Fällen entsteht in der Profilansicht der Eindruck, als wäre der Hinterkopf durch einen senkrechten Schnitt abgetrennt worden (vergleiche Abbildung 29 B, Seite 174).

Die Stirn weist in ihrem Bau gleichfalls zwei Besonderheiten auf. Sie ist zum einen ziemlich fliehend (Abbildung 29 B), gleichzeitig aber in der Horizontalebene gerundet (Abbildung 28), also nicht, wie bei manchen Kopftypen, seitlich kantig und damit im Horizontalschnitt nahezu rechteckig. Stirn und Seitenpartien wölben sich bei den Aschkenasim ebenmäßig bis zum hohen Scheitel hinauf. In der Vorderansicht erscheint das Gesicht oben ziemlich breit, im Bereich des gerundeten, leicht fliehenden Kinns jedoch schmal.

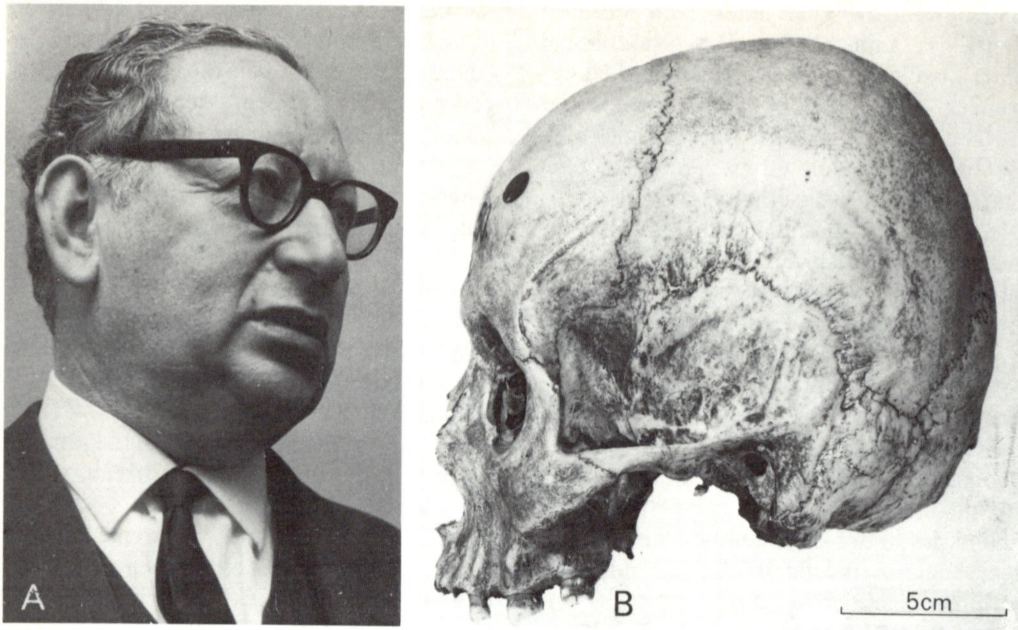

28 A: Typischer Armenidenkopf und B: typischer Armenidenschädel. – A Link Information Services, B Britisches Museum, Aufnahme vom Verfasser.

Die Ober- und mehr noch die Unterlider wirken vielfach etwas aufgebläht, die Iris ist groß, desgleichen das in seinem oberen Teil breite, mit einem großen Läppchen ausgestattete Ohr.

Die Unterlippe des breiten Mundes erscheint aufgrund ihrer Ausstülpung zwar dick, jedoch nicht wulstig wie bei Negern, sondern im Gegenteil eher abgeflacht (Abbildung 29 A). Dieser abgeflachte Bezirk besteht hauptsächlich aus der »Übergangszone« oder dem »Lippensaum« (796), der rötlichen Zone der andersartigen Haut – der Lippe im engeren Sinn –, welche die normale Gesichtshaut von der Mundschleimhaut trennt. Bei den Aschkenasim bildet diese Zone der Unterlippe zuweilen eine ziemlich scharf gegen die Gesichtshaut abgesetzte, leicht erhabene »Lippenleiste«, was auf Schwarzweißaufnahmen besonders dann sehr merkwürdig aussieht, wenn die Lippe stark ausgestülpt ist, da man die gewöhnliche, an die Übergangszone angrenzende Gesichtshaut für die Übergangszone selbst und diese für die Mundschleimhaut oder sogar die Zungenspitze halten könnte (vergleiche Abbildung 29 D).

Während sich die Veränderung der Gewebestruktur von der Übergangszone zur Schleimhaut bei allen ethnischen Taxa, soweit bekannt, allmählich vollzieht, ist die Gesichtshaut scharf von der Übergangszone abgesetzt, doch tritt bei den meisten europiden Unterrassen an dieser Stelle kein Höhenunterschied auf.

Die in jeglicher Hinsicht große Nase (vergleiche Abbildung 28 A und 29 A) erscheint im Profil in manchen Fällen gerade, in anderen leicht konvex, ist in allen Teilen breit, besonders jedoch am Unterende, und zeigt tief eingekerbte Flügelfurchen. Die Flügel selbst sind dick (»fleischig«) und in der Regel stark ausgeschweift, während die Nase oberhalb der Flügelfurchen seitlich eher abgeflacht wirkt, also nicht die für viele europide Unterrassen spezifische, bogenförmig von Wange zu Wange verlaufende Oberfläche zeigt. Daher sieht auch der Verlauf der

Nasenseiten in der Frontalansicht unregelmäßig aus, nämlich oberhalb der Flügelfurche ziemlich gerade, unterhalb jedoch merklich ausgeschweift, womit ein völlig anderer Eindruck entsteht als beispielsweise auf Abbildung 27 B, wo die ebenmäßige Kurve von der Augenbraue bis zum unteren Saum des Nasenflügels ohne Unterbrechung weiterläuft.

Bei der typisch aschkenasischen Nase übertrifft der Abstand von Sellion bis Spitze den von Sellion bis Subnasale, die Spitze befindet sich also unterhalb der durch das Subnasale verlaufenden Horizontalebene, so daß ein Beobachter, der die Augen in Höhe des Subnasale des Beobachteten (dessen Kopf sich in der OAE befindet) hält, unter Umständen das Septum nicht mehr sehen kann, da es von der Kuppe verdeckt wird. In manchen Fällen verschwinden auch die Nasenlöcher, doch ziehen sich die Alae gewöhnlich nicht so weit hinunter wie das Septum (vergleiche insbesondere Abbildung 29 C und 29 A Mitte), so daß man von vorn die seitlichen Partien der Nasenlöcher und in der Profilansicht einen beträchtlichen Teil des Septums wahrnimmt.

Die mit dem Nasenindex ausgedrückte Nasenbreite ist wegen des erheblichen Abstandes zwischen Sellion und Subnasale nicht unbedingt sehr groß, absolut betrachtet jedoch aufgrund der Fleischigkeit der Alae – ein besonders hervorstechendes Merkmal – ganz beträchtlich.

Der bereits zitierte Joseph Jacobs erörtert in einem Aufsatz ein besonders häufiges Merkmal der Judennase, das er mit der unten (Abbildung 30) wiedergegebenen Skizze verdeutlicht (545): Von der linken Seite betrachtet, erinnern Nasenrücken, Septum und Flügelfurche im Umriß an eine arabische 6, eine charakteristische Figur, die jedoch, wie Jacobs anmerkt, weitgehend verschwindet, sobald man den eingedrehten Teil wegläßt; zieht man vollends die das Septum darstellende Umrißlinie waagrecht und verzichtet auf die Flügelfurche (weil sie beim Betreffenden schwach ausgebildet ist), verändert sich das ganze Erscheinungsbild so, daß keinerlei Ähnlichkeit mehr mit einer Judennase besteht (Abbildung 30 C).

Die Haut ist ziemlich dunkel, das Kopfhaar im allgemeinen (wenn auch nicht durchweg) tief dunkelbraun oder fast schwarz und lockiger als normalerweise bei europiden Unterrassen. Während die Gesichtsbehaarung beim Mann kräftig entwickelt ist, hält sich die Körperbehaarung im Rahmen des Normalen.

Die Gesamtgröße ist infolge der kurzen Beine mäßig bis gering, die Schultern sind breit, der ganze Körperbau gedrungen. In vorgerückteren Jahren besteht eine gewisse Neigung zu Korpulenz.

Die oben geschilderten Merkmale haben große Ähnlichkeit mit denen der armeniden Unterrasse der europiden Rasse (Abbildung 28 A und 29 zeigen Gesichtszüge armeniden Typs). Die Armenier selbst, denen die Unterrasse ihren Namen verdankt (und die Chantre 1895 treffend charakterisierte, 204), sind im physischen Erscheinungsbild bemerkenswert uniform (685) und zeigen im wesentlichen den von den Darstellungen der alten Hethiter (685, 925) und Assyrer (466) her bekannten Typus (den Deniker denn auch als »assyroid« bezeichnet, 268). Daß zwischen Juden und Armeniern vielfach große Ähnlichkeit besteht, wurde bereits auf einer Zusammenkunft der Royal Anthropological Society im Jahre 1885 hervorgehoben (323) und gilt heute als allgemein verbürgte Tatsache (268, 302, 450, 1085).

Man nimmt indessen an, daß neben der armeniden noch eine andere Unterrasse zur Entstehung des europäisch-jüdischen Stammes (wie vielleicht auch von Hethitern und Assyrern) beigetragen hat. Es handelt sich um die orientalide Unterrasse, die viele gemeinhin mit dem vagen Terminus »Araber« umschriebene Gruppen umfaßt und deren typischste Vertreter man in Innerarabien, aber auch unter der Bevölkerung Syriens und des Irak antrifft.

Grob verallgemeinernd kann man sagen, daß

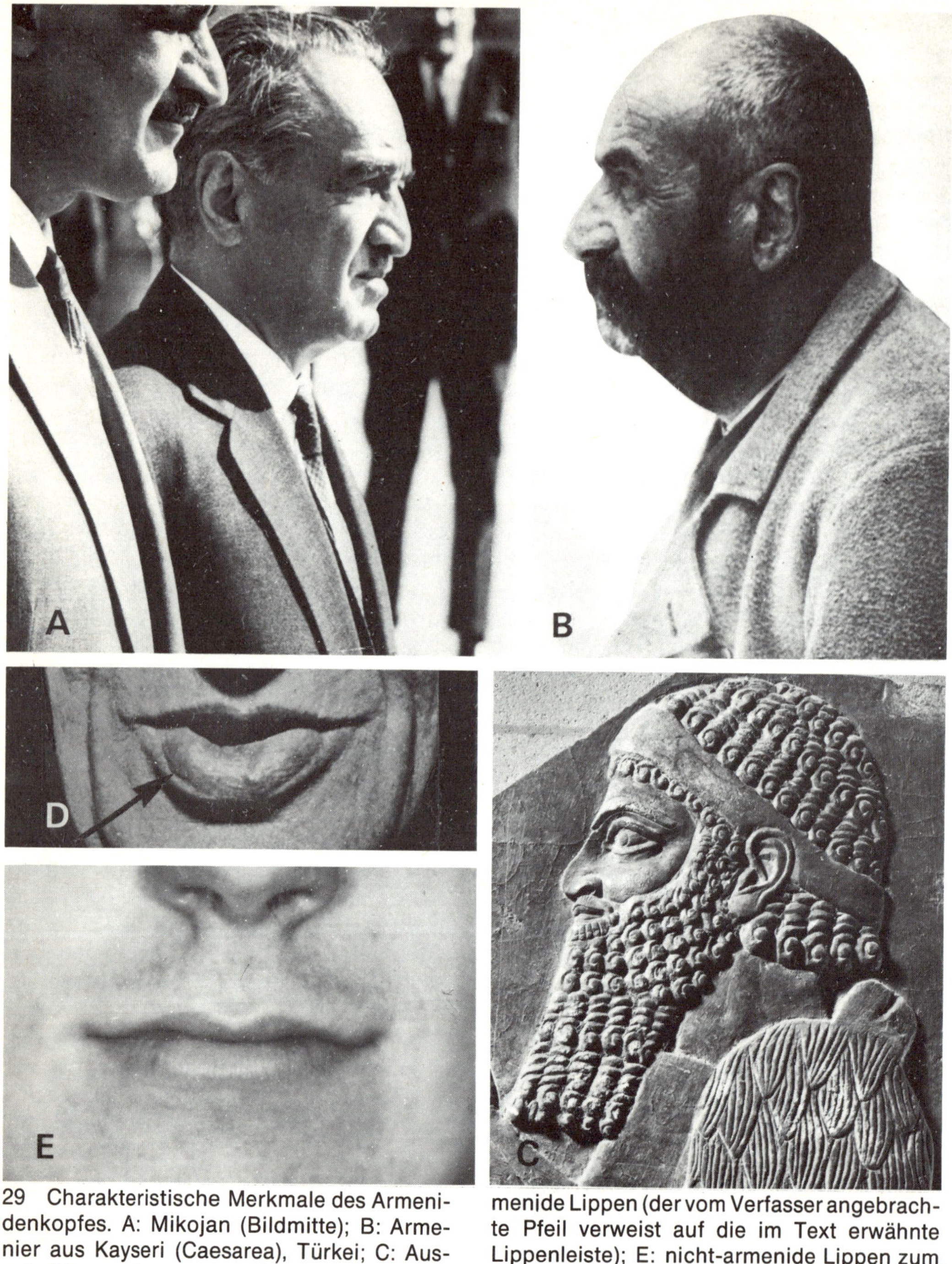

29 Charakteristische Merkmale des Armenidenkopfes. A: Mikojan (Bildmitte); B: Armenier aus Kayseri (Caesarea), Türkei; C: Ausschnitt aus einem um 700 vor Christus entstandenen Alabasterrelief aus Chorsabad (dem alten Dur-Scharrukin) mit dem Kopf eines unterworfenen Bergbewohners; D: armenide Lippen (der vom Verfasser angebrachte Pfeil verweist auf die im Text erwähnte Lippenleiste); E: nicht-armenide Lippen zum Vergleich mit D. – A United Press International (U. K.); B aus: Chantre (204); C Louvre, Paris; D Luchterhand Verlag und E Aufnahme vom Verfasser.

Angehörige des aschkenasischen Stammes in den morphologischen Merkmalen eine wesentlich engere Verwandtschaft zur armeniden als zur orientaliden Unterrasse aufweisen – im Gegensatz zu den Sephardim, die sich physisch vielfach kaum von den Orientaliden unterscheiden, obgleich auch armenide Züge nicht fehlen.

Der Ursprung der nahöstlichen und europäischen Juden liegt weitgehend im Dunkeln. Zwar läßt der Bericht der *Genesis* (XI) vermuten, Abrahams Sippe habe in der großen Stadt Ur in Südsumer am Nordende des Persischen Golfs gelebt, doch wurde daneben geltend gemacht, statt »Ur der Chaldäer« müßte es in Wirklichkeit »Ur der Khasseditor« heißen, und Abrahams Stamm habe mithin im 600 Meilen entfernten Ur in Nordsyrien gewohnt (395). Obwohl auf dieses Argument eine interessante und erwägenswerte Hypothese über die ethnische Abstammung der Juden aufgebaut wurde, spricht insgesamt dennoch mehr dafür, daß die Sippe des Patriarchen ihre Wanderzüge vom sumerischen Ur aus unternahm, ist doch beim Verfasser von *Genesis* XVI der sumerische Einfluß unverkennbar. Nicht nur die Aufnahme sumerischer Mythen in die biblische Geschichte deutet in diese Richtung (608), auch das gegenseitige Verhalten von Abraham, seiner Frau Sara und deren Magd Hagar (*Genesis* XVI) entspricht genau den sumerischen Sitten und Gebräuchen. Das besagt indessen nicht, daß Abraham notwendig Sumerer gewesen wäre – plausibler scheint die landläufige Überzeugung, die hebräischen Patriarchen hätten am ehesten den heutigen Beduinen geglichen (450), also der orientaliden Unterrasse angehört. Als nämlich das untere Delta Mesopotamiens auszutrocknen begann, ließen sich im Neuland nicht nur die kulturell hochentwickelten Sumerer nieder, sondern auch aus dem Norden stammende Akkader (Orientalide) sowie ein wesentlich weniger fortgeschrittenes orientalides Volk, das von Westen her in den Ostteil des »Fruchtbaren Halbmonds« eindrang. Bei dieser Gruppe, die sich offenbar schon vor den Sumerern angesiedelt und unter der sumerischen Herrschaft gehalten hat (1158), sind aller Wahrscheinlichkeit nach die Ursprünge des jüdischen Volks zu suchen.

30 A: Charakteristische Nasenformen bei Aschkenasim, B und C bei anderen Menschentypen. – Skizzen aus : Jacobs (545).

Wann aber ist die Verschmelzung mit dem armeniden Stamm erfolgt? Nicht einmal die Patriarchen waren endogam, denn Abrahams Nebenfrau Hagar stammte aus Ägypten, und der Engel des Herrn verhieß ihr eine überaus zahlreiche Nachkommenschaft (*Genesis* XVI, 10). Als die Hebräer dann aus Ägypten nach Palästina zurückkehrten, fanden sie mit ziemlicher Sicherheit eine einheimische Bevölkerung mit starkem armenidem Einschlag vor, waren doch Hethiter und Assyrer Armenide, und überdies gab es damals noch keine strikt festgelegten nationalen Grenzen, welche die gegenseitige Durchdringung ethnisch verschiedenartiger Typen unterbunden hätten. Viele Anhaltspunkte in der Bibel deuten darauf hin, daß die frühen Juden Ehen mit Angehörigen anderer Stämme eingingen; Salomo, so heißt es, »liebte viele ausländische Frauen«, darunter auch Hethiterinnen (I *Könige* 11,1). Außerdem pflegten Eroberernationen in diesem Teil der Welt ganze Volksstämme zu verschleppen und durch eigene Stammesangehörige zu ersetzen. So siedelten zum Beispiel die Assyrer 722 vor Christus die Mehrzahl der Einwohner Samarias (die »verlorenen zehn Stämme Israels«) nach Mesopotamien um und machten in Samaria einen neuen armeniden Stamm ansässig. Ganz auffallend zeigen die jüdischen Gefangenen auf den assyrischen Bildwerken der damaligen Zeit bereits ein »typisch jüdisches« (das heißt bis zu einem gewissen Grad armenides) Aussehen (925).

Daß sich die frühen Juden mit anderen Stämmen mischten, erstaunt um so weniger, als Eheschließungen mit »gerechten Bekehrten« anfangs durchaus erlaubt waren, auch wenn der während des babylonischen Exils (586–538 vor Christus) wirkende Prophet Hesekiel in glühenden Worten den Niedergang Judas vornehmlich Gottes Zorn über die Mischehen der Juden mit Fremden zuschrieb und dem Volke Jerusalems auf Befehl des Herrn hin kundtat: »... dein Vater war ein Amoriter, deine Mutter eine Hethiterin ... Danach triebst du Hurerei mit den Assyrern« (*Hesekiel* XVI). Es ist von besonderem Interesse, daß in dem Passus zwei armenide Völker, Hethiter und Assyrer, genannt werden. Dennoch darf man annehmen, daß die nicht nach Babylon Verschleppten mit der nichtjüdischen Bevölkerung Palästinas ungehindert Mischehen eingingen und diese Gewohnheit auch nach der Rückkehr aus dem Exil beibehalten wurde (*Esra* X, 11; *Nehemia* XIII, 23), wodurch ein hauptsächlich durch religiöse und nationale Bande zusammengehaltenes orientalid-armenides Mischvolk entstand.

Während des »Galut« oder der »Diaspora«, die auf die Plünderung Jerusalems durch die Römer im Jahre 70 nach Christus folgte und über hundert Jahre andauerte, schlugen die Juden zwei Hauptrouten ein, von denen die eine nach Norden, in den an Kleinasien angrenzenden Teil Europas, und die andere an die Südküste des Mittelmeers führte. Gelegentlich wird behauptet, die Sephardim hätten die ursprünglichen (überwiegend orientaliden) Merkmale der Juden bewahrt, während sich die Vorfahren der Aschkenasim schon in alter Zeit stark mit armeniden Völkern vermischt hätten, doch das setzte voraus, daß Aschkenasim und Sephardim bereits vor der Diaspora in getrennten Gemeinden lebten, wofür es keine unmittelbaren Anhaltspunkte gibt (792). Höchstwahrscheinlich bildeten die Juden vor der Diaspora eine gemischt orientalid-armenide Gemeinschaft, und die Sephardim nahmen dann später durch Mischehen mit Mediterraniden ein verändertes Aussehen an (925).

Die beiden Emigrantenströme erlebten ein unterschiedliches Schicksal. Diejenigen, die den Weg nach Norden einschlugen, mußten zunächst armenides Territorium durchqueren. Nach Ansicht Hauschilds ist der armenide Charakter der Aschkenasim auf diesen Weg zurückzuführen (477). Wenn sich auch nicht feststellen läßt, in welchem Maße sich die armenide Komponente des Volkes während dieser langsamen Wanderung erhöhte, steht doch außer Zweifel, daß diejenigen, die schließlich nach Rußland, Polen, Deutschland und in andere Teile Europas gelangten, ethnisch wesentlich stärker der armeniden als der orientaliden Seite zugehörten.

Die Juden, die während der Diaspora nach Afrika flüchteten, wo in Alexandria seit langer Zeit eine jüdische Kolonie existierte, verteilten sich über den gesamten nordafrikanischen Küstenraum (477) und gingen offenbar mit den mediterraniden Völkern (das heißt Völkern vom selben allgemeinen Typus wie die heutigen Bewohner Süditaliens und Spaniens) Mischehen ein. Zur Zeit der Maurenherrschaft siedelten sich viele Juden, nicht nur von Afrika, sondern auch aus anderen Gegenden, ungehindert in Spanien an (149, 915, 925). Dort führten sie ein recht gedeihliches Dasein, bis sie nach der Rückeroberung des Landes durch die Christen im Jahre 1492, soweit sie sich nicht bekehrten, von der Inquisition verfolgt und vertrieben wurden. Die Verbannten oder »Sephardim« (wie der hebräische Ausdruck für Spanier lautet) ließen sich daraufhin zunächst in Nordafrika, Kleinasien, den Balkanstaaten (wo man sie als »Spagnuoli« bezeichnete) und Italien sowie teilweise auch in Holland und anderen Ländern nieder.

Die Sephardim unterscheiden sich von den Aschkenasim in verschiedenen physischen Merkmalen. Zwar wurde an sephardischen Juden bisher offenbar keine umfassendere

Blutgruppenanalyse vorgenommen, doch weisen morphologische Anhaltspunkte eindeutig darauf hin, daß bei ihnen das armenide Element weitaus weniger in Erscheinung tritt als bei den Aschkenasim. Durch Mischehen in Nordafrika oder Spanien (oder sogar in beiden Regionen) haben sich die Sephardim dem mediterraniden Typ angenähert (477, 925): Typische Vertreter der Gruppe sind schlanker als die Aschkenasim, in der Mehrzahl mesokran (man hat einen Index von 78,1 ermittelt, 477), haben schwächer gelocktes, fast immer dunkles Haar (21, 925) und eine schmalere, im allgemeinen weniger konvexe Nase (21, 477).

Zwar haben die heutigen Sephardim Kleinasiens durch Mischehen mit den ortsansässigen Aschkenasim einiges von ihrem typischen Erscheinungsbild verloren (477), aber andernorts zeigen (oder zeigten) die beiden Gruppen die Tendenz, für sich zu bleiben. Dieses Verhalten wurde ursprünglich sicher auch durch die Sprache begünstigt, denn die Sephardim sprachen Ladino (Jüdisch-Romanisch), die Aschkenasim hingegen Jiddisch (Judendeutsch). Gegen Ende des 19. Jahrhunderts lebten Sephardim und Aschkenasim sowohl in London als auch in Amsterdam strikt getrennt (905) und bauten in Amerika jeweils ihre eigenen Synagogen (149).

Allem Anschein nach sind in neuester Zeit keine Erhebungen über die Zahlenstärke der beiden Zweige durchgeführt worden. Zweifellos setzen sie sich auch nicht mehr so strikt voneinander ab wie ehedem, doch, wie bereits bemerkt, gehört die überwiegende Mehrzahl aller heute lebenden Juden vermutlich ohnedies zur aschkenasischen Gruppe.

Wie der Leser nach der Lektüre der in diesem Kapitel aufgeführten Fakten einräumen wird, ist eine zufriedenstellende Zusammenfassung der verschiedenen Bedeutungen des Wortes »Juden« nicht möglich: dazu ist der ganze Fragenkomplex viel zu verwickelt. Trotzdem kann man folgende Feststellungen treffen: Verschiedene in aller Welt verstreute Gemeinden sind lediglich in dem Sinne jüdisch, als sie einer bestimmten (wenn auch in ihren Kulturpraktiken differenzierten) Religion angehören. Diese, auf ethnischer Basis nicht als jüdisch definierbaren Gemeinden umfassen jedoch nur einen verschwindend geringen Prozentsatz derer, die sich selbst als Juden bezeichnen oder von anderen als Juden betrachtet werden. Letztere setzen sich in der überwiegenden Mehrzahl aus Aschkenasim zusammen, die, gleichviel, ob sie die mosaischen Riten befolgen oder nicht, in ihrem physischen Erscheinungsbild eine genetische Verwandtschaft zu den Armeniern zeigen. Daher sind sie der armeniden Unterrasse zuzurechnen, wenn auch in ihrer frühen Ahnenreihe ein orientalides Element vertreten ist. Sie sind demnach also ebensogut mit den alten Hethitern und Assyrern wie mit den modernen Armeniern verwandt, bilden (und bildeten) aber insofern keine eigene Unterrasse, als zur armeniden Unterrasse von jeher auch Personengruppen zählen, die sich weder selbst als Juden bezeichnen noch von anderen als Juden eingestuft werden.

Zum Schluß noch ein Wort zum kulturellen Beitrag der Armeniden, die sich diesbezüglich mit jeder anderen Unterrasse messen können. Insbesondere die Leistungen der Armenier selbst scheinen allgemein weniger bekannt zu sein als die der Assyrer, Hethiter und armeniden Juden. Obwohl ihr Land fast ununterbrochen Schauplatz der Machtkämpfe größerer Völker war, standen sie schon zu einer Zeit, in der noch viele europäische Länder im Analphabetismus verharrten, auf einer beachtlichen Kulturstufe. Bereits Anfang des 5. Jahrhunderts verfügten sie über ein standardisiertes, auf die besonderen Bedürfnisse ihrer Sprache zugeschnittenes Alphabet und leisteten vom 7. bis zum 11. Jahrhundert, als ihre Nation durch die türkischen Seldschuken zerstört wurde und sie für alle Zeit ihre Unabhängigkeit verloren, beachtliche Beiträge zu Wissenschaft, Kunst (insbesondere Architektur) und christlicher Theologie.

14 Die Australiden – australische Urbevölkerung

Einführung

Wird eine Gruppe sich kreuzender Individuen im Laufe der Evolution von ihren Artgenossen abgeschnitten, entwickeln sich die Nachkommen in manchen Fällen nicht mehr weiter oder machen nur noch begrenzte Fortschritte. Solche isolierten Gruppen, die sich ohne nennenswerten Wandel über Generationen hin halten, verkörpern oft recht anschaulich ein bestimmtes, von weiter fortgeschrittenen Formen bereits durchlaufenes Evolutionsstadium. Nachdem wir das Problem der Primitivität anhand von Beispielen aus der Tierwelt bereits in einem früheren Kapitel dieses Buches erörtert haben, wollen wir es jetzt im Hinblick auf den Menschen erneut aufrollen. Es ist die Frage zu beantworten, ob irgendwelche physischen Merkmale der australischen Ureinwohner an ein bestimmtes Stadium in der Evolution der höher entwickelten Taxa des Neuzeitmenschen denken lassen.
Dieses Thema verlangt nicht nur Aufmerksamkeit und Sorgfalt, da mit einer flüchtigen Betrachtung einiger weniger, möglicherweise an vormenschliche Ahnen erinnernden Besonderheiten der australiden Anatomie nicht viel gewonnen wäre, sondern zwangsläufig auch ein erhebliches Ausmaß an Details, und so ist dieses Kapitel fachtechnischer gehalten als irgendein anderes in diesem Buch. Dennoch hoffe ich, daß die um Allgemeinverständlichkeit bemühte Darstellung diesen an sich so interessanten Fragenkomplex dem anatomisch ungeschulten Leser nahezubringen vermag, ohne dabei den einschlägig Vorgebildeten zu langweilen, für den es gleichfalls aufschlußreich und in vielem überraschend sein dürfte, eine menschliche Lebensform kennenzulernen, die sich von den dem Medizinstudenten normalerweise zur Verfügung stehenden Spezimen in vielerlei Hinsicht ganz erheblich unterscheidet.
Um dem Leser bei Bedarf eine Hilfestellung zu geben, findet sich im Anhang (Seite 385) eine kurze Klassifikation der Primaten. Zwar haftet ihr, wie allen schematischen Einteilungen (die im Zuge der Wissenserweiterung naturgemäß so manche Abänderung erfahren), etwas Vorläufiges, Provisorisches an, doch dürfte sie, auch wenn unter den Fachleuten hinsichtlich der einzelnen Rubriken nie völlige Übereinstimmung herrscht, beim derzeitigen Wissensstand im großen und ganzen Zustimmung finden. Am Rande sei noch angemerkt, daß der Terminus »Menschenaffen« von vielen Autoren als Trivialbezeichnung für die Familie Pongidae verwendet wird, also nicht mit dem wesentlich umfassenderen Taxon der Anthropoidea (einer Unterordnung) gleichzusetzen ist, und daß es außerdem zwischen den Hominoiden (den Menschenaffen im engeren Sinn und den Menschen) und den Hominiden (Menschenartigen) zu unterscheiden gilt.
Obgleich wir bei der Erörterung der Frage, ob die Australiden in ihren anatomischen Merkmalen eine engere Verwandtschaft zu den primitiven fossilen Hominiden aufweisen als die meisten übrigen Rassen des Neuzeitmenschen, wiederholt auf die sogenannten »Affenmenschen«, auf »Java«- und »Pekingmensch« zu sprechen kommen werden, wollen wir uns eine ausführlichere

Beschreibung dieser Fossilien schenken, da viele Leser zweifellos bereits über die erforderlichen zoologischen und anthropologischen Vorkenntnisse verfügen und die zu den Australiden gezogenen Vergleiche ohnedies ein gewisses Bild von der Anatomie der primitiven Hominiden vermitteln.

Wer sich dennoch genauer über sie informieren möchte, kann unter einer Vielzahl lesenswerter Darstellungen wählen. Im Hinblick auf die Australopithecinae (»Affenmenschen«) ist die Populärdarstellung *Finding the missing link* (144) von Dr. R. Broom, einem der führenden Forscher auf diesem Gebiet, oder Sir Wilfrid Gross Clarks *Man-apes or ape-men* (210) besonders zu empfehlen, das sich nicht nur durch seinen bemerkenswert klaren Stil auszeichnet, sondern darüber hinaus den seltenen Vorzug besitzt, für Fachleute und Laien gleichermaßen lesbar zu sein. In unserem Zusammenhang muß der Hinweis genügen, daß es sich bei den Australopithecinen um afrikanische Hominiden handelte, die aufgrund ihrer langen Schnauzen und kleinen Schädelkapseln zwar sehr pongid (menschenaffenartig) anmuten, aber dennoch ohne allen Zweifel mit uns zur Familie der Hominidae gehören.

Die nach dem jeweiligen Fundort benannten, eng miteinander verwandten und im Vergleich zu den Australopithecinen schon wesentlich fortgeschritteneren Formen Javamensch und Pekingmensch sind für unser Thema ganz besonders wichtig. Zwar kann der mit ihrer Anatomie (soweit aus fossilen Knochenfunden bekannt) nicht weiter vertraute Leser aus den in diesem Kapitel verstreuten Hinweisen gewisse Informationen entnehmen, aber wem darüber hinaus an einer kurzen, bebilderten Beschreibung gelegen ist, sei auf den einschlägigen Aufsatz in *Scientific American* verwiesen (517). Außerdem bietet das Britische Museum (Naturhistorische Abteilung) eine Postkarte mit dem Schädel des Pekingmenschen in Vorder- und Seitenansicht nach der Rekonstruktion Franz Weidenreichs an, der als führender Fachmann eine sehr ausführliche Monographie über dieses Thema verfaßt hat (1128). Auch das Buch *Meeting prehistoric man* (602) von Dr. G. H. R. von Koenigswald, einem von Weidenreichs Mitarbeitern in China, liefert einen bei aller Kürze und Ungezwungenheit verläßlichen Bericht aus erster Hand über den Java- wie auch den Pekingmenschen.

Während viele hochangesehene Fachleute die Ansicht vertreten, Javamensch und Pekingmensch wiesen sowohl untereinander als auch mit dem Neuzeitmenschen genügend Ähnlichkeit auf, um als zwei Rassen derselben Art *Homo erectus* eingestuft zu werden (972, 719, 227, 517), unterscheiden andere sie in der Gattung vom Neuzeitmenschen und in der Spezies voneinander und geben ihnen dementsprechend verschiedene Namen, nämlich *Pithecanthropus erectus* (Javamensch) und *Pithecanthropus pekinensis* (Pekingmensch). Doch wie so viele Probleme in der gesamten Taxonomie fossiler Formen ist auch dies hier letzten Endes Ansichtssache. Wie Ernst Mayr im Hinblick auf die Nomenklatur der Hominiden im allgemeinen bemerkt: ». . . ein von einem anderen Blickwinkel ausgehender Taxonom mag durchaus zu einer anderen Klassifikation gelangen« (719). (Wir werden im folgenden überall dort, wo es um gemeinsame Merkmale von Java- und Pekingmensch geht, die Bezeichnung *Pithecanthropus* gebrauchen.)

Wie in Kapitel 8 bereits dargelegt, gilt ein Taxon dann als primitiv, wenn es physische Merkmale aufweist, die entfernten Vorfahren eigen waren, den meisten Angehörigen verwandter Taxa aber im Laufe der Evolution abhanden gekommen sind.

Dabei scheinen sich nicht alle über die menschliche Evolution schreibenden Autoren der Tatsache bewußt zu sein, daß Primitivität stets ein relativer Begriff ist. So haben sich zum Beispiel manche gegen die Anwendung des Wortes »primitiv« auf gewisse, bestimmten ethnischen Taxa des Neuzeitmenschen eigene pongide und cercopithecide Merkmale mit der Begründung gewandt, Pongidae und Cercopithecidae seien in mancherlei Hinsicht ziemlich spezialisierte Säuger (1153). Aber wenn auch außer Zweifel steht, daß die Prosimii (Lemuren und Artverwandte), namentlich die unter der Bezeichnung Tupaiidae (»Tupajas«) bekannte Familie dieses Taxons, wesentlich primitiver sind, läßt sich der Einwand dennoch nicht aufrechterhalten, da man in diesem Fall ebensogut die Primitivität der Tupaiidae mit dem Hinweis auf die noch größere der entfernten Vorfahren der Säugetiere, der Reptilien, bestreiten könnte. Kurzum, wir werden in diesem Kapitel verschiedene Primitivitäts*grade* anerkennen und die Primitivität eines Merkmals nicht schlicht mit dem Argument bestreiten, daß es noch primitiveren Tieren abgehe.

Um das soeben Gesagte anhand eines Beispiels zu erläutern, wollen wir einen kurzen Überblick über die mutmaßliche Ahnenreihe des Menschen geben, wobei sich die seit den verschiedenen Evolutionsstadien des Neuzeitmenschen verstrichenen Zeiträume – trotz neuer und beachtlicher Fortschritte auf dem Sektor der vorgeschichtlichen Datierung – natürlich nur annähernd angeben lassen. Wir werden diese groben Schätzungen in der üblichen Weise in Jahren ausdrükken und mit dem Vermerk v. h. (vor heute) in Klammern setzen. (»Vor Christus« würde eine wesentlich exaktere Fixierung dieser Zeitperioden voraussetzen, als beim derzeitigen Wissensstand möglich ist.) Im übrigen müssen, wie der Leser selbst feststellen wird, Aussagen über die entfernten Vorfahren des Menschen ziemlich dogmatisch ausfallen, sollen langatmige Vorbehalte hinsichtlich fragwürdiger Punkte und Erörterungen der menschlichen Evolution, die weder dem hier behandelten Thema noch den allgemeinen Absichten dieses Buches dienlich sein könnten, vermieden werden.

Aller Wahrscheinlichkeit nach haben sich die Pongidae (Pongiden, Menschenaffen oder Affen im engeren Sinn) im frühen Oligozän (circa 40 Millionen Jahre v. h.) aus einer Gruppe von Cercopithecidae (Altweltaffen) entwickelt. Zwar läßt sich nicht mit Sicherheit sagen, welches pongide Fossil der Urform des Menschen am nächsten kommt, doch standen nach allgemeiner Ansicht *Dryopithecus, Ramapithecus* und verwandte Formen diesem Urahnen ziemlich nahe. Mit dieser Gruppe – Simpsons »Dryopithecinenkomplex« (972) – wurde die wissenschaftliche Welt durch Edouard Lartet (dem Vater des berühmten Cro-Magnon-Forschers Louis Lartet, 639, 47) bekannt, der die in Saint-Gaudens im südfranzösischen Département Haute-Garonne in Ablagerungen aus dem Miozän entdeckten fossilen Relikte eines vermutlich überschimpansengroßen Affen (einen Oberarmknochen und drei Unterkieferfragmente) untersuchte. Vorausschauend bemerkte er in seiner 1856 veröffentlichten Beschreibung, der Reihenfolge der Abstoßung des Milchgebisses nach zu schließen, müsse es sich um ein zwischen den heutigen Affen und dem Menschen stehendes Lebewesen handeln (638), und gab ihm, da er es für einen Baumbewohner hielt, den Gattungsnamen *Dryopithecus* (= Baumaffe). 71 Jahre später führten die amerikanischen Paläontologen Gregory und Hellman in einer Untersuchung über das Gebiß von *Dryopithecus* das menschliche Gebiß auf diese alte, ihrer Ansicht nach dem gemeinsamen Stamm, aus dem sich neuzeitliche Pongiden und Mensch gesondert entwickelt haben sollten, noch nahestehende Form zurück (436). Die meisten Vertreter des Dryopithecinenkomplexes sind, wie Lartets *Dryopithecus fontani*, nur von Unterkiefer- und anderen Fragmenten her bekannt, doch haben einige Verwandte der Gruppe, wie zum Beispiel *Proconsul africanus* (Kenia), etwas vollständigere Relikte hinterlassen. Ob zwischen diesen und den Australopithecinen eine mit dem Schimpansen verwandte Zwischenform existierte, steht dahin, doch trat die Hominiden-Unterfamilie der Australopithecinen im Plio-Pleistozän auf und wurde vom *Pithecanthropus* (1 – $1^1/_2$

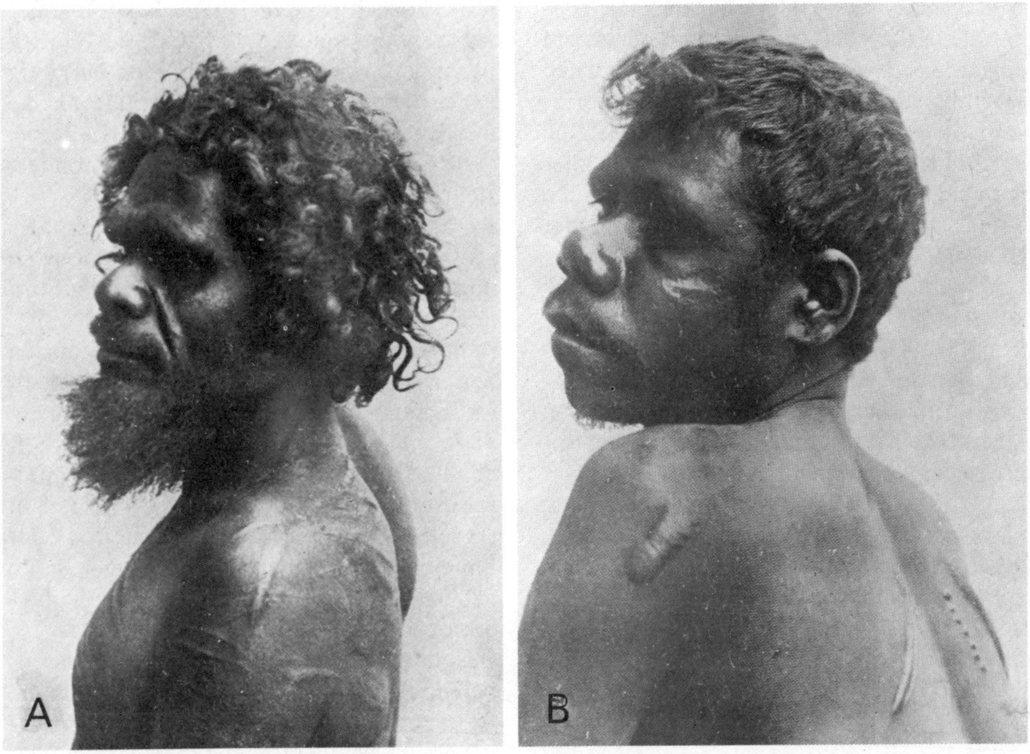

31 Australidenköpfe. Eingeborene aus dem Gilbert River-Distrikt im Norden Queenslands. – Aufnahmen aus: Hutchinson, Gregory und Lyddeker (530).

Jahrmillionen v. h.) oder einer bis jetzt noch unbekannten, aber nahe verwandten Form (oder Formen), dem (oder den) Vorfahren des Neuzeitmenschen, abgelöst.

Weist nun ein ethnisches Taxon des Neuzeitmenschen Merkmale auf, die dem *Pithecanthropus* eigen waren, anderen neuzeitlichen Taxa jedoch abgehen, muß das betreffende Taxon in dieser Hinsicht als *primitiv* gelten, und zwar unabhängig davon, ob sich die betreffenden Merkmale auch bei den Australopithecinen oder noch entfernteren Ahnen finden. Natürlich waren diese Merkmale einst den Vorfahren sämtlicher Taxa des Neuzeitmenschen eigen, gingen den fortgeschritteneren dann aber im Laufe der Evolution verloren. So zeigen manche Taxa des Jetztmenschen in der Tat Charakteristika, die andere, weiter fortgeschrittene nicht mehr an sich tragen, wohl aber die pongiden und selbst die cercopitheciden Ahnen – Merkmale, die eindeutig auf einen *größeren Primitivitätsgrad* hinweisen als solche, die nur bis zum pithecanthropinen Stadium zurückreichen. Das heißt mit anderen Worten: Unterscheiden sich zwei ethnische Taxa des Neuzeitmenschen darin, daß das eine pithecanthropine, australopithecine, pongide oder cercopithecide Merkmale beibehält, die das andere nicht mehr besitzt, ist das erstgenannte Taxon im Vergleich zum zweitgenannten als *primitiv* anzusehen. Daneben kann ein Taxon auch in dem engeren Sinn primitiv sein, daß es vielfach (wenn auch nicht durchweg) primitive Merkmale an sich trägt, die bei einem anderen, in dieser Hinsicht weiter fortgeschrittenen Taxon selten oder nie auftreten.

Manchmal ist es einfacher, am Neuzeitmenschen pongide und cercopithecide als pithecanthropine und australopithecine Züge festzustellen, da vom fossilen Menschen (im Gegensatz zu den heutigen Affen, von denen sich mühelos vollständige Skelette beibringen lassen) nur bruchstückhaft und vielfach ungenügend erhaltene Relikte übriggeblieben sind, an denen sich feinere strukturelle Details wie etwa der genaue Verlauf der Schädelnähte nur schwer feststellen lassen. Eine weitere Schwierigkeit ergibt sich daraus, daß wir nicht über genügend menschliche Fossilien verfügen, um uns ein klares Bild von der Häufigkeit sekundärer Merkmale zu machen, von denen einige, an den Australiden festzustellende, besonderes Interesse verdienen. Und außerdem wissen wir über die Weichteile von *Pithecanthropus* oder *Australopithecus* nur insoweit Bescheid, als sie Spuren an den Knochen hinterlassen haben, während wir die Anatomie von Menschen- und sonstigen Affen in allen Teilen mit der der Australiden vergleichen können.

Zur Taxonomie der Australasiden

Verschiedene angesehene Anthropologen ordnen die Australiden in dasselbe Taxon ein wie Melanesier, Papuas und – mit gewissen Vorbehalten – die ausgestorbenen Tasmanier (293, 302, 227). Zwar ist über die Abstammung dieser divergenten Gruppen nichts Genaueres bekannt, doch nimmt man an, die Australiden verkörperten den ursprünglichen Stamm, von dem die anderen vielleicht durch Hybridation abzweigten, am reinsten. Blutgruppenanalysen haben gewisse Hinweise auf einen mongoliden Einschlag geliefert (227). Indessen läßt sich diese Hypothese durch anatomische Untersuchungen kaum erhärten, und so bleibt noch zu klären, wie Melanesier und Papuas zu einer so hohen Frequenz des Gens für Blutgruppe B kommen, das den Australiden (soweit es sich nicht um Lokalformen handelt, die sich in der Vergangenheit aller Wahrscheinlichkeit nach mit Melanesiern und Papuas kreuzten) gänzlich abgeht. Da die Anatomie der Australiden weiter unten noch ausführlich behandelt wird, wollen wir hier nur kurz einige der Merkmale herausgreifen, die sie mit den anderen kleineren Taxa teilen, wobei die Tasmanier offenbar eine gewisse Sonderstellung einnehmen.

In der Regel sind die Angehörigen des größeren Taxons dolichokran, platyrrhin und prognath mit schmaler, fliehender Stirn und großen Überaugenwülsten; der insgesamt recht ungleichmäßige Schädel ist an den Seiten abgeflacht und oben leicht gekielt (Abbildung 37, Seite 193), das Keilbein bildet mit dem Scheitelbein, sofern die beiden Knochen nicht durch eine Frontotemporalsutur getrennt sind, nur eine kurze Naht (vergleiche Abbildung 24, auf Seite 154), der Unterrand der Apertura pyriformis ist im allgemeinen orygmocraspedot oder amblycraspedot.

Besonders charakteristisch sind die Nasenbeine (Abbildung 32 A): Während sich die Nasofrontalsutur in einem (gewöhnlich deutlicher als bei dem abgebildeten Exemplar ausgeprägten) Bogen nach oben zieht, weisen sowohl Stirn- als auch Nasenbeine in unmittelbarer Nähe der Naht eine Einsattlung auf, so daß diese gewissermaßen in einem kleinen Einschnitt liegt – ein auffälliges, selbst aus einer gewissen Entfernung noch wahrnehmbares Schädelmerkmal. Einige Millimeter unterhalb der Naht zeigen die Nasenbeine (die stärker vorspringen als bei Negriden) eine Verengung und anschließend wieder eine Ausweitung, wodurch eine gewisse Ähnlichkeit mit einer Sanduhr (allerdings einer mit sehr weiter Mitte) zustande kommt.

Die Größe ist mäßig, das schwarze Kopfhaar weder so lang wie bei Europiden noch so kurz wie bei Negriden und Saniden (Buschmännern) und gewöhnlich entweder gelockt oder »gekräuselt«, nicht aber wollig wie bei den beiden letztgenannten Völkern. Die Haut ist dunkelbraun.

So auffällig sich australische Ureinwohner und Melanesier meist in ihrem äußeren

Erscheinungsbild unterscheiden, namentlich in der charakteristischen Form des Haars, das bei den erstgenannten überwiegend gelockt, bei den letztgenannten dagegen dicht und gekräuselt ist (auch wenn in diesem Punkt Überschneidungen auftreten, das heißt, manche Australide nahezu kraushaarig und manche Melanesier loser gelockt sind als ihre Stammesgenossen), so bemerkenswert ähnlich sind sich die Schädel: Anders als bei Nordiden- und Alpinidenschädeln, die jeder Laie nach kurzer Anleitung auseinanderzuhalten vermag, wird nicht einmal der Fachmann von sich behaupten, einen Australidenschädel stets auf Anhieb und manchmal sogar nach sorgfältigem Studium von dem eines Melanesiers unterscheiden zu können.

Die Völkerstämme, deren auffälligste gemeinsame Merkmale soeben kurz geschildert wurden, bilden ein Taxon, das sich von anderen menschlichen Taxa hinlänglich unterscheidet, um als eigene Subspezies (Rasse) zu figurieren, obgleich ihm bis jetzt offenbar niemand einen definitiven, dem Linnéschen System beziehungsweise den internationalen Regeln der zoologischen Nomenklatur entsprechenden Namen gegeben hat (1014). Tatsächlich lassen sich besagte Regeln in diesem besonderen Fall auch nicht

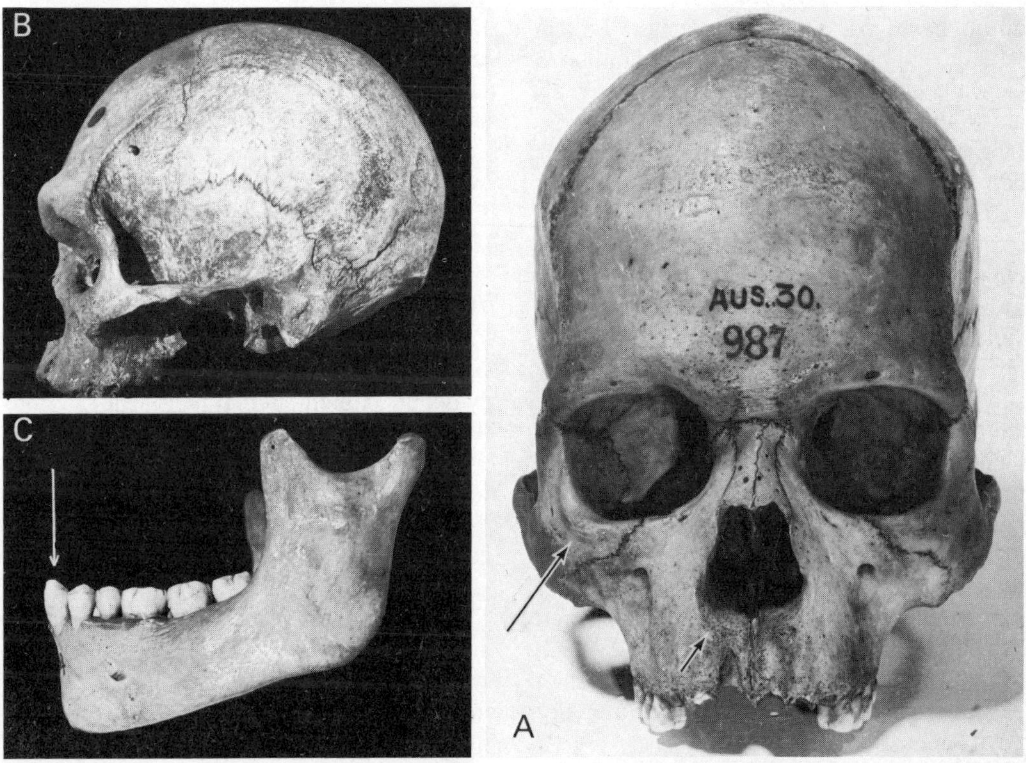

32 Australide Schädel. A: Vorderansicht mit dachartig-winklig aneinanderliegenden Scheitelbeinen, abgerundetem Augenhöhlen-Außenrand (langer Pfeil) und orygmocraspedotem Unterrand der Nasenöffnung (kurzer Pfeil). B: Seitenansicht, die den stark ausgebildeten Überaugenwulst und die fliehende Stirn sehr gut veranschaulicht. C: Unterkiefer mit vertikalem (nicht vorspringendem) Kinn und großen Zähnen. (Zum überstehenden Eckzahn – Pfeil – dieses Exemplars vergleiche Seite 187 f.). – Die Aufnahmen stammen aus dem Britischen Museum.

so ohne weiteres anwenden, doch möchte ich in unserem Zusammenhang als offizielle Bezeichnung *australasicus* Bory, 1825 und als Trivialnamen »Australaside« vorschlagen.

Die primären Merkmale der australiden Unterrasse

Wir wollen nun den Versuch unternehmen, die »typischen« Australiden vom Blickwinkel des biologischen Anthropologen aus zu charakterisieren. Die Beschreibung (sofern nicht ausdrücklich anders vermerkt) bezieht sich auf männliche Erwachsene, da sich bei den Australiden (wie bei den meisten ethnischen Taxa des Menschen) die Unterschiede zu anderen Taxa am männlichen Geschlecht deutlicher aufzeigen lassen als am weiblichen.

Insgesamt ist unsere Kenntnis der australiden Anatomie recht ungleich und lückenhaft: Während wir über manche Körperteile so gut wie nichts wissen, existiert über andere ein ungeheuer reiches Informationsmaterial, insbesondere über den Schädel, der von vielen namhaften Fachleuten, auf die wir uns bei der folgenden allgemeinen Beschreibung stützen wollen, ausführlichst beschrieben worden ist. (Ein Autor beispielsweise hat nicht weniger als 1182 Australidenschädel untersucht und seine Ergebnisse sehr detailliert und genau geschildert, 326.) Auch über das restliche Skelett, die Blutgruppen und die äußeren Merkmale sind wir ziemlich gut unterrichtet, nicht dagegen über die inneren Weichteile (weshalb man Australiden nach Möglichkeit nahelegen sollte, ihre Leichen gegen eine entsprechende Belohnung der Anatomie zu überlassen).

Gewöhnlich wenden sich die Autoren bei der Beschreibung der ethnischen Taxa des Menschen zunächst der äußeren Erscheinung zu, aber da der Schädel präzisere und mannigfaltigere Informationen liefert und insofern für die menschliche Taxonomie weitaus wichtiger ist und außerdem detaillierte Vergleiche mit fossilen Formen ermöglicht, wollen wir es hier wie im Kapitel über die Europiden halten und mit seiner Beschreibung beginnen. (Der Leser, dessen Kenntnis der Australiden sich – wie die vieler Australier und der meisten anderen – im großen und ganzen auf Fotos beschränken dürfte, mag seine Erinnerung anhand von Abbildung 31 A und B auffrischen. Eine Beschreibung der äußeren Merkmale findet sich zu Beginn dieses Kapitels.)

Schädel. – Die folgende Beschreibung stützt sich auf ein gründliches Studium der einschlägigen Fachliteratur sowie auf eigene Beobachtungen (49, 166, 167, 276, 518, 586, 587, 613, 692, 707, 708, 742, 743, 763, 1062, 1072, 1076, 1152).

Die *Schädelkapsel* ist massiv, ihre Knochen (Stirnbein, Scheitelbeine, Schläfenbeine und Hinterhauptsbein) dürften durchschnittlich stärker sein als bei irgendeinem anderen ethnischen Taxon des Neuzeitmenschen: Während sie bei den meisten Rassen in der Regel circa 5 Millimeter dick sind, erreichen sie bei den Australiden (die in dieser Hinsicht dem *Pithecanthropus* gleichen) häufig 10 Millimeter und mehr. Doch die Schädelknochen sind nicht nur dick, sondern auch besonders schwer, da das im Inneren (also zwischen Außen- und Innenfläche) befindliche schwammige Knochengewebe (Diploe) weitgehend durch kompaktes Knochenmaterial ersetzt ist, das laut Klaatsch eine Widerstandskraft gegen Gewaltanwendung zeigt, die den Forscher nur erstaunen kann (587).

Die Schädelkapazität ist mit durchschnittlich 1290 Milliliter gering: Bei den angelsächsischen Invasoren Großbritanniens betrug sie ungefähr 1540 Milliliter (762), beim Pekingmenschen circa 1,075 Milliliter, beim Javamenschen schätzungsweise nur 860 Milliliter (1128).

Der in der Draufsicht in der Regel länglich-ovoide Schädel, der vielfach wie beim Pekingmenschen einen Hinterhauptswulst zeigt, ist »uneben«, wobei von vorn oder hinten der längs übers Schädeldach laufende

Sagittalwulst sowie die abgeflachten, wie ein schwach geneigtes Dach abfallenden Seiten auffallen; die darunter befindlichen, gleichfalls abgeflachten, an Hauswände erinnernden Schädelseiten (Abbildung 32 A) sind, da die größte Schädelbreite häufig sehr tief liegt, in Wirklichkeit meist nicht ganz senkrecht, sondern leicht auswärts gestellt – ein typisch pithecanthropines, bei Neuzeitmenschen anderer Rassen ungewöhnliches Merkmal.

Zu den auffälligsten Charakteristika des Australidenschädels zählen die stark entwikkelten Wülste auf der Außenseite der Hirnkapsel – die merklich vorspringenden, in der Glabellarregion vielfach zusammenstoßenden Brauenwülste (Überaugenwülste) sowie die gleichfalls ziemlich kräftigen Querwülste in der Okzipitalregion. Manchmal sind obere Nackenlinie und Okzipitalwulst so deutlich ausgeprägt, daß ein sogenannter *Torus occipitalis* entsteht (742), was allerdings die Ausnahme darstellt. Beim weiblichen Geschlecht sind Überaugen- und Okzipitalwülste in der Regel schwächer entwickelt, obgleich es, wie die Beschreibung von Burkitt und Hunter (166) beweist, auch Ausnahmen gibt. Die Crista supramastoidea ist bei den australischen Ureinwohnern gleichfalls kräftig ausgebildet. Schläfenlinien und Muskelansatzstellen, insbesondere an den Hinterhauptsknochen, zeichnen sich klar ab, wobei die allgemeine Robustheit der Schädelkapsel und vor allem die Vorwölbung der Überaugenwülste an den *Pithecanthropus* und die größeren Pongiden erinnern.

Besonders wuchtige Überaugenwülste entwickelten sich unabhängig voneinander beim männlichen Gorilla und beim Broken Hill-Menschen (866), doch dürfte ihr entfernter gemeinsamer Vorfahr (zumindest das Männchen) aller Wahrscheinlichkeit nach weniger stark ausgebildete Wülste aufgewiesen haben.

Obwohl Glabella und Hinterhaupt kräftig vorspringen, ist der Australidenschädel mit einer Durchschnittslänge von circa 188 Millimeter in der Regel nicht übermäßig lang; da er aber gleichzeitig schmal ist, kommt ein durchschnittlicher Schädelindex von nur 71 zustande – ein Wert, den man beinahe schon als »hyperdolichokran« bezeichnen könnte. Daneben wurden auch immer wieder Fälle extremer Dolichozephalie vermerkt; so vermaß etwa Turner einen Australidenschädel, der bei 200 Millimeter Länge nur 123 Millimeter breit war (1072), was den erstaunlichen Index von 61,5 ergab, ein Wert, der nicht mehr als hyper-, sondern bereits als »ultradolichokran« einzustufen ist. Und dabei stellt er noch nicht einmal das extremste Beispiel von Dolichozephalie dar, das bei dieser Unterrasse gefunden wurde. Ein so zuverlässiger Beobachter wie Miklucho-Maclay beschreibt einen (wie er anmerkt, nicht künstlich deformierten) Australidenschädel, der eine Länge von 204 Millimeter und eine Breite von nur 119 Millimeter (743) und damit einen der niedrigsten je bei einem menschlichen Taxon festgestellten Schädelindizes aufwies, nämlich 58,3. Der Pekingmensch hatte einen Schädelindex von circa 72, und auch der Javamensch war dolichokran. Dolichozephalie ist demnach also ein primitives Merkmal, das neben den Australiden auch viele andere ethnische Taxa des Neuzeitmenschen wie Nordide und bestimmte andere europide Unterrassen bewahrt haben, wenn auch im allgemeinen in weniger ausgeprägter Form.

Der Schädel zeigt eine zwar ziemlich geringe, aber nicht exzessiv niedrige Durchschnittshöhe. In dieser Beziehung unterscheiden sich die Australiden vom *Pithecanthropus*, während ihre stark fliehende Stirn (Abbildung 32 B) dem pithecanthropinen Schädelbau näherkommt.

Die Stirnregion des Schädels ist schmal.

Die Schläfengruben sind tief, die größeren Keilbeinflügel sehen aus, als hätte man sie mit der Fingerspitze ausgehöhlt.

Die *Jochbögen* scheinen weit vorzuspringen (Abbildung 32 A), und da die bizygomatische Breite im Durchschnitt etwas über der größten Breite der Schädelkapsel liegt, treten in der Draufsicht zwischen Stirnbein und

Bögen beträchtliche Zwischenräume auf. Diese Erscheinung ist indessen eher auf die vornehmlich in der Frontalregion schmale Schädelkapsel als auf eine besonders weite Stellung der Bogenspangen zurückzuführen.

Am *Gesichtsskelett* fällt vor allem die ausgeprägte Prognathie auf – ein häufig auftretendes primitives Merkmal, das auch der *Pithecanthropus* und in noch stärkerem Grad die Australopithecinen und Pongiden aufweisen.

Einer der interessantesten Teile des Australidenschädels ist die *Nase* mit ihrer besonders charakteristischen, durch die vorspringende Glabella noch verstärkten tiefen Einsattlung an der Wurzel. Die kurzen, nicht sehr weit vorstehenden, in der Seitenansicht konkaven und damit annähernd sattelförmigen Nasenbeine zeigen oben und unten eine etwas größere Breite als in der Mitte, was die bereits erwähnte charakteristische »Sanduhrform« ergibt (vergleiche Abbildung 32 A).

Die knöcherne Nasenöffnung (Apertura pyriformis) mißt beim männlichen Australiden an der breitesten Stelle im Schnitt 27,3 Millimeter, was zusammen mit der auf übliche Weise ermittelten Durchschnittsnasenhöhe von 48,8 Millimeter (518) einen Nasenindex von 56 ergibt, das bedeutet, die Nase fällt in die Kategorie chamaerrhin oder fast schon hyperchamaerrhin. Die mit 30 Millimeter noch breitere, dafür aber mit 52,5 Millimeter auch höhere Nase des Pekingmenschen zeigt einen dem australiden ähnlichen, gerade noch im chamaerrhinen Bereich liegenden Nasenindex von 57,1, während die obere Grenze der für viele Europide charakteristischen schmalen (leptorrhinen) Nase nur 46,9 beträgt. Insgesamt stellt die breite Nase eines der auffälligeren primitiven Merkmale der Australiden dar.

Noch auffälliger als die relative Breitnasigkeit ist jedoch der selbst bei flüchtiger Betrachtung ins Auge springende Unterrand der knöchernen Nasenöffnung (Apertura pyriformis), ein im Hinblick auf die Frage der Primitivität so wichtiges Merkmal, daß wir es hier etwas eingehender erörtern müssen. Auch wen diese »nicht-metrische«* Besonderheit des Skeletts (1153, 326) nicht so sehr interessiert, sollte zumindest einen Blick auf die Abbildungen 33 A, C und D (Seite 188) werfen, die diese Stelle samt Umfeld bei einem Nordiden- (A), einem Australiden- (C) und einem Orang-Utan-Schädel (D) zeigen (und zwar in schrägem Winkel, um die entscheidenden Merkmale möglichst klar herauszubringen). Beim Nordidenschädel setzt sich die scharfe seitliche Begrenzung der Nasenöffnung unten als hochstehende Kante fort, die in der Mittellinie mit dem vorspringenden Nasenstachel *(ans)* zusammentrifft und die Nasenhöhle *(nc)* deutlich vom schräg zu den Zähnen verlaufenden Oberkieferbein (Maxilla) mit seinem Alveolarfortsatz *(as)* trennt. Diese bei der überwiegenden Mehrzahl der Europiden vorhandene (von Fenner (326) jedoch bei keinem der von ihm untersuchten 1182 Australidenschädel festgestellte) Anordnung (vergleiche Seite 178 ff.) wird als oxycraspedot (aus griechisch ὀξύς, scharf, und κράσπεδον, Rand) bezeichnet (693).

Der Australidenschädel auf Abbildung 33 C

* Die Bezeichnung »nicht-metrisch« besagt nicht, daß sich das betreffende anatomische Merkmal nicht messen ließe (denn man kann Objekte jeglicher Form messen und mathematisch exakt definieren), sondern nur, daß man in Anbetracht des Zeit- und Energieaufwandes auf die Messung verzichtet und sich mit den von Taxon zu Taxon augenfälligen Unterschieden begnügt. (In der Tat wäre in einem Fall, in dem die Fakten so deutlich auf der Hand liegen und sich so leicht und wirksam in »nicht-metrische« Form fassen lassen wie beim Unterrand der Apertura pyriformis mit der mathematischen Fixierung nicht viel gewonnen.) Im übrigen sind die Anhänger der nicht-metrischen Methode jederzeit zu Messungen bereit, sofern diese keine Zeitvergeudung bedeuten, während die nur aufs Messen Eingestellten oft auffällige Unterschiede zwischen ethnischen Taxa übersehen, da sie ihre Aufmerksamkeit auf die zufällig am leichtesten meßbaren Skeletteile konzentrieren.

hingegen zeigt keine solch scharfe Trennungslinie. Der seitliche Rand der Nasenöffnung verschwimmt am Boden der Nasenhöhle, und die Stelle, an der beim Europidenschädel der trennende Grat in Erscheinung tritt, wirkt wie ausgehöhlt und abgebröckelt – eine als *orygmocraspedot* (aus griechisch ὄρυγμα, Aushöhlung) bezeichnete Erscheinung. Der Nasenboden geht ohne klare Trennung in die Maxilla über. Auch der Australidenschädel auf Abbildung 32 A ist orygmocraspedot. Dieser für die meisten Pongiden und Cercopitheciden charakteristische Unterrand der Apertura pyriformis, der sich auch beim Affenmenschen *Australopithecus africanus* findet (250), ist beim Orang-Utan-Schädel auf Abbildung 33 D besonders gut erkennbar.

Der bei Australiden gewöhnlich schwach entwickelte und bei manchen Schädeln dieser Unterrasse offenbar gänzlich fehlende (465, 538) Nasenstachel trägt eine doppelte Spitze (Abbildung 33 C, *ans*). Im Gegensatz zum Javamenschen fehlt er sowohl beim Pekingmenschen (1128) als auch beim jungen *Australopithecus africanus* (250), während er bei erwachsenen Exemplaren des (vermutlich zur selben Art gehörenden) *Plesianthropus transvaalensis* klein, aber doch deutlich ausgeprägt erscheint (145). Pongiden zeigen in der Regel keinen Stachel, wohl aber gelegentlich ein (beim Orang-Utan-Schädel auf Abbildung 33 D wahrnehmbares) Rudiment mit doppelter Spitze (465, 662, 418, 930).

Die *Augenhöhlen* weisen bei Australiden gleichfalls verschiedene interessante Eigenheiten auf, so die ungewöhnliche Form des (lateralen) Außenrandes, die Professor William Turner als erstem aufgefallen zu sein scheint, denn er erwähnt im *Challenger-Report* (1072) die »besondere Breite und Schweifung des Backenknochens (Jochbeins) am Saum (der Augenhöhle), der die sonst bei Schädeln sichtbare Schärfe fehlte, so daß sich bei der Ermittlung des Augenhöhlendurchmessers nur schwer entscheiden ließ, wo der Greifzirkel genau anzusetzen war«. Auf den Abbildungen 32 A (langer Pfeil) und 34 A ist dieses für den erwachsenen männlichen Australiden charakteristische Merkmal deutlich erkennbar. Bei den bisher entdeckten Schädelteilen des Javamenschen ist der Außenrand der Augenhöhle nicht erhalten, und über das Jochbein des Pekingmenschen wissen wir nur aufgrund von drei Fragmenten Bescheid. Weidenreichs Beschreibung und Illustration legt jedoch nahe, daß der Außenrand der Orbita schärfer gewesen sein dürfte als beim typischen männlichen Australidenschädel, der in dieser Region gewöhnlich eine unverkennbar an Australopithecinen und Pongiden erinnernde sanfte Kurvung zeigt.

Australide haben, zweifellos infolge der ausgeprägten Prognathie, einen sehr langen *Gaumen*, der über eine größere Ausdehnung verfügt als bei irgendeinem anderen ethnischen Taxon des Menschen mit Ausnahme der ausgestorbenen Tasmanier.

Der *Unterkiefer* (Abbildung 32 C) ist ziemlich massiv (er wiegt rund ein Zehntel mehr als beim Durchschnittsengländer), jedoch nicht annähernd so massig wie beim Pekingmenschen, das Kinn springt kaum vor, zeigt aber in der Regel auch nicht die stark fliehende Linie wie beim Pekingmenschen.

Im Gegensatz zum Neuzeitmenschen verläuft beim Heidelberg- und Pekingmenschen der Unterrand des horizontalen Unterkieferkörpers ziemlich parallel zum Oberrand *(Alveolarrand)*, während der aufsteigende Ast *(Ramus ascendens mandibulae)* eine mehr vertikale (das heißt von der Verbindungsstelle mit dem Unterkieferkörper an weniger nach hinten geneigte) Stellung zeigt – zwei Charakteristika, in denen der typische Australide eher der primitiven Form gleicht. Die Einbuchtung zwischen Processus coronoideus (Muskelfortsatz) und Processus condyloideus (Gelenkfortsatz), die beim Heidelberger Unterkiefer sehr flach erscheint, ist auch beim Pekingmenschen und den Austaliden nur mäßig vertieft.

Australide haben große Zähne: Bei männli-

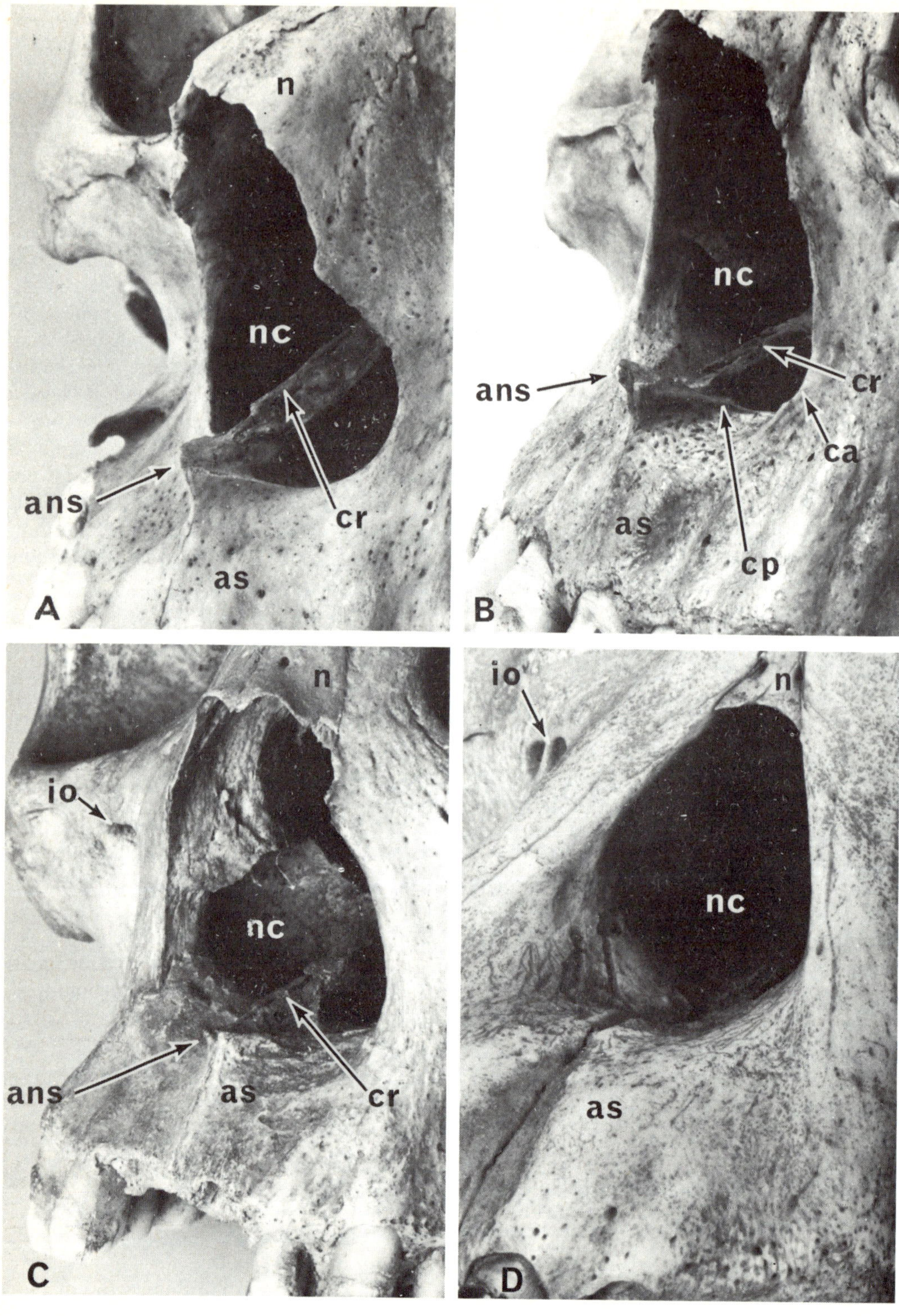

n
nc
ans
cr
as
A
nc
ans
cr
ca
as
cp
B
n
io
nc
ans
as
cr
C
io
n
nc
as
D

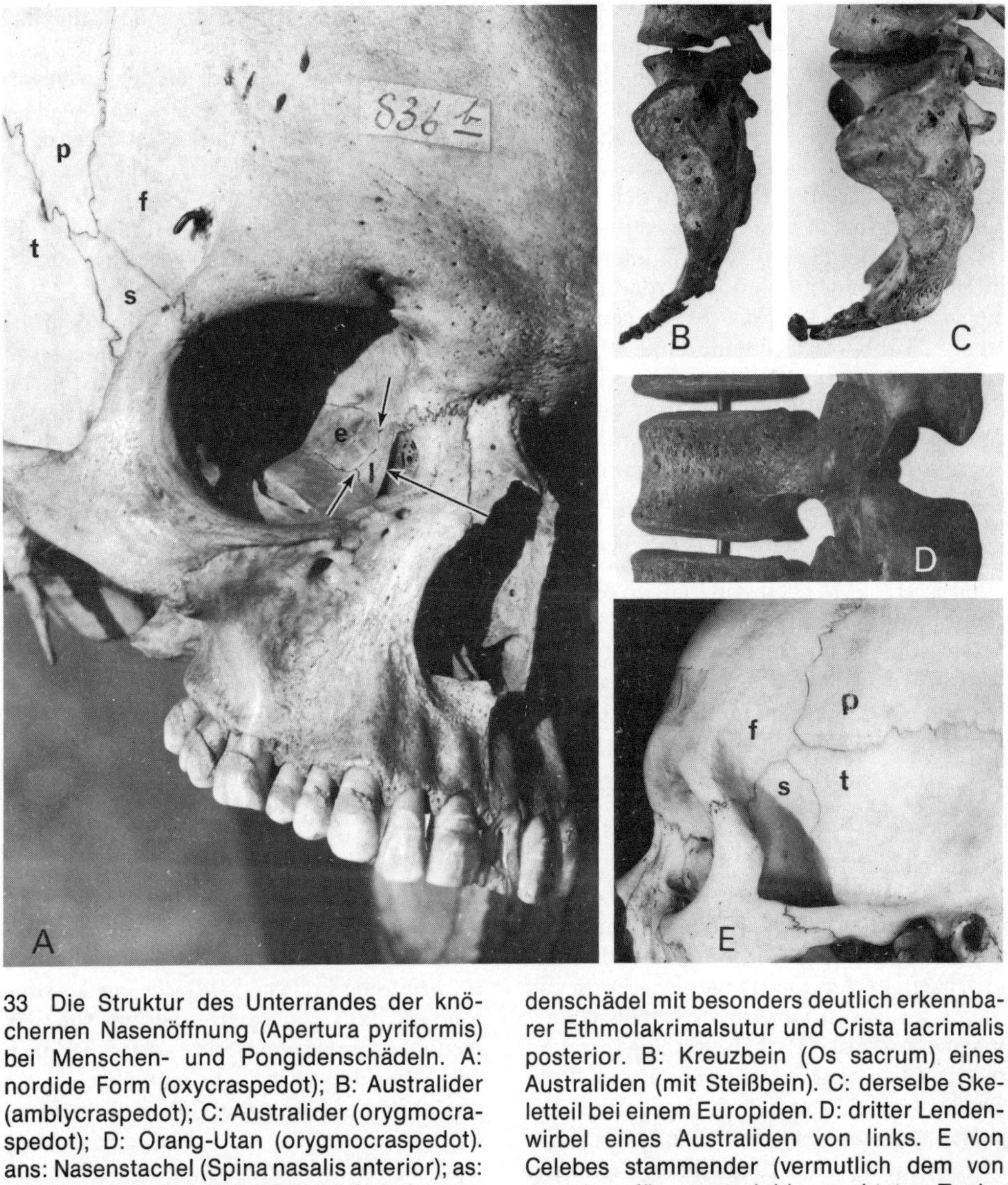

33 Die Struktur des Unterrandes der knöchernen Nasenöffnung (Apertura pyriformis) bei Menschen- und Pongidenschädeln. A: nordide Form (oxycraspedot); B: Australider (amblycraspedot); C: Australider (orygmocraspedot); D: Orang-Utan (orygmocraspedot). ans: Nasenstachel (Spina nasalis anterior); as: schräger Alveolarteil des Oberkieferbeins; ca: Crista anterior; cp: Crista posterior; cr: Nasenleiste der Maxilla; io: Foramen infraorbitale; n: Nasenbein; nc: Nasenhöhle. – A, B und D befinden sich im Oxford University Museum, C im Department of Human Anatomy in Oxford; Aufnahmen von J. Haywood.

34 Anatomische Besonderheiten der Australiden an Schädel und Wirbelsäule. A: Australidenschädel mit besonders deutlich erkennbarer Ethmolakrimalsutur und Crista lacrimalis posterior. B: Kreuzbein (Os sacrum) eines Australiden (mit Steißbein). C: derselbe Skeletteil bei einem Europiden. D: dritter Lendenwirbel eines Australiden von links. E von Celebes stammender (vermutlich dem von manchen für »australoid« erachteten Taola-Stamm zugehöriger) Schädel zur Illustration des fronto-temporalen Pterions. e: Siebbein; f: Stirnbein; l: Tränenbein; p: Scheitelbein; s: Keilbein und t: Schläfenbein. Die kurzen Pfeile auf Abbildung A markieren die Enden der Ethmolakrimalsutur, während der lange Pfeil auf den Rand der Crista lacrimalis posterior verweist. – Alle Aufnahmen stammen aus dem Oxford University Museum.

chen Erwachsenen beträgt die Durchschnittsfläche der Oberkiefer-Kronen 1,536 Quadratmillimeter, während sich die entsprechende Fläche bei Engländern auf nur 1,286 beläuft (692). Diese Großzahnigkeit ist, ebenso wie die Stellung der unteren Schneidezähne im Verhältnis zu den oberen bei geschlossenem Mund, eines der primitiven Merkmale, die die Australiden mit den frühen Hominiden teilen: Während bei den meisten ethnischen Taxa des Neuzeitmenschen die oberen Schneidezähne über die unteren greifen (Scherenbiß), treffen sie beim typischen Australiden (wie auch bei Cercopitheciden, Pongiden, *Australopithecus* und *Pithecanthropus*) direkt aufeinander (Labidontie, Zangen- oder Aufbiß) und stehen gewöhnlich etwas vor.

Und wie bei Australopithecinen und *Pithecanthropus* sind bei den Australiden die Eckzähne normalerweise mit den übrigen Zähnen bündig, auch wenn die oberen sehr lange Wurzeln haben sollen (586). Gelegentlich können, wie Abbildung 32 C zeigt, die Eckzähne allerdings auch etwas überstehen.

Innere Organe außer Skelett. – Wie bereits angedeutet, ist unsere Kenntnis der inneren Organe äußerst lückenhaft.

Das *Gehirn* stellt, ähnlich wie der Schädel, einen für taxonomische Untersuchungen besonders relevanten Körperteil dar, da seine gleichzeitig präzise und komplexe Form von Taxon zu Taxon viele anatomische Unterschiede aufweist. (Verhältnismäßig formlose oder diffuse Organe wie zum Beispiel die Bauchspeicheldrüse liefern dagegen im allgemeinen nicht viele für die Unterscheidung der ethnischen Taxa brauchbare Merkmale, es sei denn auf histologischer oder zytologischer Ebene.) Leider stehen nicht viele Australidengehirne zu Untersuchungszwekken zur Verfügung, und so muß bis zur Beibringung eines umfangreicheren Informationsmaterials die Frage offenbleiben, ob nicht ein Gutteil der im folgenden aufgeführten Charakteristika besser unter die Rubrik »sekundäre Merkmale« eingeordnet werden sollte. Fest steht jedoch zumindest, daß das Australidengehirn kleiner ist als das der Europiden. Das ergibt sich aus der jeweiligen Schädelkapazität: Soweit Australidengehirne gewogen werden konnten, hatten sie circa 85 Prozent des Gewichts eines normalen Europidenhirns.

Die Gyri (Windungen) der Hirnhalbkugeln sollen gröber und einfacher gewulstet sein als bei Europäern (914, 293).

Allem Anschein nach reicht die Zentralfurche in der Regel sehr nahe an die Fissura lateralis beziehungsweise Sylvii, der Furche zwischen Stirn- und Schläfenlappen, heran oder geht sogar (unmittelbar oder über einen in die hintere Zentralwindung mündenden Zweig) in sie über (744, 914) – eine bei Europäern nur sehr selten auftretende Erscheinung.

Äußerst interessante Besonderheiten wurden auch an den Hinterhauptslappen der Hirnhemisphären von Australiden festgestellt (obgleich weitere Untersuchungen erst noch klären müssen, inwieweit man sie als typische Merkmale werten kann). Bei einigen Cebidae und offenbar sämtlichen Cercopithecidae und Pongidae tritt am Hinterhauptslappen jeder Hirnhalbkugel eine sehr deutlich ausgeprägte halbmondförmige Furche, der sogenannte Sulcus lunatus, auf (Abbildung 35 A). Diese Spalte entsteht dadurch, daß sich die beidseits des Sulcus calcarinus befindliche Sehfläche um das Hinterende der Hemisphäre herum von der medialen zur lateralen Seite und weiter nach vorn über den ursprünglichen Sulcus hinaus ausdehnt, der damit zum Sulcus operculatus wird. Durch diese dem Hut eines Pilzes ähnliche (980) Verbreitung entsteht zum weiter vorn befindlichen Teil des Hinterhauptslappens hin eine tiefe, halbmondförmige Furche, die, da sie als eines der auffallenden Unterscheidungsmerkmale zwischen Affen- und Menschengehirnen galt, den Namen *Affenspalte* erhielt.

Der schwedische Neurologe Gustav Retzius behauptete, das Gehirn mancher Europäer zeige eine »Analogie« zur Affenspalte (898), doch entgegen der Meinung von Elliot Smith (979), der diese Feststellung durch sieben der Retziusschen Zeichnungen bestätigt fand, eweist sich bei genauerer Betrachtung nur eine der genannten Darstellungen (nämlich Tafel XLVIII, Abbildung 4) als hieb- und stichfest. Zwar tritt der Sulcus lunatus tatsächlich auch bei Europäergehirnen auf, aber, wie Sir Arthur Keith feststellt, falls überhaupt, so immer wesentlich weiter hinten als bei den Affen (576), mit anderen Worten, die Sehfläche breitet sich nicht annähernd so weit um das Hinterende des Hinterhauptslappens herum auf seine seitliche Oberfläche aus. (Da die Area striata durch eine dünne Schicht weißer Fasern markiert ist, läßt sie sich beim Sezieren leicht abgrenzen.) Zwar variieren die äußeren Merkmale der menschlichen Hirnhemisphären von Individuum zu Individuum etwas, doch würde sich bei der Darstellung der typischen Anordnung der Sulci beim Europäergehirn in der Seitenansicht empfehlen, den Sulcus lunatus entweder gänzlich wegzulassen oder allenfalls, wie auf Abbildung 35 C, weit hinten als kleine Spalte einzuzeichnen.

Elliot Smith, der dieses Detail seinerseits an Fellachen-(Äthiopiden-) und Negridengehirnen eingehend untersuchte, konstatierte eine bemerkenswerte, im gutentwickelten Sulcus lunatus operculatus pongiden Typs gipfelnde Strukturvielfalt. Doch obwohl ein Anklang an pongide und cercopithecide Verhältnisse »ein ziemlich konstantes Merkmal« der analysierten Gehirne darstellte, räumt Smith ein, bei den meisten Menschen sei der Sulcus lunatus operculatus extrem geschrumpft und die Area striata vielfach »gänzlich auf die Innenseite« der Hirnhalbkugeln beschränkt (979). Diese Feststellung wird jeder bestätigen, der in einem Museum eine willkürliche Sammlung von Pongiden- und Europäergehirnen besichtigt, stellt doch der Sulcus lunatus ein auffallendes Unterscheidungsmerkmal der erstgenannten dar.

Ich bin auf den Sulcus lunatus in den voraufgehenden Abschnitten deshalb so ausführlich eingegangen, weil ihm im Rahmen der australiden Anatomie besondere Bedeutung zukommt, auch wenn die verfügbaren Informationen dürftig sind. W. L. H. Duckworth hat im Anatomischen Museum der Universi-

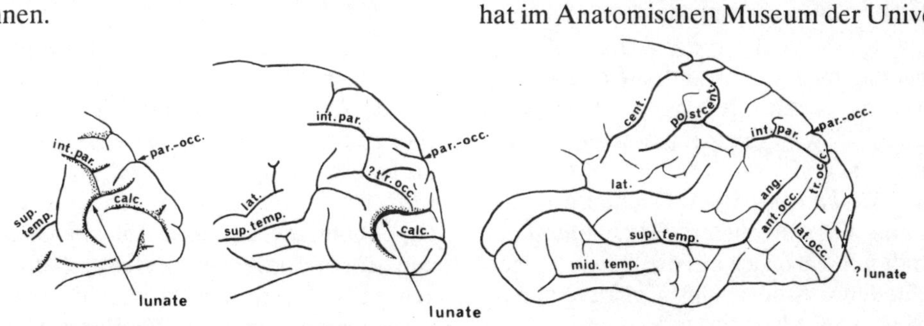

35 Hinterer Teil der Hirnhemisphäre bei A: Orang-Utan, B: Australidem und C: Europidem. ang.: Sulcus angularis; ant. occ.: vordere Hinterhauptsfurche; calc.: Sulcus calcarinus; cent.: Rolandosche Zentralfurche; int. par.: Interparietalfurche (Scheitelfurche); lat.: Fissura Sylvii (Sylvische Spalte); lat. occ.: seitliche Hinterhauptsfurche; mid. temp.: mittlere Schläfenfurche; par. occ.: Fissura occipito-parietalis (Hinterhaupts-Scheitelfurche); postcent.: Sulcus postcentralis; sub. temp.: obere Schläfenfurche; tr. occ.: Sulcus occipitalis transversus. – A nach Smith (980), vom Verfasser neu gezeichnet und beschriftet; B dasselbe nach Duckworth (293); C Originalzeichnung nach dem Exemplar Nummer 913 im Department of Zoology, Oxford. A gibt einen Ausschnitt aus der rechten Hirnhemisphäre wieder, der zum besseren Vergleich mit B und C seitenverkehrt reproduziert wurde.

tät Cambridge vier Australidengehirne untersucht und über Auftreten und Lage dieses Sulcus einen sehr ausführlichen Bericht vorgelegt (293). Bei zwei der vier Exemplare stellte er einen Sulcus lunatus pongiden Typs fest (wie Abbildung 35 B, eine Kopie nach Duckworth, zeigt, ist die Ähnlichkeit mit dem Orang-Utan-Hirn, Abbildung 35 A, unübersehbar). Bei einem weiteren Exemplar fand sich ein zwar kleiner, aber deutlich erkennbarer Sulcus lunatus operculatus.
Bei einem der Exemplare ließen sich die Sulci des Hinterhauptslappens nicht zuverlässig identifizieren, bei einem weiteren, schlecht erhaltenen, war auf der linken Seite ein kleiner Sulcus lunatus operculatus zu erkennen, beim dritten wies der Hinterhauptslappen rechts Beschädigungen auf, während auf der linken Seite ein deutlich ausgebildeter, hinsichtlich Größe, Lage und Operculum pongidenähnlicher Sulcus lunatus in Erscheinung trat (Abbildung 35 B). Beim verbleibenden Hirn schließlich fand sich auf beiden Seiten ein gleichartiger Sulcus lunatus.
Es wäre nun wünschenswert, anhand einer möglichst großen Anzahl von Australidengehirnen zu ermitteln, ob die Affenspalte bei der Mehrzahl der australiden Bevölkerung auftritt und somit zuverlässig als primäres Merkmal dieses Taxons gewertet werden kann.
Äußere Merkmale. – Die folgende Bestandsaufnahme über die äußere Erscheinung der Australiden stützt sich auf die Darstellungen verschiedener Autoren, insbesondere auf die Beiträge von Howells (516) und Abbie (2).
Die durchschnittlich circa 165–170 Zentimeter großen Australiden haben einen kurzen Rumpf und ungewöhnlich lange Beine (wodurch die Sitzhöhe im prozentualen Verhältnis zur Gesamtstatur erstaunlich gering ist, 261), einen in der Regel schlanken Körperbau, schmale Schultern und Hüften (und zwar Männer wie Frauen), ein kleines Gesäß, schlanke Oberschenkel und nur schwach hervortretende Waden (1019).

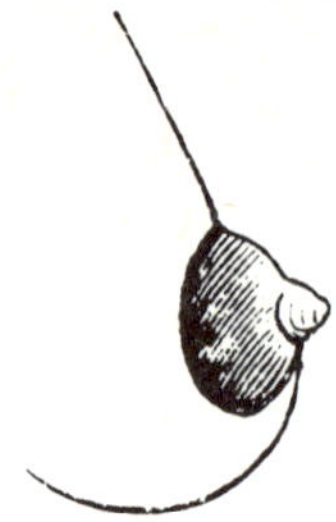

36 Brust einer Eingeborenen von den Karolinen (Mikronesien, Westpazifik). Musterbeispiel einer »primären Mamma« (Martin und Saller, 708) oder »Mamma areolata« (Stratz den Haag, 1019).– Aus: Finch (329).

Die große Zehe ist, wie auch der »Ballen« unter dem Metatarsophalangealgelenk, klein, die Fußsohle auf der Innenseite nur schwach gewölbt, so daß sie beim Gehen meist in Gänze flach aufgesetzt wird, Merkmale, die als Anpassung ans Klettern und Greifen gedeutet worden sind (1019). Ob dies nun allgemein zutrifft oder nicht, fest scheint jedenfalls zu stehen, daß die Australiden den Fluß in einem bei anderen Rassen ungewohnten Ausmaß zum Greifen benutzen (560).
Wie Vogt bereits 1863 in seinen *Vorlesungen über den Menschen* konstatierte, ist das »dritte Augenlid« oder die Plica semilunaris (bei Europiden eine kleine Falte unter dem im inneren Augenwinkel sitzenden Tränenwärzchen, der Caruncula lacrimalis, vergleiche Abbildung 22, Seite 150) bei Australiden größer und in dieser Hinsicht affenähnlich (1105), ein Umstand, auf den auch Darwin in seinem Buch *Die Abstammung des Menschen* verweist (258).
Die Brüste australider Frauen zählen zu dem als »primäre Mamma« (»Euterbrüste« oder »Mammae areolatae«, 1019) bezeichneten Typus, bei dem sich der Warzenhof (Areola), der modifizierte Bezirk um die Brustwarze, nicht wie bei Europiden und Mongoliden der Kurvung der übrigen Brust anpaßt, sondern eine vorstehende Kuppe bildet (vergleiche Abbildung 36 oben).
Abbildung 31 und 37 vermitteln einen ziem-

lich anschaulichen Eindruck vom Erscheinungsbild des Kopfes, wobei man die kräftigen Augenbrauenwülste, die eingesunkenen Orbita und die tiefe Einsattlung an der Nasenwurzel sowohl auf Abbildung 31 A wie B, die Prognathie und fliehende Stirn dagegen besonders gut auf Abbildung 31 B erkennt. Der Mund ist breit, aber nicht sonderlich dicklippig, die gleichfalls breite Nase zeigt quergezogene Nasenlöcher, das große Ohr (Abbildung 37) weist nur ein ziemlich kleines Läppchen auf.

Das Foto eines haarlosen Mannes (Abbildung 37), das sehr anschaulich die abgeflachten, dachförmig zur Scheitellinie aufsteigenden Schädelseiten zeigt, stammt von Miklucho-Maclay (741), der 1880 eine beschwerliche Reise ins Innere Queenslands unternahm, um ihn und eine seiner beiden gleichfalls kahlen Schwestern in Augenschein zu nehmen. Obgleich Miklucho-Maclay den Mann genauestens visitierte, konnte er bis auf vier Haare im einen Nasenloch und ein paar kurzen, weit auseinanderstehenden Wimpern am ganzen Körper keine Spur von Behaarung entdecken. Bedauerlicherweise ließ sich kein zuverlässiger Stammbaum beibringen, der Aufschluß über die Abstammung dieser in punkto Haarschmuck so ungewöhnlichen, sonst jedoch in jeglicher Hinsicht normalen Familie hätte geben können. Und auch die interessante Frage, ob Aidanill (= »Geh zurück«), der wie seine Schwester einen penetranten Körpergeruch ausströmte, in den Achselhöhlen Haarfollikel (ohne Haare) besaß, mußte ungeklärt bleiben, da der Proband zwar gegen eine entsprechende Belohnung die Untersuchung geduldig über sich ergehen ließ, aber unter keinen Umständen bereit war, sich – und wäre es unter Vollnarkose – eine Hautprobe zur mikroskopischen Analyse abnehmen zu lassen. Er zeigte sich so argwöhnisch und beunruhigt, daß Miklucho-Maclay ihm zusicherte, auf die Probe zu verzichten, und dieses Versprechen auch hielt, obgleich Aidanill noch am selben Abend sein Honorar in Alkoholika umsetzte und es ein leichtes

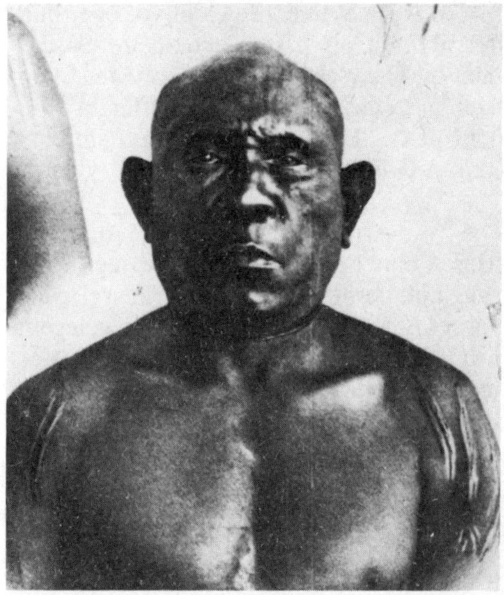

37 Haarloser Australider aus dem Süden Queenslands. – Foto: Miklucho-Maclay (741).

gewesen wäre, dem Volltrunkenen ein Hautfetzchen abzulösen.

Das Kopfhaar ist bei typischen Australiden im allgemeinen gelockt (Abbildung 31, Seite 181), manchmal jedoch auch fast glatt oder »gekräuselt«. In der Regel zeigt es einen ovalen Querschnitt, dessen Breitendurchmesser circa 70 Prozent des Längendurchmessers beträgt. Darin wie auch in der Querschnittsfläche unterscheidet es sich vom Negriden- und Mongolidenhaar und gleicht dem der (in dieser Hinsicht gleichfalls primitiven) Europiden (1086). Daß Europide »Affenhaare« haben, wurde dem Afrikaforscher Du Chaillu, der als erster Europäer den Gorilla in seinem natürlichen Habitat studierte, von seinen negriden Begleitern recht geschickt unter die Nase gerieben: Nachdem er sie im Scherz wiederholt schwarzhäutig wie die Affen genannt hatte, drehten sie, als eines Tages ein junger Schimpanse gefangen wurde, den Spieß kurzerhand um und bedeuteten ihm unter schallendem Gelächter, daß er mit seinem weißen Gesicht und glatten Haar dem Affen zum Verwechseln ähnle

(200). Auch Pruner-Bey, der vor über hundert Jahren als erster detaillierte Studien über die Querschnittsformen von Menschenhaar anstellte, hebt die verblüffende Ähnlichkeit des Europidenhaars mit dem eines jungen Gorilla hervor (862).

Die weitverbreitete Annahme, Australide wiesen eine besonders dichte Körperbehaarung auf, beruht indessen auf einem Irrtum: Zwar kommt bei älteren Männern gelegentlich ein zottiger Haarpelz vor (2), aber insgesamt bilden Haare auf Brust oder Handrücken die Ausnahme, und auch der Bartwuchs ist nicht üppiger als bei den meisten Europiden (Abbildung 31 A).

Die Haarfarbe bewegt sich in typischen Fällen zwischen dunkelbraun und schwarz, echter Albinismus ist bei diesem Taxon unbekannt.

Die Haut zeigt in der Regel gleichfalls eine dunkelbraune Tönung, kann aber durch das durchschimmernde Blut gelegentlich einen Anflug von Farbe annehmen. Kleinkinder erreichen (mit Ausnahme der Mundschleimhaut und der Eichel des Penis, die erst später nachdunkeln, 2) an unbedeckten Körperstellen mit drei Jahren die endgültige Pigmentierung, doch werden lebenslänglich gegen die Sonne abgeschirmte Partien nicht wesentlich dunkler als bei den meisten Europäern.

Während sich F_1-Bastarde australid-europäischer Herkunft in der Hautfarbe kaum und ihre Nachkommen aus neuerlichen Verbindungen mit Weißen überhaupt nicht mehr von Europäern abheben (391, 393), bestehen zwischen Australiden und Negriden in fast allen obenerwähnten Merkmalen deutliche Unterschiede.

Die Iris ist dunkelbraun oder fast schwarz, die Lederhaut (Sklera) leicht gelblich; durch Melanozyten hervorgerufene dunklere Flekken auf der Haut wurden jedoch bis jetzt nicht beobachtet.

Sekundäre Merkmale

Schädel. – Zunächst ein Wort zur sogenannten Pteriongegend, jener Stelle beidseits der Schädelkapsel, wo Teile des Stirnbeins, Scheitelbeins, Schläfenbeins und Keilbeins aufeinandertreffen. Leser, die mit der Anatomie dieser Schädelpartie nicht vertraut sind, sollten nochmals Abbildung 24 C betrachten, auf der die Nähte zwischen den benannten Knochen deutlich erkennbar sind. (Über die unterschiedliche Anordnung dieser Nähte bei den verschiedenen Menschenrassen und anderen Primaten existiert eine umfangreiche Literatur, 30, 31, 34, 219, 220, 326, 873, 930, 1061.)

Gelegentlich treffen die vier Knochen in einem Punkt zusammen, doch tritt diese als »Schädelenge« oder Stenokrotaphie bezeichnete Erscheinung so selten auf, daß wir uns hier nicht weiter mit ihr zu beschäftigen brauchen. Bei der überwiegenden Mehrzahl der Menschen dagegen stößt der große Flügel des Keilbeins in der Pteriongegend mit dem Scheitelbein zusammen, so daß die Schläfenbeinschuppe das Stirnbein nicht berührt – eine als »spheno-parietal« bezeichnete Anordnung (vergleiche Abbildung 24 C und 34 A). In manchen Fällen, namentlich bei Angehörigen als primitiv eingestufter ethnischer Taxa, ist das Pterion »fronto-temporal«, das heißt, die Schläfenbeinschuppe grenzt an das Stirnbein an und trennt so Keil- und Scheitelbein (Abbildung 34 E).

Die meisten bei Ausgrabungen zutage geförderten fossilen Schädel früher Hominiden sind weder vollständig noch so gut erhalten, um ein genaues Studium der Pteriongegend zuzulassen. Die Schädel Nr. XI und XII des Pekingmenschen zeigen eine spheno-parietale Anordnung (1128), doch ließe sich nur anhand eines wesentlich umfangreicheren Forschungsmaterials beurteilen, inwieweit eine Fronto-temporalverbindung als sekundäres Merkmal in Frage käme.

Während sich bei dem auf Sumatra heimischen Orang-Utan (soweit bekannt) durchweg, beim Gorilla fast immer und beim

Schimpansen sehr häufig das fronto-temporale Pterion findet, stellt man bei den Orang-Utans auf Borneo merkwürdigerweise häufiger die spheno-parietale Anordnung fest (219); beide Pteriontypen kommen auch bei Gibbons *(Hylobates)* und Cercopitheciden vor.

Im Laufe der Zeit hat man eine ungeheure Anzahl von Schädeln vieler ethnischer Taxa auf die Anordnung der Knochen in der Pteriongegend hin untersucht und die Ergebnisse statistisch ausgewertet (vergleiche die unten abgedruckte Tabelle). Das zusammengetragene Material legt die Vermutung nahe, daß das fronto-temporale Pterion am häufigsten bei den Melanesiern des Westpazifik auftritt. Tatsächlich scheinen sich auf Mallicolo mehr fronto-temporale als spheno-parietale Schädel zu finden (293, 930, 34), freilich dürfte auf dieser Insel die künstliche Deformation des Kopfes während der Kindheit eine nicht unerhebliche Rolle spielen (34). Auch den Papuas Neuguineas wird vielfach ein extrem hoher Prozentsatz fronto-temporaler Schädel nachgesagt, doch deuten die äußerst umfangreichen Daten Anutschins (31) und Rankes (873) in eine andere Richtung. Bei Australiden und Negriden (über deren Pterion gleichfalls ausreichende Informationen vorliegen) tritt die fronto-temporale Anordnung de facto weitaus häufiger auf als bei den meisten anderen Taxa, ohne daß Anhaltspunkte für eine künstliche Deformation bestünden. Bei den Europiden findet sich das fronto-temporale Pterion seltener als bei irgendeiner anderen Menschenrasse: Laut Tabelle (siehe unten) kommt es bei den Australiden über siebenmal häufiger vor, was natürlich die Frage aufwirft, ob es sich bei diesem sekundären Merkmal um ein pongides Überbleibsel handelt.

Blutgruppen. – Es besteht aller Grund zu der Annahme, daß sämtliche Australide (soweit es sich nicht um Mischlinge handelt) zu den Blutgruppen A oder 0 gehören (213, 953, 585, 2), wobei unter A immer A_1 zu verstehen ist (A_2 kommt bei diesem Taxon nicht vor). Möglicherweise liegt der Prozentsatz der Vertreter von Blutgruppe A höher als bei irgendeinem anderen ethnischen Taxon – manchen Berichten zufolge bei über 60 Prozent. Bei der Eingeborenenbevölkerung Queenslands und des Northern Territory findet sich daneben auch Blutgruppe B, deren Existenz jedoch der Hybridation mit Melanesiern, Papuas, möglicherweise auch Negritos und anderen zugeschrieben wird. Erstaunlicherweise und offenbar nicht zu erklären setzt sich die einheimische Bevölkerung auf Bentinck Island am Südende des Carpentaria-Golfes ausschließlich aus Vertretern der Blutgruppen 0 und B zusammen (585).

Nach Ansicht Abbies könnten die Blutgruppen der Australiden (von den Randgebieten,

Verbreitung des fronto-temporalen Pterions bei bestimmten Menschenrassen

Rasse	Zahl der untersuchten Schädel	Zahl der Schädel mit ein- oder beidseitig fronto-temporalem Pterion	Prozentsatz der Schädel mit ein- oder beidseitig fronto-temporalem Pterion
Europide Europas	20 867	326	1,56
Australide	1 688	191	11,3
Negride	2 115	256	12,1

Anmerkung. – Die Werte für die Australiden wurden aus den Daten von Anutschin (31), Ranke (873), Collins (220), Ashley-Montagu (34) und Fenner (326) errechnet, die übrigen nur aus denen der beiden erstgenannten Autoren.

wo es vermutlich zur Hybridation kam, abgesehen) mit denen der Bevölkerung Europas vor der Einführung von B und CDe in diesen Erdteil übereinstimmen (2).

Äußere Merkmale. – Verschiedene Wissenschaftler erwähnen das Auftreten hellen Kopfhaars bei Australiden (515, 585, 2), insbesondere bei Kindern, von denen Abbie einige erstaunliche Fotos zeigt. Diese als gelbbraun oder strohblond beschriebene Haarfarbe geht (im Gegensatz zu Melanesien, wo das Haar vielfach gebleicht wird) nicht auf künstliche Verfahren zurück (515), sondern möglicherweise auf ein teilweise dominantes Gen. Die genetische Grundlage dieses Charakteristikums ist bis jetzt noch nicht zufriedenstellend erforscht (585).

Ein anderes merkwürdiges sekundäres Merkmal der Australiden ist die Behaarung des Ohrläppchens oder der Ohrmuschel (Auricula oder Pinna) (1, 3), die weder mit den bei männlichen Vertretern vieler ethnischer Taxa verbreiteten »Ohrbüscheln« im Bereich der äußeren Ohröffnung (genauer auf Tragus und Antitragus) noch mit dem feinen »Flaumhaar« auf der Ohrmuschel von Kleinkindern etwas zu tun hat. Diese als »behaarte Pinna« bezeichnete Anomalie tritt bei circa 20 Prozent der nichthybriden männlichen Australiden im Alter von 20 Jahren und darüber (bei den über Vierzigjährigen häufiger) auf, wobei das dunkelbraune bis schwarze Haar gewöhnlich unter der eingerollten Ohrleiste (in der Fachsprache aus der Fossa skaphoides zwischen Helix und Anthelix) oder in manchen Fällen auch auf der Außenseite der Helix und gelegentlich sogar auf dem Ohrläppchen sprießt. Auch bei Europiden ist die »behaarte Pinna« festzustellen, allem Anschein nach besonders häufig bei den Singhalesen Ceylons, aber auch bei Indern, Iranern, Irakern, Israelis und Europäern (287, 976). Den Beschreibungen nach zu schließen, kann die Stelle des Haarwuchses bei den verschiedenen, leider meist nicht exakt benannten Unterrassen variieren. Bei einer bestimmten indischen Familie fanden sich viele Anhaltspunkte (wenn auch nicht Beweise) dafür, daß die behaarte Pinna auf ein auf dem Y-Chromosom angeordnetes Gen zurückgeht (287). Schließlich dürfte es sich bei Australiden und Europiden um dasselbe Merkmal handeln, doch stehen über diese Anomalie beim erstgenannten Taxon keine genetischen Daten zur Verfügung.

Zum Abschluß dieses Kapitels über die physischen Merkmale der Australiden sei noch eine Bemerkung Morants erwähnt, die vielleicht mißverstanden werden könnte. Am Ende seiner bekannten statistischen Erhebung über die Schädel von Australiden und Tasmaniden erklärt er: »Die von manchen Autoren vertretene Ansicht, die beiden Rassen unterschieden sich aufgrund ihrer ultra-primitiven Merkmale von allen anderen Neuzeitrassen, wird durch einen Vergleich dieser Meßergebnisse in keiner Weise bestätigt« (763).

Hierzu sei zunächst bemerkt, daß Morant die Primitivität der Australiden keineswegs in Abrede stellt – der zitierte Satz läßt lediglich die Möglichkeit offen, andere ethnische Taxa des Neuzeitmenschen könnten hinsichtlich mancher der statistisch untersuchten Merkmale noch primitiver sein.

Zweitens gilt es festzuhalten, daß Morant die Merkmale herausgreift, die sich am leichtesten mittels einfacher Messung erfassen lassen, sich jedoch keineswegs notwendig mit denen decken, die das Problem der Primitivität am anschaulichsten ins Licht rücken. So sagt er etwa im ganzen Aufsatz, dem das Zitat entnommen ist, nichts über die Stärke der Schädeldachknochen, die vorspringenden Wülste in der Okzipitalregion, die Struktur des Unterrandes der Apertura pyriformis, die Form des Nasenstachels oder die Rundung des äußeren Orbitalrandes; er erwähnt weder Pterion noch Foramen infraorbitale, weder Ethmolakrimalsutur noch Gebiß, weder Unterkiefer noch Processus styloides. Ohne Berücksichtigung dieser Merkmale aber kann man sich in puncto Primitivität kein gültiges Urteil bilden.

Drittens muß, so wichtig der Schädel für alle

die menschliche Taxonomie und Evolution betreffenden Fragen auch ist, derjenige, der sich mit dem Problem der Primitivität befaßt, ebensogut auch das übrige Skelett und die Weichteile berücksichtigen.

Bei den meisten ethnischen Taxa des Menschen lassen sich einige primitive Merkmale nachweisen, die bei anderen fehlen. So sind etwa die Europiden hinsichtlich der Querschnittsform ihres Kopfhaars (nicht jedoch im Hinblick auf seine Länge) und manche europiden Unterrassen im Hinblick auf ihre Dolichozephalie primitiv. Die Australiden jedoch stellen sowohl hinsichtlich Zahl und Mannigfaltigkeit ihrer primitiven Merkmale als auch hinsichtlich des Grades, in dem manche davon in Erscheinung treten, einen Sonderfall dar, ja, es ist fraglich, ob irgendein anderes ethnisches Taxon des Neuzeitmenschen so viele Übereinstimmungen mit dem *Pithecanthropus* und noch älteren Urformen aufweist wie sie.

15
Die Saniden – Buschmänner

Daß wir den südafrikanischen Buschmännern ein Kapitel dieses Buches widmen, hat zwei Gründe. Erstens unterscheiden sie sich in ihren physischen Merkmalen sehr auffällig und in mancher Hinsicht sogar ganz erstaunlich von Europiden und Australiden und zeigen damit besonders deutlich, wie abwegig es ist, die Hautfarbe als den Hauptunterschied zwischen den Rassen anzusehen. Zweitens liefern die Buschmänner ein gutes Beispiel für den Einfluß der Pädomorphose (Seite 107–109) auf die Evolution bestimmter ethnischer Taxa des Menschen.
Mit der Beschreibung des Zwergschimpansen, *Pan satyrus paniscus*, haben wir bereits ein Tier vorgestellt, das im geschlechtsreifen Zustand in mancherlei Hinsicht mit den Jungen seiner nächsten Verwandten Ähnlichkeit hat. Auch innerhalb der menschlichen Evolution kommt dieser Art Pädomorphose erhebliche Bedeutung zu, beweisen doch verschiedene Anhaltspunkte eindeutig, daß es sich beim Neuzeitmenschen insgesamt um eine pädomorphe Form handelt, wobei einige ethnische Taxa, darunter auch die Buschmänner, mehr pädomorphe Züge aufweisen als andere.
Die Idee, der Neuzeitmensch sei insgesamt pädomorph, scheint erstmals 1926 vom holländischen Anatomen L. Bolk in einem Vortrag vor der Deutschen Anatomischen Gesellschaft in Freiburg geäußert worden zu sein – zur offenbar nicht geringen Verblüffung der Zuhörerschaft, denn der Vorsitzende beendete die Tagung mit der Bemerkung: »Der weite Umfang des Gebietes ist aber nicht rasch zu erfassen, und ich fürchte, daß die Aussprache leicht ins Uferlose ging« (119). Bolk publizierte den erweiterten Vortragstext in der Folge als Broschüre (120), spielte aber in der Einleitung wider Erwarten mit keinem Wort auf den damals in Zoologenkreisen gebräuchlichen, vier Jahrzehnte zuvor geprägten Begriff der Neotenie an, sondern bediente sich statt dessen fast durchweg des Terminus *Fetalisation* oder *Fetalisierung*. (Der Ausdruck »Neotenie« taucht zwar im zweiten Teil der Abhandlung auf, scheint aber ein Einschub von fremder Hand, denn Bolk bemerkt eingangs, den Ursprung des Menschen auf der Basis eines Evolutionsprinzips erklären zu wollen, das bis dahin in der Biologie noch keine Anwendung gefunden hat.)
Bolk zählt eine Anzahl von Merkmalen auf, die nur vom Menschen im Erwachsenenstadium beibehalten werden, während sie sich bei den übrigen Primaten auf den Embryonalzustand beschränken, so unter anderem Orthognathie, Haarlosigkeit, die Form des äußeren Ohrs, die zentrale Lage des Hinterhauptsloches (Foramen magnum), die (durch die langsame Schließung der embryonalen Schädelnähte ermöglichte) relative Größe des Gehirns und als zwei der auffallendsten Beispiele der Fetalisation, Schädelachse und Lage der weiblichen Geschlechtsöffnung. Bei Säugetierembryos, einschließlich denen der Primaten, ist die Schädelbasis dergestalt abgeknickt, daß sie mit der Wirbelsäule annähernd einen rechten Winkel bildet. Doch während sich diese Knickung in fast allen Fällen im Laufe der weiteren Entwicklung ausgleicht, hält sie sich beim Menschen auch im Erwachsenenalter. Und noch ein weiteres fetales Merkmal am entge-

gengesetzten Körperende bleibt bei ihm erhalten: Bei Primatenembryos ist (wie Abbildung 38 A, ein linksseitiger Ausschnitt aus einem sagittalen Längsschnitt durch einen 26 Millimeter langen menschlichen Embryo, beweist), das Schwanz- oder Hinterende des Körpers nach vorn gekrümmt (siehe Pfeil). Abbildung 38 B mit der entsprechenden Körperpartie bei einem zweijährigen Mädchen zeigt dieselbe Ventralflexion, der die weibliche Vulva ihre endgültige Lage verdankt, während sich bei Pongiden die Krümmung im Laufe der Entwicklung entweder verliert oder sogar in die Gegenrichtung verkehrt, womit die Vulva in eine völlig andere Stellung gelangt (vergleiche diese Körperpartie bei einem halbwüchsigen Schimpansenweibchen, Abbildung 38 C). Wie bei so vielen anderen Körpermerkmalen behält der Mensch auch in diesem den fetalen Zustand bei, das heißt, wir verkörpern, wie Bolk anmerkt, bis zu einem gewissen Ausmaß die infantile Form unserer Stammeltern.

So viel zur Rolle der Pädomorphose bei der Evolution des Neuzeitmenschen aus seinen entfernten Vorfahren. Mag Bolk auch insgesamt zu weit gegangen sein, unser Verständnis der menschlichen Evolution hat er jedenfalls entscheidend gefördert. Beim Versuch, die Entstehung der Menschenrassen gleichfalls im Sinne seiner Ideen zu deuten (122), war er allerdings weniger erfolgreich. Denn obwohl sich seine *Fetalisations-Hypothese* durchaus auf den Ursprung einiger ethnischer Taxa anwenden läßt, verstand er sie selbst doch nicht in der rechten Weise auszuwerten, und so enthalten seine Ausführungen zu diesem Thema nur wenig Brauchbares.

In den tropischen und subtropischen Zonen der Erde leben, vielfach in abgelegenen Regionen, kleinwüchsige Menschen, bei denen es sich offenbar in vielen Fällen um die Urbevölkerung in der Folge von größeren Stämmen eroberter und beherrschter Länder handelt. Kleinwüchsigkeit bildete sich unabhängig bei verschiedenen ethnischen Taxa aus, so bekanntlich bei den Lappen, deren kleine Statur in ihrem nördlichen Lebensraum eine Ausnahmeerscheinung darstellt, oder, um einige der kleinwüchsigen Stämme der warmen Zonen aufzuführen, bei den Negritiden (den Negritos der Andamanen der Halbinsel Malakka und Indonesiens); den Weddiden (den Wedda auf Ceylon; den Kurumba und verwandten Völkerstämmen Indiens; den Senoi auf der Halbinsel Malakka; den Toala auf Celebes); den Bambutiden (afrikanischen Pygmäen) und den südafrikanischen Saniden (Buschmännern).

Da kein Grund zu der Annahme besteht, der

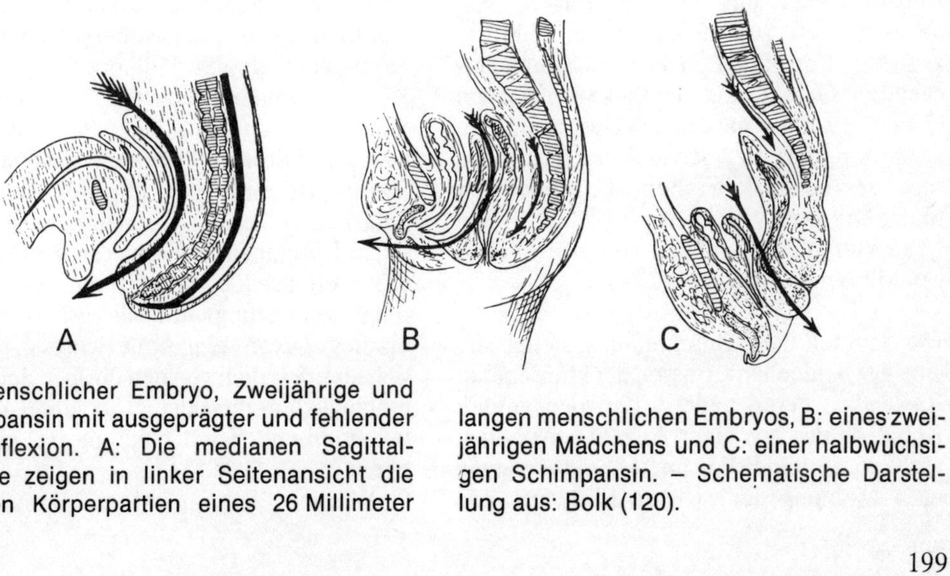

38 Menschlicher Embryo, Zweijährige und Schimpansin mit ausgeprägter und fehlender Caudalflexion. A: Die medianen Sagittalschnitte zeigen in linker Seitenansicht die hinteren Körperpartien eines 26 Millimeter langen menschlichen Embryos, B: eines zweijährigen Mädchens und C: einer halbwüchsigen Schimpansin. – Schematische Darstellung aus: Bolk (120).

Urmensch sei besonders klein gewesen, legt die bei verschiedenen menschlichen Taxa der heißen Regionen auftretende Kleinwüchsigkeit die Vermutung nahe, die Notwendigkeit, die richtige Körpertemperatur aufrechtzuerhalten, könnte sich hier auf den Evolutionsverlauf ausgewirkt haben. Bekanntlich spielt der Intellekt für die menschliche Selbsterhaltung eine erhebliche Rolle, andererseits setzen hohe Temperaturen die geistige Aktivität herab, daher könnte es in heißen Zonen zur natürlichen Zuchtwahl kleiner Menschentypen gekommen sein; nichts wäre einfacher gewesen, diese Selektion durch die Jugendform dauerhaft beizubehalten, was so lange kein Nachteil war, als im Territorium der kleinwüchsigen Eingeborenen keine größeren Menschen auftauchten. Viele kleinwüchsige Völker der tropischen und subtropischen Regionen der Erde weisen, wie sich an den Buschmännern besonders anschaulich zeigt, außer ihrer auffallend kleinen Statur noch eine Anzahl weiterer juveniler Merkmale auf, wozu allerdings anzumerken ist, daß im tropischen Regenwald Zaires und anderen Teilen der Welt Pygmäen leben, die man nicht als typisch pädomorph bezeichnen kann. Außerdem gibt es Anhaltspunkte dafür, daß bestimmte pädomorphe Merkmale schon vor der Größenreduzierung ausgebildet waren. Fossile Knochenfunde aus einem riesigen, von Transvaal bis zur afrikanischen Südküste zwischen Kapstadt und Port Elizabeth reichenden Gebiet, die deutliche Anzeichen einer Verwandtschaft zu den Buschmännern aufweisen, darunter Schädel, die nach Aussage des südafrikanischen Anthropologen M. R. Drennan eindeutig pädomorphen Charakter tragen, müssen von großwüchsigen Menschen stammen (279).

Die Saniden oder Buschmänner stellen die eine der beiden Unterrassen der khoisaniden Rasse dar, deren andere, die sogenannten Khoiden, sich aus einer Anzahl gewöhnlich als Hottentotten bezeichneter Stämme sowie nach Meinung der meisten Fachleute den Korana zusammensetzt (die manche allerdings lieber zu den Buschmännern zählen möchten, 1060). Gewisse europid-khoide Mischtaxa hinwiederum, darunter die Griqua, sollten wohl am besten zu den Khoiden gerechnet werden.

Die Khoiden unterscheiden sich von den Saniden in verschiedener Hinsicht, so insbesondere durch den größeren Wuchs, den längeren und höheren Kopf und das in der zygomatischen Region ausgesprochen breite Gesicht, das mit seinem spitz zulaufenden Kinn in der Frontalansicht an ein Dreieck erinnert. Sie sind mit ziemlicher Sicherheit selbst ein Mischtaxon sanid-negriden (kaffriden) Ursprungs, und da die Kaffriden einen äthiopiden Einschlag aufweisen, macht sich dieser naturgemäß auch bei ihnen bemerkbar. (Daneben dürften sich die Saniden zur Zeit ihrer weiteren Verbreitung allerdings auch unmittelbar mit den Äthiopiden vermischt haben.)

Im Gegensatz zu den seit alters Viehzucht treibenden Khoiden stammt das Sammlervolk der Saniden offenbar von keiner hybriden Form ab, auch wenn sich einige seiner Stämme mit Negriden oder Khoiden vermischt haben. Ihren Artefakten und Felsmalereien, aber auch den Ortsnamen und Skelettfunden nach zu schließen, waren die Saniden ursprünglich über weite Teile Südafrikas vom Sambesi bis zur Südspitze des Kontinents verbreitet, wobei sich ein von den Holländern als »Strandlooper« (die an der Küste Umherstreifenden) bezeichneter Stamm an das Küstenleben in Kapnähe anpaßte. Dieser mittlerweile ausgestorbene Stamm ist zwar von etlichen Fachleuten aufgrund seines im Vergleich zu den typischen Buschmännern höheren Wuchses, der größeren Schädelkapazität und der ausgeprägteren Orthognathie als gesondertes ethnisches Taxon eingestuft worden, scheint sich aber letztlich von den übrigen doch nicht hinlänglich unterschieden zu haben, um eine taxonomische Sonderstellung zu rechtfertigen.

G. W. Stow hat in seinem umfassenden

Werk *The native races of South Africa* (1016) die traurige Geschichte vom Übergriff stärkerer Eindringlinge auf die traditionellen Jagdgründe der Buschmänner in den fruchtbaren Regionen Afrikas sehr ausführlich erzählt. Als erste tauchten, vermutlich Anfang des 17. Jahrhunderts, die Hottentotten auf, die an der Westküste des Kontinents südwärts zogen, die Buschmänner jedoch, wie die Bezeichnung »San« (Eingeborene) zeigt, als rechtmäßige Eigentümer des Landes anerkannten (103). Da diese jedoch in Unkenntnis von Viehzucht und Herdenhaltung auf die Rinder der Hottentotten Jagd machten, kam es unweigerlich zu kriegerischen Zusammenstößen und zur Dezimierung der endemischen Stämme. In den Hauptperioden der negriden Südexpansion, insbesondere gegen Ende des 18. Jahrhunderts, fielen die Invasoren dann von Norden und Osten ins Land der Buschmänner ein, während die Holländer und später die Briten von Süden herandrängten, bis der jämmerlich geschrumpften (mittlerweile nicht mehr als 53 000 Köpfe zählenden) Urbevölkerung lediglich noch die unzugänglicheren Regionen blieben (1060).

Heute leben die Buschmänner hauptsächlich im Nordosten Südwestafrikas, dem angrenzenden Teil Südangolas und dem nördlichen und zentralen Bereich der Kalahari (936), manche allerdings auch noch im Süden, sogar jenseits des Oranje (1060). Von isolierten Splittergruppen abgesehen, endet das Verbreitungsgebiet dieser Unterrasse im Osten im Bereich des Südabschnitts der Grenze zwischen Botswana und Rhodesien.

Der Rest dieses Kapitels soll nahezu ausschließlich den im ersten Abschnitt aufgeworfenen Fragen, nämlich den anatomischen Besonderheiten der Saniden und den Anhaltspunkten für ihre Pädomorphose, gewidmet sein. Da die Anatomie dieser kleinwüchsigen Menschen besonders interessant ist, wollen wir die bemerkenswertesten Fakten in einer möglichst auch für den biologisch-anthropologischen Laien faßlichen Form bringen. Das ist insofern kein allzu kompliziertes Unterfangen, als sich viele der wichtigsten Körpermerkmale der Saniden auch ohne größere anatomische Vorkenntnisse beschreiben lassen (wobei wir gelegentlich in Klammern einen Hinweis für den Fachmann anfügen wollen).

Ziel dieses Kapitels ist es, einen allgemeinen Überblick über die biologische Anthropologie der Saniden zu geben, und so werden wir auf die gesonderte Behandlung der einzelnen Stämme oder »Lokalformen« dieser Unterrasse verzichten (deren anatomische Unterschiede der Buschmann-Experte Tobias ausführlich beschrieben hat, 1060).

Da wir hier vor allem ein menschliches Taxon vorstellen, das sich in seinen physischen Merkmalen auffallend von den Europiden abhebt, sei eingangs noch einmal auf die untergeordnete Rolle der Hautfarbe verwiesen, die gerade bei den Buschmännern wohl kaum als taxonomisch relevantes Unterscheidungsmerkmal gelten kann. Ihre Haut ist nämlich nur etwas dunkler als die der Mediterraniden Südeuropas und heller als die vieler aus Asien oder Afrika stammender Europider, genauer gesagt, fahlbraun, normalerweise mit einem leichten Gelbeinschlag, der sich gelegentlich auch etwas vertiefen kann (936).

Wie Virchow bereits 1886 hervorhob, zeigen die Buschmänner kaum affenähnliche Strukturmerkmale. »Viel mehr, als die Vergleichung mit Thieren«, so schreibt er, »drängt sich uns die *Vergleichung mit jüngeren Entwickelungszuständen des Menschen auf*« (1101) und benennt eine Anzahl von Merkmalen, die wir heute als pädomorph bezeichnen würden, allen voran den kleinen Wuchs: Die Männer sind in der Regel nur 140–144 Zentimeter groß, die Frauen, falls überhaupt, kaum kleiner (nach Ansicht von Fritsch übertreffen sie die Männer sogar an Größe, 366). Im nördlichen Teil ihres Verbreitungsgebietes scheinen die Buchmänner allerdings größer (936): In Angola sollen die meisten circa 152–159 Zentimeter erreichen, und unter den südwestafrikanischen

Kun fand sich sogar ein 171 Zentimeter großer Mann (956). Dennoch liegt selbst bei diesem Stamm das Durchschnittsgewicht männlicher Erwachsener bei nur 40,4 Kilogramm. Wir haben es jedenfalls mit einem außerordentlich kleinen Volk zu tun, bei dem Größen über 150 Zentimeter nach Meinung von Pöch, einem der hervorragendsten Buschmann-Experten, auf eine Mischung mit Negriden oder Khoiden zurückgehen (849).
Die außerordentliche Zierlichkeit von Händen und Füßen, die bereits frühen Beobachtern auffiel und als infantiles Merkmal (1101) gewertet wurde, steht in starkem Kontrast zu den Negriden (349). Da zu den kleinen Händen noch kurze Oberarme kommen, erscheinen die oberen Extremitäten sehr kurz – nach Ansicht mancher kürzer als bei irgendeinem anderen Taxon der Menschheit (281). Und auch die Beine sind im Verhältnis zum Rumpf kurz, was gleichfalls als infantiler Zug gilt (302), die Waden sind jedoch im Gegensatz zu denen der Negriden voll entwickelt.

Da das Unterhautfettgewebe nur sehr dünn ist (849), zeigt die Haut, besonders bei älteren Personen, aber nicht nur bei ihnen, eine starke Verfältelungstendenz, die sich zwar durch gute Ernährung bis zu einem gewissen Grad reduzieren (706), aber insofern wohl kaum primär auf Unterernährung zurückführen läßt, als Buschmänner fast durchweg an bestimmten Körperstellen teilweise ganz enorme Fettpolster ansetzen (Seite 211–212).

Das schwarze, dichtkrause (von Pruner-Bey als extrem *crépue* bezeichnete) Kopfhaar (862) ist fein, das einzelne Haar im Querschnitt annähernd elliptisch, wobei die kleinere Achse in der Regel nicht ganz die Hälfte der größeren beträgt (293). Es ist insgesamt äußerst kurz (glattgezogen können manche Haare zwar bis zu 15 Zentimeter erreichen (349), doch sind sie im Naturzustand in dichten Spiralen gekräuselt und in Büscheln angeordnet, zwischen denen vielfach die Kopfhaut durchscheint (Abbildung 40 C, Seite 205), was jedoch nicht, wie Flower und

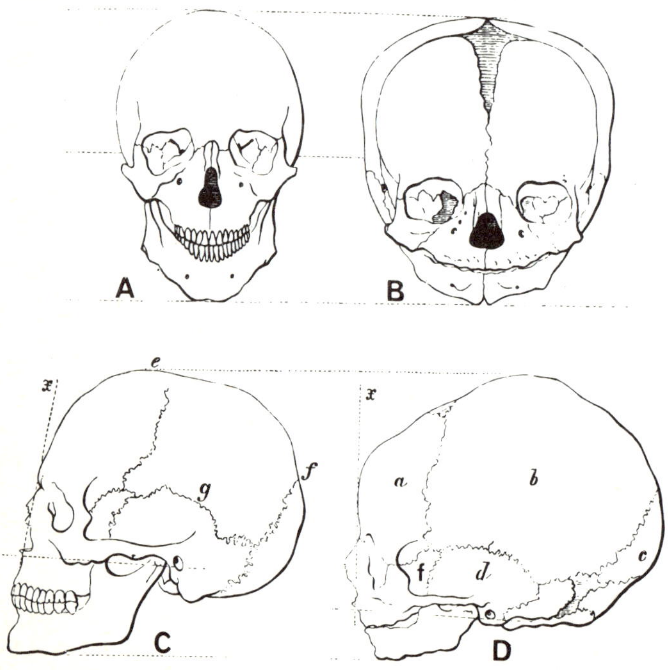

39 Vergleich zwischen dem Schädel eines europiden Erwachsenen und dem eines Kindes.
A, B: Erwachsenen- und Kinderschädel in Frontalansicht; C, D: dasselbe von der Seite; x: Campers Gesichtslinie. – Aus: Langer (628).

Murie schon 1867 feststellten (349) und Wolff nahezu zwanzig Jahre später erneut konstatierte (1148), auf einen Mangel an Haarwurzeln zurückgeht: Diese finden sich vielmehr an den kahlen Stellen in ebenso großer Zahl wie unter den Büscheln. Die Follikel sind gekrümmt, so daß die Haare schräg aus der Kopfhaut wachsen und sich von selbst zu Büscheln zusammendrehen. Die einzelne Haarspirale hat einen Radius von nur circa 0,8–1,5 Millimeter und ist so straff aufgedreht, daß die Büschel vielfach nicht über 15 Millimeter messen (706), obgleich Flower und Murie (349) in der Scheitelregion, wo das Haar am längsten wird, auch einige zwischen 25 und 51 Millimeter entdeckten. Teilt man ein Büschel künstlich auf, kringelt es sich vielfach von selbst zu zwei oder mehr neuen zusammen (1148).

Die Gesichtsbehaarung (1100, 1102, 706, 936) der Männer ist, wie auch Achsel- und Schamhaar bei beiden Geschlechtern (349, 1101, 849), nur sehr schwach entwickelt, Merkmale, die gleichfalls als infantil angesehen werden. Soweit Achselhaare vorhanden, sind sie spiralig gedreht (349, 1101).

Infolge des kurzen Kopfhaars und der spärlichen Gesichtsbehaarung der Männer sind die allgemeinen Umrisse des Schädels deutlich erkennbar. Er soll, ehe wir uns den oberflächlicheren Merkmalen des Kopfes am lebenden Subjekt zuwenden, als erster beschrieben werden.

Wie Drennan feststellte, liefert »die in anatomischen Lehrbüchern gegebene Beschreibung des kindlichen Menschenschädels einen guten Überblick über die hervorstechenden Merkmale des Buschmannschädels« (279). Der Leser braucht in der Tat nur die auf Abbildung 39 dargestellten Schädel eines europäischen Kindes und Mannes miteinander zu vergleichen, um die im folgenden benannten pädomorphen Merkmale bestätigt zu finden.

Eines dieser pädomorphen Merkmale der Saniden ist, daß sich ein nicht identifizierter Schädel nur sehr schwer dem einen oder anderen Geschlecht zuordnen läßt, da die zuverlässig bestimmten Exemplare nicht ausreichen, um irgendwelche endgültige Aussagen über die jeweilige Schädelkapazität bei männlichen und weiblichen Vertretern der Unterrasse zu machen. Zwar legt die von Martin aufgestellte Statistik eine größere Schädelkapazität bei Männern und eine ausgeprägtere Kurz- und Breitschädligkeit bei Frauen nahe, doch mögen manche Schädel nicht zuletzt ihrer geringeren Größe wegen als weiblich eingestuft worden sein. Am besten begnügt man sich also wohl mit der bloßen Feststellung, daß die überwiegende Mehrzahl der erwachsenen Saniden nur kleine Schädel mit einer Kapazität zwischen 1,250 Milliliter und 1,330 Milliliter aufweist (1072, 964, 849, 706, 281). Das ist im Vergleich zu den meisten Mongoliden-, Europiden- und Negridenschädeln, nicht aber im Verhältnis zur Körpergröße der Buschmänner ein geringer Wert, ja, ihre Durchschnittskapazität kommt sogar in etwa der der wesentlich größeren männlichen Australiden gleich.

Die Stirn ist ziemlich breit, doch sind die weit hinten am Scheitelbein gelegenen Scheitelhöcker so kräftig ausgebildet, daß die hintere Schädelpartie dadurch wesentlich stärker ausladt. Von oben gesehen wirken die Seiten zwischen Scheitelhöckern und Schädelvorderseite flach und ergeben, da sie nach vorn zusammenlaufen, einen keilförmigen (sphenoidalen) Umriß. Auch hinter den Höckern erscheinen die zum Hinterhaupt hin konvergierenden Seiten abgeflacht (die Naturgeschichtliche Abteilung des Britischen Museums besitzt mit der Nr. Af. 63.420 ein besonders gutes Beispiel für einen Sanidenschädel dieses Typs, 49). Andere Sanidenschädel wirken in der Draufsicht hinter den Höckern gerundet. Die als infantiles Merkmal eingestufte starke seitliche Ausladung der Scheitelhöcker ergibt einen Schädelindex von circa 74–76, der den Buschmannschädel in den Bereich zwischen dolicho- und mesokran verweist (1072, 1101, 964), während ausgesprochen dolichokrane Schädel vermutlich von sanid-negriden oder sanidkhoiden Mischlingen stammen dürften (849). Infolge der hochsitzenden Scheitelhöcker erscheint der Schädel im hinteren oberen Teil ziemlich abgeflacht.

Durch das steil aufragende Stirnbein entsteht eine nahezu senkrechte Stirn mit nur schwach entwickelten Brauenwülsten – infantile Merkmale (vergleiche Abbildung 39 D und C), die auch am lebenden Subjekt deutlich hervortreten (Abbildung 40).

Da die Backenknochen (Jochbeine) seitlich stark ausladen, mutet das Gesicht breit, und da sie weit vorstehen, um sich zur Nase hin dann scharf abzuwinkeln, erstaunlich flach an – ein Eindruck, der durch die kaum vorspringende und laut Virchow (1101) wie zusammengedrückt wirkende Nase noch verstärkt wird (siehe Abbildung 40 C und 41 A, vor allem den zweiten von links). Die Nasenwurzel ist ungewöhnlich flach, so daß in der Profilansicht des Schädels an dieser Stelle kaum ein Nasenbein in Erscheinung tritt. Zusammen mit den häufig zusammengewachsenen Nasenbeinen ist es eines der wenigen pongiden Merkmale der Saniden.

Die Weichnase mit ihren plattgedrückten Nasenlöchern ist, wie schon der bei Schädelmessungen ermittelte Nasenindex zeigt, sehr breit (Abbildung 40 B). Somit fallen die Saniden nicht nur in die Kategorie der (im Verhältnis zur Nasenlänge) extrem Breitnasigen (Hyperchamaerrhinen), sondern werden in dieser Hinsicht, soweit bekannt, von keiner anderen Menschheitsgruppe außer der Gruppe der Khoiden und den weiblichen Angehörigen des Fan-Stammes *(Pan 3)* und auch von diesen nur unerheblich übertroffen (708). Allerdings sind sich die Experten nicht ganz schlüssig, ob die ungewöhnliche Breitnasigkeit in diesem besonderen Fall als pädomorphes oder als primitives Merkmal zu werten ist, doch scheint, da die Saniden sonst kaum Anhaltspunkte für anatomische Primitivität aufweisen, die erstgenannte Möglichkeit die wahrscheinlichere. (Zur Breite der Apertura pyriformis vergleiche den europäischen Kinder- und Erwachsenenschädel, Abbildung 39 B und A.)

Das Gesicht ist insgesamt orthognath oder annähernd orthognath (628, 964, 849), etwaige Tendenzen zur Prognathie beschränken sich ausschließlich auf den Bezirk unterhalb der Nase (293, 849). Zwar finden sich in der Literatur gelegentlich Anspielungen auf Schnauzigkeit *(»museau«)*, und David Livingstone äußerte gar die erstaunliche Ansicht, Buschmänner glichen bis zu einem gewissen Grad Pavianen (676), aber diese Behauptungen sind insofern nachweislich falsch, als bei der Tierschnauze sowohl Mund *als auch Nase*, bei den Buschmännern jedoch nur die Partie unterhalb der Nase vorsteht. Alles in allem ist die Orthognathie ein pädomorphes Merkmal, das sich außer bei den Saniden noch bei vielen anderen ethnischen Taxa der Menschheit findet (vergleiche Abbildung 39 D).

Der obere Teil des Gesichtsskeletts vom Mund bis zur Nasenwurzel (Prosthion bis Nasion) zeigt im Verhältnis zur Schädelbreite in der Jochbeingegend nur eine geringe Höhe – gleichfalls ein hervorstechendes Merkmal des Kinderschädels (vergleiche Abbildung 39 B und A).

Der Unterkiefer ist zart, jedoch an seiner Verbindungsstelle mit dem restlichen Schädel breit, das Kinn springt kaum vor, es ist sogar fliehend – ein entweder infantiler (vergleiche Abbildung 39 D) oder primitiver Zug der Saniden.

Die (auf Abbildung 40 B äußerst charakteristisch dargestellten) Lippen im engeren Sinn, also die Übergangszone zwischen Gesichtshaut und Mundschleimhaut, sind nicht viel dicker als bei vielen Europiden, geschweige denn wulstig wie bei den Negriden. Da Oberwie Unterlippe vorstehen, kommt eine Art Schmollmund zustande (Abbildung 40 A und 42 A), was zweifellos zur irrigen Vorstellung einer »Schnauze« geführt hat. Auch die Tendenz zur Subnasalprognathie spielt in diesem Zusammenhang eine Rolle.

In vielerlei Hinsicht bemerkenswert sind auch die Augen. Sie stehen wie bei Kindern weit auseinander (siehe Abbildung 39 B und 40 B) und weisen ein so dickes Oberlidpol-

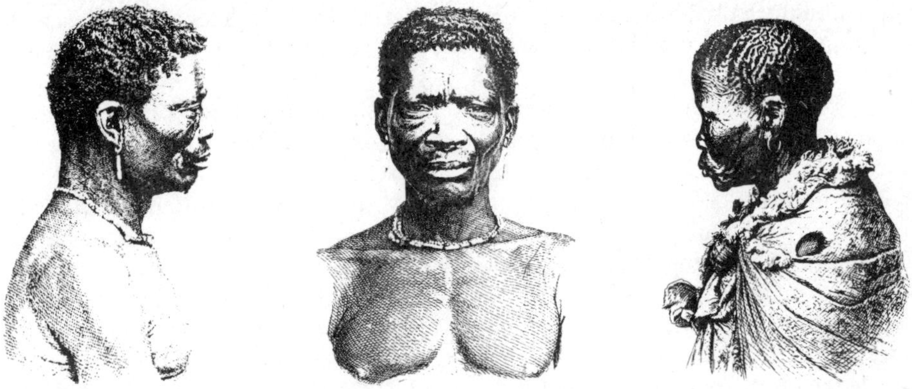

40 A, B: männliche Saniden und C: ältere Angehörige desselben Taxons. – Aus: Fritsch (366).

41 A: Buschmänner und B: Buschmannfrauen mit C: einem charakteristischen Beispiel sanider Felsmalerei. Die auf Abbildung B deutlich erkennbaren, herabhängenden Labia minora (kleinen Schamlippen) erscheinen auf der phantasiereichen Darstellung C enorm verlängert. – A und B aus: Seiner und Staudinger (956), C aus: Summers (1025).

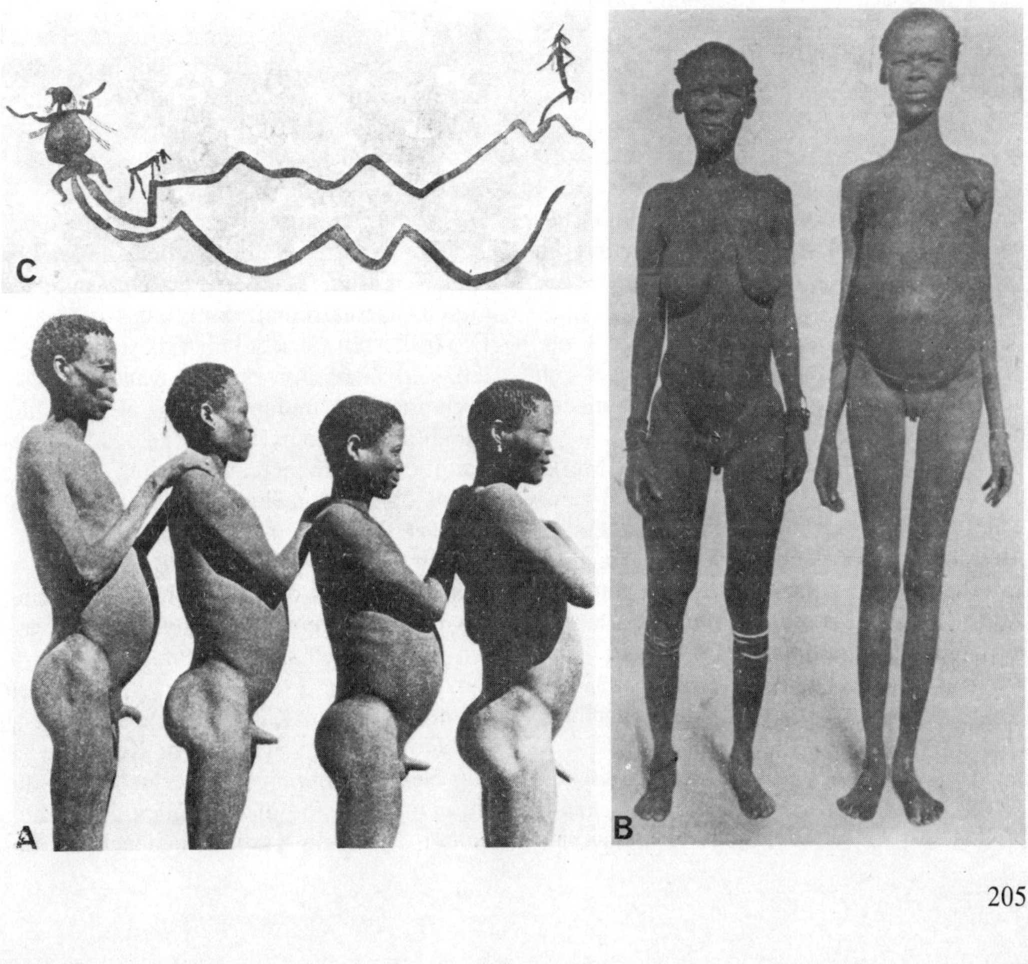

ster auf, daß unterhalb der Braue kaum eine Einbuchtung auftritt. Das Lid zeigt gewöhnlich eine horizontale Deckfalte, die sich innen zur Nase und außen zur Backe hinzieht – eine (abgesehen vom Oberlidpolster) auch bei Europiden vorgerückteren Alters (206) ziemlich verbreitete, bei den Saniden jedoch von Jugend an vorhandene und vielfach als Mongolenfalte (Abbildung 21 B und C, Seite 149) mißdeutete Eigenheit. In Wirklichkeit jedoch handelt es sich, wie Aichel, der eine detaillierte Studie über die Oberlidfalten verschiedener ethnischer Taxa durchführte, hervorhebt, um eine völlig andersartige, von ihm im Gegensatz zur Mongolenfalte als »der seitliche Deckfaltenüberhang« bezeichnete Erscheinung (12). Während die Mongolenfalte eine sehr scharf abgegrenzte Falte zwischen zwei aneinanderstoßenden Hautschichten darstellt, ist der Deckfaltenüberhang (wie schon der Terminus *Überhang* andeutet), eher amorph. Außerdem zieht sich die Mongolenfalte an der Nasenseite nach unten und bedeckt häufig den Kanthus oder inneren Augenwinkel, was bei der nahezu waagrecht verlaufenden Umschlagskante der Deckfalte beziehungsweise dem Lidplattenanteil des Buschmannoberlids niemals der Fall ist (849, 706). Und im Gegensatz zum Mongolidenauge ist der äußere oder laterale Teil der Falte nicht nach oben gerichtet (wodurch der Eindruck der Schlitzäugigkeit entsteht), sondern zieht sich gerade nach außen oder, wie bei manchen älteren Europiden, nach unten.

Ein weiteres sehr charakteristisches Merkmal des Sanidenauges sind die nahezu geraden, parallel verlaufenden und eng aneinanderstoßenden Lidränder, die den Augapfel nur durch eine schmale Lidspalte hindurch sichtbar werden lassen (Abbildung 41 B). Die Wimpern des Oberlids sind sehr kurz, die des Unterlids kaum wahrnehmbar (349). Die dunkelbraune Iris (1101) ist manchmal gesprenkelt.

Während das äußere Ohr dem biologischen Anthropologen in der Regel kaum brauchbare Unterscheidungsmerkmale liefert, stellen die Saniden in dieser Hinsicht eine Ausnahme dar, denn sie unterscheiden sich in punkto Ohren nicht nur von den Angehörigen anderer Rassen, sondern sogar von den Khoiden. Diese Besonderheit hebt Luschan nachdrücklich hervor: Im Gegensatz zu den Hottentotten, die äußere Ohren europäischen Typs aufweisen, hatten »alle Buschmänner, die ich gesehen, ohne eine einzige Ausnahme völlig andere Ohren« (684). In seiner typischsten Ausformung weist das Buschmannohr folgenden Bau auf (1102, 842): eine kleine Muschel (Auricula oder Pinna) ohne die Spur eines Läppchens, das Unterende zieht sich einfach nach vorn und geht in die Wange über, wodurch gelegentlich der Eindruck entsteht, das Ohr sitze schief am Kopf (siehe Abbildung 41 A, zweiter von links). Der obere Rand verläuft vom Ansatz oft nahezu waagrecht nach hinten (siehe Abbildung 40 A und C), die nach außen umgebogene Ohrleiste (Helix) ist oben breit, verjüngt sich aber nach unten hin rasch, der Tragus ist klein oder kaum wahrnehmbar (360). (Abbildung 40 A und 41 A; vergleiche Abbildung 27 A, *trs.*)

Die zweifellos sonderbarsten Merkmale der saniden Anatomie aber stellen die weiblichen äußeren Genitalien und sekundären Geschlechtsmerkmale dar.

Die frühesten Berichte über diese Eigenheiten sind nicht nur ziemlich vage, sondern auch insofern undurchsichtig, als man die Buschmänner damals noch vielfach als Hottentotten bezeichnete, und daher oft unklar bleibt, ob nun von Saniden oder Khoiden die Rede ist. In unserem Zusammenhang ist dies allerdings nicht weiter von Belang, da die Besonderheiten der weiblichen Anatomie, um die es hier geht, bei den beiden Unterrassen sehr ähnlich sind. Jedenfalls aber dürften, da in der Frühzeit der europäischen Kolonisation am Kap der Guten Hoffnung die Hottentotten viel engere Kontakte zu den Neuankömmlingen unterhielten als die Buschmänner, die im folgenden erwähnten Fakten zuerst an Khoiden beobachtet worden sein, wobei anfangs eine gewisse Scheu, das Thema öffentlich abzuhandeln, unverkennbar ist. So bemerkt etwa Dapper in seiner 1668 auf Holländisch veröffentlichten Schrift über die Hottentottenfrauen zaghaft: »Die Auskleidung des Körpers scheint so lose zu sein, daß an bestimmten Stellen ein Teil davon heraushängt« (246).

Viele nachfolgende Berichte waren dann ausgesprochen irreführend, und so ist es um so bemerkenswerter, daß ein Arzt der Holländisch-Ostindischen Kompanie, Wilhelm ten Rhyne, 1686, also nur 18 Jahre nach Dapper, in einem auf Lateinisch verfaßten Buch eine sehr genaue Beschreibung lieferte. Da die geschilderten Frauen zu einer Gruppe von Viehhändlern gehörten, handelte es sich wohl um Hottentotten- und nicht um Buschmannfrauen. »Sie haben«, schrieb ten Rhyne, »gegenüber anderen Rassen die Eigentümlichkeit an sich, daß die meisten fingerförmige, stets zweigeteilte Anhängsel besitzen, welche von den Geschlechtsteilen herabhängen – ganz offensichtlich Nymphae« (ein anderes Wort für die Labia minora) (900). Rhynes Informant, ein Chirurg aus seinem Bekanntenkreis, hatte kurz zuvor eine erwürgte Hottentottin seziert.

Merkwürdigerweise jedoch geriet dieser korrekte, bald darauf auch auf englisch (901) veröffentlichte Bericht zeitweise wieder in Vergessenheit. Dagegen wurde die 1708 publizierte, völlig abwegige Beschreibung von François Leguat als zutreffend akzeptiert. Er brachte nach der Aufhebung des Edikts von Nantes eine Gruppe protestantischer französischer Emigranten nach Übersee und mußte auf der Rückreise von Mauritius nach Europa in Kapstadt zwischenlanden, wo ihm die Kunde von den Besonderheiten der Hottentottenfrauen zu Ohren kam. Leguat erwähnt ihre Bekleidung und erklärt dann: »Sie bedürften ihrer nicht, um das zu bedecken, was durch falbelgleich *(Falbala)* vom oberen Teil herabhängende Hautlappen hinlänglich vor den Blicken der Passanten verborgen wird. Verschiedene Leute erzählten mir, sie hätten, von Neugierde getrieben, diese Schleier zu sehen begehrt und sie für ein Stück Tabak ausgiebig betrachten können« (648). Auf einer dem Leguatschen Bericht beigefügten, reichlich gröblichen Darstellung sieht man denn auch eine Hottentottenfrau mit einer vom Unterleib herabhängenden, die äußeren Genitalien bedeckenden halbkreisförmigen Hautfalte.

Obgleich Leguat selbst diesen Ausdruck nicht gebrauchte, weckte seine Beschreibung und erst recht die zugehörige Illustration die Vorstellung eines »tablier«, einer vom Unterleib herabhängenden Hautschürze. Dieser Begriff hat sich bis heute gehalten und eine Zeitlang die Phantasie ungemein beschäftigt. Kapitän James Cook (damals noch Leutnant) beispielsweise nutzte auf der Heimreise von seiner ersten Weltumsegelung 1771 die Zwischenlandung in Kapstadt zur Klärung der »großen Frage der Naturhistoriker, ob die Weiber dieses Landes nun jenen als *Sinus pudoris* bezeichneten Fleischlappen oder Schurz besitzen oder nicht«. Ein einheimischer Arzt erklärte ihm daraufhin, er habe viele Hunderte von Hottentottenfrauen untersucht, jedoch »noch keine ohne zwei fleischige oder vielmehr hautige Anhängsel gesehen, die vom oberen Teil der Labia ausgingen und entfernt an die Zitzen einer Kuh erinnerten, jedoch flach seien; sie hingen, so sagte er, vor dem *Pudendum* herab und zeigten bei verschiedenen Subjekten eine unterschiedliche Länge, bei manchen nicht mehr als einen halben Zoll, bei anderen hingegen drei oder vier« (223). Dieser Cooksche Passus gelangte auch Blumenbach zur Kenntnis und veranlaßte ihn in der ersten Auflage seines großen Werkes *De generis humani varietate nativa liber* zur Unterbewertung besagter Eigenart der Khoisanidenfrauen: »Nach dem neuesten Zeugnis von Reisenden müssen wir das kutane *ventrale* der Hottentottenweiber in dieselbe Kategorie verweisen wie den menschlichen Schwanz, nämlich ins Reich der Märchen« (106). Und in einer Fußnote fügte er an: »Offenbar ließen sich die früheren Beobachter durch die herabhängenden Labia irreführen.«

Die erste gründliche Untersuchung der äußeren Genitalien von Khoisanidenfrauen fand beiläufig im Zuge einer Expedition statt, die 1800 auf Anregung des Institut de France von der französischen Regierung zu naturwissenschaftlichen Beobachtungen nach Australien und Tasmanien entsandt wurde. Wohl nur wenige Unternehmungen dieser Art standen unter einem so ungünstigen Stern (653). Viele Matrosen und Wissenschaftler setzten sich vorzeitig wieder ab, darüber hinaus kam es zu Änderungen der Route infolge heftiger Stürme, zur Dezimierung der Mannschaft durch Krankheit und zur Beschlagnahmung eines Schiffes durch die Engländer. Nur zwei der ursprünglich beteiligten Zoologen, Péron und Lesueur, hielten bis zum Ende der Forschungsreise durch und nutzten auf der Heimfahrt nach Frankreich die Zwischenlandung in Kapstadt dazu, die Anatomie der Buschmannfrauen zu studieren.

Doch selbst nach der Rückkehr in die Heimat sollte die Pechsträhne anhalten. Obwohl die beiden Zoologen einen ausführlichen, von Lesueur mit vortrefflichen kolorierten

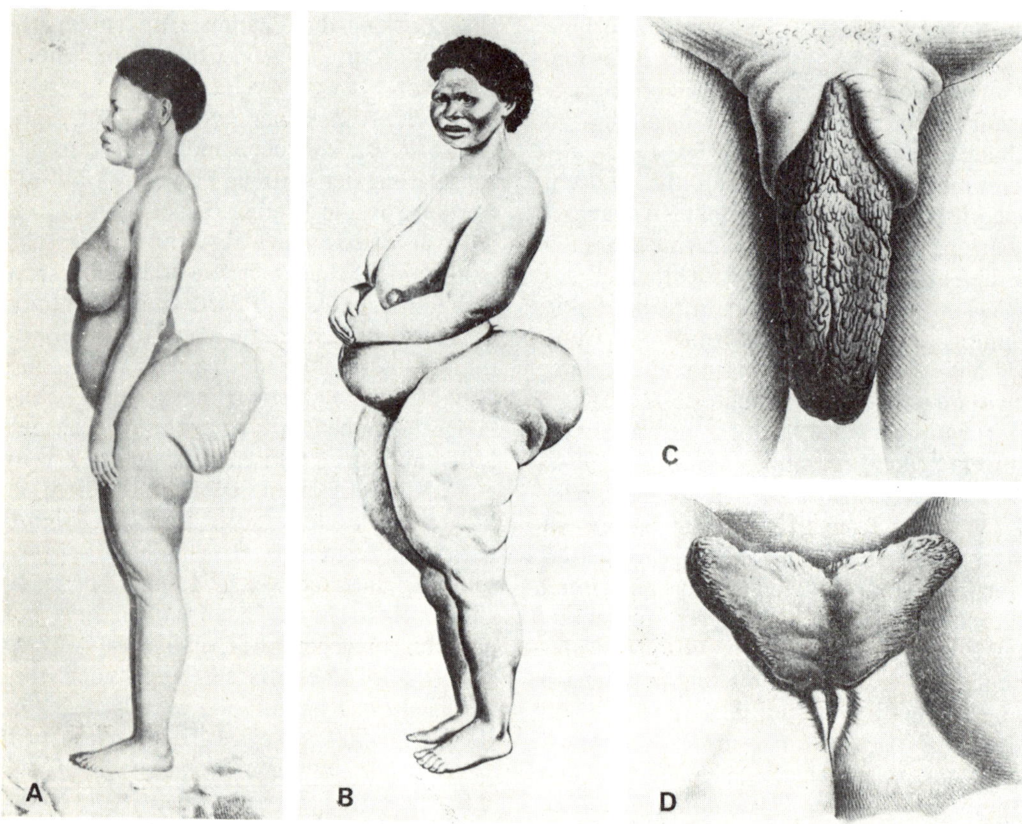

42 Anatomie der Khoisanidenfrauen. A: Buschmannfrau (die berühmte »Hottentottenvenus«); B: Koranafrau; C: äußere Genitalien einer aufrecht stehenden Buschmannfrau und D: dasselbe in Rückenlage mit auseinandergeschlagenen kleinen Schamlippen. – A aus: Cuvier (241); B aus: Friedenthal (359); C und D Wiedergaben nach den von Blanchard (103) veröffentlichten farbigen Stichen Lesueurs (die Blanchard allerdings fälschlich einer Hottentottin zuschrieb.)

Stichen (von denen hier zwei in schwarzweiß als Abbildung 42 C und D wiedergegeben sind) illustrierten Bericht über die äußere Anatomie der Buschmannfrauen zusammenstellten, den Péron 1805 bei einer Zusammenkunft des Instituts verlas, und obgleich Cuvier und Labillardière die Publikation befürworteten, setzte man sich aus unerfindlichen Gründen über das Urteil dieser renommierten Fachleute hinweg (103), vielleicht, weil es unglaubhaft schien, daß von der Vulva ein insgesamt 8 ½ Zentimeter langes, 4 Zentimeter weit herabhängendes und entfernt an einen Penis erinnerndes Objekt ausgehen sollte (in Wirklichkeit die beiden ungeheuer verlängerten, wie ein ungeteiltes Organ wirkenden Labia minora, die ausgebreitet allerdings, wie Abbildung 42 D zeigt, ein völlig anderes Aussehen aufweisen). Möglich auch, daß man Pérons und Lesueurs Bericht für unkorrekt oder übertrieben hielt und annahm, sie hätten Abnormitäten als normal hingestellt, oder aber das Thema überhaupt als unschicklich empfand. In Wahrheit jedoch irrten die beiden Wissenschaftler nur insofern, als sie Europäern den »*tablier*« schlichtweg absprachen und ihn nur Buschmann-, nicht aber Hottentottenfrauen zubilligten. 78 Jahre vergingen, bis ihre hochinteressante Abhandlung schließlich 1883 veröffentlicht wurde (835). Ein ganz ähnliches, sogar noch schlimmeres Schicksal ereilte den größten Teil der bei der Expedition geleisteten wissenschaftlichen Arbeit.

Unterdessen war jedoch die Beschäftigung mit dem Phänomen keineswegs erlahmt, waren doch inzwischen Saniden in Europa aufgetaucht und hatten sich von den Anatomen untersuchen lassen. Als im Jahre 1804 die im nördlichen Teil der Kapkolonie ansässigen Buschmänner von einer großen Hungersnot heimgesucht wurden, bat einer von ihnen den ihm persönlich bekannten Gouverneur, für seinen etwa zehnjährigen Sohn zu sorgen. Der Junge kam daraufhin zunächst nach Kapstadt und später nach Paris, wo er von Georges Cuvier untersucht wurde. Unter ähnlichen Umständen gelangte auch ein etwa gleichaltriges Sanidenmädchen nach Kapstadt. Nachdem sie einige Jahre dort gelebt, einen Neger geheiratet und zwei Kinder zur Welt gebracht hatte, ließ sie sich von einem Engländer, der ihr ein großes Vermögen in Aussicht stellte, dazu überreden, ihr Glück in Europa zu suchen. Sie reiste 1814 als etwa Sechsundzwanzigjährige nach Paris, wo sie jedoch brutal an einen Tierbändiger abgeschoben wurde, der sie unter der irreführenden Bezeichnung »*La Vénus hottentote*« zur Schau stellte. Im darauffolgenden Frühjahr hatte sie die »Liebenswürdigkeit«, vor Georges Cuvier ihre Hüllen fallen und sich bei dieser Gelegenheit nackt in Vorder- und Seitenansicht porträtieren zu lassen. Ganz offensichtlich jedoch steckte sie nach Buschmannfrauenart die Labia minora in die Vagina, so daß der berühmte Anatom sie bei dieser Gelegenheit nicht zu sehen bekam (288) und sie auch auf den Darstellungen nicht auftauchen. Nachdem sie auch weiterhin allen Schaulustigen ihr ungeheures Gesäß und ihre anderen physischen Besonderheiten (mit Ausnahme des *tablier*) gezeigt hatte, starb sie gegen Jahresende und wurde von Cuvier seziert, der 1817 einen Vortrag über ihre Anatomie hielt und dabei auch ihre präparierten äußeren Genitalien ausstellte, um jeglichen Zweifel an ihrer wahren Natur zu beheben. Cuvier bestätigte die generelle Korrektheit von Pérons und Lesueurs unveröffentlichtem Bericht, präzisierte aber, daß es sich bei dem aus der Vulva vortretenden Organ im oberen Teil um die Vorhaut der Klitoris und im übrigen um die enorm vergrößerten Labia minora handle – ein anatomisches Detail, das Rhyne bereits 131 Jahre früher in zwar sehr knapper, aber völlig zutreffender Weise gedeutet hatte. Cuviers Abhandlung wurde 1824 am Anfang der von seinem Bruder Frédéric und Geoffroy-Saint-Hilaire herausgegebenen gewaltigen *Histoire naturelle des mammifères* abgedruckt (400), und im ersten Band dieses Werkes erschienen auch die beiden neun Jahre früher gemalten Darstellungen der Buschmannfrau (Abbildung 42 A gibt die gesamte Seitenansicht in schwarzweiß wieder). In der zweiten Hälfte des 19. Jahrhunderts wurden dann die Erkenntnisse Rhynes und Cuviers durch viele neue Ermittlungen bestätigt. Manche studierten die Buschmannfrauen in ihrem natürlichen Lebensraum (1100, 366, 367), andere beschäftigten sich mit den nach Europa übergesiedelten Vertreterinnen dieses Taxons (1101, 1102), wieder andere sezierten die Leichen der hier Verstorbenen (349). Dabei erwies sich schon bald, daß der merkwürdige Bau der äußeren Genitalien bei Khoisanidenfrauen die Regel darstellt, entgegen der Annahme des angesehenen Südafrikaexperten Fritsch, der die Hypertrophie der Labia minora herabgespielt und die (irrige) Ansicht vertreten hatte, bei denen der »Hottentottenvenus« habe es sich um eine Abnormität gehandelt (366). Auch beobachtete man, daß zwar wohl die Vorhaut der Klitoris, nicht aber diese selbst vergrößert ist (349), und Virchow bemerkte, die fraglichen Organe wiesen keinerlei Ähnlichkeit mit den Genitalien von Affenweibchen auf (1101). 1883 erschien schließlich Pérons und Lesueurs Aufsatz in einer wissenschaftlichen Zeitschrift (835), gefolgt von einer wichtigen Abhandlung über die weibliche Anatomie der Khoisaniden, deren Verfasser, Blanchard, nur den einen Fehler beging, im Begleittext zu Lesueurs Stichen die dargestellten Organe als hottentottisch zu bezeichnen (103). Blanchard bemerkt, die Hypertrophie der Labia minora sei bereits im Kindesalter festzustellen, und gibt für erwachsene Khoisanidenfrauen eine Maximallänge von 20 Zentimeter an. Bei diesen Maßen (wie auch denen Vincents für Buschmannfrauen, der von maximal 18 Zentimeter spricht) dürfte es sich um die Länge der bei stehender Stellung herabhängenden Labia minora vom obersten Austrittspunkt aus der Vulva bis zum untersten Ende handeln, wobei sich Blanchards Maximalwert auf Hottentottenfrauen beziehen könnte, die teilweise besonders große Organe aufweisen (849).

In unserem Jahrhundert wurde das Wissen über die Genitalien der Buschmannfrauen dann durch die von Pöch (849), Drury (288) und de Villiers (1099) an lebenden Versuchspersonen in Südafrika durchgeführten Studien erweitert, wobei sämtliche genannten Autoren die Möglichkeit einer künstlichen Verlängerung der Labia minora verneinen. Diese treten vielmehr bereits bei kleinen Mädchen in vergrößertem Zustand aus der Vulva aus und nehmen während der Pubertätszeit noch an Größe zu. Allerdings liegt ihre Durchschnittslänge erheblich unter dem von Vincent für Buschmannfrauen angegebenen Maximum (1100), und außerdem zeigen die Organe in verschiedenen Gebieten unterschiedliche Formen. In Südwestafrika beispielsweise erscheint das einzelne Labium im ausgebreiteten Zustand flach und flügelartig verbreitert (vergleiche Abbildung 42 D), weshalb man auch von »Schmetterlingstyp« spricht, in Botswana und der südafrikanischen Kapprovinz dagegen ist die Breite reduziert und der vordere Teil verdickt, wodurch das Objekt eine gewisse Ähnlichkeit mit dem Kamm eines Truthahns erhält. Laut Drury und Drennan (288) erreicht dieser Typ im allgemeinen eine Länge von 7 ½–10, der »Schmetterlingstyp« dagegen von 3,8–6,3 Zentimeter, während de Villiers (1099) für den »Schmetterlingstyp« eine Maximallänge von 9 Zentimeter nennt. (Die in der hängenden, das heißt penisartigen Stellung abgebildeten Organe der Buschmannfrauen auf Abbildung 41 B dürften zum letztgenannten Typus gehören.)

Wie es heißt, sollen die Buschmannfrauen in früheren Zeiten den Männern bei Liebestänzen absichtlich ihre Labia minora zur Schau gestellt haben (288), und tatsächlich finden sich auf den Felsmalereien der Buschmänner viele Beispiele offenbar enorm verlängerter kleiner Schamlippen (vergleiche Abbildung 41 C). Obgleich sich die Künstler hervorragend auf die naturnahe Wiedergabe von Tieren verstanden (vergleiche Abbildung 67, Seite 380) und auch Negride und Europide leidlich ähnlich darzustellen wußten, tragen die stark stilisierten Darstellungen der männlichen und weiblichen Vertreter ihres eigenen Taxons ausgesprochen phantasievolle Züge.

Zu den auffallendsten Besonderheiten der Khoisaniden zählt auch das beim weiblichen Geschlecht enorm vergrößerte und sonderbar geformte Gesäß – ein für Buschmann-, Korana- und Hottentottenfrauen gleichermaßen charakteristisches Merkmal. Möglicherweise schießen (oder schossen) die letztgenannten den Vogel ab, doch stehen ihnen Buschmann- (Abbildung 42 A) und Koranafrauen (B) kaum nach. Zwar kommt ein übergroßes Gesäß auch bei sudaniden, äthiopiden und, wie schon die steinzeitlichen Höhlenmalereien Europas beweisen, europiden Frauen sporadisch vor, doch ist es bei diesen Völkern gerundet, während bei den Khoisanidenfrauen sein vorstehender Teil ein besonders charakteristisches, rechtwinkliges Dreieck beschreibt, dessen oberer Schenkel nahezu waagrecht verläuft, während die Hypothenuse 45° geneigt erscheint (Abbildung 42 A). Im Inneren besteht das Gesäß der Saniden- (und wahrscheinlich auch der übrigen Khoisaniden-)Frauen – im Gegensatz zum gleichfalls gewaltig vergrößerten, jedoch auf eine bloße Fettansammlung zwischen Musculus glutaeus maximus und medius zurückgehenden Hinterteil mancher westafrikanischen Wolof-Frauen (sudanide Negride) – aus Fettmassen, die zwischen kreuzweise angeordnete, allem Anschein nach regelmäßig miteinander verbundene Bindegewebsschichten eingebettet sind (511). Man hat vorgeschlagen, den Begriff »Steatopygie« (Fettsteiß) nur auf diesen speziellen, für Khoisanidenfrauen charakteristischen Gesäßtyp anzuwenden (359). Jedoch haben auch viele kaffride Frauen ein großes Gesäß, und die Ahnen der kaffriden Unterrasse weisen mit großer Wahrscheinlichkeit ebenfalls einen khoisaniden Einschlag auf, daher sollte der Terminus »Steatopygie« eigentlich auch auf sie anwendbar sein, doch scheint der anatomische Beweis noch auszustehen.

Der Grad der Steatopygie bemißt sich nach dem kürzesten Abstand zwischen dem tiefsten Punkt im Kreuz und einer rechtwinklig zur medianen Sagittalebene verlaufenden Ebene, die den hintersten Punkt des Gesäßes gerade berührt. De Villiers ermittelte im Verlauf der Untersuchungen für erwachsene Kalahari-Buschmannfrauen jüngeren Alters einen Durchschnittswert von 7,8 und ein Maximum von 11,5 Zentimeter (1099), während für die Buschmannfrauen der Kapprovinz Werte zwischen 7,5 und 15 Zentimeter angegeben werden (288). Falls die als Abbildung 42 A reproduzierte Darstellung exakt ist (woran wenig Zweifel besteht), muß sich die Steatopygie der »Hottentottenvenus« auf circa 19,3 Zentimeter belaufen haben (49).

Daß das vergrößerte Gesäß der Khoisanidenfrauen eine Fettreserve für Zeiten des Mangels darstellen sollte, erscheint insofern unwahrscheinlich, als Hottentotten, Korana und Buschmänner nicht als Völker gelten können, die sich durch natürliche Zuchtwahl ans Wüstenleben angepaßt haben. Wie George Stow, *der* Fachmann für die Geschichte der Khoisaniden, schreibt: »Solange die frühen Buschmänner noch die unangefochtenen Herrn des Landes waren, wimmelte es dort buchstäblich von Groß- und Kleinwild« (1016). Weitaus plausibler ist Darwins Annahme, das Gesäß habe sich infolge geschlechtlicher Zuchtwahl vergrößert. Er spricht vom »erstaunlich vorspringenden Hinterteil« der Hottentottinnen und erwähnt die Bewunderung der männlichen Stammesgenossen für diese Besonderheit (258). Diese Vorliebe dürfte ihn um so weniger erstaunt haben, als zur Zeit der Abfassung seines Werkes über die geschlechtliche Zuchtwahl der Cul de Paris in England Mode war, und er bestimmt wußte, daß seine Trägerinnen der Meinung huldigten, durch diese Veränderung ihres Erscheinungsbildes für das andere Geschlecht an Reiz zu gewinnen. (Allerdings müssen die Khoisanidenmänner wohl eine wesentlich konstantere Bewunderung für dieses spezielle Detail der weiblichen Anatomie an den

Tag gelegt haben, deutet doch das beachtliche Ergebnis auf eine langanhaltende Selektion hin.)

Im übrigen geht die Steatopygie häufig mit Fettansatz an den Hüften *(Steatomerie)* Hand in Hand (vergleiche Abbildung 42 B).

Die Brüste der Sanidenfrauen sitzen nicht selten in Achselhöhlennähe (vergleiche Abbildung 41 B, rechte Figur), während sie bei Müttern mehrerer Kinder in der Regel sehr weit herabhängen. Der dunkle Bezirk um die Brustwarze (der Warzenhof) ist, wie auf Abbildung 42 A ersichtlich, sehr groß, die Brustwarze selbst kurz und an der Basis vielfach eingesunken (1102).

Die Anatomie der männlichen Saniden ist in mancherlei Hinsicht ebenso eigenartig wie die der Frauen. So nimmt der nichterigierte Penis eine fast waagrechte Stellung ein (Abbildung 41 A) (849, 706). Dieses Merkmal fehlt so gut wie nie auf den für die Felsmalerei der Buschmänner spezifischen stilisierten Darstellungen der eigenen Stammesangehörigen. Das überaus lange Präputium bedeckt die Glans vollständig (366, 1101) und steht noch ein Stück weit darüber hinaus (288). Das hochgezogene Skrotum sitzt so nah an der Peniswurzel, daß der Eindruck entsteht, als sei die Deszendenz nicht völlig abgeschlossen und überdies nur ein Testikel herabgestiegen (vergleiche Abbildung 41 A, zweiter von rechts) – eindeutig pädomorphe, bei alten Männern weniger stark ausgeprägte Merkmale (288).

Bei männlichen Saniden, selbst bei Jungen, ist das Gesäß vielfach vergrößert (1101), dies stellt allerdings keineswegs die Regel dar (vergleiche die vier Figuren auf Abbildung 41 A), wie auch nichts darauf hindeutet, daß beim Mann je eine echte Steatopygie im oben definierten Sinn auftritt.

Das Gehirn der »Hottentottenvenus« wurde präpariert, aber Cuvier untersuchte es nicht mehr. Erst Tiedemann befaßte sich damit und legte mit seinem 1836 erstmals veröffentlichten Bericht die erste kurze Beschreibung eines Sanidenhirns vor (1059), der 1854, fast vierzig Jahre nach dem Tod der Probandin, die detaillierte Schilderung Gratiolets folgte (430). Der angesehene französische Neurologe fand die Gyri auf den Außenflächen der Hirnhemisphären einfacher gewulstet als bei den ihm bekannten normalen Menschenhirnen und fertigte eine recht anschauliche Seitenansicht des ganzen Organs mit einem Europidenhirn zum Vergleich an. (Schon Tiedemann hatte eine gute Darstellung in Draufsicht geliefert.) Die Einfachheit der Gyri und Sulci ist in der Tat frappierend, doch könnte nach so langer Zeit manch kleinere Furche infolge unzulänglicher Präparierung nicht mehr sichtbar gewesen sein. Daher präparierte ein Kapstadter Arzt zehn Jahre später einen vollständigen Sanidenkopf und injizierte in die das Gehirn versorgenden Arterien Alkohol, um das Organ für eine spezielle Untersuchung in gutem Zustand zu erhalten. Der Kopf wurde nach England geschickt und das Hirn am University College Hospital von Dr. J. Marshall analysiert, nach dessen Angaben »die vielen kleineren Sulci und Windungen, die bei Europäergehirnen das Studium der größeren so sehr erschweren, bei der Buschmannfrau durchweg entschieden schwächer ausgeprägt sind« (701). Marshall fand das Gehirn dem von Gratiolet beschriebenen ähnlich, jedoch ein klein wenig höher entwickelt. Interessanterweise findet sich in seinem über hundert Jahre alten Aufsatz, der 21 Jahre vor Einführung des Begriffes Neotenie durch Kollmann erschien, die Bemerkung: »Beide Gehirne zeigen ohne allen Zweifel eine infantile oder fetale Tendenz.«

Während ein hoher Prozentsatz der Saniden (61,4 Prozent) zur Blutgruppe 0 zählt und der Anteil der Träger von Blutgruppe A (34,2 Prozent) in etwa dem menschlichen Gesamtdurchschnitt entspricht, ist Gruppe B (3,5 Prozent) ausgesprochen schwach repräsentiert (Gruppe AB war in der Testserie, deren Prozentergebnisse wir hier wiedergeben, überhaupt nicht vertreten) (1131). Insgesamt sind die Zahlen nicht weit von denen

entfernt, die sich für eine kleine Europidenpopulation ergäben, auch wenn A vermutlich niedriger und B höher läge.
Selbst wenn die Vorstellung eines mongoliden oder negriden Einschlags innerhalb der Buschmannahnenreihe nicht durch morphologische Anhaltspunkte widerlegt würde, erschiene sie angesichts der niedrigen Ziffer für B doch ziemlich unwahrscheinlich.
Zwar kann man dieses oder jenes Merkmal herausgreifen, in dem die Saniden Ähnlichkeit mit Negriden oder Mongoliden zeigen, doch wiesen die älteren Anthropologen die Idee einer engeren Verwandtschaft aus guten Gründen zurück. Fritsch beispielsweise, der die Buschmänner als einer der ersten in ihrem Ursprungsland studierte, wandte sich entschieden gegen den Vorschlag eines anderen Autors, sie zur Andeutung ihrer wahren Zugehörigkeit als »Capneger« zu bezeichnen. Das war in seinen Augen ähnlich abwegig, als wollte man die Deutschen »Europachinesen« nennen, und dabei standen die Deutschen seiner Auffassung nach den Chinesen immerhin noch näher als die Buschmänner den Negern (367). Über 50 Jahre später, nämlich 1934, bemerkte von Eickstedt ebenso nachdrücklich (wenn auch mit einiger Übertreibung): »Es ist bemerkenswert, daß wir noch kein einziges eindeutig negrides Merkmal feststellen konnten« (302)! Pöch, der in Südafrika die Beobachtungen Fritschs und anderer erweiterte, äußerte sich zurückhaltender, aber nicht minder fundiert dahingehend, die Buschmänner hätten ursprünglich eine eigene, weder mit Mongoliden noch mit Negriden verwandte Menschenrasse gebildet, aus der durch Hybridation die Hottentotten hervorgegangen seien. Pöchs Ansicht wird durch die in diesem Kapitel aufgeführten Anhaltspunkte bis zu einem gewissen Grad bestätigt, haben doch die neuesten Untersuchungen die Folgerungen der früheren Forscher im großen und ganzen bestätigt, auch wenn sich eine entfernte Verwandtschaft zu den Negriden nicht ganz ausschließen läßt. Denn während niemand an eine nähere Beziehung zu Australiden oder Europiden denkt, von denen sich die Saniden in der Tat besonders stark unterscheiden, ist es da und dort zur Vermischung mit Negriden und damit zur Entstehung modifizierter Formen wie der Barakwengo oder in früherer Zeit (und auf breiterer Basis) der Hottentotten und anderer gekommen. Das Gros der Saniden jedoch bildet nach wie vor einen eigenen Zweig der Menschheit, an dem sich die Rolle der Pädomorphose innerhalb der Evolution bestimmter ethnischer Taxa besonders deutlich ablesen läßt.

Obgleich die Menschheit insgesamt pädomorph ist, haben jene ethnischen Taxa, die wie die Saniden ausgeprägtere pädomorphe Züge an sich tragen, nie aus eigenem Antrieb eine Zivilisation oder etwas Ähnliches zustande gebracht, woraus man wohl den Schluß ziehen darf, daß eine über ein gewisses Maß hinausgehende Pädomorphose dem rein intellektuellen Fortschritt abträglich ist. Immerhin jedoch gab es unter den Saniden vergangener Zeiten, bevor die Kultur dieses kleinwüchsigen Volkes durch den Einfall von Hottentotten, Negriden und Europiden zerstört wurde, sehr geschickte Künstler. Wir werden dieses Wirken im Anhang dieses Buches noch ausführlicher behandeln, wobei nicht ohne Bedeutung scheint, daß sich bei europiden Völkern die künstlerische Begabung im allgemeinen bereits in frühen Lebensjahren manifestiert.

16
Die Negriden
Einführung

Das ethnische Problem ließe sich fraglos viel leichter lösen, hätten ganze Menschenrassen so lange in vollständiger Isolation gelebt, bis kompetente Personen von außerhalb ihre Kulturen studieren und darüber berichten konnten. Nun hat es in der Tat isolierte Stämme gegeben, die zu einem Zeitpunkt erforscht wurden, als ihre Kultur noch keine einschneidenden Veränderungen infolge äußerer Einflüsse erfahren hatte; aber Stämme können zur Lösung unseres Problems nicht viel beitragen, da kleine isolierte Populationen aufgrund ihrer Isolation primitive Lebensgewohnheiten beibehalten. In jeder Gemeinschaft stellt nämlich die Zahl der intellektuell und charakterlich hochstehenden Personen, die kulturelle Fortschritte in die Wege zu leiten vermögen, nur einen kleinen Prozentsatz der Gesamtbevölkerung dar. Je kleiner also eine isolierte Gruppe ist, desto geringer ist die Chance, daß sich in ihr eine genügende Zahl solcher Personen findet, um die übrigen der Zivilisation entgegenzuführen. Das gilt selbst dann, wenn die isolierte Gruppe genetisch ebenso fähig ist, eine zivilisierte Lebensart *anzunehmen* wie die große Mehrheit ihrer Verwandten in der größeren Gemeinschaft, die dank der Initiative der wenigen einen höheren Standard erreicht haben. Die Fähigkeit oder Unfähigkeit einer Rasse, eine Zivilisation aufzubauen, läßt sich demnach also nur dann beurteilen, wenn eine hinlänglich große Zahl ihrer männlichen und weiblichen Vertreter entweder überhaupt nicht oder nur leicht oder indirekt von fremden Kulturen beeinflußt ist.

Wer Anhaltspunkte für die kulturelle Schöpferkraft einer Rasse sucht, muß sich zunächst einmal bemühen, das Ausmaß an Fremdeinflüssen abzuschätzen. Er muß so genau wie möglich erforschen, welche Kontakte zu Angehörigen anderer Rassen unterhalten worden sind, in welcher Hinsicht und in welchem Ausmaß diese Kontakte der einheimischen Kultur ihren Stempel aufgeprägt haben, und ob eine genügend große Menschenzahl nur so peripher beeinflußt wurde, daß die Beschäftigung mit ihr Aufschluß über das Grundproblem geben kann. Die Negriden wurden ausgewählt, um diese Fragen in diesem Buch zu untersuchen. Notgedrungen ist dazu eine etwas weitschweifige Voruntersuchung in diesem und dem nächsten Kapitel erforderlich. In Kapitel 18 soll dann der Versuch unternommen werden, das Grundproblem anhand geeigneten Beweismaterials aufzuhellen.

Die physischen Merkmale der Negriden

Zunächst müssen wir freilich klarstellen, wer die Menschen überhaupt sind, mit denen wir uns hier befassen wollen. Wir müssen sie also anhand ihrer physischen Merkmale charakterisieren. Dies soll in nicht allzu komplizierter Form geschehen, denn wir haben in unserer Darstellung den Wendepunkt erreicht und werden uns den Fachfragen der biologischen Anthropologie erst wieder im Schlußkapitel zuwenden. In diesem Kapitel soll die körperliche Erscheinung der Negriden nur insoweit analysiert werden, als sie ohne Sektion wahrgenommen und in alltäglichen Termini beschrieben werden kann.

Zuvor jedoch gilt es noch die Frage zu klären, ob sich die negride Rasse als solche sowie ihre Unterrassen überhaupt hinlänglich abgrenzen lassen.
Gemäß den Gepflogenheiten der Taxonomie, die keine autoritären Lehrmeinungen kennt, sondern von Fall zu Fall sorgfältig abwägt, welches Gewicht den unterschiedlichen Ansichten zukommt, sind die nichteuropiden Völker Afrikas südlich der Sahara von verschiedenen Forschern unterschiedlich klassifiziert worden. Nun hat aber Dr. Jean Hiernaux alle diese Klassifikationsvorschläge mit der Begründung verworfen, das fragliche Volk lasse sich durch keinerlei objektive Kriterien in Taxa einteilen (489), was nichts anderes besagt, als daß Rassen wie Negride und Khoisanide überhaupt nicht existieren und auch die vorgeschlagenen kleineren Taxa dieser Völker (bis auf einige ziemlich belanglose Ausnahmen) eine reine Fiktion darstellen. Hiernaux legt den Anthropologen dringend nahe, auf jegliche Klassifikation der Völker Afrikas südlich der Sahara in große Unterabteilungen zu verzichten, um so ihr Denken aus einem, wie er sich ausdrückt, »Halseisen« *(carcan)* zu befreien.
Diese These verdient um so sorgfältigere Erwägung, als Hiernaux wohlgezielt argumentiert und seine Meinung aus verbürgten Fakten ableitet, insgesamt 33 Datenkomplexen, darunter Blutgruppen-Frequenzen, dem arithmetischen Mittel gewisser Messungen und den daraus errechneten Prozentverhältnissen (zum Beispiel Größe, Länge von Armen und Kopf, Kopfbreite, größte Schädelbreite im Bereich von Hirnkapsel und Jochbögen, Längenverhältnis von Speiche und Oberarmknochen usf.).
Allerdings läßt sich gegen Hiernaux' Vorgehen einwenden, daß er seine Folgerungen keineswegs immer aus Daten ableitet, die bestimmte Rassen und Unterrassen wirklich voneinander abheben. Dieser Einwand ist am leichtesten anhand eines Beispiels aus der Tierwelt zu erläutern, das denselben Fehlgriff in extremer Form veranschaulicht. Um zu entscheiden, ob sich die Monotremata oder Kloakentiere (die Schnabeltiere und Ameisenigel Australiens und Neuguineas) nennenswert von anderen Säugern unterscheiden, könnte man sich auf bestimmte Meßwerte stützen, zum Beispiel auf die (in etwa der menschlichen Größe entsprechende) Gesamtkörperlänge sowie alle übrigen oben erwähnten Daten. Bei dieser (wohlgemerkt völlig objektiven) Analyse würde sich unweigerlich herausstellen, daß zwischen Monotremata und anderen Säugern kein Unterschied besteht, da zahlreiche Vertreter dieses Taxons bedeutend länger und viele erheblich kürzer sind, viele wesentlich längere oder kürzere Vorderbeine aufweisen und so weiter und so fort. Dennoch wäre dieser Schluß falsch, denn man hätte die Tatsache übersehen, daß bei den Monotremata (im Gegensatz zu den anderen Säugern) beide Geschlechter nur über eine einzige Körperöffnung (nämlich die Kloake) verfügen, in die die Ausführungsgänge des Geschlechts-, Harn- und Verdauungsapparates münden; daß rechter und linker Eierstock durchweg getrennt sind; daß sie sich durch Eier fortpflanzen, keine Zitzen haben, im Schultergürtel eine erstaunliche Ähnlichkeit mit den Reptilien zeigen und im Gehirn kein *Corpus callosum* besitzen. Aus diesen und anderen Gründen fassen die Zoologen sie zu einem eigenen Taxon zusammen und heben sie damit von allen anderen Säugetieren ab.
Nun kann man einwenden, man hätte zur Klärung der Frage, ob die Kloakentiere in ein eigenes, von den übrigen Säugern abgegrenztes Taxon einzuordnen seien, gewiß nicht Körperlänge und die anderen oben aufgeführten Meßwerte gewählt. Und *warum nicht*? Doch einfach deshalb, weil man die wesentlichen Unterschiede bemerkt hätte – eine Tatsache, die Hiernaux prinzipiell auch anerkennt, denn er räumt ein, die von ihm zugrundegelegten Daten schlössen möglicherweise jene nicht ein, welche die klarste Trennungslinie zwischen Buschmännern und Hottentotten einerseits und anderen südlich der Sahara vertretenen afrikani-

schen Populationen andererseits zögen. Dem ist jedoch entgegenzuhalten, daß es unter allen Umständen sämtliche Körperteile soweit irgend möglich zu berücksichtigen gilt, um die wichtigsten Unterscheidungsmerkmale oder die verbindenden Züge zwischen verschiedenen Völkern herauszufinden. Unbestritten sind manche der von Hiernaux verwendeten Frequenzen, Meßwerte und Prozentsätze für diese oder jene taxonomischen Zwecke nützlich und brauchbar, doch reichen sie für sich genommen als Basis für vernünftige Erkenntnisse in der menschlichen (und jeglicher anderen) Taxonomie in keiner Weise aus.

Allerdings leben, wie wir in der Folge sehen werden, in bestimmten weiten Gebieten Afrikas südlich der Sahara verschiedene menschliche Mischgruppen, was manche der Hiernauxschen Ergebnisse bis zu einem gewissen Grad widerspiegeln.

Die ersten Neger, mit denen die Europäer Bekanntschaft schlossen, dürften Westafrikaner gewesen sein, Angehörige einer Gruppe, bei der die rassischen Merkmale der Negriden besonders deutlich ausgeprägt sind. Es ist interessant zu verfolgen, wie die europäischen Künstler diese fremdländischen Menschen zu einer Zeit, in der Neger im Gegensatz zu heute in Europa noch keine alltägliche Erscheinung waren, in Plastik und Zeichnung darstellen, wobei sich ihre Aufmerksamkeit naturgemäß vor allem auf die hervorstechenden Züge der negriden Physiognomie richtete. Sehen wir uns daraufhin drei Beispiele an – den steinernen Negerkopf (43 A), den ein französischer Bauer 1763 zusammen mit anderen antiken Plastiken, vermutlich römischer Herkunft, in der Nähe von Chalon-sur-Saône südlich von Dijon entdeckte (195), Albrecht Dürers hervorragende Zeichnung aus dem Jahre 1528 (43 B), eine der vielen Darstellungen aus dem bereits erwähnten Werk von Albrecht Dürer, in dem er die menschliche Gestalt in einer Art geometrischem Koordinatensystem einzufangen suchte (295), und die in ähnlicher Absicht entstandene Skizze aus Campers 1791 erschienener *Dissertation physique* (187) über die Gesichter der Menschen verschiedener Länder (Abbildung 43 C, vergleiche Seite 26 ff.). Auf den Darstellungen fallen der längliche Kopf, die Prognathie von Gesicht und Kiefer, das schwach modellierte oder fliehende Kinn, das kleine Ohr (B) und die betont wulstigen Lippen auf. Bei der Plastik ist darüber hinaus noch der Versuch spürbar, das dichtkrause, bis zu einem gewissen Grad vliesartige Negridenhaar wiederzugeben (das bei dieser Rasse bei beiden Geschlechtern wesentlich kürzer ist als bei den Europiden).

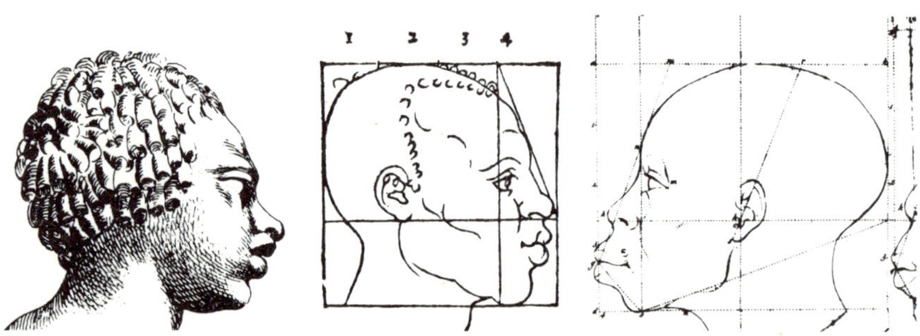

A B C

43 Sudanidenköpfe in der Sicht europäischer Künstler früherer Zeiten. A: in der Gegend von Chalon-sur-Saône (Frankreich) 1763 gefundener, vermutlich römischer Steinkopf; B: Zeichnung Albrecht Dürers aus dem Jahr 1528 und C: Skizze Campers aus dem Jahr 1791. – A aus: Caylus (195); B aus: Dürer (295) und C aus: Camper (187).

Modell standen in allen drei Fällen ohne Zweifel Vertreter der sudaniden Unterrasse, die von Eickstedt als »die negrideste aller negriden Formen« bezeichnet (302). Der Begriff *Sudan* wird hier in seinem ursprünglichen Sinn zur Bezeichnung des vom Südrand der Sahara über die Savanne bis zur Regenwaldzone reichenden Gebietes verwendet, obgleich die Sudaniden nur einen im Westen gelegenen, vom politisch definierten Staat Sudan weit entfernten Teil innehaben (siehe Karte 44). Die Sudaniden sind große kräftige Menschen mit schlankem Hals, breiten Schultern, langen Unterarmen, schmalen Hüften und sehr dunkler Haut, die außer den in der Profilansicht hervortretenden Gesichtsmerkmalen (vergleiche Abbildung 43) noch etliche andere Charakteristika aufweisen, so ziemlich stark vorspringende Backenknochen, eine ungewöhnlich breite, platte Nase mit besonders weiten, vom übrigen Organ scharf abgesetzten Flügeln, quergezogene Nasenlöcher (Abbildungen 23 C und D, Seite 150) und im Vergleich zu den übrigen negriden Unterrassen stärker entwickelte Waden (302).

Wir nehmen in diesem Buch vier negride Unterrassen, nämlich Sudanide, Nilotide, Palänegride und Kaffride an, für die wir bei Bedarf die durch von Eickstedt eingeführten, allgemein üblichen Abkürzungen *Su, Ni, Pan* und *Ka* verwenden wollen (303).

Die im Bereich des oberen Nils vertretenen Nilotiden (vergleiche Abbildung 44), ein ausgesprochen homogenes Taxon, lassen sich am besten anhand ihrer Unterschiede zu den Sudaniden beschreiben. Sie sind groß, schlank und auffallend langgliedrig (Abbildung 46 A, Seite 220) – der für Negride insgesamt charakteristische lange Unterarm ist bei ihnen besonders lang –, haben (wie die meisten Negriden) einen dünnen, fast wadenlosen Unterschenkel sowie eine betont vorspringende Ferse.

Der Penis ist gleichfalls sehr lang und im nichtaktiven Zustand ziemlich dick (302) –

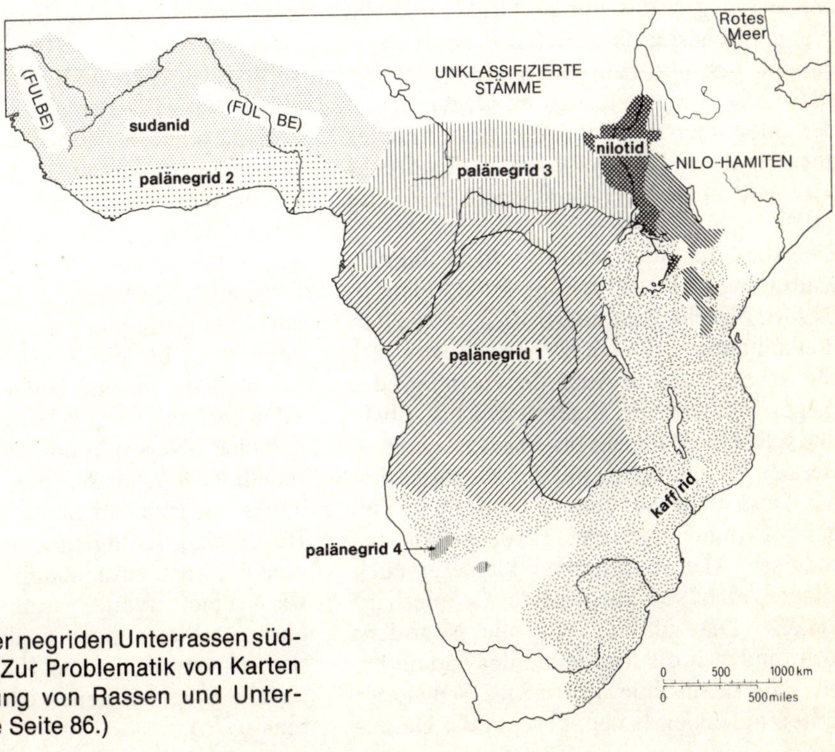

44 Verteilung der negriden Unterrassen südlich der Sahara. (Zur Problematik von Karten über die Verteilung von Rassen und Unterrassen vergleiche Seite 86.)

möglicherweise ein für Negride insgesamt spezifisches Merkmal. Jedenfalls ist das nichterigierte Glied bei ihnen länger als bei Europäern. Diesen Eindruck bestätigte der französische Anthropologe Paul Topinard anhand seiner bei der Sektion von Negern gesammelten Erfahrungen (106), ohne allerdings die Unterrasse zu benennen, der die von ihm untersuchten Leichen angehörten. Wer diese Eigenart der Negriden bezweifelt, sei auf die Abbildungen 8, 9, 20, 23, 29 und 37 in Bernatziks hervorragend illustriertem Buch *Zwischen weißem Nil und Belgisch-Kongo* verwiesen (80), Aufnahmen von nackten männlichen Nilotiden, die für sich selbst sprechen.

Der Nilotidenschädel ist lang und schmal, mit vorgewölbtem Hinterhaupt und schwach markierten Brauenwülsten, das Gesicht dem der Sudaniden in fast jeglicher Hinsicht sehr unähnlich: Der Nilotide zeigt keine Prognathie (Abbildung 46 B), dafür ein gut entwikkeltes Kinn und eine Nase mit ziemlich hohem Rücken, die – abgesehen von den breiten, gegen das übrige Organ und die Wangen schärfer abgesetzten Flügeln – insgesamt der der Europiden gleicht, sowie stark ausgestülpte, jedoch im Gegensatz zu den Sudaniden nicht wulstige, sondern eher abgeflachte und von vorn wie plattgedrückt wirkende Lippen (Abbildung 45, Seite 219).

Sind die Sudaniden schon reichlich dunkelhäutig, werden sie von den Nilotiden in dieser Hinsicht noch übertroffen, die zu den dunkelhäutigsten ethnischen Taxa der Menschheit zählen. Auch die Hornhaut des Auges erscheint bei ihnen leicht bräunlich, und selbst die Zunge ist braun gesprenkelt.

Bei der Beschäftigung mit der Klassifikation der Tiere stellt man immer wieder fest, daß ein bestimmtes größeres Taxon neben etlichen sehr klar abgegrenzten kleineren auch andere, nicht so ohne weiteres definierbare umfaßt. Das gilt auch für die Negriden: Während sich die Merkmale der Sudaniden und Nilotiden ohne allzu große Schwierigkeiten aufzählen lassen, bereitet die Definition der beiden anderen Unterrassen, der Palänegriden und Kaffriden, wesentlich mehr Kopfzerbrechen, sind sie doch stärker aufgefächert und durch viele Stammeszwischenformen, die sich nicht mit Sicherheit dem einen oder anderen Taxon zuordnen lassen, miteinander verbunden. Zwar gibt es palänegride Stämme (wie die Balunda), die man nicht als kaffrid, und kaffride (wie die Wanyoro), die man nicht als palänegrid einstufen könnte, aber im Zwischengebiet steht man vor manchem Rätsel. Wir haben hier die meisten fraglichen Stämme in die palänegride Unterrasse einbezogen. Das ist auf evolutionärer Basis insofern vertretbar, als gewisse Anhaltspunkte darauf hindeuten, daß die Palänegriden die unspezialisierteste (primitivste) negride Unterrasse darstellen, aus der sich die anderen in ferner Vergangenheit entwickelt haben (302, 757), während kein Mensch je die Annahme äußerte, die palänegride Unterrasse als solche könne sich vom kaffriden Stamm herleiten.

Das äußere Erscheinungsbild typischer Palänegrider mutet viele Europäer *grob* (302) oder *grossier* (757, 1085) an – eine recht subjektive, etwa von Livingstone vertretene Einstellung, der sich nach jahrelangem Aufenthalt unter Kaffriden und ausgedehnten Reisen durch ihr Gebiet beim Überwechseln auf palänegrides Territorium vom andersartigen Äußeren der Vertreter bestimmter, zu dieser Unterrasse zählender Stämme ziemlich angewidert fühlte und diesbezüglich auch kein Blatt vor den Mund nahm. So bemerkt er beispielsweise über die Basinje, sie besäßen in auffallender Weise für ihn »den primitiven Negercharakter und die gemeine Negerphysiognomie allem Anschein nach in stärkerem Grade (als gewisse andere negride Stämme); sie zeigen in der Regel eine schmutzigschwarze Hautfarbe, eine niedrige, zusammengedrückte Stirn sowie eine platte, sehr breitgezogene Nase . . . Ihre Lippen sind dick . . . Sie haben insgesamt ein negerhafteres Aussehen als alle Stämme, denen ich bisher begegnet bin« (676).

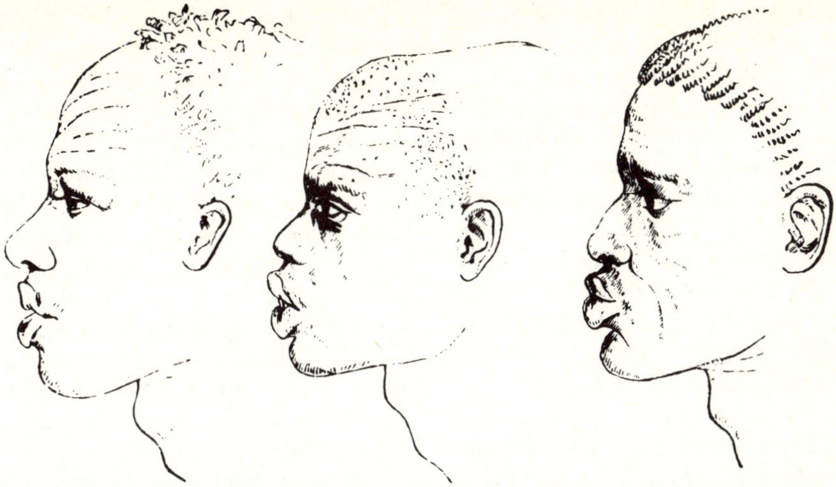

45 Nilotidenköpfe (vom Stamm der Dinka). – Aus: Schweinfurth (951).

Und nicht minder abfällig äußert er sich über zwei weitere, stromabwärts von den Viktoria-Fällen am Sambesi vertretene palänegride Stämme:

»Die Batoka am Sambesi zeigen in der Regel eine sehr dunkle Hautfarbe und ein überaus gewöhnliches und negerhaftes Äußeres . . . Obgleich alle (Batonga) dicklippig und plattnasig sind, weisen doch nur die gewöhnlicheren die häßliche Negerphysiognomie auf« (676).

Von den subjektiven Elementen abgesehen, vermitteln diese Kommentare eine Vorstellung davon, wie ein typischer Palänegrider auf einen lediglich mit Kaffriden vertrauten Europiden wirken dürfte. Es ist anzunehmen, daß sich die Palänegriden ihrerseits gewiß über viele ethnische Taxa des Menschen ebenso negativ äußern würden wie Livingstone über sie.

Der typische »Urwaldneger« oder Palänegride ist klein und gedrungen (*»gauchement trapue«*, wie Montandon sich ausdrückt (757), und hebt sich mit seinem langen Rücken und den kurzen Gliedmaßen sehr stark vom Nilotiden ab. Der Hals ist kurz, der Kopf kürzer als bei den Nilotiden, da das Hinterhaupt kaum vorspringt und eine Tendenz zur Mesozephalie besteht, die Augen liegen tief und wie eingesunken unter den vorgewölbten Brauenwülsten, das kurze, breite Gesicht zeigt eine platte, an der Wurzel kaum hervortretende, weiter unten jedoch trichterförmig verbreiterte Nase. Gesichts- und Körperbehaarung sind stärker entwickelt als bei den Sudaniden, während gewisse sudanide Merkmale wiederum bei den Palänegriden weniger extrem ausgeprägt scheinen: So sind ihre Nasenflügel nicht so stark abgesetzt, die Lippen weniger wulstig, die Prognathie weniger betont und die Haut im großen und ganzen heller.

Ludwig Wolf, der die biologische Anthropologie des Baluba-Stammes untersuchte, bemerkt: »Das männliche Glied ist im Zustande der Erschlaffung im allgemeinen auffallend stark entwickelt«, fügt aber an, er habe sich von Negerinnen, die mit Negriden wie mit Europiden schliefen, sagen lassen, im erigierten Zustand zeige der Penis bei beiden Rassen in etwa dieselbe Größe (1146). Topinard dagegen hatte behauptet, der Europäerpenis sei zwar im schlaffen Zustand kleiner als der der Negriden, dafür aber im erigierten größer.

Möglicherweise gehen verschiedene Merkmale der typischen Palänegriden auf eine Mischung mit den zentralafrikanischen Pygmäen (Bambutiden) zurück.

Daraus ergibt sich, daß es alles andere als einfach ist, das Verbreitungsgebiet der Palänegriden auf der Karte abzugrenzen. Die typischeren Vertreter dieser Unterrasse fallen zwar allesamt in den auf Abbildung 44 als »palänegrid 1« markierten Bereich, aber die Bewohner der guineischen Küste (hier als »palänegrid 2« bezeichnet) werden von manchen Fachleuten den Sudaniden zugerechnet (268) und von anderen als fünfte Unterrasse eingestuft (1085), während wir sie in Anlehnung an von Eickstedt (302) zu den Palänegriden rechnen. Der auf 46 C abgebildete Guineer zeigt besonders anschaulich die trichterförmige Nase. Die in keiner Hinsicht extreme *Pan 2*-Gruppe kann als ziemlich typisches Beispiel für die gesamte negride Rasse gelten.

Im Norden grenzt an das *Pan 1*-Gebiet ein mit »palänegrid 3« markierter Bezirk an, dessen Einwohner eine starke Tendenz zur Brachyzephalie zeigen oder doch zumindest am brachyzephalen Ende der mesozephalen Skala stehen. Diese sehr buntgewürfelten und vielfach offenbar stark bastardierten Stämme lassen sich nur schwer in ein Klassifikationsschema einfügen (von Eickstedt rechnet sie zwar den Sudaniden zu, doch ist diese Einteilung kaum zu rechtfertigen), scheinen aber insgesamt dem *Pan 1*-Taxon näherzustehen als irgendeinem anderen.

Noch weiter nördlich im Gebiet um den Tschad-See sind die Stämme dann so mannigfaltig und hybrid, daß sie sich beim derzeitigen Wissensstand überhaupt nicht klassifizieren lassen.

Weit drunten im Süden leben die (ehedem als Ghou Damup oder Bergdama, 1089, bezeichneten) Haukhoin, eine, wie es scheint, primitive, lange Zeit isolierte, hier provisorisch als »palänegrid 4« bezeichnete Palänegridengruppe. Der Name Bergdama (oder Bergdamara) ist ausgesprochen irreführend, denn obgleich der Stamm in den Berglandschaften des Damaralandes lebt, scheint er mit den Damara (Ovaherero) nicht näher verwandt. Die Bezeichnungen Haukhoin und Ghou Damup verdankt er anderen Stämmen, er selbst scheint sich keinen eigenen Stammesnamen gegeben zu haben.

Die vier Palänegridengruppen als »Lokalformen« einzustufen, wäre insofern kaum gerechtfertigt, als drei über so weite Gebiete verbreitet leben, daß die Bezeichnung »lokal« schwerlich angebracht erschiene und die

46 Negride. A: Nilotider vom Nuer-Stamm in der für die Mitglieder dieser Unterrasse recht typischen »Storch-Stellung«; B: junge Nilotide vom Nuer-Stamm mit orthognathem Kiefer- und Gesichtsbau und dichtkrausem, in Büscheln angeordnetem Haar; C: palänegrider Guineer (Yoruba-Stamm) mit besonders gut ausgeprägter trichterförmiger Nase. – A und B Abbildungen aus: Bernatzik (80); C Foto aus: Hutchinson, Gregory und Lydekker (530).

zugehörigen Völker (insbesondere die als palänegrid 3 bezeichnete Gruppe) bunter gewürfelt und schwerer zu definieren sind als die meisten Lokalformen.

(Im folgenden werden für die vier Gruppen die Abkürzungen *Pan 1, Pan 2, Pan 3* und *Pan 4* verwendet.)

Die Kaffriden, die im östlichen Teil Afrikas ein riesiges, von unmittelbar nördlich des Äquators bis zur Südküste reichendes Gebiet einnehmen und sich in einem schmalen, quer über den Kontinent verlaufenden Gürtel bis fast zur Westküste erstrecken (Abbildung 44), sind eine durchweg hybride Unterrasse mit unterschiedlich stark bastardierten Stämmen. Sie haben sich nicht nur mit den Äthiopiden, sondern auch mit den Saniden vermischt, wobei der äthiopide Einfluß bei den ostafrikanischen Zulu und den im Westen vertretenen Ovaherero (Damara), der sanide Einschlag dagegen (den Schädelmerkmalen nach zu schließen) bei den Tswana (im heutigen Botswana) am stärksten in Erscheinung tritt (252). Da die Kaffriden, wie bereits angedeutet, mit den Palänegriden verschmelzen, läßt sich auf der Karte nur sehr schwer eine Trennungslinie ziehen, wir hätten also ihr Verbreitungsgebiet ohne weiteres auf Kosten des palänegriden vergrößern können. Dennoch unterscheidet sich der typische Kaffride merklich vom typischen Palänegriden, gehen ihm doch vor allem jene Merkmale ab, die das Auge des Europäers *grob* oder *grossier* anmuten. In der Regel zeigt er trotz der verhältnismäßig kurzen Beine einen etwas größeren Wuchs, einen höheren und längeren Kopf, eine weniger ausgeprägte Prognathie und eine zwar noch immer ziemlich breite, aber doch schon eher an die europide Form

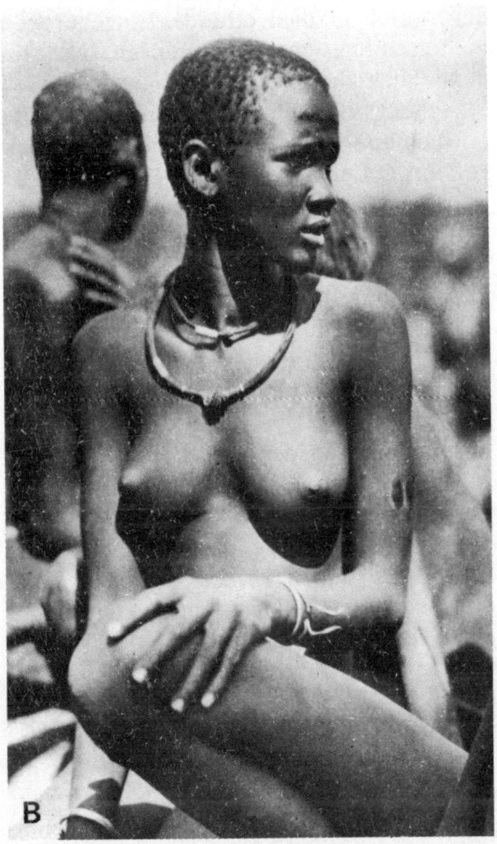
B

C

erinnernde Nase. Das Kinn springt stärker vor als beim Palänegriden, Gesichts- und Körperbehaarung ist beim Mann nur mäßig entwickelt, das Kopfhaar dreht sich bei Erwachsenen in manchen Fällen zu einzelnen Büscheln zusammen – eine bei jungen Negriden zwar weitverbreitete, bei erwachsenen Palänegriden (und Sudaniden) indessen nur selten beobachtete Erscheinung.
Während die Einbiegung von Lendengegend und Becken gelegentlich, insbesondere bei Frauen, eine eigenartige, an die Saniden erinnernde Haltung mit »hängendem« Unterleib bewirkt, sind die breiten Schultern, das schmale Becken, die dünne Wade und der kurze, flache Fuß allgemein negride Merkmale. Die bei den verschiedenen Kaffridenstämmen sehr variable Hautfarbe ist vielfach (und bei manchen Stämmen sogar ganz wesentlich) heller als bei den meisten Palänegriden, die Iris braun.
Soviel also zu den vier Unterrassen der Negriden – den klar abgegrenzten Sudaniden und Nilotiden und den wesentlich buntergewürfelten und stärker gemischten Palänegriden und Kaffriden. (Eine Aufzählung und Klassifizierung der in diesem Zusammenhang meisterwähnten Stämme findet sich im Anhang.)
Die Nilo-Hamiten, die aufgrund ihres völlig verschiedenartigen Erbes kein Taxon im zoologischen Sinne darstellen und die nur bedingt der negriden Rasse zugerechnet werden können, sollen im folgenden unberücksichtigt bleiben. Ihr Verbreitungsgebiet ist jedoch auf der Karte (Abbildung 44) in groben Umrissen angedeutet.

Fremdeinfälle ins negride Afrika – historischer Abriß

Der folgende Abschnitt soll die Materialauswahl erläutern, auf der die Kapitel 17 und 18 basieren.
Für dieses Vorhaben wollen wir das riesige Gebiet Schwarzafrikas in zwei Teile gliedern, deren einer in etwa den auf Abbildung 44 mit »sudanid«, »palänegrid 2« und »unklassifizierte Stämme« markierten Regionen entspricht und deren anderer alle übrigen schraffierten und punktierten Zonen (außer der der »Nilohamiten«, mit denen wir uns hier nicht näher beschäftigen wollen) umfaßt.
In die erstgenannte Region brachen schon vor vielen Jahrhunderten von allen Seiten Ausländer ein, die aber leider keine aufschlußreichen Berichte über die ursprüngliche negride Eingeborenenkultur hinterließen. Da die Eindringlinge das Leben der Eingeborenenbevölkerung durch Einführung ihrer eigenen Sitten, Gebräuche und Glaubenspraktiken tiefgreifend beeinflußten, eignet sich dieser Teil Afrikas weit weniger zur Analyse der eigenständigen kulturschöpferischen Fähigkeiten der Negriden als der andere, in seinem Kern erst viel später und sporadischer erkundete. Hier hielt sich der Einfluß auf die Kultur der Eingeborenen in wesentlich engeren Grenzen, weshalb denn auch die Berichte der europäischen Forschungsreisenden des 19. Jahrhunderts noch einen wirklich anschaulichen Eindruck von ihrem Leben vermitteln.

Da wir uns mit dem erstgenannten, von Ausländern durchsetzten Teil Schwarzafrikas in Kapitel 17 und 18 überhaupt nicht und in Kapitel 19 nur am Rande befassen werden, wollen wir hier die Geschichte der Fremdinvasion nur in Kurzform skizzieren.
Bereits zur Zeit der Griechen und Römer zogen nordafrikanische Händler auf Karawanenstraßen, deren allgemeinen Verlauf wir heute teilweise kennen (582), durch die Sahara nach Süden, um die Neger des Niger- und Tschadsee-Gebietes im Austausch gegen Gold und Sklaven mit Salz, Stoffen, Kupfer und Schmuck zu versorgen.
Unter dem Einfluß nicht-negrider Invasoren aus dem Norden begannen sich im ausgedehnten Savannengebiet zwischen Sahara und dem weiter südlich gelegenen Urwald große Staaten oder »Reiche« zu entfalten,

die allem Anschein nach bereits im 4. Jahrhundert vor Christus unter der friedlichen Oberhoheit von Berbern und Juden standen. In der Folge wurden die fremden Machthaber dann jedoch von den Negriden, die die Herrschaft im eigenen Land übernahmen, vertrieben. Welches Schicksal diesen Staaten ohne Einwirkung von außen letztlich beschieden gewesen wäre, muß dahingestellt bleiben, denn mit dem Aufstieg des Islam veränderte sich das kulturelle Leben Nordafrikas. Die Anhänger der neuen Religion wiederum trugen ihre Glaubensbegeisterung über den ganzen Kontinent bis zur Atlantikküste und nach Süden bis tief ins Land der Neger hinein.
Wie stark der erstgenannte Bereich Afrikas von maurischen, arabischen und europäischen Einflüssen »durchdrungen« war, zeigt Mungo Parks Bericht über seine Expeditionen in sudanides Territorium in den Jahren 1795–1797 und 1805 (818, 819): Die mohammedanische Kultur war weit über die Grenzen des ehedem von den Europäern erforschten Gebietes hinaus bei einem beträchtlichen Prozentsatz der negriden Bevölkerung Bestandteil geworden. So begegnete Park in verschiedenen, rund 60–220 Meilen von dieser Zone entfernten Orten mohammedanischen Lehrern, die außer dem Koran selbst auch über die einschlägigen Kommentare verfügten. Er traf Neger, die, da sie Pentateuch, Psalmen und Jesaja in arabischer Übersetzung besaßen, die biblischen Geschichten in ihrer Stammessprache (Mandingo) erzählen konnten; sowie einen Neger mit einer stattlichen arabischen Bibliothek. In einem anderen Ort desselben Gebietes stellte ein Neger mit Hilfe von Schwefel, den Mauren aus dem Mittelmeerraum einführten, Schießpulver her, und in einem weiteren lebte ein Mandingo-Händler, dessen Häuser in dem am Unterlauf des Gambia üblichen englischen Stil erbaut waren und an dessen Tafel das Essen auf Zinngeschirr serviert wurde. Park machte also völlig andere Erfahrungen als die europäischen Forscher, die Mitte des 19. Jahrhunderts in das zweite, weitaus unberührtere Gebiet gelangten. Durch die Portugiesen breitete sich der europäische Einfluß dann längs der afrikanischen Westküste bis in den Golf von Guinea und damit auf *Pan 2*-Territorium aus: Nachdem das auf dem 27. nördlichen Breitengrad gelegene Kap Bojador lange Zeit den Grenzpunkt des von den Europäern an der westafrikanischen Küste erforschten Gebietes gebildet hatte, umsegelte 1434 eines der von Heinrich dem Seefahrer ausgeschickten portugiesischen Schiffe diese Landspitze und öffnete damit den Weg nach Süden. Kleine, wenig später entdeckte Goldvorkommen regten zu weiteren Entdeckungsfahrten an, und um 1475 breitete sich die Kunde aus, an der Küste von Ghana sei Gold in Hülle und Fülle zu haben. Mit dem Ausbau eines regen Handelsverkehrs zwischen Portugal und der guineischen Küste aber bürgerten sich Ausländer wie ausländische Sitten in weiten Teilen des außerhalb des mohammedanischen Einflußbereiches liegenden, von Sudaniden und *Pan 2*-Palänegriden bewohnten Gebietes ein.

Im »unberührten« Teil Schwarzafrikas, den Gebieten südlich und östlich des von fremden Einflüssen durchdrungenen Bezirks, blieben Einwirkungen von außen – mit Ausnahme gewisser Küstenstädte und Orte in Küstennähe – entweder ganz aus oder so oberflächlich, daß die Europäer bis zur Mitte des 19. Jahrhunderts kaum etwas über die zentralafrikanische Bevölkerung wußten. Bezeichnenderweise nimmt die Beschreibung des von den Ausländern erschlossenen Gebietes in Labourets *L'Afrique précoloniale* (623) siebenmal soviel Raum ein wie die des »unberührten«, obgleich letzteres beträchtlich größer war. Da wir uns hier jedoch mit der Frage beschäftigen, wieweit Negride aus eigenen Stücken zum kulturellen Fortschritt fähig sind, müssen wir unsere Aufmerksamkeit fast ausschließlich auf diesen Teil des Landes konzentrieren. Alle Überlegungen und Folgerungen müssen sich also im wesentlichen auf Beobachtungen und Anhaltspunkte aus dem riesigen, in präkolonialen Zeiten von Nilotiden, Kaffriden, *Pan 1-* und *Pan 3-*Palänegriden bewohnten Gebiet stützen.

Wir wollen unseren Abriß über die Geschichte dieses unberührten Bereiches in der nordöstlichen oder nilotiden Ecke (vergleiche Abbildung 44) beginnen, uns dann längs der Ostküste nach Süden wenden, die Südspitze des Kontinents umrunden und schließlich die Westküste hinauf bis zum Grenzpunkt zwischen dem Territorium der *Pan 1-* und *Pan 2-*Stämme vorstoßen. Dabei werden wir die von Kaufleuten von verschiedenen Küstenpunkten aus ins Landesinnere unternommenen Reisen ebenso würdigen wie die von ihnen in abgelegenen Bezirken gegründeten Niederlassungen. Sie selbst haben übrigens kaum Hinweise auf ihre Kontakte mit den Eingeborenen hinterlassen, und so ist nur aus den Berichten der Forscher des 19. Jahrhunderts zu entnehmen, in welchem Ausmaß die Negriden in diesem Gebiet (falls überhaupt) durch fremde Einflüsse geprägt waren (vergleiche Kapitel 17).

Aus Gründen der Genauigkeit werden wir die Stammes- und Ortsnamen sowohl auf der zugehörigen Karte (Abbildung 47) als auch im Text genau oder nahezu in der Form bringen, in der sie sich bei den Originalautoren finden (vergleiche dazu die Ausführungen im Anhang).

Die Nilotiden blieben lange Zeit von äußeren Einflüssen fast gänzlich verschont; denn die alten Karawanenstraßen durch die Sahara verliefen wesentlich weiter westlich. Der Nil selbst war alles andere als ein bequemer Zufahrtsweg, nicht nur, weil die Katarakte an seinem Unterlauf den direkten Zugang von Ägypten her erschwerten, sondern mehr noch, weil sich weiter stromaufwärts in regelmäßigen Zeitabständen eine riesige Sumpfwildnis aus Gras, Schilf und Papyrus, der sogenannte Sudd, ansammelte, der jahrhundertelang zwischen den Ägyptern und den negriden Stämmen im Süden eine nahezu unüberwindliche Barriere aufrichtete.

Schließlich gründeten (in der Geschichte der Entdeckungen vage als »Türken« und »Araber« bezeichnete) Sklaven- und Elfenbeinhändler im südsudanesischen Gondokoro kurz unterhalb einer Reihe von Wasserfällen, die die Weiterfahrt zu Schiff unmöglich machten, einen Handelsplatz. Obwohl die in diesem Gebiet ansässigen kriegerischen Bari eine ständige Bedrohung für den Handel zu Lande darstellten, wurde er von bewaffneten Gruppen über begrenzte Entfernungen hin dennoch betrieben. Als Speke (996) 1862 vom Gebiet der großen Seen nach Norden zog, befand sich der äußerste Vorposten der Händler in Faloro im Gebiet der Acholi *(Ni)* fast 120 Meilen südlich von Gondokoro und nordöstlich des Albert-Sees. Wenig später erreichte dann ein Handelszug den Ort Unyoro *(Ka)*. Baker, der kurz darauf dort anlangte (51), traf unter den Händlern ausgesprochen gebildete Leute an, die brieflich miteinander verkehrten, aber so sehr in ihren Handelsgeschäften aufgingen, daß sie sich keinen Deut um die Verbreitung ökonomischer, intellektueller, ethischer oder sonstiger Ideen kümmerten. Auch Schweinfurth (951) fand bei seiner Forschungsreise in das westlich des oberen Weißen Nils gelegene Bahr-el-Ghasal-Gebiet (*Ni* und *Pan 3*) ähnliche Verhältnisse vor wie Speke und Baker östlich des Flusses. Es gab ein paar weitverstreute Handelsniederlassungen, die meisten unter der Leitung von »Arabern« im Dienst von Karthumer Kaufleuten.

Obgleich ein großer Prozentsatz der Kaffriden und *Pan 1-*Palänegriden vor Anbruch des 19. Jahrhunderts ihre eigenen Kulturen aufbauten und dabei nur indirekte Einmischungen von außen erfuhren, müssen wir doch dem in dem ungeheuer weiten, von diesen Stämmen besiedelten Gebiet Afrikas (vergleiche Abbildung 44) wirksamen Fremdeneinfluß (soweit vorhanden) nachgehen. Dabei wollen wir allerdings von vornherein auf eine erschöpfende Darstellung verzichten und statt dessen lediglich versuchen, anhand von Beispielen einen allgemeinen Eindruck vom Stand der Dinge in den verschiedenen Landesteilen zu vermitteln.

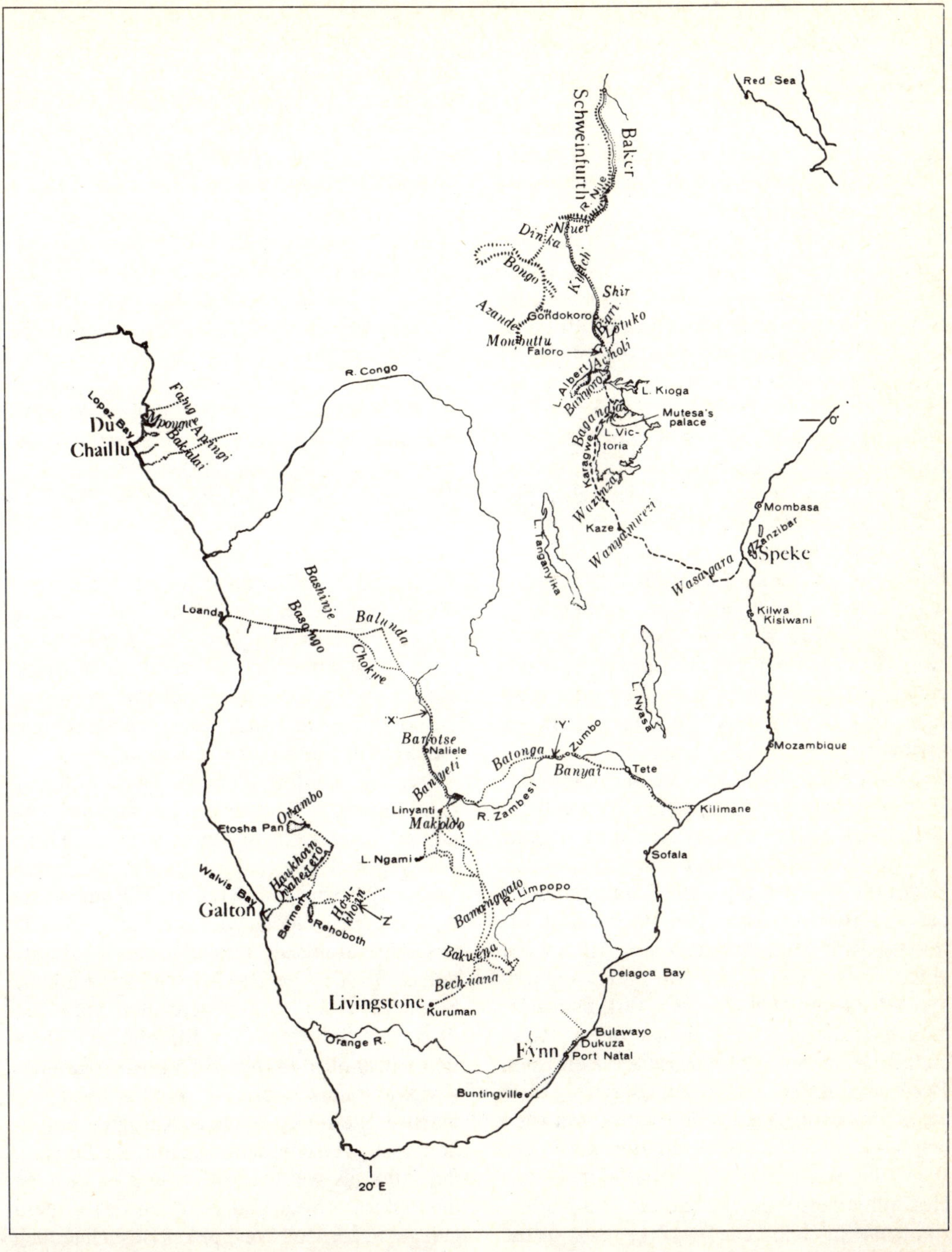

47 Teilkarte Afrikas mit den Routen der Forschungsreisenden. Die (nicht notwendig im Inneren der Stammesgebiete liegenden) Orte, an denen die Forscher mit Angehörigen bestimmter Stämme zusammentrafen, sind ebenfalls eingezeichnet, Stammesnamen kursiv gedruckt. Zur Erklärung von »X«, »Y« und »Z« siehe Text. – Originalkarte.

Nachdem ägyptische Seeleute schon Jahrhunderte vor Christi Geburt regelmäßig Schiffsreisen durchs Rote Meer in den Indischen Ozean unternommen hatten, wurden mit der Entdeckung der Passatwinde durch den alexandrinischen Kaufmann Hippalus im Jahre 45 nach Christus Entdeckungsfahrten zur afrikanischen Ostküste enorm forciert. Besonders vom 7. Jahrhundert nach Christus an entstand entlang dieser Küste eine Vielzahl ausländischer Niederlassungen, und gegen Ende des 10. Jahrhunderts unterhielten Araber und Perser bis hinunter nach Sofala Handelsposten (582), die wie Mombasa, Sansibar und Kilwa Kisiwani vermutlich zum Schutz gegen Überfälle der Küsteneingeborenen oft auf küstennahen Inseln angelegt waren. Im Austausch gegen Glasperlen, Stoffe und andere von den Negern geschätzte Artikel wurden Sklaven, Elfenbein und Gold ausgeführt, doch übten die Fremden alles in allem keinen sehr großen Einfluß aus. Obwohl die Händler zweifelsohne mit ihren Waren häufig landeinwärts zogen, machten sie keinerlei Versuch, größere Landstriche in Besitz zu nehmen.

Die ersten Europäer, die Kenntnis von diesen Vorposten der islamischen Welt erlangten, waren die Portugiesen. Zwar hatte Diaz bei der Umsegelung des Kaps der Guten Hoffnung gegen Ende des 15. Jahrhunderts die arabischen Siedlungen noch nicht erreicht, doch kurz darauf lief Covilhão mit einem arabischen Schiff von Aden aus und segelte an der afrikanischen Ostküste entlang bis nach Sofala. Über diese Reise erstattete er den portugiesischen Behörden 1491 von Kairo aus einen Bericht. 1498 erreichte dann Vasco da Gama mit den ersten europäischen Schiffen diesen Teil der Welt. Er umrundete das Kap der Guten Hoffnung, verfehlte aber Sofala und landete zunächst in Kilimane, wo er und seine Landsleute eine Stadt mit Straßen, Läden, hohen Steinbauten und Moscheen vorfanden (463). Nach Zwischenlandungen in der großen arabischen Stadt Mozambique, in Mombasa und Malindi setzten sie ihre historische Erkundungsfahrt fort, die den Auftakt zum direkten Handel zwischen Europa und Indien gab. Zur Absicherung dieses Handels, aber auch im Hinblick auf das von Sofala exportierte Gold, gründeten die Portugiesen an der ostafrikanischen Küste mehrere Kolonien. Zu Beginn des 16. Jahrhunderts kontrollierten sie dann bereits den ganzen ostafrikanischen Küstenabschnitt von einem südlich von Sofala bis zu einem nördlich von Malindi gelegenen Punkt und ließen sich von den weiterhin handeltreibenden Arabern Tribut zahlen. In den wichtigsten portugiesischen Niederlassungen in Sofala, Mozambique und Kilwa Kisiwani entstanden Forts und Kirchen, und wie schon in vergangenen Jahrhunderten die Araber, führten die Portugiesen Sklaven aus und importierten Glasperlen und Stoffe.

Nach und nach ließen sich dann an einigen Stellen der Haupthandelsstraßen zwischen der ostafrikanischen Küste und dem Landesinneren Araber und andere Osteuropide nieder. Die wichtigsten Stützpunkte waren Udjidji am Ostufer des Tanganjika-Sees und Kaze südlich des Viktoria-Sees.

Kaze, das heutige Tabora, ist in direkter Luftlinie nicht weniger als 430 und auf dem damals benutzten, von einem auf der Höhe von Sansibar gelegenen Punkt ausgehenden Landweg sogar 525 Meilen von der Küste entfernt (32). Speke, der hier 1861 ständig ansässige arabische und indische Kaufleute antraf (996), beschreibt die ansehnliche Stadt als »den großen zentralen Handelsplatz der Sklaven- und Elfenbeinhändler« und erwähnt, daß ihm ein »ganzes Konklave« arabischer Kaufleute seine Aufwartung machte. Weiter nördlich, in Karagwe, befanden sich verschiedene kleine Siedlungen, darunter als weitest entfernte das westlich des Viktoria-Sees und nördlich des Kagera gelegene, zur Zeit von Spekes Besuch jedoch bereits verlassene Ngandu. Merkwürdigerweise hatte ehedem ein Belutsche im heutigen Süduganda seinen Wohnsitz aufgeschlagen, während arabische Kaufleute Mutesa, dem König von Bugando, in seinem Palast so manchen Besuch abgestattet hatten. Doch abgesehen von Sklavenhandel, mit dem wir uns dann im nächsten Kapitel auch kurz befassen wollen, übten die bis in diese zentralafrikanische Region vorgestoßenen ausländischen Kaufleute so gut wie keinen Einfluß auf die Glaubenspraktiken und Gebräuche der Eingeborenen aus. Möglich, daß ein paar Negride im unmittelbaren Umfeld der arabischen Siedlungen nominell Muslims wurden, doch steht dahin, ob es in den Inlandsniederlassungen zu echten Bekehrungen zum Islam gekommen ist.

Als Livingstone auf seiner Westostexpedition durch Afrika 1856 Sumbo erreichte (Abbildung 47), fand er die Ruinen einer portugiesischen Kirche sowie von acht bis zehn Steinhäusern vor. Die Portugiesen hatten an diesem 395 Meilen von der Küste entfernten, jedoch nur auf einem wesentlich weiteren, am Sambesi entlangführenden Weg erreichbaren Ort keine lebendigen Spuren ihrer Kultur hinterlassen – jedenfalls bezeichnete der Forschungsreisende die Eingeborenen der Gegend als »Wilde«. In Tete, dem damaligen Vorposten der ständigen portugiesischen Niederlassungen in Innerafrika, fand Livingstone eine kleine Gemeinde von Soldaten und Zivilisten, ein Fort und rund dreißig Häuser im europäischen Stil vor, doch war diese Siedlung einst größer gewesen.

Zu den Eingeborenen des golderzeugenden Landes, das heute den Namen Rhodesien trägt, hatten die Portugiesen schon seit langem Kontakte unterhalten; so soll einer ihrer Missionare irgendwann im 17. Jahrhundert oder vielleicht sogar noch früher (910) in dem westlich der heutigen Stadt Bulawayo* gelegenen Khami gewirkt haben, doch ist sehr fragwürdig, ob das dort in No. 2 Hill Ruin (der »Kreuz«-Ruine) befindliche Steinkreuz tatsächlich sein Grab bezeichnet.

* Nicht zu verwechseln mit dem auf Abbildung 47 an der afrikanischen Südostküste eingezeichneten Ort gleichen Namens.

Auch im Gorongosa-Gebirge zwischen Sofala und Tete soll sich eine Zeitlang eine (von den Jesuiten unterhaltene) Missionsstation befunden haben (676), die zu Livingstones Zeit allerdings nicht mehr in Betrieb war.

Im 18. Jahrhundert ließen sich die Portugiesen in der Delagoa-Bai nieder, wo der Lokalhäuptling Dingiswayo vermutlich um 1800 Handelsbeziehungen zu ihnen anknüpfte. Die Eingeborenen *(Ka)* brachten, da die Portugiesen nicht weiter ins Binnenland vorstießen, ihre Waren an die Küste. Als erster Europäer besuchte der englische Kaufmann Fynn 1824 die Zuluhauptstadt (373), die zu dieser Zeit von Dingiswayos Nachfolger Chaka beherrscht wurde, und gründete noch im selben Jahr mit den Leutnants Farewell und King eine kleine europäische Siedlung in Port Natal (dem späteren Durban). (Weitere Informationen über diesen bemerkenswerten Mann siehe Seite 231 f.)

Um 1825 wirkte in Buntingville an der Südostspitze Afrikas ein christlicher Missionar (373), während sich in dem ganzen 480 Meilen langen, von Amapondo *(Ka)*, Zulu *(Ka)* und anderen Stämmen bewohnten Gebiet von hier bis unmittelbar südlich der Delagoa-Bai kein einziger Ausländer angesiedelt hatte.

Im südöstlichen Teil Afrikas war bis zum Beginn des 19. Jahrhunderts kaum etwas über die Weißen bekannt – bis ein aus dem Burenland kommender Europäer (vermutlich ein gewisser Dr. Cowan) zu Pferd hier auftauchte. Sein Äußeres rief eine solche Verblüffung hervor, daß noch Jahre später die tollsten Geschichten über ihn umliefen (373), so, daß sein Hut, wiewohl abnehmbar, ein Teil seines Kopfes gewesen und er auf einem unbekannten, blitzschnellen Tier geritten sei und einen Feuer und Donner speienden Stock mitgeführt habe, der wilde Tiere aus der Ferne tötete. Der Unglückliche fand indessen ein trauriges Ende, da ihn die Schwarzen in dem Glauben, ein Monster vor sich zu haben, massakrierten.

Überhaupt hegten die Eingeborenen in diesem Teil Afrikas damals zum Teil recht ausgefallene Ansichten über die Europäer (373). Man glaubte, sie seien gar keine wirklichen Menschen, sondern Meereswesen, die in großen Muscheln den Ozean überquerten und sich von den am Strand für sie bereitgelegten Elefanten-Stoßzähnen ernährten, wofür sie am Meeresgrund gesammelte bunte Perlen brächten.

1826 ließ sich der schottische Missionar Robert Moffat in Kuruman in Betschuanaland *(Ka)* nieder, wo ihm 1840 Livingstone begegnete. Dieser unternahm schon bald darauf Expeditionen in den Norden, die er bis zum Ngami-See ausdehnte, und brach in der Folge zu seinen Forschungsreisen durch Zentralafrika auf, die ihn weltberühmt machten.

1652 hatte die Holländisch-Ostindische Handelskompanie in der Tafel-Bai eine Niederlassung gegründet, um ihre Osthandelsschiffe mit Nachschub zu versorgen. Als die Europäer in der heutigen Kapprovinz und an der Südküste ihre Siedlungen errichteten, lebten in weiten Gebieten des Kaplandes keine Negriden. Die Eingeborenenbevölkerung setzte sich vielmehr, wie in einem Großteil Südwestafrikas, aus Hottentotten und Buschleuten zusammen. Die äußerst dünn besiedelte Kalahari-Wüste lag trennend zwischen den Europäern am Kap und den Negriden Zentralafrikas, und erst gegen Ende des 18. Jahrhunderts, zur Zeit der großen Kaffernwanderung nach Süden, kamen die europäischen Siedler Südafrikas mit diesem Volk in direkte Berührung. Die Begegnung erfolgte im Bereich des Great Fish River nördlich von Grahamstown, doch kam es zu keiner unmittelbaren Einigung mit den negriden Stämmen, da beide Völker ihr Territorium in entgegengesetzter Richtung auszudehnen wünschten, was zu Feindseligkeiten und einer Reihe von Kaffernkriegen führte.

Die Erschließung des südlichen Abschnitts der afrikanischen Westküste scheiterte lange an den klimatischen Verhältnissen. Unmittelbar nördlich von Kapstadt geht die sogenannte »mediterrane« Vegetation zunächst in Wüstensteppe und dann in eine ausgesprochene Wüstenzone über, die sich bis zur Südgrenze Angolas erstreckt. Dank der Unfruchtbarkeit der Küstenregion und der dünnen Besiedlung des Hinterlandes blieben die wenigen in diesem Teil des Kontinents ansässigen Eingeborenen vom Sklavenhandel und weitgehend auch von jeglichem Kontakt mit der Außenwelt verschont. Mitte des 19. Jahrhunderts hatten sich erst ein paar vereinzelte Europäer im Umfeld der Walfisch-Bai angesiedelt. Galton berichtet von einem russischen Missionar, der 1850 mit seiner englischen Frau in Barmen lebte, und im darauffolgenden Jahr tauchte ein Holländer auf, der sich völlig isoliert von den übrigen Europäern an dem auf der Karte (Abbildung 47) mit »Z« markierten Punkt niederließ. Daneben hatten sich auch vereinzelte, auf dem Landweg gekommene Europäer in Rehoboth im Gebiet der Hottentotten ansässig gemacht (377).

Im weiter nördlich gelegenen, dank des ausgeglicheneren Küstenklimas ziemlich dicht besiedelten Streifen unterhielten die Portugiesen seit langem Kontakte zu den Eingeborenen: Schon 1491 hatten portugiesische Reisende der rund 100 Meilen landeinwärts gelegenen Hauptstadt des Königs vom Kongo einen Besuch abgestattet. Dabei hatte der Potentat, dessen Herrschaftsbereich sich vom Kongo bis zum Kwanza erstreckte, eingewilligt, einige seiner Untertanen zur Ausbildung nach Lissabon zu schicken. Außerdem ließ er seine Stadt von den Portugiesen ausbauen, die dort eine Kathedrale, Kirchen und andere Steingebäude errichteten (623). Doch San Salvadors Glanzzeit sollte nicht lange währen: Ein Enkel von Diaz gründete 1576 Loanda, und als die Portugiesen von ihren westafrikanischen Besitzungen aus Sklaven für die brasilianischen Zuckerplantagen zu verschleppen begannen, stellte der Hafen die Binnenstadt mehr und mehr in den Schatten, die nach der allmählichen Abwanderung ihrer europäischen Einwohnerschaft schließlich verfiel.

1839 ließen sich die Franzosen in Gabun nieder, doch brauchten sie, da die an der Küste ansässigen Eingeborenen (Mpongwe, *Pan 1*) als aktive Zwischenhändler fungierten, zu Handelszwecken nicht weit ins Binnenland vorzustoßen, das denn auch, als Du Chaillu 1856 mit seiner Erforschung begann, von Fremden noch ziemlich unberührt war (200).

Fassen wir das bisher Gesagte abschließend noch einmal kurz zusammen: Als die Forschungsreisenden im 19. Jahrhundert nach Zentralafrika vordrangen, existierten an den Küsten und auf den umliegenden Inseln seit langem vereinzelte arabische und portugiesische Siedlungen sowie die von ausländischen Kaufleuten tief im Binnenland errichteten Niederlassungen in Kaze, Udjidji, Tete, Kasanje und etlichen anderen weit auseinanderliegenden Orten. In den meisten dieser Gründungen war jedoch kein Versuch unternommen worden, die Eingeborenen zu bekehren oder zu belehren. Auch an den Haupthandelsstraßen lebte, zum Teil ständig, aber weit verstreut, eine sehr kleine Anzahl Fremder. Im oberen Sambesi-Tal waren nur gelegentlich ein paar Besucher aus der Außenwelt, vorwiegend Mischlinge, aufgetaucht, viele andere Teile des Binnenlandes waren gänzlich unberührt geblieben, desgleichen bestimmte Küstenbezirke.

Die Folge war, daß die Forscher die Negriden in einer Phase antrafen, in der ihre Lebensgewohnheiten noch kaum Veränderungen durch Fremdeinflüsse erfahren hatten. Allerdings war es zu gewissen Modifikationen gekommen, deren Ausmaß wir in Kapitel 17 erörtern wollen. In Kapitel 18 soll dann der Versuch unternommen werden, einen gewissen Eindruck von der Eingeborenenkultur der Negriden zu vermitteln, um auf dieser Basis ihre Fähigkeit zum selbständigen kulturellen Fortschritt zu beurteilen.

17
Die Negriden
Fremde Kultureinflüsse

Wie in Kapitel 16 bereits aufgezeigt, hatte sich zu Beginn des 19. Jahrhunderts in dem weiten, von Nilotiden, Kaffriden und Palänegriden bewohnten zentralafrikanischen Raum noch kaum – und in den meisten Gegenden überhaupt keine – Gelegenheit zur direkten Übernahme von Gedankengut aus dem fortschrittlicheren Teil der Welt geboten. Dennoch übten die Fremden selbst auf abgelegene Bezirke einen gewissen indirekten Einfluß aus, und mit diesen fremden Kultureinflüssen wollen wir uns nun näher befassen.

Um Aufschluß über das Leben der Nilotiden, Kaffriden und Palänegriden (*Pan 1, Pan 3* und *Pan 4*) in vorkolonialer Zeit zu gewinnen, müssen wir uns an die Werke der Afrikaforscher des 19. Jahrhunderts halten. Da es aber weder möglich noch auch nutzbringend wäre, all die vielen, von diesen Männern der Nachwelt hinterlassene Berichte kritisch zu sondieren, schien es am sinnvollsten, eine begrenzte Zahl von Forschern herauszugreifen, die das Land in den 50 Jahren nach 1820 bereisten, und ihre Erkenntnisse zugrunde zu legen. Dabei galt es, nicht nur scharfe, an den Sitten und Gebräuchen der Eingeborenen interessierte und möglichst vorurteilsfreie Beobachter zu wählen, die auf ihren Expeditionen viele Teile des riesigen Gebietes erforscht hatten, sondern auch Männer von unterschiedlicher Wesensart und aus unterschiedlichem Milieu, um der Gefahr einer aus demselben Bildungshintergrund erwachsenden, allzu einheitlichen und damit einseitigen Betrachtungsweise vorzubeugen.

Hier die Namen der nach diesen Gesichtspunkten Ausgewählten sowie die Jahreszahlen ihrer ausgewerteten Forschungsreisen (deren Ergebnisse zum Teil schon in Kapitel 16 erwähnt wurden):

H. F. Fynn (373)	1824–1834
D. Livingstone (676)	1840–1856
F. Galton (378)	1850–1851
B. P. Du Chaillu (200)	1856–1859
J. H. Speke (996)	1860–1863
S. W. Baker (51)	1862–1865
G. Schweinfurth (951)	1869–1871

Soweit die im Text ausgewerteten Informationen nicht den mit den Ziffern nach den Namen bezeichneten Büchern entstammen, wird das betreffende Werk eigens aufgeführt.

Die hier zugrunde gelegte, 1890 erschienene Auflage von Galtons Buch, auf die sich auch die Zitate in Kapitel 18 beziehen, ist – bis auf die wesentlich genauere Karte – mit der Erstausgabe von 1853 in fast jeglicher Hinsicht identisch. Schweinfurths Erstausgabe erschien 1873 in Englisch. Die erste deutsche Ausgabe kam erst im darauffolgenden Jahr heraus und wurde für dieses Buch benutzt.

Die Karte, Abbildung 47, zeigt nicht nur die von den sieben Afrikareisenden eingeschlagenen Routen, sondern bringt neben den Ausgangspunkten der Expedition jeweils auch die Namen der betreffenden Forscher sowie die der wichtigsten von ihnen beobachteten Stämme. (Eine gesonderte Zusammenstellung der Stammesnamen samt den Namen der zugehörigen Forscher findet sich außerdem im Anhang, Seite 382.) Da die meisten Stämme nur von einem einzigen Forschungsreisenden aufgesucht wurden, bedarf es im allgemeinen keiner besonderen Hinweise – ein Blick auf Seite 382 im Anhang liefert hier die nötigen Informationen.

Um dem Leser die Orientierung in den Originalen zu erleichtern, wurde, wie bereits erwähnt, weitgehend die von den Forschern selbst verwendete Schreibweise der Stammesnamen übernommen; exaktere, den Grundsätzen der modernen Phonetik gemäßere Alternativnamen finden sich im Anhang, Seite 382. Wenn der Auswahl der hier vorgestellten Forschungsreisenden zwangsläufig bis zu einem gewissen Grad etwas Willkürliches anhaftet (denn natürlich hätte man statt Fynn ebenso gut Isaacs (544), und statt Schweinfurth Pethericks, (839), heranziehen können), scheinen die zitierten sieben Männer den gestellten Erfordernissen doch am besten gerecht zu werden. Außerdem wäre wohl kaum ein wesentlich anderes Bild entstanden, hätten wir uns für eine andere Forschergruppe entschieden oder die Schriften einer größeren Autorenzahl genauer analysiert. Allerdings schien es angebracht, in Kapitel 19 noch einige Informationen über gewisse, von den genannten sieben Männern nicht besuchte Gebiete anzufügen. Zunächst jedoch eine kurze Charakterisierung dieser Forscher.

Henry Francis Fynn stellte als erster genaue Beobachtungen über die von Dingiswayo und insbesondere dessen Nachfolger Chaka unter dem Sammelnamen Zulu vereinigte Gruppe kaffrider Stämme an. Obgleich er nicht annähernd so weit ins Binnenland gelangte wie die anderen sechs Forscher, durchzog er doch den Europäern so gut wie unbekanntes Territorium. Als Ladungsaufseher eines Schiffes war er zunächst an einem vergeblichen Versuch beteiligt, zu den Eingeborenen der St. Lucia-Bai Handelsbeziehungen anzuknüpfen. Bald darauf lernte Fynn in Kapstadt zufällig G. F. Farewell und J. S. King, zwei Leutnants der Royal Navy, kennen. In der Absicht, Handelsbeziehungen zu Chaka aufzunehmen, planten die beiden, eine Niederlassung in Port Natal (dem späteren Durban) zu gründen. (Seite 271–272). Fynn stieg als Teilhaber in das Geschäft mit ein.

Der außerordentlich charakterfeste Fynn verband Furchtlosigkeit und Zähigkeit mit gesundem Menschenverstand, Bescheidenheit und sicherem Gespür für die Gefühle anderer, gleich, welcher Rasse sie angehörten. Isaacs, sein späterer Geschäftspartner in Zululand, schreibt über ihn:

»Die Eingeborenen liebten ihn über alles und blickten mit ungewöhnlicher Verehrung zu ihm auf, hatte er doch durch sein Eingreifen nicht selten einem der Ihren das Leben gerettet und ihnen in Augenblicken des Schmerzes und der Krankheit lindernde Mittel verabreicht« (544).

Und Fynn selbst bemerkt:

»Wiewohl dem Verfasser diese Menschen, wie er unverhohlen bekennt, im Laufe seines langen Aufenthaltes lieb und teuer geworden waren, hat er sich bei der Beschreibung ihrer persönlichen Artung, ihrer Sitten und Gebräuche doch strikt an die nüchternen Tatsachen gehalten.«

Fynn hatte zweifellos keine so gründliche offizielle Schulbildung genossen wie die übrigen sechs Forscher (bezeichnenderweise ließ er sein Tagebuch von literarisch Versierten überarbeiten, um es dem Publikum in annehmbarer Form vorzulegen); trotzdem hat keiner der anderen einen einzelnen Stamm (oder eine Stammesgruppe) so eingehend studiert wie er die Zulu. Wie Stuart, einer der Herausgeber des Tagebuches, schreibt:

»Tatsache ist, daß Fynn eine Kategorie für sich darstellte und noch immer darstellt, und daß diese seine allgemein und offen anerkannte Überlegenheit nahezu allen seinen Schriften über die Anfänge Natals und Zululands besonderen Rang und Wert verleiht« (1021).

Ende 1834 verließ der sprachbegabte Fynn Natal und wurde, da er nach zehnjährigem

Aufenthalt im Lande die Zulusprache fließend beherrschte, bei Ausbruch des Krieges mit dem Xhosa-Stamm Stabsdolmetscher des Gouverneures Sir Benjamin D'Urban.

Wie allgemein bekannt, unternahm David Livingstone seine ausgedehnten Forschungsreisen unter anderem in der Überzeugung, das Christentum lasse sich am leichtesten durch Errichtung entsprechender Handelsstraßen in Zentralafrika verbreiten. Doch wie aus seinen eigenen Schriften deutlich hervorgeht, beseelte ihn darüber hinaus ein unstillbarer Forscherdrang und der Wunsch, geologische und biologische Untersuchungen anzustellen. Livingstone ist kein Mann vieler Worte: Erstaunt schon die Kürze, mit der er seinen Entschluß begründet, von Zentralafrika aus eine Route zur Westküste zu suchen, so erst recht die knappe Schilderung, wie er, endlich an der Westküste angelangt, erkannte, in Anbetracht der von den Eingeborenenhäuptlingen erhobenen Zölle sei die Route für den Handel wohl doch nicht geeignet, und den Beschluß faßte, den ganzen Weg durch Innerafrika noch einmal zurückzulegen, um einen Zugang zum Indischen Ozean zu suchen. Er macht von der Notwendigkeit, als erster Europäer den Schwarzen Erdteil zu durchqueren, nicht mehr Aufhebens als ein Kraftfahrer, der eine Straße gesperrt findet und eine kurze Umleitung in Kauf nehmen muß. Sein ganzes Buch mutet erstaunlich unemotional an, wie er überhaupt eher zur Unter- als zur Übertreibung neigt. »Die Buren«, heißt es an einer Stelle lakonisch, »haben mir durch Beschlagnahmung meiner gesamten Habe die Mühe abgenommen, ein Testament zu machen.« (Um etwaigen Mißverständnissen vorzubeugen, sei angemerkt, daß er hier von einer bestimmten Personengruppe und nicht von den Buren im allgemeinen spricht, die er als »ein nüchternes, fleißiges und äußerst gastfreundliches Bauernvolk« bezeichnet.)

Und hier ein amüsantes Beispiel für Livingstones Geschick, von Glaubensdingen unmerklich zur Naturwissenschaft überzuwechseln. »Wie ich so durch den Wald schritt, nachdem ich diesen armen Leuten (Batonga, *Pan 1*) zum erstenmal in ihrem Leben vom Sohn Gottes erzählt hatte, der sie so sehr liebte, daß er zu ihrer Errettung vom Himmel herabstieg, bemerkte ich viele Regimenter schwarzer Raubameisen, die von ihren Beutezügen heimkehrten.«

Danach folgt ein über drei Seiten langer Exkurs über die Lebensgewohnheiten der Ameisen und verwandte naturgeschichtliche Themen. An einer anderen Stelle berichtet er ausführlich über die sorgfältigen Experimente, die er zur Klärung der Frage anstellte, ob die Larven der Schaumzikaden (Cercopidae) die Flüssigkeit für ihren »Kuckucksspeichel« aus der Luft oder aus dem Saft ihrer Wirtspflanzen beziehen.

Daß Livingstone als Arzt und Missionar den Negern gegenüber eine humane und aufgeklärte Einstellung vertrat, braucht wohl nicht eigens betont zu werden. So schreibt er über seine Träger: »Ich rede mit ihnen und behandle sie wie vernunftbegabte Wesen und komme folglich mit ihnen im allgemeinen auch gut aus.« Immer wieder erwähnt er die Freundlichkeit und Güte, die ihm die Angehörigen bestimmter Stämme entgegenbrachten. »Ich sehne mich ernstlich danach, zurückzukehren, um sie (die Barotse, *Pan 1*) in irgendeiner Weise für ihre Freundlichkeit zu belohnen.« Oder: »Nach langer Beobachtung gelangte ich zu der Einsicht, daß sie (die Makololo, *Ka*) eine ebenso sonderbare Mischung aus Gut und Böse darstellen wie die Menschen überall sonst auch . . . es wäre ein leichtes, diese Leute anhand entsprechender Beispiele entweder ungemein gut oder überaus schlecht erscheinen zu lassen.«

An der Exaktheit von Livingstones Erlebnisbericht ist kaum zu rütteln. Er prüfte seine Routen anhand astronomischer Beobachtungen genau nach und begeht in seinem Buch selten einen Fehler irgendwelcher Art. Nur bei der Klassifikation der Negerstämme verfährt er ziemlich unlogisch und verwendet die Stammesnamen recht willkürlich, setzt beispielsweise an einer Stelle die Makololo mit den Basuto gleich, während er sie an anderer als gesonderte Gruppe behandelt und verwechselt, wie so mancher seiner Zeitgenossen, gelegentlich Krokodile mit Alligatoren.

Vom Missionar Livingstone zum eher kühlen Verstandesmenschen Galton ist ein weiter Weg, und außerdem ist der bemerkenswerte, ungewöhnlich vielseitige Galton auch weniger ob seiner Entdeckungsreisen, sondern wegen seiner späteren Leistungen auf dem Gebiet der Meteorologie, Eugenik und Kriminologie bekannt. Dennoch erlebte er als junger Mann bei seinen Expeditionen durch Südwestafrika, die ihn weit durch unbekanntes Gebiet bis in jenen Teil des Kontinents führten, wo Livingstone damals wirkte, viele bemerkenswerte Abenteuer, die er allerdings im großen und ganzen ziemlich trocken und ohne viel Rücksicht auf das Bedürfnis des Lesers nach Unterhaltung wiedergibt. Die einzige Ausnahme bildet die Schilderung einer Situation, in der er sich angesichts des enormen Hinterteils einer Hottentottin zwischen dem Wunsch, ihre Maße wissenschaftlich exakt zu erfassen, und zartfühlender Schonung für die bescheidene Besitzerin solcher Fülle hin und her gerissen fühlt. »Ich war angesichts ihrer Üppigkeit ganz entgeistert«, berichtet er. Glücklicherweise konnte er sein Problem mit Hilfe des Sextanten und Messung der Entfernung bis zum Standort der Frau lösen und so »das Ergebnis schließlich mittels Trigonometrie und Logarithmen errechnen«.

Galton scheint vielleicht der strengste und wenigst einfühlende der sieben Forscher, doch deutet nichts auf irgendein Vorurteil gegenüber den Eingeborenen hin, denen er offenbar je nach Verdienst Lob oder Tadel zuteil werden läßt. Obgleich nicht warmherzig, ist er doch menschenfreundlicher Regungen fähig. So verurteilt er nachdrücklich das brutale Vorgehen einer Gruppe, die lange nach seiner Rückkehr nach Europa eine Expedition durch Südwestafrika startete und nennt Ovamboland »das glückliche Land einer edlen und freundlichen Negerrasse, die nun zum ersten Mal mit der überheblichen Stärke des weißen Mannes konfrontiert und durch sie gedemütigt worden ist«.

Der Amerikaner Du Chaillu, der, nachdem schon sein Vater in Westafrika Handel getrieben hatte, am rechten Gabunufer nahe der Mündung einen Handelsposten unterhielt, stieß auf seinen Forschungsreisen nicht sehr weit ins Binnenland vor; dennoch gelangte er am Muni, Ogowe und Rembo-Nkomi viel weiter flußaufwärts als irgendein Europäer vor ihm. Auf seinen zahlreichen Expeditionen tätigte er manches Handelsgeschäft, aber es waren eindeutig keine Handelsinteressen, die ihn landeinwärts führten: Der begeisterte Amateurnaturwissenschaftler und Vogelkenner hegte vielmehr den festen Vorsatz, als erster Weißer den Gorilla in seinen natürlichen Schlupfwinkeln zu beobachten. Dieses Vorhaben konnte er tatsächlich mit großem Erfolg verwirklichen. Wenn er auch keine anthropologischen Ambitionen verfolgte, scheinen seine Beschreibungen der Eingeborenen und ihrer Sitten doch wirklichkeitsnah, objektiv und vorurteilsfrei. Im Verlauf seiner Expeditionen durch die verschiedenen Stammesgebiete richtete er umfangreiche Sammlungen der von den Eingeborenen angefertigten Gegenstände ein.

Du Chaillu erweckt den Eindruck eines warmherzigen, begeisterungsfähigen, aufrichtigen, jedoch alles andere als intellektuellen Reisenden, der die Härten der Afrikaforschung eher herunterspielt. Als frommem Mann schien ihm das Wohl der Eingeborenen ehrlich am Herzen zu liegen, denen er, wie folgende Textauszüge belegen, ohne Vorurteil begegnet:

»Ich bin überall auf meinen Reisen ehrenwerten, wohlmeinenden und in jeglicher Hinsicht achtens- und vertrauenswürdigen Männern und Frauen begegnet; allein schon der Umstand, daß ein Weißer ganz auf sich gestellt, ohne Hilfe und starke Rückendeckung durch dieses rauhe Land ziehen konnte, ohne behelligt oder ausgeraubt zu werden, beweist hinlänglich, daß die schwarze Rasse von Natur aus nicht herzlos ist.«

»Nie werde ich vergessen, wie gütig die Frauen (Bakalai, *Pan 1*) während meiner Krankheit zu mir waren. Arme Seelen! Sie werden von ihren Zuchtmeistern (den Ehemännern) übel mißbraucht; sind die reinsten Sklaven, welche die ganze schwere Arbeit verrichten und trotzdem Schläge und Mißhandlungen hinnehmen müssen; und doch wird ihr Herz angesichts fremden Leidens ebenso weich wie in unseren zivilisierteren Ländern.«

»Selbst im rohen Afrika sind die Frauen (Apingi, *Pan 1*) immer gütig und bereit, dem Hilflosen zu helfen.«

Du Chaillu berichtet, wie er und seine Reisegefährten einmal, dem Verhungern nahe, unverhofft auf ein paar Neger vom Ashira-Stamm *(Pan 1)* stießen, die der Expeditionsgruppe, obwohl sie den Schwarzen absolut fremd war, sofort zu essen gaben.

Als Du Chaillu seine Erlebnisse, insbesondere seine Beobachtungen über den Gorilla, veröffentlichte, begegnete er nicht wenig Unglauben. Mittlerweile haben sich seine Darlegungen im wesentlichen als zutreffend erwiesen, wenn ihnen auch die Genauigkeit der anderen Forschungsreisenden fehlt. Nirgends gibt er einen Hinweis auf seine Kontrollmethoden, und trotz der detaillierten Karte nimmt er es mit der Angabe seiner Routen keineswegs immer genau. So läßt er beispielsweise einen Fluß statt nach Westen nach Osten fließen und bekundet so wenig Interesse an der korrekten Benennung der Tiere, daß er unbekümmert von Hirschen, Tigern, Vampiren, Turako, Tukan und Kolibris erzählt, obgleich sich diese Namen auf die Tiere der äthiopischen Region strenggenommen überhaupt nicht anwenden lassen. Es erscheint geradezu unglaublich, daß ein an Vögeln so interessierter und in gewisser Hinsicht vogelkundiger Mann wie er nicht merkte, daß das, was er als »Tukan« bezeichnete, in Wirklichkeit ein Nashornvogel war. Die Erklärung ist wohl eher in Nachlässigkeit als in Unwissenheit zu suchen.

Als der Hauptmann der britischen Indienarmee Speke, der zusammen mit Livingstone und Baker zu den bedeutendsten Afrikaforschern zählt, in Begleitung Grants in Höhe von Sansibar zu seiner dritten Forschungsreise aufbrach, um auf der Suche nach dem Nilausfluß den Viktoria-See im Uhrzeigersinn zu umrunden, hatte er bereits zwei Afrikaexpeditionen zusammen mit Burton unternommen, bei deren zweiter er den Victoria Nyanza, den Viktoria-See, entdeckt hatte. Speke macht eigentlich den Eindruck des typischen Offiziers seiner Zeit – tapfer, zäh, gerecht (wiewohl er mit Delinquenten ziemlich kurzen Prozeß zu machen pflegte), im großen und ganzen warmherzig und großzügig, sofern der andere sich aufrichtig und pflichtbewußt verhielt. Sein Stil ist einfach, zeigt aber einen ausgesprochenen Hang zur Weitschweifigkeit. So ist etwa die ausführliche Schilderung all der Zölle oder *hongo*, die er den verschiedenen Häuptlingen beim Durchzug durch ihr Gebiet entrichten mußte, nahezu unausstehlich langweilig. Davon abgesehen erweist sich Speke als sorgfältiger Beobachter des Lebens der Eingeborenen. »Ich habe mir«, schreibt er, »das Ziel gesetzt, das Afrika der Eingeborenen genau zu schildern – Afrika, wie es an jenen Stätten ist, die von der europäischen Zivilisation noch keinerlei gute oder schlechte Impulse empfangen haben.« Obwohl er die Fehler und Schwächen der einzelnen Stämme unumwunden nennt, hegt er ganz offensichtlich keine Vorurteile: »Es ist völlig ungereimt zu behaupten, der Schwarze könne nicht lernen, haben doch die paar Negerjungen, die an unseren Schulen ausgebildet wurden, sogar eine raschere Auffassungsgabe an den Tag gelegt als unsere eigenen Kinder.«

Spekes Genauigkeit ist über jeden Tadel erhaben – sein Buch enthält im Gegensatz zu manchem der bereits genannten Werke nicht den geringsten Fehler. Dennoch wurde er bei der Rückkehr nach England von seinem ehemaligen Gefährten Burton (173) und anderen Geografen heftig angegriffen, die seine Behauptung, der Nil entspringe aus dem Viktoria-See, entschieden bestritten. Eine Konfrontation mit Burton wurde angesetzt, konnte aber nicht stattfinden, da Speke am Morgen des Tages, an dem die Auseinandersetzung vor der British Association for the Advancement of Science stattfinden sollte, tödlich verunglückte.

Spätere Expeditionen bestätigten dann die Ergebnisse seiner geografischen Forschungen. Wie sich bei einem Vergleich seiner Landkarte mit der Burtons (der praktischerweise in seinem Buch beide nebeneinander veröffentlichte, 173) auf Anhieb zeigt, entsprechen Spekes Angaben im wesentlichen den Tatsachen, während Burtons Darstellung absolut falsch ist.

Nachdem Speke der Nachweis gelungen war, daß der Nil aus dem Viktoria-See entspringt, traf er in dem kleinen Handelsposten Gondokoro auf Samuel Baker und Florence von Sass, die auf der Suche nach der Quelle des Flusses in entgegengesetzter Richtung aufgebrochen waren. Baker, der in der Folge zur Erforschung der noch unbekannten Regionen eine Expedition nach Süden unternahm, fand bestätigt, was Speke aufgrund von Eingeborenenberichten bereits vermutet hatte, daß der Fluß vom Viktoria-See in einen anderen großen See, den Albert Nyanza, und anschließend als Weißer Nil nach Norden fließt.

Der abenteuerlustige, weitgereiste Baker hatte sich in den Kopf gesetzt – und diesen Entschluß nur seiner Reisegefährtin und späteren Frau Florence von Sass eröffnet –, das Geheimnis um die Nilquellen zu lüften. Sein Buch, in dem er Spekes und Grants Verdienste voll würdigt, bestätigt ihn als den besten Schriftsteller unter den sieben hier behandelten Forschern, als Meister eines klaren, unmittelbaren Stils, fähig, die Fakten sachlich und anschaulich zu schildern, und doch voll Humor und mitmenschlichem Empfinden. Selbst heute, nach so langer Zeit, vermag sein unverkennbar echter Kummer über den Tod einiger seiner treuen Gefährten verschiedener Rasse noch zu rühren und sein scharfer, treffsicherer Blick für die Eingeborenen, durch deren Gebiete er kam, echtes Interesse zu erwecken. »Ich werde«, behauptet er zu Recht, »ein genaues Bild vom Wilden zeichnen, wie er ist und wie ich ihn kennenlernte und unvoreingenommen beurteilte.«

Wie Spekes Schriften, sind die Bakers ebenfalls frei von Flüchtigkeitsfehlern. Und wenn er auch die Ausdehnung des Albert-Sees in dem von ihm unerforschten Teil völlig falsch einschätzt, verfährt er doch bei der Aufzeichnung seiner Route trotz schwierigster Arbeitsbedingungen bemerkenswert exakt, und seine wichtigsten geografischen Entdeckungen haben sich alle bestätigt.

Der aus Riga gebürtige Georg August Schweinfurth (trotz seines Hinweises auf »meine nordische Heimat« ein Deutscher, der an deutschen Universitäten Botanik studiert hatte) unternahm in den Jahren 1869–1871 eine Afrikaexpedition, die in erster Linie der Erforschung der Vegetation im Gebiet des Bahr-el-Ghasal und seiner Nebenflüsse dienen sollte. Dabei bewährte sich der geschulte Botaniker Schweinfurth auch als guter Tier- und Menschenbeobachter und leistete, obwohl er als Kartograf Livingstone, Speke und Baker nicht das Wasser reichen kann, einige beachtliche geografische Beiträge. Als erster Europäer erreichte er von Norden her die Nil-Kongo-Wasserscheide und schrieb, gleichfalls als erster, einen ausführlichen Bericht über die Azande oder »Niam-Niam«-Kannibalen *(Pan 3)*. Seine Schriften, im großen und ganzen ziemlich trocken und humorlos, sind über die Maßen genau, ja, seine exakten Angaben über Breite und Tiefe jedes belanglosen Flusses sind womöglich sogar noch langweiliger als Spekes nichtendenwollende Ausführungen über *hongos*, doch gewinnt sein Bericht durch die von ihm selbst angefertigten, künstlerisch vollendeten Zeichnungen beträchtlich an Lebendigkeit. An Schweinfurths Humanität ist nicht zu zweifeln, sie bricht sich immer wieder Bahn, etwa, wenn er die Sklavenhändler als »menschliche Teufel« schildert, oder zum Tod des kleinen

Tikkitikki, eines von ihm adoptierten Pygmäen (Bambutiden), bemerkt:
»Noch nie war mir ein Tod so zu Herzen gegangen wie dieser, und mein eigener Zustand wurde infolge des erlittenen Kummers ein derartig geschwächter, daß ich mich kaum fähig fühlte, eine halbe Stunde auf den Beinen zu bleiben, ohne die äußerste Ermattung zu empfinden. Zwei Jahre sind inzwischen verstrichen, aber immer noch erweckt der bloße Gedanke an die Trübsal jener Tage in mir das Gefühl einer frisch aufgerissenen Wunde.«
So viel zu den sieben Männern, aus deren Schriften die in diesem und im nächsten Kapitel verarbeiteten Informationen über die Kultur der Negriden im unberührten Teil Afrikas stammen. Wenn ihnen auch die Schulung und Sachkenntnis unserer heutigen Sozialanthropologen abgeht, berichten sie doch, durch keine bestimmte Denkrichtung festgelegt, ganz offensichtlich das, was sie sahen, und vermitteln so ein allgemeines, verläßliches, viele Aspekte einbeziehendes Bild vom Leben, das die Negriden zur damaligen Zeit in den entlegeneren Teilen Afrikas führten.

Die ausländische Handelsware, auf die die Forschungsreisenden am häufigsten stießen, waren die damals schon fast überall verbreiteten Glasperlen. Selbst der kannibalische Fang-Stamm *(Pan 3)* Innergabuns benutzte, als der erste Europäer auftauchte, bereits diesen Importartikel, der als nahezu unentbehrlich hoch im Kurs stand – verständlicherweise, denn die Glasperlen waren nicht nur dekorativer als die vergleichbaren einheimischen Erzeugnisse und dazu noch hart und ziemlich unverwüstlich, sondern galten bei aller Kleinheit und Leichtigkeit als wertvoll und eigneten sich somit vortrefflich als Kleingeld bei Tauschgeschäften. Nach Ostafrika wurden sie (mit Ausnahme der roten, der sogenannten *kadunduguru*, die aus Indien stammten, 996) hauptsächlich aus Venedig eingeführt, vorwiegend von den indischen Kaufleuten (Banyans) Sansibars. Mitte des 19. Jahrhunderts gab es nicht weniger als 400 Sorten, und der Reisende tat gut daran, sich im voraus zu informieren, welche Sorten in welchen Gebieten bevorzugt wurden. Ungünstig war natürlich, wenn die Forscher in Gegenden gelangten, über deren lokale Geschmacksrichtung die Händler an der Küste noch nicht Bescheid wußten. Im übrigen scheint sich der Gebrauch importierter Glasperlen weder auf das Denken noch auf die Einrichtungen der Eingeborenen nennenswert ausgewirkt zu haben.
Bei größeren Handelsgeschäften wurden ausländische Stoffe getauscht, die wegen ihres eigentlichen Wertes geschätzt wurden und daher auch weniger als Geldersatz von Hand zu Hand gingen. Die Eingeborenenhäuptlinge Ostafrikas allerdings requirierten als *hongo* für die Durchreiseerlaubnis durch ihr Gebiet vielfach große Mengen bestimmter Stoffe (996), die, als Vorratsbestände gestapelt, zweifellos einen Teil ihres Reichtums ausmachten.
Feuerwaffen hingegen waren noch nicht nach Zentralafrika gelangt und zur Zeit von Spekes Ankunft auch in Kamurasis Palast in Unyoro unbekannt. Chaka hatte gleichfalls noch nichts von ihnen gehört und wollte zunächst nicht glauben, daß sie sich zum Kriegführen besser eignen sollten als der Assagai. In vielen Gegenden allerdings konnten die Eingeborenen, als der weiße Mann auftauchte, längst mit den neuen Waffen umgehen. So stellte Du Chaillu zu seinem Erstaunen fest, daß Flinten und Pulver bei den rund 90 Meilen von der Küste entfernt in bis dahin unerforschtem Gebiet lebenden Bakalai *(Pan 1)* Gabuns »alles andere als unbekannt« waren, sondern im Gegenteil die Haupthandelsartikel darstellten und zur Jagd verwendet wurden. Und Livingstone machte im Gebiet der Wasserscheide zwischen Sambesi und Kasaia an der Westgrenze des Stammesgebietes der Balunda die Erfahrung, daß Nahrungsmittel fast nur im Austausch gegen Pulver zu haben waren und die Eingeborenen fast das ganze Großwild in ihrem Gebiet abgeschossen

hatten. Im allgemeinen freilich waren, da es sich als schwierig oder sogar unmöglich erwies, regelmäßig Kugel- und Pulvernachschub zu beschaffen, dem Einsatz von Flinten außer in der Nähe der Handelsniederlassungen Grenzen gezogen.

Auch verschiedene Musikinstrumente der Negriden waren eindeutig ausländischer Herkunft, so beispielsweise zwei von Schweinfurth erwähnte Instrumente der Azande, eine Art Mandoline und »ein Zwischending zwischen Mandoline und Harfe«. Beide scheinen nach Hickmanns Definition (488) zur Kategorie der *harpes arquées* oder Bogenharfen zu zählen, die im Prinzip aus einem Resonanzkörper und in dessen Verlängerung aus einem massiven geschwungenen Hals bestehen, zwischen denen die Saiten gespannt sind. Im Gegensatz zur eigentlichen Harfe ist der Hals nicht mit dem Resonanzkörper verbunden, sondern steht im stumpfen Winkel zu ihm. Harfen von ähnlicher Bauart waren in Sumer schon 3000 Jahre vor Christus (1111) und (wie einige Exemplare im Kairoer Museum beweisen) auch im alten Ägypten in Gebrauch.

Die bis jetzt erwähnten Objekte fallen in drei Kategorien: 1. Dinge, die lediglich eine schmückende Funktion haben oder als Tauschmittel dienen (zum Beispiel Glasperlen); 2. solche, die sich praktisch nutzen, jedoch von den Empfängern weder nachbauen noch zur Herstellung von irgend etwas anderem verwenden lassen (wie die Feuerwaffen); 3. solche, die zwar benutzt und kopiert werden können, sich aber gleichfalls nicht zur Erzeugung irgendeines anderen Objektes oder einer anderen Substanz eignen (wie die Bogenharfe). Gegenstände der 1., 2. (und möglicherweise auch 3.) Kategorie wirken sich auf Gedankenwelt und Kultur im allgemeinen weniger aus als Erfindungen, die, für sich genommen, zwecklos, allerdings in Anbetracht dessen, was sie zu erzeugen vermögen, falls der Empfänger sie richtig zu gebrauchen lernt, von Wert sind. Von diesen Erfindungen wiederum gibt es zwei Arten: solche, die ein dekoratives oder praktisch brauchbares *Objekt* herstellen, und solche, die als Endprodukt eine *Substanz* liefern, die sich zu dekorativen oder praktischen Zwekken verarbeiten läßt – im vorliegenden Fall am besten repräsentiert durch Webstuhl und Schmelzofen.

Es kann kaum ein Zweifel daran bestehen, daß die Weberei vom Norden ins negride Afrika gelangte. Livingstone verweist auf die Übereinstimmung zwischen dem in Angola und im südlichen Zentralafrika üblichen Baumwollspinnverfahren sowie der Konstruktion der einfachen Webstühle mit den Darstellungen auf altägyptischen Kulturdenkmälern, und Du Chaillu sah bei den weiter nördlich lebenden Apingi- *(Pan 1)* und Ashira-Stämmen *(Pan 1)* noch kompliziertere Webstühle mit zwei Reihen von »Tritten« zur Bildung des Fachs, durch das der Schütze geschleudert wird. Als Faser diente ein einheimisches Produkt aus den Blättern einer nicht näher bezeichneten Palmenart. Du Chaillu beschreibt das Ashira-Tuch als »sehr fein und von ziemlich ebenmäßiger Beschaffenheit«. Im übrigen webten bei den Ashira die Männer, in Angola dagegen die Frauen. Speke erzählt, die Wanyamwezi *(Ka)* seien erfahrene Baumwollweber gewesen. Im allgemeinen erwähnen die Afrikaforscher freilich selten, daß Angehörige eines der zahllosen Stämme, durch deren Territorium sie kamen, dieses Handwerk ausübten, und Schweinfurth schreibt den Umstand, daß die Monbuttu nicht webten, dem fehlenden Austausch mit Muslims und Christen zu.

Das Verfahren, Eisen aus seinen Erzen auszuschmelzen und daraus Waffen und Werkzeuge zu schmieden, soll in den ersten 500 Jahren christlicher Zeitrechnung von Berbern nach Westafrika ins Gebiet der Sudaniden gebracht worden sein (207), von wo es sich dann in alle Teile Schwarzafrikas ausgebreitet hätte. Ebenso gut allerdings könnte das Wissen um diese Techniken vom alten Kulturmittelpunkt Meroë aus nilaufwärts nach Osten und Süden gelangt sein (207). Wie auch immer, jedenfalls dürfte die

Eisenverhüttung um das 10. Jahrhundert herum in den meisten Teilen Schwarzafrikas (außer in Gegenden ohne Erzvorkommen) praktiziert worden sein.

Baker hat männliche Vertreter des (verschiedentlich als äthiopid und »nilo-hamitisch« eingestuften, vergleiche Seite 162) Lotuko-Stammes in Tarangole östlich des Weißen Nils, nahe der Südgrenze des heutigen Sudan, bei der Eisenverhüttung beobachtet und den Vorgang auch zeichnerisch festgehalten: Der Blasebalg bestand aus zwei etwa 30 Zentimeter tiefen Kesseln, deren Öffnung mit besonders geschmeidigem Leder bespannt und in der Mitte mit einem etwa 1,20 Meter langen, senkrechten Stab versehen waren. Vom Boden jedes Kessels führte ein etwa 60 Zentimeter langes tönernes Rohr in ein auf der Erde entzündetes Holzkohlenfeuer, das der Blasebalgzieher durch rasches abwechselndes Auf- und Abschwingen der Stöcke kräftig anfachte, um so das über die Holzkohle geschichtete Erz zum Schmelzen zu bringen. Vergleicht man Bakers Darstellung (Band 1, S. 202) mit der Du Chaillus (Seite 91), fällt eine bemerkenswerte Ähnlichkeit auf, die um so mehr erstaunt, als Du Chaillus Skizze im rund 1550 Meilen entfernten Fang-Territorium *(Pan 3)* entstand. Der einzige Unterschied besteht darin, daß die Fang hölzerne Kessel und Röhren verwendeten und letztere ein eisernes Mundstück trugen; außerdem erwähnt Du Chaillu ein (auf seiner Zeichnung allerdings nicht recht erkennbares) Ventilsystem. Insgesamt jedoch ist die Ähnlichkeit so groß, daß am gemeinsamen Ursprung wohl kaum ein Zweifel bestehen kann.

Die Monbuttu *(Pan 3)* ersetzten das Leder durch in heißem Wasser geschmeidig gemachte Pisangblätter, benutzten jedoch keine Ventile, während die Bongo *(Pan 3)* und Dyoor *(Ni)*, statt Holzkohle und Erz wie die anderen Stämme einfach auf den Boden oder in eine Rinne zu legen, konische Schmelzöfen aus gebranntem Ton bauten, welche die Dyoor im unteren Teil mit Luftrohren versahen, ohne indessen einen Blasebalg zu verwenden. Die Zulu *(Ka)* wiederum benutzten viereckige Säcke aus Ochsenhaut als Blasebalg, den sie mit waagrechten Stökken bearbeiteten, wobei Daumen und Mittelfinger als Ventil und Ochsenhörner als Luftrohre dienten. Allerdings verhütteten sie das Erz nur selten selbst, da sie es der Einfachheit halber bei ihren Feinden raubten.

Was schließlich die Qualität des Eisens angeht, so behauptet Du Chaillu, das der Fang sei besser gewesen als das von den Händlern nach Afrika importierte und an die Neger verkaufte, und Schweinfurth nennt das der Bongo »dem besten Schmiedeeisen unseres Landes (Deutschland) ziemlich gleichwertig«, obwohl sie sich nicht auf eine gute Holzkohlenbereitung verstanden.

Baker, Du Chaillu, Livingstone, Speke und Schweinfurth können das Geschick der Negriden, aus Eisen Gerätschaften und Waffen zu schmieden, gar nicht genug loben, und möglicherweise zeichneten sich die Schwarzen tatsächlich in keiner anderen Fertigkeit im selben Maße aus. Als besonders erfahrene Schmiede galten die Wanyoro *(Ka)*, Wanyamwezi *(Ka)*, Banyeti *(Pan 1)*, Bongo *(Pan 3)*, Fang *(Pan 3)* und vor allem die Monbuttu *(Pan 3)*. Die Zulu- und Bongoschmiede verwendeten einen Stein als Amboß und letztere manchmal zusätzlich einfache Eisenhämmer ohne Griff, die sie, Schweinfurths Andeutungen nach zu schließen, selbst herstellten. Wenn es zutrifft, hätten wir hier ein Beispiel für die Anfertigung von Werkzeugen, dazu bestimmt, bei der Herstellung anderer Werkzeugarten als Hilfsmittel zu dienen. Vor vielen Jahren ließ Thomas Carlyle seinen Helden Professor Diogenes Teufelsdröckh erklären, der Mensch sei ein durch den Werkzeuggebrauch gekennzeichnetes, ein »hanthierendes Tier« (190); in Wirklichkeit gibt es etliche Tierarten, die Werkzeuge nicht nur benutzen, sondern auch selbst anfertigen. Die Konstruktion von Werkzeugen zur Herstellung anderer Werkzeuge indessen scheint eine rein menschliche, noch dazuhin keines-

wegs von allen ethnischen Taxa bewerkstelligte Errungenschaft.
Die schwarzen Schmiede stellten in der Hauptsache Hacken (insbesondere die herzförmige, als *molote* bezeichnete Art), Messer und Hackmesser her, doch verstanden sie auch feinere Instrumente wie Rasiermesser zu schmieden, ja, die Zulu und Wanyoro waren sogar geschickt genug, um eiserne Nadeln zu fertigen. Interessant ist, daß die Wanyoro das Öhr nicht hineinbohrten, sondern das betreffende Ende zuspitzten, umbogen und in eine zuvor am Schaft eigens angebrachte kleine Kerbe hämmerten. Die Bongo stellten ein anderes sehr feines, für einen nach europäischen Begriffen erstaunlichen Zweck bestimmtes Instrument her, eine (häufig fälschlich als »Zange« bezeichnete) Pinzette zum Ausrupfen der weiblichen Augenbrauen und Wimpern. »Pinzette« ist insofern zutreffender, als das Instrument keinen Drehpunkt besaß, sondern beide Schenkel durch ein elastisches Eisenstückchen direkt miteinander verbunden waren. Das Meisterwerk der Monbuttu schließlich waren Schmuckketten, von denen Schweinfurth bemerkt, sie könnten es »an Verfeinerung der Form und Sauberkeit der Ausführung mit unseren besten Stahlketten aufnehmen«.

Besonderes Interesse verdient das *loggoh kullutty*, eine grob geformte, von den Bongo und vielen anderen Stämmen im Gebiet des oberen Nil und seiner Nebenflüsse sowie weiter westlich als Zahlungsmittel hergestellte und benutzte *molote*. Ihre Entstehung dürfte wohl auf die Gepflogenheit zurückgehen, bei Tauschgeschäften eine richtige *molote* zu verwenden, die aber dann im Lauf der Zeit offensichtlich ihre ursprüngliche Funktion verlor und als Geld von Hand zu Hand ging, bis sie schließlich als Hacke oder Spaten nicht mehr zu gebrauchen war. Statt herzförmig fast kreisrund, wurde sie vielfach an der einstigen Spitze mit einem Doppelhaken verziert. Merkwürdigerweise jedoch hielt sich am entgegengesetzten Ende, sozusagen als Entsprechung zu dem, was die Zoologen ein »rudimentäres Organ« nennen, die zwecklos gewordene Halterung für den hölzernen Stiel. Laut Schweinfurth war das *loggoh kullutty* in Zentralafrika das einzige Zahlungsmittel, doch muß er wohl gemeint haben, das einzige in Zentralafrika hergestellte Zahlungsmittel, da importierte Glasperlen, wie bereits erwähnt, in weiten Teilen des Landes denselben Zweck erfüllten.

Die wichtigsten von den Negriden geschmiedeten Eisenwaffen waren Kriegsmesser unterschiedlicher Form, der schwere Wurfspeer oder Assagai sowie leichtere, von den Forschungsreisenden gemeinhin als »Lanzen« bezeichnete Speere, die teilweise äußerst kunstvoll geschmiedete Spitzen trugen (Abbildung 48 A). Der Assagai war ursprünglich eine Waffe der Berber (der Name geht auf ein verzerrtes Wort aus ihrer Sprache zurück), wurde aber in ganz Afrika bis hinunter ins Gebiet der Zulus, die ihre Kriegserfolge unter Chaka vornehmlich seinem Gebrauch verdankten, benutzt und hergestellt. Auch die von den Wanyoro zur Flußpferdjagd verwendeten Harpunen waren fremder Herkunft – sie zeigen genau dieselbe Form wie die der Hamran-Araber Äthiopiens. Eine andere bemerkenswerte Waffe, die *kulbeda*, hingegen dürfte von den Negriden selbst erfunden worden sein, entweder von den *Pan 3*-Palänegriden oder ihren Nachbarn, den Mischstämmen in der Umgebung des Tschad-Sees. Dieser komplizierte dreiklingige Wurfdolch zeigt über ein riesiges Gebiet hinweg dieselbe Form; er sah bei den unmittelbar westlich des Nils beheimateten Azande nicht viel anders aus (Abbildung 48 B) als bei den im über tausend Meilen entfernten Gabun ansässigen Fang (C)*, einer isolierten, in einer Enklave auf *Pan 1*-Territorium lebenden *Pan 3*-Gruppe. Irgendein im eigentlichen Sinn mechanisches Eisengerät, bei dem durch Bewegung eines Teils ein anderer in einer bestimmten Rich-

* Die Fang-*kulbeda* im Britischen Museum und die im Queen Victoria Museum in Salisbury, Rhodesien, zeigen große Ähnlichkeit mit der bei Du Chaillu abgebildeten (Abbildung 48 C).

tung bewegt und damit ein beabsichtigter Effekt erzielt worden wäre, erwähnen die Afrikaforscher indessen nicht.

Manche der negriden Stämme, so besonders die Bongo *(Pan 3)*, trieben in erster Linie Ackerbau; andere, darunter Wanyamwezi *(Ka)* und Zulus *(Ka)*, sowohl Ackerbau als auch Viehzucht, beides in großem Stil; und wieder andere, wie Ovaherero und die meisten nilotiden Stämme, vornehmlich Viehzucht. Alle Negriden, die die Forschungsreisenden auf ihren Expeditionen aufsuchten, bauten in größerem oder kleinerem Umfang Nutzpflanzen an; die einzige Ausnahme bildete möglicherweise ein von Baker als »Kytch« bezeichneter nilotider Stamm. Selbst die von den Negriden und Khoiden, mit denen sie in Berührung kamen, als primitiv verachteten Haukhoin *(Pan 4)* waren in Wirklichkeit Pflanzer und Hirten, kein reines Sammlervolk.

Anbau, Veredelung und Ausfuhr bestimmter Nutzpflanzen reichen so weit ins Altertum zurück, daß sich manchmal kaum mehr feststellen läßt, wo die wilden Urformen ursprünglich vorkamen und wer sie zuerst kultivierte. Jedenfalls aber wurden, als die Forscher nach Zentralafrika kamen, bereits verschiedene eindeutig ausländische Feldpflanzen in sehr großem Maßstab angebaut. Mais, Maniokwurzel und Erdnuß waren ziemlich sicher durch die Portugiesen von Südamerika an die afrikanische Küste gelangt, ebenso war Zuckerrohr, das zwar aus Asien stammte, teilweise von Westindien nach Schwarzafrika importiert worden (373).

Obgleich sich das Leben der Negriden durch die Einführung ausländischer Kulturpflanzen zumindest oberflächlich an das der Ursprungsländer anglich, blieb dieser ausländische Einfluß doch nur unbedeutend, da damals noch keine ausländischen Landwirtschaftsberater mit den Anbaupflanzen ins Binnenland kamen. Vielmehr ist anzunehmen, daß Samen und Setzlinge von Hand zu Hand landeinwärts wanderten und daß die Negriden weitgehend ihre eigenen Anbaumethoden anwandten und sich in ihrer Lebensweise an die neuen Verhältnisse anpaßten.

Manche der eingeführten Pflanzen wurden von bestimmten Stämmen als Hauptanbausorten bevorzugt, so von den Balunda *(Pan 1)* Maniok und Erdnüsse und von den Fang *(Pan 3)* als wichtigste Gemüsepflanze gleichfalls Maniok. Andere Stämme wiederum zeigten sich vielseitiger und bauten eine beträchtliche Anzahl ausländischer und einheimischer Nutzpflanzen an.

Südamerikanischer Tabak (*Nicotiana tabacum*) war bereits vor dem Auftauchen der Forscher ins Innere des unberührten Gebietes gelangt und wurde merkwürdigerweise überall als *tab* oder *tabba* bezeichnet, während die nordamerikanische Sorte (*Nicotiana rustica*) in den verschiedenen Eingeborenendialekten verschiedene Namen trug, woraus Schweinfurth 1873 den Schluß zog, daß *rustica* wohl eine einheimische Sorte darstellen müsse. Diese Ansicht ist mittlerweile widerlegt. Das Rauchen wurde eindeutig von Ausländern nach Afrika eingeführt. Batonga *(Pan 1)*, Makololo *(Ka)* und bestimmte andere zentralafrikanische Stämme waren starke Haschischraucher, und diese Gewohnheit machte Livingstone unter anderem für das »äußerst heruntergekommene« Aussehen der Erstgenannten verantwortlich. Indischer Hanf, aus dem das Rauschgift gewonnen wird, stammt aus Zentralasien und dürfte über Persien oder Indien nach Afrika gelangt sein.

Weit mehr als die soeben benannten Pflanzen beeinflußten jedoch bestimmte, aus anderen Teilen der Welt eingeführte Tiere das Dasein der Eingeborenen, seine Gebote und Tabus, seine Zeremonien und abergläubischen Vorstellungen. In vielen Gegenden wurde das Rind zu einem wichtigen Bestandteil des Stammeslebens, ja, für manche Stämme rückte es sogar zum beherrschenden Mittelpunkt auf, um den das Denken der Menschen beständig kreiste. Diesbezüglich machte sich also ein sehr starker Fremdeinfluß bemerkbar, allerdings von ganz anderer Art als etwa durch die Einführung einer neuen Religion. Denn eingeführt wurde nicht eine neue Idee, sondern ein unbekanntes, fortpflanzungsfähiges Wesen, um das sich lokal neue Vorstellungen herausbilden konnten. Wir müssen hier die Domestikation von Tieren etwas ausführlicher behandeln, zum einen, um ihre Bedeutung für das Stammesleben zu ermitteln, und zum anderen, um herauszufinden, ob sich die Negriden mit der Einführung bereits domestizierter Arten zufriedengaben oder daneben auch selbst Neigung und Befähigung zur Zähmung wildlebender Formen entfalteten. Um diese Fragen zu klären, wollen wir uns vorübergehend von den Forschungsreisenden abwenden und unsere Aufmerksamkeit auf bestimmte Probleme der geografischen Verteilung und Domestikation richten.

Eines der auffälligsten negativen Merkmale des Faunenreiches der sogenannten äthiopischen Region (Wallace, 1116) – das heißt ganz Afrikas von der südlichen Sahara bis zur Südspitze des Kontinents – ist das Fehlen bestimmter, in anderen Erdteilen seit langem domestizierter Tiere in der einheimischen Fauna, darunter die Unterfamilien *Ovidae* (Schafe) und *Caprinae* (Ziegen und Artverwandte) sowie die Gattungen *Bos* (Rinder), *Sus* (Schweine) und *Gallus* (Hühnervögel). Manche Vertreter dieser Unterfamilien und Gattungen werden jedoch von den Afrikaforschern als Haustiere der Neger weitaus

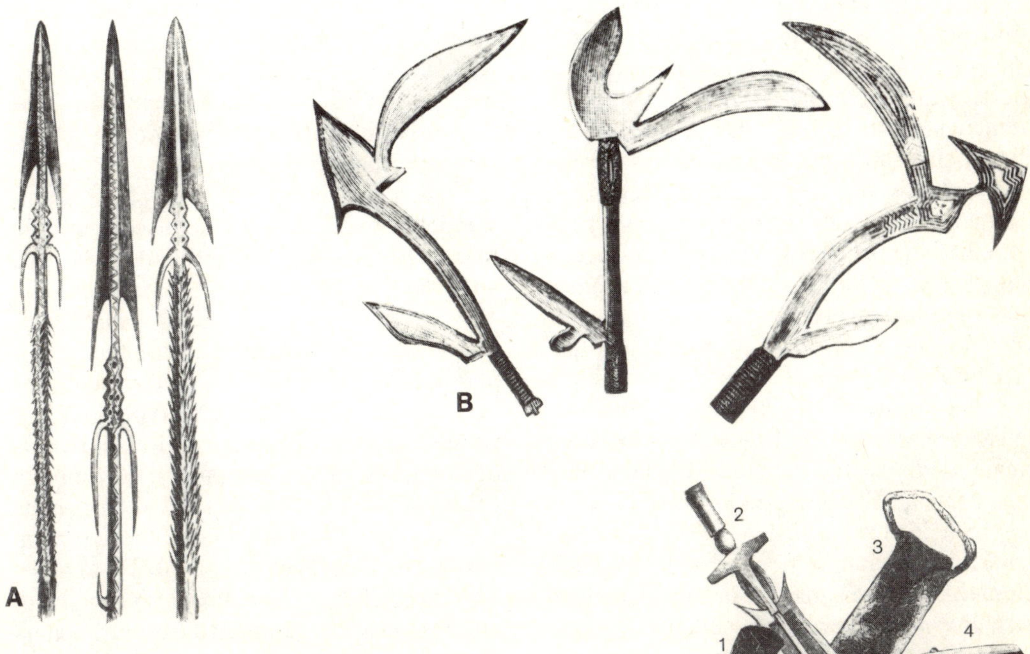

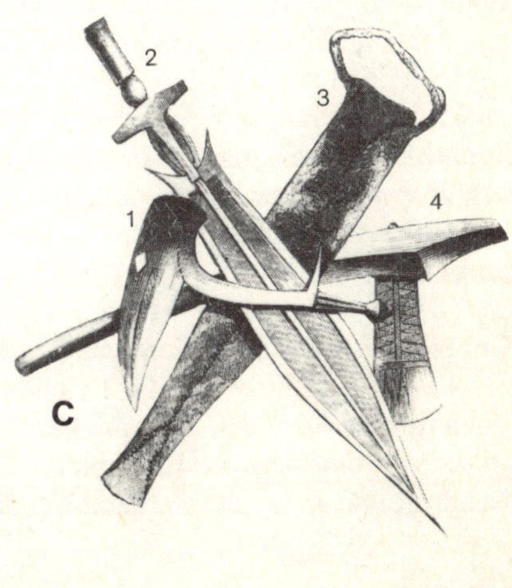

48 Aus Eisen geschmiedete Waffen der Negriden (Pan 3). A: Lanzenspitzen der Bongo; B: drei Wurfmesser (kulbeda) der Azande; C: Waffen der Fang: (1) kulbeda, (2) Kriegsmesser mit (3) Scheide und (4) Streitaxt. – A und B aus: Schweinfurth (951); C aus: Du Chaillu (200).

häufiger erwähnt als irgendein anderes Tier, außer vielleicht dem Hund, dessen Gattung (*Canis*) in der einheimischen Fauna der äthiopischen Region allerdings vertreten ist. Kroll (615) trägt in seiner Abhandlung über die Haustiere der Bantu (das heißt der Kaffriden und *Pan 1*-Palänegriden) dem grundlegenden Unterschied zwischen dem nördlich der Sahara gelegenen, der paläarktischen Region zugehörenden Teil Afrikas und der äthiopischen Region im Süden nicht genügend Rechnung, denn er beschreibt die domestizierten Arten, je nachdem, ob die wilde Urform in *irgendeinem* Teil Afrikas vorkommt oder nicht, entweder als »afrikanisch« oder als »fremd«. Er zieht nicht die notwendige Trennungslinie zwischen rein paläarktischen, von Europiden (in Nordafrika oder andernorts) gezähmten und anschließend als Haustiere nach Schwarzafrika eingeführten Arten und jenen Spezies, welche die Neger selbst zähmten und domestizierten (falls es solche Arten überhaupt gibt, vergleiche Seite 256 ff.). Diese Behandlung des Themas aber läßt beim Leser, sofern er nicht zufällig mit den Grundprinzipien der Tiergeographie und Ethnographie vertraut ist, ein völlig falsches Bild von der Fähigkeit der Negriden, wildlebende Tiere zu zähmen und zu domestizieren, entstehen.

Langhörnige Wildrinder waren in der paläarktischen Region ehedem weit verbreitet. Wie die fossilen Funde beweisen, kamen sie in Europa, Afrika nördlich der Sahara, Asien sowie dem westlichen Teil Nordamerikas vor. Manche Fachleute nehmen drei Arten an, doch dürfte es sich, da sich offenbar keine scharfen Trennungslinien ziehen lassen, eher empfehlen, alle Formen zu ein und derselben Art, *Bos primigenius*, zu rechnen.

Um 3000 vor Christus entstandene mesopotamische Skulpturen zeigen Rinder der Art *Bos primigenius* beim Melken sowie mit Kälbern im Stall, außerdem wurden Rinder damals als Zugtiere vor die Leichenwagen gespannt (514). Nach allgemeiner Ansicht gelangten domestizierte Exemplare der asiatischen Rasse *(nomadicus)* nach Nordafrika, wo sie sich möglicherweise mit der einheimischen Wildrindart *(opisthonomus)* kreuzten (321). Jedenfalls hielten die Ägypter zur Zeit der Negade-Kultur (um 3500–2600 vor Christus) nachweislich Lang- und Kurzhorn-Hausrinder (117).

Das andere in unserem Zusammenhang interessante Urrind wird gemeinhin der Art *Bos indicus* oder Zebu zugerechnet, das wie *Bos primigenius* in freier Wildbahn nicht mehr vorkommt. Zwar ist der Urahn des Zebus nicht mit Sicherheit bekannt, doch nimmt man an, daß er sich von den Randgebieten der großen Wüsten des Iran und Afghanistans bis zum Industal und von da über die indische Halbinsel und andere Regionen ausbreitete. Zebus sind Kurzhornrinder mit einem charakteristischen, vom ersten bis zum neunten Brustwirbel reichenden großen Rückenhöcker (Abbildung 49 A, Seite 244), der aus selbständigen, mit Fettgewebe durchsetzten Muskelfasern besteht und wohl als ein in Anpassung an wüstenähnliche Lebensbedingungen entstandener Nahrungsspeicher anzusehen ist (747).

Auf (vermutlich um 3000 vor Christus entstandenen) Gefäßen aus Belutschistan sieht man angebundene Zebubullen (514), und auch auf ägyptischen Grabmalerein der 18. Dynastie (etwa 1557–1330 vor Christus) finden sich domestizierte Zebus einer besonderen Rasse mit ziemlich weit vorn sitzendem Höcker (321, 514). Das typische Zebu ist allerdings auf den altägyptischen Kunstdenkmälern nicht vertreten – vermutlich gelangte es erst im 7. Jahrhundert nach Christus aus Arabien und den Gebieten am Persischen Golf nach Afrika (321).

Von diesen beiden Formen, *Bos primigenius* und *Bos indicus*, stammten die vielen Rinderarten ab, welche die Forschungsreisenden im unberührten Teil Zentralafrikas vorfanden; doch während das Zebu seine charakteristische Erscheinungsform beibehalten hatte, fehlte ein typischer Vertreter der Spezies *Bos primigenius*. Die im fraglichen Gebiet verbreiteten Langhornrinder gehörten zu den sogenannten *Sanga*-Rassen (Abbildung 49

B), Züchtungen mit einem charakteristischen kleinen, weiter vorn als beim Zebu sitzenden Muskelhöcker, dessen Fettgewebe nicht zwischen die einzelnen Muskelfasern eingebettet ist und der bei der Bewegung der Vorderbeine eine Rolle spielen soll (747).

Der Sanga stammt nahezu mit Sicherheit aus Äthiopien. Schon der Name ist äthiopischen Ursprungs und wurde ehedem auf die besonders langhörnigen Galla-Rinder angewandt, obgleich sich mittlerweile – außer im Gebiet des Danakil-Stammes (Äthiopiden) – in diesem Land keine Sangas mehr finden (711). Vor 200 Jahren wurde James Bruce Zeuge, wie Guangoul, der Häuptling der Ostgalla, dem König von Äthiopien seine Aufwartung machte. Er kam auf einer Kuh angeritten, »nicht eben von der größten Sorte, aber mit ungeheuerlich langen Hörnern« (155), wahrscheinlich einem Sanga. Aufschlußreich in diesem Zusammenhang ist auch, daß Bahima und Watusi, das heißt in das negride Gebiet zwischen Albert- und Tanganjika-See eingewanderte, in vielen Gegenden in enger Gemeinschaft mit den negriden Ackerbauern lebende äthiopide Hirtenvölker, Sangas halten.

Über den Ursprung der Sanga-Rinder existieren drei Hypothesen: Frechkop (356) führt die »race des Watusi« auf das Zebu zurück, indes besteht mehr Ähnlichkeit zu *primigenius*, aus dem sich der Sanga durch Zuchtwahl direkt entwickelt haben könnte. Wahrscheinlicher jedoch ist, daß es sich um eine Mischform aus beiden Arten mit Dominanz von *primigenius* handelt. Da die Hörner mancher Sangarassen sogar noch länger sind als die des langhörnigen Urahnen, muß eine langanhaltende Selektion stattgefunden haben.

Die beiden Rinderarten Sanga und Zebu finden sich samt einigen Zwischenformen im ganzen damals noch unberührten Gebiet mit Ausnahme der Wüstenzonen und der Regionen ohne Viehzucht, wobei das Zebu für die Ostküste, der Sanga hingegen für den zentralafrikanischen und westlichen Raum besonders charakteristisch ist (allerdings hielten die Zulu im Südosten gleichfalls Sangas).

Obgleich das Hausrind für die Negriden anfangs eine aus dem Ausland eingeführte Novität darstellte, paßten sich viele Stämme ihrem Neuerwerb an, nahmen ein Hirtenleben auf und entwickelten zum Teil ein weit über die rein praktischen Belange hinausreichendes Interesse an ihren Herden. Die Pflichten beider Geschlechter hinsichtlich Hüten und Melken waren durch strikte, von Stamm zu Stamm variierende Vorschriften festgelegt, wie auch genaue Regeln darüber existierten, wann frische und wann saure Milch genossen werden sollte; manche Stämme verboten das Schlachten der Rinder und ersetzten Rindfleisch durch Blut, das man den lebenden Tieren abzapfte. Der – fiktive – Wert der Rinder, die besonders beim Frauenkauf als Zahlungsmittel dienten, hing von allerlei Äußerlichkeiten ab, so bei den Sangas in erster Linie von der Länge der Hörner.

Manche Hirtenstämme hingen so sehr an ihren Herden, daß sie den Feldbau verachteten und vernachlässigten und dadurch manchmal dem Hungertod nahe kamen. So schreibt etwa Baker über den nilotiden Stamm der »Kytch«: »Das Elend dieser unglücklichen Schwarzen spottet jeder Beschreibung. Da sie ihre Rinder weder schlachten noch Fleisch essen, es sei denn, ein Tier ginge an einer Krankheit zugrunde, andererseits aber auch nicht arbeiten, sterben sie vielfach Hungers.«

Besonders interessant sind Schweinfurths Ausführungen über den Rinderkult gewisser nilotider Stämme:

»Alles Dichten und Trachten der Dinka dreht sich jedoch um Rinderbesitz und Rindererwerb; ja diesen Thieren wird in gewisser Hinsicht ein förmlicher Cultus gewidmet . . . nur die gefallenen und verunglückten Thiere werden verspeist . . . Unbeschreiblich ist aber auch der Gram und das tiefe Leid, welches derjenige empfindet, den der Tod oder hartherzige Fremdlinge seiner Rinder beraubten; in solcher Lage ist der Dinka bereit, den Wiederbesitz des Verlorenen mit den schwersten Opfern zu erkaufen, denn die Kühe sind ihm theuerer als Weib und Kind . . . Nicht selten gewahrt man solche Leute schweigsam und verstört in ihrem Gram viele Tage zubringen; solches Unglück erscheint ihnen kaum zu ertragen.«

Die Dinka kastrierten rund ein Drittel ihrer Bullen und legten sich damit einen völlig nutzlosen Viehbestand zu, da die Ochsen (wie die übrigen Rinder) weder geschlachtet noch als Reit- oder Zugtiere verwendet wurden. »Wenn ich Dinka befragte, was nützen euch Ochsen«, schrieb Schweinfurth, »was sollen sie bezwecken? erhielt ich stets zur Antwort: es geschieht, damit sie recht fett werden und schön aussehen.«

Man fühlt sich an die Melanesier der nördlichen Neuen Hebriden erinnert, welche die auf manchen Inseln zahlreich vertretenen zwittrigen Schweine über die Maßen schätzen. Da sie sich aber weder vermehren noch je verzehrt werden, sind sie praktisch genommen völlig unrentabel (45, 46).

Über die Abstammung des Hausschafs, *Ovis aries*, ist nichts Sicheres bekannt. Abgesehen von einigen Knochenfunden in eiszeitlichen Höhlen (1039), scheinen keinerlei dieser Art zugehörige Fossilien zu existieren. Als mutmaßliche Ahnen gelten Mufflon, Urial und Argali.

Der ehedem über ganz Südeuropa von Spanien bis Griechenland verbreitete Mufflon, *Ovis musimon*, kommt heute nur noch auf Korsika und Sardinien vor; der Urial, *Ovis vignei*, ist von Persien über Belutschistan bis in Pandschab, Kaschmir und Tibet verbreitet; der Argali, *Ovis ammon*, schließlich, das größte Wildschaf, findet sich weiter nördlich von Usbekien und Kirgisien bis nach Tibet und in die Wüste Gobi. Sowohl Mufflon als auch Urial lassen sich in der Gefangenschaft mit dem Hausschaf kreuzen (330, 1039), während der Urial mit dem Argali Nachkom-

49 Zebu und Sanga, die beiden wichtigsten von den Negriden gehaltenen Rinderarten. A: Zebubulle und B: Sangaochse der Nguni-Hausrindrasse. – Fotos: J. P. Maule.

men hervorbringt (330). Merkwürdigerweise haben die drei mutmaßlichen Vorfahren des Hausschafs kurze Schwänze, während viele Hausschafe langschwänzig sind.
Ohne jeden Zweifel gelangte das Hausschaf aus Europa oder Asien (oder aus beiden Erdteilen) nach Afrika. Schafe wurden in Ägypten bereits zur Zeit der Negade-Kultur gehalten und müssen sich von dort und von anderen Teilen Nordafrikas nach Süden ausgebreitet haben. Im übrigen hielten die Negriden im unberührten Teil Afrikas ausschließlich Haarschafe. Diese Tiere glichen im Haarkleid den drei oben erwähnten Wildschafarten und unterschieden sich deutlich von den meist wolligen Hausschafen Europas. Über die nichtwolligen Schafe der südwestafrikanischen Ovaherero offensichtlich erstaunt, bemerkt Galton: »Sie haben ein Haarkleid wie ein Kalb.« Heute halten die Negriden Ost- und Südafrikas im wesentlichen zwei Schafarten: eine schlanke, in der Regel kurzschwänzige mit kleinen, aufs männliche Geschlecht beschränkten Hörnern (oder auch Hornlosigkeit bei beiden Geschlechtern) und Fettschwanzschafe, bei denen die Widder teilweise ein gedrehtes Gehörn tragen (711). Das Fettschwanzschaf ist für Äthiopien besonders charakteristisch, von wo es, namentlich auf der Ostseite des Kontinents, nach Süden gewandert sein dürfte. Das dünnschwänzige Schaf dominiert im wesentlichen vom Südsudan über Zaire bis Angola, doch sind die Verbreitungsgebiete beider Arten keineswegs scharf gegeneinander abgesetzt.
Obwohl das Schaf für manche der Hirtenvölker erhebliche praktische Bedeutung hatte, beeinflußte es Kultur und Traditionen nie im selben Ausmaß wie das Rind.
Wie die Ovinae, sind auch die Caprinae im wesentlichen Bewohner der paläarktischen Region, während sich in der äthiopischen kein wildlebender Vertreter dieser Unterfa-

milie findet, und die einzige in Nordafrika heimische Art *Capra nubiana* kommt nach allgemeiner Ansicht als Stammform der Hausrassen nicht in Betracht. Viele Hausziegen sind der Wildziege *Capra hircus* zum Verwechseln ähnlich, insbesondere der Subspezies *aegagrus* (Bezoarziege), deren Verbreitungsgebiet sich vom Kaukasus über Kleinasien und bestimmte Mittelmeerinseln bis nach Persien, Afghanistan und Belutschistan erstreckt. Es ist jedoch ungewiß, ob sie der einzige Vorfahr derHausziege ist, da sie sich in Belutschistan in den Überlappungszonen, wo die Schraubenziege (Markhor) verbreitet ist, mit dieser kreuzt (330).

Hausziegen wurden in Ägypten schon in der Jungsteinzeit über 3500 Jahre vor Christus gehalten, und eine auf den Darstellungen der Negade-Kultur vertretene Art mit Hängeohren hatte sich um das 3. Jahrhundert vor Christus allgemein eingebürgert (117). Schweinfurth weist auf die täuschende Ähnlichkeit der Dinka-Ziegen mit der äthiopischen Form hin, und tatsächlich scheint einiges dafür zu sprechen, daß sich die Hausziegen von Ägypten und anderen Teilen Nordafrikas nach Süden ausbreiteten, obgleich manche auch wesentlich später im Zuge des Osthandels über den Indischen Ozean nach Afrika gelangt sein mögen. Zweifellos schätzten die Negriden die Ziegen wegen ihrer Zähigkeit und Anpassungsfähigkeit; die Afrikaforscher erwähnen sie da und dort, äußern sich aber im allgemeinen nicht weiter zur Rasse und bringen auch keine Hinweise, die darauf schließen ließen, daß die Ziege für die sozialen Institutionen der Negriden besondere Bedeutung erlangt hätte. Heute trifft man in Ost- und Südafrika im wesentlichen zwei Sorten an, eine größere Art mit Hänge- und eine kleinere mit Stehohren (711).

Die paläarktische und orientalische Gattung *Sus*, die sich bis zu den Inseln der australischen Region erstreckt, stellt mit *Sus scrofa* und *Sus cristatus* höchstwahrscheinlich die Stammformen der europäischen und asiatischen Hausschweine. *Sus scrofa*, das europäische Wildschwein, ist im Osten bis Persien und im Süden bis Marokko und Algerien verbreitet und bringt bei Kreuzung mit dem europäischen Hausschwein fruchtbare Nachkommen hervor (1039), dagegen gilt das indische Wildschwein, *Sus cristatus*, als Urahn der Hausschweine dieses Landes und Chinas (von wo wiederum Schweine nach Europa importiert wurden). Wahrscheinlich wurden andernorts noch andere Arten oder Unterarten der Gattung domestiziert.

Ob die Hausschweine der Ägypter vom nordafrikanischen *Sus scrofa* abstammten oder bereits domestiziert importiert wurden, ist nicht sicher, wie sich auch nicht entscheiden läßt, ob in Ägypten gefundene Knochen aus dem Neolithikum von wilden oder zahmen Exemplaren stammen. Mit Sicherheit ist das Hausschwein in Ägypten erst in der 3. Dynastie (etwa 2600–2550 vor Christus) nachzuweisen und hat seither nur eine sehr untergeordnete Rolle gespielt (117).

Kroll (615) erklärt zwar, in Afrika seien Wildschweine domestiziert worden, doch muß er wohl den nördlich der Sahara gelegenen Teil des Kontinents meinen, da in Südafrika kein Vertreter der Gattung *Sus* vorkommt (308); er räumt denn auch ein, die Hausschweine der »Bantu« seien nach Afrika eingeführt worden.

Möglicherweise ist der Abscheu der Araber und mancher Hindukasten vor dem Schwein daran schuld, daß es erst so spät in den hier beschriebenen Teil Afrikas gelangte. Eigentlich wäre es verwunderlich, wenn die frühen portugiesischen Siedler keine Schweine importiert hätten; dennoch ist ihre Einfuhr erst vom Beginn des 19. Jahrhunderts an sicher verbürgt. Ein 1824 am Hofe des Chaka gezeigtes Exemplar verursachte nicht wenig Verblüffung und stiftete im königlichen Harem statt der beabsichtigten Erheiterung solche Aufregung, daß man es auf der Stelle umbrachte. Bei den Basuto sind Schweine allem Anschein nach erst ab 1874, bei den Ovaherero ab 1883 belegt (711). Woher die Schweine der verschiedenen Stämme im einzelnen kamen, ist ungeklärt; fest steht

hingegen, daß ihre Einführung das kulturelle Leben der Eingeborenen nirgends nennenswert beeinflußt hat.
Zu den ältesten Haustieren des Menschen zählen nach allgemeiner Ansicht die Hunde, als deren Urahn der indische Wolf, *Canis pallipes*, gilt, obwohl man annimmt, daß es schon frühzeitig zur Kreuzung mit dem europäischen Wolf, *Canis lupus*, gekommen ist. Manche Fachleute freilich halten es für wahrscheinlich, daß in verschiedenen Erdteilen verschiedene Arten der Gattung *Canis* unabhängig voneinander domestiziert worden sind. Am weitesten geht in dieser Hinsicht Keller, der nicht weniger als sieben Urformen angibt (577), so beispielsweise für den schottischen Schäferhund (Collie) *Canis pallipes*, für die Terrier *Canis aureus* (den südwestasiatischen Schakal), für den ägyptischen Pariahund *Canis anthus* (den nordafrikanischen Schakal) und für die Windhunde *Canis simensis* (den abessinischen »Wolf«). Die extreme Gegenmeinung vertreten diejenigen, die alle domestizierten Hunde unserer heutigen Zeit auf *Canis lupus* zurückführen (118).
Hunde wurden in Nordeuropa offenbar schon von den Menschen der mittelsteinzeitlichen Maglemose-Kultur domestiziert (215), und, den Skeletten dieser Tiere nach zu schließen, gehört auch der nordafrikanische Schakal zu ihren Vorfahren. In der ägyptischen Negade-Kulturperiode existierten Pariahunde und Übergangsformen zum Windhund, wobei die altägyptischen Pariahunde laut Boessnick die primitivste, noch nicht durch gezielte Zuchtwahl beeinflußte Form des Haushundes darstellen (117). Boessnick läßt die Frage, ob dieser Hund ursprünglich in Ägypten domestiziert wurde, offen und bezeichnet auch den wildlebenden Vorfahren nicht, vermutet aber, daß die heutigen ägyptischen Pariahunde von der alten Form in manchem abweichen, da sich in ihrer Ahnenreihe auch verschiedene domestizierte Rassen finden dürften.
Die kurzbeinigen, ziemlich stämmigen Hunde mit den großen Stehohren, der spitzen Schnauze und dem dicht eingerollten Schwanz, die im Mittleren Reich (etwa 2133–1675 vor Christus) in Mode kamen, scheinen, wie die Windhunde, vom primitiven Paria abzustammen.
Typische Jagdhunde des Fuchshund-Typs tauchen erstmals im Neuen Reich (um 1557–1080 vor Christus) auf, könnten aber eingeführt worden sein (117).
Nach Ansicht von Keller stammt der Jagdhund des Haussa-Stammes vom altägyptischen Windhund ab.
Kroll (615) führt den Hund als eines der einheimischen Haustiere der »Bantu« auf, aber die einzigen in Südafrika vertretenen wildlebenden Arten der Gattung *Canis*, der Schabracken- und der Streifenschakal (*Canis mesomelas* und *Canis adustus*, 308), kommen als Vorfahren des Haushundes nicht in Betracht.
Wie Schweinfurth interessanterweise anmerkt, fehlte den Hunden des Shillouk- und Dinka-Stammes (beide *Ni*), genau wie den Pariahunden der Ägypter und Beduinen, am Hinterbein die Afterklaue, die bei europäischen Hunden ausnahmslos vorhanden ist (es sei denn, sie wurde künstlich entfernt). Und er erwähnt, daß der nordwestlich des Albert-Sees ansässige Kannibalenstamm der Azande *(Pan 3)* nicht zuletzt des Fleisches wegen eine besondere Hunderasse hielt – fette, kurzhaarige Tiere mit großen Stehohren, spitzer Schnauze und einem kurzen, an ein junges Schwein erinnernden Ringelschwanz, denen gleichfalls die hintere Afterklaue fehlte. Die Zeichnung, die Schweinfurth von diesem Hund anfertigte, zeigt eine bemerkenswerte Ähnlichkeit mit den Darstellungen der im Mittleren Reich des alten Ägypten so beliebten Hunderasse und läßt mit ziemlicher Sicherheit daraus ableiten, daß die Azande ihre Hunde aus dem Norden bezogen hatten.
Aller Wahrscheinlichkeit nach gelangten bereits domestizierte Hunde von Nordafrika in die übrigen Teile des Schwarzen Kontinents. Und da die Forschungsreisenden meist so gut wie nichts über besondere Rassen vermel-

den, dürften wohl bei vielen Stämmen die gleichen Hundearten zur Jagd und als Wächter gehalten worden sein.

Zu besonderen Kultformen scheint der Hund die Negriden indessen nicht angeregt zu haben.

Man nimmt an, daß das Haushuhn von *Gallus bankiva*, dem indischen Bankivahuhn, abstammt, das noch immer wild vorkommt und große Ähnlichkeit mit unseren heutigen Kampfhähnen besitzt. Im Pleistozän gab es in Europa Formen, die *Gallus bankiva* auffallend glichen und möglicherweise eine Unterart darstellten (1039), doch die ältesten Haushühner stammen offenbar nicht aus Europa, sondern aus Asien, wo man sie bereits um 3000 vor Christus gehalten zu haben scheint (116). Nach Afrika gelangte das Huhn erst wesentlich später: Das früheste Zeugnis, ein Tonscherben mit der naturnahen Darstellung eines Bankivahuhns – vermutlich ein Ausschnitt aus einer Szene mit den Tributgaben eines damals gerade von Ägypten unterworfenen östlichen Landes – stammt aus der Zeit der 19. Dynastie (1330–1200 vor Christus), während die eigentliche Hühnerhaltung in Nordafrika allem Anschein nach erst etwas später aufgenommen wurde.

Ob die Hühner der Negriden indessen hauptsächlich aus Ägypten und anderen Teilen Nordafrikas stammten, kann man nicht genau sagen, denn ebenso gut könnten sie mit der Eröffnung der Handelswege über den Indischen Ozean auch aus Indien direkt eingeführt worden sein. Daß die Negriden das Huhn selbst domestiziert haben sollten, ist insofern ausgeschlossen, als die Gattung *Gallus* in Afrika nirgends wild vorkommt. Die Forschungsreisenden fanden das zahme Federvieh zwar in verschiedenen Teilen des Kontinents vor, lassen sich aber nicht weiter über die Rassen aus; nur Galton erwähnt, die südwestafrikanischen Ovambo hielten eine ihm bis dahin unbekannte Zwerghuhnrasse.

Die Monbuttu benutzten Hühner zum Wahrsagen, indem sie ihnen entweder Gift zu fressen gaben oder sie wiederholt ins Wasser tauchten. Überlebten die Tiere die Prozedur, galt dies als gutes Omen für einen geplanten Kriegszug.

Wie aus den bisherigen Ausführungen hervorgeht, haben die Negriden alle erwähnten Haustiere bereits im domestizierten Zustand übernommen. Die Frage, ob sie ihrerseits überhaupt wildlebende Tiere zähmten, soll im nächsten Kapitel (Seite 256 ff.) behandelt werden.

Wir haben uns bis hierher mit den Techniken, gefertigten Produkten und Lebewesen befaßt, die von der Außenwelt in den unberührten Teil Afrikas gelangten. Wir können das Kapitel aber nicht beschließen, ohne jenes düstere Thema zu erwähnen, das die Fracht betrifft, welche die Fremden auf vielen ihrer Schiffe mitnahmen. Schweinfurth schreibt dazu:

»In keinem Welttheile aber war und ist noch heute der Sklavenraub so eingebürgert, gelangte daselbst zu einer so allgemeinen Ausdehnung, wie in Afrika. Als die Seefahrer seine Küsten umschifften, fanden sie bereits allerorten den Sklavenfang organisirt und die darauf basirten Handelsbeziehungen tief ins Innere eingreifend.«

Und Du Chaillu schreibt über die Sklaverei in Gabun:

»Vor allem anderen möchte ich hier klarstellen, daß ihre Existenz nicht das mindeste mit dem von den Fremden betriebenen Sklavenhandel zu tun hat. Es hat hier Sklaven gegeben, lange bevor an der Küste die erste Sklavenbaracke entstand . . . Die Sklaverei ist eine selbständige Einrichtung mit eigenen Regeln und Gesetzen . . . Von der Küste bis zum fernsten Punkt im Binnenland, den ich erreichen konnte, ist die kommerzielle Werteinheit der Sklave.«

Ein Negerkönig, erklärt Du Chaillu, habe sich ihm gegenüber über die Engländer beschwert und ihnen die Stagnation des Sklavenhandels zur Last gelegt. Samuel Baker, in späteren Jahren Leiter einer Expedition zur Abschaffung des Sklavenhandels im Sudan und im Gebiet der großen Seen (52), schreibt darüber:

»... die Sklaverei ... ist eine auf afrikanischem Boden entstandene Einrichtung, die der Afrikaner entgegen der landläufigen Darstellung nicht vom weißen Mann lernte, sondern die ... den afrikanischen Stämmen von jeher geläufig war ... Vergebens versuchte ich mit ihnen gegen die Prinzipien der Sklaverei zu debattieren; sie hielten sie zwar für falsch, wenn sie selbst die Leidtragenden waren, fühlten sich aber stets dazu geneigt, sobald sie sich in der Position des Stärkeren befanden« (51).

Livingstone beschreibt, wie der König der Balunda einen organisierten Trupp auszuschicken pflegte, der in seinem eigenen Stammesgebiet ahnungslose Dörfer überfiel, den Häuptling niedermachte und die gesamte Einwohnerschaft an einen schwarzen Sklavenhändler verschacherte und diejenigen, die sich aufgrund hohen Alters nicht mehr zu Sklavendiensten eigneten, ermordete, damit sie nicht später gefährlich werden und mittels Magie den Überfall auf ihr Dorf rächen könnten.

Damit stehen wir am Wendepunkt zu unserem nächsten Kapitel: Zweifellos war die Sklaverei eine auf afrikanischem Boden entstandene Einrichtung, doch wurde sie von den ausländischen Händlern zur Hochkonjunktur gebracht, zumal sich die Negriden, die bis dahin Sklaven an ihre Rassegenossen verkauft hatten, ohne weiteres bereit fanden, sie nun an die weißen Fremden loszuschlagen. Baker bemerkt dazu: »Die allerbesten Sklavenjäger, die tollkühnsten und tatkräftigsten Gauner waren Neger, die einst selbst gekidnappt worden waren« (51). Die Weißen stiegen demnach als neue Käufer in einen bereits existierenden Handelszweig ein. Als die ersten Forscher ins Innere Afrikas gelangten, stellten sie fest, daß die ausländischen Sklavenhändler tief im Binnenland Niederlassungen unterhielten (Seite 224 ff.). Welch ungeheuren Umfang dieser Handel angenommen hatte, geht aus Schweinfurths Bericht hervor: Jahr für Jahr übergab einer der bedeutenderen »Könige« der Azande, ein gewisser Mofio, den ausländischen Händlern »Tausende und aber Tausende« von Sklaven, die er bei Überfällen auf Nachbarstämme gefangengenommen hatte – soweit es sich nicht einfach um Angehörige schwächerer, bereits seiner Herrschaft unterworfener Stämme handelte. Auch die anderen Forschungsreisenden berichten teilweise ähnliches.

Die durch die Einschaltung der Fremden am stärksten Betroffenen – die Sklaven selbst – wurden in ferne Erdteile verschleppt und konnten daher die Gewohnheiten der Zurückbleibenden nicht weiter beeinflussen, denen, soweit sie nicht ermordet wurden, nichts weiter übrig blieb, als ihren Verlust zu betrauern und das gewohnte Leben weiterzuführen.

Bemerkenswert in diesem Zusammenhang ist, daß die Sklaven selbst in manchen Fällen ihr Schicksal bejahten. So berichtet Du Chaillu, manche Ovaherero (Damara) »*buhlten geradezu um die Sklaverei.* Stell einen als Diener an, und schon betrachtet er sich als dein Eigentum ... Sie haben keine Selbständigkeit ... Sie scheinen für die Sklaverei geschaffen und fügen sich von Natur aus in sie.« Welcher Gegensatz zu gewissen anderen ethnischen Taxa des Menschen, wie etwa den Saniden, bei denen fast alle Versklavungsversuche gescheitert sind!

18
Die Negriden
Eingeborenenkultur

Nachdem wir im vorigen Kapitel einen gewissen Eindruck von der Fähigkeit der Negriden, über weite Teile ihres Lebensraums hin von Völkern anderer Rassen entwickelte Techniken und Objekte, Kulturpflanzen und Haustiere zu übernehmen, gewonnen haben, können wir nun darangehen, die eigenständigen Kulturleistungen der Eingeborenen vom fremden Kulturgut zu scheiden – jedenfalls bis zu einem gewissen Grad. Mit diesen eigenständigen Errungenschaften wollen wir uns in diesem Kapitel befassen und dabei wiederum die Beobachtungen und Berichte (siehe Seite 230) der bereits erwähnten sieben Forschungsreisenden zugrunde legen, die aus diversen Gründen (vergleiche Seite 230 ff.) als vorurteilsfreie und zuverlässige Zeugen gelten dürfen.

Das erste, was Baker in dem bei den Karuma-Schnellen gelegenen Unyoro auffiel, war die Kleidung der Eingeborenen: Die Männer hüllten sich in togaähnliche Überwürfe aus Rindenstoff (Baumbast), und auch die Frauen, die teils mit unbedeckter Brust gingen, teils ein Stück Rindenstoff um Brust und Schultern schlugen, hielten auf eine ordentliche Gewandung, da »Nacktheit den Einwohnern von Unyoro für ebenso unschicklich galt wie vielen Europäern«. Besondere Sorgfalt verwandten nach Spekes Beobachtung die Waganda am Hofe Mutesas auf ihre Kleidung: Sie trugen »elegante, an feinsten gelben Kord erinnernde, geriffelte und wie gestärkt wirkende Umhänge aus Rindenstoff und darüber eine Art Mantel aus kleinen, so sauber aneinandergestückelten Antilopenfellen, als hätte der beste englische Handschuhmacher sie zusammengenäht«. Spekes Hose erregte Anstoß, obgleich die Kammerzofen des Königs merkwürdigerweise splitternackt herumliefen. Im übrigen war die Herstellung von »Stoffen« aus der Rinde von *Ficus natalensis* ein langwieriger Vorgang, den Eggeling und Dale in *The indigenious trees of the Uganda Protectorate* ausführlich beschrieben (301).

Da die Herrscherfamilien von Unyoro und Bugando teilweise äthiopider Herkunft waren, mögen sich fremde Kultureinflüsse auf die Kleidertracht und besonders die Mode bei Hof ausgewirkt haben, denn in den übrigen Gegenden des unberührten Gebietes war weitgehende Nacktheit gang und gäbe. Am konsequentesten verfuhren in diesem Punkt die nilotiden Shillouk, Nuer, Dinka sowie die Bewohner des zwischen Weißem Nil und Lattuka gelegenen Ellyria. Hier gingen die Männer bis auf Armbänder und sonstigen Schmuck völlig nackt, und ebenso hielten es, Bakers Zeichnungen nach zu schließen, die nilotiden Kytch (mit Ausnahme des Häuptlings), Bari und ein wahrscheinlich gleichfalls nilotider Nachbarstamm der Acholi, bei dem die Männer einen kunstvollen selbstgefertigten Kopfputz aus Menschenhaar trugen. »Man stelle sich«, so Baker, »einen pechschwarzen Anwalt mit Perücke, im übrigen jedoch im Adamskostüm vor, und man hat ein treffliches Bild von den Eingeborenen von Lira.« Völlige Nacktheit der erwachsenen Männer ist außer von den Nilotiden nur noch von einem Stamm, den Batonga (*Pan 1*), überliefert, doch werden die Männer vieler anderer Stämme als nahezu nackt geschildert. Die Zulu beispielsweise trugen lediglich ein kleines Penisfutteral, dessen richtiger Sitz im Verein mit einem teilweise bedeckten Gesäß als korrekter »Anzug« betrachtet wurde, und es als Gipfel der Unschicklichkeit gegolten hätte, dieses Futteral fortzulassen. Bei manchen Stämmen bedeckten die Männer die Genitalien mit einem kleinen Lendenschurz aus Leder oder Gras, und verschiedene *Pan 3*-Stämme, darunter die Azande, trugen Lendenschürzen aus Fell. Dagegen kleidete man sich in Gegenden mit Rindenstoffherstellung wie zum Beispiel im Gebiet der Monbuttu solider.

Ledige junge Mädchen blieben bei vielen Stämmen unbekleidet, doch die verheirateten Frauen scheinen, den Berichten der Forschungsreisenden nach zu schließen, im allgemeinen irgendeine Art Gewandung getragen zu haben, auch wenn diese verschiedentlich (so etwa bei den Ovambo *(Ka)*, Abanga *(Pan 3)* und den Eingeborenen im Quellgebiet des Kasaia *(Pan 1)*) kaum über den Schmuck hinausreichte. Die Monbuttu-Frauen bedeckten sich, im Gegensatz zu ihren wohlgekleideten männlichen Stammesgenossen, nur mit einem etwa handgroßen Rindenstoffstück. Bei den meisten anderen Stämmen dagegen trugen die verheirateten Frauen einen Fellschurz, einen Fransenrock aus Lederfetzchen oder einen Gürtel mit einem vorn und häufig auch hinten herabhängenden Blätter- oder Grasbüschel.

Im übrigen bereiteten die negriden Einwohner des unberührten Gebietes die Häute nirgends mit richtigen Gerbstoffen auf, obgleich diese zumindest in manchen Gegenden (wie etwa im Gebiet der Bongo) durchaus zur Verfügung gestanden wären, sondern behandelten sie statt dessen teilweise mit Asche und teilweise auch mit Fett oder Öl (951, 373).

Bei den nilotiden Stämmen herrschte die Sitte, die vier unteren Schneidezähne zu ziehen oder auszubrechen; die männlichen Angehörigen verschiedener *Pan 3*-Stämme wiederum, darunter Azande und Fang, feilten die Schneidezähne spitz zu, was dem Gesicht einen wilden Ausdruck verlieh. Die Ohren wurden gewöhnlich durchbohrt und mit großen Schmuckstücken versehen. Bei verschiedenen palänegriden Stämmen durchstachen die Frauen (und in einem Fall auch die Männer) die Oberlippe und weiteten die Öffnung allmählich aus, bis sie eine Muschel (Batonga, *Pan 1*) oder eine runde Quarz-, Elfenbein- oder Hornscheibe (Mittu, *Pan 3*) aufnehmen konnte (vergleiche Abbildung 50, Seite 253). Die Azande bildeten insofern eine Ausnahme, als sie, abgesehen vom Zufeilen der Schneidezähne, keinerlei Deformationen vornahmen. Bei verschiedenen Stämmen, so unter anderen den Abanga (*Pan 3*) und Monbuttu, war die Beschneidung üblich, weshalb denn auch Vertreter des letztgenannten Stammes Schweinfurths Bongo- und Mittu-Träger, die unbeschnitten waren, als Wilde ansahen. Ob die Beschneidung als eigenständige Gepflogenheit der Negriden gelten kann, ist allerdings ungewiß, andernfalls muß sie sich in ferner Vergangenheit aus dem arabischen oder türkischen Raum nach Schwarzafrika ausgebreitet haben, doch nahmen die Monbuttu sie im Gegensatz zu den Muslims erst in der Pubertät vor. Allerdings erwähnt keiner der Autoren die Beschneidung der Mädchen durch Entfernung der Klitoris.

In puncto Körperpflege bestanden zwischen den verschiedenen Stämmen außerordentlich große Unterschiede. Während Fynn den Zulu (*Ka*) (die sich täglich in Flußwasser zu waschen pflegten) und Schweinfurth den Dinka (*Ni*) die größte Sauberkeit attestierten (nach Ansicht des letztgenannten eines der deutlichsten Anzeichen für geistige Überlegenheit), meinte Speke, »die Properkeit und Reinlichkeit der Waganda (*Ka*) könne allen anderen Negerstämmen als Vorbild dienen«. Auch am Hofe Mutesas hielt man sehr auf Sauberkeit und verwendete vor und während den Mahlzeiten feuchte, aus frischabgezogenen Pisangfasern gefertigte Tücher zur Reinigung von Gesicht und Händen. Das schiere Gegenteil bildeten die Einwohner Innergabuns, von denen Du Chaillu behauptet, sie »wüßten kaum, was sich waschen heißt«, und die Ovaherero (Damara), die Galton die »schmutzigsten und verlaustesten von allen Wilden« nennt.

Nach den Hygienevorschriften der Bugando war jeder Mann verpflichtet, eine Art Klosett für sich zu bauen, doch existieren keinerlei genauere Angaben über das Aussehen dieser Örtlichkeiten. Schweinfurth behauptet, daß »alle heidnischen Negervölker in dieser Hinsicht weit mehr Decenz (worunter er vermutlich Zurückgezogenheit versteht) als die Mohammedaner zeigten«, aber er bekam nur ein einziges Mal etwas Klosettähnliches zu Gesicht: Es war eine dem König der Monbuttu gehörende kleine konische Hütte mit derselben sanitären Ausstattung, wie sie auch in türkischen Wohnhäusern üblich war. Wie und durch wen diese versprengte fremdländische Einrichtung in einen so abgelegenen Teil Afrikas gelangt sein mochte, bleibt völlig unerfindlich.

Da die Wohnbauten der Negriden im gesamten von den sieben Forschern bereisten Gebiet ausnahmslos einstöckig waren, rief der Anblick mehrstöckiger Gebäude bei den Schwarzen helle Verwunderung hervor. Galton, der in Ovamboland auf ein paar entlaufene Sklaven stieß, berichtet, sie hätten »voller Staunen« von den vielstöckigen Häusern der Portugiesen in Benguela erzählt. Und als Livingstone bei Loanda die Westküste erreichte, löste die Höhe der Steinbauten bei seinen zentralafrikanischen Trägern Furcht und Scheu aus, zumal es ihm nie gelungen war, ihnen die Regeln für den Bau eines mehrstöckigen Hauses zu erklären. Beim Hüttenbau rammte man Pfosten in die Erde, und »sie konnten einfach nicht begreifen, wie sich die Pfosten einer Hütte auf dem Dach einer anderen befestigen ließen«. Einige Makololo, die Livingstones kleines Haus in Kolobeng gesehen hatten und es ihren Freunden daheim zu beschreiben suchten, meinten: »Es ist keine Hütte, sondern ein Berg mit mehreren Höhlen drin.«

Die Eingeborenenhütten – entweder rund mit konischem Dach oder rechteckig – waren durchweg aus Pflanzenprodukten erbaut, hauptsächlich Akazienholz und anderen Hölzern, Bambus, Palmblattstielen, Schilfrohr, Stroh und zähen Grassorten, und mancherorts mit getrocknetem Lehm verstärkt. In Rundhütten lebten: *Nilotide*, Dinka, Dyoor, Shillouk; *Pan 3*, Azande, Bongo, Kredy, Mittu; *Kaffride*, Banyoro, Makololo, Ovambo, Wasagara, Zulu. Schweinfurths Zeichnung eines Bongodorfes (Abbildung 51) vermittelt einen anschaulichen Eindruck von der Bauweise dieser Hütten, die innerhalb des einzelnen Stammes ziemlich einheitlich aussahen, jedoch in den verschiedenen Teilen des hier behandelten Gebietes im Detail beträchtlich voneinander abwichen, besonders in der Höhe der Wände und dem Neigungswinkel des Dachs. Ihr Durchmesser variierte zwischen minimal 1,68 Meter (Ovambo) und maximal 12,20 Meter (Dinka), und bei manchen Stämmen (Bongo, Makololo, Ovambo) war der Eingang so niedrig gehalten, daß man nur auf allen vieren hinein- und herauskriechen konnte. Als Tür benutzten die Bongo »ein an zwei Pfosten aufgehängtes Flechtgitter, das sich beliebig zurück- und vorstoßen ließ«. Die Zulu brachten beidseits des Eingangs im Abstand von etwa fünf Zentimeter je einen senkrechten Pfosten an und schoben dazwischen Flechtwerk, und die Ovambo benutzten eine Matte; eine Tür mit senkrechter Angel scheint nirgends verwendet worden zu sein.

In den bei weitem primitivsten Behausungen lebten die Bergdama (*Pan 4*), die sich ihr Dach über dem Kopf aus noch jungen Bäumen bildeten: Sie wählten eine Baumgruppe aus, entfernten die unteren Äste bis auf einige wenige, die das Hütteninnere in zwei oder drei Kammern unterteilten, bogen die Wipfel herunter und flochten sie dergestalt ineinander, daß Dach und Wände entstanden. Als Tür diente ein von der vorherrschenden Windrichtung abgewandter schraubenförmiger Einstieg.

Für die palänegriden Stämme dagegen waren

eher rechteckige Hütten charakteristisch, so zum Beispiel für Mpongwe *(Pan 1)*, Apingi *(Pan 1)*, Fang *(Pan 3)* und Monbuttu *(Pan 3)*. Während die überaus kleinen Fang-Hütten nur rund 2,40–3,00 Meter lang, 1,50–1,80 Meter breit und 1,20–1,50 Meter hoch waren, bauten die Monbuttu wesentlich geräumigere, bis zu 9 Meter lange und 6 Meter breite, in mehrere Räume unterteilte Behausungen. Alle diese Hütten hatten Satteldächer mit Längsfirst.

Laut Schweinfurth waren die Häuser der Monbuttu mit Flachdächern versehen, doch wird diese Behauptung durch die einzige

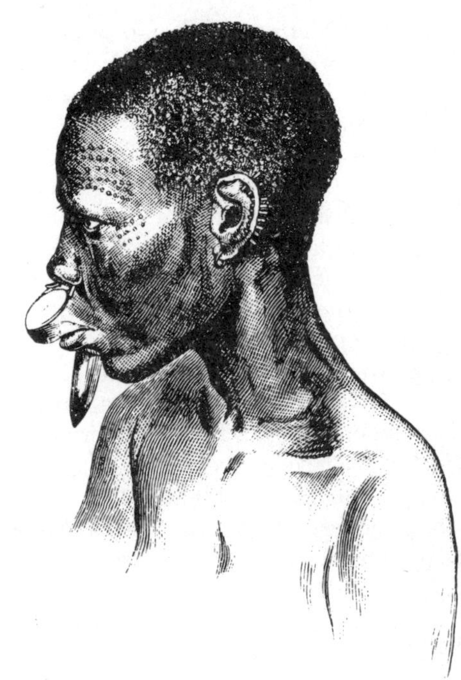

50 Kopf einer Mittu-Frau mit der bei diesem Stamm üblichen Lippendeformation. – Aus: Schweinfurth (951).

51 Bongodorf. – Aus: Schweinfurth (951).

Zeichnung, die er von einem ihrer Dörfer anfertigte, widerlegt. Und auch die Apingi *(Pan 1)* und Fang *(Pan 3)* bauten entgegen seiner Darstellung keine Flachdachhütten. Da er sich dem Gebiet dieser Stämme nur bis auf etwa 1000 Meilen näherte, muß ihm wohl, als er sich Notizen zu Du Chaillus Buch machte, ein Fehler unterlaufen sein.

Auch manche kaffride Stämme (wie Wagogo und Wanyamwezi) bauten rechteckige Hütten und verwandten dabei so viel Lehm, daß Speke von »Lehmhütten« spricht.

Während sich die Azande-Häuptlinge mit denselben Hütten wie ihre Untertanen zufriedengaben, ließen sich einige der großen Könige wie der Monbuttu-*(Pan 3-)*Herrscher Munza und der Waganda-*(Ka-)* Häuptling Mutesa ganz besondere Bauten, ja Prunkbauten, für ihre privaten Zwecke errichten. Munza, Herr und Gebieter über 1 Million Untertanen, der an Machtfülle dem berühmten Balunda-König Mwata Yamvo gleichgekommen sein soll, besaß als aufwendigsten Prunkbau eine mindestens 30 Meter lange und 15 Meter breite Empfangshalle für wichtige Besucher, eine Konstruktion mit niedrigen Seitenwänden und einem vollendet ebenmäßigen, auf geraden, gleichmäßig aufgereihten Baumstämmen aufruhenden, 12 Meter hohen Dachgewölbe, dessen zahllose Sparren (wie auch die übrigen Bauteile) aus Blattstielen und Mittelrippen der einheimischen Weinpalme (*Raphia vinifera*) gefertigt waren. Der gestampfte Lehmboden erwies sich hart und glatt wie Asphalt, und der ganze Bau war, wie Schweinfurths Innenansicht zeigt, bei aller Präzision und Verfeinerung doch solide genug, um Tropenstürmen und Hurrikans standzuhalten. Im übrigen war das Bauwerk anstelle einer noch größeren, damals jedoch bereits baufälligen Empfangshalle errichtet worden.

Die Rundhütten standen in der Regel so wahllos zusammengewürfelt, daß keine Dorfstraße im eigentlichen Sinn existierte, und die Siedlungen der Azande und gewöhnlich auch die der Dinka waren ohnehin kaum groß genug, um den Namen Dorf zu rechtfertigen. Während die Zulu ihre 10 bis 100 Hütten umfassenden Rundsiedlungen, die sogenannten Krals, zwischen zwei konzentrischen Umfriedungen anordneten, so daß in der Mitte ein Viehgehege entstand, in dem nachts die Rinder untergebracht wurden, umgaben die Ovambo ihre Dörfer mit starken, 2,50–2,70 Meter hohen Palisaden.

Rechteckige Hütten begünstigten eine gleichmäßige Anordnung, und so errichteten die *Pan 1* sie denn gewöhnlich auch in zwei langen, geraden Zeilen, zwischen denen eine breite Straße verlief (Abbildung 52). Diese Dorfstraße, von der gelegentlich auch Seitenstraßen abzweigten, erreichte zum Teil eine stattliche Länge (in einem Fang-Dorf maß sie nach Du Chaillus Bericht 720 Meter). Die kaffriden Stämme ordneten ihre rechteckigen Hütten gewöhnlich in einem Viereck mit Inneneinfriedung an – eine als *Tembe* bezeichnete, möglicherweise auf arabische Einflüsse zurückgehende Gruppierung.

Die bei weitem größte Siedlung, von der die Forschungsreisenden berichten, befand sich in Linjanti im Gebiet der Makololo und umfaßte 6000–7000 Einwohner.

Fast überall im unberührten Gebiet existierten zwischen den Dörfern schmale Pfade, auf denen man nur im Gänsemarsch vorankam; eine Ausnahme bildete in dieser Hinsicht nur das südliche Bugando, wo ebenso breite Straßen die Siedlungen miteinander verbanden wie in Europa.

Als Transportmittel auf Seen und Flüssen dienten Kanus, die aus großen, ausgehöhlten Baumstämmen angefertigt wurden, denn wie Schweinfurth bemerkt: ». . . kein Volk Zentralafrikas scheint die Kunst, Holzteile ineinander zu verfugen, zu beherrschen, weshalb denn auch das Schreinerhandwerk in diesem Land eigentlich recht unbekannt ist.« Dennoch wiesen die auf den größeren Wasserwegen eingesetzten Fahrzeuge oft eine stattliche Größe auf: Die Monbuttu benutzten bis zu 11,60 Meter lange und 1,50 Meter breite

Einbäume, in denen sie sogar Rinder befördern konnten, und Bakers Expeditionsgruppe überquerte in Unyoro in über 1,20 Meter breiten, 50 Mann fassenden Kanus den Kafu. Bei seiner Fahrt auf dem Albert Nyanza war der größere der beiden verwendeten Einbäume etwa 9,80 Meter lang.

Auch wenn sie die Techniken des Holzverfugens nicht kannten, zeigten doch viele negride Stämme großes Geschick im Schnitzen. So meint Schweinfurth, die flachen Schüsseln der Monbuttu stünden »im Entwurf unseren Fabrikerzeugnissen nicht nach«, und auch die großen Holzschalen der Azande mit ihren abwechslungsreichen Fußgestellen waren »bewundernswerte Kunstwerke«. Die Bongo schnitzten kunstvolle vierbeinige Hocker aus einem Stück, die ausschließlich für die Frauen bestimmt waren. Dagegen durfte in Bugando und den benachbarten Teilen des kaffriden Gebietes nur ein König auf einem künstlich angefertigten Sitz Platz nehmen, weshalb denn auch die Eingeborenen in Karagwe beim Anblick des auf seinem Feldstuhl sitzenden Speke sofort mutmaßten, er müsse in seiner Heimat wohl ein König sein.

Nur selten erwähnen die Afrikaforscher die Methoden, mit denen die Eingeborenen Feuer anfachten. So beschreibt Schweinfurth eine offenbar in weiten Teilen des nilotiden und *Pan 3*-Gebietes übliche Technik, bei der zwei Stöcke aus dem Holz des wilden Zimtapfelbaums (*Annona chrysophylla = senegalensis*) im rechten Winkel zueinander gehalten und aneinander gerieben wurden, bis ein Funke entstand, den man auf die teilweise verkohlten Überreste eines erloschenen Feuers fallen ließ und mit dürrem Gras

52 Pan 1 – Dorf bei Panga, Zaiire, mit zwei Häuserzeilen und dazwischen verlaufender Straße. – Aus: Stanley (1003).

anfachte. In Zululand drehte man einen zugespitzten Stab so lange in einer in ein Stück Holz geschnittenen Kerbe, bis das zu diesem Zweck verwendete Mark Feuer fing und die Flamme auf trockenes Gras übergriff.

Überschwenglich rühmen die Forschungsreisenden das Geschick verschiedener Stämme bei der Herstellung von Tonwaren. So werden etwa die Banyeti (*Pan 1*) als »hervorragende Töpfer« geschildert, und von den Zulu heißt es, sie hätten Bierbehälter mit einem Fassungsvermögen von über 270 Liter verwendet. Diese Riesengefäße wurden, wie die meisten (wenn nicht überhaupt alle) Töpferwaren, im unberührten Gebiet von Frauen angefertigt. Die Wanyoro vollzogen laut Baker »den ersten Schritt zur Gewerbekunst, indem sie die Natur nachahmten« und nach dem Vorbild verschiedener Kürbisformen pechschwarze Tongefäße von erlesener Qualität verfertigten. Die Töpferwaren der Azande waren »von makelloser Symmetrie«, die Wasserflaschen der Monbuttu »können die vielgepriesenen Erzeugnisse Oberägyptens in den Schatten stellen; ihre Formen und Verzierungen verraten eine ungewöhnliche Erfindungsgabe« – und das, obwohl die Vertreter dieses Stammes die Töpferscheibe so wenig kannten wie die übrigen Negriden. Auch die Bongofrauen »verstehen, ohne Drehscheibe aus freier Hand die symmetrischsten Formen herzustellen«, die manchmal einen Durchmesser von nicht weniger als 90 Zentimeter aufwiesen und über und über mit konzentrisch und spiralig angeordneten Dreiecks- und Zickzackmustern verziert waren. Die Dyoorfrauen (*Ni*) produzierten gleichfalls »tonnengroße Gefäße . . . welche von so tadelloser Symmetrie erscheinen, daß ein Kenner bei ihrem Anblick in Zweifel geriethe, ob sie nicht in der That mit Hülfe der Drehscheibe hergestellt worden waren«, obgleich sie es de facto nicht waren.

Zum Kornmahlen benutzten die meisten negriden Stämme zwei Steine, von denen der kleinere mit beiden Händen gefaßt und auf dem größeren hin und her gerieben wurde, wodurch im Lauf der Zeit eine Mulde entstand. Da dieses Verfahren auch in Karthum allgemein üblich war (951), erscheint es fraglich, ob es die Negriden selbständig erfunden haben. Manchmal war der kleinere Stein durch fortgesetzten Gebrauch und Drehung nach allen Richtungen zur Kugel abgeschliffen; eine eigentliche Hand- oder Drehmühle scheinen die Forscher in Schwarzafrika nirgends vorgefunden zu haben.

Das Rad war offenbar nicht nur im Zusammenhang mit Töpferscheibe und Kornmühle im ganzen unerschlossenen Teil Afrikas unbekannt; jedenfalls erwähnen die Forschungsreisenden nirgends den Einsatz irgendeines radförmigen Objektes mit Achse. Um einen großen Einbaum von der Fäll- und Bearbeitungsstelle bis zum Ufer zu befördern, benutzten die Mpongwe (*Pan 1*) Laufrollen ohne Achse, und für die Einwohner von Linjanti waren Livingstones Wagen die ersten Gefährte auf Rädern, deren sie ansichtig wurden. Nachdem ihnen dieses Detail bei seinem ersten Besuch entgangen war, erschienen sie bei seinem zweiten vollzählig, an die 6000–7000 Personen, um seine heranrollenden Fahrzeuge zu bestaunen und damit zum erstenmal in ihrem Leben die Drehung eines Rades zu beobachten.

Den Gütertransport über Land besorgten gewöhnlich Lastträger ohne Zuhilfenahme von Zugtieren oder mechanischen Vorrichtungen irgendwelcher Art, und auch der Häuptling von Obbo, Katchiba, ließ sich huckepack herumtragen. Spürbar beeindruckt berichtet Du Chaillu, er habe auf seinen Expeditionen nirgends Menschen angetroffen, »die wenigstens jene primitive Stufe des kulturellen Aufstiegs, den Besitz von Lasttieren, bereits erreicht hatten«.

Den Ackerbau der Negriden sowie die Rolle, die ausländische Pflanzen und Tiere innerhalb ihrer Landwirtschaft spielten, haben wir bereits in Kapitel 17 (Seite 240) erörtert. Obgleich viele Stämme vermutlich seit alters der Jagd nachgingen, scheinen nur sehr wenige (wenn überhaupt) verläßliche Beispiele dafür zu existieren, daß Negride im unberührten Teil Afrikas freilebende Tierarten* in eigenständiger Kulturleistung wirklich domestiziert hätten. »Während meines ganzen neunjährigen Aufenthaltes in Zentralafrika«, schreibt Baker, »habe ich nirgends ein zahmes Geschöpf irgendwelcher Art gesehen, nicht einmal einen Vogel oder eine junge Antilope im Besitz eines Kindes . . . nie und nimmer wird ein schwarzer Eingeborener ein Tier zähmen . . .« (53) – eine, wie wir gleich sehen werden, nicht ganz zutreffende Behauptung.

Einige Tiere schlossen sich in ähnlicher Weise an die Negriden an wie das Rotkehlchen an uns Europäer, das heißt, die Annäherung erfolgte ebensosehr von seiten des Tieres wie des Menschen. So gesellte sich zum Beispiel das Busch- oder Guineaschwein, *Potamochoerus porcus*, in halbzahmem Zustand den Monbuttu zu. Dieser Stamm betrieb außer Geflügel und Hunden der Azande-Rasse keine eigentliche Haustierhaltung. In den Strohdächern der Dinka-Hütten nisteten sich bestimmte harmlose Schlangen ein, die, von den Bewohnern als »ihre Brüder« bezeichnet, mit eigenen Namen gerufen worden sein sollen und deren Tötung als ausgesprochener Frevel galt.

Die eigentliche Domestikation vollzieht sich in vier Stufen: Vertreter einer wildlebenden Tierart werden 1. eingefangen und in Gefangenschaft gehalten; 2. gezähmt und abgerichtet; 3. Generation um Generation gezüchtet, wodurch schließlich 4. durch »unbewußte« oder »bewußte« Zuchtwahl (Darwin, 257) eine oder mehrere, von der wilden Urform abweichende Varietäten entstehen.

Die erste Domestikationsstufe beobachtete Livingstone in Zentralafrika in einem in der Nähe der Sambesiquelle gelegenen Balunda-*(Pan 1-)*Dorf, dessen Einwohner »Kanarienvögel« des Gesanges wegen in sehr sauber geflochtenen, im oberen Teil mit Fallen für wilde Vögel versehenen Käfigen hielten. Außerdem gab es in diesem Dorf zahme Tauben. Auch der Häuptling der Barotse *(Pan 1)* besaß zahme Tauben und Vögel, die Livingstone gleichfalls als »Kanarienvögel mit rötlichem Kopf« beschreibt (der echte Kanarienvogel, *Serinus canaria canaria*, kommt in Afrika nicht vor).

Die Bongo *(Pan 3)* pflegten junge Wildkatzen (vermutlich *Felis libyca*) einzufangen und an das Leben bei ihren Hütten und Gehegen zu gewöhnen, damit sie sich später als Rattenfänger nützlich machten. Außerdem flochten Angehörige dieses Stammes lange, zylindrische Bienenkörbe mit einer rund 15 Zentimeter großen Öffnung in der Mitte. »Der Ertrag an wildem und halbwildem Honig ist in allen diesen Ländern außerordentlich groß, und die Qualität des süßen Produkts der Bienen, welche der auch in Europa verbreiteten Art angehören, ist ersten Ranges«, fügt Schweinfurth dazu bei. Trotzdem darf man wohl behaupten, daß die Bongo zumindest bei den Katzen die zweite Domestikationsstufe erreicht hatten.

Schweinfurth erwähnt eine (allerdings nicht durch persönliche Beobachtung erhärtete) Bemerkung Livingstones, die Eingeborenen der Kalahari-Wüste hätten den afrikanischen Hyänenhund *(Lycaon pictus)* zur Jagd abgerichtet – der einzige in den Büchern der Forschungsreisenden enthaltene (nicht ganz gesicherte) Hinweis auf die Domestikation dieses Tieres durch einen der negriden Stämme im unberührten Teil Afrikas. Das Verbreitungsgebiet dieses in manchen Gegenden, so vor allem auf Bongo-Territorium, sehr zahlreich vertretenen Hundes erstreckt sich von Somaliland über den Sudan und die östliche Hälfte Afrikas bis zur Südküste und im Westen bis Botswana, Angola (und teilweise Ghana, das jedoch schon weit außerhalb des ehedem unberührten Gebietes liegt (308). Interessanterweise berichtet Schweinfurth von einem zahmen Exemplar, das er im Stammesterritorium der Bongo im Lager

* Nach allgemeiner Zoologenpraxis werden in diesem Buch alle lebenden Organismen außer Pflanzen und Viren als Tiere bezeichnet.

eines arabischen Händlers sah und das die ganze Gelehrigkeit eines Haushundes an den Tag legte.

Alles in allem hätten die reichen Tierbestände Schwarzafrikas ursprünglich (also bevor Haustiere in großer Zahl sozusagen »fix und fertig« aus dem Ausland eingeführt wurden) viele Domestikationsmöglichkeiten geboten, zumal sich verschiedene, im unberührten Gebiet wildlebende Tiere besonders leicht zähmen lassen. Hier einige Beispiele:

Das Perlhuhn, *Numida meleagris*, wird, wiewohl schmackhaft und in Gefangenschaft überaus leicht zu halten, von den Forschern nirgends als Haustier der Negriden erwähnt. Das ist um so erstaunlicher, als es in Afrika in Riesenmengen vorkommt. Schweinfurth schätzt, er habe im Laufe seiner Reisen wohl an die tausend dieser Vögel geschossen, »selten weniger als zwei auf einen Schuß«, spricht an anderer Stelle vom »unvermeidlichen Perlhuhn« und meint, »der Afrikareisende wäre ohne sie ziemlich übel gestellt, da sie bis auf seltene Ausnahmen die Hauptgrundlage seines täglichen Speisezettels bilden«. Im Gebiet der Shillouk trieben sie sich »in hellen Scharen« in der Nähe der Dörfer herum, und auch in Südafrika sind sie vertreten. Dennoch erwähnt Kroll (615) sie in seiner ausführlichen Untersuchung über die Haustiere der »Bantu« (das heißt der Kaffriden und *Pan 1-Palänegriden*) so wenig wie die Forschungsreisenden und liefert damit einen zusätzlichen Beweis, daß sie als Haustiere nicht gehalten wurden.

Vermutlich wurde das Perlhuhn in Äthiopien (wo es wild vorkommt) domestiziert und bereits in alter Zeit nach Ägypten eingeführt, obgleich allem Anschein nach keine frühen Berichte über die Perlhuhnhaltung in Äthiopien vorliegen. Da auch James Bruce diese Art im 5. Band seiner *Travels* (155) nicht beschreibt, dürfte der erste Hinweis auf zahme äthiopische Perlhühner (die damals übrigens mehr als Zier- denn als Nutzvögel dienten) der Hildebrandts aus dem Jahre 1874 sein (490).

Vermutlich sind die Perlhühner dann aus Ägypten nach Europa gelangt (456). Ihr Auftauchen nördlich des Mittelmeers scheint als erster der römische Schriftsteller Varro vermerkt zu haben, der als nahezu Achtzigjähriger in seinen im Jahre 37 vor Christus verfaßten *Rerum rusticarum libri tres* schreibt, daß »die afrikanischen Hühner, die die Griechen Meleagrides nennen, groß, getüpfelt und bucklig sind. Dieses neumodische Geflügel ist aufgrund der falschen Vornehmtuerei *(fastidium)* der Leute aus der Küche aufs Speisesofa gewandert und wird als Rarität mit teurem Geld bezahlt« (1086). Wie aus dieser Bemerkung hervorgeht, wurden die Perlhühner damals in Griechenland bereits als Haustiere gehalten, stellten in Rom jedoch noch eine Neuheit dar. Der griechische Autor Aelianus erwähnt in seinen im späten 2. oder frühen 3. nachchristlichen Jahrhundert verfaßten, erstaunlich sprunghaften und unbekümmert zusammengestoppelten »Tiergeschichten« das Perlhuhn zweimal. Er bemerkt, sein lauter Schrei höre sich wie der Name »Meleager« an, und berichtet, es gelte als heilig und werde daher von gottesfürchtigen Menschen niemals zwecks Verzehrs geschlachtet und auf der Insel Leros (einer der Sporaden) selbst von den Raubvögeln verschont. (Im übrigen lebt die griechische Bezeichnung des Perlhuhns in seinem modernen Artnamen fort.)

Bemerkenswert in unserem Zusammenhang ist, daß das Perlhuhn 1900 Jahre nach seiner Einführung als Haustier in Europa im unberührten Teil Afrikas noch immer nicht gezähmt war.*

Auch von den vielfach in Riesenherden vertretenen wilden Antilopenarten hätte sich eine beträchtliche Anzahl zum Reiten, Gütertransport sowie als Fleisch- und Milchlieferanten zähmen lassen, so zum Beispiel die

* Manchen Berichten zufolge sollen die Negriden im 19. Jahrhundert im späteren Nordnigeria und Togo Perlhühner als Haustiere gehalten haben (456), doch liegen diese Länder weit außerhalb des unberührten Gebietes und waren mit ziemlicher Sicherheit Fremdeinflüssen ausgesetzt.

für ihre Gelehrigkeit bekannte Elenantilope, *Taurotragus oryx*, deren riesiges, fast die ganze unberührte Zone einschließendes Verbreitungsgebiet sich im Süden bis nach Mozambique, Rhodesien, Botswana und Südwestafrika erstreckt. »Der Jäger sollte sie«, so Gordon-Brown, »in Anbetracht ihres sanften Wesens und ihrer leichten Zähmbarkeit verschonen, sofern ihn nicht Nahrungsmangel zum Abschuß zwingt« (423). Mittlerweile wurden von europäischer Seite in Afrika großangelegte Domestikationsversuche unternommen, denn zum einen weist diese ganzjährig fruchtbare Antilope infolge der kürzeren Intervalle zwischen dem Kalben eine höhere Fortpflanzungsrate auf als das Zebu, und zum anderen ist sie im Futter weniger wählerisch als das Rind, hält sich in heißen, wüstenähnlichen Regionen ausgezeichnet und liefert ein Fleisch von vorzüglicher Qualität (975). In Rhodesien wurde die Elenantilope bereits erfolgreich als Zugtier eingesetzt (690), und im Askania Nowa-Naturschutz- und Tierpark in der südukrainischen Steppe begannen 1963 Versuche mit einer Elenantilopenherde (den mittlerweile auf nicht weniger als 408 Tiere angewachsenen Nachkommen von acht im Jahre 1892 erworbenen Exemplaren, vier Bullen und vier Kühen) auf ihre praktischen Einsatzmöglichkeiten (1066). Wie man inzwischen festgestellt hat, enthält Antilopenmilch doppelt so viel Eiweiß und Fett wie normale Kuhmilch; zwar liegt der Milchertrag niedriger als bei Rindern, doch handelte es sich bei den Antilopen im Gegensatz zu den Vergleichstieren (die das Produkt einer jahrhundertelangen Zuchtwahl darstellten) um völlig unveredelte Bestände. Unterdessen hat man im Askania Nowa-Park auch mit der Selektion begonnen.

Eines der potentiell nützlichsten Tiere war der afrikanische Elefant, *Loxodonta africana*, obgleich er sich aufgrund seiner ungewöhnlich langen Tragzeit und des späten Eintritts der Geschlechtsreife für die 3. oder 4. Domestikationsstufe nur wenig eignet. Wie Livingstone und Schweinfurth von römischen Münzen her wußten, lassen sich Exemplare dieser Art zähmen und für praktische Zwecke einsetzen. Eine kleine Subspezies, *Loxodonta africana cyclotis*, fand sich zu Römerzeiten wild in Nordwestafrika und Libyen, und noch heute existieren in Sierra Leone sowie in verschiedenen Teilen des ehedem unberührten Gebietes (Kamerun, Gabun, Angola, Zaire und andernorts) vergleichbare kleine Elefantenarten (1169, 308).

Vertreter dieser kleineren Rasse oder Rassen von *Loxodonta africana* wurden seit dem 3. vorchristlichen Jahrhundert gezähmt und für Kriegs- und Arbeitszwecke eingesetzt. Nach den allgemeinen Darstellungen Zeuners (1169) und de Beers (73) über die Domestikation von Elefanten wurde der indische Elefant im vierten vorchristlichen Jahrhundert von den frühen Ptolemäern samt Dompteuren und Treibern nach Ägypten eingeführt. Die Erfahrungen mit dieser Art dürften die Zähmung von *cyclotis* wesentlich erleichtert haben, die vermutlich erstmals von den Ägyptern vorgenommen wurde, denn die Karthager sollen zunächst zahme Exemplare aus Ägypten bezogen und sich erst später selbst an die Aufgabe der Domestikation gemacht haben. Im karthagischen Heer wurde der Elefant ab 262 vor Christus verwendet. 218 vor Christus zog Hannibal mit 37 (überwiegend afrikanischen) Elefanten über die Pyrenäen, und im darauffolgenden Jahr setzte Ptolemäus IV. 73 Elefanten, offenbar durchweg *cyclotis*, in der Schlacht gegen Antiochus III. ein.

Auch die Belgier zähmten in ihrer ehemaligen Kongokolonie (dem heutigen Zaiire) afrikanische Elefanten; 1937 befanden sich 36 dressierte Tiere in der Landwirtschaft im Einsatz (423).

Soviel zu den eigenständigen Elementen in Bekleidung (oder deren Mangel), Hausbau, Technologie und Haustierhaltung der Negriden. Bleiben noch die Beziehungen der Geschlechter im Rahmen des Gemeinschaftslebens, die Glaubensüberzeugungen,

Ängste und Vergnügungen dieser Menschen sowie die Regelung ihrer Angelegenheiten und Belange seitens einer übergeordneten Autorität.

Im ganzen unerschlossenen Gebiet kauften die Männer ihre Ehefrauen von deren Vätern, wobei viele Stämme als Zahlungsmittel Rinder verwendeten (eine Zulubraut kostete beispielsweise zwischen 5 und 50), während die Bongo, die keine Viehzucht trieben, statt dessen Eisenscheiben (vermutlich *loggoh kullutty,* Seite 239) und Lanzenspitzen benutzten. Wenn auch das Zahlungsmittel in beiden Fällen letztlich ausländischer Herkunft war, dürfte die Sitte des Brautkaufes selbst einheimischen Ursprungs sein. Im übrigen waren der Polygamie nirgendwo moralische oder rechtliche Grenzen gezogen. Die Bongo beschränkten zwar die Zahl der Ehefrauen durch Sitte oder Gesetz auf drei, doch die Azande und Monbuttu setzten keine Höchstzahl fest, und bei den Zulu besaßen manche Häuptlinge 50 Frauen. Laut Fynn war die Polygamie bei diesem Stamm allgemein üblich, doch ist das Zahlenverhältnis der Geschlechter bei keinem ethnischen Taxon des Menschen derart ungleich, daß dies möglich wäre; das heißt, je verbreiteter die Polygamie, desto höher notwendig auch der Prozentsatz an Junggesellen.

Den Zulufrauen war die Vielweiberei ihrer Ehegatten und damit die Gesellschaft der anderen Frauen durchaus erwünscht, weil die Männer ohnehin keinen kameradschaftlichen Umgang mit ihnen pflegten: Sie schenkten ihnen in der Öffentlichkeit kaum Beachtung und begrüßten sie in der Regel nicht einmal bei der Rückkehr nach langer Abwesenheit. Ganz anders die Azande, über die Schweinfurth schreibt:

»Es ist ein schöner Vorzug der Niamniam, daß sie an ihren Frauen mit grenzenloser Liebe hängen . . . Im nahen Walde erschollen zu gleicher Zeit die verzweifelten Stimmen der Niamniam, welche nach ihren verlorengegangenen Weibern riefen. Wenn auch von Menschenfressern, wie anzunehmen war, so klang der ununterbrochen und stundenlang gerufene Name doch rührend genug, um die treue Anhänglichkeit an das Weib zu beweisen.«

Um ihre bei Kriegszügen gefangengenommenen Frauen auszulösen, schien den Azande kaum ein Lösegeld zu hoch – Tatsachen, die um so mehr Beachtung verdienen, als wir Europäer gern annehmen, eheliche Liebe in unserem Sinn existiere in weniger fortgeschrittenen Kulturen nicht.

Wurde Ehebruch bei den Zulu drakonisch bestraft (Seite 271) und daher auch kaum begangen, war Ledigen der Geschlechtsverkehr weder durch Brauch noch durch Gesetz untersagt, nur durften sie keine Kinder zeugen. Zwecks Empfängnisverhütung wandten sie eine als *ukuhlobonga* bezeichnete Praktik an, die Fynn als »Koitus auf den äußeren Geschlechtsteilen des Mädchens zwischen den Beinen« beschreibt.

Manche Stämme ließen auch das Konkubinat zu. So hatte beispielsweise Chaka mindestens fünftausend Konkubinen, die in verschiedenen gesonderten Harems wohnten, wo laut Fynn nicht minder auf Sitte und Anstand gehalten wurde wie in irgendeinem europäischen Palast. Da Konkubinen gleichfalls keine Kinder gebären durften, wurde die Schwangerschaft auch in diesem Fall durch *ukuhlobonga* verhütet.

Da Musik und Tanz im sozialen Leben der Negriden fast überall im abgeschiedenen Gebiet eine große Rolle spielten, wollen wir uns hier mit vier verschiedenen Aspekten des Musizierens befassen und uns fragen, welche Fähigkeiten die Negriden 1. als Instrumentenerfinder, 2. als Instrumentenbauer, 3. als Komponisten und 4. als ausübende Musiker entwickelten. Lediglich Schweinfurth befaßte sich genauer mit diesen Fragen, aber da sämtliche Forschungsreisenden relevante Informationen beigesteuert haben, können wir uns zumindest einen allgemeinen Einblick in diesen Teilbereich der ethnischen Frage verschaffen.

Wieweit die einzelnen Stämme Musikinstrumente selbständig erfunden und vervollkommnet und wieweit sie sie schlicht übernommen haben, läßt sich nicht ohne weiteres ermitteln. Möglicherweise existierten einige der simpleren Instrumente wie die Holztrommel schon vor der Herausbildung der wichtigsten ethnischen Taxa. Sie wären somit weder unabhängig von mehr als einer Population entwickelt noch von Population zu Population weitergegeben worden, sondern hätten sich durch »Vererbung« (im nichtbiologischen Sinne des Wortes) von einer entfernten Stammform über die Generationen hin auf Gruppen übertragen, die sich dann in der Folge morphologisch differenzierten. Doch wie auch immer, jedenfalls dürften manche Instrumente von den Negriden erfunden und andere von den Vertretern dieser Rasse nur übernommen und verbreitet worden sein.

Beim Musikbogen (den Wachsmann, 1111, zu den einsaitigen Harfen rechnet, obgleich die Saite nicht gezupft wurde) könnte es sich durchaus um eine Erfindung der Negriden handeln. Dieses Instrument bestand bei den Bongo aus einem senkrecht in den Boden gesteckten Bambusstab, an dessen Spitze eine Saite befestigt wurde, die man sodann straffzog und mit dem anderen Ende so fest in einer Mulde im Boden verankerte, daß sich der Stab wie ein Schießbogen krümmte. Ein über die Mulde gelegtes Rindenstück mit einem Loch vervollkommnete den Resonanzkörper. Um das Instrument zum Tönen zu bringen, schlug man die Saite mit einem Bambussplitter oder Zweig. Schweinfurth erklärt nicht genauer, wie die Tonhöhe verändert wurde; wahrscheinlich gesah dies durch entsprechende, mit der freien Hand vorgenommene Griffe an der Saite. Im übrigen konnte der Spieler die Resonanz dadurch verstärken, daß er den Mund über das obere Bogenende hielt. Mit diesem Instrument, zu dem es auch bei den südafrikanischen Stämmen, darunter den Zulu, Entsprechungen gab, erzeugten die Bongo schwirrende und summende Melodien.

Woher das Negerklavier oder die Marimba, ein Xylophon mit Resonanzkörpern, stammt, ist gleichfalls nicht mit Sicherheit bekannt, doch dürfte ein so komplexes Instrument schwerlich unabhängig voneinander an zwei Orten erfunden worden sein. Da es im Malaiischen Archipel verwendet wird, hat man es den Malaien zugeschrieben (583), aber diese These scheint nicht bewiesen, und so könnte es ebenso gut auch aus Schwarzafrika stammen (44). Nach Überlieferung der Zulu soll die Marimba von einer Häuptlingsfrau gleichen Namens, der »Mutter der Musik«, samt vielen anderen Instrumenten und einigen der ältesten und schönsten Lieder der bantusprechenden Völker erfunden worden sein (784). Livingstone bringt eine gute Zeichnung der bei den Balunda *(Pan 1)* gebräuchlichen Marimbaform: 15 oder mehr Holztäfelchen mit darunter angebrachten Kalebassen von passend abgestimmter Größe als Resonanzkörper. Ganz ähnlich war auch die *Handja* der Fang *(Pan 3)* gebaut, die allerdings nur sechs bis sieben Holztäfelchen und Kalebassen aufwies, und Fynn beschreibt ausführlich ein von den Zulu benutztes Xylophon mit 14 Holztäfelchen und Kalebassen. Aus Livingstones Andeutungen ist zu entnehmen, daß die Portugiesen Angolas ihre Marimba vom Negerxylophon abgeleitet hatten, und unter diesem Namen gelangte das Instrument mit den Negersklaven über den Atlantik nach Zentralamerika.

Gleichfalls eine Erfindung der Negriden könnte die sogenannte *Sansa* sein, ein Instrument mit einer Reihe langer dünner, auf einem Resonanzbrett parallel zueinander angeordneter Eisen- oder Bambuszungen von unterschiedlicher Länge, deren freie Enden mit Daumen und Fingern heruntergedrückt und durch plötzliches Loslassen zum Vibrieren und damit zum Klingen gebracht werden. Bei der typischen Sansa ist jede Zunge mit einer Stimmvorrichtung versehen, was allerdings auf Du Chaillus Darstellung der *Ibeka,* wie das Instrument bei den Bakalai *(Pan 1)* bezeichnet wurde, nicht zu erkennen ist.

Wie aus den Illustrationen mehrerer Forschungsreisender deutlich hervorgeht, waren

die Negriden sehr geschickte Instrumentenbauer, die mit viel Erfindungsgeist einheimische Produkte für verschiedene Zwecke zu verwenden wußten. So benutzten beispielsweise die Azande gelegentlich die drahtigen Schwanzhaare der Giraffen als Saiten für ihre Bogenharfen und die Mittu die eine Schalenhälfte einer (zweischaligen) Süßwassermuschel als Steg für ihre *Rababa.*
Für die kompositorischen Fähigkeiten der Negriden zeigen die Forschungsreisenden nur wenig Verständnis, auch wenn sie in ihren Schriften gelegentlich eine Ausnahme machen. So bescheinigt Schweinfurth immerhin einem der vielen von ihm besuchten Stämme, den Mittu *(Pan 3)*, echtes Talent im Komponieren und bringt als Beispiel eine ansprechende, in europäischer Notenschrift aufgezeichnete kleine Melodie, die von etwa hundert Männern, Frauen und Kindern im Chor gesungen wurde. »Ich hörte die Mittu im Chor singen, indem sie ein genau immergehaltenes Motiv in gradualem Tonfalle zu variieren bestrebt waren.« Baker nennt »einen bei aller Wildheit hinreißenden Klagegesang« des Obbo-Häuptlings zur *Rababa*begleitung seiner Stammesgenossen »die beste Musik, die ich je von Wilden gehört habe«, Du Chaillu findet die auf der achtsaitigen Harfe gespielten Melodien der Bakalai »wirklich hübsch, wenn auch traurig und monoton«, und Galton spürt in den »männlichen Chören« der Ovambo *(Ka)* etwas »Berückendes«. Speke dagegen meint, die Neger seien »von ihrer Mentalität her zum Komponieren unfähig, dafür aber unübertreffliche Rhythmiker« – eine bei aller Überzogenheit nicht ganz unzutreffende Feststellung. Tatsache ist, daß die Forscher als Europäer Melodie und Harmonie erwarteten und sich in dieser Hinsicht gewöhnlich enttäuscht fühlten. Leider fehlte es ihnen an der nötigen Erfahrung, um die komplexen, möglicherweise innerhalb der Musik der Menschheit einzigartigen Rhythmen der Negriden voll zu würdigen. (Im übrigen dürfte es sich umgekehrt nicht anders verhalten. Ein Negrider wird keinen allzu großen Geschmack an der europäischen Musik mit ihren relativ simplen Rhythmen finden.)
Die Virtuosität dagegen, mit der die Negriden musizierten, ihre Präzision im Takt- und Tonhalten beim Singen und Spielen von Instrumenten wird von den Forschungsreisenden allgemein gerühmt. Ein Musiker am Hofe König Munzas etwa verstand es, auf einem Elfenbeinhorn, so riesig, daß er es kaum waagrecht halten konnte, »schnelle Passagen und Triller sicher und zart zu trillern, als hätte er eine kunstvolle Flöte in den Händen« (951). Offenbar waren nahezu sämtliche von den Forschungsreisenden aufgesuchten Stämme melodie- und taktfest – bis auf die Bongo *(Pan 3)*, deren Singsang »bald an Hundejammer, bald an Kuhgebrüll erinnert . . . da alle nach Leibeskräften schreien, kreischen und brüllen, je nach Alter und Geschlecht.«
Die Musik scheint im Leben der Eingeborenen allenthalben eine große Rolle gespielt und sie zum Teil über lange Zeiten hin gänzlich in Anspruch genommen zu haben. Jedenfalls hält Schweinfurth aufgrund eigener Erfahrungen Piaggias Behauptung, ein Angehöriger des »Niam-Niam« (Azande)-Stammes pflege ohne Eß- oder Trinkpause Tag und Nacht auf seinem Instrument weiterzuspielen, für nicht ganz unwahrscheinlich.
Die überwiegend erotischen Tänze der Eingeborenen wurden von den Forschern nahezu durchweg als abstoßend obszön empfunden, nicht nur von Livingstone (der als Missionar dergleichen begreiflicherweise nicht billigen konnte), sondern auch von Speke, Du Chaillu und Fynn, die als »Männer von Welt« von den in Europa im 19. Jahrhundert zeitweilig herrschenden Vorbehalten sexuellen Dingen gegenüber nicht allzusehr belastet gewesen sein dürften. Speke beispielsweise bemerkt über einen Tanz der Madi *(Pan 3)*, den er rund 30 Meilen vom Nilaustritt aus dem Albert Nyanza am Ostufer des Flusses beobachtete: »Nie habe ich ein unanständigeres und wilderes Spektakel gesehen«, bei dem »Männer

und Frauen voreinander die groteskesten und obszönsten Bewegungen vollführten.« Ganz ähnlich äußert sich Schweinfurth über einen Bongotanz: »Der Gegenstand ihrer Späße ist in der Regel so derbzotiger Natur, daß eine Wiedergabe der mir von den Dolmetschern gemachten Angaben hier schlechterdings unmöglich erscheint, ein Marktweib hätte zuvor züchtig die Augen zu Boden geschlagen, und einem Sappeur wäre die Schamröthe in die Wangen gestiegen.« Du Chaillu verfolgte »mit Abscheu«, wie Angehörige des Commi-Stammes *(Pan 1)* beim Klang der Urwaldtrommel jegliche Beherrschung verloren; »je lauter und kräftiger die schauerliche Trommel geschlagen wird, desto wilder die Sprünge der Männer und desto abstoßender und unanständiger die Verrenkungen der Frauen«. Bei anderer Gelegenheit führten Frauen desselben Stammes Tänze auf, »wie man sie nirgends sonst zu sehen bekommt . . . jede war vor Trunkenheit wie von Sinnen und setzte ihren Stolz darein, ihre Nachbarin an Unflätigkeit zu übertreffen«. Und eine Gruppe von sechs Oroungou-*(Pan1-)*Frauen schien beim Tanz keinen anderen Ehrgeiz zu kennen als »möglichst obszöne Posen einzunehmen«. »Spielte sich die Szene in einem Tollhaus ab«, so Livingstone über einen Tanz der Makololo *(Ka)*, »wäre sie nicht weiter ausgefallen, sondern im Gegenteil sogar recht passend.« Und Fynn berichtet, die Zulutänzer »vollführten die anstößigsten Bewegungen, und auch die Lieder, die sie zum Tanze singen, sind von der anstößigsten Art«.

Über die rituellen und kriegerischen Tänze der Negriden hingegen wissen die Forschungsreisenden nur Lobendes zu berichten. So schreibt Baker über eine große Darbietung der Obbo *(Ni)*: »Der Tanz war äußerst kraftvoll . . . die Figuren wechselten ständig und endeten mit einem ›großen Galopp‹ im Doppelreigen, bei dem sich der innere Kreis in rasendem Tempo im Gegensinn zum äußeren drehte, was eine vortreffliche Wirkung ergab« – »weit großartiger« als alles, was er während seiner ausgedehnten Reisen durch arabisches Gebiet kennengelernt hatte. Bei Fynn und seinen Begleitern wiederum hinterließ ein ritueller Massentanz der Zulu einen besonders tiefen Eindruck; ohne diese Erfahrung, so Fynn, hätten sie sich »niemals träumen lassen, daß sogenannte ›Wilde‹ so viel Disziplin und Sinn für Ordnung an den Tag legen könnten«. Als Chakas Nachfolger Dingane die Herrschaft angetreten hatte, führte das Volk diese Tänze sogar mit noch größerer »Gemessenheit und feierlicherer Regelmäßigkeit« auf.

Leider geben die Forscher über Malerei und Plastik der Negriden keine so detaillierten Informationen, um darüber hier allgemein urteilen zu können, und so muß der Hinweis genügen, daß in keinem der Berichte ein naturalistisches Bild oder eine entsprechende Skulptur erwähnt werden. Vermutlich aber hätten alle Autoren im Hinblick auf die künstlerischen Produkte der von ihnen besuchten Stämme Schweinfurths Kommentar zugestimmt, der über die (verstorbene Stammesmitglieder darstellenden) hölzernen Schnitzwerke der Bongo schrieb:

»So roh nun auch diese Versuche ausfallen, so verräth sich doch darin ein nicht zu verachtender Grad von natürlichem Kunstsinn, und der Fleiß und die auf solche Schnitzerei verwandte Mühe gibt die Liebe zu erkennen, mit denen sich der Künstler seinen idealen Aufgaben hingab. Den Bongo selbst erscheinen die hölzernen Bildwerke hervorragend geglückt, und sie sind fest davon überzeugt, daß sie vollendete Ähnlichkeit mit den Dargestellten aufweisen.«

Obwohl Schweinfurth ein begabter Künstler war und Baker viele lebendige und instruktive Bilder über Leben und Kultur der Negriden anfertigte, hätte sich doch keiner der Forschungsreisenden die Rolle des Kunstkritikers angemaßt.

Es ist nicht einfach, anhand der Beobachtungen der Reisenden einen zufriedenstellenden allgemeinen Eindruck von den religiösen Vorstellungen und Praktiken der Negriden im unberührten Teil Afrikas zu vermitteln. Einen Grund für die vorhandene Schwierigkeit nennt Schweinfurth, wenn er bekennt, sein zweijähriger Aufenthalt bei den Bongo habe ihm »letztlich nur einen sehr oberflächlichen Einblick in die Geheimnisse ihres Innenlebens« gewährt. Der andere Grund bestand darin, daß jeder Stamm in diesen Dingen seine eigenen Traditionen hatte und sich insofern nur schwer ein gemeinsamer Nenner finden läßt.

Dennoch gibt es Gemeinsamkeiten, etwa den fast überall verankerten Glauben an eine imaginäre und zwei reale Kategorien von Personen, wobei sich ersterer als Angst vor bösen (vielfach mit den Seelen der Verstorbenen gleichgesetzten) Geistern äußerte, die sich angeblich auf geheimnisvolle Weise in die Angelegenheiten der Lebenden einmischten, um ihnen zu schaden und sie aller irdischen Freuden zu berauben. Dieser Glaube war so weit verbreitet, daß Du Chaillu über die von ihm bereisten Stämme schreiben konnte: ». . . Gespensterfurcht, Angst vor Hexerei und andere abergläubische Vorstellungen belasten sie schwer und überschatten und vergällen ihr ganzes Dasein.« Ganz ähnlich äußerte sich Livingstone über einen palänegriden Stamm: »Ihre Religion, falls man sie so bezeichnen kann, ist eine Religion der Angst«; und Schweinfurth konstatierte: »Es ist wirklich erstaunlich, welche Angst die Bongo vor Geistern haben.« Außerdem waren nach allgemeiner Ansicht bestimmte Personen, meist (wenn auch keineswegs ausschließlich) alte Frauen, imstande, zum Schaden anderer mit bösen Geistern Umgang zu pflegen, und sie bildeten naturgemäß eine zusätzliche Quelle der Angst und des Aberglaubens. Die Bongo etwa meinten, die mutmaßlichen Hexen wanderten nachts auf den Lichtungen umher und sammelten bestimmte Wurzeln zur Beschwörung böser Geister. Sie waren sogar fest davon überzeugt, daß sie ihre nächtlichen Streifzüge just zu der Zeit unternahmen, da sie scheinbar friedlich schlafend in ihren Hütten lagen.

Dieser Hexenglaube wiederum führte ganz von selbst zum Glauben an eine andere Personengruppe, der man die magische Kraft zuschrieb, den Hexen auf die Spur zu kommen. Diese von den Zulu als *izinyanga* (Singular *inyanga*), von den anderen Stämmen wieder anders bezeichneten Magier, die sogenannten Medizinmänner, die sich phantastisch kleideten, sich mit sonderbaren Objekten wie aufgeblähten Rindergallenblasen zierten und in dem Ruf standen, allen möglichen Dingen wie Stöcken, Steinen, ja sogar Erdklumpen übernatürliche Kräfte verleihen zu können, übten auf ihre Stammesgenossen einen ungeheuren und verhängnisvollen Einfluß aus (996).

Hier Du Chaillus Schilderung eines Commi-*(Pan 1-)*Medizinmannes:

»Nie habe ich etwas Gespenstischeres gesehen als diese Gestalt mit ihrem hohen Kopfputz aus schwarzen Federn, den rot bemalten Lidern und dem von der Nase aufwärts führenden, die Stirn mitten durchteilenden roten Streifen. Auch um den Kopf war ein rotes Band gezogen, während in dem weiß geschminkten Gesicht beidseits des Mundes zwei kreisrunde rote Punkte saßen. Um den Hals trug er eine Graskette und eine Kordel, von der ein Kästchen auf seine Brust herabbaumelte . . . Eine Anzahl Pelzstreifen aus Leoparden- und anderen Fellen, allesamt verzaubert und zauberkräftig, waren kreuzweise über Brust und um andere Körperteile geschlungen. Von den Schultern bis zu den Händen (von denen die eine gleichfalls weiß gefärbt war) verliefen weiße Streifen, und wie um diesen furchterregenden Putz zu vervollständigen, hatte er eine Schnur mit kleinen Schellen umgehängt.«

Laut Livingstone glaubten fast alle Schwarzen an die Wirksamkeit von Fetischen und Amuletten (deren Gebrauch Kant mehr als alles andere von der intellektuellen Inferiorität der Negriden überzeugt hatte, vergleiche Seite 20), die sich jedoch bei den einzelnen Stämmen hinsichtlich Art und Bedeutung unterschieden. Als zauberkräftig galten unter anderem Krokodil- und Leopardenzähne sowie Schlangenhäute, die man um Hals oder Taille trug. Die Fetische der Kaffriden konnten in der Regel mitgeführt werden, und auch die *Pan 1*-Palänegriden hatten kleine Amulette bei sich. Sie besaßen daneben aber auch große, in jedem Dorf in einem eigenen Haus aufbewahrte Idole diverser Art, auf die Livingstone, als er nach jahrelangem Aufenthalt unter den relativ wenig fetischgläubigen kaffriden Stämmen auf Balunda-*(Pan 1-)*Territorium überwechselte, mit ungewohnter Schärfe reagierte: »Je weiter wir nach Norden vorstoßen, desto ärger wird der gottverdammte Aberglaube der Leute.« Als eines der ersten Idole sah er ein in einem Schuppen aufgestelltes, an ein Krokodil erinnerndes, von den Eingeborenen jedoch als Löwe bezeichnetes Gebilde aus lehmverschmiertem Gras mit Kaurimuscheln als Augen und in den Hals gesteckten Elefantenschwanzborsten als Mähne, vor dem die Dorfbewohner in Zeiten der Krankheit die ganze Nacht zu beten und die Trommeln zu schlagen pflegten. Auch Du Chaillu erwähnt bestimmte, in eigenen Häusern aufbewahrte Idole der Palänegriden Gabuns, die nach Meinung der Eingeborenen sprechen, nikken, herumgehen, essen und trinken konnten.

Aus der Vielzahl der von den Afrikareisenden berichteten abergläubischen Vorstellungen und Praktiken hier nur einige wenige:

Die Azande *(Pan 3)* waren so fest davon überzeugt, der Besitz bestimmter, von einem Zauberer mit magischen Formeln besprochener Wurzeln bringe Glück bei der Jagd, daß sie jenen, die ungewöhnlich viele Antilopen oder Büffel erlegten, in der Regel nicht etwa besonderes Geschick im Umgang mit den Waffen zuschrieben, sondern ihren Erfolg auf den Besitz der richtigen Fetische zurückführten.

Als es in Karagwe darum ging, welcher der drei Söhne Dagaras seinem Vater auf dem Thron nachfolgen sollte, legten die Minister *(Ka)* den dreien eine winzige, in Wirklichkeit federleichte, durch den Einbau bestimmter Fetische aber für den Nichtthronberechtigten angeblich äußerst schwere Trommel vor. Zwei der Prätendenten vermochten sie nicht vom Boden zu bewegen, doch der dritte, Rumanika, hob sie mit dem kleinen Finger hoch und wurde mithin König – so berichtet von Speke, der über sechs Wochen neben dem Palast kampierte und enge Freundschaftsbeziehungen zu Rumanika anknüpfte.

In Bugando *(Ka)* pflegten die Häuptlinge vor kriegerischen Unternehmungen einen Medizinmann zu Rate zu ziehen. Um zu erforschen, ob der Zeitpunkt günstig sei, setzte dieser ein großes, zur Hälfte mit Wasser gefülltes irdenes Gefäß aufs Feuer, brachte darüber einen Holzrost an, legte einen Säugling und ein Huhn Seite an Seite darauf und deckte beide mit einem zweiten großen Tongefäß zu. Dann setzte er sie nach freiem Ermessen eine Zeitlang unter Dampf und entschied je nachdem, ob sie die Prozedur überlebten oder dabei zugrunde gingen, ob der Kriegszug sofort zu unternehmen oder aufzuschieben sei. Mit diesem Verfahren ermittelte ein Zauberer namens K'yenko auf Befehl Mutesas, des Königs von Bugando, ob es ratsam sei, Speke auf der Heimreise durch Unyoro nach Norden eine bewaffnete Eskorte mitzugeben. Speke bemerkt dazu, solche extremen Methoden seien nur bei den allerwichtigsten Anlässen angewandt worden.

Um sich nach dem Tod eines Verwandten oder aus anderen triftigen Gründen zu reinigen, schlitzten die Zulu *(Ka)* einem Kalb bei lebendigem Leib die Flanke auf, stachen die Gallenblase an, bestrichen entweder sich selbst oder eine bestimmte Stelle mit der Galle und ließen das Tier, ohne sein Fleisch anzurühren, elend zugrunde gehen.

Da sich die Ovambo *(Ka)* beim Mahl mit einem Fremden von einem todbringenden Zauber bedroht wähnten, baten sie den Betreffenden, sich niederzulassen, die Augen zu schließen und das Gesicht zu heben. Der vermeintlich Gefährdete füllte den Mund mit Wasser, gurgelte, beugte sich über den sitzenden Gast und spie ihm den Strahl mitten ins Gesicht. Da Galton sich weigerte, dieses Ritual über sich ergehen zu lassen, lehnte es der König ab, mit ihm zu tafeln.

Als Samuel und Florence Baker in Obbo *(Ni)* an einem schweren Gallenfieber erkrankt waren, erschien der Medizinmann (und Stammeshäuptling) mit einem kleinen Zweig, nahm den Mund voll Wasser, besprühte damit die Blätter, schwenkte den Zweig um die Köpfe der Patienten und steckte ihn anschließend ins Stroh über der Hüttentür. Dieser Medizinmann fungierte gleichzeitig auch als Regenmacher seines Stammes und erpreßte seine Untertanen mit der Drohung, entweder gar keinen oder zu viel Regen herabzubeschwören, sofern sie ihm nicht Ziegen und Getreide brächten.

Hinsichtlich der Existenz eines Gottes hegten die verschiedenen Stämme recht unterschiedliche Vorstellungen. Laut Schweinfurth war den Bongo die Idee eines Schöpfers oder irgendeiner herrschenden »höheren« Macht völlig fremd, während Livingstone die Ansicht eines portugiesischen Beamten aus Tete wiedergibt, die Banyai *(Ka)*, Barotse *(Pan 1)* und Balunda *(Pan 1)* besäßen »eine klare Vorstellung von einem höchsten Wesen, Schöpfer und Lenker aller Dinge«. Er teilt nicht mit, ob er diese Behauptung durch eigene Beobachtungen bestätigt fand, bemerkt indessen, man müsse den Bakonga *(Pan 1)* »nicht erst erklären, daß es eine Gottheit gibt«, und erwähnt, die Bakuena *(Ka)* hätten »die Unterstellung, Angehörige ihres Stammes könnten jemals keine klare Vorstellung« von der Existenz Gottes gehabt haben, empört zurückgewiesen.

Die Bongo glaubten nicht an Unsterblichkeit, dafür aber laut Zeugnis mehrerer Forschungsreisender zumindest an ein zcitweiliges Fortleben der Seelen Verstorbener. Von den Shillouk wiederum meinten manche, die Toten »hielten sich unter den Lebenden« auf, und Du Chaillu berichtet von in Gabun ansässigen (überwiegend zur *Pan 1*-Gruppe gehörenden) Stämmen, die offensichtlich in der Absicht, die gefürchteten Geister zu beschwichtigen (vergleiche Seite 264), Hausrat, Kleidungsstücke und Nahrung an die Gräber ihrer jüngst Verstorbenen schafften. Viele Stämme hielten bei Krankheit, Todesfällen, Hungersnot oder Dürre öffentliche Versammlungen ab, die man entweder als religiöse Zeremonien oder als Fetischanrufungen bezeichnen könnte; bei einigen anderen dagegen, namentlich den Bakuena, fand nichts dergleichen statt; so wurde Schweinfurth während seines fünfwöchigen Aufenthaltes bei den Monbuttu *(Pan 3)* kein einziges Mal Zeuge irgendeiner Art öffentlicher religiöser Handlungen.

In fortgeschritteneren Gesellschaften versteht man unter Religion gewöhnlich die Verbindung einer gewissen Anzahl weder durch objektive Nachprüfung noch durch logisches Argumentieren beweisbarer Glaubenssätze mit ziemlich detaillierten und genau umrissenen ethischen Verhaltensregeln. Eine derartige Kombination scheint den Negriden des unerschlossenen Gebietes weitgehend ungeläufig, wenn nicht gänzlich fremd gwesen zu sein. Du Chaillu meint dazu: »Die mir bekannten Stämme verfügen über keinen eigenen, unserem Wort *Religion* entsprechenden Gattungsbegriff.« Ganz ähnlich berichtet auch Schweinfurth, daß ». . . die Eingeborenen im Gesamtgebiete des Bachr-el-Ghasal (das nahezu alle von ihm besuchten Stämme umfaßte) keinerlei eigentlichen Cultus besitzen« und daß »ein eigentlicher religiöser Cultus in unserem Sinne den Bongo überhaupt fehlt.« Damit will er andeuten, daß es keine kirchenähnliche Einrichtung gab, die öffentlich Moralvorschriften erteilen konnte, und daß im Denken der Eingeborenen keine erkennbare Beziehung zwischen solchen Vorschriften und den unbewiesenen Glaubensüberzeugungen bestand, was jedoch keineswegs ausschließt, daß dem einzelnen derartige Regeln privat, innerhalb der Familie, eingeprägt wurden. Intelligente Bakuena-Männer beispielsweise erzählten Livingstone, daß bis auf die Vielweiberei alles, was die Missionare für sündhaft erachteten, auch ihnen seit eh und je so erschienen sei.

Obwohl offenbar nirgends ein fixiertes ethisches System existierte, das Glaubensgemeinden durch eine Art gleichgesinnter Geistlicher übermittelt wurde, müssen die Angehörigen der meisten Stämme doch auf die eine oder andere Weise mit bestimmten Moralbegriffen vertraut gemacht worden sein. Es fällt schwer, Galtons Urteil zu akzeptieren, die Ovaherero besäßen »offenbar keinen erkennbaren Begriff von Recht und Unrecht«; immerhin erlebten die Forschungsreisenden wiederholt, wie sich von keiner fremden Religion beeinflußte Menschen Wildfremden gegenüber bemerkenswert selbstlos und hilfsbereit verhielten. Wir haben auf Seite 232 bereits einige dieser »Samaritertaten« aufgeführt, die meist aufs Konto der Frauen gingen, doch berichtet Schweinfurth auch über ein schlagendes Beispiel für den Großmut eines Mannes: Ein Bongo *(Pan 3)* erzählte ihm, er sei als Helfershelfer nubischer Viehdiebe, die es auf Dinka *(Ni)*-Rinder abgesehen hatten, schwer verletzt neben einer Dinkahütte liegengeblieben, deren Besitzer ihn beschützte, bis zu seiner Genesung bei sich beherbergte und schließlich mit einem Geleittrupp nach Hause schickte. Und noch einen weiteren bemerkenswerten Akt der Barmherzigkeit seitens eines männlichen Dinka beschreibt Schweinfurth: Ein zu seinem Troß gehöriger Träger aus diesem Stamm wurde fern von seinem Heimatdorf unter Angehörigen eines anderen Stammes vom Guineawurm *(Dracunculus medinensis)* befallen, konnte kaum mehr einen Schritt gehen und mußte, da gerade große Nahrungsknappheit herrschte, von Speiseabfällen leben. Da tauchte plötzlich unerwartet sein Vater auf und schleppte ihn 15 oder 16 Wegstunden weit auf dem Rücken nach Hause. »Dieser Fall«, kommentiert Schweinfurth, »wurde durchaus nicht als etwas Ungewöhnliches betrachtet, sondern die übrigen Eingeborenen sahen dies als etwas Selbstverständliches an.«

Livingstone dagegen gelangte nach langer Bekanntschaft mit den Makololo *(Ka)* zu der Überzeugung, sie verhielten sich dem vom Unglück Geschlagenen gegenüber im allgemeinen weniger hilfsbereit als Angehörige fortgeschrittenerer Völker: ». . . ein Armer ohne Verwandte bekommt im Krankheitsfall in der Regel nicht einmal Wasser. Ich könnte eine ganze Reihe von Beispielen für unmenschliches Verhalten aufzählen, deren Zeuge ich wurde.« Auch die Bakalai *(Pan 1)* zeigten kein Mitgefühl für Kranke oder Alte ohne hilfreiche Freunde, sondern verjagten sie im Gegenteil aus ihren Dörfern und ließen sie einsam im Urwald zugrunde gehen. Du Chaillu beobachtete zweimal, wie alte Männer auf diese Weise vertrieben wurden, von denen man den einen später völlig ausgezehrt tot auffand. Und Galton berichtet, bei den Ovaherero könne »ein Kranker mit keinerlei Mitleid rechnen; seine eigenen Verwandten verdrängen ihn vom Feuer und stoßen ihn aus der Hütte in die Kälte hinaus; sie beschleunigen nach Kräften seinen Tod und häufen, wenn er im Sterben liegt, Ochsenhäute über ihn, bis er erstickt«. Möglicherweise allerdings wurde der Forscher Zeuge ungeschickter Versuche, die Todesnot abzukürzen.

In einem Reisebericht wird erwähnt, daß die Negriden sogar Mitleid mit einem Tier bekundeten. Als Du Chaillu in Gabun das Rembotal hinaufzog, wurde ein Schimpansenweibchen geschossen. Das kläglich jammernde Junge »rührte das ganze Lager, besonders die Frauen«.

Im allgemeinen hielten sich die meisten Forschungsreisenden nicht lange genug am selben Ort auf, um das geltende Recht und seine Handhabung genauer zu studieren. Du Chaillu erwähnt im Hinblick auf die Stämme Gabuns das »Fehlen jedweden Rechtes außer dem des Stärkeren – der nahezu absoluten Hinwegsetzung über das Eigentumsrecht«, aber selbst wenn diese Feststellung auf das von ihm bereiste Gebiet zutreffen mag, für den ganzen unberührten Teil Afrikas gilt sie gewiß nicht. Wie wir aus den detaillierten Berichten Livingstones wissen, bestanden in einzelnen Lebens- und Tätigkeitsbereichen, wie etwa dem der Jagd, sogar ziemlich komplizierte und auch durchweg beachtete Vorschriften. Wurde zum Beispiel im Gebiet zwischen Sumbo und Tete (also vermutlich im Stammesgebiet der Banyai *[Ka]*) ein Elefant auf dem Grund und Boden eines Häuptlings verwundet, verendete aber erst auf dem eines anderen, so stand die untere (vermutlich die auf dem Boden aufliegende) Hälfte des Tierkörpers dem Grundbesitzer zu, und der Jäger durfte seine Beute erst zerlegen, wenn ein Bevollmächtigter des letztgenannten zur Stelle war. Wartete er dessen Eintreffen jedoch nicht ab, verlor er jegliches Anrecht auf Stoßzahn und Fleisch. Über die meisten Zweige des Zivilrechts wie Landverpachtung oder Erbschaftsregelungen allerdings bringen die Forscher nur sehr dürftige Informationen. Bei den Betschuana sollen geringfügige Beschuldigungen unparteiisch vor einem Häuptling verhandelt und den Angeklagten Gelegenheit geboten worden sein, den Fall in ihrer Sicht darzustellen, die schweren Verbrechen dagegen, bei denen sich der Verdacht auf bestimmte Personen richtete, sollen in der Regel Rechtsverlust nach sich gezogen haben.

Für die Einstellung zu Fragen wie der Unantastbarkeit des menschlichen Lebens und der Verhängung der Todesstrafe, wie sie in jüngster Zeit verschiedentlich dargestellt worden ist, finden sich in den Schriften der Forschungsreisenden, die Zentralafrika zu einer Zeit kennenlernten, in der die Eingeborenenbevölkerung ihre Belange noch selbst regelte, keinerlei Anhaltspunkte. So wird zum Beispiel behauptet, »in fast ganz Bantu-Afrika« seien »lange vor dem Einbruch der sogenannten westlichen Zivilisation nur Massenmörder hingerichtet worden« (645). Nun können aber mit »Bantu-Afrika« nur jene Teile des Kontinents gemeint sein, deren Bewohner Bantu-Sprachen sprachen, mit anderen Worten, das Territorium der Kaffriden und der *Pan 1*-Palänegriden, das, wie sich bei einem Blick auf Abbildung 44 (Seite 217) erweist, rund die Hälfte des gesamten von Schwarzafrikanern besiedelten Bereiches umfaßt und von sämtlichen Forschungsreisenden außer Schweinfurth besucht wurde. Vier von ihnen, nämlich Fynn, Livingstone, Galton und Du Chaillu, hielten sich bei ihren Expeditionen sogar nur innerhalb seiner Grenzen auf, daher wollen wir im folgenden ihre Berichte etwas genauer unter die Lupe nehmen. Um dem Leser die Orientierung zu erleichtern und ihm zu ermöglichen, sich ein eigenes Urteil über die Zuverlässigkeit der Autoren zu bilden, sind die Stellenangaben aus den Originalen jeweils in runden Klammern angegeben (51, 200, 373, 378, 676, 951, 996).

Im übrigen werden wir uns ausschließlich mit dem zivilen Leben befassen, also keinerlei Beispiele für Exekutionen bringen, die im Zuge kriegerischer Unternehmungen (an Gefangenen, Frauen aus dem Troß feindlicher Heere sowie an jenen, die man der Spionage oder Feigheit verdächtigte oder denen man das Mißlingen eines Erfolgs zur Last legte) vorgenommen wurden.

Beginnen wir mit Du Chaillus (200) Bemerkungen über die *Pan 1*-Palänegriden (die »westlichen Bantu« Seligmans, 957).

Diese in Gabun ansässige Negridengruppe hatte so wenig Achtung vor dem Menschenleben, daß sie es den Sklavenhaltern freistellte, ihre Sklaven nach Lust und Laune zu töten (Seite 21). So sah Du Chaillu im Gebiet der Oroungou die Skelette von hundert Sklaven, die abgeschlachtet worden waren, um einen Häuptling ins Jenseits zu begleiten (Seite 183), und beim Leichenbegräbnis eines Mpongwe-Häuptlings wurden auf Weisung des Verstorbenen gleichfalls zahlreiche Sklaven gefoltert und getötet (Seite 21), doch muß in diesem Zusammenhang angemerkt werden, daß ein anderer Häuptling dieses Stammes die Tötung von Sklaven bei seiner Bestattung ausdrücklich untersagte (Seite 21).

Wie die Sklaven wurden in manchen Fällen auch verheiratete Frauen ohne öffentliche Verhandlung hingerichtet. So unterzog ein Shekiani-Häuptling eine seiner Frauen einer schrecklichen Folterprozedur, deren beabsichtigter tödlicher Ausgang jedoch glücklicherweise von Du Chaillu abgewendet werden konnte (Seite 157).

Bei den meisten Stämmen Gabuns herrschte der (allerdings nicht immer praktizierte) Brauch, bei Zwillingsgeburten eines der Kinder sofort zu töten – so geschehen während Du Chaillus Aufenthalt in einem Apingi-Dorf.

Da die Eingeborenen den Tod nicht als natürlichen Vorgang betrachteten, führten sie tödliche Erkrankungen stets auf Hexerei zurück (Seite 338). Du Chaillu schildert, wie die Bakalai mit den der Zauberei Verdächtigten zu verfahren pflegten: Der (oder die) Betreffende wurde in den Wald geführt, an einen Baum gebunden und am ganzen Körper zerfleischt, woraufhin man die Wunden mit Cayennepfeffer einrieb und das Opfer elend zugrunde gehen ließ (der Forscher sah mit eigenen Augen die Leiche einer jungen Frau, die man kurz zuvor auf diese Weise gequält hatte, Seite 122). Und er erzählt noch einen weiteren Fall, in dem ein der Hexerei beschuldigter zehnjähriger Junge eine Art Geständnis ablegte. »Hierauf schien in der Stadt der Teufel los. Sie hieben den armen kleinen Kerl mit Speeren und Messern buchstäblich in Stücke. Ich selbst hatte einen Spaziergang unternommen und kam just in dem Augenblick zurück, als die gräßliche Szene vorüber war.« Die Menschen (Bakalai) »waren noch immer außer Rand und Band und konnten sich erst Stunden später beruhigen« (Seite 281).

In vielen Gegenden des *Pan 1*-Territoriums bekamen der Hexerei Verdächtige einen Absud aus *mboundou*-Wurzeln (vermutlich eine *Strychnos*-Art, Seite 257) zu trinken, da die Eingeborenen die Überzeugung hegten, daß nur Schuldige daran stürben. Von den vielen von Du Chaillu erwähnten Fällen dieser *mboundou*-Gottesurteile (Seite 272, 385, 395–398, 404–405) hier nur ein Beispiel: Als ein betagter Freund des Forschers aus dem Camma-Stamm *(Pan 1)* schwer erkrankte und starb, wurden drei von einem Medizinmann des Mordes an dem alten Mann durch Hexerei bezichtigte Frauen aufs grausamste mittels *mboundou* ermordet (Seite 395–398).

Obgleich der von Livingstone bereiste Teil des *Pan 1*-Territoriums weit von Gabun entfernt im Südosten lag, decken sich seine Erfahrungen doch in vielem mit denen Du Chaillus. So beschreibt er eine Art Gottesurteil, bei dem der Hexerei verdächtigte Frauen das Gift einer Pflanze namens *goho* zu sich nehmen mußten. Erbrachen sie, galten sie als unschuldig, defäkierten sie hingegen, wurden sie verbrannt. Die Frauen selbst verlangten eifrig nach der Probe, zuinnerst davon überzeugt, daß sie ihre Unschuld beweisen mußte (Seite 621). In Angola wiederum gab man mutmaßlichen Hexen den giftigen Absud eines bestimmten Baumes ein. Erbrach die Betreffende, brachte der Ankläger seine Beschuldigung erneut vor, woraufhin die Prozedur wiederholt wurde, bis das Opfer starb. Jahr für Jahr unterzogen sich Hunderte von Frauen an einem Ort bei Cassange dieser Prüfung mit tödlichem Ausgang (Seite 434). In den Augen der Eingeborenen gab es für den Tod sowieso nur zwei Erklärungen: entweder Zauberei oder Unvermögen, die Geister der Hingeschiedenen durch entsprechende Zaubersprüche zu besänftigen (Seite 440).

Livingstone vermerkt ausdrücklich, im ganzen von ihm bereisten *(Pan 1)*-Gebiet nördlich des 20. Breitengrades seien Menschen abgeschlachtet worden, um die Seelen verstorbener Häuptlinge zu begleiten.

Und wie Du Chaillu erwähnt auch er die von manchen Stämmen praktizierte Sitte, bei einem Zwillingspärchen eines der beiden Kinder umzubringen, und erzählt, bei einem Stamm habe man Kinder mit noch so geringfügigen Mißbildungen oder Unregelmäßigkeiten (wie etwa einer ungewohnten Reihenfolge beim Zahndurchbruch) nicht am Leben gelassen (Seite 577).

Doch verlassen wir die *Pan 1*-Palänegriden und beschäftigen wir uns mit den Kaffriden.

Nach Bakers Darstellung verfügten Kamurasi, der König von Unyoro, und sein Bruder und Stellvertreter völlig despotisch über Leben und Tod ihrer Untertanen (Band II, Seite 254). Um anzudeuten, daß jemand hingerichtet werden sollte, brauchten sie den Betreffenden nur mit einer Lanzenspitze oder einem Stock zu berühren, wobei in merkwürdiger Sinnumkehrung ersteres sofortige Urteilsvollstreckung durch Totprügeln, letzteres dagegen Tötung mit dem Speer bedeutete (Band II, Seite 199–200). Ging Kamurasi auf Sklavenjagd, ließ er sämtliche alte Frauen, die mit der gefangengenommenen Gruppe nicht Schritt halten konnten, durch Keulenhiebe ins Genick erschlagen (Band II, Seite 202).

Mutesa, der König von Bugando, sprang, wie Speke im Lauf seines langen Aufenthaltes an dessen Hof zur Genüge feststellen sollte, mit Menschenleben noch unbekümmerter um als Kamurasi. Jede noch so kleine Verletzung der Etikette wurde mit dem Tod bestraft. So mußten etwa die Wakungu oder Hofbeamten jährlich mehrere Monate im Palast zubringen, selbst wenn sie noch so weit entfernt wohnten; versäumten sie diese Pflicht (Seite 323–324) oder ließen sie sich beim Gruß die geringste Lässigkeit zuschulden kommen (Seite 258), wurden sie unverzüglich exekutiert, wie der Tod auch jenen drohte, die im Palast ihr Rindenstoffgewand unordentlich schlangen oder beim Niederkauern ein bißchen bloßes Bein sehen ließen (Seite 255, 258). Berührte einer, selbst versehentlich, Thron oder Gewand des Königs oder warf seinen Frauen einen Blick zu, hatte er sein Leben unweigerlich verwirkt (Seite 256), und überbrachte ein Diener eine Botschaft gehend statt im Laufschritt, konnte ihn das gleichfalls Kopf und Kragen kosten. Wer in Bugando einen fremdländischen Artikel außer Glasperlen oder Messingdraht aufbewahrte, hatte, sofern er nicht zur königlichen Familie gehörte, mit Exekution zu rechnen. Während Spekes Aufenthalt im Palastbereich verging kaum ein Tag, an dem nicht eine bis drei Kammerzofen zur Hinrichtung abgeführt wurden (Seite 358).

Hier noch einige weitere Beispiele für willkürliche Exekutionen unter Mutesas Herrschaft: Eine junge Frau war ihrem Ehemann durchgebrannt und hatte einige Tage lang bei einem hinfälligen Alten Unterschlupf gefunden. Als die beiden in Spekes Beisein (Seite 375) dem König vorgeführt wurden, gestattete er ihnen kein Wort der Rechtfertigung, sondern verfügte, sie so zu ernähren, daß sie möglichst lange lebten, um ihnen nach und nach die Glieder abzuhacken und diese den Geiern zum Fraß vorzuwerfen. Eines Tages teilte Mutesa seinen Hofbeamten je nach Verdienst Frauen zu; ein Mann, dem nur eine einzige Frau bewilligt worden war, bat um mehr, woraufhin er augenblicklich zum Tode verurteilt und durch einen Schlag mit einer schweren Keule auf den Hinterkopf hingerichtet wurde (Seite 377) – so bezeugt von Spekes erstem Träger Bombay, einem vertrauenswürdigen Mann, der dem Forscher schon bei einer früheren Expedition gedient hatte. Als Speke Mutesa eines Tages ein paar Karabiner schenkte, lud der König einen, reichte ihn in Spekes Beisein einem Diener und befahl diesem, die Funktionstüchtigkeit des Gewehrs an einem der Umstehenden zu erproben, was auch prompt geschah (Seite 298). Als Mutesa bei einem Spaziergang in Begleitung seines Hofstaats eine Frau sah, der man zur Bestrafung für irgendein Vergehen die Hände gefesselt hatte, erschoß er sie ohne viel Federlesens ebenso mit einer Flinte (Seite 389).

Bestieg in Bugando ein neuer König den Thron, verbrannte man alle seine Brüder bis auf zwei, die man für den Fall, daß dem Herrscher etwas zustoßen sollte, am Leben ließ (Seite 254, 260, 281, 526–527).

In dem von Livingstone und Galton bereisten kaffriden Gebiet hingegen herrschte weit mehr Achtung vor dem Menschenleben als in Unyoro, Bugando und dem riesigen *Pan 1*-Territorium. Zwar lag die Macht auch hier bei einigen wenigen, wurde aber viel gemäßigter ausgeübt. Wie aus Livingstones

Bericht hervorgeht, entschied wohl auch bei den Bakuena und Makololo der Häuptling über Leben und Tod, doch unterblieben despotische Grausamkeiten nach Art Kamurasis und Mutesas. Wer mit dem Schiedsspruch eines Häuptlings nicht einverstanden war, pflegte sich offiziell zu fügen, konnte aber privat durchaus aufmucken (Seite 84) – eine beachtliche Freiheit, die letztlich auch ihre Wirkung nicht verfehlte.

Im Südosten der kaffriden Region allerdings waren die Verhältnisse gleichfalls ungünstig. Hier hatte vor Fynns Ankunft Dingiswayos Nachfolger Chaka – oder, wie er ihn nennt, Shaka – den Thron bestiegen, auf dessen (und zum Teil noch Dinganes) Regierungszeit sich die von Fynn im Laufe von neun Jahren angestellten Beobachtungen beziehen.

Seinem Bericht zufolge genügte unter Chakas Herrschaft ein für die Diener gerade noch wahrnehmbarer Fingerzeig des Königs, um einen Mann abzuführen und hinzurichten. Bereits am Tage von Fynns Ankunft bei Hof wurden zehn Verurteilte zur Exekution weggebracht – ein Vorgang, der sich, wie der Forscher bald feststellen sollte, täglich wiederholte (Seite 28, 75, 78), und einmal wurden noch vor Chakas Frühstück sechzig Jungen, die noch keine zwölf Jahre alt waren, umgebracht (Seite 28). Die übliche Hinrichtungsart der Zulu bestand im Halsumdrehen, doch berichtet Fynn auch von einem Fall, bei dem man einen der Zauberei Beschuldigten mit den Füßen an einem Baum aufhängte und unter ihm ein Feuer anzündete (Seite 29). Bei einem anderen gelegentlich angewandten Tötungsverfahren stieß man dem Verurteilten einen Stock durch den Anus in den Leib und ließ ihn zugrunde gehen (Seite 140). Hexerei war auch bei den Zulu eine so gängige Anschuldigung, daß einmal 400–500 angeblich mit Zauberkräften ausgestattete Frauen massakriert wurden (Seite 156). Schon kleinste Verfehlungen wurden mit dem Tod bestraft. Eine von Chakas Konkubinen wurde hingerichtet, weil sie eine Prise aus der königlichen Schnupftabaksdose genommen hatte (Seite 151); und eine Gruppe von Hirtenbuben wurde ermordet, weil die Kinder am Euter der Kühe gesogen hatten (Seite 152).

Nach Zulubrauch durfte niemand von einer Ernte etwas nehmen, ehe nicht der König in einer besonderen Zeremonie von den Erstlingsfrüchten des Jahres gekostet hatte. Wer das Gebot brach, wurde samt allen Mitgliedern seines Krals hingerichtet (Seite 304). Außerdem ließ der König bei der Zeremonie selbst viele Menschen einzig zu dem Zweck töten, um seine Macht zu demonstrieren und Furcht und Schrecken vor seiner Person zu verbreiten (Seite 305).

Außer dem König konnten noch viele andere Personen Hinrichtungen anordnen. So ließ die Königinmutter Nandi ohne Gewissensbisse vor ihren Augen Männer und Frauen umbringen oder zu Tode foltern (Seite 140), und auch jeder Dorfhäuptling konnte seine Untertanen nach Belieben töten (Seite 286). Wer von einem der *izinyanga* angeklagt wurde, hatte mit sofortiger Hinrichtung zu rechnen, denn das Urteil der Medizinmänner war, wie Fynn bei mehreren Gelegenheiten feststellen konnte, absolut bindend (Seite 277, 318). Ehebruch wurde mit der Exekution beider Beteiligter bestraft, ja, dem Gatten stand sogar das Recht zu, seine Frau schon auf den Verdacht des Ehebruchs hin zu töten (Seite 294–295).

Das schrecklichste von Fynn bezeugte Ereignis unter Chakas Herrschaft aber waren die Vorgänge im Anschluß an Nandis Krankheit und Tod. Sofort nach ihrem Ableben wurde allgemeine Trauer angeordnet, und Häuptlinge und Volk versammelten sich zu einer schätzungsweise achttausendköpfigen Menge. Essen und Trinken waren untersagt, Weinen und Wehklagen Pflicht. So zog sich die Totenklage die ganze Nacht hin.

»Wer sich keine Tränen abpressen konnte – oder in Flußnähe nach Wasser lechzte –, wurde von der maßlos erregten Menge totgeprügelt. Gegen Nachmittag waren meiner Schätzung nach nicht weniger als 7000 Menschen in diesem gräßlichen und blindwütigen

Gemetzel umgekommen ... Während sich die Massen auf diese Weise betätigten, wankten und taumelten Chaka und seine Häuptlinge, die ihn umringten, herum und suchten einander durch abwechselnde Heulanfälle in ihren Trauerkundgebungen zu übertrumpfen« (Seite 133).
Fynn war es zumute, »als sollte im nächsten Moment die Welt untergehen« (Seite 135). Als erste Amtshandlung nach dem Massaker ordnete Chaka die Ermordung einer seiner Tanten und all ihrer Zofen (insgesamt zwölf bis vierzehn Mädchen) an, weil sie unfreundlich zu Nandi gewesen war (Seite 133). Außerdem wurden Krieger ausgeschickt, um alle jene umzubringen, die zur Trauerfeier nicht erschienen waren. Dasselbe Schicksal ereilte in dem auf Nandis Tod folgenden Jahr alle Schwangeren samt ihren Männern (Seite 136–137).
Im übrigen war dieses Blutbad nicht das erste seiner Art; schon einmal, als ein Anschlag auf Chakas Leben verübt worden war, hatte ein ähnliches Gemetzel stattgefunden (Seite 84–85).

Dingane, zunächst gemäßigter, trat schon bald in Chakas Fußstapfen und ließ nach Fynns Aussage »zahllose Menschen ebenso brutal massakrieren wie sein Vorgänger« (Seite 174), wobei er alle vor seinem Häuptlingsrat verhandelten Fälle insgeheim schon im voraus entschied (Seite 163). Wurde ein Häuptling *(induna)* der Zauberei, Giftmischerei, des Diebstahls an königlichem Vieh oder des Ungehorsams gegenüber den königlichen Befehlen bezichtigt, tötete man außer dem Inkulpanten auch alle seine Verwandten und Freunde einschließlich der Kinder; lediglich die jungen Mädchen blieben manchmal verschont (Seite 289). Als man einen *induna* wegen amouröser Beziehungen zu einer von Dinganes Frauen anklagte, wurden außer dem Beschuldigten sämtliche Bewohner seines Dorfes unmenschlich umgebracht (Seite 241). Und nach einem bei vielen negriden Stämmen verbreiteten Brauch ließ Dingane alle seine Brüder, sofern ihnen die Flucht nicht glückte, ermorden (Seite 214, 241).
Dieser aufs bantu-sprachige Afrika beschränkte Bericht könnte sich ohne weiteres durch Beispiele aus dem übrigen unerschlossenen Gebiet vervollständigen lassen, doch scheint es nicht gerechtfertigt, dem Thema Hinrichtungen noch mehr Raum zu geben.
Was den Kannibalismus betrifft, so existieren für weite Teile des unberührten Afrika keine Anhaltspunkte dafür, daß jemals Menschenfleisch verzehrt wurde, und auch bei Fynn, Livingstone, Galton, Speke und Baker finden sich diesbezüglich keine Berichte aus erster Hand. Nach Speke und Baker sollen lediglich die Eingeborenen einiger Gebiete von dieser andernorts praktizierten Sitte erzählt haben. Fynn erwähnt zwar einen Nachbarstamm der Zulu, der sich angeblich von Menschenfleisch ernährt haben soll, wenn seine Rinderherden gestohlen wurden, kann aber diese Behauptung nicht durch eigene Beobachtungen untermauern, und die große Mehrzahl der kaffriden Stämme waren, soweit bekannt, ohnehin nie Kannibalen. Auch unter den Nilotiden scheint es nie Menschenfresser gegeben zu haben. Wie Schweinfurth über die Dinka *(Ni)* schreibt: »Es braucht wohl kaum betont zu werden, daß die Berichte über den Kannibalismus der Niam-Niam bei ihnen ebensolchen Abscheu erregen wie bei uns.«
Du Chaillu hingegen lernte den Kannibalismus, den er lange für ein Märchen gehalten hatte, auf Fang *(Pan 3)*-Territorium tatsächlich kennen. Schon im ersten Dorf dieses Stammes stieß er auf unmißverständliche Indizien: »Ich gewahrte einige blutige Überreste, die mich menschlich anmuteten, ging aber, noch immer ungläubig, weiter. Kurz darauf jedoch begegneten wir einer Frau, die jeglichen Zweifel behob, denn sie trug ein Oberschenkelstück von einem menschlichen Körper, ganz wie man bei uns zu Hause vom Markt ein Stück Braten- oder Steakfleisch mitnimmt.« Je weiter er durch das Fang-Gebiet kam, desto unerbittlicher häuften sich die Beweise, wobei die Eingeborenen über

ihre Praktiken wie die Zerteilung der Leichen und das Anrecht des Königs auf ein bestimmtes Stück Fleisch bereitwillig Auskunft gaben. Die abgenagten Menschenknochen warfen sie zusammen mit anderem Unrat zur Hütte hinaus. »Wo ich gehe und stehe, starren mir die Spuren des Kannibalismus entgegen, so daß ich nicht länger zweifeln kann.« Allem Anschein nach herrschte der Brauch, die Leiche eines erschlagenen oder verstorbenen Dorfbewohners in einem Nachbardorf zu verkaufen: »Dies scheint das normale und gewohnte Ende der Fangs zu sein.« Unter anderem berichtet der Forscher, wie die Bewohner eines Dorfes einen eindeutig an einer Krankheit Verstorbenen zerlegten und ihm »ohne Verlegenheit« bestätigten, daß es Usus sei, solche Leichen aufzuessen. »Offenbar sind die Fangs regelrechte Menschenfresser, nur daß sie ihren gräßlichen Brauch ohne Scheu am hellichten Tage praktizieren und sich dessen nicht einmal schämen.« Da die Fang ihre Kriegsgefangenen zu verzehren pflegten und aus diesem und anderen Gründen kaum über Sklaven verfügten, handelten sie von anderen Stämmen Sklavenleichen für ihre Ernährung gegen Elfenbein ein.

Wie bereits angedeutet, stieß Du Chaillu erst bei den Fang auf objektive Beweise des Kannibalismus. Zwar hatte ihm auch der König der Apingi *(Pan 1)* bei einem offiziellen Besuch als erstes einen gefesselten Sklaven mit der Bemerkung übergeben: »Schlachtet ihn zum Abendessen; er ist zart und fett, und ihr habt gewiß Hunger«, doch beweist diese Episode nicht, daß der Kannibalismus bei den Apingi verbreitet gewesen wäre. Der König konnte ebenso gut den Europäer für einen Kannibalen gehalten haben, denn die Kunde, daß die Sklaven in den Küstendepots (»Sklavenbaracken«) bis zur Einschiffung Nahrung erhielten, war bis in abgelegene Bezirke gedrungen und hatte die Vorstellung geweckt, die Schwarzen würden als Schlachtvieh für die Europäer exportiert. Tatsächlich war die Angst vor diesem Schicksal nicht das geringste Übel, das die Sklaven in den Depots zu erdulden hatten. Um 1845 sickerten erste Berichte über die im Gebiet der Bahr el Ghasal-Nebenflüsse hausenden sogenannten Niam-Niam-Kannibalen (oder Azande, wie die korrektere Bezeichnung lautet) nach Khartum durch (556). Niam-Niam, ein von den Dinka geprägter und von allen frühen Forschungsreisenden in unterschiedlicher Schreibung übernommener Name bedeutet »starke Esser« – eine Untertreibung, denn der Stamm war wegen seiner kriegerischen Wildheit und seiner Gewohnheit, sich auch von Menschenfleisch zu ernähren, bei seinen Nachbarn sehr gefürchtet. Allerdings wurde der erste Europäer, der 1858 ins Stammesgebiet der Azande gelangte, der britische Elfenbeinhändler und königliche Konsulatsbevollmächtigte für Zentralafrika, John Petherick, nicht mit dem Kannibalismus konfrontiert, obwohl er im Verlauf seiner Reisen davon gehört hatte und sich gut zwei Wochen lang in einem nach dem Häuptling »Mundo« benannten Dorf an der Nordgrenze ihres Territoriums aufhielt (840).

Auch der im Bahr el Ghasal-Gebiet als Karawanenführer tätige Italiener Carlo Piaggia, der sich 1863/64 rund ein Jahr im oder in der Nähe des Niam-Niam-Territoriums, hauptsächlich im Dorf eines Häuptlings namens Tombo, aufhielt und gegen Ende 1863 eine Zwanzigtagereise durchs Azande-Gebiet unternahm (842), wurde im Verlauf seines langen Aufenthaltes in diesem Teil Afrikas nur ein einziges Mal Zeuge einer kannibalischen Aktion, als ein im Kampf erschlagener Feind verzehrt wurde. Zwar hält Johnston nicht viel vom »ungebildeten Piaggia«, dessen Forschungsbemühungen er an zwei Stellen als »unwissenschaftlich« abtut, aber dafür ist Schweinfurth bis auf gewisse, nicht mit dem Kannibalismus zusammenhängende Ausnahmen von der scharfen Beobachtungsgabe des Italieners überzeugt.

Schweinfurth war der erste Europäer, der zuverlässige Informationen über den Kannibalismus der Azande sammeln konnte. Als er im Verlauf seiner Expedition, die ihn vom Land der Bongo und verwandter Stämme südwärts führte, in den Südostzipfel des von den Menschenfressern bewohnten Gebietes im Bereich der Nil-Kongo-Wasserscheide gelangte, bemerkte er auf den Abfallhaufen menschliche Knochenreste und an den Zweigen der Bäume allenthalben eingetrocknete Menschenfüße und -hände. Die Azande machten auch kein Hehl daraus, daß sie sich von Menschenfleisch ernährten, sie unterhielten sich mit dem Forschungsreisenden unbefangen über dieses Thema und erklärten ihm, bis auf die an ekelerregenden Hautkrankheiten Verstorbenen seien alle Leichen genießbar. Neben den Hütten hatten sie auf Pfählen abgenagte und zwecks Hirnentnahme aufgeschlagene Schädel aufgereiht. Wer ohne Verwandte starb, wurde mit Sicherheit in seinem ehemaligen Wohnbezirk verzehrt, und in Kriegszeiten galt jeder Angehörige eines besiegten Stammes als willkommene Nahrung; das beim Kochen meistverwendete Fett schließlich war Menschenschmalz.

Einmal stieß Schweinfurth auf einen etwa einen Tag alten Säugling, das Kind einer kurz zuvor von Sklavenhändlern entführten Frau, das mühsam nach Luft schnappend in der glutheißen Mittagssonne lag, während die Azande schon auf seinen Tod und das anschließende Mahl warteten.

Bemerkenswert in diesem Zusammenhang ist, daß manche Azande nicht nur kein Menschenfleisch anrührten, sondern sich sogar weigerten, mit einem Kannibalen aus derselben Schüssel zu essen. Das ist immerhin ein Beweis, daß konformes Verhalten in weniger fortgeschrittenen Gesellschaften nicht immer so rigoros erzwungen wird, wie gelegentlich vermutet.

Schweinfurth weist auch auf die vielen Gemeinsamkeiten zwischen den (von anderen Forschern beschriebenen) Fang und den Azande hin, die sich nicht auf das physische Erscheinungsbild beschränkten, sondern bis in Gewandung und Brauchtum hineinreichten. So feilten Fang wie Azande die Schneidezähne spitz zu, bemalten den Körper mit einer roten, aus dem Holz eines bestimmten Baumes gewonnenen Farbe und trugen ähnlich kunstvolle Frisuren; beide Stämme waren Jäger, und bei beiden schmückten sich die Häuptlinge mit Leopardenfellen – um so bemerkenswertere Übereinstimmungen, als die Gebiete beider Stämme sehr weit auseinander liegen. Aber da die Fang der Überlieferung zufolge aus dem Nordosten zugewandert sein sollen, ist ein gemeinsamer Ursprung nicht ganz auszuschließen.

Als Schweinfurth dann auf dem Weg zu dem im Quellbereich des Kongonebenflusses Uelle (»Welle«) gelegenen Endpunkt seiner Expedition wieder südwärts zog, gelangte er ins Gebiet der Monbuttu, die nach seiner Feststellung Menschenfleisch noch mehr schätzten als die Azande und die er unter allen damals bekannten afrikanischen Stämmen für die größten Kannibalen hielt. Nach siegreichen Kriegszügen ließen sie die Leichen ihrer erschlagenen Feinde auf dem Schlachtfeld ausdörren, um sie danach mit nach Hause zu nehmen, und trieben Gefangene »so erbarmungslos vor sich her wie Metzger Schafe ins Schlachthaus . . . um sie zu einem späteren Zeitpunkt ihrer entsetzlichen und übelkeiterregenden Gier zu opfern«. Der Monbuttu-König Munza vertraute Schweinfurth an, er habe für die Dauer seines Besuches nur den heimlichen Verzehr von Menschenfleisch gestattet, da er wisse, welche Abneigung die Europäer gegen diese Praktik hegten. Der Forscher beobachtete trotzdem des öfteren, wie menschliche Körperteile als Mahlzeit zubereitet wurden, und die meisten Schädel, die ihm Angehörige dieses Stammes für seine anthropologische Sammlung brachten, waren wegen der Hirn-Entnahme aufgeschlagen (und damit wertlos), dazuhin gelegentlich noch feucht und mit frischen Kochgerüchen behaftet.

Keiner der sieben Forschungsreisenden weiß eine befriedigende Erklärung für den Kannibalismus in Schwarzafrika. Jedenfalls deutet nichts darauf hin, daß dieser Brauch dem Wunsch entsprungen wäre, sich Macht oder

Einfluß des Verzehrten einzuverleiben. Auch Mangel an genügend Eiweißnahrung scheidet – trotz des bereits erwähnten Umstands, daß ein seiner Rinder beraubter Stamm kannibalische Gewohnheiten annahm – als Auslösefaktor aus, da Fang und Azande Jägervölker waren, und die Monbuttu ihren Fleischbedarf ebenfalls durch Jagd decken konnten und außerdem von ihren Raubüberfällen auf ihre südlichen Nachbarn zahlreiche Ziegen mitbrachten. Wie schon Schweinfurth konstatiert: »Es ist ein reiner Trugschluß, sich einzubilden, die Monbuttu würden mangels gewöhnlichen Fleisches zum Kannibalismus getrieben.«

Im folgenden wollen wir den allgemeinen Eindruck, den die Forschungsreisenden von den intellektuellen Fähigkeiten der Negriden im unberührten Teil Afrikas gewannen, zu umreißen versuchen.

Obwohl sie die Sprache mancher Eingeborenenstämme wie zum Beispiel die der Betschuana *(Ka)* als sehr wortreich empfanden und die Dinka rühmten, für alles, was mit dem Rind zusammenhängt, ein umfangreicheres Vokabular als irgendeine europäische Sprache zu besitzen, hob Schweinfurth doch die Armut der Negridensprachen, besonders der der Bongo und Azande, an abstrakten Begriffen hervor. Er zitiert einige Beispiele aus der Sprache der Bongo, die nur über ein einziges Wort für ähnliche, aber nicht identische Vorstellungen verfügten. So gab es in ihrer Sprache keine verbale Unterscheidungsmöglichkeit zwischen *Schatten* und *Wolke* oder zwischen *bitter* und *ärgerlich.* Doch davon abgesehen attestierten die Forscher einer ganzen Anzahl von Stämmen sprachliche Präzision und grammatikalische Exaktheit. So bemerkte Livingstone, daß bei den Basuto »arm und reich korrekt sprechen; es gibt keine vulgäre Ausdrucksform«, und Fynn äußerte sich ähnlich über die Zulu. Sowohl Livingstone als auch Schweinfurth fürchteten, die Eingeborenensprachen könnten durch Einführung fremdsprachiger Begriffe durch die Missionare überfremdet werden.

Nirgends im unberührten Gebiet gab es eine geschriebene Sprache, und es erwies sich als recht schwierig, den Eingeborenen auch nur klarzumachen, was darunter zu verstehen sei. Die Ovambo hielten es für völlig ausgeschlossen, daß Galton mittels Schrift auf Papier Wörter ausdrücken könne, und ließen sich erst vom Gegenteil überzeugen, als er eine Reihe von Namen notierte und sie ihnen anschließend vorlas. Und Livingstone sagte über die Makololo: »Es erscheint ihnen übernatürlich, daß wir aus einem Buch Dinge entnehmen können, die in der Ferne passieren oder passiert sind.« Interessanterweise deckt sich diese Überzeugung weitgehend mit den Gedankengängen Thomas Carlyles in seiner 13 Jahre früher gehaltenen Vorlesung »The hero as a man of letters«:

»Mit der Kunst des Schreibens, deren einfache, unvermeidliche und vergleichsweise unbedeutende Folgeerscheinung der Buchdruck darstellt, begann für die Menschheit die wahre Herrschaft der Wunder. Sie verknüpfte auf eine bis dahin ungekannt enge Weise Vergangenes und Fernes mit dem zeitlich und räumlich Gegenwärtigen« (191).

Dementsprechend besaßen manche der negriden Stämme keinerlei Geschichtsbewußtsein. Bei den Rek, einer Dinkagruppe *(Ni)* waren »Leben und Taten der Menschen längst vergessen« und der Stamm daher »ohne Überlieferungen und Geschichte«. Speke schreibt über die Wanyamwezi *(Ka)*: »Das Volk kennt keine geschichtlichen Überlieferungen«, und Baker leitet aus dem Umstand, daß die Ovaherero die Jahre nicht zählten, die Verallgemeinerung ab, die Eingeborenen Zentralafrikas seien ». . . nicht nur des Schreibens unkundig, sie besitzen auch keine Überlieferungen – ihr Denken kreist ebenso ausschließlich um ihre täglichen Bedürfnisse wie das von Tieren; damit aber besitzen sie keinen Schlüssel zur fernen Vergangenheit und wissen nicht, was Geschichte ist«. Livingstone allerdings stellte dennoch da und dort gewisse Erinerungen an frühere Zeiten fest. Als er auf seiner Expedition zur Westküste sambesiaufwärts zog, vernahm er eine merkwürdige Überlieferung: Ein Mann habe sein eigenes Volk, die Barotse, verlassen, sei stromabwärts bis zu einem Wasserfall auf Banyeti-Territorium gekommen und habe dort einen Bewässerungskanal für seinen Garten angelegt. Livingstone erwähnt nicht, ob er den vermutlich von einem Teich oberhalb des Wasserfalls ausgehenden Kanal zu Gesicht bekam, wohl aber, daß man ihm die Stelle zeigte, wo sich ehedem der Garten befunden hatte und wo noch immer »eine minderwertige Kartoffelsorte« gedeiht. »Demnach müssen also in diesen Regionen ebensogut wie bei uns von Zeit zu Zeit unternehmungslustige Männer aufgetreten sein«, meint er nachdenklich, »doch des Schreibens unkundig, haben sie kein Erinnerungszeichen hinterlassen.« 170 Meilen landeinwärts von Loanda sah er dann doch ein solches Zeichen – einen Fußabdruck, der vor langen Zeiten zur Erinnerung an den Besuch einer berühmten Königin in den Felsen gehauen worden war. »Angesichts dieser unbeholfenen Versuche, Vergangenes festzuhalten«, bemerkt er, »lernt man die Schrift erst so richtig schätzen.«

Dennoch existierten da und dort gewisse Geschichtskenntnisse, zumindest an den Königshöfen. Kamurasi beispielsweise erzählte Baker, sein Großvater habe nicht nur (wie er selbst) als König über Unyoro, sondern auch über Bugando, Utumbi und Chopi geherrscht. Über die weiter zurückliegende Geschichte allerdings wußte er nicht Bescheid und konnte daher auch zu Bakers Meinung, unter seiner Ahnenschaft müsse sich wohl ein Galla (Äthiopid) befunden haben, nicht Stellung nehmen. In Bugando ließ sich die Geschichte der Könige wesentlich weiter zurückverfolgen, und auch in Karagwe waren noch viele Königsgenerationen namentlich bekannt. Das umfassendste Wissen um die Vergangenheit aber besaßen die Zulu, bei denen die alljährliche Zeremonie der »Erstlingsfrüchte« die Grundlage einer in Jahren gezählten, bis circa 1750 zurückreichenden Geschichte bildete. Außerdem ließ sich anhand der mündlichen Informationen der Stammesangehörigen ein ziemlich komplizierter Stammbaum der Könige und ihrer Verwandten aufzeichnen und die allmähliche Verschmelzung der Stämme in vielen Einzelheiten verfolgen.

Viele Negride besaßen ohne Zweifel auch beträchtliche geografische Kenntnisse. So sagte Speke den Einwohnern Karagwes ein erstaunlich »umfassendes und mannigfaltiges (geografisches) Wissen« nach, dessen Korrektheit er später anhand eigener Beobachtungen und der Aussagen anderer bestätigt fand. Einer der Eingeborenen legte einen langen Stock so auf den Boden, daß er korrekt Norden und Süden anzeigte, und fügte kürzere hinzu, die jeweils aufs Zentrum der verschiedenen Nachbarländer wiesen. Schweinfurth stellte gleichfalls fest, daß die Negriden die Lage ferner Orte im allgemeinen durch Fingerdeuten sehr genau angeben konnten (wie übrigens auch die *Zeit*, indem sie die Stelle bezeichneten, an der sich die Sonne bei Eintritt eines bestimmten Ereignisses befinden mußte). Livingstone berichtet, die Kaffriden hätten für ihn bereitwillig Landkarten auf den Boden gezeichnet, wogegen er die *Pan 1* des oberen Sambesi zu keinem derartigen Versuch bewegen konnte. Und Galton fand heraus, daß die Ovaherero zwar eine außerordentlich detaillierte Ortskenntnis besaßen, zum Beispiel bei einem Fluß für nahezu jeden Abschnitt einen eigenen Namen hatten, aber keine Gesamtbezeichnung kannten, und sich dementsprechend wohl auch kein Bild von ihrer Umgebung im Sinne einer Landkarte machten.

Grundlegende Rechenkenntnisse waren überall vorhanden, wenn auch in dieser Hinsicht zwischen den einzelnen Stämmen Unterschiede bestanden. Einen Extremfall verkörperten offenbar die Ovaherero, die nach Galtons Meinung vermutlich über höhere Zahlenbegriffe verfügten, aber in der Praxis keine höhere Ziffer als drei benutzten und vier lieber mit den Fingern als mit dem entsprechenden Wort andeuteten. Schweinfurth berichtet, die Madi zählten nur bis zehn und drückten höhere Ziffern in der Regel durch Gesten aus. Wollte man einem Häuptling klarmachen, wie viele Träger benötigt wurden, händigte man ihm die entsprechende Anzahl zu Zehnerbündeln zusammengeschnürter Schilfstengel aus. Ganz ähnlich schickte ein als Stellvertreter Kamurasis fungierender Häuptling Baker einmal 24 Strohschnipsel, um anzudeuten, wie viele Geschenke sein Herr von Speke erhalten hatte und um wieviel Baker sich noch im Rückstand befand. Nun wäre es durchaus vorstellbar, daß sich die Eingeborenen untereinander mit den entsprechenden Zahlenbegriffen verständigt hätten und die Symbole nur anwandten, um von den Ausländern nicht mißverstanden zu werden, aber Zahlen mit Fingern anzudeuten war doch eine sehr weitverbreitete Sitte, etwa bei den Zulu, die, obgleich sie über hohe Zahlenbegriffe verfügten, gern mit den Fingern rechneten. Als Chaka Fynn einmal aufforderte, eine große Ochsenherde zu zählen, und dieser schließlich verkündete, es seien 5654 Stück, brach die Menge der Gaffer in schallendes Gelächter aus; da Fynn kein einzigesmal die Finger zu Hilfe genommen hatte, erwies es sich als absolut unmöglich, sie von der Richtigkeit der Zählaktion zu überzeugen. Die Ovambo hingegen zählten Galtons Ochsen (allerdings eine wesentlich kleinere Zahl) ebenso schnell wie er selbst. Auf die Rechenfähigkeiten der Negriden finden sich in den Büchern der Forschungsreisenden leider kaum Hinweise. Galton meint, die Ovaherero könnten »das knifflige Problem«, wieviel zwei Schafe kosteten, wenn eines für zwei Stangen Tabak zu haben wäre, kaum lösen, weshalb er diesen Stamm als »höchst stupide« und den Ovambo geistig weit unterlegen nennt. Andererseits erzählt Schweinfurth von einem (vermutlich von den Negriden erfundenen) und bei fast allen Stämmen des Bahr el Ghasal-Gebietes beliebten Spiel namens *mungala*, das beträchtliche Fähigkeiten im Kopfrechnen voraussetzte.

Die Werke der Forschungsreisenden vermitteln nicht den Eindruck, als hätten die Negriden das Wissen über die Welt der Natur als Wert an sich erachtet, mit anderen Worten, es gab so gut wie keine Naturwissenschaft (im Gegensatz zur Technologie). So schreibt etwa Livingstone über die Betschuana: »Sie haben keine Wissenschaft entwikkelt und erörtern kaum Fragen, die über die unmittelbaren Bedürfnisse des Magens hinausgehen«, und, stärker verallgemeinernd: »Alles, woran die Afrikaner je gedacht haben, war der Augenblicksgenuß.« Auch Fynn berichtet, er habe nur selten bei einem Zulu jene Wißbegier festgestellt, aus der heraus sich die Menschen für Dinge interessieren, die sich nicht unmittelbar auf ihre praktischen Lebensbelange anwenden lassen. Aber diese Kommentare sind zu summarisch, um auf alle Stämme der bereisten Gebiete zuzutreffen. Die Azande etwa bewährten sich bei Schweinfurths botanischen Exkursionen als eifrige und wißbegierige Helfer, die für sämtliche Pflanzen einheimische Namen wußten, und die Bongo unterschieden zwischen zwei engverwandten Antilopenarten, die der Forscher selbst zunächst beinahe verwechselt hätte.

Ein bemerkenswertes Forschungsprojekt wurde von Dagara, dem König von Karagwe, unternommen: Um in Erfahrung zu bringen, wie es unter der Erdoberfläche aussieht, ließ er einen mehrere Meter langen unterirdischen Gang graben und darunter eine mit dem Gang durch eine kleine Öffnung verbundene Höhle anlegen. Als das erhoffte neue Wissen ausblieb, stellte der enttäuschte König seine geologischen Forschungen ein und gab sich dem Mystizismus hin. Vertraulichen Mitteilungen zufolge pflegte er sich von Zeit zu Zeit in die Höhle zurückzuziehen und dort tagelang einsam ohne Essen und Trinken zuzubringen, um sich, wie man glaubte, je nach Laune bald in einen Jüngling, bald in einen alten Mann zu verwandeln. Dagaras unterirdische Anlagen wurden Speke von Rumanika gezeigt.

Livingstone stellte bei den Barotse *(Pan 1)* zwar ein zuverlässiges Gedächtnis für Selbsterlebtes fest (auch wenn es zeitlich schon lange zurücklag), vermißte aber Anhaltspunkte für eine zukunftsorientierte *Voraus-schau.* So erschien es den Eingeborenen des Sambesi-Quellgebiets völlig sinnlos, daß er Dattelkerne pflanzte, obwohl er genau wußte, daß er die Früchte nie ernten würde. Eine bemerkenswerte Ausnahme bildeten laut Livingstone in dieser Hinsicht die Batonga *(Pan 1)*, die sogar Bäume pflanzten, »eine Praktik, die man sonst bei den Eingeborenen nirgends beobachtet«. Du Chaillu erwähnt den »gänzlichen Mangel an Vorsorge« bei den Stämmen Gabuns, und Speke meint dasselbe, wenn er sagt, der Neger denke »nicht über den Augenblick hinaus«.

Spekes Meinung über die Lernfähigkeit von Negerjungen wurde bereits zitiert, und auch Baker vertrat die Ansicht, die Kinder der schwarzen Rasse hätten »eine raschere Auffassungsgabe als ihre weißen Altersgenossen«, fügt aber hinzu: »Doch der geistige Horizont weitet sich nicht aus – der zunächst vielversprechende Intellekt gelangt nicht zur vollen Reife.«

Dennoch scheinen die Forschungsreisenden unter den Negriden nur sehr wenig geistig Zurückgebliebene angetroffen zu haben. Speke begegnete wohl einmal einem Schwachsinnigen, »dem schwarzen Gegenstück zum englischen Dorftrottel«, aber sowohl Fynn als auch Livingstone betonen, gelegentlich Zustände zeitweiliger Geistesverwirrung, jedoch nur selten wirkliche Geisteskrankheiten beobachtet zu haben.

Manchen Stämmen wird von den Forschungsreisenden sogar besondere Intelligenz attestiert, insbesondere den Ovambo *(Ka)*, Bunyoro *(Ka)* und Monbuttu *(Pan 3)*. Schweinfurth schildert die letztgenannten recht lebendig als »Menschen, die auf eine vernünftige Frage eine vernünftige Antwort geben«. Wohl nicht ganz von ungefähr deuten die Ergebnisse der biologischen Anthropologie auf ein europides Element in der Ahnenschaft dieses Stammes hin, und bereits Schweinfurth glaubte an eine Verwandtschaft mit den Fulbe. Ebenso hätte Fynn vermutlich die vergleichweise beachtliche Intelligenz der Zulu (die gleichfalls Mischlinge sind, vergleiche Seite 221 f.) betont, wäre er auf seinen Reisen auch mit etlichen *Pan 1*-Stämmen bekannt geworden. Jedenfalls schreibt Livingstone über die Bashinje und die benachbarten angolanischen Stämme *(Pan 1)* mit überraschender Unfreundlichkeit, sie könnten »den Kapkaffern *(Ka)* in keinerlei Hinsicht das Wasser reichen«. Welch geringe Meinung Galton vom geistigen Niveau der Ovaherero hegte, wurde bereits erwähnt.

Daß die Negriden Zentralafrikas beim Auftauchen der ersten Forschungsreisenden auf einer weniger fortgeschrittenen Kulturstufe standen als manche anderen Menschenrassen, versuchte man auf unterschiedliche Weise zu erklären. Unter anderem wurde die Meinung vertreten, Klima und Boden seien so ungünstig gewesen, daß bereits das Überleben größerer Menschenzahlen eine beachtliche Leistung darstellte, die den Menschen nur wenig Zeit und Gelegenheit für geistige und intellektuelle Fortschritte ließ. Livingstone schreibt über die in einer wüstenähnlichen Region lebenden Bakalahari: ». . . Man macht sich (in Europa) keine Vorstellung, wie tief sie durch Jahrhunderte der Barbarei und den harten Kampf ums Lebensnotwendige geistig gesunken sind.« Tatsächlich gab es in Innerafrika, wie in anderen Teilen der Erde auch, Landstriche, in denen das Leben ausgesprochene Härten zeigte. Baker stieß beim Kytch-Stamm (*Ni*, siehe Seite 243) auf die Spuren des Hungers, und Speke hörte ähnliches von den Wanyamwezi *(Ka)*, ohne allerdings selbst Hungernde zu Gesicht zu bekommen. Im weitaus größten Teil des noch unerforschten Gebietes jedoch waren Klima und Boden keineswegs ungünstig; die Forscher verweisen im Gegenteil immer wieder auf die ungewöhnliche Fruchtbarkeit des Landes. Hier einige Zitate, die ihre Eindrücke recht anschaulich wiedergeben.

Schweinfurth bemerkt über die Landschaft am Rande des Dinka *(Ni)*-, Dyoor *(Ni)*- und Bongo *(Pan 3)*-Territoriums: »Wie fruchtbar diese üppigen Tropengebiete sind, beweisen am anschaulichsten die Felder, die ohne ein einziges Mal brachzuliegen seit dreizehn Jahren und immer nur mit dem gejäteten Unkraut gedüngt wurden.« Das Land der Mittu *(Pan 3)* »... ist sehr ertragreich ... Aufgrund seiner Fruchtbarkeit erfordert der Feldbau nur wenig Mühe«. »Das Monbutto *(Pan 3)*-Land grüßt uns als Paradies auf Erden.« In manchen Gegenden der Azande »... herrscht unvorstellbarer Überfluß ... der Ackerbau ist äußerst einfach. Das ganze Land ist überaus reich an wildwachsenden Produkten, Pflanzen wie Tieren, die unmittelbar zur Erhaltung des menschlichen Lebens beitragen«. Baker schreibt über das heutige Grenzgebiet zwischen Sudan und Uganda: »... Wir befanden uns in einer schönen offenen Landschaft, die, aufgrund ihres hügeligen Charakters auf natürliche Weise dräniert, die herrlichsten Tieflandweiden bot.« Und Shooa (Ladwong) im Stammesgebiet der Acholi *(Ni)* beschreibt er als »... ›das Land, wo Milch und Honig fließt‹; Geflügel, Butter, Ziegen – alles ist im Überfluß vorhanden und dazuhin spottbillig«.

Livingstones Berichte über die Ländereien der *Pan 1*-Stämme decken sich mit denen von Schweinfurth und Baker über die Fruchtbarkeit gewisser nilotider und *Pan 3*-Territorien. Über das Einzugsgebiet des Kasaia, eines südlichen Nebenflusses des Kongo, schreibt er: »Für einen, der das harte Leben der Armen in alten Kulturländern beobachtet hat, leben die Eingeborenen hier wie im Schlaraffenland ... Es gibt Nahrung in Hülle und Fülle, die den Einheimischen praktisch in den Schoß fällt; der Boden ist so fett, daß er keiner Düngung bedarf.« Das weiter westlich gelegene Kwango-Tal »... ist über die Maßen fruchtbar ... es muß nie gedüngt werden ... je intensiver der Boden bestellt wird, desto reicher der Ertrag«. Auf dem Rückweg von der Westküste durch das Kasaia-Tal hatte Livingstone »das sichere Gefühl, daß noch genügend Land für eine unbegrenzte Zunahme der Weltbevölkerung vorhanden ist«. Und als er gegen Ende seiner langen Expedition zur Ostküste durch Batonga-Territorium kam, hing er ähnlichen Gedanken nach: »Gegenwärtig bietet das Land mit Sicherheit reichlich Raum für weitere Tausende und aber Tausende.«

Auch das weiter östlich gelegene Gebiet der Banyai *(Ka)* fand Livingstone »äußerst fruchtbar«; »die Leute bauen erstaunliche Mengen an Korn, Mais, Hirse, Erdnüssen, Kürbissen und Gurken an«. Dasselbe ließe sich anhand zahlloser Beispiele auch für andere kaffride Stämme belegen. Speke berichtet beispielsweise über die Wasagara, es habe »ein solcher allgemeiner Wohlstand geherrscht, daß die Leute es sich selbst in dieser späten Jahreszeit leisten konnten, ihr Korn zu vermalzen, um Bier für den Verkauf zu brauen; und auf dem Markt wimmelte es von Ziegen und Hühnern«. Westlich des Victoria Nyanza »lebten die Neger in ausgesprochen paradiesischen Zuständen: Sie brauchten nur zu säen und zu ernten«. Galton schreibt über kaffrides Gebiet auf der Westseite des Kontinents: »... die Kornkammer der Ovampo breitete sich wie ein gelbes Meer vor uns aus ... die reizvolle Landschaft erweckte den Eindruck üppigster Fruchtbarkeit ... Auch als wir tags darauf weiterzogen, hielt das Erstaunen über den Überfluß an landwirtschaftlichen Produkten an.«

Die zitierten Beispiele (denen sich noch viele anfügen ließen) weisen allesamt darauf hin, wie erfolgreich die Negriden (oder vielleicht sollte man sagen, die negriden Frauen) Akkerbau trieben; gleichzeitig aber beweisen sie auch, daß die kulturelle Entwicklung keineswegs durch rauhe Umweltbedingungen oder die mühselige Befriedigung rein materieller Bedürfnisse gehemmt worden sein kann. Es gab keine unablässige Schinderei, zumindest nicht für die Männer. Das wird von den Forschungsreisenden sehr deutlich herausgestellt, was einige Zitate beweisen sollen. Eine Bemerkung Schweinfurths über

die Monbuttu mag stellvertretend für viele andere stehen:
»Während sich die Frauen um die Bestellung des Bodens und das Einholen der Ernte kümmern, verbringen die Männer, soweit sie sich nicht auf Kriegszug oder auf der Jagd befinden, den geschlagenen Tag in Untätigkeit. In den frühen Morgenstunden trifft man sie im Schatten der Ölpalmen in voller Länge, auf ihren geschnitzten Bänken ausgestreckt, Tabak rauchend an, und unter Mittag klatschen sie dann mit ihren Freunden in den kühlen Versammlungshallen.«
Ganz ähnlich äußert sich auch Baker: ». . . es war in Unyoro *(Ka)* Brauch, daß sich die Männer dem Müßiggang ergaben, während die Frauen die gesamte Feldarbeit besorgten. So waren sie abends müde und ruhebedürftig, während die Männer die Nacht mit lärmenden Lustbarkeiten verbrachten.« Und über die Negriden im allgemeinen: »Sie haben keinen Fleiß, keine Beharrlichkeit, sondern lieben Bequemlichkeit und Wohlleben.« Das scheint im übrigen auch auf diejenigen zuzutreffen, von denen man eigentlich mehr Unternehmungsgeist und Intelligenz hätte erwarten sollen. Die Wankungu oder Beamten an Mutesas Hof in Bunyoro *(Ka)* verbrachten ihre Zeit gewöhnlich damit, »am Boden hockend zu rauchen, zu schwatzen und pombé zu trinken«. Doch wir wollen dieses Thema, so viele Beispiele sich in den Büchern der Forschungsreisenden auch noch dafür fänden, hier nicht weiterspinnen, sondern lediglich noch einmal hervorheben: daß die Negriden nicht ebenso rasche kulturelle Fortschritte erzielten wie manche anderen Rassen, läßt sich nicht mit hartem Lebenskampf erklären.
Als weiterer gewichtiger Grund wird gelegentlich die schlechte körperliche Verfassung der Schwarzen genannt. Fraglos mußten die Negriden eine ganze Reihe von Krankheiten erdulden, gegen die sie keine wirksamen Heilmittel besaßen. Die Forschungsreisenden erwähnen unter anderem die bei den Zulu zu einer bestimmten Jahreszeit grassierende Ruhr, den gleichfalls bei diesem Stamm verbreiteten Bandwurm, die bei den Makololo häufig auftretende Bindehautentzündung, eine bestimmte Krankheit, die sich bei den Barotse alljährlich mit dem Austrocknen der Wasserläufe einstellte und die in Obbo und andernorts verbreiteten Pokken. Du Chaillu nennt außerdem Fieber, Lepra, eine Geschlechtskrankheit und bösartige Geschwüre, unter denen die Bakalai zu leiden hatten. Trotzdem ist zu bezweifeln, ob sich die Einwohner des unberührten Gebietes gesundheitlich in einer schlimmeren Lage befanden als die Menschen anderer tropischer und subtropischer Länder, die zum Teil – man denke nur an Indien – seit ältesten Zeiten große geistige Fortschritte zu verzeichnen hatten. Und in den Ländern der gemäßigten Zone, auch das darf man nicht übersehen, hatten sich bereits zu einer Zeit Kulturzentren gebildet, als die Bevölkerung ebenfalls noch von diversen Krankheiten, darunter Seuchen, die den in wärmeren Landstrichen auftretenden Epidemien an Heftigkeit nicht nachstanden, heimgesucht wurde. Daß manche Europäer Schwarzafrika früher für besonders ungesund hielten, erklärt sich zum einen aus ihrer mangelnden Immunität gegen gewisse, in diesem Land verbreitete Krankheiten, hauptsächlich aber daraus, daß sich ihre Kenntnisse des schwarzen Kontinents lange Zeit auf die ungesunden Küstenbezirke beschränkten.
Jedenfalls malen die Forschungsreisenden von den innerafrikanischen Eingeborenen keineswegs ein Bild allgemeiner Krankheit. Du Chaillu sagt von den Ashira *(Pan 1)*: »Die Eingeborenen sind in der Regel einigermaßen gesund. Zwar habe ich Fälle gesehen, die ich für Lepra hielt, insgesamt aber leiden sie selten an Fieber oder anderen gefährlichen Krankheiten.« Kein einziges Mal stieß er bei seinen Reisen auf Blinde, und auch Taubheit war äußerst selten. Galton berichtet über Ovamboland: »In diesen Gegenden gibt es keine Krankheiten außer leichtem Fieber, der weitverbreiteten Bindehautentzündung und Magenbeschwerden«; in puncto Gesundheit ließ dieses Land und

das der Ovaherero also »nichts zu wünschen übrig«. Schweinfurth lobt mehrmals das gesunde Klima des Azande-Territoriums und bemerkt über die hügeligen, von diesem Stamm und den Monbuttu besiedelten Distrikte: »Ich fühlte mich gesundheitlich in keiner Weise angegriffen, sondern schöpfte im Gegenteil in der reinen Luft des südlichen Hochlandes neue Kräfte.« Auch Baker schreibt über seinen Aufenthalt in Shooa (Ladwong) bei den Acholi: ». . . die höheren Regionen waren bemerkenswert trocken und gesund.« Da Livingstone unter den sieben Afrikaforschern (die allerdings durchweg einiges von Gesundheit und Krankheit verstanden) der einzige ausgebildete Mediziner war, fällt seinem Urteil besonderes Gewicht zu. Beim Überqueren des (in Ambia zwischen Livingstone und Lusaka gelegenen) heutigen Batoka-Plateaus fiel ihm auf, daß man die Hügelketten dieser Gegend »denjenigen, die aus Geschäftsgründen nach Afrika kommen, geradezu als Sanatorium empfehlen kann . . . Hier bietet sich den Europäern Aussicht auf unvergleichlich gesündere Wohngegenden als an der Küste«, ». . . die jenem gesündesten aller gesunden Landstriche, dem Inneren Südafrikas in der unmittelbaren Umgebung der (Kalahari-)Wüste gleichen«. Alles in allem scheint Livingstones Zeugnis nicht darauf hinzudeuten, daß Stämme wie die Batonga (Batoka), Bamangwato, Bakuena und Betschuana selbst zu einer Zeit, als die Segnungen der europäischen Medizin noch nicht bis nach Innerafrika gelangt waren, in einem solchen Klima gelebt hätten, daß intellektueller Fortschritt unmöglich gewesen wäre.

Gelegentlich wird auch behauptet, die Negriden seien aufgrund der in ihrem Land weitverbreiteten Hakenwurm- und Bilharziose-(Schistosomiasis)Erkrankungen besonders geschwächt gewesen. Nun stimmt zwar, daß diese Erkrankungen einen Kräfteverfall bewirken und die Negriden an ihnen litten, aber die Hakenwürmer (*Ancylostoma* und verwandte Genera) und Arten der Gattung *Schistosoma* sind keineswegs auf den schwarzen Kontinent beschränkt, sondern schaden auch in vielen anderen Ländern der Gesundheit der Bevölkerung, wie sie im übrigen innerhalb Afrikas auch nicht nur die Vertreter einer einzigen Rasse befallen: Wie ägyptische Papyri von circa 1500 vor Christus, in denen eine nahezu mit Sicherheit durch im Darm schmarotzende Fadenwürmer der Gattung *Ancylostoma* verursachte Form der Anämie beschrieben wird sowie die in Pharaonenmumien entdeckten Eier von *Schistosoma* beweisen, waren diese Parasiten eine Geißel, die bereits eine der ältesten Hochkulturen der Welt heimsuchte (442). Ja, die fortgeschrittensten Formen der Bilharziose treten in Südafrika sogar ausgesprochen selten auf (381), und heute weiß man, daß es sich bei dem in diesem Teil des Kontinents vorherrschenden Erreger um eine besondere Art handelt (659), die nur selten Harnverhalten durch Fibrose des Blasenhalses hervorruft. Im fortgeschrittenen Stadium findet sich die Krankheit weitaus häufiger in Ägypten, wo vor allem die virulentere Spezies des Parasiten *Schistosoma haematobium* vertreten ist (700).

(Während *Schistosoma haematobium* in Afrika und dem Nahen Osten weit verbreitet ist und *Schistosoma mansoni* hauptsächlich auf Afrika beschränkt bleibt, findet sich in Japan, China und anderen Teilen der Erde namentlich die Gattung *Schistosoma japonicum* (700). Bei sämtlichen Erregern handelt es sich um Schmarotzer des Menschen, denen Süßwassergastropoden als Zwischenwirte dienen.)

19
Die Negriden
Weitere Anmerkungen zum Thema Kultur

In den beiden voraufgegangenen Kapiteln habe ich anhand der Beobachtungen der sieben Forschungsreisenden versucht, ein Bild von der Kultur der Negriden zu entwerfen, was nach anderen Afrikaberichten zu urteilen, trotz aller Lücken und Vereinfachungen wohl auch geglückt sein dürfte. Fraglich scheint nur, ob die Berichte der zitierten Reisenden nicht anders ausgefallen wären, hätten sie weiter ins unberührte Gebiet vordringen können. Überhaupt wird sich der Leser vielleicht schon gefragt haben, mit welchem Recht das restliche Schwarzafrika ausgeklammert wird, könnte es doch für die ethnische Frage ebenso aufschlußreich sein. Dazu ließe sich mancherlei sagen, doch möchte ich mich hier auf zwei Punkte beschränken, die mir allerdings wichtig genug erscheinen, um ihnen dieses Kapitel zu widmen.

1. Die rätselhaften Mauern. Während seines Aufenthaltes im Gebiet der Makololo traf Livingstone zufällig einige aus Manica im heutigen Moçambique nahe der rhodesischen Grenze stammende Negride. Sie berichteten, in der unmittelbaren Umgebung ihrer Heimat: ». . . Zwei Flüsse, Motirikwe und Sabia oder Sabe genannt, fließen durch ihr Land ins Meer« . . . befänden sich »Mauern aus gehauenem Stein, die wahrscheinlich von ihren Vorfahren stammten«. Da die Buchstaben *l* und *r* häufig verwechselt werden und *o* nicht selten für einen undefinierbaren Zwischenvokal steht, darf man im erstgenannten Fluß wohl den Mtilikwe und im zweiten den Sabi sehen. Tatsächlich grenzt Manica an einen riesigen Bezirk mit Bauwerken aus behauenem Stein, dessen Zentrum im Einzugsgebiet des Sabi liegt. Die berühmteste dieser Steinruinen, die von Zimbabwe, findet sich unweit des Mtilikwe, eines Nebenflusses des Sabi. Merkwürdigerweise jedoch scheint Livingstones 1857 veröffentlichter Hinweis (676) den Historikern dieses mittlerweile weltberühmten Teils von Afrika entgangen zu sein. Übrigens bekam er selbst keines der Steinbauwerke zu Gesicht, obwohl ihn bei seiner Expedition zu den Victoria-Fällen im November 1855 nur noch 43 Meilen von einer dieser Stätten trennten. Erst zehn Jahre später, 1868, kam wieder ein Europider nach Zimbabwe. Es war der amerikanische Jäger Adam Renders, der indessen keinen Bericht über seine Beobachtungen veröffentlichte; erst seine Nachfolger machten bald darauf Zimbabwe in der ganzen zivilisierten Welt bekannt.
Ruinen aus behauenen Felsblöcken finden sich nicht nur über einen riesigen Bezirk Rhodesiens verstreut, sondern auch noch jenseits der Grenze in Moçambique und dem nördlichen Transvaal. Alles in allem hat der bebaute Bezirk eine Ost(Inyanga Terraces)-Westausdehnung von 475 und eine Süd-Nordausdehnung (Mapungubwe, Limpopo-Salisbury/Sambesi) von 407 Meilen. Insgesamt wurden über zweihundert Ruinen entdeckt, viele davon ziemlich unbedeutend, andere dagegen wie Khami, Dhlo-Dhlo, Naletale, Zimbabwe und die Terraces ausgesprochen imposante Bauten, über die detaillierte Forschungsberichte vorliegen (559, 910, 911, 1026, 1027).
Nun werfen aber die Steinruinen Rhodesiens eine ganze Reihe von Fragen auf. Zwar

existieren auch in Zentral- und Südangola bescheidene, gewöhnlich früheren Generationen des Jaga *(Pan1)*-Stammes zugeschriebene Steinrelikte. Von diesen Ausnahmen abgesehen, verwandten die Negriden in sämtlichen Teilen des unberührten Gebietes aber seit jeher nur pflanzliche Baustoffe, die in manchen Bezirken noch mit Lehmerde verkleistert und verfestigt wurden. In den meisten Ländern der Erde sind Steinruinen nicht weiter überraschend, da Stein hier ein seit alters übliches Baumaterial darstellt. Im Fall von Rhodesien stellt sich unwillkürlich die Frage, ob sie tatsächlich von Negriden errichtet wurden. Aber nicht nur die Erbauer und der Grund für die Verwendung des hier ungewöhnlichen Baumaterials sind unbekannt, sondern auch die *Funktion* einiger dieser Bauwerke, und diese Frage beschäftigt den Geist mehr als alle architektonische Bravour und die zum Teil wirklich eindrucksvolle Größe. So hat man beispielsweise errechnet, daß für die Außenmauer der Großen Einfriedung (Great Enclosure) in Zimbabwe (Abbildung 53) rund 15 000 Tonnen Stein benötigt wurden (1026).

Um Mißverständnissen vorzubeugen: Bei den fraglichen Bauten handelt es sich nicht um Häuser, sondern in der überwiegenden Mehrzahl um *Mauern* von zweierlei Art: Stützmauern zur Absicherung von Terrassen und freistehende Umfriedungs- oder Durchgangsmauern. In Khami etwa sind fast alle Steinbauten Stützmauern (Abbildung 54, Seite 284), in Zimbabwe dagegen überwiegt bei weitem der zweite Typ. Die Behausungen der Einwohner bestanden hier wie dort offensichtlich aus nichtsteinernen Rundhütten, wobei in Khami die für den Hüttenbau vorgesehenen Terrassen durch eine rötliche Bauerde *(daga)* verfestigt wurden. Die auf diesem harten Untergrund angelegten Rundfundamente zeigen, daß die Eingeborenen tatsächlich in Hütten des bei Negriden üblichen Typs hausten.

Nahe der Grenze zwischen Rhodesien und Moçambique und noch ein Stück weit nach Moçambique hinein finden sich gleichfalls sehr ausgedehnte Stützmauern. Sie dienten freilich nicht der Absicherung eines ebenen, zum Hüttenbau ausersehenen Terrains. Wahrscheinlich gehörten sie, wie aus den Inyanga Terraces in diesem Bezirk ersichtlich, zu irgendeiner großen landwirtschaftlichen Anlage, die vermutlich unabhängig von

53 Teil der Außenmauer der Großen Einfriedung in Zimbabwe, von außen gesehen. Die Mauer ist an dieser Stelle etwa 9 Meter hoch. – Foto vom Verfasser.

den Mauern im Einzugsgebiet des Sabi entstand und möglicherweise auch auf einen anderen Stamm zurückgeht.
Besonders aktuell stellt sich die Frage nach der Funktion der freistehenden Mauern.

54 Die Hügelruine in Khami. A: Stützmauern vom Fuß der Kreuzruine aus gesehen. B: Mauer mit »Schachbrettmuster« zur Absicherung der untersten (»A«)-Plattform. Die im Vordergrund sichtbare Karte ist 15 Zentimeter hoch. – Fotos vom Verfasser.

Während Summers, einer der bedeutendsten Sachverständigen, die Meinung vertritt, die Große Einfriedung in Zimbabwe sei eine Kirche gewesen (1026), sieht Gayre in ihr die Überreste einer Festung (369) und Desmond Clark einen »Palast«, dem gleichfalls aus Stein (statt Holz) erbauten Dorf eines Barotse *(Pan 1)*-Häuptlings vergleichbar (207). Ähnliche Deutungsprobleme ergeben sich auch beim zweiten Hauptbauwerk in Zimbabwe, der sogenannten »Akropolis«: Vom Fuß der Anhöhe von Süden oder Südwesten aus betrachtet, mutet sie wie eine Festung an – der Aufstieg ist steil und an manchen Stellen geradezu halsbrecherisch, und die von Felszacken zu Felszacken verlaufenden großen Mauern wirken so abweisend, als wollten sie potentielle Angreifer durch ihren bloßen Anblick abschrecken; besteigt man aber den Hügel und schaut auf der anderen Seite hinunter, findet man nur einen sanft abfallenden Hang vor. Bei einer Verteidigungsanlage müßten sich indes die Hauptmauern auf dieser von Natur aus ungeschützten Seite befinden, aber ausgerechnet hier sind sie verhältnismäßig unbedeutend.
Dank der Radiokarbonmethode konnte man die ältesten Steinbauten in Zimbabwe auf die Zeit zwischen der ersten Hälfte des 10. und der ersten Hälfte des 13. Jahrhunderts datieren; aller Wahrscheinlichkeit nach dürften sie um etwa 1100 nach Christus entstanden sein (1026). Die Erbauer waren laut Gayre Hottentotten, in Sofala ansässige Araber, Negersklaven der letztgenannten sowie Mischlinge dieser Gruppen (396). So sorgfältige Beachtung Gayres Abhandlung auch verdient, scheinen die verfügbaren Anhaltspunkte doch eher gegen seine Deutung zu sprechen. Die mit den lokalen Verhältnissen am besten vertrauten Fachleute neigen daher auch mehr zu der Ansicht, daß Angehörige des Shona-Stammes *(Ka)* die frühen Arbeiten ausführten (1026), und verweisen zur Bekräftigung auf den primitiven Charakter des ältesten Mauerwerks (Abbildung 55 A, Seite 287: Fundamentaushübe fehlen durchweg; die grob zugehauenen Steinblöcke sind

nicht in regelmäßig verlaufenden waagrechten Reihen verlegt, die Fugen liegen vielfach unmittelbar übereinander; außerdem zeigen die freistehenden Mauern nirgendwo einen geraden oder in irgendeiner Weise regelmäßig geschwungenen Verlauf; nirgends wurde Mörtel verwendet.

Im Lauf des 15. Jahrhunderts änderte sich der Baustil grundlegend: Fundamente wurden ausgehoben, gleichmäßig zugehauene Steinblöcke in regelmäßigen Horizontalreihen versetzt, falsche Verfugungen fast durchweg vermieden. (Abbildung 55 B zeigt ein – allerdings wesentlich später entstandenes – Beispiel aus Khami.) In Struktur und Gliederung jedoch hielten sich so manche althergebrachte Gepflogenheiten: Nach wie vor wurden alle Mauern ohne Mörtel errichtet und zeigten auch weiterhin weder einen geradlinigen noch einen nach einem bestimmten Plan angelegten Kurvenverlauf. Auch in diesem Fall ist die Frage der Erbauer umstritten, aber die meisten Fachleute tippen auf Angehörige der sogenannten Rozwi, einer Barotse *(Pan 1)*-Gruppe, die sich von ihrem Stamm absetzte und nach Südosten in kaffrides Gebiet abwanderte, wo sie als Untertanen einer Königsdynastie namens »Mambo« lebten, bis sie schließlich in den dreißiger Jahren des 19. Jahrhunderts von Angehörigen des Ngoni-Stammes *(Ka)*, die ihrerseits von Chaka aus dem Zulu-Territorium vertrieben worden waren, überfallen und fast gänzlich ausgerottet wurden. Ein kleiner Rest hielt sich bis etwa 1860 in der näheren Umgebung. Heute sollen noch in andere Stämme eingegliederte Splittergruppen existieren (1026).

Offensichtlich waren an vielen dieser Bauprojekte, namentlich in Zimbabwe, Riesenscharen organisierter Arbeitskräfte beteiligt, so viele, daß die Zahl der eigentlichen Erbauer, wiewohl beträchtlich, im Verhältnis zur Gesamtzahl aller Mitwirkenden nur klein gewesen sein dürfte. Immerhin mußte der bei den meisten Bauten verwendete Granit erst gebrochen, zur Baustätte transportiert und dort zu Blöcken von passender Größe zugehauen werden. Da der Stein im Feuer erhitzt und durch Abkühlung mit Wasser gespalten wurde, galt es auch Bäume zu fällen und Holz heranzuschaffen, und außerdem brauchte man Maurer, die die sorgfältig zugerichteten Blöcke zu versetzen verstanden.

Wie aber kommt es, daß sich Steinbauten dieser Größenordnung, deren Errichtung ein Heer von Arbeitskräften erforderte, fast ausschließlich auf einen bestimmten Bezirk eines riesigen Gebietes beschränken? Die Erklärung ist sicherlich darin zu suchen, daß es hier in vergangener Zeit Goldvorkommen über Tag gab. Die Negriden selbst waren stets mehr an Eisen interessiert, aber schließlich dürfte das Edelmetall oder die Kunde von seinem Vorkommen bis zur Küste gelangt sein. Dort lebten seit etwa 700 nach Christus arabische und indische Kaufleute, die sich zunächst in Kilwa südlich von Sansibar, und seit 900 (also noch ehe die Steinbauten in Zimbabwe in Angriff genommen wurden) auch in Sofala angesiedelt hatten. Im Laufe der Zeit erkannten die Negriden die unersättliche Goldgier der Europiden, woraufhin ein reger Handel begann. Ausländische Glasperlen und andere Handelswaren wanderten zur Bezahlung der Arbeitskräfte ins Landesinnere, Gold im Austausch dafür in die Küstenorte. Die Häuptlinge kamen zu unermeßlichem Reichtum; und wie in den heutigen zivilisierten Ländern Kunsthändler die Millionäre veranlassen, enorme Summen für berühmte Bilder auszugeben und so ihren Reichtum zu demonstrieren, machten offenbar auch damals die Kaufleute von der Küste den Eigentümern des Goldlandes die Kostbarkeiten und Preziosen des Auslandes schmackhaft. So hat man bei der Ruine Nummer 1 im NNW der Großen Einfriedung chinesisches Porzellan aus dem 13. und 14. Jahrhundert gefunden, und in der Folge strömte jahrhundertelang ein nicht versiegender Strom von Schätzen und Kostbarkeiten nach Zimbabwe, Khami und in die anderen großen Zentren – farbige arabische Gläser und persische Fayencen des 13. und 14. Jahrhunderts, Porzellan der Sung- und Ming-Dynastie mit sogenannter »Céladon-Glasur« und noch vieles andere mehr, das man heute im Nationalmuseum in Bulawayo, dem Queen Victoria Museum in Salisbury und dem Museum von Zimbabwe besichtigen kann. Neben diesen Glanz- und Prunkstücken verflossener Zeiten wurde auch ein höchst banales Objekt zutage gefördert, das aber immerhin die Bauzeit in Dhlo-Dhlo datieren half – eine eckige Ginflasche, made in Holland um 1700 (die unpassenderweise neben einer blauweißen Schale aus der Ming-Dynastie lag).

Um den nicht nachlassenden Goldbedarf der Fremden zu decken, gingen die Eingeborenen schließlich zum Bergbau über, was die Organisation zusätzlicher Arbeitskräfte erforderte. Ob bei der Anlage der ersten, schräg in die Erde getriebenen und teilweise über neun Meter langen Schächte ausländische Berater mitwirkten, ist ungeklärt; fest steht jedoch, daß die Steinbauten größtenteils erst nach der Aufnahme von Kontakten zu den (arabischen, indischen, persischen und indonesischen) Kaufleuten an der Küste errichtet wurden. Auf welcher Route sich das Export-Import-Geschäft abwickelte, ist gleichfalls unbekannt. Allgemein nimmt man jedoch an, daß die Exportgüter (neben Gold auch Elfenbein und Sklaven) zunächst zum Zusammenfluß von Lundi und Sabi geschafft und von dort per Kanu zu einem rund 100 Kilometer südlich von Sofala gelegenen Punkt an der Küste transportiert wurden; allerdings ist nicht auszuschließen, daß ein wesentlich kürzerer direkter Weg über Land zum letztgenannten Hafen benutzt wurde (1175). Vermutlich haben auch die Ausländer ihrerseits in diesen Jahrhunderten regen Handelsverkehrs den Ursprungsstätten ihres Reichtums so manchen Besuch abgestattet; jedenfalls gründeten die seit 1505 an der Küste ansässigen Portugiesen, die eine Zeitlang das Hauptgeschäft mit den Goldfeldern im Norden tätigten, landeinwärts eine ganze Reihe von Niederlassungen. Als diese dann um 1700 überrannt wurden, blieben zahlreiche Gefangene in der Hand der Eingeborenen zurück, welche die Bautechniken beeinflußt haben könnten. Der Gesamtentwurf der Anlagen allerdings dürfte schwerlich auf sie zurückgehen; denn wenn auch das Bauen in Stein als solches ohne den mächtigen Anreiz des Goldhandels kaum sehr weit gediehen wäre, schließt doch die Unregelmäßigkeit der Grundrisse eine maßgebliche Mitwirkung geschulter ausländischer Kräfte aus, denen es gewiß nicht in den Sinn gekommen wäre, etwa die Große Einfriedung in Zimbabwe in ihrer existierenden Form zu entwerfen. Und daß bei den Stützmauern in Khami und andernorts Araber beteiligt gewesen sein sollten, scheidet allein schon deshalb aus, weil die Araber kein derartiges Mauerwerk anzulegen pflegten.

Trotzdem dürfte der Anstoß zu sämtlichen Bauten letztlich auf die Eindrücke zurückgehen, welche die Schwarzen im Zuge des Gütertransports zur und von der Küste in Sofala empfingen. Ohne allen Zweifel beeindruckten die Bauwerke dieser Stadt die mit der zivilisierten Welt in keiner Weise vertrauten Eingeborenen außerordentlich, und zweifellos schilderten sie ihren nach Prunkentfaltung dürstenden Häuptlingen im Binnenland das Gesehene. So dürfte Zimbabwe im wesentlichen die negride Version der in den Küstenstädten beobachteten ausländischen Architektur darstellen. Hätten sich nämlich zum fraglichen Zeitpunkt in Zimbabwe und den anderen Orten Araber und andere Europiden aufgehalten, müßten sich unter den dort zahlreich zutage geförderten fremdländischen Gegenständen auch Spuren ihrer Präsenz finden; in Wirklichkeit handelt es sich fast ausschließlich um Handelsobjekte (besonders Glasperlen), Prestigegeschenke für die Häuptlinge sowie Schmuck, Töpferwaren und andere Artefakte negrider Herkunft. Dennoch deuten kleine architektonische Besonderheiten auf ausländische Einflüsse hin; so hat man zum Beispiel auf die Ähnlichkeit zwischen dem Zickzackmuster im oberen Teil der Einfassungsmauer der Großen Umfriedung in Zimbabwe (Abbildung 53) und andernorts auftauchender Ornamente ähnlicher Art mit arabischen Mustern hingewiesen (54,1175) und die vier Türmchen auf der Westmauer der Westumfriedung der »Akropolis« als (unverstandene) Anleihe bei einem in Sofala erbauten Minarett gedeutet (siehe Gayre, 396). Die Qualität des Mauerwerks in Orten wie Dhlo-Dhlo und Khami (Abbildungen 54 und 55 B) deutet auf portugiesische Einflüsse, zumal eine Anzahl in Dhlo-Dhlo gefundener kirchlicher Objekte nahelegt, daß sich hier im 18. Jahrhundert, der mutmaßlichen Hauptbauperiode, katholische Missionare aufhielten. Die sogenannte »Kreuzruine« in Khami, kreuzförmig auf einem abgeflachten Steinblock angeordnete (und mittlerweile zementierte) Steine, stärkt die Vermutung, daß die Portugiesen auch hier residierten (siehe Robinson, 910, 911). Dennoch wäre es verfehlt, Anlage und Grundriß der Steinmauern nur auf fremde Einflüsse zurückzuführen, und auch die Verzierungen der Stützmauern in Dhlo-Dhlo und Khami, so insbesondere das äußerst effektvolle, durch abwechselnde Aussparung eines Steins erzielte »Schachbrettmuster« (Abbildungen 54 A und B) scheinen teilweise negriden Ursprungs zu sein.

Um sich ein allgemeines Bild von der Bedeutung der Steinbauten zu machen und keinen falschen Eindruck hinsichtlich ihres Alters aufkommen zu lassen, muß man sich einige wichtige Daten vor Augen führen. Gewiß

55 Früher und später Baustil in Rhodesien. A: Ausschnitt aus der Südmauer der Westeinfriedung der »Akropolis« in Zimbabwe, von innen gesehen. Der »P«-Baustil ist deutlich erkennbar. B: Ausschnitt aus der Stützmauer der mittleren (»B«)-Plattform der Hügelruine in Khami, ein anschauliches Beispiel für den späten Baustil. Die jeweils im Vordergrund sichtbare Karte ist 15 Zentimeter hoch. – Fotos vom Verfasser.

entstanden manche dieser Bauwerke schon vor acht- oder neunhundert Jahren, aber die Mehrzahl stammt doch aus einer wesentlich späteren Zeit. So hat man das exakteste und dekorativste Mauerwerk in Dhlo-Dhlo und Khami, das die örtlichen Machthaber vermutlich zur Hebung ihres Prestiges errichten ließen, auf das 18. Jahrhundert datiert; Naletale scheint etwa um dieselbe Zeit entstanden zu sein (207), desgleichen ein Gutteil der Bauten von Zimbabwe, darunter die Außenmauer der Großen Umfriedung (1027). Allerdings ist das Alter der Ruinen letztlich nicht das Entscheidende – viel interessanter ist die Frage nach den administrativen Fähigkeiten derjenigen, welche die Arbeitskräfte organisierten und überwachten.

Zimbabwe bildet eines der Themen eines eindrucksvollen Buches mit dem Titel *Vanished civilizations* (821), doch erscheint es zweifelhaft, ob der Begriff »Kultur« in diesem Zusammenhang wirklich zutrifft – eine Frage, mit der wir uns später noch eingehender befassen wollen (siehe Seite 356 f.). Unbestreitbar wecken die imposante Größe Zimbabwes und der Schmuckcharakter des Mauerwerks in Dhlo-Dhlo und Khami Bewunderung, aber auf welcher Kulturstufe standen die beteiligten Herrscher und Arbeiter wirklich? Nichts deutet darauf hin, daß je ein Wagen benutzt wurde, und so muß man im Grunde Clark recht geben, der von »barbarischem Glanz« und der »barbarischen Prunkentfaltung« Zimbabwes und der übrigen Stätten spricht, und daran erinnert, daß dieser Glanz und dieses Gepräge nur dank dem Güterzustrom aus fremden Ländern möglich war. Man muß den Herrschern administrative Fähigkeiten attestieren, darf aber füglich bezweifeln, ob sie zu einem sinnvollen Zweck eingesetzt wurden. Wie Clark schreibt: »Die vielen bei den Ausgrabungen zutage geförderten Amulette, Fetische und anderen Ritualgegenstände zeugen von einem regen Glauben an Hexerei und Magie sowie von deren fleißiger Ausübung« (207). Nichts deutet darauf hin, daß irgendwelche Schulen, geschweige denn Universitäten existierten; und da die Eingeborenen Analphabeten waren, gibt es auch keinerlei authentische Berichte. Eine Ausnahme bilden die Steine selbst, die Objekte, die man unter und zwischen ihnen fand, und vage, fast unverständliche Überlieferungen, welche die Überlebenden des Ngoni-Ansturms ihren Nachkommen vererbten. Man kann also nur hoffen, daß irgendwo noch alte arabische Manuskripte schlummern, die, von einem Gelehrten entziffert, uns eines Tages ein zutreffenderes Urteil über vieles erlauben, was heute zwangsläufig Hypothese bleiben muß.

2. Die Plastiken. Wir wollen nun einen großen Sprung über den Schwarzen Kontinent ins Innere des *Pan 2*-Territoriums, genauer, ins Gebiet des Yoruba-Stammes machen und die bei Ife gefundenen Plastiken betrachten, jener 113 Meilen nordwestlich von Benin und etwa ebensoweit nordöstlich von Lagos gelegenen nigerianischen Stadt. Vorweg jedoch noch ein paar allgemeine Worte zur Bildhauerei der Negriden überhaupt.

Charakteristisch für die Skulptur der Negriden ist, daß lebendige Organismen nur selten in lebensnaher Form dargestellt werden, auch wenn sich hier und da eine entfernte Annäherung an einen naturalistischen Stil beobachten läßt wie bei den halbwegs naturnahen Tierterrakotten der nordnigerianischen Nok-Kultur. Aber selbst bei ihnen entfernt sich die Darstellung des menschlichen Kopfes weit vom lebenden Vorbild. Der negride Bildhauer setzt sich offensichtlich »bewußt über die anatomischen Gegebenheiten hinweg« (673), was (laut Segy, einem hervorragenden Kenner der plastischen Bildwerke der Sudaniden, *Pan 1, Pan 2* und *Pan 3*) zu einer in Anbetracht des riesigen, von diesen Völkern besiedelten Raums wahrhaftig »erstaunlichen Einheitlichkeit« führt (955). Die Kehrseite dieser starken Stilisierung, die wohl jeder, der in einem Museum negride Kunst der Präkolonialzeit zu Gesicht bekommt, bestätigen wird, ist freilich, daß diese Bildnisse, ins reale Leben versetzt, wohl kaum als Menschen empfunden werden. Dafür genügt im Grunde schon ein Exemplar, um einen gewissen allgemeinen Eindruck vom plastischen Stil der Negriden zu vermitteln: Abbildung 56 A, der von einem Yoruba-Künstler aus Holz geschnitzte Kopf eines Reiters, der sich unter vielen ähnlichen im Museum of Mankind (Britisches Museum) befindet, illustriert Segys Bemerkung, die negride Kunst kenne keine optische Realität oder Naturnachahmung, sondern nur eine »begriffliche« Realität, mit anderen Worten die Offenbarung von Ideen und Vorstellungen durch den Künstler (955).

Nach dem Gessagten kann man sich vorstellen, welche Überraschung die Entdeckung ausgesprochen realistischer Porträtplastiken in Schwarzafrika hervorrufen mußte: Die Welt der Gelehrten horchte auf, als die Deutsche Innerafrikanische Forschungsexpedition unter Leitung von Leo Frobenius 1910 in Nigeria nahe Ife bei Ausgrabungen Terrakottaköpfe zutage förderte, die sich durch ihre unmittelbare Anschaulichkeit und Lebensnähe von allem bisher aus dem negriden Raum Bekannten abhoben (368, 369).

In Ebolokun, einem rund eineinhalb Kilometer nördlich der Stadt gelegenen Hain (vielleicht einem alten Friedhof), stieß Frobenius bald nach Beginn seiner Ausgrabungsarbeiten auf einen schönen, in der allgemeinen Stilistik den Terrakotten ähnlichen, jedoch nach dem Wachsschmelzverfahren gegossenen Bronzekopf, der, wie sich herausstellte, um die Mitte des 19. Jahrhunderts vom Yoruba-Stamm entdeckt, ausgegraben und nach der Meeresgottheit Olokun getauft worden war. Danach hatten ihn die Stammesangehörigen wieder vergraben, um ihn in der Folge offenbar zu Kultzwecken alljährlich wieder hervorzuholen. Frobenius hatte immerhin das Glück, das Kunstwerk fotografieren zu dürfen.

Später wurden in Ife bei Fundamentaushüben noch weitere Köpfe gefunden, so 1938 bei den Bauarbeiten für ein einziges Haus sage und schreibe dreizehn Bronzen (60) und 1949 im rund 16 Kilometer entfernten Abiri etliche Terrakottaköpfe gleichen Typs. Alles in allem beläuft sich die Zahl der Funde auf zwanzig Bronzeköpfe, darunter sechzehn lebensgroße, unter diesen wiederum die prachtvolle, als Obalufon II. bezeichnete Maske, die der Überlieferung zufolge nicht vergraben, sondern seit ihrer Entstehung im Palast des Oni (Herrschers) von Ife aufbewahrt worden sein soll (1141).

Heute befinden sich die meisten Bronzen aus Ife im Palast des Oni – eine sehr schöne im Museum of Mankind (Britisches Museum) in London und zwei (dank Bascom) in der Northwestern University, Evanston, Illinois (60). Der auf 56 B abgebildete Kopf, ehedem gleichfalls im Britischen Museum, wurde inzwischen an Nigeria zurückgegeben. Dafür besitzt das Britische (wie viele andere Museen) gute Abgüsse verschiedener Bronzen und Terrakotten. 1962 zeigte die National Gallery of the Federation in Salisbury, Rhodesien, im Zuge des Ersten Internationalen Afrikanischen Kulturkongresses Abgüsse von dreizehn Bronzeköpfen aus dem Besitz des Oni.

Die technische Qualität der Köpfe von Ife wird von den Sachverständigen übereinstimmend sehr hoch veranschlagt. So bemerkt Braunholtz über eine der Bronzen, sie komme an Lebendigkeit und sensibler Modellierung der Züge den besten Plastiken anderer Zeiten und Länder gleich (134), und auch H. und V. Meyerowitz, die in den Köpfen von Ife Meisterwerke von höchster technischer Vollendung sehen, heben die erstaunlich sensible Oberflächenbehandlung hervor (739). Meinhard bescheinigt den Ife-Plastiken technisch und künstlerisch höchstes Niveau (731), Buckworth nennt sie »hervorragende Kunstwerke von höchster Qualität« (291), und Sir William Rothenstein beschreibt sie als »erlesene Kunstwerke, die einen Platz neben den besten Skulpturen aller Zeiten verdienen« (916).

Das Alter der Köpfe von Ife genau zu

bestimmen hat sich als unmöglich erwiesen. Hatte Frobenius sie als Produkte frühester Zeiten datiert, so nimmt man heute eher eine relativ spätere Epoche an. Entgegen der Meinung von E. L. R. Meyerowitz, der aus den zahlreichen, vielfach in die Gesichter eingekerbten Längsrillen entnehmen zu können glaubt, daß es sich bei den Dargestellten um Angehörige der Bevölkerung Ifes vor der Besetzung durch die Yoruba zu Beginn des 12. Jahrhunderts handelte (738), scheint man mittlerweile die Entstehungszeit der Plastiken allgemein auf das 13. (25) oder 14. Jahrhundert anzusetzen. Es überwiegt auch die Annahme, in einem dieser beiden Jahrhunderte wären sowohl der naturalistische Stil als auch die Bronzegußtechniken von Ife nach Benin gelangt (siehe Meinhard, 731). Als die Europäer nämlich 1485 erstmals nach Benin kamen, war das Bronzegießen dort bereits in vollem Gang (1141), das bedeutet aber, die Köpfe von Ife müßten spätestens im 15. Jahrhundert entstanden sein.

Im übrigen hat sich der realistische Darstellungsstil in Benin nicht lange gehalten; die Bronzegießer dieser Stadt griffen bald wieder auf die für die gesamte Negerplastik charakteristischen Formen zurück.

Die Legierung der gewöhnlich als Bronzen eingestuften Metallköpfe aus Ife scheint nicht immer gleich zusammengesetzt zu sein. Manche Exemplare würden wohl zutreffender unter die Gelbgüsse eingereiht. Trotzdem gibt es keine allgemein anerkannte Trennungslinie. (Der einzige heute noch in

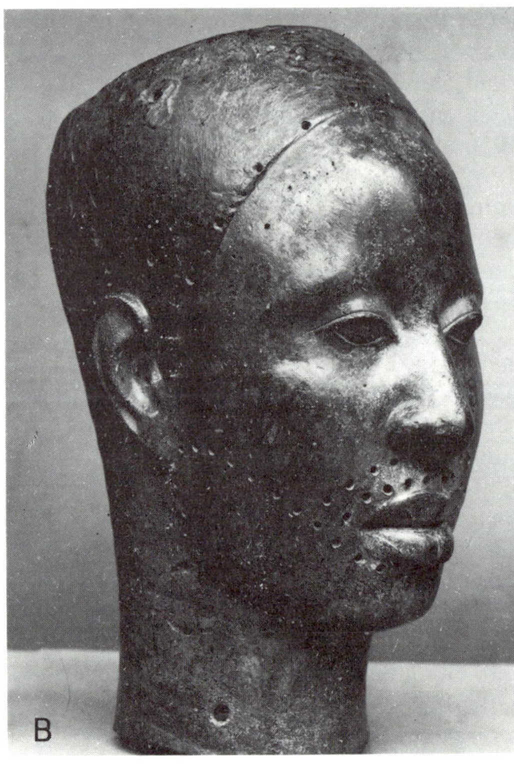

56 Zwei kontrastierende Skulpturen aus Nigeria. A: Kopf eines Reiters (Yoruba-Stamm), eine typisch negride Holzplastik. B: Bronzekopf aus dem Wunmonije Compound in Ife. – Beide Bildwerke befanden sich ehedem im Britischen Museum, B wurde jedoch inzwischen an Nigeria zurückgegeben.

Europa vertretene Bronzekopf aus Ife, ein Stück aus der Sammlung des Britischen Museums, weist einen Kupferanteil von 73,9 Prozent auf.) Die Frage, woher das Metall stammte, ist umstritten. H. Maclear Bates, der das heute im Britischen Museum aufbewahrte Exemplar 1938 durch die Sahara nach Norden schaffte, vermutet, daß das Material aus den Ife nächstgelegenen natürlichen Kupfervorkommen Schwarzafrikas im Kongo, dem heutigen Zaiire, verwendet wurde (62). Einiges scheint indessen darauf hinzudeuten, daß das Metall aus dem Norden über eine der Karawanenstraßen durch die Sahara nach Ife gelangte.

Eines der schwierigsten Probleme ist die korrekte taxonomische Zuordnung. Einige Köpfe wurden willkürlich mit den Namen bedeutender Persönlichkeiten aus der Geschichte des Yoruba-Stammes belegt, und nach Meinung mancher Forscher könnte es sich tatsächlich um Porträtplastiken handeln, ja, Frobenius (368) und Braunholtz (134) sind sich dessen sogar ganz sicher. In Wirklichkeit erinnern die Köpfe aber an vielerlei Rassen und stellen erstaunlich wenig typische Vertreter einer negriden Unterrasse dar. Zu den wenigen Ausnahmen zählt ein überaus charakteristischer Sudanidenkopf aus Terrakotta (Abbildung 145 in Frobenius' *Das Unbekannte Afrika*, 369), ein leicht beschädigter Negridenkopf unbestimmter Unterrasse (Abbildung 146, daselbst), sowie ein (von einem von Frobenius 1910 gefundenen Terrakottakopf abgenommener) offenbar einen *Pan 2*-Negriden darstellender Abguß im Museum of Mankind (Britisches Museum).

Mehrere Köpfe dagegen lassen an Armenide denken, so insbesondere der in Bascoms Aufsatz (60) auf Seite 594 rechts unten abgebildete, der auf derselben Seite Mitte rechts figurierende ist gleichfalls eindeutig ein Europider, auch wenn sich ohne genauere Betrachtung des Exemplars von verschiedenen Blickpunkten aus die Unterrasse nicht ermitteln läßt.

Neben diesen negriden, armeniden und europiden Köpfen jedoch weisen einige, die vom Bildhauer (und Gießer) mit besonderer technischer Bravour ausgeführt sind, eine Anzahl gemeinsamer morphologischer Merkmale auf, viele die bereits erwähnte Vertikalrillung; doch gibt es daneben auch glatte, wie Abbildung 56 B zeigt. Nach eingehender Betrachtung der im Britischen Museum und auf dem Ersten Internationalen Afrikanischen Kulturkongreß (Seite 289) ausgestellten Köpfe aus Ife sowie vieler einschlägiger Abbildungen in Büchern und Aufsätzen möchte ich diese besondere Kategorie in groben Zügen folgendermaßen charakterisieren: Die in der Regel hohen Köpfe zeigen einen weit hinten liegenden Scheitel, ein schwach vorspringendes Hinterhaupt und eine meist nur geringfügige oder überhaupt keine Prognathie, obwohl die Lippen eher dick und leicht ausgestülpt erscheinen. Das ziemlich große, am Kopf anliegende Ohr (Pinna Auricula) besitzt ein wohlgeformtes, gleichfalls anliegendes (möglicherweise angewachsenes) Läppchen, die Nase ist wohl etwas breiter als gewöhnlich bei Europiden, hat aber einen relativ hohen Rücken, springt nur mäßig vor und erscheint in manchen Fällen leicht konvex (Abbildung 56 B). Soweit die Köpfe Männer darstellen, tragen sie um den Mund und auf den Wangen Löcher, die eindeutig zur Befestigung von Haaren gedacht waren. Der Ausdruck deutet auf Selbstvertrauen und heitere Gemütsruhe hin. Sollte man diese Plastiken auf einen gemeinsamen Nenner bringen, würde man als Sammelbezeichnung Bildnisse einer »Herrschergruppe« wählen.

Im übrigen fällt an den meisten Köpfen aus Ife (soweit sie nicht Negride darstellen) ein unerklärliches Merkmal auf: Das Oberlid zieht sich auf der Nasenseite dergestalt nach unten, daß es den innersten Teil des Unterlids verdeckt – eine Erscheinung, die vielfach als »Mongolenfalte« mißdeutet wird.

Das menschliche Oberlid kann zwei Falten aufweisen. Die eine, in jedem Fall vorhandene, ist die Faltung des Lidrandes oder der Margo, welche die Wimpern trägt, die andere, nur in bestimmten Fällen auftretende, findet sich oberhalb der Margo. Diese sogenannte Mongolenfalte oder Plica naso-palpebralis (Aichel, 12) zieht sich im inneren (nasalen) Augenwinkel über die Margo herunter (Seite 149, sowie 150, Abbildungen 21 B und C), bedeckt oft auch noch den innersten Teil des Unterlids und verläuft im äußeren (lateralen) Teil bei den Mongoliden häufig nach *oben*, was den Eindruck der Schlitzäugigkeit hervorruft (Abbildung 21 C) – Merkmale, die die Köpfe aus Ife eindeutig *nicht* aufweisen.

Bascoms Behauptung (60), die Mongolenfalte finde sich »bei Afrikanern ziemlich häufig«, trifft nicht zu – diese Falte ist bei Negriden im Gegenteil sogar ausgesprochen *selten* (12). Zwar zeigen sie oft eine sehr kurze, nur über einen kleinen Teil der inneren (nasalen) Oberlidregion verlaufende Falte, die weder den Augenwinkel noch irgendeinen Teil des Unterlids bedeckt, geschweige denn zur Nase weiterläuft, doch diese Lidbildung, die *mediale Negerfalte* oder Plica tarsalis medialis (12) tritt bei den Köpfen aus Ife nirgends in Erscheinung.

Allem Anschein nach weist nur ein einziger Oberlidtypus unmittelbare Ähnlichkeit mit der von den Bildhauern Ifes bei ihren »Herrscherköpfen« (und etlichen anderen) dargestellten Lidform auf, nämlich die Plica nasomarginalis oder *Indianerfalte*, von Aichel (12) so genannt, weil er sie erstmals bei den Indianiden (Indianern) Chiles und Boliviens beobachtete. Bei diesem Typ trägt das Oberlid keine zweite Falte, die bewimperte Margo zieht sich im inneren Augenwinkel schräg nach unten, überdeckt diesen und einen Teil des Tränenwärzchens und verläuft von da weiter zur Nase. Außer bei den Indianiden tritt dieser Oberlidtyp sporadisch auch bei anderen Menschenrassen, darunter den Europiden, auf. Aichel veröffentlicht in seinem Aufsatz das Foto eines Mannes (Abbildung 35 [12]), der in dieser Beziehung eine verblüffende Ähnlichkeit mit den Köpfen aus Ife aufweist, beschreibt den Abgebildeten aber schlicht als Neger, obwohl es sich eher um einen Vertreter eines jener unklassifizierten (europid-negriden) Mischstämme handeln dürfte.

Zusammenfassend kann man sagen, daß sich die Köpfe der »Herrschergruppe« aus Ife keinem der heute existierenden ethnischen Taxa mit Sicherheit zuordnen lassen. Alles in allem jedoch legen morphologische Merkmale nahe, daß es sich um eine rassisch gemischte Gruppe vorwiegend europider Abstammung mit einem gewissen, in den ausgestülpten Lippen und der etwas verbreiterten Nase zum Ausdruck kommenden negriden Einschlag handelt.

Ungeklärt ist, wer die Bildhauer waren. Frobenius, der eine spontane Entfaltung einer solchen Kunstfertigkeit im Land selbst für unmöglich hält, bei seinen Ausgrabungen andererseits aber auf keine lokalen Vorläufer gestoßen ist, zieht mediterranen Ursprung in Betracht, ohne jedoch eine definitive kulturelle Verwandtschaft mit einem bestimmten Land angeben zu können. Eine ähnliche Ansicht vertreten die Fachleute für die Bildhauerei Afrikas (einschließlich Ägyptens), Persiens, Indiens und Europas (739). Und Segy findet es »rätselhaft«, daß »eine so vollendete künstlerische Form und Technik plötzlich zu Ende geht, ohne sich in irgendeiner Weise fortzusetzen oder weiter zu entfalten«. Deshalb führt er einen »solchen Durchbruch eines neuen Stils wie in Ife«, den nur Künstler pflegen konnten, für die er bereits eine festeingefahrene Tradition darstellte, auf »fremde Einflüsse zurück« (955). Seiner Meinung nach waren diese Plastiken sogar das Werk eines einzigen oder doch nur weniger »Meistergießer«, die mit einer der Karawanen durch die Sahara nach Süden gekommen sein mochten. Gleich Frobenius vermutet er einen mittelmeerischen Ursprung der Bronzeköpfe »klassisch griechisch-römischen Zuschnitts«, da islamische Einflüsse insofern ausscheiden, als der Koran Menschendarstellungen verbot, während die griechischen Bildhauer bekanntlich weit herum kamen und ihren Stil noch in fernen Ländern einbürgerten (955).

Vierter Teil

Kriterien der Überlegenheit und Unterlegenheit

20
Einführung zum vierten Teil

Manch einer hält es in Übereinstimmung mit der Amerikanischen Unabhängigkeitserklärung für eine selbstverständliche Wahrheit, daß alle Menschen gleich geschaffen sind. Aber, so kann man berechtigterweise fragen, ist die Bedeutung des Wortes »gleich« auch selbstverständlich? Eine Frage, die insbesondere dort der Definition bedarf, wo es um Gleichheit oder Ungleichheit der menschlichen Taxa geht. Gälte es nur die Frage zu klären, ob die Taxa gleich- oder verschieden*artig* sind, würde die Antwort wenig Kopfzerbrechen bereiten; denn wem fiele nicht der Unterschied zwischen einem Saniden und einem Europiden, einem Eskimiden und einem Negritiden, einem Bambutiden und einem Australiden auf? Die Vertreter dieser taxonomischen Gegensatzpaare sind eindeutig verschiedenartig und mithin in dem Sinne ungleich, in dem zwei nichtidentische Dinge ungleich sind. Die unmittelbar ins Auge springenden Unterscheidungskriterien sind dabei rein physischer Natur. Wie aber steht es mit der *Überlegenheit*, ist ein Taxon dem anderen überlegen? Die überwiegende Mehrzahl der erwachsenen Europiden ist der überwiegenden Mehrzahl der erwachsenen Saniden in punkto Größe klar überlegen, doch empfiehlt es sich bei einschlägigen Erörterungen, statt des Wortes »überlegen« lieber Begriffe wie »größer« (oder »kleiner«) zu verwenden, da »überlegen« und »unterlegen« in der Regel ein Werturteil darstellen.

Allein schon die Körpergröße oder die Größe bestimmter Körperteile befähigt die Vertreter mancher ethnischer Taxa zu Bestleistungen in bestimmten Sportarten, doch wäre es deshalb wohl kaum gerechtfertigt, von Über- oder Unterlegenheit überhaupt zu sprechen. Mit anderen Worten, die ethnische Beurteilung wird von solchen rein physischen Merkmalen nicht beeinflußt, auch wenn sie den Vertretern gewisser Taxa bei einzelnen Disziplinen Vor- oder Nachteile einbringen können. Hierfür ganz kurz einige Beispiele:

Bei manchen Spielen ist Größe eindeutig von Vorteil. So wäre es absurd anzunehmen, Bambutide, Negritide oder Sanide könnten sich im Basketball mit Sudaniden, Nilotiden oder Dinariden messen. Ebenso absurd jedoch wäre es, sie deswegen für unterlegen anzusehen; es genügt die Feststellung, daß sie wesentlich kleiner sind. Dieses Beispiel zeigt anschaulich, welch enge Beziehung zwischen einem bestimmten physischen Merkmal und dem Erfolg in einer bestimmten Sportart bestehen kann, auch wenn die sportliche Leistung selbstverständlich noch von anderen Faktoren abhängt.

Oder: Da Langbeinige namentlich über kurze Strecken ein größeres Tempo vorlegen können, pflegen erfolgreiche Sprinter groß zu sein. Und tatsächlich haben die Japaner, mit ihrer überwiegend palämongoliden (kleinwüchsigen) Bevölkerung das genaue Gegenteil, im ganzen Zeitraum zwischen der Einführung der Olympischen Spiele im Jahr 1896 bis ins Jahr 1968 (einschließlich) weder im Einzel- noch im Stafettenlauf der Männer und Frauen über irgendeine Entfernung eine Gold-, Silber- oder Bronzemedaille gewonnen – mit Ausnahme des Marathonlaufs, der als Rennen über 42,2 km weniger Geschwindigkeit als Ausdauer voraussetzt. Bei den

Olympischen Spielen 1936 belegten sie in dieser Disziplin den ersten und dritten Platz und gewannen die Gold- und Bronzemedaille. Ein kompetenter biologischer Anthropologe, der die beiden Läufer einer eingehenden Untersuchung unterzog, gelangte zu dem Schluß, daß sie vorwiegend tungide (und nicht palämongolide) Züge aufwiesen. Zwar sind auch die Vertreter der tungiden Unterrasse in der Regel ziemlich klein, dafür aber dieser nahezu übermenschlichen Anstrengung psychisch wie physisch besonders gut gewachsen (594). Auch 1964 und 1968 gewannen die Japaner in dieser Sparte die Bronze- beziehungsweise die Silbermedaille, doch wurden die Läufer in diesen beiden Fällen nicht auf ihre morphologischen Merkmale untersucht.

Daß die Japaner in Sportarten, bei denen es nicht auf Größe ankommt, durchaus erfolgreich sind, zeigt ein Überblick über die Ergebnisse der Olympischen Spiele, bei denen sie insgesamt 52 Gold-, 43 Silber- und 39 Bronzemedaillen verbuchen konnten (726, 858).

Auch beim Hochsprung, bei dem lange Beine mindestens ebenso wichtig sind wie beim Lauf, haben bislang kein Sportler und keine Sportlerin aus Japan eine olympische Medaille gewonnen. Einen bis dahin unerreichten Rekord im Hochsprung der Frauen stellte 1964 die Rumänin Jolande Balas mit 1,87 Meter auf (726). Die überwiegend dinaride Bevölkerung Rumäniens zeichnet sich neben dem spezifischen Gesichtsschnitt und dem hohen Wuchs durch besondere Langbeinigkeit aus (Details, die in Abbildung 57 A deutlich zum Ausdruck kommen), und so gingen denn die britischen Trainer bei der Suche nach einer aussichtsreichen Rivalin für die Balas in erster Linie auf ein langbeiniges Mädchen aus. Wie der Trainer, der die geeignetste Kandidatin ausfindig machte, bemerkte: »Mich beeindruckte weniger die Leichtigkeit, mit der sie sprang, als vielmehr die Langbeinigkeit, die ihr über die Latte half.« Obgleich er sich der Bedeutung von körperlicher Gewandtheit und innerer Einstellung durchaus bewußt war, legte er das Hauptgewicht doch auf ein rein physisches Merkmal (die Beinlänge dieser Springerin betrug auf der Innenseite vom Rist an gemessen 90,17 Zentimeter, die der Balas 91,44 Zentimeter, 760).

1969 gab das Britische Fernsehen einen Aufruf der *Amateur Athletic Association* durch, in dem korpulente Frauen aufgefordert wurden, sich zum Training im Kugelstoßen, Speer- und Diskuswerfen zu melden, um gegebenenfalls am Wettkampf um den Europapokal teilzunehmen (1180). Nachdem die britischen Sportlerinnen bis dahin in diesen Disziplinen als wenig erfolgreich gegolten hatten, legte man ausschließlich auf ein entsprechendes Körpervolumen Gewicht (obgleich der Erfolg selbstverständlich auch hier noch andere Qualitäten voraussetzt). Welche Rolle der Korpulenz beim Kugelstoßen zukommt, zeigt das Foto der sowjetischen Meisterin und Olympiasiegerin von 1956, Tamara Tyschkyewitsch (Abbildung 57 B), deren Gewicht gut zwei Zentner betrug.

Im Zug der Militärausbildung werden manchmal Hindernisrennen veranstaltet, bei denen die Teilnehmer unter anderem durch große Kanalisationsrohre robben müssen. Da diese Rohre einen recht unterschiedlichen Durchmesser aufweisen können, könnte man ohne weiteres enge wählen und damit Bambutiden, Negritiden und Saniden zu einem Vorteil verhelfen, ja, die Voraussetzungen sogar so halten, daß sich einem normalen Sudaniden oder Nordiden ebensowenig Gewinnchancen (und noch nicht einmal die Chance, das Rennen in Gänze mitzumachen) böten wie einem der Pygmäentaxa im Kugelstoßen – ein Beispiel, das zeigt, wie willkürlich alle diese Tests sind.

Während der Olympischen Spiele in Berlin 1936 versuchte der deutsche biologische Anthropologe W. Klenke bei der japanischen Mannschaft zu ermitteln, mit welchem Prozentsatz die verschiedenen ethnischen Taxa jeweils repräsentiert waren (594). Er stellte bei fast allen Teilnehmern ein gemischtes Erbe fest, fand aber gleichzeitig heraus, daß bei der überwiegenden Mehrzahl die Merkmale eines Taxons dominierten. Hätten bei der Auswahl der Olympiakämpfer taxonomische Gesichtspunkte keine Rolle gespielt, hätte sich die Mannschaft in der Hauptsache aus Palämongoliden zusammensetzen müssen, da Vertreter dieses Taxons die überwiegende Mehrheit der japanischen Bevölkerung stellen. Genau das Gegenteil war jedoch der Fall: Die palämongolide Unterrasse war nur mit 29 Prozent, die sinide dagegen mit 44 und die tungide mit 15 Prozent vertreten. Dazu kamen noch fünf Prozent Europide der ainuiden Unterrasse, ein Prozent Polyneside sowie sogenannte »Jakonide« (vermutlich europid-mongolide Mischlinge unbekannter Abstammung, möglicherweise auch Sinide mit einem ungewöhnlichen Hormonhaushalt). Diese große zahlenmäßige Überlegenheit der Siniden trat nicht nur bei der japanischen Mannschaft insgesamt (oder bei der Testgruppe, die Klenke im Detail untersuchte), sondern auch bei jeder Einzelriege in Erscheinung. Der Wissenschaftler führte dies darauf zurück, daß die Siniden kräftig gebaute, große Menschen sind, die Palämongoliden (wie übrigens auch Tungide und Ainuide) hingegen ausgesprochen klein. Bei den Boxern überwogen die Siniden nach Klenkes Beobachtung (wie nicht anders zu erwarten) namentlich in den Schwergewichtsklassen. Wenn trotzdem keiner dieser massiv gebauten Olympiakämpfer eine Medaille im Boxen, Laufen oder Hochsprung gewann, so dürfte das darauf zurückzuführen sein, daß die Siniden innerhalb der japanischen Gesamtbevölkerung zu schwach repräsentiert sind, um Spitzensportler stellen zu können.

57 Körperliche Erscheinung und sportlicher Erfolg. A: die Rumänin Iolande Balas, Erste im Hochsprung bei den Olympischen Spielen 1960 und 1964. B: Tamara Tyschkyewitsch, sowjetische Meisterin und Olympiasiegerin 1956 im Kugelstoßen. – Aufnahme A stammt von Gerry Cranham, Aufnahme B von Associated Press.

In der japanischen Kunstturnerriege dagegen hielten sich Palämongolide und Sinide (mit 44 und 46 Prozent) nahezu die Waage. Für Klenke bedeutete dies, daß Leichtgewichtige in dieser Sportart gewisse Vorteile genießen.
Auch beim Boxen befinden sich manche Taxa aufgrund gewisser physischer Eigenarten im Vorteil. So bezeichnete der Schwergewichtsboxer Henry Cooper einmal vorstehende Backenknochen als ungünstig, da sie besonders anfällig für Platzwunden sind, wodurch leicht Blut ins Auge gerät (1178). Das aber würde bedeuten, daß sich Nordiden mit ihren charakteristisch fliehenden Jochbögen im Ring die besseren Chancen böten als Tungiden mit ihren stark vorspringenden Backenknochen. Ebenso wäre für einen Boxer natürlich auch ein dicker Schädel vorteilhaft, da er das Gehirn gegen Erschütterungen durch schwere Schläge besser abschirmt. Broca bemerkte schon vor vielen Jahren über den Neger: »Er besitzt merklich dickere und gleichzeitig wesentlich dichtere Schädelknochen als wir; da sie kaum Diploe enthalten, sind sie äußerst widerstandsfähig und können die fürchterlichsten Schläge ohne Bruch aushalten« (138). Wie bereits erwähnt, besitzen die Australiden gleichfalls einen extrem starken Schädel, bei dem die Diploe durch kompaktes Knochenmaterial ersetzt ist, und auch der *Pithecanthropus* war dank der Dicke seiner Schädelwände gegen schwere Schläge auf den Kopf ziemlich immun und hätte sich im Boxring sicherlich recht wacker gehalten.

Seit ältesten Zeiten haben sich Angehörige verschiedener ethnischer Taxa anderen nicht so sehr aufgrund größerer Körperkräfte im eben erörterten Sinn als vielmehr aufgrund moralischer oder intellektueller Qualitäten überlegen gefühlt. Diese Einstellung haben wir bereits anhand mehrerer Beispiele kennengelernt (siehe vor allem Teil I). In manchen Fällen setzten sich verächtliche Bezeichnungen für bestimmte Taxa oder Stämme sogar so sehr durch, daß die Namen, mit denen sich die dergestalt Geschmähten selbst bezeichneten, darüber mehr oder weniger in Vergessenheit gerieten. So wurde ein *Pan 3*-Stamm, der sich selbst Lwoh nannte, von den Dinka *(Ni)* mit dem Schimpfnamen »Dyoor« (Wilde) (951) belegt, der dem Stamm seither allgemein anhaftet und auch auf Landkarten immer wieder auftaucht. Ähnlich wird auch der von den Monbuttu für ihre südlichen Nachbarn geprägte, höchst abwertende Name »Momvoo« wie eine korrekte Stammesbezeichnung verwendet (951).
Kein Taxon oder Stamm jedoch dürfte insgesamt soviel Verachtung erfahren haben wie die »Bergdama«, so nannten die Missionare die *Pan 4*-Palänegriden, wie wir sie hier behelfsmäßig bezeichneten. Die Angehörigen dieses Stammes siedelten in isolierten Gruppen in den Bergregionen Südwestafrikas, nachdem ein Großteil ihrer Stammesgenossen von den Hottentotten erbarmungslos massakriert und die meisten Überlebenden versklavt worden waren. Die *Pan 4* übernahmen die Ausdrucksweise ihrer Herren und vergaßen darüber ihre eigene ganz und gar. Sie wußten nicht einmal mehr ihren eigenen Stammesnamen, obgleich sie sich manchmal in Unterscheidung zu den »Awa Khoin«, den »roten Menschen« oder Hottentotten »Nu Khoin«, »schwarze Menschen«, nannten. Die Hottentotten ihrerseits gebrauchten »Dama« oder »Daman« als Sammelbezeichnung für die Ovaherero *(Ka)* und Bergdama, wobei die letztgenannten als »Chou-daman« (»chou« = dreckig) oder »Xoudama« (»Xou« = menschliches Exkrement) von den anderen unterschieden wurden (1089, 1090).* Die Ovaherero ihrerseits nannten sie »Ovazorotua« (minderwertige Schwarze) und töteten und versklavten sie wie die Hottentotten. Ganz ähnlich wie die

* Die Hottentotten bezeichneten die *Pan 4* gelegentlich auch als »Haukhoin«, was jedoch nicht, wie Seligman behauptet (957), »Mistvolk«, sondern »Fremde« bedeutet, eine Fehlbezeichnung, da diese Menschen die Ureinwohner des Landes waren. Vergleiche Vedder (1089).

einheimischen Unterdrücker konnten sich auch manche Anthropologen mit der Herabsetzung der unseligen *Pan 4*-Paländegriden gar nicht genug tun. Deniker (268) nennt sie »elende Wilde, die von Jagd und Plünderung leben«, Haddon (450) »im Grunde ein Volk von Parias, möglicherweise heruntergekommene Abkömmlinge der OvaMpo« (eine nicht eben wahrscheinliche Hypothese). Eine von ihren Nachbarn stetig wiederholte (im Lichte des heutigen Wissens um die menschliche Evolution als solche nicht mehr ganz so witzige) Behauptung lautete, sie stammten von den Affen ab – was sie zum Teil sogar selbst geglaubt zu haben scheinen (378). Beiläufig sei angemerkt, daß Galton (378) und Vedder (1090), welche die *Pan 4* aus eigener Anschauung kannten, in diesen Schmähchor nicht mit einstimmten. Galton bringt sogar ein sehr bemerkenswertes Beispiel für den integren Charakter eines Angehörigen dieses Stammes.

Dies sind nur einige extreme Beispiele für die bei den Vertretern bestimmter ethnischer Taxa weitverbreitete Tendenz, andere als unterlegen zu betrachten. Die Frage lautet nun, ob an solchen Meinungen irgend etwas Wahres ist und ob irgendwelche objektiven Anhaltspunkte existieren, die zur Lösung des ethnischen Problems beitragen können. Hierzu zunächst einige ganz allgemeine Argumente, die, zugegebenermaßen, nur ein Notbehelf sind, aber meines Erachtens doch dazu beitragen können, das Denken auf diese schwierige Frage einzustimmen.

Es ist nicht anzunehmen, daß Gene, die auf irgendeinem Sektor eine echte »Überlegenheit« bewirkten, sich (sofern überhaupt vorhanden) genetisch ohne weiteres analysieren ließen – und zwar allein schon deshalb nicht, weil man mit dem kumulativen Effekt vieler Gene von jeweils geringfügiger Wirkung zu rechnen hätte (vergleiche Seite 125 f. und 136 f.). Unter diesen Umständen käme es bei Mischehen zwischen den hybriden Nachkommen aus der Verbindung von Vertretern verschiedener ethnischer Taxa in der F2-Generation zu keiner scharfen Merkmalstrennung mehr. Allerdings spielt es für die Lösung der ethnischen Frage ohnehin keine unmittelbare Rolle, ob die Analyse der menschlichen Polygene im Bereich des Möglichen liegt oder eines Tages liegen wird. Die wichtige Frage lautet völlig anders: Ist es denkbar, daß Angehörige zweier Taxa in einer großen Anzahl viele Körperteile beeinflussender Gengruppen voneinander abweichen, nicht aber in all jenen Genen, die sich auf Nerven- und Sinnesapparat auswirken und damit die geistigen Eigenschaften entscheidend mitbestimmen? Bei der Behandlung dieses Problems ist es hilfreich, zwei beliebige (nichtmenschliche) Säugetiertaxa herauszugreifen, die sich morphologisch ähnlich stark unterscheiden wie ein Sanider und ein Europider, ein Eskimider und ein Neritider oder ein Bambutider und ein Australider, und zu ermitteln, ob sie in ihrem Verhalten und mithin ihren geistigen Eigenschaften übereinstimmen. Man wird zwangsläufig zu dem Schluß gelangen, daß übereinstimmende Lebensgewohnheiten selbst bei Taxa-Paaren, die einander morphologisch wesentlich näher stehen als die Vertreter der eben benannten menschlichen Taxa, die Ausnahme bilden. So weichen beispielsweise die Gorilla-Unterarten, wiewohl morphologisch nicht annähernd so unterschiedlich wie Sanide und Europide, in ihrem Verhalten auffällig voneinander ab.

Es ist in diesem Zusammenhang nicht ohne Belang, daß nicht einmal ein geschulter Anatom ohne Fachstudium der Osteologie der Canidae eine gemischte Schädelsammlung von gemeinen Schakalen *(Canis aureus)* und europäischen Rotfüchsen *(Vulpes vulpes)* auf Anhieb richtig einordnen könnte, während jedes Kind ohne Anleitung imstande wäre, Eskimiden- und Lappidenschädel auseinanderzuhalten (vergleiche Seite 141 f.). Angesichts dieser Tatsachen sollte sich der Leser vergegenwärtigen, daß Schakal und Fuchs, die sich im Schädelbau dergestalt frappierend gleichen, nicht nur verschiedenen Arten, sondern überdies verschiedenen *Gattungen* zugehören und völlig verschiedene Lebensgewohnheiten haben: Während der Schakal meist im Rudel jagt, ist der Fuchs ein Einzelgänger; beide ernähren sich von Kleinwild, aber der Schakal verschmäht daneben auch Aas und Pflanzenkost nicht und stößt nachts ein sehr charakteristisches Geheul aus, der ruhigere Fuchs kläfft dagegen eher wie ein kleiner Hund (330, 691, 841, 861, 1011).

In Anbetracht der verblüffenden Ähnlichkeit der Schädel von Schakal und Fuchs und der Unterschiedlichkeit ihrer Lebensgewohnheiten ist kaum anzunehmen, daß zwei menschliche Taxa, die sich in ihren Schädelmerkmalen so betont voneinander abheben wie (beispielsweise) Eskimide und Lappide, in sämtlichen das Nervensystem und den Sinnesapparat steuernden Genen identisch sein sollten. Sind sie es aber nicht, muß man sich doch fragen, ob sich die geistigen Eigenschaften des einzelnen menschlichen Taxons trotz aller Unterschiedlichkeit auf solche Art und Weise addieren können, daß sämtliche Taxa in dieser Hinsicht notwendig als »gleich« in dem Sinn einzustufen sind, daß keines dem anderen überlegen ist. Welche Evolutionsursache könnte dieses Ergebnis bewirkt haben? Oder ist es nicht doch wahrscheinlicher, daß sich die Taxa dank natürlicher Zuchtwahl unterschiedlichen Umweltverhältnissen angepaßt und infolgedessen zum Teil eine gesteigerte Tendenz entwickelt haben, Personen von besonderer geistiger Regsamkeit und Vielseitigkeit hervorzubringen? Und ist es, falls man Regsamkeit und Vielseitigkeit des Geistes über geistige Trägheit stellt, also ein Werturteil abgibt, nicht zumindest *wahrscheinlich*, daß Überlegenheit und Unterlegenheit real existieren (auch wenn es, wie auf Seite 11 bereits angemerkt, bei allen Taxa geistig inferiore Personen gibt)?

Die natürliche Zuchtwahl könnte verschiedene (physische und biologische) Umweltverhältnisse in ganz ähnlicher Weise mit der geistigen Differenzierung der menschlichen Taxa beantwortet haben, wie die künstliche Zuchtwahl Wesensdifferenzierungen bei den verschiedenen Hunde- und anderen Haustierrassen (die ja auch in ihren geistigen Eigenschaften merklich voneinander abweichen) bewirkt haben. Wie Darwin über die Hunde bemerkt: »Jeder weiß, in welchem Grade die verschiedenen Züchtungen hinsichtlich der Schärfe der Sinne, Veranlagung und ererbten Gewohnheiten voneinander abweichen« (257). Nicht umsonst werden die einzelnen Rassen für verschiedene Zwecke eingesetzt, so beispielsweise als Blinden-, Melde-, Jagd- und Zirkushund (789). Ähnliche Wesensunterschiede stellte Darwin auch bei verschiedenen Taubenzüchtungen (oder, wie er sich ausdrückt, »Rassen«) fest:

»Flugstil und gewisse ererbte Bewegungen wie Flügelschlagen, Verhalten in der Luft und am Boden sowie die Balz des Männchens zeigen äußerst auffällige Unterschiede, und auch in der Wesensart heben sich die verschiedenen Rassen voneinander ab. Während sich manche ausgesprochen still verhalten, gurren andere auf ganz besondere Weise« (257).

Wie Darwin überzeugend nachweist, gingen sämtliche benannten Züchtungen auf ein und dieselbe Art, *Columba livia*, zurück und waren das Ergebnis einer (sowohl »methodischen« als auch »unbewußten«) Zuchtwahl, in seinen Augen der »Grundstein bei der Entstehung neuer Rassen« (das heißt Züchtungen) (257).

Mit dem Rückgang des Eises nach der letzten Eiszeit boten sich dem Menschen in den freigelegten weiten Gebieten der nördlichen Hemisphäre ungeahnte Möglichkeiten, vorausgesetzt, es gelang ihm, sich an eine neue Lebensweise anzupassen und jene Vorausschau und Vorsorge zu entwickeln, ohne die große Populationen in Landstrichen mit starken Klimaschwankungen nicht bestehen können. Solche potentiell günstigen Regionen aber, die den Menschen stärker herausfordern als Zonen mit ausgeglicheneren Umweltbedingungen, in denen sich eine Vorsorge auf lange Sicht als überflüssig erweist, fördern die natürliche Selektion einer unter-

nehmungslustigen und wagemutigen Wesensart.
Das soll freilich nicht heißen, daß extrem ungünstige Umweltverhältnisse unbedingt zur natürlichen Selektion der Unternehmungslustigsten und Weitblickendsten führen müßten. Es deutet sogar im Gegenteil einiges darauf hin, daß gewisse weniger fortschrittliche ethnische Taxa aus besonders günstigen Gebieten verdrängt wurden und sich notgedrungen auf eine Lebensweise in Regionen umstellten, die wenig Voraussetzungen für weitgespannte Unternehmungen und damit für jene Bevölkerungszunahme boten, ohne die sich eine Zivilisation nicht entfalten kann.
Nun weisen aber verschiedene, in ihren allgemeinen morphologischen Merkmalen primitive oder pädomorphe ethnische Taxa, die keine eigene Kultur aufzubauen vermochten, ein nur mäßig großes Gehirn auf (vergleiche Seite 190 f.). Das ist möglicherweise eine der Ursachen der geistigen Unterlegenheit, auch wenn zwischen Hirnvolumen und Intelligenz allein schon deshalb kein direkter Zusammenhang besteht, weil sich in einem großen Teil des Gehirns nicht-intellektuelle Prozesse, insbesondere die reine Übermittlung (im Gegensatz zur Auslösung) von Nervenimpulsen sowie die Koordination der Muskelkontraktionen im ganzen Körper abspielen. Da aber auch die Größe der unmittelbar für die Denkprozesse zuständigen Hirnpartien bei den verschiedenen Säugetiertaxa ganz erheblich variiert, kann der direkte Vergleich der Gesamtgröße des Gehirns nur dann Licht auf unser Problem werfen, wenn er zwischen nahe verwandten Formen durchgeführt wird, bei denen sich das Größenverhältnis der einzelnen Teile in etwa entspricht. Aus diesem Grund sowie in Anbetracht der zwischen Körper- und Hirngröße bestehenden Korrelation ist auch der Umstand, daß Elefanten und Delphine besonders große Gehirne aufweisen, nicht unmittelbar relevant.
Betrachtet man nur den Menschen, fallen im Hinblick auf das Verhältnis Hirngröße–Intelligenz bestimmte Fakten besonders ins Auge. So zeigt das fossile Material klar und deutlich, daß das Gehirn im Lauf der menschlichen Evolution stetig an Größe zugenommen hat und daß jene ethnischen Taxa, die (wie zum Beispiel die Australiden) morphologisch noch in anderer Hinsicht primitiv sind, bis zu einem gewissen Grad auch die geringere Schädelkapazität der frühen Vorfahren des Menschen bewahrt haben. Des weiteren fällt auf, daß kein hervorragender Mathematiker, Naturwissenschaftler, Philosoph oder Vertreter irgendeiner anderen rein intellektuellen Disziplin je einem Taxon mit geringer Durchschnittsschädelkapazität angehörte. Das aber hieße, daß man, ließe sich zwischen Hirngröße und Geistesfähigkeiten eine unmittelbare Relation nachweisen, über eine objektive Methode zur Ermittlung letzterer bei den verschiedenen ethnischen Taxa verfügen würde.
Im 19. Jahrhundert ging man daran, das Gehirn einer Reihe hervorragender Europäer zu untersuchen und einschlägige Daten über berühmte Persönlichkeiten früherer Zeiten zu sammeln. Das Interesse konzentrierte sich dabei hauptsächlich aufs Gesamtgewicht des Gehirns und den Wulstungsgrad der Hirnrinde (529, 1115). Leider lassen die überlieferten Gewichtsangaben oft die wünschenswerte Genauigkeit vermissen. So fehlt es vielfach an präzisen Hinweisen, ob das Organ in frischem oder präpariertem Zustand gewogen wurde, und falls in präpariertem, welche Konservierungsflüssigkeit verwendet worden war. Auch das in den Gefäßen zurückgebliebene Blut sowie die Zerebrospinalflüssigkeit in den Hirnkammern muß sich auf die Ergebnisse ausgewirkt haben. Dennoch sind die eruierten Daten durchaus von Interesse. Die Schädelkapazität (das Volumen der Schädelkapsel) liefert brauchbare Hinweise auf das Gehirnvolumen und setzt zumindest dessen obere Grenze fest. Und da es an Schädeln (im Gegensatz zu frisch entfernten Gehirnen) nicht mangelt, sind weitaus mehr Informationen über die Schädelkapazität als über das

Hirngewicht verfügbar. Auch über das Verhältnis zwischen beiden liegen offenbar zuverlässige, von Welcker in einer Tabelle zusammengefaßte Daten vor (1135).
Die in Welckers Tabelle verarbeiteten Fakten lassen sich ziemlich exakt in die Gleichung

$$1.065\,v - 195 = g$$

fassen, wobei *v* die Schädelkapazität in tausendstel Liter (Milliliter) und *g* das Gewicht des Gehirns in Gramm angeben (49).
Das Diagramm der Abbildung 58 zieht einen Vergleich zwischen dem Hirngewicht verschiedener berühmter Persönlichkeiten und dem willkürlich ausgewählter männlicher Europäer von 21 Jahren und darüber; die unmittelbar mit der Waage ermittelten Gewichtsangaben sind der Tabelle von Wagner entnommen (1115). Sie wurden für unsere Zwecke hier zu Gruppen zusammengefaßt (900–999 Gramm, 1000–1099 Gramm und so weiter) und die in jede Kategorie fallende Personenzahl durch die Höhe der Blöcke angedeutet. Wie man sieht, gehört die Mehrzahl zur Gewichtsgruppe 1300–1399 Gramm, doch da das Verteilungspolygon asymmetrisch ist, dürfte das arithmetische Mittel der männlichen Europäer bei circa 1410 Gramm (1062) beziehungsweise 1424 Gramm im Alter von etwa 30 Jahren liegen. In jener Lebensphase scheint das Hirngewicht etwas höher zu sein als in früheren und späteren Lebensjahren (529).
Berichte aus früheren Zeiten über das Hirngewicht berühmter Männer nennen dagegen teilweise extrem hohe Werte. So soll Oliver Cromwells Gehirn nicht weniger als 6 ¼ lb. gewogen haben (529), was, falls Troygewichte verwendet wurden, 2332 Gramm und nach englischem Handelsgewicht einem noch höheren Wert entspräche, also in beiden Fällen nicht recht glaubhaft erscheint.
Im übrigen ist die Geschichte von Cromwells Schädel und Gehirn nicht ohne Interesse: Nachdem der Protektor am 3. September 1658 gestorben und in der Westminster Abtei beigesetzt worden war, wurde, wie John Evelyn in seinem Tagebuch berichtet, sein »Kadaver« und der zweier seiner Gefährten am 3. Januar 1661 »aus ihren prunkvollen Gräbern neben den Königen in Westminster gezerrt, nach Tyburne geschleppt, von neun Uhr morgens bis sechs Uhr abends

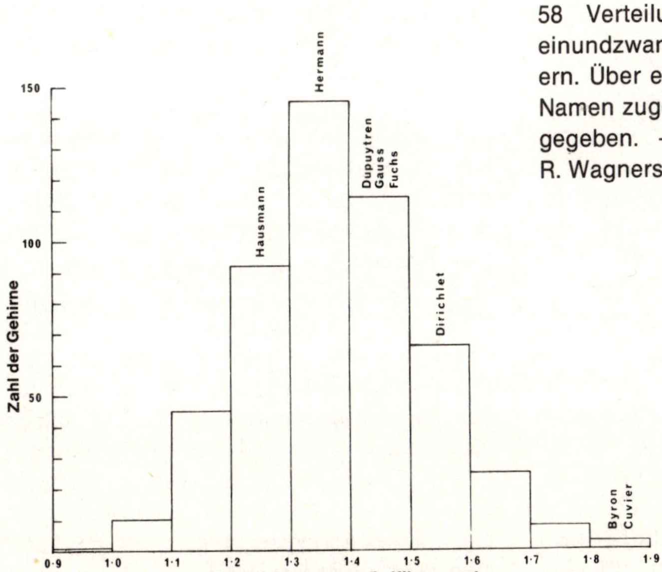

58 Verteilungspolygon des Hirngewichts bei einundzwanzigjährigen und älteren Europäern. Über einigen Gewichtsgruppen sind die Namen zugehöriger berühmter Personen angegeben. – Diagramm nach der Tabelle R. Wagners (1115).

an den Galgen gehängt und anschließend unter diesem düsteren und schimpflichen Monument in einer tiefen Grube verscharrt« (318). Cromwells Kopf jedoch wurde nicht mitbegraben, sondern abgetrennt und in der Westminster Hall zur Schau gestellt (1126). Wie lange er dort verblieb, und wann, wo oder durch wen das Hirn schließlich entfernt und gewogen wurde, scheint nicht bekannt; jedenfalls aber gelangte das Relikt zu guter Letzt zur Analyse nach Oxford. Huschke (529), den die Frage interessierte, »... ob obige Gewichtsangabe eine historische Lüge sey«, schlug vor, den (nach der Hirnentnahme vermutlich wieder zusammengefügten Schädel mit Wasser von 4,1° Celsius zu füllen und dieses anschließend zu wiegen, um so (unter Berücksichtigung des spezifischen Gewichts der Hirnmasse) annähernd das einstige Hirngewicht zu ermitteln. Ob die Oxforder Anatomen diesen wohlgemeinten Rat befolgten, ist nicht bekannt, doch lassen das Intervall von mindestens drei Jahren zwischen Cromwells Tod und der Ermittlung seines Hirngewichts sowie die hohe Gewichtsangabe keinen Zweifel, daß Huschke zurecht einen Irrtum vermutete. Hätte Cromwells Hirn tatsächlich 2332 Gramm gewogen, hätte er laut der oben aufgeführten, nach Welckers Daten extrapolierten Gleichung eine Schädelkapazität von 2,373 Milliliter aufweisen müssen, was absolut ein Ding der Unmöglichkeit ist.

Ein anderer berühmter Mann, dem früher ein Riesengehirn (von über fünf *livres*) nachgesagt wurde, Cuvier, hatte laut Wagner, der alle Anhaltspunkte sorgfältig studierte, das (allerdings immer noch sehr stattliche) Hirngewicht von 1861 Gramm; das Argument, der große Zoologe habe, zumindest in der Jugend an leichtem Wasserkopf gelitten, ist insofern hinfällig, als sich in Cuviers Hirnkammern beim Tod nur wenig Flüssigkeit befand (1115).

Da bestimmte Angehörige noch aus ganz anderen Gründen als primitiv oder pädomorph eingestufter ethnischer Taxa und erst recht Pongiden im allgemeinen eine schwächere Wulstung der Hirnrinde aufweisen, haben sich die Anatomen naturgemäß dafür interessiert, ob geistig überragende Persönlichkeiten in dieser Hinsicht irgendwelche Besonderheiten zeigen. So öffnete zum Beispiel Wagner, der sich vor gut hundert Jahren ziemlich eingehend mit diesem Thema befaßte, mit Einwilligung von Gaußens Sohn den präparierten Kopf des renommierten Mathematikers, um vor allem den Wulstungsgrad der Hirnrinde zu studieren (1115). Der Forscher, der auch Dirichlets Gehirn untersuchte, stellte bei beiden Mathematikern besonders komplizierte Gyri und ungewöhnlich tiefe Sulci fest. Obwohl die von ihm aufgeführten Werte seine Beobachtungen bestätigten, leitete er daraus doch keine endgültigen Folgerungen ab, da die Hirnrinde von Hermann und Hausmann keine vergleichbare Komplexität aufwies. Und auch der prominente Anatom, der Beethovens Gehirn untersuchte, stellte nur den normalen Wulstungsgrad ohne allzu tiefe Sulci fest (933).

Es gibt keinen unmittelbaren Beweis, daß sich die pongiden und pädomorphen Merkmale der Australiden- und Sanidengehirne direkt auf die intellektuellen Fähigkeiten auswirken, aber im Verein mit anderen morphologischen Charakteristika deuten sie doch auf eine weniger fortgeschrittene oder kindlichere Verfassung hin, wenn auch die wichtigsten Unterschiede zwischen intelligenten und unintelligenten normalen Vertretern einer Gattung oder eines Formenkreises weitgehend von Faktoren abhängen dürften, die sich dem bloßen Auge und der Registrierung durch die Waage entziehen.

R. C. Tryon von der University of California führte eine im Hinblick auf dieses Problem besonders interessante Versuchsreihe mit laboratoriumsgezüchteten Ratten (vermutlich *Rattus rattus*) durch (1069): Er ließ jede Ratte neunzehnmal durch ein bestimmtes Labyrinth laufen und registrierte, wie viele Fehler sie dabei machte. Die klügsten Tiere (die mit der geringsten Fehlerzahl) der klügsten Würfe wurden jeweils zur Weiterzucht ausgewählt und desgleichen auch die dümmsten der dümmsten Würfe. Tryon führte diesen Selektionsprozeß über sieben Generationen hin fort und erzielte dadurch zwei deutlich voneinander unterschiedene Gruppen: Die Tiere der unintelligenten Gruppe machten im Schnitt etwa sechsmal so viele Fehler wie die intelligenten, Überschneidungen zwischen den Leistungen beider Gruppen waren kaum noch zu beobachten. Obwohl die Fortführung der Selektion über viele weitere Generationen hin keinen nennenswerten Effekt mehr zeitigte, wurde die Inzucht beider Gruppen kontinuierlich beibehalten. Rund zwanzig Jahre später wurden die Nachkommen einem Test mit drei vom ursprünglichen Modell abweichenden Labyrinthen unterzogen. Bei all diesen Versuchen machten die Vertreter der intelligenten Gruppe signifikant weniger Fehler als die der unintelligenten (921). Erstaunlicherweise stellte man fest – was für unser Thema hier außerordentlich wichtig ist –, daß die Hirnrinde bei den unintelligenten Tieren *mehr* wog als bei den intelligenten (75), was nichts anderes bedeutet, als daß die Art Intelligenz, die Ratten zur mühelosen Orientierung in Labyrinthen benötigen, nicht nur vom Gewicht der Hirnrinde abhängen kann.

Davon abgesehen stellte sich heraus, daß zu Gruppen zusammengefaßte Ratten, denen man den Weg durchs Labyrinth durch »Spielsachen« erleichtert, eine schwerere Hirnrinde entwickeln als Tiere derselben Gruppe, die in stillen Räumen in Einzelkäfigen gehalten werden und keinerlei Anreiz für ihre geistige Aktivität erhalten (75). Das gilt für die intelligente wie für die unintelligente Gruppe gleichermaßen, und so darf man annehmen, daß die in freier Natur lebenden entfernten Vorfahren der Laboratoriumsratten normalerweise eine große Hirnrinde aufwiesen, da eine wilde Ratte nicht überleben könnte, wenn sie sich ebenso verhielte wie die isolierten Tiere der Versuchsreihe. Die Vergrößerung der Hirnrinde würde demnach also die normale Reaktion auf Anreize darstellen, die in etwa denen in freier Wildbahn entsprächen, und die Fähigkeit, auf diese Umwelt zu reagieren, sich, wie andere Merkmale auch, durch natürliche Zuchtwahl ausbilden.

Diese Fakten aber sind auch für den Menschen relevant – allerdings nicht in dem Sinn, daß man das kleine Hirn der Australiden und gewisser anderer ethnischer Taxa auf einen Mangel an entsprechenden geistigen Anreizen im Laufe der Individualentwicklung zurückführen könnte. In diesem Fall hätten nämlich die entfernten Vorfahren der Australiden in einer geistig anregenden Umwelt gelebt und somit Anlagen zur Entwicklung eines großen Gehirns entfaltet. Eine derartige Hypothese wird durch die Fakten in keiner Weise bestätigt. Diese legen im Gegenteil die Vermutung nahe, daß das Gehirn der Australiden klein ist, weil sie die für eine bestimmte menschliche Entwicklungsstufe charakteristische Größe *beibehalten* haben, über die die meisten anderen ethnischen Taxa hinausgelangt sind. Nichts beweist oder deutet auch nur darauf hin, daß die Vorfahren der Australiden zu irgendeinem Zeitpunkt zivilisiert gewesen wären, und die Annahme, im Gehirn dieser Menschen könnte aufgrund natürlicher Zuchtwahl die Möglichkeit angelegt gewesen sein, auf eine anregende Umgebung im Laufe der Individualentwicklung mit erhöhtem Größenwachstum zu reagieren, ist allein schon deshalb unhaltbar, weil eine solche Umgebung damals gar nicht existierte. Der Australide läßt sich nicht mit der isolierten Ratte vergleichen, welche die angeborene Fähigkeit mitbringt, unter geeigneten Umweltbedingungen ein ebenso großes Gehirn zu entwikkeln wie ihre entfernten Vorfahren.

Im übrigen bemißt sich bei normalen Individuen großhirniger Taxa der Grad der geistigen Aktivität nicht nach der exakten Hirngröße; die Intelligenz scheint vielmehr von der Anordnung und Verästelung der Fortsätze abzuhängen, durch welche die Nervenzellen (Neuronen) der Hirnrinde miteinander in Verbindung stehen. Bei oberflächlicher Betrachtung unter dem Mikroskop sehen diese

Zellen bei den einzelnen Tierarten im allgemeinen denen verwandter Arten, aber auch verwandter Gattungen und sogar Familien sehr ähnlich. Die dennoch bestehenden Verhaltensunterschiede müssen letztlich also auf die Fortsätze zurückgehen, die sich im Laufe der Embryonalentwicklung immer weiter verästeln und die Zellen untereinander verbinden.

Diese Übergangsstellen zwischen den Neuronen, die *Synapsen*, treten gewöhnlich dort auf, wo sich das Ende eines langen Neuronenfortsatzes (des Axons oder Faserfortsatzes) wiederholt verzweigt und mit verschiedenen wesentlich kürzeren Fortsätzen (den Dendriten) einer anderen Nervenzelle verflicht. Letztere kann den Impuls durch ihren eigenen Faserfortsatz zum nächsten Neuron weiterleiten und so fort, bis dieser ein ausführendes Organ (Muskel oder Drüse) erreicht. Eine der bekanntesten Methoden, die verzweigten Fortsätze der Neuronen sichtbar zu machen, ist das von den Histologen Golgi und Cox erfundene und vervollkommnete Verfahren (230), bei dem das Gewebe mit Quecksilberchlorid durchtränkt und dieses dann langsam reduziert wird, bis die Zelle schwarz hervortritt. Auf Abbildung 59 sieht man dünne Schnitte durch dergestalt präpariertes Hirngewebe. Charakteristisch für das Golgi-Cox-Verfahren ist, daß es in der Regel nur rund drei Prozent der in einer Gewebeprobe vorhandenen Zellen färbt, diese dafür aber in Gänze bis in die Spitzen der Fortsätze hinein. Aus diesem Grund treten in einem mikroskopischen Präparat dieser Art die Dendriten einer bestimmten Zelle, mangels Färbung aber nicht auch die Endverästelungen des Axons der Nachbarzelle, welche die Nervenimpulse weiterleiten, in Erscheinung. Deswegen sieht man auf Abbildung 59 die Dendriten sehr deutlich, während die mit ihnen verflochtenen Axon-Fortsätze (das »Endbäumchen«) fehlen.

Die äußersten Ästchen jedes Axons weiten sich an der Spitze zu kleinen, stempelartigen Verdickungen, den »Endknöpfchen« aus, die sich an die Dendriten und in manchen Fällen auch unmittelbar an die Zellmembran des Neurons anheften, auf das das Axon den Nervenimpuls überträgt. Letzterer wird über den unvorstellbar winzigen (nur rund 20 Nanometer = 20 milliardstel Meter) betragenden Zwischenraum (den Synaptischen Spalt) durch einen chemischen Erregungsstoff übertragen. Im allgemeinen setzen am einzelnen Neuron viele, oft von den Faserfortsätzen anderer Neuronen ausgehende Endknöpfchen an, deren Zahl sich am ehesten abschätzen oder auch auszählen läßt, wenn sie statt an Dendriten am Zellkörper selber haften. In manchen Fällen finden sich, wie Abbildung 60, Seite 306, zeigt, an einem einzigen Neuron gleich mehrere Hundert. Bei der dargestellten Zelle, dem Modell eines Neurons aus dem Rückenmark der Katze, sieht man deutlich die als Impulsleiter dienenden, wie Fäden wirkenden winzigen Endverästelungen eines oder mehrerer Faserfortsätze sowie die Endknöpfchen, von denen die dargestellte Zelle nicht weniger als 434 aufwies.

Es wäre eine nahezu übermenschliche Aufgabe gewesen, die Herkunft aller 434 an der Zellmembran haftenden Fäden zu ermitteln, und damit wäre lediglich der erste Schritt zur Erforschung aller Leitbahnen für die Nervenimpulse zu und von dieser Einzelzelle vollzogen gewesen. Hinzu kommt, daß es sich nur um eine Nervenzelle aus dem Rückenmark eines Tieres, nicht aus dem menschlichen Gehirn handelt, dessen Rinde schätzungsweise vierzehntausend Millionen auf höchst komplizierte Weise miteinander verflochtener Neuronen aufweist (967).

Abbildung 59 vermittelt einen Eindruck von der zunehmenden Komplexität des menschlichen Gehirns im Lauf der Entwicklung. Sie zeigt einige wenige Neuronen in einem winzigen Teilchen der Rindenregion der oberen Stirnwindung des Stirnlappens, jener Hirnpartie, die für die intellektuellen und emotionalen Vorgänge mitverantwortlich scheint. Es sei hier noch einmal daran erinnert, daß es sich um ein Golgi-Cox-Präparat handelt und daher nur ein kleiner Teil der in dem dünnen

Schnitt vorhandenen Zellen sichtbar ist, während die Axon-Fortsätze, die den Kontakt zu den Dendriten herstellen, überhaupt nicht in Erscheinung treten. A zeigt die Zellen im Hirn eines neugeborenen, B die entsprechenden bei einem sechsjährigen Kind, wobei sofort auffällt, um wieviel komplexer die Dendriten im zweiten Fall sind. Wann ihre Verzweigung beim Menschen abgeschlossen ist, scheint unbekannt, jedenfalls aber erst in späteren Lebensjahren. Hier kann sich also bei der Entwicklung bestimm-

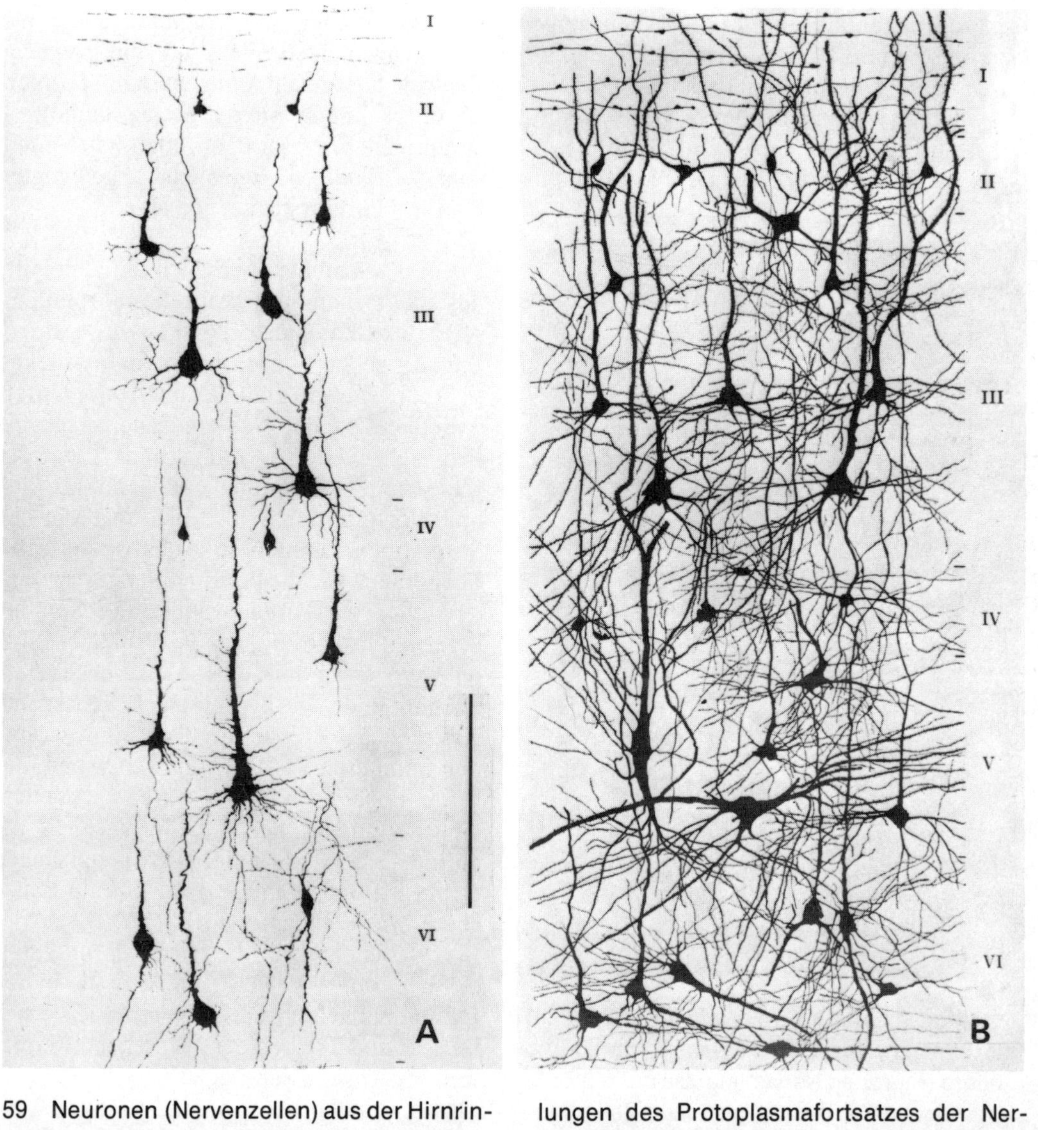

59 Neuronen (Nervenzellen) aus der Hirnrinde eines A: neugeborenen und B: eines sechsjährigen Kindes. Diese Längsschnitte durch die obere Stirnwindung zeigen Entwicklung und zunehmende Verästelung des Protoplasmafortsatzes. Die Zellkörper und die Verästelungen des Protoplasmafortsatzes der Nervenzellen wurden nach der Golgi-Gox-Methode gefärbt. – Aus: Conel (221). Die (vom Verfasser beigefügte) Meßskala gibt 120 Millimikron an.

ter ethnischer Taxa auch die Pädomorphose auswirken.
Auf welche Art und Weise die Zahl der Synapsen im Lauf der Entwicklung auch zunehmen mag, naheliegend ist, daß ihre Vermehrung in den Stirnlappen des Gehirns irgendwie mit der zunehmenden Denkfähigkeit zusammenhängen muß. Der Neurologe Kappers bemerkt dazu: »Der selektive Charakter der Interneuronalverbindungen ist das wichtigste Merkmal des Nervensystems, das seine Effizienz einzig und allein dieser Selektivität verdankt« (571). Die Leitbahnen im Gehirn zeigen eine gewisse Entsprechung zu den elektrischen Drähten einer Fernmeldezentrale. Gäbe es zwei solche in Größe und Kompliziertheit vergleichbare Zentralen, von denen in einer etliche der erforderlichen Drähte fehlten oder falsch verbunden wären, ließe sich anhand einer morphologischen Untersuchung allein nur sehr schwer feststellen, ob die fragliche Zentrale tatsächlich weniger gut funktionierte, ja, es könnte sich sogar als unmöglich herausstellen, es sei denn, man hätte einen vom zuständigen Ingenieur angefertigten Plan des Leitungsnetzes zur Hand.

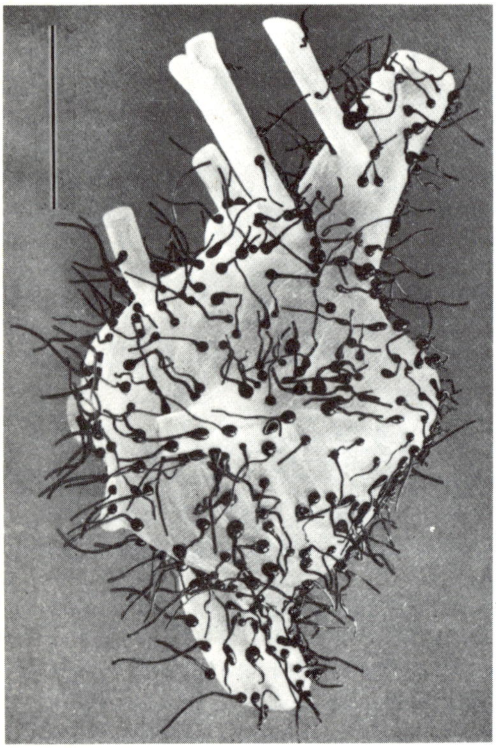

60 Modell eines Neurons (einer Nervenzelle) mit einigen der Endknöpfchen, durch die andere Neuronen Nervenimpulse auf die Zelle übertragen. Bei der dargestellten Zelle handelt es sich um eine motorische Nervenzelle aus dem Lumbosacral-Fortsatz im Rückenmark der Katze. Die (vom Autor beigefügte) Meßskala zeigt 30 Millimikron an. – Aus: Haggar und Barr (455).

Theoretisch müßte es möglich sein, mit Hilfe des Elektronenmikroskops die morphologische Basis komplexer Denkprozesse aufzuzeigen; gelänge dies, hätte man objektiv sichtbare Beweise für Gleichheit oder Unterschiedlichkeit der Nervenmechanismen bei den verschiedenen ethnischen Taxa des Menschen. Anordnung und Komplexitätsgrad der Interneuronalverbindungen in den Stirnlappen könnten so Anhaltspunkte für Phänomene wie die Primitivität der Australiden oder die Pädomorphose der Saniden liefern. Die Lösung dieses Problems muß indessen einer künftigen Zeit vorbehalten bleiben, in der die biologische Mikrotechnik weit genug fortgeschritten ist, um es ohne den immensen Zeit- und Kraftaufwand, der heute noch erforderlich wäre, anzugehen. Gegenwärtig ist der Bau des Gehirns bei diesen Taxa nicht einmal in gröberen Zügen erforscht, und so müssen wir uns auf einfachere, wiewohl immer noch reichlich schwierige Beobachtungen beschränken und statt des Ursprungs der geistigen Aktivität in den Hirnhalbkugeln ihre Ergebnisse, wie sie sich im Tun und Treiben der Menschen offenbaren, ins Auge fassen.
Damit wenden wir uns dem geistigen Vermögen zu, das in seiner höchsten Form Philosophie, Mathematik, Wissenschaft, Technik, Geschichte, Literatur, Recht und Religion hervorgebracht hat, mit einem Wort: die Kultur.

21
Die Messung der kognitiven Fähigkeiten

Einführung

Die Intelligenz (ihre Definition im landläufigen Sinn folgt S. 348 f.) setzt sich aus verschiedenen definierbaren Komponenten zusammen, von denen sich nur eine systematisch testen läßt, die kognitive Fähigkeit. Grob definiert handelt es sich dabei um die allgemeine Fähigkeit, aufzufassen, zu begreifen und logisch zu folgern – und zwar unabhängig von anderen wesentlichen Bestandteilen echter Intelligenz, wie zum Beispiel Urteilsvermögen bei der Wahl geeigneter Studiengegenstände, Eifer, sich Wissen anzueignen, es zu übermitteln, nach Möglichkeit zu erweitern und das Verständnis zu vertiefen, sowie das Vermögen, sich nachhaltig für eine Sache einzusetzen. Doch so wichtig diese Komponenten auch sind, grundlegend ist und bleibt das kognitive Element, weshalb auch die Menschen keine Mühe gescheut haben, es zu erfassen und mit Hilfe sogenannter »Intelligenztests« zu messen, die im großen und ganzen tatsächlich aufschlußreich sind.
Um beurteilen zu können, wieweit sich diese Tests auch zur Lösung des uns hier interessierenden ethnischen Problems, das wohl tatsächlich in einer systematischen Untersuchung der kognitiven Fähigkeiten der verschiedenen Rassen gipfelt, eignen, müssen wir uns intensiver mit ihnen beschäftigen und sie auf ihre Möglichkeiten und Grenzen hin untersuchen.

Beginnen wir mit Alfred Binet, der, wie alle großen Neuerer, auch seine »Vorläufer« hatte (selbst ein Charles Darwin erwähnt in den späteren Ausgaben seiner *Entstehung der Arten* eine Reihe von Männern, die manche der von ihm dargelegten Gedanken schon vor ihm publiziert hatten, 256); aber es ist doch ein gewaltiger Unterschied, ob man eine Idee lediglich konzipiert und in seinem Werk beiläufig streift oder ob man sie gesondert abhandelt und so überzeugend darstellt, daß sie allgemeine Zustimmung findet und eine neue Forschungsrichtung einleitet. Genau das aber leistete Binet auf dem Sektor der Intelligenztests.
1857 geboren, beschäftigte sich Binet, der lange Zeit als zweiter Direktor und später als Direktor des psychophysiologischen Instituts der Sorbonne tätig war, zunächst mit allen möglichen biologischen und psychologischen Themen. Er veröffentlichte eine Anzahl nicht unmittelbar mit der kognitiven Fähigkeit zusammenhängender Aufsätze, zum Beispiel eine Abhandlung über das Verhalten der Protozoen und der Keimzellen von Pflanzen und Tieren (90) sowie über das Strickleiter-Nervensystem von Krustazeen und Insekten (91). Bereits diese frühen Arbeiten zeigen den für ihn zeitlebens so charakteristischen klaren, unprätentiösen Stil und die Fähigkeit, seine Themen – wie die Psychologie des Argumentierens mit ihrem fesselnden Bericht über gewisse Versuche, namentlich auf dem Gebiet der Hypnose (91) – spannend aufzuziehen.
Um die Jahrhundertwende begann sich Binet dann den intellektuellen Fähigkeiten im besonderen zuzuwenden. Mit Hilfe zweier junger Mädchen namens Marguerite und Armande, die bereitwillig mitmachten, führte er Untersuchungen durch, die bereits einen

Vorgeschmack auf sein eigentliches Lebenswerk, dem er die wenigen ihm noch verbleibenden Jahre bis zu seinem verfrühten Tod im Jahre 1911 widmete, geben. Es sind verblüffend eigenwillige Tests, die in erstaunlichem Gegensatz zu den sonst üblichen, auf der Wiedergabe von formell Gelerntem aufbauenden Schulprüfungen standen.

Kurz nach der Veröffentlichung von Binets Buch führte eine vom französischen Unterrichtsministerium eingesetzte Kommission eine Studie über die Schulfähigkeit geistig anomaler Kinder durch. In ihrem Report empfahlen die Kommissionsmitglieder, geistig mutmaßlich zurückgebliebene Kinder nur dann von den normalen Schulen zu nehmen, wenn eine voraufgehende Prüfung ihre Unfähigkeit, vom üblichen Unterricht zu profitieren, erbracht hatte (95). Dieser Entscheid veranlaßte Binet und seinen Mitarbeiter T. Simon zur Entwicklung eines entsprechenden Verfahrens. Mit ihrer *échelle métrique de l'intelligence* verfolgen sie laut eigenem Bekunden »das Ziel, die Geistesfähigkeiten eines zu uns geschickten Kindes zu messen, um so herauszufinden, ob es sich um eine normale oder zurückgebliebene Person handelt« (96), und erläutern nach dieser Grundsatzerklärung ihre Methode in einer theoretischen Einführung. Nüchtern und sachlich umreißen sie den Untersuchungsgegenstand:

»Wie uns scheint, schließt die Intelligenz ein fundamentales Element ein, dessen Fehlen oder Veränderung für das praktische Leben größte Bedeutung besitzt, nämlich Urteilsvermögen *(jugement)*, mit anderen Worten, gesunden Menschenverstand, praktischen Verstand, Tatkraft, Anpassungsfähigkeit. Richtig urteilen, begreifen und folgern sind die wesentlichen Triebfedern *(ressorts)* der Intelligenz.«

Vorhandensein oder Fehlen dieses fundamentalen Elementes soll ihr Test offenbaren, wobei jedes Kind einzeln durch mündliche Fragen getestet wird, die zumeist auch mündliche Antworten erfordern.

Diese Ideen wandten die beiden Psychologen sowohl auf normale als auch auf teils in der Volksschule verbliebene, teils in Anstalten untergebrachte geistig anomale Kinder an, um die Reaktion normaler Drei-, Fünf-, Sieben-, Neun- und Elfjähriger kennenzulernen. Die Fragen, die den Kindern gestellt wurden, trugen der jeweiligen Entwicklungsstufe ihres Urteilsvermögens Rechnung und waren möglichst unabhängig vom Wissensstand der Kinder gehalten.

1905 veröffentlichten Binet und Simon eine erste lange Abhandlung über ihren Test, mit der wir uns hier jedoch nicht zu beschäftigen brauchen, da bereits drei Jahre später eine weitere Publikation erschien, welche die Basis sämtlicher seither entwickelter verbaler Einzel-Intelligenztests bildet (98). Ihr Ziel, erklärten die beiden Psychologen, sei *»l'intelligence sans culture«* zu erforschen und Methoden zu ihrer Messung zu entwikkeln. Man beachte die Wortprägung *l'intelligence sans culture*«, die wohl darauf hindeutet, daß sich Binet und Simon eines Umstandes sehr wohl bewußt waren: Mit ihrem Test läßt sich nicht die gesamte Intelligenz erfassen. Leider aber verloren sie diesen Gesichtspunkt später wieder aus den Augen, denn als sie gegen Ende ihres Aufsatzes auf den Unterschied zwischen der *»intelligence«* und der *»faculté scolaire«*, der Fähigkeit, in der Schule zu lernen und sich die auf der Schule vermittelte Bildung mit den schulüblichen Methoden anzueignen, zu sprechen kamen, bezeichneten sie das, was ihr Test ausloten soll und kann, als »Intelligenz« schlechthin. So begrüßenswert die Entwicklung von Techniken zur Messung jener nicht auf der Schule gelehrten Komponente der Intelligenz und so verdienstvoll Binet/Simons Beitrag auf diesem Sektor auch waren, so bedauerlich war, daß sie dem Gebrauch des Wortes »Intelligenz« in einem bedenklich eingeschränkten Sinn das Gewicht ihrer Autorität liehen. Auf diese Weise leisteten sie der Vorstellung Vorschub, die Ergebnisse der »Intelligenztests« seien verläßliche Wertungen der Intelligenz überhaupt. Um es noch einmal mit allem Nachdruck zu sagen: Diese Tests (beziehungsweise die besten davon) sind von unschätzbarem Wert, *nicht* weil sie die ganze Intelligenz testen (was sie eindeutig nicht tun), sondern weil sie die Messung *einer wesentlichen Komponente* ermöglichen. Darüber soll in Kapitel 24 noch ausführlicher berichtet werden.

Von ihrem Untersuchungsziel her freilich ist die Binet-/Simonsche Verwendung des Wortes »Intelligenz« in diesem Sinn letztlich gar nicht so abwegig, ging es ihnen doch im wesentlichen darum, geistig wirklich zurückgebliebene Kinder von solchen mangels Schulbildung dumm erscheinenden zu unterscheiden. Sie wußten sehr wohl, daß die als minderbegabt Eingestuften oft so gut wie keine geregelte Schulerziehung genossen hatten und daher in ihrem intellektuellen Potential meistens gewaltig unterschätzt wurden. Deshalb versuchten sie auch Bildungsinhalte aus ihren Tests weitmöglichst auszuklammern und nur solche Fragen aufzunehmen, die die Getesteten im Grunde alle kannten – ohne indessen in Abrede stellen zu wollen, daß die Fähigkeit, sich Wissen anzueignen, eine wichtige Komponente der Intelligenz im landläufigen Sinn des Wortes ausmacht.

Der Binet-Simon-Test setzt sich aus Gruppen (oder Staffeln) altersspezifischer, vom Durchschnitt einer bestimmten Altersstufe beantwortbarer Fragen zusammen, die sämtliche Altersgruppen von drei bis dreizehn erfassen. Es handelt sich also um jahrweise abgestufte Fragengruppen beziehungsweise um einen wirklichen Staffel *(échelle)*-Test im Gegensatz zu den fälschlicherweise so bezeichneten Tests, bei denen der Fortschritt der Erkenntnis in keiner Weise geprüft wird.

Hier einige Beispiele für die verschiedenen Staffeln. Je nach Altersstufen wurden die Kinder aufgefordert, zwei bis sieben einstellige Zahlen oder einen Satz mit mehreren Silben (sechs bis sechsundzwanzig) zu wiederholen; abstrakte Begriffe (wie zum Beispiel *»charité«*) zu definieren; zwischen sinnverwandten, aber in der Bedeutung voneinander abweichenden Wörtern wie *»plaisir«* und *»bonheur«* zu unterscheiden; in eine Aussage eingeflochtene Ungereimtheiten zu benennen; zu schildern, was auf einer Bilddarstellung oder in einer kurz mit Worten beschriebenen menschlichen Situation vor sich geht; Personenzeichnungen zu ergänzen, auf denen bestimmte Teile (etwa die Nase) fehlen; ein Quadrat oder eine andere einfache geometrische Figur zu zeichnen; und – bei weitem am schwierigsten – das sogenannte *»découpage«*-Problem zu lösen, das heißt, zu sagen, welche Form der doppelt gefaltete Bogen Papier, aus dem der Testleiter vor den Augen des Probanden ein Stück herausgeschnitten hat, beim Auseinanderfalten wohl zeigen wird.

Trotz eines gelinden Vorteils des schulisch entsprechend ausgebildeten Probanden bei einigen Aufgaben, insbesondere bei Wortschatzfragen, ist der Test eindeutig darauf zugeschnitten, die *»belle intelligence native«* ungeschulter Kinder zu enthüllen. Zunächst einmal wird jedes Kind provisorisch in das *»niveau«* der schwierigsten Fragengruppe eingestuft, die es richtig oder mit nur einem Fehler beantwortet hat. Diese Einstufung trägt jedoch nicht notwendig endgültigen Charakter. Kann der Proband mindestens fünf Fragen aus Aufgaben für eine höhere Altersgruppe beantworten, wird ihm ein Vorsprung von einem Jahr, bei mindestens zehn von zwei Jahren angerechnet.

Ebenso geeignet ist der Test zur Klassifizierung dummer Kinder von *»idiot«* (der untersten Stufe) über *»imbécile«* bis *»débile«*. »Um festzulegen«, schreiben Binet-Simon, »in welche Kategorie ein junger Anomaler einzustufen ist, müssen wir zwei Faktoren in Betracht ziehen: sein Alter und sein geistiges Niveau.« Die Relation dieser beiden Faktoren, die Ermittlung, um wie viele Jahre sich ein Kind im Rückstand oder Vorsprung befindet, zeigt seine geistige Kapazität an.

Die endgültige, keine größeren Abänderungen enthaltende Testfassung wurde von Binet in seinem Todesjahr publiziert (94).

Definitionen

Da in der Literatur über die Intelligenztests manche Begriffe von verschiedenen Verfassern oft ohne weitere Definition in unterschiedlichem Sinne gebraucht werden, hier zunächst einmal eine genaue Begriffsbestimmung der wichtigsten Termini, die der Leser für den Augenblick getrost überspringen mag, um im Zweifelsfall zurückzublättern und sich zu informieren.

Unter *»Test«* verstehen wir eine bestimmte, von einem oder mehreren Autoren erdachte Aufgabenfolge. Nun läßt sich aber ein bestimmtes Testmuster nicht unbegrenzt anwenden, denn ist es einmal allgemein bekannt, kann man die richtigen Antworten mechanisch auswendig lernen. Daher gelten alle von derselben Person oder Personengruppe nach denselben Grundsätzen ausgearbeiteten Testmuster als ein und derselbe Test, nicht als gesonderte Tests. Die verschiedenen Muster eines Tests werden hier als »Form« bezeichnet (so beispielsweise die Formen »L« und »M« des Stanford-Binet von 1937, vergleiche Seite 311 f.). In der Regel werden von einem Test bloß einige Formen allgemein aufgelegt, die restlichen dagegen nur begrenzt publik gemacht. Wird ein Test in merklich modifizierter Form neu aufgelegt, bezeichnen wir dies als eine bestimmte »Fassung« des ursprünglichen Tests, doch scheint es bei einschneidenden Veränderungen berechtigt, von einem neuen Test zu sprechen und einen neuen Namen zu wählen. Die verschiedenen Testaufgaben oder »Items« werden in *»Fragen«* und, soweit sie nicht interrogativen Charakter tragen (der Proband beispielsweise den Weg aus einem gedruckten Labyrinth suchen oder eine Handlung vollziehen soll), in *»Probleme«* aufgegliedert. Den Getesteten wollen wir als *»Probanden«* oder *»Testperson«* bezeichnen. »Prüfling« würde allzusehr an Schulexamen erinnern, wohingegen der in der einschlägigen Literatur vielverwendete Begriff »Proband« zwar etwas farblos ist, dafür aber immerhin den Vorzug der Unmißverständlichkeit besitzt. Für denjenigen schließlich, der den Test durchführt, scheint die Bezeichnung *»Testleiter«* ebenfalls geeigneter als »Prüfer«.

Tests wie die von Binet und Simon, bei denen der Testleiter die Testpersonen einzeln befragt, werden als *»Einzeltests«*, solche, an denen sich mehrere oder viele Probanden gleichzeitig beteiligen, als *»Gruppentests«* bezeichnet.

Als *»verbal«* bezeichnen wir Tests oder Testitems, bei denen der Proband Wörter oder Sätze sprechen, niederschreiben, unterstreichen oder auf andere Weise markieren soll, nicht also Tests zur Überprüfung der Sprachgewandtheit oder der Fähigkeit, sich grammatikalisch korrekt auszudrücken. Fragen, die das Verständnis des Probanden für die Bedeutung bestimmter Wörter seiner Muttersprache abtasten, werden als *»Wortschatzfragen«* bezeichnet.

Als *»sprachfrei«* werden hier alle Tests oder Items eingestuft, bei denen der Proband weder sprechen, schreiben noch Wörter anderweitig bezeichnen muß. Der Begriff bedeutet indessen nicht, daß die Testperson nicht in Worten angeleitet werden darf. In der überwiegenden Mehrzahl aller Fälle wird der Testleiter sogar sprechen, und zwar notwendig in der Muttersprache des Probanden; allerdings lassen sich manche Tests auch ohne Worte durch eine bestimmte Handlung erläutern. Derartige Handlungen werden in der Fachliteratur als *»Pantomimen«* bezeichnet, und diesen Begriff wollen auch wir hier übernehmen. Während verbale Tests häufig nichtverbale Items einschließen, kann ein Test, der verbale Items einbezieht, nicht »sprachfrei« genannt werden. Natürlich können in sprachfreien Tests durchaus Bleistifte oder anderes Schreibgerät verwendet werden (zum Beispiel, um den Weg aus einem gedruckten Labyrinth zu markieren).

Unter *»Handlungstest«* ist in unserem Zusammenhang eine sprachfreie Aufgabe (Problemfolge) zu verstehen, die der Proband durch einen einfachen, weder Geschicklich-

keit noch den Gebrauch eines Schreibinstrumentes voraussetzenden Akt beantworten soll.
In der Fachliteratur findet sich Binet-Simons *»niveau intellectuel«* durchweg durch »Intelligenzalter« ersetzt. Dieses wird gemeinhin als Prozentsatz des *Lebensalters* ausgedrückt. Die intellektuellen Fähigkeiten des Durchschnittskindes werden mit der Ziffer 100 angesetzt (es sei denn, ein Test wäre nicht genau auf die Kapazität von Durchschnittskindern zugeschnitten). Bei diesen »Durchschnittskindern« handelt es sich um durchschnittliche *europide* Kinder, da sämtliche frühen Experimente zur Bewertung der geistigen Fähigkeiten (in Westeuropa wie den USA) an Europiden, vorwiegend Alpiniden, Nordiden, Mediterraniden und deren Mischlingen, durchgeführt wurden. Der Prozentsatz wird allgemein als »Intelligenzquotient«, abgekürzt »IQ«, bezeichnet, wobei der Buchstabe *I* für eine bestimmte Komponente der Intelligenz und *Q* für einen in eine Prozentziffer umgewandelten Quotienten steht.
Gewöhnlich gelten Personen mit einem IQ unter 70 als »schwachsinnig«, solche mit 140 und darüber als »begabt«, doch herrscht diesbezüglich keine allgemeine Übereinstimmung; so wollen manche 70 durch 75 ersetzt sehen, und in gewissen Fällen hat man Kinder mit IQs bis 132 in die Gruppe der »Begabten« eingereiht.
Laut Stern, der 1912 den Begriff *»Intelligenzquotient«* und seine Abkürzung »IQ« einführte, kommt der einfachen Differenz von *Lebensalter,* LA, und *Intelligenzalter,* IA, nicht auf allen Altersstufen dieselbe Bedeutung zu. So soll (hier zitiert er Kramer) ein Intelligenzrückstand (von zum Beispiel drei Jahren) bei einem Achtjährigen einen bedenklicheren Defekt signalisieren als bei einem Zwölfjährigen. Im übrigen hält Stern die Relation LA–IA ohnehin nur beim Vergleich der Intelligenz etwa gleichaltriger Kinder für ergiebig; in allen anderen Fällen empfiehlt er, mit dem Intelligenzquotienten zu arbeiten:
»Er gibt nicht die Differenz, sondern das Verhältnis von IA zu LA an, ist daher in gewissem Umfang von der absoluten Höhe des LA unabhängig. Die Formel lautet $IQ = \frac{IA}{LA}$. Der Wert ist bei den Kindern, die durchaus auf normalem Niveau stehen = 1, bei den Kindern mit Intelligenzvorsprung größer als 1, bei Kindern mit Intelligenzrückstand ein echter Bruch. Je stärker der Schwachsinn, um so geringer der Bruchwert.« Und er bringt folgendes Beispiel: »Ein achtjähriges Kind mit dem IA 6 hat also einen $IQ = \frac{6}{8} = 0{,}75$; derselbe IQ kommt einem zwölfjährigen Kind mit dem IA 9 zu.«

Nachfolger des Binet-Simon-Tests

Der von Binet und Simon eingeführte verbale Einzeltest ist seither in vielen, zum Teil wesentlich verbesserten Neufassungen wiederaufgelegt worden. Die wichtigsten stammen von Terman, Professor für Psychologie an der Leland Stanford Junior University, der die Methode durch Eichstichproben an einer größeren Personenzahl exakter auf die verschiedenen Lebensalter normte. Den ersten, 1916 samt ausführlicher Erläuterung und Instruktion publizierten dieser mittlerweile weitverbreiteten Tests, den Terman *»The Stanford Revision and Extension of the Binet-Simon Intelligence Scale«* (Stanford-Überarbeitung und Erweiterung des Binet-Simon-Staffeltests) nannte, obwohl er sich hinlänglich von Binet-Simon unterschied, um mit einem eigenen Namen versehen zu werden, brauchen wir uns hier nicht näher anzusehen. 1937 entwickelte Terman zusammen mit Maude A. Merrill eine neue Fassung (1038) mit zwei als »L« und »M« unterschiedenen Formen von erstaunlicher Durchdachtheit und Materialfülle. An über dreitausend normalen, in Amerika geborenen Europiden zwischen eineinhalb und achtzehn Jahren sowie einer Anzahl älterer Personen untersuchten die beiden Psychologen die Durchschnittswachstumsrate der kognitiven Fähigkeiten bei europiden Kin-

dern und lieferten so einen zuverlässigen Leitfaden zur Festlegung der Intelligenzalter (wobei trotz aller Verbesserungen des Tests seit Binet und Simon der Einfluß der Urheber noch deutlich erkennbar ist).
Wie die letzte Fassung des Binet-Simon (94) enthält auch der Stanford-Binet-Test von 1937 Fragen für Erwachsene, mit denen sich gleichzeitig das Intelligenzalter von Kindern, die sie beantworten können, anheben läßt. Die Tests für Erwachsene wiederum sind jeweils eindeutig auf die Gruppen »Average«, »Superior I«, »Superior II« und »Superior III« (»durchschnittlich« und »überdurchschnittlich I, II und III«) zugeschnitten.
Zu den von den Testkonstrukteuren als verläßlichste Indikatoren der »Intelligenz« betrachteten Items zählen Wortschatz, Aufdeckung von Absurditäten, Begriffsvermögen, Benennung von Gegenständen, Ergänzung von Zeichnungen und Aussagen, mechanisches Zahlengedächtnis und Begriffsgedächtnis (die Fähigkeit, sich Gedanken einzuprägen und mit eigenen Worten wiederzugeben). Auch das von Binet/Simon ursprünglich für Dreizehnjährige als äußerst schwierige Aufgabe entwickelte *»découpage«*-Problem ist unter der Bezeichnung *»paper cutting«* als Testaufgabe für Erwachsene der höchsten Stufe (SA III) mit aufgenommen worden. Mir erscheint diese Aufgabe, da sie von Milieueinflüssen weitgehend unabhängig ist, übrigens als eine der besten des ganzen Tests.
Der Stanford-Binet-Test von 1937 dagegen legt bei der Gesamtbewertung vor allem Gewicht auf *Wortschatzitems*, die das Verständnis des Probanden für Wortbedeutungen prüfen. Diese Aufgabe wird sämtlichen Testpersonen vom Sechsjährigen bis zum Erwachsenen in gleichbleibender Form vorgelegt und beginnt mit allgemein bekannten Wörtern wie »Orange«, »Kuvert«, »Stroh«, »Pfütze« und endet mit Begriffen, die nicht in allen Gesellschaftsschichten gebräuchlich sind (»Kasuistik«, »Homunculus«, »Sudorifera«, »Parterre«). Da das Wortschatzitem weitaus stärker von Unterschieden im häuslichen Milieu der Probanden abhängt als die meisten anderen Fragen und Aufgaben des Tests von 1937, erstaunt es eigentlich um so mehr, daß die Resultate in einer so engen Korrelation (0,81) zum Gesamttestergebnis stehen.
1960 wurde der Stanford-Binet-Test dann erneut überarbeitet (358) und in einer einzigen, als »L–M« bezeichneten Form vorgelegt. In dieser neuen, auf Untersuchungen an nahezu 5000 Testpersonen im Alter zwischen zweieinhalb und achtzehn Jahren aufgebauten Fassung waren manche Fragen eliminiert und andere auf Personen anderen Alters zugeschnitten, davon abgesehen aber nur unerhebliche Veränderungen vorgenommen worden. Interessanterweise hatte man die IQ-Tabellen auf die Lebensaltersgruppen der Siebzehn- und Achtzehnjährigen ausgeweitet, da sich mittlerweile herausgestellt hatte, daß sich die vom Stanford-Binet gemessenen Geistesfähigkeiten zumindest bis zur letztgenannten Altersstufe erweitern.
Seit langem weiß man, daß es vom vierzehnten Lebensjahr an zusehends schwieriger wird, den IQ mit den üblichen Verfahren zu ermitteln. Während man jedoch früher vermutete, die Fähigkeit, bei Intelligenztests hohe Punktzahlen zu erzielen, nehme vom fünfzehnten oder sechzehnten Lebensjahr an nicht mehr zu, hat Professor G. H. Thomson einen ganz anderen Sachverhalt aufgezeigt. Die allgemein gebräuchlichen Tests, so der Wissenschaftler, zielen auf einen allgemeinen Wissensstand ab; von einer gewissen (etwa bei vierzehn Jahren liegenden) Altersstufe an aber wird es zunehmend schwieriger, Fragen zu ersinnen, die sich auf ein solches Allgemeinwissen beschränken und dennoch anspruchsvoll genug sind, um die klügeren Kinder vor ernstliche Probleme zu stellen. Gelänge es indessen, geeignete Fragen auszuarbeiten, würde sich laut Thomson herausstellen, daß sich die Fähigkeit, hohe Punktzahlen zu erzielen, bis ins Erwachsenenleben hinein weiterentfaltet (1074). Diese Auffas-

sung scheint die Ausweitung der IQ-Tabellen im Stanford-Binet-Test von 1960 zu bestätigen.
Wie immer man zu Thomsons Theorien stehen mag, Tatsache ist jedenfalls, daß sich die IQs von Personen über achtzehn nicht mehr unmittelbar in der gewohnten Weise messen lassen. Dennoch kann man ungefähr dem IQ entsprechende Werte ermitteln. Terman hatte in seinem Buch von 1916 das Erwachsenenalter auf sechzehn angesetzt, womit er, sofern das Intelligenzalter der Probanden sechzehn oder weniger betrug, ihre IQs festlegen konnte (1035). Sinnvoller jedoch ist, bei Erwachsenen zunächst einmal den »Prozentrang« festzustellen, das heißt zu ermitteln, welchen Platz der Betreffende innerhalb einer für sämtliche erwachsenen Mitglieder einer bestimmten Bevölkerung repräsentativen Testgruppe einnimmt. Sein »Rang« ist dabei die in Prozent ausgedrückte Anzahl von Personen, die beim Test niedrigere Punktzahlen erzielen als er.
Befaßt man sich mit dem Binet-Simon-Test in seinen verschiedenen Fassungen sowie den von ihm abgeleiteten Tests etwas eingehender, gewinnt man eine gewisse Vorstellung, von welchen Überlegungen die Testkonstrukteure ausgingen. Sie setzten als gegeben voraus, daß es sich bei den Probanden um Kinder handelt, die mit dem Alltagsleben in Europa, Nordamerika und Ländern mit ähnlichen Kulturen vertraut sind, versuchten aber nichtsdestoweniger Testitems auszuarbeiten, die jungen Menschen von anderem sozioökonomischem Status und aus anderem Milieu möglichst faire Chancen boten. An die Möglichkeit, ihre Tests auch auf Angehörige gänzlich anderer Kultursysteme auszudehnen, dachten sie anscheinend nicht. Es gibt viele Teile der Welt, in denen es nicht nur an einem Äquivalent für »Kasuisterei« und »Parterre«, sondern vielleicht auch für »*charité*« fehlt, und in denen man ein Kind nicht auffordern könnte, in seiner Muttersprache zwischen »*plaisir*« und »*bonheur*« zu unterscheiden. Dabei wären die Übersetzungsschwierigkeiten sicher noch die harmlosesten Hindernisse, auf die man bei dem Versuch, Kinder aus unzivilisierten Gemeinschaften diesen Tests zu unterziehen, stieße. Viel schwerer wöge, daß sie viele der in den Aufgaben erwähnten oder verwendeten Objekte weder aus eigener Anschauung noch vom Hörensagen kennen. Dennoch sind Tests vom Typ des Binet-Simon-Tests selbst in diesen Fällen nicht, wie man vielleicht annehmen könnte, irrelevant – sie spielen durchaus eine Rolle, wenn auch eine indirekte. Man kann (wie wir im nächsten Abschnitt zeigen werden) vom Binet-Simon-Test sehr stark abweichende Tests konstruieren, die Menschen aus anderen Lebensverhältnissen als denen Europas und Nordamerikas gegenüber weitgehend »kulturgemäß«, ja, in manchen Fällen sogar nahezu »kulturfrei« sind, und diesen Tests Kinder unterziehen, deren IQ man mit Hilfe des Stanford-Binet-Tests oder eines anderen zuverlässigen Tests bereits eruiert hat. Zeigen die Ergebnisse eine hohe Korrelation, läßt sich der »kulturgemäße« oder »kulturfreie« Test mit einiger Zuverlässigkeit zum Vergleich der intellektuellen Fähigkeiten von Menschen heranziehen, die in fernen Erdteilen in einem gänzlich andersartigen kulturellen Milieu leben. Tests, wie der Stanford-Binet von 1937 und 1960, die sich auf sehr exakt zusammengestellte Daten gründen, liefern einen Bezugsstandard für die Kalibrierung anderer, allgemeiner anwendbarer Testverfahren.
Wesentlich bequemer und praktischer als die zeitraubenden verbalen Einzeltests – der Stanford-Binet-Test von 1937 dauert bei einem Kleinkind dreißig bis vierzig Minuten, bei einem älteren eine Stunde – sind Gruppentests (auch wenn manche Fachleute nach wie vor, sofern zeitlich durchführbar, den Einzeltest bevorzugen). So hat man zahlreiche, teils noch am Stanford-Binet-Test orientierte, teils gänzlich andersartige verbale Gruppentests (die allerdings durchweg des Lesens und Schreibens kundige Probanden voraussetzen) ausgearbeitet und in großem Maßstab an Schulkindern (Seite 330 ff.) und Erwachsenen (Seite 333 ff.) erprobt.

Sprachfreie Tests

Wie bereits ausgeführt (Seite 313), lassen sich die Tests vom Typ Binet-Simon, so wertvoll sie unter geeigneten Voraussetzungen zweifelsohne auch sind, nicht in allen Fällen anwenden. Doch kann ein Test, außer in einem sehr begrenzten Sinn, überhaupt »kulturfrei«* oder auch nur »kulturgemäß«* sein?

Hier ein paar allgemeine Anmerkungen zum Thema Fairneß bei Intelligenztests. Manche Fachleute zweifeln an der Möglichkeit, einen Test wirklich fair zu gestalten. So weist Professor Otto Klineberg von der Columbia University darauf hin, daß das Testergebnis nicht nur von der Sprachform abhängt, in der ein Test durchgeführt wird, sondern auch vom allgemeinen Erfahrungsstand des Probanden, seiner Bildung, seinem Vertrautsein mit dem Thema, seinem Erfolgswunsch, seiner Einstellung zum Testleiter und seiner Gemütsverfassung während des Testverlaufs (597). All das trifft zweifellos zu, aber man sollte darüber doch nicht vergessen, daß sich die Erfinder der Intelligenztests von jeher bemüht haben, solche Fehlerquellen nach Möglichkeit auszuschalten. So war zum Beispiel die Notwendigkeit, den Gemütszustand der Probanden zu berücksichtigen, bereits Binet und Simon klar und ist auch von ihren Nachfolgern stets beherzigt worden. Terman und Childs etwa erwähnen in ihrem 1912 veröffentlichten Bericht über die Anwendung des von ihnen überarbeiteten Binet-Simon-Tests auf amerikanische Probanden, daß »größte Sorgfalt darauf verwandt wurde, das Vertrauen des Kindes zu gewinnen und ihm vor Testbeginn alle Befangenheit zu nehmen« (1037). Und Kuhlmann, der unabhängig davon im selben Jahr gleichfalls eine überarbeitete Fassung des Binet-Simon-Tests vorlegte, erteilte ausdrücklich die Instruktion, das Interesse des Probanden zu wecken, ihn zu ermutigen und ihm den Test »als Spiel schmackhaft zu machen« (618). Einundvierzig Jahre später schlugen die Erfinder eines mit viel Scharfsinn konstruierten Tests aus denselben Überlegungen heraus vor, ihren Test als »Davis-Eells Games« (»Davis-Eells-Spiele«) zu bezeichnen, ein Name, der sich bis heute gehalten hat (262).

Einige der sprachfreien Tests kommen dem Ideal der »Kulturfreiheit« eo ipso näher als die verbalen Tests und sind insofern für den Studenten des ethnischen Problems, der die intellektuellen Fähigkeiten weit außerhalb unserer Zivilisation stehender Menschen erforschen möchte, von besonderem Interesse. Manche Fachleute (386) sehen in den sprachfreien Tests eher eine Ergänzung als eine Ablösung der verbalen Tests; in Wirklichkeit sind die besten jedoch überaus klug konstruiert und vom Bildungsmilieu des Probanden weit unabhängiger als alle anderen Verfahren. Im Idealfall nämlich setzt der Konstrukteur eines kulturfreien Tests beim Probanden lediglich soviel an Wissen (im Gegensatz zur Denkfähigkeit) voraus, als jeder Mensch dieser Erde mitbringt, es sei denn, er wäre schwachsinnig, idiotisch oder durch ein schweres körperliches Gebrechen behindert. Und wenn das Ideal auch, wie in allen Bereichen menschlichen Strebens, unerreichbar bleibt, kann man ihm doch immerhin nach Kräften nacheifern. Dieser Versuch hat bei den besten sprachfreien Tests auch weitgehend zum Erfolg geführt.

Manche Psychologen haben, wie mir scheint, die Schwierigkeit, einen annähernd kulturfreien oder auch nur kulturgemäßen Test zu konstruieren, erheblich überbetont: Milieubedingte Hemmnisse, so ihr Argument, könnten sich innerhalb ein und derselben Gemeinschaft bei Kindern aus bestimmten Elternhäusern selbst dann negativ auf die Ergebnisse der Tests auswirken, wenn diese Fairneß gegenüber allen Probanden anstreben. Um dieser Schwierigkeit Rechnung zu tragen, hat man versucht, die häuslichen Bedingungen in einer Zahlenskala zu erfas-

*Hoffentlich findet sich bald ein brauchbarer Ersatz für diese schwerfälligen Substantiv-Adjektiv-Konstruktionen.

sen und sodann anhand der eruierten Daten zu ermitteln, ob zwischen a) den für das Milieu angesetzten Werten und b) den von den Kindern aus den erfaßten Familien erzielten Test-Punktzahlen eine mathematische Korrelation (Seite 317 f.) besteht. Man hat Fälle angeführt, in denen sich selbst bei kulturgemäßen oder kulturfreien Tests eine positive Korrelation ergab, und damit nachzuweisen versucht, daß die mutmaßliche »Kulturgemäßheit« oder »Kulturfreiheit« der Tests in Wirklichkeit bloß eine Illusion darstelle (1097). Diese Folgerung ist jedoch anfechtbar, weil geistig besonders unbedarfte Eltern ihren Sprößlingen ein anreizärmeres häusliches Milieu bieten und darüber hinaus mit einiger Wahrscheinlichkeit auch ihren niedrigen IQ vererben (vergleiche Kapitel 22), womit sich die Testergebnisse guterdings nicht mehr gänzlich oder auch nur teilweise auf Umwelteinflüsse zurückführen lassen.

Nachstehend werden in Kürze sprachfreie Tests beschrieben, die teils gewählt wurden, weil die Konstrukteure besonders erfinderisch zu Werke gingen, teils aber auch, weil diese Verfahren (allenfalls mit Ausnahme des ersten) durchweg auch für Angehörige gänzlich anderer Kulturstufen geeignet erscheinen. Da es wünschenswert ist, daß die Anthropologen bei ihrer Arbeit in fernen Erdteilen künftig in weitaus stärkerem Maße von der Möglichkeit der Intelligenztests Gebrauch machen, möchte ich nicht nur die Leitprinzipien jedes einzelnen Tests erläutern, sondern auch die Bücher und Abhandlungen benennen, in denen die einschlägigen Testbeispiele veröffentlicht wurden. Vielleicht läßt sich in absehbarer Zeit sogar Übereinstimmung erzielen, welcher Test oder welche Tests für anthropologische Zwecke am ehesten in Frage kommen und zuverlässige Vergleiche ermöglichen (wobei mir Ravens »Progressive Matrices« besonders geeignet erscheinen).

Spearmans »Figure Classification« liefert ein gutes Beispiel für einen sprachfreien Test zur Erfassung der wesentlichsten Komponenten der Denkfähigkeit. Natürlich sind viele verbale Tests unverkennbar das Produkt eines stark ausgeprägten gesunden Menschenverstandes, aber sprachfreie Tests, wie die von Spearman und Raven, zeugen doch von besonderer Originalität und Verstandesschärfe seitens der Testkonstrukteure.

Für diesen Figurenklassifikationstest, der sich ebenso gut als Einzel- wie als Gruppentest durchführen läßt, braucht man als Arbeitsunterlagen lediglich einen Bleistift und einen mit geometrischen Figuren bedruckten Bogen Papier. Die im Prinzip gleichartigen, jedoch im Schwierigkeitsgrad gestaffelten Aufgaben bestehen jeweils aus zwei *Formengruppen*, die Figuren, wie verschieden ausgerichtete Linien, Recht- und Dreiecke, umfassen. Die eine Gruppe wird als »I«, die andere als »II« bezeichnet, doch lassen sich bei analphabetischen Probanden auch andere Symbole verwenden. Aufgabe der Testperson ist es nun, herauszufinden, worin sich sämtliche Figuren der Gruppe I von denen der Gruppe II unterscheiden. Außerdem werden dem Probanden noch weitere Figurengruppen, sogenannte »Testsymbole«, vorgelegt, die sich von Gruppe I und II zwar durchweg unterscheiden, gelegentlich aber mit den Figuren der Gruppe I in jenen Merkmalen übereinstimmen, durch die sich diese von Gruppe II abheben. Der Proband wird aufgefordert, die Testsymbole anzukreuzen, die logisch zu Gruppe I gehören. Diese Aufgabe kann er nur lösen, wenn er herausfindet, durch welche gemeinsamen Züge sich die Figuren in Gruppe I von denen in Gruppe II unterscheiden und diese Grundkonzeption auch auf die entsprechenden Testsymbole ausweiten kann. Brauchbare Beispiele für die Figurenklassifikationsaufgaben, von denen manche sehr viel Überlegung erfordern, findet man in Thurstones *Primary mental abilities* (1055).

Es erscheint zweifelhaft, ob man unzivilisierte Menschen, selbst wenn man ihre Sprache fließend beherrschte, so weit für Spearmans Test erwärmen könnte, daß sie sich auf die von ihnen verlangte Aufgabe überhaupt einließen. Anders bei einem weiteren, nicht minder klug konstruierten sprachfreien Test, Ravens »Progressive Matrices«, der sich auch ohne Kenntnis der Sprache des Probanden mittels Pantomime durchführen ließe (obwohl es natürlich vorteilhafter wäre, einen der Eingeborenensprache Kundigen an der Hand zu haben). Als Handlungstest erfordern die »Progressive Matrices« nicht einmal einen Bleistift; jede »Matrix« besteht aus einer auf eine feste, glatte Unterlage aufgedruckten Darstellungsserie (876, 877, 878); Aufgabe der Testperson ist es, ein innerhalb der Reihe regelmäßig weitergeführtes gemeinsames Zeichen zu entdecken. Am Ende der Serie ist eine Kerbe oder vertiefte Stelle freigelassen. Der Proband erhält eine Anzahl flacher, in die Vertiefung passender Teile, die gleichfalls Darstellungen tragen, von denen aber nur eine »paßt«, das heißt den der Reihe zugrundeliegenden Gedanken fortführt. Er braucht nun nichts weiter zu tun, als das richtige Teil zu wählen und in die Kerbe zu stecken. Die Aufgaben sind im Schwierigkeitsgrad so gestaffelt, daß bei der ersten jedes Kind auf Anhieb das passende Teil findet, während bei den kompliziertesten niemand mehr, ohne zu überlegen, zum richtigen Teil greifen kann. Die »Progressive Matrices« eignen sich vom Sechs- oder Siebenjährigen an in gleicher Form für jedermann, und da die Testzeit unbegrenzt ist, mag sich der Proband so lange mit der Aufgabe befassen, bis er nicht mehr weiterkommt. Auch physische Anomalien stellen (mit Ausnahme schwerer Sehfehler) kein Hindernis dar, vorausgesetzt, die Testperson kann irgendwie andeuten, welches Teil ihrer Ansicht nach in die Kerbe gehört.

Ein weiterer sprachfreier Test, Cattells »Culture-Free«, will, wie schon der Name sagt, milieubedingte Einflüsse nach Möglichkeit ausschalten. Er umfaßt eine Antipp-Aufgabe, bei welcher der Testleiter vier Holzwürfel in einer bestimmten Reihenfolge berührt, die der Proband nachvollziehen soll. Der Vorgang wird viele Male wiederholt, wobei der Testleiter die Abfolge immer länger und komplizierter gestaltet. Diese Aufgabe eignet sich besonders gut zur allgemeinen Einstimmung auf den Gesamttest (wie übrigens auch auf andere Tests), da jedermann auf Anhieb begreift, was von ihm verlangt wird. Es wäre sicher nicht schwierig, einer Zuschauerrunde beliebiger Kulturzugehörigkeit dieses »Spiel« vorzuexerzieren und sie so dazu zu ermuntern, sich (vielleicht ein paar Tage später, wenn die Personen mit der Testidee als solcher vertraut sind und ihr Interesse geweckt ist) an anderen Items zu beteiligen.

Bei einem dieser Items wird der Testperson eine Reihe einfacher Zeichnungen vorgelegt, die eine deutlich erkennbare Abfolge ergeben (beispielsweise Darstellungen ähnlicher, im Verhältnis zueinander regelmäßig ausgerichteter Blätter); der Proband soll nun unter sechs weiteren Bildern dasjenige auswählen, das die Reihe vervollständigt. (Eine Abbildung dieser und anderer Aufgaben aus Cattells Test findet man bei Freeman, 357.) Die zur Untersuchung des ethnischen Problems wohl ungeeignetste Aufgabe dürften die »Spiegelungen im Teich« sein. Bei diesem Item wird dem Probanden die Darstellung eines einfachen Gegenstandes (zum Beispiel einer Tasse) gezeigt; er soll nun unter sechs weiteren Zeichnungen das Spiegelbild dieses Objektes im Wasser identifizieren. Zweifelsohne sind Spiegelungen in stehenden Gewässern vielen Menschen in allen Erdteilen vertraut, aber daneben gibt es doch auch Leute, beispielsweise die Bewohner von Wüstengebieten, die kaum Gelegenheit haben, dergleichen zu beobachten. Die restlichen Items sind nach denselben Grundsätzen wie bei Raven aufgebaute Bildergänzungsaufgaben.

Für den Forschungsreisenden besitzt Cattells Test gegenüber anderen, im Prinzip ebenso geeigneten Handlungstests den Vorzug, daß außer ein paar Holzwürfeln, etwas Papier und einigen Bleistiften keine das Gepäck belastenden Objekte mitgeführt werden

müssen. Der Proband braucht selbstverständlich auch nicht zu schreiben, muß aber vor manchen Testaufgaben lernen, mit dem Bleistift ein Zeichen zu machen.
Eine kurze allgemeinverständliche Beschreibung vieler Intelligenztests findet sich in den einschlägigen Lehrbüchern von Garrett und Schneck (386), Thurstone (1055), Mursell (783), Freeman (357, 358) und besonders Thorndike und Hagen (1051), die in einem Kapitel auch erörtern, wie man sich eingehender über bestimmte Tests informieren kann.

Analyse der intellektuellen Fähigkeiten

Man wird sich nun naturgemäß fragen, ob die Denkfähigkeit nachweislich zusammengesetzt ist, und wenn ja, aus welchen Komponenten oder »Faktoren«. Die Fragestellung ist im Hinblick auf das ethnische Problem besonders aktuell, wäre es doch in jedem Fall wünschenswert zu wissen, ob die verschiedenen ethnischen Taxa irgendwelche allgemeinen, beispielsweise anhand der IQs nachweisbaren Unterschiede in der Denkfähigkeit zeigen (freilich ist die Frage, wie in Kapitel 23 dargelegt, bis zu einem gewissen Grad bereits geklärt, auch wenn noch viel zu tun bleibt). Ganz besonders interessant jedoch wäre es, festzustellen, ob sich die Taxa im Hinblick auf bestimmte Faktoren voneinander abheben. Darüber wissen wir bis jetzt herzlich wenig, und zu dessen gründlicherer Erforschung möchte der folgende Abschnitt anregen, könnte sich doch vielleicht herausstellen, daß gewisse, bei allgemeinen IQ-Tests nur niedrige Punktwerte erzielende Taxa in einem bestimmten intellektuellen Faktor (oder Faktoren) besondere Fähigkeiten an den Tag legen.
Um dieses Thema an der Wurzel anzupakken, müssen wir bis ins Jahr 1904 zurückgehen, bevor die erste Fassung des Binet-Simon-Tests veröffentlicht wurde (97). Damals erschien in einer amerikanischen Psychologenzeitschrift ein langer Aufsatz des britischen Psychologen und Mathematikers Charles Edward Spearman (1863–1945) mit dem Titel ›»General Intelligence«, objectively determined and measured‹ (›Objektive Bestimmung und Messung der »allgemeinen Intelligenz«‹) (993) – eine äußerst interessante Abhandlung über die Korrelationen zwischen den Leistungen von Schülern in verschiedenen Fächern. Dieses Thema erweiterte Spearman dann in den folgenden 25 Jahren in einer Reihe von Büchern und Aufsätzen.
Zur Erläuterung seines Verfahrens hier ein Beispiel aus seiner 1922 veröffentlichten allgemeinen Abhandlung über die Korrelationsmathematik (994), bei dem er sich auf die vom amerikanischen Psychologen F. G. Bonser in einer Untersuchung über das logische Denken von Kindern zusammengetragenen Daten stützt (126). Bonser stufte seine Testpersonen, Schüler und Schülerinnen der vierten, fünften und sechsten Klasse einer bestimmten Schule, nach ihren Fähigkeiten in vier Testsparten ein: »mathematisches Verständnis« (in Wirklichkeit einfaches Rechnen), »kontrollierte Assoziation« (Ergänzung fehlender Wörter in Sätzen sowie Benennung von Gegensätzen zu bestimmten Begriffen), »selektives Urteilsvermögen« (Anführung vernünftiger Gründe für wohlbekannte Tatsachen) und »literarische Interpretation« (Gedichtdeutungen in des Probanden eigenen Worten) – wie man bereits bemerkt haben wird, lauter Fragen, bei deren Beantwortung (im Gegensatz zu den oben erörterten Testaufgaben) auch das Schulwissen eine Rolle spielte.
Spearman machte sich nun daran, die Korrelationen zwischen den Plazierungen der Kinder bei den vier Testitems zu ermitteln. Für den mit der Korrelationsmathematik nicht weiter vertrauten Leser sei hier angemerkt, daß man, wenn zwei Variable irgendwelcher Art so eng miteinander gekoppelt sind, daß bei Ab- oder Zunahme der einen auch die andere im selben Sinn und genau demselben Ausmaß variiert, von vollkommener Korrelation spricht und den Korrelationsgrad mit

der Ziffer 1,00 ausdrückt, während die Korrelation bei zwei völlig unabhängig voneinander variierenden Zahlengruppen 0,00 beträgt. Dazwischenliegende Korrelationsgrade werden durch entsprechende Ziffern angezeigt. Diese Zahlen bezeichnet man gemeinhin als *Korrelationskoeffizienten* (in mathematischen Formeln durch das Zeichen *r* symbolisiert), läßt aber das zweite Wort als selbstverständlich vielfach unter den Tisch fallen. Stünden also alle Kinder, die im »mathematischen Verständnis« den ersten Platz einnehmen, auch in der »literarischen Assoziation« an erster Stelle (und desgleichen die auf dem zweiten, dritten, vierten usw. bis herunter zum letzten Platz), läge die Korrelation in beiden Fächern bei 1,00. Bestünde zwischen der Rangordnung der Kinder in beiden Sparten hingegen keinerlei Beziehung, betrüge die Korrelation 0,00, während ein gewisser Korrelationsgrad in einer dazwischenliegenden, mathematisch genau errechenbaren Zahl zum Ausdruck käme.

Eine einfache Erklärung der mathematischen Behandlung von Korrelationen samt ausführlichen Beispielen findet man in Anastasis *Psychological testing* (18), Seite 72–75, sowie in Kapitel 16 von Moroneys *Facts from Figures* (768) (insbesondere auf den Seiten 289–291). Nebenbei bemerkt, spricht man, wenn die eine Variable im selben Maße zunimmt wie die andere abnimmt, von *negativer Korrelation.* Dieser Fall tritt bei Intelligenztests jedoch nur selten auf. Immerhin findet sich auf Seite 347 dieses Buches ein einschlägiges Beispiel und ein weiteres, wiewohl unbedeutendes, in der linken unteren Ecke von Abbildung 61, Seite 326.

Im übrigen kann man entweder zwischen der *Plazierung* in den verschiedenen Fächern (Erster, Zweiter, Dritter, usf.) oder zwischen den erzielten *Punkten* eine Korrelation herstellen, wobei sich Bonser und Spearman für die erste Möglichkeit entschieden.

Obwohl die Kinder bei den verschiedenen Testaufgaben unterschiedliche Plätze belegten, enthüllte Spearmans mathematische Analyse doch einen beträchtlichen Korrelationsgrad. So betrug beispielsweise der Korrelationskoeffizient *(r)* zwischen der Plazierung in »mathematischem Verständnis« und »kontrollierten Assoziationen« 0,485, der zwischen »literarischer Interpretation« und »selektivem Urteilsvermögen« zwar weniger, aber immer noch 0,335. Multipliziert man diese beiden Zahlen, erhält man (bei Kürzung auf drei Stellen) den Wert 0,162. Derselbe Vorgang läßt sich auch bei den übrigen Plazierungen wiederholen und auf diese Weise die Korrelation zwischen der Rangordnung in »mathematischem Urteilsvermögen« und »selektivem Urteilsvermögen« mit der zwischen »kontrollierten Assoziationen« und »literarischen Interpretationen« multiplizieren. Dabei ergibt sich ein Wert von 0,158. (Wie der Leser bemerken wird, liegen beide Produkte, 0,162 und 0,158, nahe beieinander.)

Auf einen allgemeinen mathematischen Nenner gebracht, heißt das: Gibt man die Plazierung in den vier Testsparten mit den Buchstaben A, P, B und Q und die Korrelation zwischen A und P durch r_{ap}, die zwischen B und Q durch r_{bq}, die zwischen A und Q durch r_{aq} und die zwischen P und B durch r_{pb} wieder, so lassen sich die experimentell gewonnenen Fakten ziemlich exakt in die Gleichung

$$r_{ap} \mathrm{x}\, r_{bq} - r_{aq} \mathrm{x}\, r_{pb} = 0$$

fassen.

Spearman selbst sah, wie er in seinem Buch *The abilities of man* (995) erläutert, diese Vierergleichung als die gemäßeste Form für seine Ergebnisse an, die zweifellos den in seinen früheren Abhandlungen verwendeten Formulierungen vieles voraus hat (993, 994, 475).

Durch Anwendung seiner allgemeinen mathematischen Korrelationsanalyse hat Spearman (und hier liegt sein großes Verdienst) den Beweis erbracht, daß, sofern die beobachteten Fakten mit der Gleichung übereinstimmen, *zwei* die intellektuellen Fähigkeiten beeinflussende Faktoren ins Spiel kommen. Den ersten Faktor bezeichnet er anfänglich abwechselnd als »allgemeine Intelligenz«, »allgemeine Grundfunktion«, »Zentralfunktion« und »Zentralfaktor« (993), später dann als den »allgemeinen Faktor« (475) und schließlich nur noch als »*g*« (995). Der zweite ist der je nach Fähigkeit variierende »spezifische Faktor« »*s*«. Sind zwei Fähigkeiten grundsätzlich identisch (wie – um Spearmans eigenes Beispiel zu gebrauchen – die Fähigkeit, auf einer Druckseite sämtliche Buchstaben *e* beziehungsweise *g*s durchzustreichen), entfällt die Gleichung, was allein schon beweist, daß besagte Fähigkeiten nicht als unterschiedlich zu werten sind (995). »Die einzelne Leistung hängt jeweils nicht nur von diesem allgemeinen Faktor, sondern in unterschiedlichem Grad auch von einem für sie und alle unmittelbar ähnlichen Leistungen spezifischen Faktor ab« (475). Während sich *g* bei sämtlichen zueinander in Korrelation stehenden Fähigkeiten eines Menschen gleichbleibt, variiert *s* nicht nur (wie *g*) von Individuum zu Individuum, sondern darüber hinaus auch beim einzelnen von Fähigkeit zu Fähigkeit.

In seiner ersten einschlägigen Abhandlung führte Spearman die Korrelationen zwischen verschiedenen Zweigen der Geistestätigkeit auf ihre »unterschiedliche Sättigung mit einer gemeinsamen Grundfunktion« (oder Funktionsgruppe) zurück (seither ein vieldiskutiertes Thema im Schrifttum über die Intelligenztests) und suchte dementsprechend Methoden zur Errechnung des jeweiligen Einflusses von *g* auf bestimmte getestete Fähigkeiten auszuarbeiten. Dabei eruierte er, daß sich bei Begabung für klassische Sprachen *g* zu *s* wie 15 : 1, bei Musikalität wie 1 : 4 verhält (993).

Merkwürdigerweise stellte Spearman bei der Fähigkeit, die Tonhöhe richtig zu bestimmen, einen hohen *g*-Sättigungsgrad fest (993). Indessen scheint in der nachfolgenden Diskussion über die Intelligenztests dieser Entdeckung keine sonderliche Beachtung geschenkt worden zu sein.

Spearmans Testauswertungsmethode unterschied sich so radikal von der der übrigen Psychologen, daß es zwangsläufig zu Kontroversen kommen mußte, die seither in gewissen Zeitabständen immer wieder aufgeflakkert sind und sich im wesentlichen um zwei Fragen drehen: 1. Gibt es tatsächlich so viele spezifische Faktoren, wie Spearman annimmt? 2. Existiert überhaupt ein allgemeiner Faktor *g*? Zu Spearmans prominentesten Kontrahenten zählen L. L. Thurstone, Professor für Psychologie an der Universität Chicago, und G. H. Thomson, Professor für Pädagogik in Edinburgh (1048, 1054, 1055, 1056, 1058).

Setzt sich die einzelne Geistesfähigkeit aus zwei Elementen, einem (auch in vielen oder allen anderen intellektuellen Fähigkeiten präsenten) allgemeinen und einem aufgabenspezifischen zusammen, stimmen die Fakten notwendig mit der Vierergleichung überein, was indessen nicht ausschließt, daß noch andere, weder allgemeine noch gänzlich auf eine bestimmte Aufgabe eingeschränkte intellektuelle Fähigkeiten existieren könnten. Handfeste Anhaltspunkte deuten sogar im Gegenteil auf das Vorhandensein einer begrenzten Anzahl halbspezifischer, jeweils für eine *Gruppe* unterschiedlicher, doch verwandter Situationen zuständiger Intelligenzfaktoren hin. Diese Ansicht klammert den Glauben an einen zentralen Faktor nicht aus, obgleich verschiedene Fachleute diese halbspezifischen Faktoren als *primär* und damit den mutmaßlich einheitlichen Zentralfaktor als zusammengesetzt betrachten.

Nebenbei bemerkt, könnte der Psychologen-Usus, eine Komponente der Denkfähigkeit als »Faktor« zu bezeichnen, zu Mißverständnissen führen, da der Begriff auch als Synonym für Gen gebräuchlich ist. So bezeichnen Burt und Howard (172) die Polygen-Theorie der geistigen Vererbung als »Multifaktorentheorie«, während Thurstone (1054, 1056) unter »Multifaktorenanalyse« die Faktorenanalyse im psychologischen und nicht im genetischen Sinn versteht. Jedenfalls haben die von den Psychologen erörterten »Primärfaktoren« und »Gruppenfaktoren« mit den »genetischen Faktoren« (den Genen) nichts zu tun. (Daß ein »Faktor« im psychologischen Sinn nicht von einem einzelnen Gen abhängen kann, liegt ohnedies auf der Hand.)

Über die Zahl der halbspezifischen Primär- oder Gruppenfaktoren herrscht noch Uneinigkeit. In der einschlägigen Literatur werden gewöhnlich acht benannt, die folgende Fähigkeiten beeinflussen sollen: Wortverständnis, Sprachgewandtheit, Induktion und Deduktion, Zahlenrechnen (worunter einfaches Rechnen, nicht höhere Mathematik zu verstehen ist), mechanisches Gedächtnis, richtige Einschätzung räumlicher Beziehungen und rasche Auffassungsgabe für relevante, in irrelevante Zusammenhänge eingebettete Details (vergleiche Thurstone, 1055; Thurstone und Thurstone, 1058; Wolfle, 1149; Vernon, 1096). Die Thurstones allerdings bezweifeln, ob Deduktion und rasche Auffassungsgabe (deren eigentliche Natur ihrer Ansicht nach noch nicht völlig geklärt ist) gesondert eingestuft werden können (1058), und lassen erstere mit der schlicht als »logisches Denken« bezeichneten Induktion verschmelzen. Vernon wiederum empfiehlt, insbesondere Wortverständnis, Induktion, Zahlenrechnen und Sinn für räumliche Relationen durch eine Testbatterie zu messen (1096).

Im übrigen spricht einiges dafür, daß bestimmte Intelligenzfaktoren tatsächlich nicht gesondert existieren, sondern gewissermaßen »Überlappungsphänomene« sind (vergleiche Thomson 1048). Das betrifft möglicherweise verschiedene Faktoren im kognitiven Bereich, in dem sich jeder dieser Faktoren aus einer gemeinsamen (und darin könnte die eigentliche Bedeutung von *g* liegen) und einer eigenständigen Komponente zusammensetzte, die jedoch für sich allein genommen nicht existieren könnte.

Gäbe es nun tatsächlich mehr oder minder gesonderte Intelligenzfaktoren, so müßte theoretisch für jeden ein eigener Test möglich sein. Ein solcher Idealzustand ist bis jetzt nicht voll verwirklicht worden, auch wenn manche Tests überwiegend auf einen bestimmten Faktor »zugeschnitten« und so konstruiert sind, daß sie ihn besonders gut erfassen. Diesen hochspezialisierten Tests gegenüber haben Tests nach Art des Binet-Simon den Vorzug (oder natürlich auch den Nachteil) vielfältiger differenzierender, nichtanalytischer, wenn vielleicht auch sogar präziser umrissener Items.

Die Fähigkeit, die sich am leichtesten gesondert erfassen läßt, dürfte die mechanische Merkfähigkeit (das papageienhafte Nachplappern unverstandener Informationen) sein. Diese Möglichkeit scheint sich tatsächlich bis zu einem gewissen Grad von den übrigen kognitiven Fähigkeiten abzuheben. Das begriffliche (oder sogenannte »logische«) Gedächtnis entfaltet sich erst wesentlich später und wird von Jensen als Komponente von *g* gewertet (551). Binet und Simon dachten offenbar an das mechanische Gedächtnis, als sie über *»la mémoire«* schrieben:

»Man kann gesunden Menschenverstand besitzen und kein Gedächtnis haben, und auch das Gegenteil tritt häufig auf. So beobachten wir gegenwärtig ein geistig zurückgebliebenes Mädchen, das zu unserem Erstaunen ein wesentlich besseres Gedächtnis besitzt als wir selbst. Täuschung scheidet aus, denn wir haben dieses Gedächtnis gemessen, und doch ist das arme Kind ein klassischer Fall von Imbezillität« (96).

Jensen erwähnt, daß sich Kinder mit besonders niedrigem IQ zuweilen Personennamen oder sinnlose Zahlenreihen ohne weiteres merken können (551) – wie umgekehrt hochintelligente Leute vielfach keinerlei Namensgedächtnis besitzen. Bezeichnenderweise umfaßt die von Vernon empfohlene Testbatterie keinen auf das mechanische Gedächtnis zugeschnittenen Test, und Knight nimmt die »Merkfähigkeit« überhaupt nicht in seine Intelligenzdefinition auf (599).

Tests wie Spearmans *Figure Classification* und Ravens *Progressive Matrices* zielen offenkundig stark auf das Induktionsvermögen ab, denn sie fordern vom Probanden, eine Regel oder ein Prinzip herauszufinden. Ist diese Induktion einmal vollzogen, bereitet die Deduktion, welches »Testsymbol« angekreuzt oder welches Teil in die Kerbe gesteckt werden muß, im allgemeinen keine Schwierigkeiten mehr. Allerdings würde selbst ein Mensch mit stark entwickeltem induktivem Vermögen bei diesen Tests versagen, falls er in der Einschätzung räumlicher Beziehungen hochgradig danebengriffe, denn in diesem Fall könnte er die Übereinstimmungen und Unterschiede zwischen den verschiedenen ihm vorgelegten Formen nicht ohne weiteres erkennen.

Obwohl dieser Test von Ravens die meisten allgemein anerkannten Intelligenzfaktoren dem Anschein nach gar nicht unmittelbar erfaßt, ergibt er eine ziemlich enge Korrelation mit dem Stanford-Binet-Test und ähnlichen, die Denkfähigkeit insgesamt auslotenden Tests (876, 358). Offenbar messen die *Matrices* etwas für die Intelligenz Fundamentales. Zu Recht hielt Spearman seinen im Prinzip ähnlichen Figurenklassifikationstest für einen der besten Tests für *g* (1055): Anscheinend »überlappt« ein Gutteil der Induktionsfähigkeit sämtliche anderen Faktoren. Wenn dem so ist, stellt die Induktionsfähigkeit eine besonders bedeutsame, ja grundlegende Komponente der Denkfähigkeit dar. Gerade das ist für denjenigen, der sich mit dem ethnischen Problem beschäftigt, eine wichtige Folgerung, da gezielt auf das Induktionsvermögen zugeschnittene Tests nicht notwendig eine sprachliche Verständigung zwischen Testleiter und Proband voraussetzen; es genügt vielmehr, wie bereits angedeutet, die Pantomime.

So wichtig Deduktionsvermögen und Zahlenrechnen auf gewissen intellektuellen Sektoren auch sind, mit den übrigen kognitiven Faktoren (oder anders gesagt, mit *g*) scheinen sie sich doch nicht sonderlich stark zu überlappen. Bezeichnenderweise ist das reine Rechenvermögen manchmal gerade bei Personen extrem ausgebildet, die in anderer Hinsicht als Schwachsinnige oder sogar Halbidioten eingestuft werden müssen. Hankin schildert in diesem Zusammenhang einige interessante Beispiele von jenen merkwürdig rechenbegabten Menschen, den »Rechengenies« (467), deren erstaunliches Rechentempo darauf zurückzugehen scheint, daß ihr Denken nicht durch Assoziation der Zahlen mit konkreten Objekten oder Ereignissen abgelenkt wird, sondern womöglich im Unterbewußtsein erfolgt. Bekanntlich lösen auch rechnerisch nicht sonderlich Begabte gelegentlich eine einfache mathematische Aufgabe ungewohnt schnell und merken erst hinterher, daß der Denkablauf unterschwellig vor sich ging.

Große Mathematiker sind in der Regel allerdings keine Rechengenies, obgleich auch dies gelegentlich vorkommt, wie folgende Anekdote über Srinivasa Ramanujan beweist. Als ihn ein Kollege im Krankenhaus besuchte, meinte er im Lauf des Gesprächs: »Ich weiß gar nicht, warum mir die Nummer des Taxis einfällt, das mich hergebracht hat – 1729 ist doch eine ziemlich öde Zahl.« Wie aus der Pistole geschossen entgegnete Ramanujan: »Ganz und gar nicht, das ist sogar eine hochinteressante Zahl, nämlich die kleinste, die sich auf zweierlei Weise als Summe zweier Kubikzahlen ausdrücken läßt« (469). ($1^3+12^3 = 9^3+10^3 = 1729$.) Im allgemeinen scheint sich bei Mathematikern eine ungewöhnliche Deduktionsfähigkeit mit einem gewissen Zahlensinn zu verbinden. In einem 1869 in der *Fortnightly Review* veröffentlichten Artikel über Comtes Philosophie beschrieb T. H. Huxley die Mathematik als das Fach, »welches nichts mit Beobachtung, nichts mit Experiment, nichts mit Induktion und nichts mit dem Kausalprinzip« zu tun hat (573). Diese Äußerung suchte Sylvester in einem Vortrag vor der Mathematical and Physical Section of the British Association unverzüglich zu widerlegen (1031). Trotzdem ist doch manches Wahre daran.

Wie aus dem Gesagten folgt, kann also kein

Test und keine Testbatterie ohne im besonderen auf die Induktionsfähigkeit abzielende Items als vollständig angesehen werden, und das ist bei der Beschäftigung mit dem ethnischen Problem ganz besonders beachtet worden. Aber Induktion ist in diesem Zusammenhang auch noch in einem anderen Sinn wesentlich, den wir, Abschweifung hin oder her, kurz andeuten wollen: Ein Mangel an Induktionsvermögen kann nämlich das Verständnis für gewisse, mit dem ethnischen Problem verknüpfte Zweige der Biologie erheblich erschweren. Es soll hier nicht der Beitrag, den biologisch interessierte Mathematiker geleistet haben und leisten, herabgesetzt werden; aber manchmal scheint es ihnen doch an der Fähigkeit zur richtigen Einschätzung von räumlichen Relationen oder am Induktionsvermögen zu mangeln – zwei der entscheidendsten Voraussetzungen für taxonomische Arbeiten. Die Folge davon ist, daß sie die Bedeutung der morphologischen Anthropologie leicht übersehen oder unterbewerten, dafür aber die Rolle unterschiedlicher Gen-Frequenzen überbetonen und gewisse Taxa trennen, die in Wirklichkeit (wie anhand vieler anatomischer Übereinstimmungen nachweisbar) miteinander verwandt sind. Gewiß stehen die Genetiker gegenwärtig zu Recht in hohem Ansehen. Trotzdem jedoch sollte sich niemand dadurch verleiten lassen, nicht auch die anatomischen Grundlagen der menschlichen Taxonomie sorgfältig zu studieren. Alles andere muß zu Fehleinschätzungen führen – zumindest bis zu dem Tag, an dem durch die Lösung des Polygen-Problems auch die nicht geringen Meinungsverschiedenheiten von Anatomen und Genetikern eo ipso hinfällig werden.

22
Die Vererbung der intellektuellen Fähigkeiten

Bei jedem Organismus findet im Lauf der Entwicklung eine Wechselwirkung von Erbfaktoren und Umweltbedingungen statt, die Bau und Funktion der verschiedenen Körperteile beeinflußt. So wird sich von zwei genetisch gleichen Individuen das zeitlebens gut ernährte in Körpergröße und -gestalt notwendig von dem auf Hungerkost gesetzten unterscheiden (derartige umweltbedingte Unterschiede sind an eineiigen – erbgleichen – Zwillingen untersucht und exakt festgehalten worden, 963), was jedoch nicht besagt, daß diese Faktoren nicht ebenfalls auch genetisch bedingt sind, sind doch Taxa wie die Pygmäen nicht etwa aus Nahrungsmangel klein. Mit anderen Worten, die Ausprägung gewisser individueller Merkmale hängt vor allem vom Milieu ab, während die anderer (wie beispielsweise der Blutgruppen) durch genetische Faktoren gesteuert wird. So gibt es ethnische Taxa, deren Haut sich bei starker Sonnenbestrahlung nur mäßig bräunt, andere, die unter den gleichen Umständen sehr braun werden, und wieder andere, die unabhängig von der Lichteinwirkung stets dunkelhäutig sind (vergleiche Seite 123 f.).

Daß das Milieu auch auf die Entfaltung der intellektuellen Fähigkeiten einen gewissen Einfluß ausübt, braucht wohl kaum eigens betont zu werden. Man stelle sich nur einmal vor, man würde (was theoretisch durchaus möglich wäre) einem Kind im Lauf seiner Entwicklung jede Gelegenheit vorenthalten, etwas zu sehen, herumzulaufen und sich damit eine Vorstellung vom Raum zu bilden, Gegenstände zu betasten und auf diese Weise Zahlenbegriffe zu gewinnen, irgendeinen Laut von außen zu hören oder auch nur die Existenz eines Mitmenschen wahrzunehmen: undenkbar, daß ein solches Wesen mehr als die allerprimitivsten intellektuellen Fähigkeiten entfalten könnte. Selbst gesetzt den Fall, sein IQ läge unter normalen Bedingungen bei 140 oder darüber, bliebe sein geistiges Potential unter den geschilderten Umständen doch unerschlossen. Jedes Lebewesen einschließlich des Menschen ist eindeutig das Produkt der Wechselwirkung zwischen Erbgefüge und Umweltbedingungen.

Für das ethnische Problem ist es von entscheidender Bedeutung, herauszufinden, welche Rolle das genetische Element bei der Entfaltung der intellektuellen Fähigkeiten spielt. Zur Aufhellung dieser Frage bieten sich im wesentlichen zwei Kategorien von Beobachtungen an (170): A die Untersuchung im Hinblick auf ihre Geistesgaben aller Wahrscheinlichkeit nach *genetisch unterschiedlicher*, jedoch unter *denselben* Umweltbedingungen lebender Personen und B die Analyse *im Genotypus identischer oder doch ähnlicher* Typen aus *unterschiedlichem* Milieu. In beiden Fällen müssen die Betreffenden einem Intelligenztest oder mehreren Tests nach Art der im vorangegangenen Kapitel geschilderten Verfahren unterzogen werden.

Ein gutes Beispiel für Kategorie A liefert eine 1931 veröffentlichte Studie von Lawrence (643) über Probanden aus einem britischen »Heim« für uneheliche Kinder beiderlei Geschlechts. Kein Kind hatte beim Vater (der die Mutter in jedem Fall verlassen hatte) gelebt, dafür aber waren alle rund das erste halbe Lebensjahr bei der Mutter geblieben und anschließend ins selbe Milieu, eben das »Heim«, versetzt worden.

Bei der erwähnten Erhebung wurde, soweit möglich, die soziale Klasse der Väter und Mütter ermittelt und in eine von fünf Kategorien eingestuft, die von A, der Akademikerklasse, bis zu einer untersten, Hausierer und Unterstützungsempfänger einschließenden Klasse E reichten. Nur Kinder, deren Väter und Mütter sich dergestalt klassifizieren ließen, wurden auf ihre intellektuellen Fähigkeiten getestet. Man verwendete dazu eine auf britische Verhältnisse zugeschnittene Version des Stanford-Binet-Tests von 1916 sowie einen Gruppentest (»Simplex«), der eine ziemlich hohe Korrelation zum Stanford-Binet-Test ergab. Insgesamt zeigte die Gruppe bei beiden Tests eine nahezu völlig normale Intelligenzstreuung. Der erwähnte Report enthält nicht weniger als achtzehn Tabellen mit den IQs der Kinder, aufgegliedert nach dem Geschlecht der Probanden und dem sozialen Stand der Eltern (entweder der Väter oder der Mütter oder einer Art Mittel). Hier eine Aufstellung über die Ergebnisse des modifizierten Stanford-Binet-Tests bei Jungen (die IQs sind bis zur ersten Dezimalstelle erfaßt), bei der lediglich die soziale Klasse der *Väter* berücksichtigt wurde:

Soziale Stellung der Väter	*Durchschnitts-IQs der Jungen*	*Anzahl der getesteten Jungen*
A	102,0	20
B	106,0	43
C	99,9	72
D	98,2	23
E	92,0	2

Bei allen achtzehn Tabellen ergab sich bis zu einem gewissen Grad eine positive Korrelation zwischen der Gesellschaftsklasse der Eltern und den Durchschnitts-IQs ihrer Sprößlinge.

Beobachtungen des verstorbenen Sir Cyril Burt über die IQs unehelicher Kinder decken sich weitgehend mit den eben geschilderten Ermittlungen von Lawrence. So stellte Burt fest, daß sich selbst unter den Kindern von Müttern aus der ärmsten Gesellschaftsschicht ein kleiner Prozentsatz mit einem IQ weit über 100 fand. Wie sich anschließend allgemein herausstellte, waren es Nachkommen von Vätern aus einer der oberen Gesellschaftsklassen (169).

So brauchbar Beobachtungen dieser Art auch sind, man gewinnt doch noch weitaus wichtigere Aufschlüsse, wenn man statt des sozialen Standes die intellektuellen Fähigkeiten der Eltern erfassen kann. Bei einer insgesamt fünfzehn Jahre dauernden Untersuchung an Kindern, die frühzeitig in Schulheime und Waisenhäuser aufgenommen worden waren, also alle ungefähr im selben Milieu heranwuchsen, konnte Burt in manchen Fällen tatsächlich Informationen über die intellektuellen Fähigkeiten der Eltern beibringen (169), wobei er seine Aufmerksamkeit im besonderen auf Kinder von Müttern an der unteren Intelligenzgrenze (IQ 70–85) konzentrierte. Burt gliederte seine Testpersonen in zwei Gruppen: eine, bei der auch die Väter eine sehr niedrige bis durchschnittliche Intelligenz (IQ 65–100) aufwiesen, und eine zweite mit intellektuell hochbegabten Vätern (IQ 120–145). Die erste Gruppe umfaßte 105, die zweite 67 Kinder, beide wurden einem Test nach Art des Binet unterzogen, wobei sich für die erste Gruppe ein Durchschnitts-IQ von 88,6, für die zweite von 103,2 ergab. Der IQ-Unterschied betrug also 14,6 (Standardabweichung 2,1).

Für die Vererbung der intellektuellen Fähigkeiten noch relevanter als diese Fakten sind Beobachtungen der Kategorie B. Denn die beste Methode, das zur Debatte stehende Problem aufzuhellen, besteht in einem Vergleich der Geistesfähigkeiten von Personen unterschiedlichen Verwandtschaftsgrades und aus unterschiedlichem Milieu. Daß bei Untersuchungen dieser Art eineiigen Zwillingen ganz besondere Bedeutung zukommt, erkannte Francis Galton bereits vor nahezu hundert Jahren (380). Er suchte laut eigenem Bekunden »nach einer neuen Methode, mit deren Hilfe sich der Einfluß von Vererbung und Umwelt zuverlässig abwägen und feststellen ließe, welcher Anteil ihnen jeweils bei der Ausprägung der Veranlagung und der intellektuellen Fähigkeiten des Menschen zukommt. Die Lebensgeschichte von Zwillingen lieferte, was ich brauchte.« Galton unternahm einen ersten Schritt in diese vielversprechende Richtung, obwohl keines der von ihm analysierten Zwillingspaare getrennt aufgewachsen war und noch keine geeigneten Tests zur genauen Erfassung der Geistesfähigkeiten existierten. Immerhin jedoch erwähnt er Fälle, in denen sich »einander aufs Haar gleichende« Zwillinge trotz völlig verschiedener Lebensumstände bis ins hohe Alter hinein in ihren geistigen Merkmalen ähnlich blieben.

An diesem Punkt müssen wir etwas weiter ausholen. Verschiedene Umstände deuten darauf hin, daß die Geistesfähigkeiten, soweit ererbt, wie die meisten meßbaren physischen Merkmale des Menschen durch kumulative Wirkung einer beträchtlichen Anzahl von Genen gesteuert werden, von denen jedes für sich genommen nur einen so geringfügigen Effekt ausübt, daß sich seine Weitergabe über die Generationen hin nicht gesondert verfolgen läßt. Nach Ansicht der Fachleute trifft dies auf Merkmale wie Körpergröße, Spannweite (den größten Abstand zwischen den Mittelfingerspitzen bei waagrecht ausgestreckten Armen) und Unterarmlänge (Mittelfingerspitze bis zum gebeugten Ellbogen) zu. Nachdem man bei der Untersuchung der Genetik dieser sogenannten »quantitativ zusammengesetzten« Merkmale zunächst noch mit Dominanz und Rezessivität gerechnet hatte, stellte der britische Mathematiker G. U. Yule 1906 die entscheidende Hypothese auf, jedes Allelepaar bewirke beim Aufeinandertreffen einen mittleren Effekt. Er zog daraus die Folgerung, »im Falle der vollkommenen Mischung« und unter Ausklammerung modifizierender Umwelteinflüsse müsse der Korrelationskoeffizient zwischen den Merkmalen eines Individuums und denen seiner Eltern, Großeltern und Urgroßeltern $1/2$, $1/4$ und $1/8$ betragen (1168), was heute auch allgemein akzeptiert wird. Bei einem von Polygenen gesteuerten Merkmal stünden, falls Dominanz und »selektive Partnerwahl« ausschieden (zum Beispiel Große wieder Große und Kleine Kleine als Ehepartner wählten) und keine systematische oder regelmäßige Einwirkung von Umwelteinflüssen stattfände, folgende (anhand einer großen Anzahl von Beispielen errechneten Durchschnitts-)Korrelationen zu erwarten:

	Korrelations-koeffizient (r)
zwischen Vater und Sohn oder Mutter und Tochter	0,50
zwischen Großeltern und Enkeln	0,25
zwischen Geschwistern	0,50
zwischen Onkel (oder Tante) und Neffe (oder Nichte)	0,25

Messungen der Körpergröße, die man an mehreren tausend Erwachsenenpaaren vorgenommen hat, zeigen eine ziemlich genaue Entsprechung zu diesen Werten, nämlich 0,507, 0,322, 0,543 und 0,287 (172). Es fällt auf, daß die Korrelationen alle etwas über der Erwartung liegen, das heißt, daß sich die Paare im Durchschnitt in der Größe ähnlicher waren, als theoretisch zu vermuten war. Diese Erscheinung führt man hauptsächlich auf die Tendenz zur selektiven Partnerwahl zurück (deren Einfluß bereits Karl Pearson und Miss Lee in einem 1903 veröffentlichten Aufsatz erwähnen, 831).

Da alle diese Beobachtungen eindeutig für die »Multifaktoren – Theorie« (die Polygen-Hypothese) sprechen, wandten sie Burt und Howard auch auf die Ergebnisse der Intelligenztests an. Sie berücksichtigten auch in diesem Fall die partielle Dominanz und selektive Partnerwahl, denn es deutet einiges darauf hin, daß Menschen von hohen Geistesfähigkeiten wieder ihresgleichen ehelichen und ebenso diejenigen am anderen

Ende der Intelligenzskala. Dabei kamen die beiden Forscher zu dem Ergebnis, daß zwölf Prozent der Korrelation auf Testunschärfe und Umwelteinflüsse, der Rest auf die genetische Konstitution zurückgeht (172).
Obgleich es also Anhaltspunkte dafür gibt, daß selektive Partnerwahl und partielle Dominanz einen gewissen Einfluß auf die bei der genetischen Untersuchung der intellektuellen Fähigkeiten eruierten Korrelationen ausüben, genügt es in unserem Zusammenhang, sich lediglich die (bei voller und unbehinderter genetischer Steuerung) wahrscheinlichen Erwartungen zu vergegenwärtigen und festzuhalten, welche Abweichungen sich in der Praxis von diesen Zahlen ergeben. Damit kämen zu den oben aufgeführten vier Korrelationen noch folgende hinzu:

	Korrelations-koeffizient (r)
zwischen reinerbigen (eineiigen) Zwillingen	1,00
zwischen Vettern ersten Grades	0,25
zwischen Vettern zweiten Grades	0,06

In der Zwischenzeit sind viele einschlägige Untersuchungen durchgeführt worden, von denen die der Amerikaner Erlenmeyer-Kimling und Jarvik (312) und des Briten Burt (171) wegen ihrer umfassenden Gründlichkeit besondere Erwähnung verdienen. Eines der interessantesten Ergebnisse der amerikanischen Autoren ist, daß die IQs getrennt erzogener eineiiger Zwillinge eine wesentlich höhere Korrelation aufweisen als die gemeinsam aufgewachsener nichtverwandter Personen. Jensen, der einen ausführlichen Überblick über die einschlägigen Forschungsergebnisse veröffentlichte, faßt die verfügbaren Informationen in einer Tabelle (Tabelle 2 auf Seite 49 seines Aufsatzes, 551) zusammen. Ihre signifikantesten Daten findet man auf Abbildung 61 grafisch dargestellt. Besonders signifikant sind sie insofern, als sie sich auf Personen beziehen, von denen entweder a) nachweislich

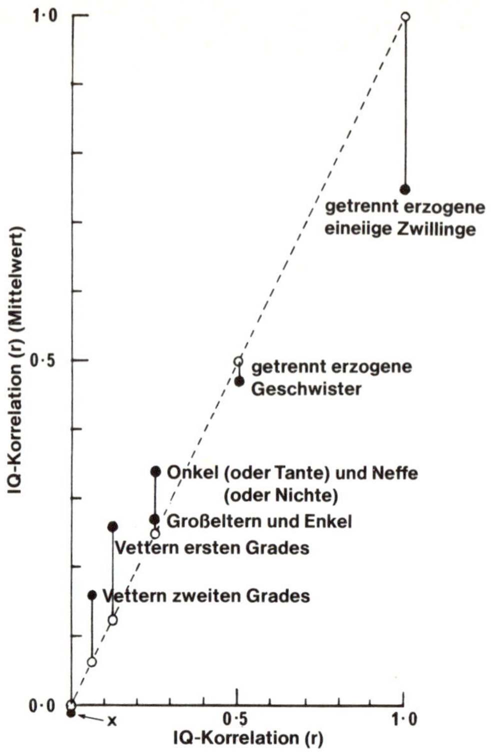

61 IQ-Korrelationen zwischen Personenpaaren unterschiedlichen Verwandtschaftsgrades. Sowohl Ordinate als auch Abszisse geben Korrelationskoeffizienten (r) zwischen den IQs verwandter Personenpaare (zum Beispiel eineiiger Zwillinge) an. Die schwarzen Punkte symbolisieren die aus den Daten verschiedener Forscher abgeleiteten Koeffizienten (Mittelwerte) und müssen auf der Ordinate abgelesen werden. Sie sind jeweils durch eine Senkrechte mit einem schwarzumrandeten Punkt verbunden, der anzeigt, wie die Korrelation aussähe, wenn sich die genetischen Faktoren allein, das heißt, ohne Einfluß der Umweltbedingungen und unter Ausklammerung von selektiver Partnerwahl und partieller Dominanz ausgewirkt hätten. Diese Punkte können sowohl auf der Ordinate als auch auf der Abszisse abgelesen werden. (Sie befinden sich, wie die durch sie gezogene gestrichelte Schräglinie andeutet, zu beiden Achsen im selben Verhältnis.) x: getrennt erzogene, nichtverwandte Kinder. – Grafische Darstellung nach der Tabelle von Jensen (551).

feststeht, daß sie getrennt aufwuchsen, oder von denen man dies b) in Anbetracht ihres weitläufigen Verwandtschaftsgrades mit Fug und Recht annehmen darf. Beide Personenkategorien sind auf Abbildung 61 erfaßt, wobei eineiige Zwillinge, Geschwister und nichtverwandte Kinder zur Kategorie a), Onkel (oder Tanten) und Neffen (oder Nichten) zur Kategorie b) zählen. Eine ausführliche Erklärung dieser Darstellung, die für unser Thema erstrangige Bedeutung besitzt und daher besondere Aufmerksamkeit verdient, findet sich in der Bildunterschrift. Hier nur der Hinweis, daß die *schwarzen* Punkte die tatsächlich eruierten Fakten, das heißt die Durchschnittskorrelationen (Mittelwerte) zwischen den IQs der Paar-Gruppen anzeigen, die (mit den schwarzen durch Senkrechte verbundenen) *schwarz umrandeten* (oder weißen) Punkte dagegen angeben, wie die Korrelationen aussähen, wenn sich nur die von den Vorfahren ererbten Gene auf die IQs ausgewirkt hätten. Daß sich die schwarzen und weißen Punkte nicht decken, hat drei Gründe: Erstens müssen sich die Umweltunterschiede irgendwie auswirken; zweitens umreißt die Lage der weißen Punkte die Erwartungen nur ungefähr – ohne entsprechende Korrekturen im Hinblick auf selektive Partnerwahl und partielle Dominanz; und drittens ist es unmöglich, hundertprozentig zuverlässige Intelligenztests zu konstruieren. Aber wenn sich die Punkte auch nicht decken, zeigen sie doch eine erstaunliche Kongruenz, die auf eine Korrelation zwischen IQ und genetischer Verwandtschaft schließen läßt.

Man hat dagegen eingewandt, die Ähnlichkeit des IQ bei getrennt heranwachsenden eineiigen Zwillingen könnte das Ergebnis eines bei aller Unterschiedlichkeit doch gleichartigen Milieus sein. Dieses Argument wird durch Sir Cyril Burts Untersuchungen jedoch entkräftet (171). In den von ihm analysierten Fällen konnte von einer »selektiven Unterbringung« nicht die Rede sein. Gewöhnlich wurde der eine Zwilling im Elternhaus erzogen, der andere dagegen in ein völlig andersartiges Milieu versetzt (Burt verweist in diesem Zusammenhang auf die von reichen kinderlosen Ehepaaren häufig praktizierte Sitte, mehr und mehr Kinder aus weniger wohlhabenden Schichten zu adoptieren).

23 Rassenunterschiede im Blickfeld der intellektuellen Fähigkeiten

Einführung

Gewöhnlich wird gegen den Versuch, verschiedene ethnische Taxa durch Anwendung von Intelligenztests zu vergleichen, ein Hauptargument vorgebracht: Die Erfinder dieser Tests, so heißt es durchaus zutreffend, seien (wie in den Anfangszeiten der Psychometrie auch Testleiter und Probanden) durchweg zivilisierte Europide gewesen, weshalb denn die Bewertung der verschiedenen Intelligenzfaktoren seitens der Psychologen notwendig den Stempel unserer westlichen Kultur trüge. Träfe dies aber zu, das heißt, wäre die Einschätzung dieser Faktoren tatsächlich von den Bedürfnissen und Erfordernissen einer bestimmten Kultur geprägt, bliebe die Wertung willkürlich und könnte keinerlei Anspruch auf Allgemeingültigkeit erheben. Und das wiederum hieße, daß man, da nichteuropide Rassen bei diesen Tests nur schlecht abschneiden könnten, aus Gründen der Fairneß für jedes Taxon eine eigene Testbatterie ersinnen müßte, womit ein Vergleich zwischen den Geistesfähigkeiten der Taxa eo ipso entfiele. Wie ein extremer Verfechter dieser Doktrin es einmal formulierte: »Wären die ersten IQ-Tests in einer Jägerkultur entstanden, hätte ›allgemeine Intelligenz‹ wohl eher ein scharfes Auge und Geschwindigkeit beim Laufen als Wortschatz und geschickten Umgang mit Symbolen vorausgesetzt« (294).

Gegen Argumente dieser Art läßt sich freilich allerlei einwenden. So wird niemand, der Erfahrung mit primitiven Völkern besitzt, annehmen, daß Vertreter irgendeines menschlichen Taxons nicht zwischen physischen und geistigen Eigenschaften zu unterscheiden wissen oder jemand nur deshalb für dumm halten, weil er nicht scharf sehen oder schnell laufen kann. Prüft man die Einwände gegen die Brauchbarkeit von Intelligenztests für die Untersuchung des ethnischen Problems etwas genauer, könnte man fast den Eindruck gewinnen, Binet und seine Nachfolger hätten es einzig darauf angelegt, diejenigen Kinder ausfindig zu machen, die sich in hochgradig leistungs- und erwerbsorientierten Gesellschaften als »Erfolgsmenschen« entpuppen, während es sich in Wirklichkeit genau umgekehrt verhielt: Wie in der historischen Einleitung zu Kapitel 21 bereits dargelegt, verfolgten Binet und Simon in erster Linie das Ziel, Methoden zur frühzeitigen Aussiebung jener Kinder zu entwickeln, die zeitlebens schwachsinnig bleiben und daher nach Möglichkeit an Sonderschulen ausgebildet werden sollten. Ähnlich äußerten sich Terman und Childs 1912 über den Zweck der damals verfügbaren Tests einschließlich ihrer eigenen Fassung des Binet-Simon-Tests. Die Bedeutung dieser Verfahren, so meinten sie, liege »im großen und ganzen nicht darin, die kindliche Intelligenz in ihrer Gesamtheit aufzuzeigen, sondern darin, jenen Geistestypus aufzudecken, der von seiner sozialen Umwelt nicht zu profitieren vermag« (1037). Im übrigen gelten erwachsene Vertreter dieses Typs in jedweder Gesellschaft bis herunter zur allerprimitivsten als schwachsinnig . Und die Psychologen, die in der Folge die umfassenderen Testmethoden entwickelten, ließen sich nicht etwa von den Ansichten der in Industrie, Handel oder einem anderen Zweig unseres zivilisierten Lebens Tätigen, sondern von den Einsichten der Philosophen leiten, die sich seit Jahrhunderten eingehend mit den Problemen von Geist und Seele auseinandergesetzt und in ihren Schriften noch heute aktuelle Gedanken über das Wesen der geistigen Aktivität niedergelegt haben. Aus alledem aber erhellt, daß Fähigkeiten wie Auffassungsgabe, Deduktion, Induktion und die übrigen Intelligenzfaktoren in jeder menschlichen Gesellschaft relevant und durch geeignete Methoden erfaßbar sind.

Trotzdem läßt sich natürlich nicht bestreiten, daß die Messung der intellektuellen Fähigkeiten in jenen Teilen der Erde, die sich nicht nur sprachlich, sondern auch in Kultur und Umweltbedingungen stark von den Ursprungsländern der Psychometrie unterscheiden, auf gewisse Schwierigkeiten stößt. Von den vielen Psychologen, die sich eingehend mit dem Thema befaßt haben, sei hier nur der Leiter des National Institute of Personnel Research in Johannesburg, Dr. S. Biesheuvel, genannt, für den diese Fragen schon aus Berufsgründen besondere Aktualität besitzen und dessen Ansichten von vielen Experten geteilt werden. Was er im Hinblick auf die verschiedenen ethnischen Taxa Südafrikas über die Schwierigkeit, eindeutige Beweise für genetisch bedingte »Intelligenzunterschiede« beizubringen, sagt, gilt weitgehend auch für andere Gebiete der Erde. So lehnt er beispielsweise alle Tests, bei denen Bilder oder schematische Darstellungen betrachtet oder Bleistift und Papier benutzt werden müssen, als ungeeignet ab, spricht verschiedenen gemeinhin als »kulturfrei« gewerteten Tests dieses Prädikat ab und führt die höheren Punktzahlen der Europiden bei Items, welche die richtige Einschätzung räumlicher Beziehungen voraussetzen, auf Umweltfaktoren wie die Bauklötzchen der Kinder, die Anordnung der Möbel, die Bilder an der Wand, den gedeckten Tisch, den Druckspiegel der Buchseiten und ähnliches zurück. Tests, bei denen rechtwinklige Formen oder senkrechte und waagrechte Ebenen eine allzu dominierende Rolle spielen, verwirft er gleichfalls und begründet die IQ-Unterschiede zwischen schwarz und weiß unter anderem mit dem bei Negriden häufig zu beobachtenden Vitaminmangel vor der Geburt und in der frühen Kindheit: Nicht einmal alle verstädterten Negriden Südafrikas seien zu den Eßgewohnheiten der Europäer übergegangen. Um die Geistesfähigkeiten der beiden Rassen wirklich miteinander vergleichen zu können, müßte man laut Biesheuvel aus dem Stammesverband völlig herausgelöste, auf gleicher sozialer Stufe wie die Europiden lebende Negride testen, womit jedoch andererseits die Gefahr hereinkäme, daß die dergestalt ausgewählte Gruppe für die gesamte Rasse nicht mehr als repräsentativ gelten könnte (83,84).

Nachdem zum Thema der Fairneß bei Intelligenztests bereits in Kapitel 21 (Seite 314 f.) allgemein Stellung genommen wurde, sei hier zu Biesheuvels Publikationen nur angemerkt, daß sie gewiß für alle, die in fremden Erdteilen unter Angehörigen anderer ethnischer Taxa arbeiten möchten, durchaus beherzigenswert sind, daß aber trotzdem die Aussicht auf Schwierigkeiten niemand von der Durchführung von Intelligenztests abhalten sollte. Möglicherweise hat man diese Schwierigkeiten nämlich überbetont. So braucht man zum Beispiel noch lange nicht überall dort auf Papier und Bleistift zu verzichten, wo sie im Alltagsleben der Einheimischen unbekannt sind: Professor S. D. Porteus legte den wilden Eingeborenen der zentralaustralischen Wüste seine bekannten Labyrinthe vor, und obwohl diese Menschen nie zuvor Papier und Bleistift zu Gesicht bekommen hatten und überdies kein Wort Englisch sprachen (851), zeigten sie lebhaftes Interesse und begriffen im Nu, was sie mit dem Bleistift anstellen sollten. Einer von ihnen erteilte dabei noch ganz beiläufig jenen Psychologen eine Lektion, die nicht genug betonen können, wie wichtig es ist, daß sich der Proband völlig entspannt: Obwohl der Betreffende, ein mehrfacher Mörder, während des Testverlaufs mit dem Bein an seinen Hauptankläger gekettet war und von einem Polizisten mit geladener Pistole bewacht wurde, vertiefte er sich so sehr in die Aufgabe, daß man ihn nach Porteus' Meinung bis zum Ende des Tests hätte frei und unbewacht lassen können.

Bedauerlicherweise hat es bei der Testung der Bewohner ferner Erdteile bislang weitgehend an Systematik gemangelt. Der eine Forscher führte hier diesen, der andere dort jenen Test durch, die möglicherweise beide nicht kalibriert, das heißt anhand eines erwiesenermaßen gültigen Tests überprüft (oder auch nur überprüfbar) waren. Aus diesem Grund lassen die Ergebnisse, so interessant sie im einzelnen auch sein mögen, keine allgemeinen Folgerungen zu, und so erübrigt es sich denn auch, hier näher auf sie einzugehen. Um wirkliche Aufschlüsse über das ethnische Problem zu gewinnen, bedarf es (neben dem festen Vorsatz, es zu lösen) weitmöglichst kulturfreier Tests, einer gewissen Einheitlichkeit bei ihrer Handhabung und nicht zuletzt zuverlässiger Anhaltspunkte, welchen Taxa (nicht Nationen!) die Probanden jeweils angehören. Dazu kommt mancherorts noch Unsicherheit hinsichtlich des Lebensalters der Kinder, das man indessen zumindest annähernd wissen muß, um den IQ zu bestimmen (in dieser Hinsicht könnten genauere Informationen über die Zahnabfolge bei den verschiedenen ethnischen Taxa Abhilfe schaffen). Läßt sich das Alter der Kinder trotz allem nicht ermitteln, muß man mit erwachsenen Testpersonen arbeiten und Vergleiche zu Erwachsenen anderer Rassen ziehen.

Glücklicherweise gibt es ein riesiges Gebiet der Erde, das eine ungeheure Fülle relevanter Informationen und damit einzigartige Chancen zur Erforschung der rassebedingten Unterschiede in der Denkfähigkeit bietet: Nordamerika, unter dessen Bevölkerung vier Rassen – Europide, Negride, Mongolide und Indianide (Indianer) – in großer Zahl vertreten sind. Da die beiden erstgenannten Englisch als gemeinsame Muttersprache sprechen, Analphabetentum sehr selten und das Alter der Kinder fast immer genau bekannt ist, lassen sich in vielen Fällen mühelos verbale Gruppentests durchführen. Tatsächlich wurden auch in keinem anderen Land der Welt so eifrig Intelligenztests angestellt, und obwohl die amerikanischen Forscher die unterschiedlichsten Verfahren anwandten, tauchen doch einige der zuverlässigsten so häufig auf, daß sich brauchbare Vergleiche ziehen lassen.

Eine Gegeneinanderstellung der Rassen erscheint also hier besonders lohnend, und so wollen wir uns im weiteren Verlauf dieses Kapitels mit den Ergebnissen der Intelligenztests in Nordamerika befassen.

Nordamerikanische Neger – frühe Untersuchungen

Nach einer merkwürdigen Übereinkunft gilt in Nordamerika jeder, der deutliche Spuren eines negriden Erbes aufweist, als Neger – selbst wenn das europide Element sichtlich überwiegt (vergleiche Seite 164 f.). Wir wollen uns hier gleichfalls an diesen Usus halten und den Terminus sowohl auf die in Nordamerika ansässigen europid-negriden Mischlinge aller Grade als auch auf die reinrassigen Negriden dieses Landes anwenden. Nebenbei bemerkt leitet sich das negride Element innerhalb der nordamerikanischen Bevölkerung vornehmlich von sudaniden sowie *Pan 1*- und *Pan 2*-palänegriden Vorfahren, also nicht von jenen negriden Unterrassen ab, die bereits in ihrer Heimat eine gewisse europide Beimischung erfahren haben.

Bei den zum Vergleich herangezogenen nordamerikanischen Europiden handelt es sich in der Hauptsache um Menschen nordiden, mediterraniden, alpiniden und aschkenasischen (gemischt armeniden) Ursprungs, wobei die drei erstgenannten Unterrassen sehr stark miteinander vermischt sind.

Die Europiden und Neger Nordamerikas leben in einer zumindest bis zu einem gewissen Grad integrierten Gesellschaft – jedenfalls ist keine der beiden Gruppen auf ein geographisch abgegrenztes Gebiet oder »Reservat« beschränkt; auch bestehen keine so strikt trennenden gesellschaftlichen Konventionen wie (zumindest ehedem) zwischen gewissen Kasten Indiens. Damit aber entfallen in den USA und Kanada auch weitgehend die Schwierigkeiten, auf die der Ethnologe in vielen anderen Teilen der Welt stößt – nicht nur, weil die gemeinsame Muttersprache die Durchführung verbaler Tests und Wortschatzitems erheblich erleichtert und Papier und Bleistift sowie die übrigen Alltagsdinge des zivilisierten Lebens allen vertraut sind, sondern auch, weil die Schulausbildung für Schwarz und Weiß mittlerweile in vielen Teilen des Landes in etwa vergleichbar oder de facto dieselbe ist. (Eine allgemeine Erörterung der Umwelteinflüsse auf die IQs der Neger findet man auf Seite 344.)

In den zwanziger Jahren unseres Jahrhunderts wurden in den USA zwei Untersuchungen durchgeführt, die für die ethnische Frage keineswegs nur historische Bedeutung besitzen, sondern im Gegenteil einen brauchbaren Auftakt zu den heutigen Ansichten über dieses Thema liefern. Da jede einen wichtigen Aspekt des Problems herausstellt, verdienen sie hier beide eine genauere Erörterung.

Die erste, 1914 vom amerikanischen Psychologen G. O. Ferguson durchgeführte Erhebung (327) befaßt sich mit den von Negermischlingen unterschiedlichen Grades bei Intelligenztests erzielten Punktzahlen. In diesem Zusammenhang ist wichtig, daß Nordamerikaner mit eindeutig negridem Einschlag die landesübliche Einstufung als Neger selbst dann akzeptieren, wenn sie ein starkes europides Element aufweisen und untereinander offensichtlich ein ausgeprägtes Solidaritätsgefühl an den Tag legen. Falls nun aber (wie behauptet wird) allein schon der Umstand, ein Neger im erwähnten Sinn zu sein, eine »umweltbedingte Benachteiligung« bedeutet, die sich auf die Erfolgschancen bei Intelligenztests auswirkt, müßten alle Schwarzen gleichermaßen davon betroffen sein. Dann müßte sich – vorausgesetzt, die Rassen unterschieden sich in ihrer die intellektuellen Fähigkeiten beeinflussenden genetischen Konstitution – eine nachweisliche Korrelation zwischen Mischungsgrad und Testresultaten ergeben.

Ferguson unterzog 269 europide und 319 Negerkinder beiderlei Geschlechts aus den Schulen Richmonds im Staate Virginia verschiedenen Intelligenztests, beschränkte aber seine Hauptanalyse der Ergebnisse (die er in einer Reihe sorgfältig ausgearbeiteter grafischer Darstellungen illustrierte) auf die Altersgruppen von zwölf bis siebzehn. (Die über die jüngeren und älteren Schüler gesammelten Daten blieben, da unvollständig, ausgeklammert.) Im übrigen besuchten die schwarzen und weißen Kinder verschiedene Schulen.

Wichtig in unserem Zusammenhang ist, daß die Negerbevölkerung zur Zeit der Untersuchung noch nicht so stark durch Mischehen durcheinandergewürfelt und daß es daher einfacher war, die Mischlinge verschiedenen Grades mit einiger Zuverlässigkeit an ihren physischen Merkmalen zu erkennen. Ferguson, der seine Probanden nach Hautfarbe, Gesichts- und Schädelform sowie Haarbeschaffenheit klassifizierte, räumt allerdings ein, daß er keine absolute Sicherheit erzielen konnte, meint aber, die Fehler glichen sich aus (seiner Meinung nach ist das Ergebnis nicht durch einen stetig wiederkehrenden Fehler in die eine oder andere Richtung verzerrt). Anhand ihrer physischen Merkmale teilte er die Negerkinder in folgende vier Kategorien ein:

»Vollneger« (hier als $^4/_4$ bezeichnet)
»Dreiviertelneger« ($^3/_4$)
»richtige Mulatten« ($^2/_4$)
»Viertelneger« (Nachkommen von Mulatten und Europiden) ($^1/_4$).

Der Zähler der aufgeführten Brüche gibt an, wie viele reinrassige Negride sich schätzungsweise unter den Großeltern des Kindes finden (der Nenner bezeichnet die Europiden). Im Hauptteil seiner Erhebung faßte

Ferguson die $^1/_4$- und $^2/_4$- sowie die $^3/_4$- und $^4/_4$-Neger jeweils zu einer (hier als $^1/_4+^2/_4$ beziehungsweise $^3/_4+^4/_4$ bezeichneten) Gruppe zusammen. Die erstgenannte bestand in der Hauptsache aus »richtigen Mulatten«, da es unter den Schulkindern nur sehr wenige Viertelneger gab.

Die Kinder wurden nun drei IQ-Gruppentests unterzogen, zwei vom Typ »mixed relations« (gemischte Beziehungen) und einem »Vervollständigungstest«.

Die mixed relations-Fragen variierten im Inhalt und Schwierigkeitsgrad erheblich, gehörten aber dennoch alle zum selben Schema, nämlich: »Katze verhält sich zu Fell wie Vogel zu ...?« Beim anderen, im Schwierigkeitsgrad gleichfalls sehr stark gestaffelten Test mußten die Probanden fehlende Wörter in Sätzen ergänzen.

Da sich an den drei Tests sechs Altersgruppen (12–17 Jahre) beiderlei Geschlechts beteiligten, lieferten die drei Probandenkategorien (Europide, $^1/_4+^2/_4$- sowie $^3/_4+^4/_4$-Neger) 36 Vergleichsmöglichkeiten. Die von den drei Gruppen erzielten Ergebnisse lassen sich meines Erachtens am klarsten in folgender Form aufzeigen (Ferguson allerdings nahm selbst keine solche Zusammenfassung vor):

Zahl der Fälle, in denen die einzelnen Gruppen die höchsten Durchschnittspunktzahlen erzielten

	Europide	*$^1/_4+^2/_4$-Neger*	*$^3/_4+^4/_4$-Neger*
Jungen	14	4	0
Mädchen	16	2	0
	—	—	—
	30	6	0

Nun wird mancher Leser die Bedeutung dieser Ergebnisse mit dem Argument abzuschwächen suchen, die europiden Kinder hätten schließlich andere Schulen besucht als die schwarzen. Da letztere aber durchweg auf dieselben Schulen gingen, ist ein Vergleich der Negerkinder untereinander (unter Ausklammerung der Europiden) von besonderem Interesse. Es ergeben sich folgende Werte:

Zahl der Fälle, in denen die eine oder andere Gruppe die höheren Durchschnittszahlen errang

	$^1/_4+^2/_4$-Neger	*$^3/_4+^4/_4$-Neger*
Jungen	14	4
Mädchen	12	6
	—	—
	26	10

Am Rande sei angemerkt, daß die bei der Zusammenstellung der oben aufgeführten Daten verwendeten Mittelwerte aus sehr weitgestreuten individuellen Punktergebnissen errechnet wurden, mithin kann von einer durchgängigen oder auch nur annähernden Überlegenheit der Europiden keine Rede sein. Nicht weniger als 22,7 Prozent der $^3/_4+^4/_4$-Kinder erzielten über dem europiden Durchschnitt liegende Punktwerte. Im Hinblick auf das ethnische Problem jedoch ist wichtig, daß wesentlich mehr Angehörige der $^1/_4+^2/_4$- als der $^3/_4+^4/_4$-Gruppe (nämlich 34,7 Prozent) die Durchschnittswerte der Europiden übertrafen.

Hier nun nach Gruppen geordnet die Durchschnittspunktzahlen sämtlicher Negerjungen und -mädchen zwischen zwölf und siebzehn in ihrem prozentualen Verhältnis zu den Durchschnittswerten der Europiden:

$^4/_4$	73,7
$^3/_4$	77,8
$^2/_4$	81,3
$^1/_4$	94,0

Falls die Neger Nordamerikas bei Intelligenztests infolge ihres allgemeinen kulturellen Milieus, ihrer gesonderten Erziehung oder auch nur aufgrund ihrer »schwarzen Hautfarbe« (Seite 344) benachteiligt sind, trifft dieses Handikap alle, weshalb denn auch der Vergleich von Negermischlingen verschiedenen Grades untereinander sowie mit reinrassigen Negriden für die Untersuchung des ethnischen Problems potentiell besondere Bedeutung besitzt. Obgleich Fergusons Analyse nun schon Jahrzehnte zurückliegt, scheint sie doch nach wie vor eine der sorgfältigst vorbereiteten, umfassendsten und exaktest ausgewerteten Erhebungen dieser Art zu sein. In manchen neueren Studien hingegen wurde der Mischungsgrad allein nach der Hautfarbe beurteilt – ein reichlich zweifelhaftes Kriterium, weshalb es sich in allen Fällen, in denen die Herkunft des einzelnen Probanden nicht mit Sicherheit feststeht, empfiehlt, einen geschulten biologischen Anthropologen zu Rate zu ziehen. Im allgemeinen hat sich erwiesen, daß unverkennbare Mischlinge bei Intelligenztests besser abschneiden als reinrassige Negride und solche, die nur geringe Spuren eines europiden Erbes aufweisen, doch trifft dies nicht auf alle Fälle zu. Die neueren Untersuchungen zum Thema Negermischlinge wurden von Tyler (1077) und Shuey (966) veröffentlicht – intellektuelle Fähigkeiten sollen später behandelt werden, desgleichen ein interessantes Experiment mit Indianidenmischlingen (»Indianern«, siehe Seite 346 f.).

Die zweite, gleichfalls in den zwanziger Jahren durchgeführte Untersuchung ist für das ethnische Problem teils aufgrund ihres umfassenden Charakters, teils aber auch wegen der heftigen Kontroverse, die sie auslöste und die sich bis in jüngste Zeit hinein fortgesetzt hat, von Belang. Niemand, der sich ernsthaft für dieses Problem interessiert, kann sie übergehen, welcher Ansicht er nach gründlicher Erwägung des Für und Wider auch immer zuneigen mag.

Nach dem Eintritt der Vereinigten Staaten in den Ersten Weltkrieg erboten sich amerikanische Psychologen, die Kriegsanstrengungen durch Einstufung der »Intelligenz« der Rekruten zu unterstützen. Die Army ging auf den Vorschlag ein, und so wurden zwischen September 1917 und Ende Januar 1919 nicht weniger als 1 726 966 Männer getestet. 1920 erschien ein Buch über dieses großangelegte Experiment (1167), und im darauffolgenden Jahr dann noch ein offizieller Report (1164). In diesem von Oberstleutnant R. M. Yerkes herausgegebenen, 890 Seiten starken großformatigen Sammelband wurden Neger und Europide gesondert behandelt, wobei zu der erstgenannten Bezeichnung nach landesüblichem Brauch alle jene gehörten, die in ihrem physischen Erscheinungsbild irgendwelche Spuren eines negriden Erbes aufwiesen. Sämtliche Neger waren in den USA geboren und sprachen Englisch als Muttersprache.

Die überwiegende Mehrzahl der Probanden wurde dem sogenannten »Alpha«-Test unterzogen, einem auf Personen mit Schulbildung zugeschnittenen, verbalen Gruppentest aus acht Items, von denen sich sechs nach damaligen Maßstäben ganz gut zur Messung der intellektuellen Fähigkeiten eigneten, während die beiden restlichen weitaus weniger glücklich gewählt schienen. Da es aber vielen Probanden an der nötigen Schulbildung mangelte, wurde daneben noch der sogenannte »Beta«-Test ersonnen und anhand einer großen Eichstichprobe mit gebildeten Testpersonen, die man beiden Tests unterzog, am Alpha kalibriert. Viele Rekruten mußten auch Einzeltests (entweder den Stanford-Binet oder den Yerkes-Bridges Point Scale) über sich ergehen lassen. Für bestimmte Fälle wurde außerdem noch ein sprachfreier, hauptsächlich aus Handlungsitems bestehender Test ausgearbeitet. Nach Auswertung aller verfügbaren Unterlagen stufte man die Rekruten in folgende acht Kategorien ein: *E*, zu schwach begabt und daher untauglich; *D*−, sehr schwach begabt; *D*, schwach begabt; *C*−, unterer Durchschnitt; *C*, Durchschnitt; *C*+, oberer Durchschnitt; *B*, überdurchschnittlich begabt; *A*, hervorragend begabt. Rekruten, die unter *E* fielen, wurden in der Hauptanalyse nicht weiter berücksichtigt. Das allgemeine Ergebnis des Vergleichs zwischen Europiden und Negriden findet sich in einer (unnumerierten) Tabelle auf Seite 707, genaue Erläuterungen zu den Zahlen auf den Seiten 555–559 und 707 des Yerkes-Reports (1164). In diesem Buch sind diese Fakten auf der schematischen Darstellung 62 (rechts

unten) erfaßt, welche den Prozentsatz der unter die Kategorien *D–* bis *A* fallenden Europiden und Neger anzeigt.
Weil den Versuchsleitern der erhebliche Unterschied zwischen der Einstufung der Neger aus den Nord- und den Südstaaten auffiel, führten sie noch eine gesonderte Analyse durch. Bei diesem Vergleich zwischen den Nordstaaten Illinois, Indiana, New Jersey, New York, Pennsylvania und den Südstaaten Alabama, Georgia, Louisiana und Mississippi wurden 4705 Neger aus dem Norden und 6846 aus dem Süden getestet. Betrachtet man die (in Tabelle 268 des Reports und hier in der Grafik 63, Seite 335) wiedergegebenen Daten, springt der gewaltige Unterschied zwischen den beiden Regionen sofort ins Auge. Wie der Vergleich mit der Grafik zeigt, erzielten die Neger aus dem Norden zwar insgesamt keine so hohen Punktzahlen wie die Europiden, näherten sich aber dem europiden Muster wesentlich stärker an als die Neger aus den Südstaaten oder die schwarzen Rekruten insgesamt.
Wie sind diese Fakten zu erklären? Als Hauptursache wird man wohl das Bildungsgefälle zwischen Nord und Süd anführen müssen. Ohne jeden Zweifel boten die stärker verstädterten Nordstaaten (Europiden wie Negern) bessere Schulmöglichkeiten als die überwiegend ländlichen Distrikte des Südens. Bei Anwendung kulturfreier Tests hätte sich auch kaum ein nennenswerter Unterschied ergeben, doch waren die damaligen Tests nicht im selben Maße frei von Kultureinflüssen wie etwa Ravens (wesentlich später entwickelte) Progressive Matrices (Seite 320 f.). Namentlich bei den Rechen- und Allgemeinbildungsitems des Alpha-Tests spielte das Schulwissen durchaus eine Rolle. Hier ein Beispiel:
Ein rein auf die intellektuellen Fähigkeiten zugeschnittener Test sollte – dieser Punkt ist wichtig – nur auf Wissensinhalte abzielen, die mit einiger Wahrscheinlichkeit allen oder doch möglichst vielen der zum Vergleich ausersehenen Probanden geläufig sind. Da beispielsweise die Wörter »Katze«, »Fell«, »Vogel«, »Feder« allen vertraut sind, kann man sie ohne weiteres in einen Test zur Erfassung der logischen Fähigkeiten einbauen). Etwas völlig anderes hingegen sind Fragen, welche Aufschluß geben sollen, wieviel ein Proband *bereits weiß*. Sie haben in einem ausgesprochenen Intelligenztest nichts zu suchen, da sie bei gleicher intellektueller Begabung vom einen beantwortet werden können, vom anderen hingegen nicht. Dennoch enthielt das Allgemeinbil-

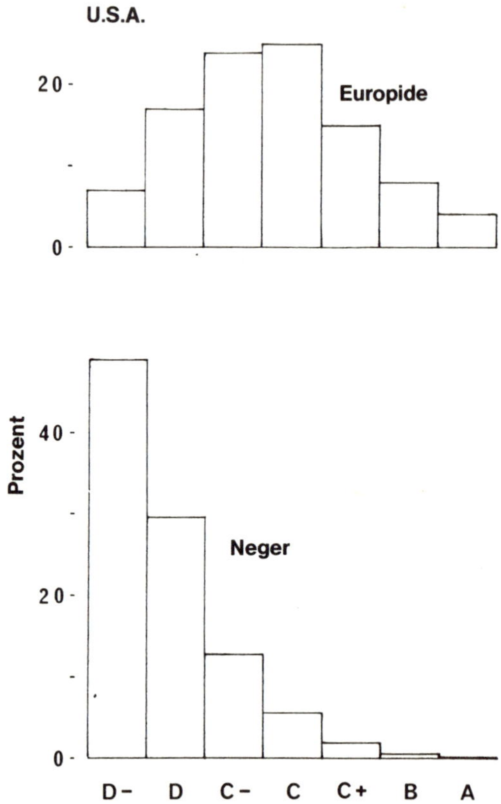

62 Intellektuelle Fähigkeiten der von der U. S.-Army während des Ersten Weltkriegs einberufenen europiden und schwarzen Rekruten laut »Alpha«-Test. Die Großbuchstaben zeigen die Bewertung (von der untersten Stufe D zur höchsten A), die Höhe der Säulen jeweils den Prozentsatz der unter die einzelnen Buchstaben fallenden Rekruten an. Weitere Einzelheiten im Text. – Grafische Darstellung nach den Daten von Yerkes (1164).

dungsitem des Alpha-Tests Fragen wie die folgenden (bei denen die richtige Antwort zu unterstreichen war): »Rosa Bonheur ist eine berühmte Dichterin Malerin Komponistin Bildhauerin«; »Der Verfasser von ›Der Rabe‹ heißt Stevenson Kipling Hawthorne Poe«.

Die Grafik 63 vermittelt einen überaus anschaulichen Eindruck vom eben erwähnten Unterschied zwischen Nord- und Südstaaten. Natürlich ließe sich durch eine entsprechend gezielte Auswahl auch ein ausgesprochen irreführendes Bild erwecken. So könnte man zum Beispiel einen Staat herausgreifen, in dem die Europiden ungewöhnlich gut, und einen anderen, in dem die Neger ungewöhnlich schlecht abschnitten, und diese Ergebnisse zur Untermauerung der These von der Überlegenheit der Europiden ausschlachten. In welche Sackgasse eine solche Auswahl führen kann, zeigt das Beispiel des Staates New Mexico, wo ein auf den ersten Blick höchst überraschendes Testergebnis erzielt wurde: 55,5 Prozent der Negerrekruten erhielten bei der Bewertung den Buchstaben *A* – eine Leistung, die die europiden Rekruten in keinem Teil des Landes auch nur annähernd erreichten; nur 4,1 Prozent der 93 973 Weißen schwangen sich in diese erhabene Höhe auf. Doch die Bewunderung ist sofort vorbei, wenn man hört, daß es sich um 55,5 Prozent von – *neun* Rekruten handelte! Durch welchen erstaunlichen Zufall fünf von neun Negerrekruten aus New Mexico die Wertung *A* erhielten, wird im offiziellen Report nicht näher erläutert. Um vorschnelle Folgerungen zu vermeiden, sollte man sich auch die weniger schmeichelhaften Daten aus Georgia vergegenwärtigen, wo mehr Neger zur Musterung antraten als in irgendeinem anderen Staat (insgesamt 2187), von denen aber nur 0,1 Prozent (zwei Bewerber) die Note *A* erhielten.

Professor Otto Klineberg und andere Psychologen haben die Ergebnisse des Militärtests in selektiver Manier analysiert, indem sie jene vier (596, 597, 14) und drei Nordstaaten, in denen die Neger besonders gut abschnitten, mit den vier oder drei Südstaaten, in denen die Europiden besonders niedrige Werte erzielten, verglichen. Mit Hilfe dieses selektiven Verfahrens konnte Klineberg nachweisen, daß die Negerrekruten in manchen Nordstaaten, insbesondere Ohio, beim Alpha-Test höhere Durchschnittspunktwerte erzielten als die europiden Rekruten in bestimmten Südstaaten, insbesondere Mississippi. (Die von den Negern aus Ohio beim Alpha-Test erzielten Durch-

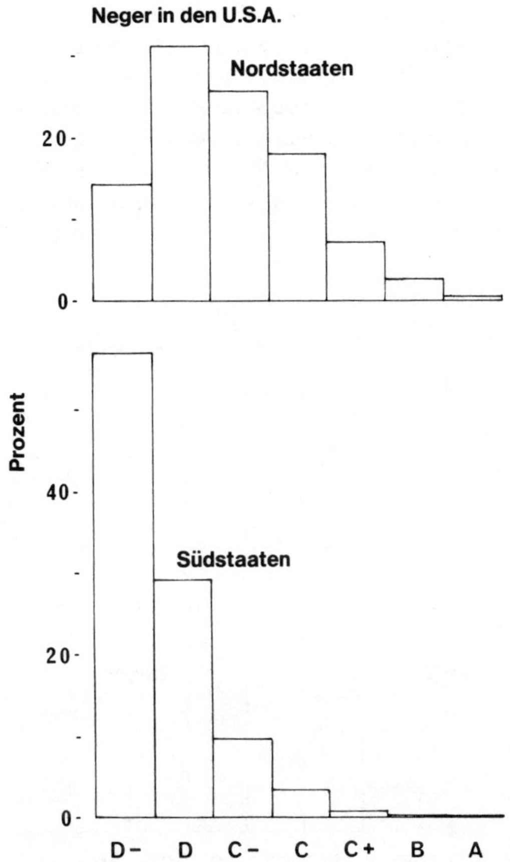

63 Intellektuelle Fähigkeiten der von der U. S.-Army während des Ersten Weltkriegs einberufenen Negersklaven aus den Nord- und Südstaaten laut »Alpha«-Test. Weitere Einzelheiten siehe Text sowie Bildunterschrift zu Grafik 62. – Grafische Darstellung nach den Daten von Yerkes (1164).

schnittswerte lagen laut Klineberg bei 49,50, dagegen konnten die Europiden aus Mississippi nur 41,25 verbuchen.)

Da die Punktzahlen beim Alpha-Test eindeutig auch von der offiziellen Schulbildung abhingen, diese Bildung aber in den überwiegend städtisch organisierten Nordstaaten im allgemeinen besser war als im ländlichen Süden, empfiehlt es sich, Europide und Neger in einem Nord- und einem Südstaat zu vergleichen. Ich möchte hier im Anschluß an Klineberg Ohio und Mississippi herausgreifen; die im Alpha-Test erzielten Wertungen entstammen den Tabellen 200 und 248 von Yerkes. Da er die Punktzahlen des einzelnen Rekruten nicht gesondert aufführt, lassen sich zwar keine Mittelwerte angeben, aber doch ziemlich genaue Annäherungen, wobei anzumerken ist, daß Buchstabe *C* (also die Wertung für durchschnittliche Intelligenz) 45 bis 74 Punkte umfaßt. Hier der beachtenswerte Vergleich:

Staat	*Probanden*	*Durchschnittspunktzahlen zwischen*
Ohio	Europide	65–69
	Neger	45–49
Mississippi	Europide	40–44
	Neger	10–14

Die Darstellungen 64 und 65 veranschaulichen die von den Rekruten aus Ohio und Mississippi erzielten Ergebnisse in grafischer Form. Es sei noch einmal daran erinnert, daß Tabelle und grafische Darstellungen im Anschluß an Klineberg den Nordstaat, in dem die Neger am besten, und den Südstaat, in dem die Europiden am schlechtesten abschnitten, zeigen.

Wider Erwarten brachten die Punktzahlen des Beta-Tests die Überlegenheit der Europiden noch deutlicher zur Geltung. Im übrigen arbeiteten die Statistiker der Army eine Methode aus, um aus den Ergebnissen des Alpha- und Beta-Tests einen Sammelwert zu errechnen. Als man dieses Verfahren auf die vier Nordstaaten, in denen laut Klineberg die Neger am besten, und auf die vier Südstaaten, in denen die Europiden am schlechtesten abgeschnitten hatten, anwandte, ergaben sich folgende Resultate:

Durchschnittspunktzahlen des kombinierten Alpha- und Beta-Tests

Neger aus den Südstaaten	9,9
Neger aus den Nordstaaten	12,0
Europide aus den Südstaaten	12,7
Europide aus den Nordstaaten	14,1

Wie sich anhand dieser umfassenden Auswertung zeigte, lagen also die Europiden aus den vier Staaten mit den *schlechtesten* Ergebnissen der Weißen immer noch vor den Negern aus den vier Staaten mit den *Bestleistungen* der Schwarzen. Alper und Boring (14) führen dieses Resultat auf die »Bildungsbenachteiligung« der Neger zurück, obgleich im Grunde jeder, der den Alpha-

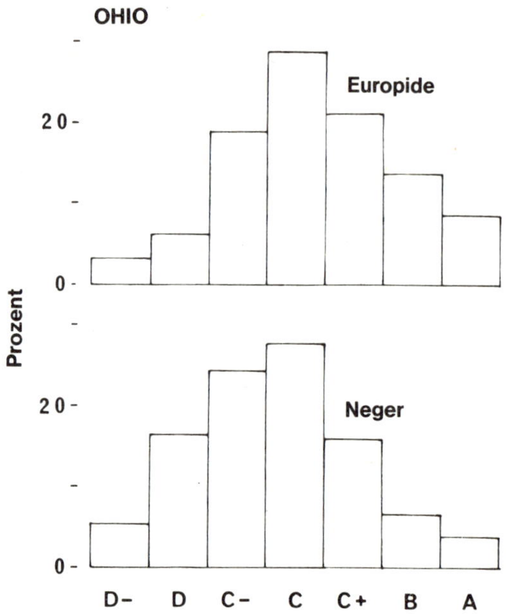

64 Intellektuelle Fähigkeiten der von der U. S.-Army während des Ersten Weltkriegs einberufenen europiden und schwarzen Rekruten aus Ohio laut »Alpha«-Test. Weitere Einzelheiten siehe Text und Bildunterschrift zu Grafik 62. – Grafische Darstellung nach den Daten von Yerkes (1164).

und Beta-Test genauer nachprüft, einräumen wird, daß letzterer *weniger* vom erlernten Schulwissen abhängt.

Bei der von den Army-Tests ausgelösten Kontroverse wurde besonders betont, die aus ihrem Hauptzentrum in den Südstaaten nach Norden abgewanderten Neger seien aller Wahrscheinlichkeit nach die geistig aktiveren gewesen, was ihnen oder ihren Nachkommen (die ja ihre intellektuellen Fähigkeiten ererbt hätten) naturgemäß die besseren Testergebnisse eingetragen habe. Doch so plausibel die Hypothese von der »selektiven Migration« auch klingt, sie wurde in verschiedenen Publikationen angegriffen und von Professor Klineberg sogar in einem eigenen Buch untersucht (595). Klineberg weist nach, daß in jüngster Zeit nach Norden verzogene Negerkinder ihren Alters- und Geschlechtsgenossen im Süden geistig nicht überlegen sind, doch ist dazu einschränkend zu sagen, daß sprach- und damit gleichzeitig in stärkerem Maße kulturfreie Tests als die von ihm zugrundegelegten ein etwas anderes Bild ergeben. Der Wissenschaftler räumt auch selbst in einem anderen Buch ein: »Es muß hinzugefügt werden, daß das Ergebnis bei Handlungstests nicht so klar zutage tritt und daß sich der Umwelteinfluß also, soweit aus diesen Studien zu entnehmen, weitgehend auf Tests mit eindeutig linguistischer Komponente beschränkt« (596).

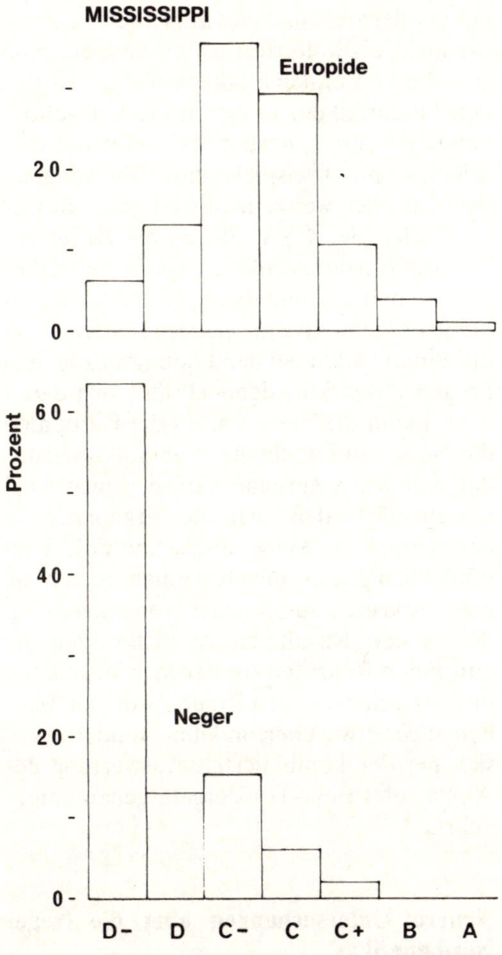

65 Intellektuelle Fähigkeiten der von der U. S.-Army während des Ersten Weltkriegs einberufenen europiden und schwarzen Rekruten aus Mississippi laut »Alpha«-Test. Weitere Einzelheiten siehe Text und Bildunterschrift zu Grafik 62. – Grafische Darstellung nach den Daten von Yerkes (1164).

Klinebergs Einwände gegen die Hypothese von der selektiven Migration sind wiederum von Professor Henry E. Garrett angefochten worden (384). Garrett, der die von Klineberg zugrundegelegten Daten seinerseits überprüfte, verweist auf etliche signifikante Auslassungen in Klinebergs Darstellung sowie auf einen Fehler, aufgrund dessen einer Gruppe von Negerkindern aus Los Angeles ein zu hoher Durchschnitts-IQ zugeschrieben wurde. Außerdem handelte es sich laut Aussage eines zum Zeitpunkt des Tests in Los Angeles anwesenden Informanten bei den getesteten Kindern um Sprößlinge einer schwarzen Elite (837). Dennoch verdienen Klinebergs Schriften Beachtung, kann doch niemand ein ausgewogenes Urteil über die Ergebnisse des Army-Tests gewinnen, ohne die Möglichkeit der selektiven Migration in Betracht zu ziehen.

Professor Audrey M. Shuey, die diesen ganzen Fragenkomplex noch einmal ausführlich aufrollte (966), stellte anhand der verfügbaren Unterlagen zwischen den Negerkindern aus dem Norden und Süden in neuerer Zeit geringere Unterschiede in den intellektuellen Leistungen fest als zwischen den Rekruten aus beiden Regionen zur Zeit des Ersten Weltkriegs. Anhand der Ergebnisse vieler verschiedener Tests setzt sie den Unterschied auf durchschnittlich sieben IQ-Punkte zugunsten des Nordens an. Nun leben aber zufällig eine beträchtliche Anzahl aus dem Süden gebürtiger Negerkinder im Norden und besuchen dieselben Schulen wie ihre dortigen schwarzen Altersgenossen; unterzieht man beide Gruppen Intelligenztests, überrunden die Probanden aus dem Norden die aus dem Süden um nur drei bis vier (statt sieben) IQ-Punkte. Shuey folgert daraus, daß die IQ-Unterschiede zwischen Negerkindern aus Nord und Süd rund zur Hälfte auf Milieuunterschiede und im übrigen auf selektive Migration der Eltern zurückgehen.

Bei Debatten über die Leistungsunterschiede zwischen Negern aus den Nord- und Südstaaten scheint ein nicht unerheblicher Umstand übersehen worden zu sein: Wie sich bei vier in der zweiten Hälfte des 19. Jahrhunderts in den USA durchgeführten Volkszählungen, bei denen die Mulatten* gesondert erfaßt wurden, herausstellte, lag ihr Prozentsatz im Verhältnis zu den »Vollnegern« dort am höchsten, wo sich die Neger gegenüber den Europiden am auffälligsten in der Minderzahl befanden. Konkret ausgedrückt: Während die Mulatten 1890 nur 14 Prozent der Negerbevölkerung von Kentucky, Tennessee, Alabama, Louisiana, Arkansas, Oklahoma und Texas stellten, betrug ihr Anteil in den Neuengland-Staaten 32,7 Prozent (1015). Und wenn auch dahinsteht, ob sich zur Zeit des Army-Tests ähnliche Zahlen ergeben hätten, dürfte sich die unterschiedliche Verteilung der Mischlinge verschiedenen Grades höchstwahrscheinlich auf die Ergebnisse ausgewirkt haben (vergleiche Kapitel 12, Seite 164 f.).

Was also läßt sich letztlich aus dem Yerkes-Report und der anschließenden Kontroverse ableiten? Vor allem, so scheint mir, sollte man sich vor einer Datenauswahl hüten, die zu einseitigen Schlüssen verleitet. Will man in einem großen und unterschiedlich strukturierten Land zwei Personengruppen (wie in diesem Fall Europide und Neger) miteinander vergleichen, und dies mit Hilfe von Tests, die nicht als kulturfrei gelten können, muß sich dieser Vergleich fairerweise auf Regionen beschränken, in denen die Umweltbedingungen im weitesten Sinn ungefähr dieselben sind (beispielsweise überwiegend ländlich oder weitgehend städtisch). In vielen Teilen der USA dürften die Neger zur Zeit der von der Army durchgeführten Erhebungen in der Schulbildung hinter den Europiden hergehinkt sein, was sich sicherlich auf die Punktzahlen bei den bildungsbezogenen Fragen auswirkte; dennoch läßt sich damit wohl kaum erklären, warum die Europiden die Neger im Durchschnitt überall überrundeten (auch wenn man natürlich nicht vergessen darf, daß sich die Ergebnisse in beträchtlichem Maße überschnitten). Und schließlich gilt es noch festzuhalten, daß die Negerrekruten aus den vier Nordstaaten mit den besten Resultaten der Schwarzen die europiden Rekruten aus den vier Südstaaten mit den schlechtesten Ergebnissen der Weißen *nicht* etwa überrundeten, sondern, wie sich bei der kombinierten Auswertung des Alpha- und Beta-Tests ergab, genau umgekehrt.

Neuere Untersuchungen über die Neger Nordamerikas

Seit den frühen Tagen der Psychoanalyse sind die intellektuellen Fähigkeiten der nordamerikanischen Neger und die geistigen Unterschiede zwischen den Rassen in allen ihren Aspekten in vielen Abhandlungen erörtert worden, allerdings auf sehr allge-

* Offenbar wurde das Wort »Mulatten« bei diesen Zählungen ohne weitere Präzisierung zur Bezeichnung von Schwarzen verwendet, deren Äußeres deutliche Spuren eines europiden Erbes aufwies.

meine Weise und ohne besondere Berücksichtigung der kognitiven Fähigkeiten, so 1931 von Garth (389), 1956 von Tyler (2. Auflage) (1077) und 1960 von Dreger und Miller (278). Alle genannten Autoren attestieren den nordamerikanischen Negern im Durchschnitt geringere intellektuelle Fähigkeiten als ihren weißen Landsleuten und führen dies mit unterschiedlicher Bewertung auf Milieuunterschiede zurück.

Garth bringt seine Argumente ziemlich dogmatisch vor. »Es ist abwegig«, bemerkt er, »von der Wertlosigkeit sogenannter ›inferiorer Völker‹ zu sprechen, solange ihr Wert nicht durch einen fairen Test ermittelt wurde« (389). Wer indessen von Wertlosigkeit spricht, verrät er uns ebensowenig, wie er stichhaltige Beweise für den angeblich unfairen Charakter sämtlicher Tests anführt. Auch Dreger und Miller schieben die Ergebnisse auf die Tests und betonen, schwarze Kinder verhielten sich im Alltag nicht anders als weiße, deren IQs um zehn Punkte höher liegen. Beide Autoren scheinen demnach ihrem subjektiven Eindruck mehr zu vertrauen als den Resultaten von Intelligenztests und folglich auch den Versuch, die Testmethoden zu verbessern, für verlorene Liebesmüh zu halten, denn sie verkünden: »Das Bestreben, einen kulturfreien Test zu konstruieren, ist illusorisch« (278). Im Gegensatz dazu verfährt Tyler gemäßigt und begründet ihre Argumente sorgfältig (1077). Sie erwähnt die bemerkenswerte, dem Grundtenor ihrer Darstellung eigentlich zuwiderlaufende Tatsache, daß in Kent County, Ontario, wo sich Neger und Europide im sozioökonomischen Status näherstehen als irgendwo sonst im Land und nur minimale Rassendiskriminierung herrscht, die Weißen den Schwarzen bei sämtlichen verbalen und sprachfreien Tests um 15 bis 19 IQ-Punkte voraus waren. Obgleich Tyler der Milieutheorie zuneigt, packt sie das schwierige Problem ohne Voreingenommenheit an, und so kann man ihre Darstellung jedem am Thema Interessierten nur empfehlen.

1958 erschien ein Werk von Professor Audrey M. Shuey vom Randolph-Macon Woman's College, das sich von den übrigen einschlägigen Arbeiten insofern unterschied, als es sich fast ausschließlich auf die Ergebnisse von Intelligenztests beschränkte (allerdings Intelligenztests im weiteren Sinn des Wortes, da einige der Tests auch ein oder zwei nicht strikt kognitive Items umfassen). Das Buch trug den Titel *The testing of Negro intelligence* (965) und war umfassender und systematischer als alle voraufgegangenen Publikationen über das Thema. Dreger und Miller fanden es »polemisch« (278), doch scheinen sie das Adjektiv nicht im landläufigen Sinne zu gebrauchen, da sich Shuey weder mit aggressiven Kontroversen noch mit beleidigenden persönlichen Attacken gegen Andersmeinende abgibt, sondern lediglich die Ergebnisse einer Vielzahl von Tests in standardisierten Tabellen auswertet und kritisch erörtert.

Acht Jahre später, 1966, veröffentlichte Shuey dann eine neue, beträchtlich erweiterte Auflage (966), ein monumentales Standardwerk, das die verschiedenen Personengruppen der nordamerikanischen Gesellschaft – Kleinkinder, Volks- und Oberschüler, Universitätsstudenten, das Militär beider Weltkriege, Veteranen und andere erwachsene Zivilisten, Begabte und Zurückgebliebene, Delinquenten und Kriminelle – gesondert untersucht und innerhalb jeder Kategorie einen Vergleich zwischen Negern und Europiden zieht. Da eine ausführliche Erörterung der von der Autorin aufgeführten Daten und der daraus für jede Kategorie abgeleiteten Folgerungen in einem Buch wie diesem, das sämtliche Aspekte des ethnischen Problems (außer den praktischen) beleuchten will, zu weit führen würde, wollen wir unsere Aufmerksamkeit hauptsächlich auf die Schulkinder und ihre in IQ-Werten erfaßbaren Leistungen konzentrieren. Denn trotz aller scharfsinnigen Anpassungsversuche verliert der IQ bei Erwachsenen an Bedeutung, und ebenso fraglich erscheint, ob er über noch nicht schulpflichtige Kinder wirklich nützliche Informationen liefert.

Schulkinder dagegen sind ideale Probanden – nicht nur, weil bei ihnen der Begriff »Intelligenzalter« (und damit auch der IQ) sinnvoller erscheint als in späteren Lebensphasen, sondern auch, weil man mit ihnen dank ihrer großen Zahl ohne weiteres umfassende Tests durchführen kann.

Beginnen wir mit den verbalen Gruppentests, die, da sie sich leichter abnehmen lassen als andere Testarten, auch mit wesentlich mehr Probanden durchgeführt wurden. Shuey berichtet über die Ergebnisse von insgesamt achtzehn verbalen Gruppentests (darunter so bekannten wie dem Kulmann-Anderson und dem National Intelligence Test), die man über sechzigtausend schwarzen Schülern und einer großen Anzahl europider Vergleichspersonen vorlegte. Zwar erbrachten diese Verfahren nicht durchweg in IQ-Werten fixierbare Ergebnisse und deckten sich hinsichtlich der IQs nicht immer exakt, doch gelang es, die Resultate von circa fünfzigtausend Negerschülern zu einem »kombinierten Durchschnitts-IQ« zusammenzufassen. Dieser Durchschnittswert lag bei 84,0, wobei daran erinnert sei, daß 100 auf der IQ-Skala ziemlich genau die Durchschnittsintelligenz einer Zufallsstichprobe europider Kinder aus den USA anzeigt. Der Durchschnitts-IQ der schwarzen Schüler aus den Südstaaten lag bei 80,6, der aus den Grenz- und Nordstaaten bei 89,9 beziehungsweise 89,7. Bei achtundfünfzig der von Shuey erfaßten Untersuchungen wurden auch europide Kinder getestet, die in siebenundfünfzig Fällen die höheren Durchschnittswerte erzielten. In einigen Erhebungen ist auch der Prozentsatz an Negerkindern aufgeführt, deren Leistungen die Durchschnitts-Punktzahlen der Europiden überschnitten; die Zahl aller dieser Fälle lag im Mittel bei zehn Prozent.

Daneben berichtet Shuey über die Ergebnisse sprachfreier Gruppentests, die von verschiedenen Psychologen mit nahezu fünfzehntausend schwarzen und vielen weißen Schülern durchgeführt wurden. Es handelt sich um Tests von sehr unterschiedlichem Charakter, die neben Ravens Progressive Matrices, dem »Beta-Test« der Army, den Davis-Eells Games, dem Pinter Cunningham und dem Dearborn A noch ein Dutzend weiterer Verfahren umfaßten. Bei den von über neuntausend schwarzen Probanden absolvierten IQ-Tests dieser Serie lag der kombinierte Durchschnitts-IQ laut Shueys Berechnungen bei 85, doch schwanken die Ziffern für die verschiedenen Landesteile ganz erheblich, von 77 in den ländlichen Gebieten des *Nordens* bis 91 in den städtischen Grenzregionen. Bei achtzehn der neunzehn Untersuchungen, die einen Vergleich zwischen Kindern aus denselben Orten zogen, erzielten die Europiden die höheren Durchschnittswerte. In einer Stadt im Nordosten der USA, wo schwarze und weiße Sieben- bis Neunjährige aus Familien von niedrigem sozioökonomischem Status anhand der Progressive Matrices getestet wurden, erreichten die Neger einen Durchschnitts-IQ von 80,5, die Europiden von 90,8. (Wie bereits erwähnt, gilt dieser überaus klug konstruierte kulturfreie Test, der vor allem induktives Denken voraussetzt, als stark auf *g* zugeschnitten, vergleiche Seite 316 und 320 f.)

Neben diesen Gruppentests wertet Shuey auch vierzehn verschiedene, mit nahezu zehntausend schwarzen Schülern durchgeführte Einzeltests aus, darunter den Stanford-Binet von 1916, 1937 und 1960 und andere, fast ebenso bekannte Verfahren. Über siebentausend Negerschüler absolvierten Tests, deren Ergebnisse sich auf der IQ-Skala fixieren ließen, der kombinierte Durchschnitts-IQ dieser Gruppe lag zwischen 84 und 85. Auch hier schnitten die städtischen Grenzgebiete mit einem kombinierten Durchschnitts-IQ von 90 am besten ab, während die ländlichen Gebiete des Südens mit nur 77 Punkten das Schlußlicht bildeten. Im übrigen entsprach die Streuungsbreite der kombinierten Durchschnitts-IQs (77 bis 90) ziemlich genau den bei den sprachfreien Gruppentests eruierten Werten. An dreiundzwanzig Einzeltests wurden auch europide Kinder beteiligt, welche die Negerkinder in einundzwanzig Fällen im Schnitt überrundeten und in den beiden restlichen mit ihnen gleichzogen. Allerdings ist dazu zu bemerken, daß bei einem dieser Tests viele der beteiligten europiden Probanden aus nicht englischsprechenden Familien stammten, wodurch sie in den mündlich abgenommenen Aufgaben zweifellos benachteiligt waren, auch wenn Englisch die gemeinsame Schulsprache darstellte.

Die Tatsache, daß verbale Gruppentests, sprachfreie Gruppentests und Einzeltests für die Negerschüler übereinstimmend kombinierte Durchschnitts-IQs von 84–85 erbrachten, ist eines der bemerkenswertesten Ergebnisse von Shueys ausführlicher Analyse.

Wir wollen hier die auf Seite 339 aufgeführten Negergruppen nicht einzeln behandeln (der an detaillierteren Informationen interessierte Leser sei auf Professor Shueys Buch verwiesen), sondern uns mit dem Hinweis begnügen, daß die Testergebnisse der Schüler denen der anderen Gruppen entsprachen und daß die Europiden die Neger in der Regel bei Intelligenztests um dieselbe Spanne überrunden.

1966, im selben Jahr wie Professor Shueys Buch, erschien auch ein Bericht über die Geistesfähigkeiten der amerikanischen Schüler, die im Jahr zuvor im Auftrag des Ministeriums für Gesundheit, Erziehung und Wohlfahrt in einer großangelegten Untersuchung getestet worden waren (216). Diese Ermittlung soll hier kurz als Coleman-Report bezeichnet werden, obwohl Coleman lediglich der erste der sieben Autoren ist. Wie umfassend diese Erhebung war, zeigt allein schon der Umstand, daß zur Durchführung der Tests nahezu zwanzigtausend Lehrkräfte erforderlich waren. Mit fünferlei »in keiner Weise ›kulturgemäßen‹« Tests (durchweg Gruppentests) sollten sprachliche Fähigkeiten, nichtsprachliche Fähigkeiten, Leseverständnis, mathematische Leistung und Allgemeinwissen, kurzum, wie Coleman und seine Kollegen betonen, die *Leistung* ermittelt werden. Doch mag man auch die Verfahren zur Erfassung der mathematischen Leistung, des Allgemeinwissens und gegebenenfalls des Leseverständnisses als Leistungstests einstufen, die Tests für sprachliche und nichtsprachliche Fähigkeiten waren den aufgeführten Beispielen nach zu schließen, reine Intelligenztests, deren Items sich in keiner Weise zur Messung der Fähigkeit, Schulwissen aufzunehmen und wiederzugeben, eigneten. Und was die kulturelle Chancengleichheit angeht, so wurde sie wohl tatsächlich allen denjenigen geboten, die die allgemeine Schulbildung in den USA genossen (die lesen und schreiben gelernt hatten) – freilich mit der Einschränkung, daß sich Kinder, die Englisch nicht als Muttersprache sprachen oder im Alltag zweisprachig waren, bei den verbalen Tests bis zu einem gewissen Grad eindeutig im Nachteil befanden.

Die Tests wurden an sämtlichen Schulen in der 1., 3., 6., 9. und 12. Klasse durchgeführt (bedauerlicherweise stufte man die Schüler nur nach Klassen und nicht nach Alter ein), und jede Klasse absolvierte (mit Ausnahme der 3., die zwei sprachfreie Tests zu bewältigen hatte) je einen verbalen und einen sprachfreien Test. Die Ergebnisse wurden im Report anhand anschaulicher grafischer Darstellungen prozentual erfaßt und jeweils auf den Mittelwert (50 Prozent) bezogen. Obwohl die Schüler jeder Klasse die Tests gemeinsam ablegten, bringt der Report gesonderte Diagramme mit den Punktzahlen folgender Probandengruppen: »Weiße« (Europide ohne andere rassische Beimischungen), »Neger«, »Amerikaner orientalischer Abstammung« (Mongolide), »Amerikaner mexikanischer Abstammung« und »Puertoricaner«. (Die beiden letzgenannten, stark gemischten Gruppen sollen hier nicht weiter berücksichtigt werden. Zu den Testergebnissen der Mongoliden und Indianiden siehe Seite 344 f. und 346 f.)

Die beiden größten Gruppen – Europide und Neger – wurden auf regionaler Basis jeweils in acht Untergruppen eingeteilt: *Großstädter*

(Nordosten, Mittelwesten, Westen, Süden und Südwesten) und *Nicht-Großstädter* (Norden und Westen, Süden und Südwesten).

In allen fünf Klassen (einschließlich der dritten, die zwei sprachfreie Tests ablegte) schnitten die Europiden aus sämtlichen acht Regionen (einschließlich derjenigen, in der sie die niedrigsten Werte erzielten) sowohl bei den Tests über sprachliche als auch nichtsprachliche Fähigkeiten durchschnittlich besser ab als die Neger aus sämtlichen acht Regionen (einschließlich derjenigen mit den Bestwerten der Schwarzen). Der Durchschnittswert der Europiden entsprach in etwa der 75-Prozentmarke der Neger oder, anders gesagt, diejenigen Neger, die dieselbe Durchschnittswertung wie die Europiden erzielten, übertrafen circa 75 Prozent der schwarzen Testgruppe insgesamt.

Nun darf man allerdings nicht übersehen, daß bei nahezu jeder wesentlichen Erhebung ein gewisser Prozentsatz an Schwarzen den Durchschnitt der Europiden übertrifft oder »überschneidet«, also einen höheren Wert oder IQ erzielt als 50 Prozent der europiden Vergleichsgruppe. Shuey zieht aus den in ihrem Buch zusammengestellten Daten den Schluß, der Prozentsatz der Überschneidungen liege durchschnittlich bei elf Prozent, also bei weitem nicht so hoch, wie manche Autoren aufgrund einer im einschlägigen Schrifttum hartnäckig wiederkehrenden, auf einer ungenügenden Zahl von Untersuchungen basierenden und daher zu hohen Ziffer angenommen haben.

Für sich allein betrachtet, geben diese Überschneidungsziffern natürlich nur unvollständige Aufschlüsse: Die Betreffenden könnten sich allesamt nahe um den Mittelwert gruppieren, und die Variabilitätskurve könnte in dieser Hinsicht ausgesprochen asymmetrisch oder auch normal mit nur geringer Streuungsbreite sein (vergleiche Garrett, 385). Da es aber gerade interessant wäre, festzustellen, wie weit sich die intellektuellen Fähigkeiten nach oben erstrecken, haben sich manche Autoren nach Negerkindern mit ungewöhnlich hohem IQ umgesehen, auf die man teilweise auch bei Untersuchungen anderer Art beiläufig gestoßen war.

Die erste großangelegte Ermittlung, die Licht auf dieses Problem warf, wurde von Terman durchgeführt und 1926 veröffentlicht (1036). Terman, der in bestimmten kalifornischen Städten die Kinder mit Spitzen-IQs ausfindig machen wollte und zu diesem Zweck praktisch ganz Los Angeles, San Francisco und Oakland sowie fast ganz Berkeley und einen Teil von Alameda erfaßte, bat die Lehrer dieser Orte in einem Rundschreiben um die Namen der in ihren Augen besonders klugen Kinder und siebte aus dieser großen Gruppe durch eine Abfolge von Intelligenztests (den Abschluß bildete der komplette Stanford-Binet) die klügsten aus. Sämtliche Kinder mit IQ 140 und mehr wurden so zu einer hochgradig exklusiven Gruppe von »Begabten« zusammengefaßt, in die Terman jedoch auch etliche Probanden ab IQ 132 aufnahm. Schließlich belief sich die Gesamtzahl der unter rund 168 000 Kandidaten ausgewählten Begabten auf insgesamt 643, davon 99 Prozent Europide (die auf eigenen Schulen unterrichteten Chinesenkinder waren in die Ermittlung nicht einbezogen worden). Über zwei Drittel dieser Gruppe fielen in die IQ-Bereiche 140–144, 145–149 und 150–154, ein einziges Kind erreichte die Wertung 200–204.

Da die begabten Kinder rund 0,38 Prozent der zur Auswahl herangezogenen Gesamtgruppe stellten, kann man diese Zahl in etwa auf sämtliche europide Kinder in den fünf Städten umlegen, und ebenso dürfte, da sich der Anteil der Neger in diesen Städten auf circa zwei Prozent der Bevölkerung belief, die Zahl der schwarzen Kinder innerhalb der Auswahlgruppe zwei Prozent von 168 000 betragen haben. Von diesen Kindern fielen nur zwei in die Kategorie der Begabten, also ziemlich genau 0,06 Prozent, womit der Prozentsatz der Begabten bei den europiden Kindern rund sechsmal so hoch wie bei den Negern lag. Terman beschreibt die beiden

Negerkinder aus der Begabtengruppe als »Mischlinge mit weißem Erbe«, gibt aber nicht an, welche Wertungen sie auf der IQ-Skala erzielten.

Bei ihrer Analyse der vielen, im Anschluß an Terman in verschiedenen Teilen der USA durchgeführten Untersuchungen, bei denen insgesamt weitaus mehr Negerkinder (aber weniger Europide) als ehedem getestet wurden, stellte Shuey in beiden Gruppen einen höheren Prozentsatz an Begabten fest (966); dennoch übertrafen die Europiden die Neger in dieser Hinsicht rund ums Achtfache.

Daß eine gewisse Anzahl von Negerschülern sehr hohe IQs erreicht, zeigt der aufsehenerregende Fall eines neun Jahre und vier Monate alten Mädchens*, über den Witty und Jenkins von der Northwestern University in Illinois 1935 berichteten (1144). Diese kleine, als »B« bezeichnete Schwarze, nach Ansicht der Autoren » eins der frühreifsten und vielversprechendsten Kinder in ganz Amerika«, erzielte folgende erstaunliche IQ-Werte: Stanford-Binet, 200, Otis S.A. (mittlerer Schwierigkeitsgrad, Form A), 180, Alpha-Test der Army, 185 (durchgesehene Fassung von 1925), McCall Multimental, 170. Bei Handlungstests hingegen waren ihre Leistungen gut, aber nicht überragend. Laut Aussage ihrer Mutter stammte »B« von »reinen Negern ab«; die Mutter ihrerseits war Lehrerin, der Vater Absolvent eines College für Angewandte Wissenschaft. Witty und Jenkins führten die Fähigkeiten des Kindes »auf ein glückliches biologisches Erbe plus ziemlich guten Entwicklungsmöglichkeiten« zurück.

Jenkins führte seine Untersuchungen über begabte Neger in späteren Jahren fort, indem er alle einschlägigen Veröffentlichungen nach Negern mit IQ 130 und darüber durchforschte. Im Verlauf dieser (1948 publizierten) Studie fand er Berichte über achtzehn Negerkinder, die nach dem Stanford-Binet-Test einen IQ von über 160 erzielten; sieben davon lagen über 170, vier über 180 und eins (vermutlich »B«, obgleich diesbezügliche Angaben fehlen) bei 200 (549). Zwei dieser talentierten Kinder hatten bereits mit dreizehn Jahren die Oberschule absolviert und ein Hochschulstudium aufgenommen. (Leider macht Jenkins keinerlei Angaben, ob sich unter diesen hochbegabten Negern Mischlinge befanden, und im zutreffenden Fall, welchen Grades.)

Wenn Fälle wie die eben zitierten auch nicht ohne Einfluß auf unsere Ansichten zum ethnischen Problem bleiben können, kommen sie doch laut Jenkins bei Negern »wesentlich seltener« vor als bei Europiden. Als mögliche Erklärung für den geringen Prozentsatz an hochbegabten Schwarzen nennt der Wissenschaftler Milieuunterschiede, ohne sich jedoch in dieser Hinsicht endgültig festzulegen.

Offensichtlich fehlt es bislang an präziseren Informationen, welche Intelligenzfaktoren bei den Negern am stärksten oder schwächsten ausgebildet sind. Diese Wissenslücke geht vermutlich darauf zurück, daß viele Forscher Tests wie den Stanford-Binet bevorzugen, bei denen nicht Einzelfaktoren, sondern eher die Intelligenz als solche mit einiger Zuverlässigkeit erfaßt wird, während über die Ergebnisse der trennschärferen Einzelitems normalerweise keine gesonderten Berichte veröffentlicht werden. Vertraut man jedoch den allgemeinen Eindrücken derjenigen, die dieses Thema in ihren Schriften erwähnen, zeichnen sich Neger bei kulturgemäßen oder angeblich kulturfreien Tests im großen und ganzen nicht sonderlich aus und bewähren sich bei verbalen Aufgaben besser als bei sprachfreien. Tatsächlich wird ihnen ziemlich übereinstimmend beträchtliche Wortgewandtheit und ein gutes mechanisches Gedächtnis attestiert, dagegen scheinen sie im logischen und abstrakten Denken, im Zahlenrechnen und Begriffsgedächtnis eher schwach zu sein (vergleiche

*Wie Professor H. J. Eysenck in seinem jüngst erschienenen Buch *Race, intelligence and education* hervorhebt, schneiden Negermädchen und -frauen bei Intelligenz- und Leistungstests besser ab als ihre schwarzen männlichen Altersgenossen.

Jensen, 551, Peterson, 838, Pintner, 844, Shuey, 966, Tyler, 1077, und Yerkes, 1164).

Obwohl der Einfluß des Milieus auf die Ergebnisse von Intelligenztests in allgemeiner Form bereits erörtert wurde (vergleiche Seite 314 f., 323, 329 f.), hier noch einen kleinen Exkurs über den in der Literatur ausgiebig behandelten Sonderfall der nordamerikanischen Neger. Eigentlich müßte kaum betont werden, daß zwischen einem schwarzen und einem weißen US-Bürger nicht annähernd so große Umweltunterschiede bestehen wie zwischen den primitiven Völkern ferner Erdteile und den Einwohnern hochzivilisierter Länder; trotzdem heben einige Fachleute die in Nordamerika faktisch bestehenden Unterschiede sehr nachdrücklich hervor. Hält man ihnen entgegen, auf dem Gebiet der Intelligenztests werde alles getan, um aus diesen Unterschieden erwachsende Fehler auszuschalten, flüchten sie sich nicht selten in eine Ausweichtaktik, statt das Problem durch Anregung neuer Techniken anzugehen. So erkennt Professor J. F. Crow von der Wisconsin University diese Anstrengungen an und räumt ein, daß die IQs der Neger dennoch hinter denen der Europiden zurückbleiben, er hält es aber durchaus für möglich, »daß der Umstand, in unserer (amerikanischen) Gesellschaft Schwarzer oder Weißer zu sein, einen oder mehrere Umweltaspekte so entscheidend verändert, daß sich der Unterschied hieraus erklärt« (233).
Dr. F. C. McGurk, der die sogenannte »Kulturhypothese« in einer Sonderstudie untersucht (724), kommt zu dem Ergebnis, die »Überschneidungsziffern« hätten sich trotz erheblicher Verbesserungen im kulturellen Milieu und sozialen Status der amerikanischen Neger seit dem Ersten Weltkrieg mehr oder weniger konstant gehalten. Es wäre interessant, alle einschlägigen Fakten im Hinblick auf die Durchschnitts-IQs erneut zu analysieren.

Einige Wissenschaftler, darunter auch McGurk (723, 724) haben unabhängig voneinander die IQ-Unterschiede zwischen Negerkindern aus verschiedenen sozioökonomischen Klassen untersucht. Shuey, die das einschlägige Material sichtete (966), stellte fest, daß Kinder aus der schwarzen »Oberschicht« im allgemeinen wesentlich niedrigere IQ-Werte erzielten als europide Kinder derselben Klasse – im Durchschnitt um 20,3 IQ-Punkte weniger –, dieser Abstand übertrifft bei weitem den (rund 10–15 IQ-Punkte betragenden) zwischen dem schwarzen US-Durchschnittsschüler und seinem europiden Altersgenossen. Die Negerkinder der sozioökonomischen »Oberschicht« zeigten einen um 2,6 Punkte *niedrigeren* Durchschnitts-IQ als die weißen Kinder der »unteren« und »untersten« sozioökonomischen Klassen, obwohl letztere vom allgemeinen kulturellen Blickwinkel aus gesehen fast zwangsläufig die ungünstigeren Umweltbedingungen vorfanden (mutmaßliche Gründe dafür finden sich in Shueys Buch).
Alle diese Experimente legen nahe, daß das kulturelle Milieu des Elternhauses den Erfolg bei Intelligenztests weniger beeinflußt, als manchmal angenommen wurde. Das ist im Grunde nicht weiter erstaunlich, gingen doch die begabtesten Testkonstrukteure (denen es weniger um die Messung bestimmter Kenntnisse als um die Testung der intellektuellen Fähigkeiten zu tun war) immer nachdrücklicher darauf aus, Items, die ein den mutmaßlichen Probanden nicht allgemein zugängliches Wissen voraussetzten, nach Möglichkeit zu vermeiden.

Mongolide

Bei den in Nordamerika getesteten Mongoliden (den eingewanderten Chinesen und Japanern, aller Wahrscheinlichkeit nach vornehmlich Siniden, Palämongoliden und Mischlingen beider Gruppen) handelte es sich in der Mehrzahl um zweisprachige Kinder, die zu Hause das Idiom ihrer eingewanderten Eltern, in der Schule dagegen Englisch sprachen. Zweisprachige Personen aber gelten bei verbalen Intelligenztests als benachteiligt – jedenfalls erklärt man sich so die vielfach erstaunlich niedrigen IQ-Werte der Nachkommen portugiesischer und italienischer Immigranten.

Der erste, der in Nordamerika lebende mongolide Kinder einem zuverlässigen IQ-Test unterzog, scheint Kwoh Tsuen Yeung gewesen zu sein, der seine Ergebnisse 1921 veröffentlichte (1166). Die Probanden, 109 Chinesenjungen und -mädchen zwischen fünf und vierzehn, waren alle in Amerika geboren und wohnten in San Francisco und Umgebung. Die Eltern stammten vorwiegend aus der Gegend von Kanton, einem hauptsächlich von Palämongoliden (oder, wie Liu sie nennt, Tschukiangiden, 675) besiedelten Teil Chinas, die Väter arbeiteten vornehmlich als Wäschereiangestellte oder in der Landwirtschaft. Die Kinder besuchten öffentliche Schulen und erhielten dieselbe Ausbildung (auf englisch) wie die Europiden, sprachen aber zu Hause, wie gesagt, ihre Muttersprache und hielten am alten Brauchtum ihrer Ahnen fest. Beim Stanford-Binet-Test (ohne Wortschatz-Item) erzielte die Gruppe einen Durchschnitts-IQ von 97 (der Modus lag im Bereich zwischen 96 und 105), ein Kind einen nicht näher spezifizierten IQ im Bereich zwischen 136 und 145.

Wenn auch Yeungs Experiment nun schon Jahrzehnte zurückliegt und sich auf eine kleine Probandenzahl beschränkt, ist sein Ergebnis doch für nahezu alle nachfolgenden Untersuchungen repräsentativ. Wie sich herausstellte, entsprechen die IQs der mongoliden Kinder Nordamerikas im großen und ganzen denen der europiden, auch wenn ihre Zweisprachigkeit die Punktzahlen bei hauptsächlich Wortgewandtheit erfordernden Items zuweilen herunterdrückt. In sprachfreien Tests dagegen erweisen sich die Mongoliden, wie anhand einiger Beispiele aufgezeigt werden soll, den Europiden vielfach als überlegen. Insgesamt sind ihre Testergebnisse so einheitlich, daß sich die Analyse einer größeren Zahl erübrigt, wobei der Gegensatz zu den Negern ganz besonders auffällt.

Bei einer von Professor P. Sandiford von der Universität Toronto geplanten, und von Miss Ruby Kerr mit einer willkürlich ausgewählten Gruppe aus 276 japanischen und 224 chinesischen Jungen und Mädchen von den öffentlichen Volksschulen Vancouvers durchgeführten Untersuchung, bei der der Pintner-Paterson-Handlungstest verwendet (und damit die Sprachschwierigkeit ausgeschaltet) wurde, erzielten die Japaner (beiderlei Geschlechts) einen Durchschnitts-IQ von 114,2, die Chinesen von 107,4. Nicht weniger als 80 Prozent der gesamten japanischen und über 71 Prozent der chinesischen Gruppe erreichten oder übertrafen die Durchschnittswerte der europiden Vergleichsgruppe aus demselben Testgebiet. Sandiford zog daraus den Schluß, die Japaner seien »die intelligenteste in Britisch-Kolumbien ansässige Rassegruppe, während die Chinesen einen nicht ganz so gesicherten zweiten Platz belegen«. Offensichtlich gebraucht der Wissenschaftler das Wort »intelligent« in dem in der psychoanalytischen Literatur üblichen Sinn von intellektuell überlegen. Als Grund für diese Überlegenheit der Japaner nennt er »selektive Migration«, ohne diese Hypothese jedoch durch Tatsachenmaterial zu untermauern (928, 927).

Eine weitere umfangreiche, von einem Psychologenteam unter Leitung Termans durchgeführte Untersuchung japanischer Kinder wird von M. L. Darsie sehr ausführlich beschrieben (249). Die im Hauptteil des Reports erwähnten Probanden, 570 willkürlich ausgewählte, aus verschiedenen kalifornischen Groß- und Kleinstädten stammende Schulkinder zwischen zehn und fünfzehn, die fließend Englisch sprachen, während im Elternhaus fast ausnahmslos Japanisch üblich war, wurden dem vollständigen Stanford-Binet und dem Beta-Test der Army unterzogen, die man zuvor mit Hilfe europider Stadtkinder aus demselben Staat hatte standardisieren können. Während die europiden

Kinder beim Stanford-Binet einen Durchschnitts-IQ von 99,5 erzielten, lag die japanische Gesamtgruppe bei 89,5, wozu jedoch anzumerken ist, daß, da viele der älteren Kinder bereits von der Schule abgegangen waren, die zurückgebliebenen höheren Jahrgänge nicht eben als repräsentativ gelten konnten. Der Durchschnitts-IQ der Zehn- bis Dreizehnjährigen betrug denn auch bezeichnenderweise etwa 91. Zu den wichtigsten Teilen in Darsies Bericht zählt seine Analyse der Testergebnisse der japanischen und europiden Probanden bei den verschiedenen Items des Stanford-Binet-Tests: Waren die Japaner bei den dezidiert sprachlichen Items eindeutig unterlegen, hielten sie bei Aufgaben, bei denen das sprachliche Element nur eine untergeordnete Rolle spielte oder gänzlich fehlte, mit den Europiden Schritt oder überrundeten sie sogar, so beim Induktionsitem, das weit weniger von Umweltgegebenheiten abhängt als der Wortschatz.

Bei dem nur mit den jüngeren Kindern durchgeführten Beta-Test der Army erzielten die zehn- bis elfjährigen Japaner nahezu genau dieselben Durchschnittswerte wie ihre europiden Altersgenossen, in der Altersgruppe der Zwölfjährigen waren die Japaner sogar eindeutig die Besseren.

Bei der auf Seite 341 f. geschilderten Erhebung über die Geistesfähigkeiten der amerikanischen Schulkinder aller Rassen, die 1965 im Auftrag des US-Ministeriums für Gesundheit, Erziehung und Wohlfahrt durchgeführt wurde (216), überrundeten die Europiden die Mongoliden in den sprachlichen Fähigkeiten, wie nicht anders zu erwarten, im Durchschnitt in allen fünf Klassen. Dagegen übertrafen die Mongoliden bei der Testung der nichtsprachlichen Fähigkeiten in drei Klassen (einschließlich der 3., die zwei Tests absolvierte) im Durchschnitt die Europiden, und in zwei erreichten sie dasselbe Resultat, während die Europiden in zwei Klassen die höheren Durchschnittswerte erzielten.

Sowohl bei den verbalen als auch bei den sprachfreien Tests (einschließlich der beiden in der 3. Klasse durchgeführten) waren die Mongoliden sämtlicher fünf Klassen den Negern aus allen acht erwähnten Regionen im Durchschnitt weit überlegen und übertrafen auch die Durchschnitts-Punktwerte der Indianiden in jedem Fall.

Indianide

Obwohl sich die vier neben den Eskimiden in Nordamerika vertretenen indianiden Unterrassen ziemlich deutlich voneinander abheben, können wir sie hier im Hinblick auf ihre intellektuellen Fähigkeiten doch nicht gesondert behandeln, da viele der Tests an Schulen durchgeführt wurden, deren indianide Schülerschaft aus allen Teilen der USA stammte und damit Angehörige sämtlicher vier Unterrassen einschloß.

Die umfassendste Untersuchung der intellektuellen Fähigkeiten der Indianiden war die 1965 auf Veranlassung des US-Ministeriums für Gesundheit, Erziehung und Wohlfahrt durchgeführte statistische Erhebung (216), bei der sich die indianiden Schüler (wie bei allen anderen vergleichbaren, verbale Items einschließenden Aufgaben) gegenüber den Negern im Nachteil befanden. Für viele Indianerkinder bildete Englisch nicht die Muttersprache oder diente nicht ausschließlich als Umgangssprache, außerdem lebten sie in einem nach allgemeiner Ansicht dem Testerfolg weniger förderlichen kulturellen Milieu als die Schwarzen. Dennoch erzielten die Indianiden in allen fünf Klassen (der 1., 3., 6., 9. und 12.) bei verbalen wie sprachfreien Tests (einschließlich der beiden in Klasse 3 durchgeführten) höhere Durchschnittswerte als die Neger.

In keiner der fünf Klassen jedoch kam das Durchschnittsergebnis der Indianiden bei verbalen oder sprachfreien Tests an das der Mongoliden heran, wie es auch durchweg hinter dem der Europiden aus den erwähnten acht Regionen (einschließlich der mit den Resultaten der Weißen) zurückblieb.

Bei den Tests, die in den Klassen 3 (zwei Tests), 9 und 12 zur Erfassung der nichtsprachlichen Fähigkeiten durchgeführt wurden, näherten sich die Durchschnittswerte der Indianiden an die der am wenigsten erfolgreichen europiden Regionalgruppe (der aus der nichtgroßstädtischen Region des Südens) an.
Jamieson, selbst Indianider, erzielte mit Irokesen-Schulkindern aus Südontario beim Pintner-Paterson-Handlungstest einen Durchschnitts-IQ von 92,5 und beim Pintner Non-Language von nicht weniger als 96,9 (548), wobei nicht ganz ohne Belang sein dürfte, daß sämtliche Probanden einen gewissen europiden Einschlag aufwiesen, auch wenn nur die wenigsten einen europiden Eltern- oder Großelternteil besaßen.
Besonders eine Untersuchung über die Indianiden verdient Beachtung, zeigt sie doch anschaulich, welch nützliche Aufschlüsse der Grad der Rassenmischung bei dem Versuch, den Einfluß der Rasse auf die intellektuellen Fähigkeiten zu ermitteln, gibt. Die betreffende Erhebung wurde von Hunter und Sommermeir von der Universität Kansas an einem Indianerinstitut dieses Staates durchgeführt (528). Teilnehmer waren 711 vierzehnjährige und ältere Schüler und Schülerinnen aus allen Teilen der USA, die nicht weniger als fünfundsechzig Stämme und vierzehn verschiedene Stammesmischungen repräsentierten. Nahezu zwei Drittel waren allerdings europid-indianide Mischlinge, keines der Kinder besaß ein schwarzes Erbe. Erfreulicherweise enthielten die Schülerlisten Angaben über die Herkunft jedes einzelnen Probanden, so daß man sie in folgende Gruppen einteilen konnte:

- 4/4 = reine Indianide
- 3/4 = sämtliche Mischungsgrade unter 4/4 bis 3/4 (der letztgenannte Bruch besagt, daß das betreffende Kind drei indianide und einen europiden Großelternteil besitzt)
- 1/2 = zwei indianide und zwei europide Großeltern
- 1/4 = sämtliche Mischungsgrade mit Europiden unter 1/2 (wobei jedoch die Mehrzahl dieser Gruppen einen indianiden und drei europide Großelternteile hatte).

(Die aus Hunters und Sommermeirs Abhandlung entnommenen mathematischen Symbole und ihre Bedeutung ähneln bis zu einem gewissen Grad den Bezeichnungen, die wir im Zusammenhang mit Fergusons Abhandlung über die Negermischlinge gebraucht haben).
Die Kinder wurden dem Otis IQ-Gruppentest unterzogen. Indianide und Mischlinge erzielten folgende Durchschnittswerte: 4/4, 67; 3/4, 78; 1/2, 91; 1/4, 109 (Durchschnittswert der fünfzehnjährigen europiden US-Bürger: 122,6). Zwischen dem erzielten Punktwert und der Zahl der Monate, welche die Probanden auf der Schule zugebracht hatten, ergab sich ebenso eine positive Korrelation wie zwischen Testergebnis und Alter. Beide Faktoren wurden bei der statistischen Auswertung der Ergebnisse berücksichtigt, wobei sich zwischen dem indianiden Erbe und den erzielten IQ-Werten eine Korrelation von −0,41 herausstellte.
Die verbale Komponente des Otis-Tests kann das Ergebnis in gewissem Maß beeinflußt haben, doch befand sich unter den drei Items, die den Probanden am schwersten fielen, nur ein verbales. Besondere Beachtung verdient, daß die 3/4-Mischlinge wesentlich höhere Durchschnittswerte erzielten als die 4/4-Indianiden: Da es ziemlich unwahrscheinlich ist, daß ein (möglicherweise in einem entfernten Teil der USA lebender, vielleicht sogar schon verstorbener) europider Großelternteil den Erfolg bei verbalen Items nennenswert im Sinne der Milieutheorie beeinflußt haben sollte, läßt das Experiment auf einen genetischen Unterschied in den intellektuellen Fähigkeiten der europiden und der indianiden Rasse schließen.
Insgesamt deutet das Beweismaterial darauf hin, daß die Indianiden den Negern Nordamerikas intellektuell im Durchschnitt überlegen, den Mongoliden und Europiden der USA dagegen unterlegen sind.

24
Rassenunterschiede im Blickfeld der Leistung
Einführung

Wie bereits früher angemerkt, verwenden Psychologen das Wort »Intelligenz« gern als Terminus technicus für die kognitive Fähigkeit. So soll Professor E. G. Boring (wahrscheinlich im Scherz) den Ausspruch getan haben, Intelligenz sei qua Definition das, was der Intelligenztest messe (127). Eine wahrhaftig bedauerliche Unsitte, die diese unbestreitbar sehr brauchbaren Tests durch eine falsche Etikettierung beträchtlich in ihrem Wert mindert und in der Öffentlichkeit ein völlig falsches Bild von dem hervorruft, was gemessen werden soll. Gewiß setzt Leistung auf dem intellektuellen Sektor kognitive Fähigkeiten voraus –, aber darüber hinaus doch noch viel mehr, nämlich Intelligenz im weitesten Sinn des Wortes.

Nach und nach scheint den Erfindern der sogenannten »Intelligenztests« auch aufgegangen zu sein, daß es immerhin der Mühe wert sein könnte, sich das, was die Philosophen in der Vergangenheit über die Arbeitsweise des menschlichen Geistes geschrieben haben, einmal etwas näher anzuschauen. Jedenfalls tauchen in den zwanziger Jahren des 20. Jahrhunderts in den Schriften der Psychoanalytiker immer häufiger Begriffe von Descartes, Leibniz, Kant und anderen auf.

Insbesondere Kant, der in seiner *Critik der Urtheilskraft* die Geistesfähigkeiten in 1. »Erkenntnisvermögen«, 2. »Gefühl der Lust und Unlust« und 3. »Begehrungsvermögen« einteilt, gewann zunehmend an Einfluß (566). Im übrigen scheint seine Einteilung, so verbreitet sie auf dem Kontinent war, in Großbritannien mehr oder minder unbekannt gewesen zu sein, bis William Hamilton, der schottische Philosoph der sogenannten »*common sense*«-Schule und Professor an der Universität Edinburgh, sie 1836/37 in seinen Vorlesungen über Metaphysik einführte.

Hamilton, der dem Begriff »kognitiv« in der Philosophie allgemeine Gültigkeit verschaffte, verstand, wie man aus der ziemlich ausführlichen Erläuterung in der postumen Ausgabe seiner Vorlesungen (464) entnehmen kann, unter den »kognitiven Fähigkeiten«: Selbstbewußtsein; die geistigen Prozesse, die der Wahrnehmung äußerer Objekte voraufgehen und die damit verbundenen, von äußeren Ursachen ausgelösten Empfindungen; die Speicherung der auf diese Weise empfangenen Information und ihre Überführung ins Unbewußte, allerdings mit der Möglichkeit, sie jederzeit wieder abzurufen; sowie die »Fähigkeit, sie zu verwerten«, das heißt, im wesentlichen die Fähigkeit, die empfangene Information zu analysieren, zu verallgemeinern, kurzum, mit ihr zu arbeiten oder anders gesagt, durch Deduktion und Induktion Schlüsse zu ziehen. Da aber eben diese geistigen Vorgänge auch von den besten »Intelligenztests« erfaßt werden, würde ich für meinen Teil dem allgemein üblichen Terminus den Begriff »kognitive Tests« vorziehen.

Über die in Kants 2. Kategorie fallenden geistigen Fähigkeiten des Probanden, die Hamilton unter »die Phänomene unseres Fühlens oder die Phänomene von Lust und Schmerz« eingereiht hätte, sagen diese Tests nämlich nichts aus. Eine Person kann hohe kognitive Fähigkeiten besitzen und wenig bis gar kein Gefühl für Werturteile. Echtes

Interesse für geistige Belange vorausgesetzt, wird eine Leistung doch nur von dem erzielt, der darüber hinaus noch gewillt ist, sich einzusetzen. Wie Binet und Simon schrieben: »*Un intelligent* (in dem eingeschränkten Sinn, in dem sie das Wort anwandten) *peut être très paresseux.*« Für den Studienerfolg aber sind »Qualitäten erforderlich, die vor allem von der Aufmerksamkeit, dem Willen, dem Charakter (zum Beispiel einer gewissen Gelehrigkeit), Regelmäßigkeit der Lebensführung und vornehmlich Ausdauer« abhängen (98). »Ein hoher Grad an Intelligenz« (das heißt in diesem Fall an kognitiven Fähigkeiten) »jedoch geht«, wie Knight in seinem Buch *Intelligence and intelligence testing* anmerkt, »oft Hand in Hand mit einer temperamentsmäßig bedingten Abneigung gegen stetiges Arbeiten, also mit einem Mangel an Ausdauer und Durchhaltevermögen« (599).

Selbst Spearman, der Erfinder eines der ausgeklügeltsten Intelligenztests (Seite 315) und Entdecker von *g*, anerkennt die Grenzen der gewöhnlich angewandten Tests. »Offensichtlich«, schreibt er, ». . . würde *g* allein noch keinen großen Mann ausmachen, mißt es doch nur den kognitiven Aspekt der Geistestätigkeit« (995).

Die meisten für die Messung der nichtkognitiven Faktoren (der »Lust- und Unlustgefühle« und des »Begehrungsvermögens«) entwickelten Methoden jedoch sind nicht halb so objektiv wie die Intelligenztests. In der psychologischen Fachliteratur werden diese Tests gewöhnlich als Persönlichkeits- oder Charaktertests bezeichnet (wenn auch nach Meinung mancher Autoren der erste Begriff als der umfassendere den zweiten ohnehin einschließt). Eine kurze Beschreibung einiger dieser Verfahren findet sich in den Lehrbüchern für psychologische Tests (besonders bei Anastasi, 181). Gewöhnlich werden diese Tests nur zur Feststellung der beruflichen Eignung der Probanden herangezogen, ohne daß irgendeine Leistungswertung damit verbunden wäre. So heißt es in der kurzen Anleitung zu Thurstone und Thurstones *Personality Schedule* (1057) ausdrücklich, es handle sich im Grunde gar »nicht um einen Test, da es auf die Fragen keine richtigen oder falschen Antworten gibt«. Im übrigen wird die Sparte »biographisches Inventar« nicht selten in der Absicht zu täuschen ausgefüllt (18).

Zur Bestimmung des Begehrungsvermögens gibt es allerdings auch objektive Methoden, so beispielsweise den Pauli-Test, der die Kapazität für fortgesetzte geistige Anstrengung mißt (899) und auf jedermann anwendbar ist, der nur die leiseste Ahnung von Mathematik hat. Der Proband muß nämlich eine Stunde lang pausenlos, so schnell und so gut er kann, Paare einstelliger Zahlen addieren – ein in mancher Hinsicht gewiß sehr aufschlußreicher Test. Nur scheint zweifelhaft, wieweit er auch die Fähigkeit eines Menschen erfaßt, sich monate- oder gar jahrelang auf ein bestimmtes geistiges Thema zu konzentrieren. Charles Darwin konnte »für sich die Fähigkeit, sich über Jahre hinweg mit einem Thema oder einer Frage zu beschäftigen, in Anspruch nehmen« (259), ohne die er seine Leistung auch wohl nie hätte vollbringen können.

Nach alledem können wir Intelligenz in der allgemein üblichen Bedeutung des Wortes also kurz definieren als die Fähigkeit, aufzufassen, zu begreifen und logisch zu folgern, im Verein mit entsprechendem Urteilsvermögen bei der Wahl geeigneter Studiengegenstände, Eifer, sich Wissen anzueignen, es zu übermitteln, nach Möglichkeit zu erweitern und das Verständnis zu vertiefen, sowie dem Vermögen, sich nachhaltig für eine Sache einzusetzen (vergleiche oben). Kurz ausgedrückt, kann man sagen, eine Person ist in dem Maße intelligent, in dem sie aufgrund ihrer kognitiven Fähigkeiten und ihrer ganzen Persönlichkeitsstruktur zu geistiger Produktivität neigt.

Einer der bekanntesten Prüfsteine der Intelligenz sind Schul- und Universitätsexamina sowie die »Leistungstests«, die wir hier allerdings im Sinne der Überprüfung dessen verstanden wissen wollen, was der einzelne erreicht hat. Hätten nun alle Teilnehmer an einem solchen Test ihr ganzes bisheriges Leben unter denselben Umweltbedingungen verbracht, ließe sich die Intelligenz der einzelnen durch einen solchen Test in ein ziemlich genaues Verhältnis zueinander bringen. Aber obwohl das in der Praxis so gut wie nie der Fall ist, sind die Testergebnisse für das ethnische Problem überaus aufschlußreich. Der Leser wird sich an die in Kapitel 23 erwähnte, vom US-Ministerium für Gesundheit, Erziehung und Wohlfahrt 1965 durchgeführte umfangreiche Untersuchung erinnern (216). Zwei der Testitems (sprachliche und nichtsprachliche Fähigkeiten) haben wir bereits im Zusammenhang mit den Intelligenztests besprochen; darüber hinaus wurde jedoch auch noch das »Leseverständnis«, die »mathematische Leistung« und das »Allgemeinwissen«, also (vom ersten Item vielleicht abgesehen) das, was die Schüler erreicht hatten, getestet. Uns interessieren hier in erster Linie die Ergebnisse des mathematischen Tests, da sie wohl am wenigsten durch das häusliche Milieu beeinflußt werden. Die überwiegende Mehrzahl der Kinder erwirbt ihre mathematischen Kenntnisse in der Schule, wohingegen der allgemeine Wissensstand weitgehend von der Unterhaltung im Elternhaus und den dort aufliegenden Zeitungen und Zeitschriften abhängt und das Leseverständnis nicht zuletzt eine Frage der Muttersprache des Probanden und des zu Hause zur Verfügung stehenden Lesestoffes ist.

Bei dieser Untersuchung wurden die Schüler in ihren Klassenzimmern gemeinsam Gruppentests unterzogen, bei der Auswertung der Resultate jedoch in Europide, Neger, Mongolide und Indianide aufgegliedert, die Vereinigten Staaten aus statistischen Gründen (zur Berechnung von Schnittwerten etc.) in acht Regionen aufgeteilt und die Testergebnisse von Negern und Europiden in jeder dieser Regionen gesondert behandelt. Bei den Mongoliden und Indianiden dagegen erübrigte sich eine solche Auffächerung aufgrund ihrer geringen Zahl.

An diesem für uns recht aufschlußreichen Rechentest nahmen alle Schüler der 3., 6., 9. und 12. Klasse teil. Der Durchschnitt der Indianiden lag in allen vier Klassen über dem der Neger aller acht Regionen (auch wenn ihnen die Neger der 6. Klasse aus zwei Regionen und die der 9. Klasse aus drei Regionen nahekamen).

Die Indianiden ihrerseits wurden in allen vier Klassen vom Durchschnitt der Mongoliden übertroffen, in den Klassen 6, 9 und 12 sogar mit weitem Abstand; genauer gesagt, lagen diejenigen Indianiden, die den Durchschnitt der Mongoliden erreichten, um oder über 75 Prozent der Indianidengruppe als ganzer.

So übertrafen die Indianiden die Neger, und die Mongoliden ließen bei weitem die Indianiden hinter sich zurück. Mongolide und Europide dagegen waren sich fast ebenbürtig. Bei den Schülern der 3. und 6. Klasse hatte der Durchschnitt der Europiden aller acht Regionen einen kleinen Vorsprung vor dem Durchschnitt der Mongoliden; bei den Klassen 9 und 12 dagegen nur der aus fünf Regionen. Allerdings sollte man sich hüten, daraus übereilte Rückschlüsse auf das jeweilige Potential der beiden Rassen zu ziehen.

Einen Paarvergleich der vier Rassen in den sechs möglichen Permutationen im Hinblick auf ihre Leistungen beim mathematischen Test anzustellen, erübrigt sich. Auf einen Umstand aber sei in diesem Zusammenhang noch hingewiesen: Die Europiden der Region mit dem schlechtesten Durchschnitt übertrafen die Neger der Region mit dem besten Durchschnitt, und zwar lagen 75 Prozent der Europidenklassen 3, 6, 9 und 12 (mit Ausnahme von zwei 3. Klassen, bei denen es sich genau umgekehrt verhielt), noch über 75 Prozent der besten Negridenklassen.

Übrigens kamen diese beiden besten dritten Negerklassen entgegen der weitverbreiteten Ansicht, die Neger der Südstaaten seien schulisch besonders benachteiligt, aus dem Süden.

Das hier kurz zusammengefaßte Ergebnis scheint eindeutig; jedenfalls dürfte es schwerfallen, die Unterschiede auf Umweltursachen zurückzuführen. So ist es wohl nicht eben wahrscheinlich, daß sich den Indianiden in den USA bessere Umweltbedingungen für die Erzielung mathematischer Leistungen bieten sollten als den Negriden. Trotzdem ist natürlich nicht zu leugnen, daß sich selbst bei Tests, deren Gegenstand (in den meisten Fällen) so wenig vom Einfluß des Elternhauses abhängt wie Mathematik, aufgrund der unterschiedlichen Umweltbedingungen Fehler einschleichen können. Schließlich spielen die Umweltverhältnisse bei Leistungstests selbst bei einem solchen Gegenstand eine größere Rolle als bei Intelligenztests.

Eine der größten Leistungen des Menschen war die Erfindung und Entwicklung der Sprache, wobei die verschiedenen ethnischen Taxa diesbezüglich erhebliche Unterschiede aufweisen. Eine der primitivsten Sprachen, die genau erforscht wurden, wird von dem über ein weites Gebiet Zentralaustraliens verstreuten, hauptsächlich südlich der Macdonnell-Kette bis zum Lake Eyre lebenden Stamm der Arunta gesprochen, der im 19. Jahrhundert, als seine Sprache Interesse zu erregen begann, rund 2000 Angehörige umfaßte, mittlerweile jedoch erheblich geschrumpft ist. Die mit linguistischen Finessen nicht vertrauten Forscher und Missionare, welche die Sprache dieses Stammes in Europa bekanntmachten, preßten die Wörter in das grammatikalische Schema ihrer Muttersprache. Ein norwegischer Linguist, Professor Alf Sommerfelt, der seinerseits nie in Australien war, sammelte alle vorhandenen Aufzeichnungen und machte bei ihrer Auswertung einige erstaunliche Entdeckungen (990). Die primären Wörter sind (von dem Präfix a, das manche haben, abgesehen) samt und sonders einsilbig und affirmativ; sie drücken eine Handlung oder einen Zustand aus, das heißt, es handelt sich in der Hauptsache um Verben, allerdings ohne Konjugation, die sie als solche auswiese. Deshalb hat man sie auch mit Gerundien verglichen (310), wodurch sie jedoch fälschlicherweise in die Nachbarschaft von Substantiven gerückt werden, denn wie Sommerfelt schreibt: »Die Arunta-Sprache kennt nur Ausdrücke für Handlungen und Zustände, nicht jedoch die Vorstellung eines Gegenstandes an sich.« Ebensowenig gibt es Wörter, die sich als Adjektive klassifizieren lassen, da auch Qualitätsvorstellungen nicht direkt ausgedrückt werden.

Die hier als »primär« bezeichneten Wörter sind *éléments formatifs* der übrigen Sprache, sie sind Bestandteile, aus denen sich die anderen Wörter zusammensetzen. Oder anders ausgedrückt: Alle *éléments formatifs* sind eigenständige Wörter, die nicht als Prä- oder Suffix betrachtet werden können.

Die Arunta-Sprache kennt nur Ausdrücke für Konkretes, nicht dagegen für abstrakte Vorstellungen. Selbst Zeitbegriffe bringen eine Tätigkeit zum Ausdruck. »Vor allem aber macht sich«, stellt Sommerfelt fest, »das Fehlen abstrakter Vorstellungen beim Zählen bemerkbar«, denn die Bezeichnungen, die von den Reisenden und Missionaren für Zahlen gehalten wurden (ohnehin nur zwei, die sie mit »eins« und »zwei« übersetzten), sind nach Sommerfelts Auffassung eigentlich keine. Der Arunta, meint er, ». . . besitzt nichts, was er notwendig zählen müßte«, die als Zahlen übersetzten Wörter »unterscheiden sich grundlegend« von Wörtern dieser Kategorie. Der Arunta ». . . hat keine Kategorie für Zahlen«.

Daß eine so geartete Sprache den Europäer verwirren muß, ist auch Sommerfelt klar: »Es fällt uns außerordentlich schwer, ein System zu begreifen, das unsere grundlegende Einteilung in Substantiv, Verbum, Adjektiv und Pronomen nicht kennt . . . mit weitaus weniger differenzierten Ideen arbeitet als die modernen Sprachen . . . Deshalb müssen wir uns von den Konventionen der europäischen Grammatiker freimachen und versuchen, den eigentlichen Charakter des Systems zu erfassen . . . Gesten spielen eine große Rolle . . . Die Wörter bleiben praktisch unverständlich, wenn man die dazugehörige Situation nicht kennt« (990).

Im 18. Jahrhundert, lange schon bevor derartig primitive Sprachen wie die der Arunta bekannt geworden waren, hatte der englische Philosoph Adam Smith die Vermutung geäußert, daß die ersten Wörter, die erfunden wurden, vermutlich unpersönliche Verben waren nach dem lateinischen Muster *»pluit«, »ningit«* und *»tonat«*, die bedauerlicherweise nur mit Hilfe des abstrakten »es« ins Deutsche übersetzt werden können: »(es) regnet«, »(es) schneit«, »(es) donnert«. Adam Smith vertrat in seinen (den späteren Ausgaben seiner *Theory of moral sentiment* angefügten) »Considerations concerning the first formation of languages« (Betrachtungen über die erste Bildung von Sprachen, 978), die Meinung, auf dieser Grundlage könnte sich die allgemeine Vorstellung »(es) droht«, »(es) steht bevor«, ausgedrückt durch ein dem lateinischen *»venit«* entsprechendes »(es) kommt«, entwickelt haben. Das dem ursprünglich unpersönlichen Verbum zugeordnete Objekt wäre erst später aufgetaucht, die Entwicklung des Substantivs (»der Löwe kommt«) also einer späteren Phase vorbehalten geblieben. Damit hat Adam Smith eigentlich bereits die Art Sprache, wie sie die Arunta und gewisse andere australide Stämme sprechen, vorweggenommen, was meines Wissens weithin unbekannt ist.

Aufgefordert, aus dem Stegreif die größte geistige Leistung des Menschen zu nennen, würde man vielleicht zunächst an das Werk eines großen Philosophen oder Mathematikers oder Naturwissenschaftlers denken oder an eine der großartigen Leistungen der modernen Technologie, wie die Landung des Menschen auf dem Mond; nach reiflicherer Überlegung jedoch entschiede man sich vielleicht eher für eine sprachliche Großtat, zum Beispiel die Erfindung des Satzes. Diese Erfindung scheinen die verschiedenen Taxa übrigens unabhängig voneinander gemacht zu haben, und wir haben einigen Grund zu der Annahme, daß sie jeweils nicht das Produkt einer ganzen Gesellschaft, sondern nur ihrer intelligentesten Mitglieder war, denn selbst die kultivierteste Sprache degeneriert unter dem Zugriff der Massenmedien: Einzelne Redeteile werden nicht selten verwechselt, die Sätze nicht mehr korrekt zu Ende geführt, Ideen nur vage durch Häufung von Wörtern ohne bestimmten logischen Zusammenhalt zum Ausdruck gebracht. Oft werden Sprachen ohne Verständnis für ihre anderen Möglichkeiten, Informationen und Ideen präzis auszudrücken, erlernt; in unserem Zusammenhang dagegen ist es durchaus wichtig, welche ethnischen Taxa die klarste oder die unklarste Methode der Kommunikation mittels Wort entwickelt haben. Kompliziert wird diese Frage allerdings dadurch, daß manchmal ein unterlegenes Taxon die Sprache eines überlegenen übernommen und darüber seine eigene vergessen hat.

Die Über- oder Unterlegenheit einer Sprache beziehungsweise derjenigen Mitglieder eines Taxons, die für ihre Entstehung und Entwicklung verantwortlich sind, kann sich aber nicht nur durch grammatikalische Präzision, sondern auch durch den Bedeutungsgehalt ihrer Wörter (ein unzweideutiger Maßstab für die induktiven Fähigkeiten ihrer Erfinder) ausdrücken. Nehmen wir zum Beispiel die von einer geschlossenen Gruppe sudanider Stämme an der guineischen Küste Westafrikas gesprochenen Akan-Dialekte, die ihr Erforscher P. P. Brown als außerordentlich reich an Wörtern für bestimmte Gegenstände, aber ebenso arm an Sammelbezeichnungen beschreibt (147). Diese Sprache kennt fünf verschiedene Wörter für verschiedene Korbarten, nicht jedoch das Wort Korb als solches, was doch wohl darauf hindeutet, daß solche Ordnungsvorstellungen kaum vorhanden sind. Zwar gibt es Wörter, die an *Essen* und *Schlafen* angehängt werden und mit deren Hilfe *Eß-Zeit* und *Schlaf-Zeit* oder *Eß-Raum* und *Schlaf-Raum* gebildet werden können, aber diese »Umwandlungs«-Wörter werden nie für sich allein zur Bezeichnung von *Zeit* und *Raum* als abstrakte Ideen verwendet. Dieser Sprache fehlt es einfach an den Wörtern, ohne die logisches Folgern und abstraktes Denken unmöglich ist. Dafür genügt sie Menschen, die hauptsächlich an unmittelbar durch die Sinne wahrnehmbaren Objekten interessiert sind, vollauf.

In der Akan-Sprache gibt es nur ein Wort für »Darf ich gehen?«, »Kann ich gehen?«, »Soll ich gehen?«, »Muß ich gehen?« Die verschiedenen Ideen des Dürfens, Könnens, Sollens und Müssens, also der Erlaubnis, der Fähigkeit, der Aufforderung und der Notwendigkeit aber lassen sich logisch nicht mit einem einzigen Wort erfassen. Leider muß man zugeben, daß in der durch die Massenmedien heruntergekommenen englischen Sprache »can« und »could« häufig an die Stelle von »may« und »might« tritt, das Englische also in den paar Jahrzehnten seit Browns Artikel bereits einen Teil seiner Überlegenheit über das Akan verloren hat.

Laut Brown ist »die Voraussetzung des Denkens überhaupt das Begreifen von Beziehungen«. Dem Akan aber fehlen gerade die Präpositionen (147). Schon lange vor Brown hatte Adam Smith auf die Bedeutung der Präpositionen für den Intellekt hingewiesen.

»Eine Präposition bezeichnet eine Beziehung und nichts als eine Beziehung«, betonte er. »Aber ehe die Menschen ein Wort erfinden konnten, das eine Beziehung zum Ausdruck bringt, mußten sie diese Beziehung in gewisser Hinsicht von den Objekten erst abstrahieren . . . Die Erfindung eines solchen Wortes muß also einen beträchtlichen Grad an Abstraktion erfordert haben« (978). In der Tat ist der korrekte Gebrauch dieses Redeteils in den romanischen und angelsächsischen Sprachen ein guter Gradmesser für die Intelligenz des Sprechers, wie überhaupt jede Sprache auf diese Erfindung stolz sein kann.

Übrigens stößt der Zoologe, den seine Studien zu primitiven Völkern führen, auf denselben Mangel an Denkvermögen. Auch er bekommt das Fehlen von Sammelbezeichnungen für vergleichbare Objekte (wie eben verschiedene Arten von Körben) deutlich zu spüren. So begegneten mir im Norden der Neuen Hebriden zwar immer wieder Eingeborene mit erstaunlichen Kenntnissen über die örtliche Tierwelt, die eine ganze Menge verschiedener Arten aufzählen, aber nicht einmal für so bekannte und eindeutig zusammengehörende Taxa wie Schmetterlinge und Käfer einen Sammelnamen angeben konnten.

Nun ist natürlich die Frage, ob die Mängel einer Sprache Ursache oder Wirkung sind. Brown seinerseits schweigt sich darüber aus. Er entscheidet nicht, ob das Akan mangelhaft ist, weil das Denken der Akansprechenden zu wünschen übrig läßt, oder ob ihr Denken zu wünschen übrig läßt, weil ihre Sprache mangelhaft ist. Nicht so Biesheuvel, der sich bei seiner Untersuchung von Negriden (wie es scheint, vornehmlich Kaffriden) Südafrikas demselben Problem konfrontiert sah. Er schreibt: »Häufig sind Rassengruppen als geistig minderwertig gebrandmarkt worden, nur weil sie aufgrund ihrer Sprachgepflogenheiten nicht . . . wie die Menschen des Westens dachten« (85). Nur spannt er hier den Karren vielleicht doch vor den Ochsen. Irgendwann mußten die Sprachen ja durch ständige Verbesserung über lange Zeiten erfunden werden, und diejenigen Taxa, die einen genügend großen Prozentsatz an Menschen mit hohen logischen Qualitäten und der Fähigkeit zu abstrahieren hervorbrachten, erfanden auch ihren intellektuellen Bedürfnissen angemessene Sprachen.

Es wäre gewiß absurd, aufgrund der besseren Leistungen im intellektuellen Bereich auf eine allgemeine Überlegenheit aller Europiden über alle Negriden schließen zu wollen. Trotzdem läßt sich nicht bestreiten, daß der Beitrag der Neger zu Forschung und Wissenschaft im großen und ganzen enttäuschend war, obwohl mittlerweile viel getan wurde, ihnen bessere schulische Ausbildungsmöglichkeiten zu verschaffen. Weit eher als durch Leistungen in Philosophie, Mathematik, Naturwissenschaften oder Technologie etc. haben die amerikanischen Neger durch ihren Massenappeal bei öffentlichen Veranstaltungen und in der Unterhaltungsbranche von sich reden gemacht.

Gerade der Umstand, daß sie sich so selten durch Erfolge auszeichnen konnten, wird wie bei den Intelligenztests auch im Fall der intellektuellen Leistung häufig auf ungünstige Umwelteinflüsse zurückgeführt. Man darf jedoch, darauf sei hier noch einmal nachdrücklich hingewiesen, nicht vergessen, daß die Eigenart eines Organismus, auch des menschlichen, das Ergebnis aus der Wechselwirkung zwischen genetischen und umweltbedingten Ursachen ist und in manchen Fällen (wie beispielsweise bei der Augenfarbe und den kognitiven Fähigkeiten) unter den allermeisten Umständen die ersteren überwiegen.

Schließlich gilt hier wie schon bei den kognitiven Fähigkeiten, selbst wenn es bei den intellektuellen Leistungen nicht nur um das Erkenntnisvermögen, sondern auch um das Gefühl der Lust und Unlust sowie das Begehrungsvermögen geht: Am leichtesten lassen sich die Unterschiede zwischen den Rassen durch eine Untersuchung an Mischlingen klären.

Seit dem 19. Jahrhundert treffen aus Afrika immer wieder Berichte über Herrscherfamilien ein, die sich von ihren Untertanen angeblich durch rein physische, auf europide (äthiopide) Elemente hindeutende Merkmale unterscheiden. So sollen König Rumanika von Karagwe (westlich vom Victoria Nyanza) und seine fünf Söhne (laut Speke, um nur ein Beispiel zu nennen) »hübsche ovale Gesichter mit großen Augen und hohen Nasen (gehabt haben), die von bestem abessinischem Blut zeugten« (996), und das in einer Region, in der die Masse der Bevölkerung dem gewöhnlichen kaffriden Typ angehörte. Solche Berichte besagen für unsere Fragestellung freilich nicht viel, solange nicht bewiesen ist, daß die Gründer solcher Königreiche dank einer von ihren äthiopiden Ahnen überkommenen höheren Intelligenz an die Herrschaft gelangten. Für unsere Zwecke ist das über die in Amerika lebenden Mischlinge gesammelte Material viel aufschlußreicher, das eindeutig beweist, daß Mischlinge mit starkem europidem Einschlag sowohl zu Beginn unseres Jahrhunderts als auch in den sechziger und siebziger Jahren im Kampf um die Hebung der Stellung des Negers in der amerikanischen Gesellschaft eine führende Rolle gespielt haben.

Auf diesen Umstand haben verschiedene Autoren schon zu Beginn unseres Jahrhunderts aufmerksam gemacht, so H. S. Dickerman, der seine Beobachtungen kurz und bündig in den Worten zusammenfaßte: »Es gibt auch fähige Vollblutneger; ein sehr großer Prozentsatz derjenigen jedoch, die verantwortungsvolle und ehrenhafte Posten innehaben, sind Mischlinge. So jedenfalls unter den Lehrern, Pfarrern, und Ärzten« (273). G. S. Hall wies 1905 in einem Artikel in einer pädagogischen Zeitschrift darauf hin, daß die acht prominentesten Neger seiner Zeit sowie ein Dutzend ebenfalls sehr angesehener Personen keineswegs typische Vertreter ihrer Rasse waren (460); erläuternd fügte er an, daß nicht nur Viertel- und Achtelneger, sondern noch Sechzehntel- und Zweiunddreißigstelneger, ja sogar Mischlinge mit noch geringerer Beimischung von Negerblut unterschiedslos als Neger galten. Dasselbe Problem beschäftigte ein paar Jahre später A. H. Stone. »In Wirklichkeit«, behauptete er, »sind alle berühmten Neger gar keine Neger«, und an anderer Stelle: »An der höheren Intelligenz des Mulatten, an seiner überlegenen potentiellen Kapazität . . . kann es keinen Zweifel mehr geben . . . die Negermassen werden im Grund einzig und allein von Mulatten geführt« (1015). Und R. S. Baker schreibt zur gleichen Zeit über denselben Punkt in seinem Buch, mit dem er die Sache der Neger unterstützen will: »So viel habe ich aus meinen eigenen Beobachtungen erkannt: die meisten führenden Männer dieser Rasse sind heutzutage an allen Fronten Mulatten« (50). Zum Beweis stellt er wie Hall eine Liste zusammen, die auch einige der bereits von seinem Vorgänger erwähnten Personen umfaßt, so den Anführer der Gruppe radikaler Intellektueller, die sich für die Sache der Neger einsetzten, den Soziologen Dr. W. E. B. Du Bois; den Romancier C. W. Chesnutt*; den berühmten Künstler H. O. Tanner; den Pädagogen Booker T. Washington. Mit dieser Liste veröffentlicht Baker, was seinen Beitrag für uns wesentlich wichtiger macht als den von Dickerman, Hall oder Stone, gut erkennbare Fotos von einigen der erwähnten »Neger«. Bei Du Bois sind morphologisch, von einer leicht gewulsteten Unterlippe abgesehen, keinerlei negride Merkmale zu erkennen, und an Chesnutt, Tanner und Mary Church Terrell (einer Pädagogin) überhaupt nicht die geringsten Spuren zu entdecken. Möglicherweise hatten sie eine etwas dunklere Haut, was auf den Fotos allerdings nicht zu erkennen ist. Auch Baker berichtet von Männern und Frauen, die sich für Neger ausgaben, was jedoch dem »Augenschein so widersprach«, daß er es kaum glauben konnte (50).

Booker Taliaferro Washington, der sich in seinem Rechenschaftsbericht *Up from slavery* (1120, 1121) selbst als Sohn eines europiden Vaters bezeichnet und von R. S. Baker als Mulatte beschrieben wird (50), zeigt auf den Fotos keine sehr breiten Lippen**, große Ohren mit langen, nicht angewachsenen Ohrläppchen (50, 557, 1120) und trug als etwa Dreiundzwanzigjähriger einen »wippenden« Schnurrbart (507). Sir Harry Johnston, der ihn 1908 in Tuskegee kennenlernte, beschreibt ihn als »irgendwie sonderbar italienisch anmutend« mit einer Farbe, die an hellen Milchkaffee erinnerte (558). Allem Anschein nach war sein Vater, ein Mann namens Tagliaferro, entweder in Italien geboren oder doch italienischer Abstammung. Jedenfalls war er als Aufseher in der Sklavenplantage tätig, in der Booker Washington als Sohn einer Negerin zur Welt kam (558). Er selbst war durch den leicht prognathen Kieferbau und die »trichterförmige« Nase (vergleiche Abbildung 46 C) morphologisch als Neger erkennbar.

Nicht ganz so eindeutig liegt der Fall George Carvers, der anscheinend allgemein als reiner Neger galt. Jedenfalls beschreibt ihn Sir Harry Johnston, der in verschiedenen Teilen Afrikas große Erfahrung mit Negriden gesammelt hatte, ehe er Carver in Tuskegee kennenlernte, in einem seiner Bücher als »absoluten Neger« (557) und in einem anderen als »Vollblutneger« (55). Ein Foto und eine Zeichnung (863) zeigen ihn jedoch mit stark vorspringender Nase, großen Ohren mit großen, nicht angewachsenen Ohrläppchen, einem dichten Schnurrbart von der stattlichen Größe »einer Lenkstange« und darüber, wie derselbe Biograph fortfährt, »einer eher semitischen Hakennase, die zwischen tiefliegenden Augen vorsticht« (507).

Genauso gut ließe sich, das haben wir ja bereits angedeutet, die Auswirkung der Rassenmischung auf die intellektuelle Leistung auch anhand von Beispielen aus den sechziger und frühen siebziger Jahren belegen. Beweis dafür ist eine kleine Sammlung von Fotografien der bekanntesten Neger dieser Zeit, die ich angelegt habe und die ich an dem hier behandelten Problem interessierten biologischen Anthropologen jederzeit gern zur Verfügung stelle.

* Die Schreibweise von Chesnutts Namen weicht in den verschiedenen Texten voneinander ab.

** Sir Harry Johnston bezeichnet Washingtons Lippen in einem seiner Bücher (558) als »negroid«; die Fotos, einschließlich der, die Johnston selbst in einem anderen Buch veröffentlicht hat, widersprechen dieser Behauptung jedoch.

25
Rassenunterschiede im Blickfeld der Leistung
Kultur

Am ehesten lassen sich Über- und Unterlegenheit der einzelnen Rassen vielleicht tatsächlich nach den kulturschöpferischen Fähigkeiten ihrer Mitglieder oder zumindest einiger ihrer Mitglieder beurteilen. Nur erhebt sich unmittelbar dabei die diffizile Frage: Was ist Kultur? Eine einheitliche Antwort gibt es nicht. Die einen halten den Begriff für grundsätzlich undefinierbar, andere beschränken ihn auf bestimmte politische Vorstellungen, und wiederum andere, wie Sommerfelt (991) und Radin (871), gehen dem Streit von Anfang an dadurch aus dem Weg, daß sie auch noch die primitivsten Gesellschaften als »Kulturen« bezeichnen. Wer jedoch selber schon einmal in einer solch primitiven Gesellschaft gelebt hat, kennt den Unterschied und kann ihn erklären. Deshalb wollen wir uns hier auch nicht vor einem Definitionsversuch drücken, wobei wir mit dem Wort »Kultur« stets den Zustand einer Gesellschaft bezeichnen und nicht den Vorgang ihrer Entstehung.

Vor rund hundert Jahren unternahm der amerikanische Anthropologe Lewis H. Morgan, der menschliche Gesellschaften von ganz unterschiedlichem kulturellen Niveau aus eigener Anschauung kannte, den Versuch, das Wort anhand seiner Erfahrung realistisch zu definieren (766). Zu diesem Zweck teilte er die Kultur in drei Stufen oder Ränge ein: die der »Wilden«, der »Barbaren« und der »Kultivierten«. Die beiden ersten Bezeichnungen sind unbestreitbar etwas unglücklich gewählt, da manche Völker der untersten Stufe (vor allem die Sammler, die selber nichts anbauen), außer im Falle unerträglicher Verfolgung keineswegs wild im gewöhnlichen Sinn des Wortes sind, und der Begriff »Barbaren« eine unnötige Beleidigung für die Mitglieder der mittleren Stufe ist. Davon abgesehen jedoch hat diese Klassifikation durchaus ihre Meriten.

Die mittlere Stufe reicht laut Morgan von Völkern, die mit der Töpferei begonnen haben, über solche, welche die Domestikation von Tieren und die künstliche Bewässerung für den Anbau von Nutzpflanzen einführten, bis zu denjenigen, die bereits Eisenschmelzverfahren kennen. Der entscheidende Schritt in die nächsthöhere Klasse erfolgt mit der Erfindung eines phonetischen Alphabetes und dem »Gebrauch der Schrift für literarische Machwerke« (wobei auch die in Stein geritzten Hieroglyphen als gleichwertig gelten).

Vielleicht hält Morgan den Gebrauch von Schriftzeichen zur Schilderung einer Folge von Ereignissen zu Recht für das Charakteristikum, das die zivilisierte Gesellschaft von der primitiven unterscheidet, die nur Erzählungen durch Bilderfolgen kennt. Jedenfalls steht es jedem frei, ein Unterscheidungsmerkmal eigener Wahl aufzustellen, auch wenn er kaum auf allgemeine Zustimmung hoffen kann. Am besten freilich zerbricht man sich nicht erst lange den Kopf, sondern faßt die augenfälligsten Merkmale einer allgemein als zivilisiert geltenden Gesellschaft in einer Liste zusammen. Und wenn diese Aufstellung auch bei jedem wieder etwas anders aussähe, würden doch vermutlich die meisten eine Gesellschaft, welche die Mehrzahl der unten aufgeführten Eigenschaften besitzt, als zivilisiert bezeichnen. Natürlich hat noch nie eine Kultur sämtliche genannten Anforderungen erfüllt, und bei den untergegangenen Kulturen wissen wir vielfach zu wenig über den Alltag und seine Gepflogenheiten, um uns an der Liste orientieren zu können. In diesem Fall müssen wir uns dann an die erhaltenen Kunsterzeugnisse und ihre Qualität halten oder an die Schriften der Forscher, die die fraglichen Länder besuchten, ehe deren Kultur durch äußere Einflüsse zugrunde ging.

Ich habe eine Liste von Merkmalen zusammengestellt, die meines Erachtens von der Mehrzahl eines Volkes, das allgemein als zivilisiert gilt, erfüllt werden sollte.

1. Die Angehörigen eines Kulturvolkes bedecken in der Öffentlichkeit ihre Genitalien sowie den größten Teil des Rumpfes gemeinhin mit Kleidern. (Ich erwähne das an erster Stelle, weil es gewöhnlich das ist, was dem Besucher als erstes auffällt.)
2. Sie halten ihren Körper sauber und achten stets darauf, seine Ausscheidungsprodukte zu beseitigen.
3. Sie verstümmeln oder deformieren den Körper nicht, außer aus medizinischen Gründen.
4. Sie können, falls diese Materialien in ihrem Territorium verfügbar sind, mit Ziegeln oder Steinen umgehen.
5. Viele von ihnen leben in mittleren oder größeren Städten, die durch Straßen miteinander verbunden sind.
6. Sie bauen Pflanzen zu ihrer Ernährung an.
7. Sie domestizieren Tiere und setzen oder setzten, falls vorhanden, einige der größeren Arten zum Gütertransport ein.
8. Sie verwenden, falls vorhanden, Metalle.
9. Sie kennen das Rad.
10. Sie tauschen Besitz mit Hilfe des Tauschmittels Geld.
11. Sie ordnen ihre Gesellschaft durch eine Reihe von Gesetzen, die in Friedenszeiten ohne willkürliche Angriffe auf oder Eingriffe in die persönliche Freiheit des einzelnen durchgesetzt werden.
12. Sie geben Angeklagten die Möglichkeit, sich zu verteidigen und zu ihrer Verteidigung Zeugen zu benennen.
13. Sie verbieten die Folter zur Erpressung von Aussagen wie zur Bestrafung.
14. Sie sind keine Kannibalen.
15. Ihre Religionen beinhalten ethische Elemente und sind nicht nur abergläubische Zauberpraktiken.
16. Sie verwenden Schriftzeichen (nicht nur eine schlichte Bilderfolge), um ihre Ideen auszudrücken und mitzuteilen.
17. Sie haben eine gewisse Geschicklichkeit im Umgang mit abstrakten, von Objekten losgelösten Zahlen erworben (mit anderen Worten, sind mindestens in die Anfangsgründe der Mathematik eingedrungen).
18. Sie benutzen einen jährlich höchstens um einige Tage abweichenden Kalender.
19. Sie haben Einrichtungen für die Unterweisung der Jugend in geistigen Belangen geschaffen.
20. Sie schätzen bis zu einem gewissen Grad die schönen Künste.
21. Sie achten Wissen und Erkenntnis als Selbstzweck.

Noch ein Wort zu den in Punkt 20 und 21 erwähnten Werten, die in Gesellschaften, in denen die Kunst vulgarisiert und wie alles andere grob sinnlichen oder materialistischen Zwecken dienstbar gemacht wird, vielfach übergangen oder doch unterschätzt werden. »Materielles Wohlergehen ist« jedoch, wie Gobineau in einem zitierenswerten Kommentar schreibt, »seit eh und je nur eine rein äußerliche Begleiterscheinung der Kultur gewesen« (409). Und auch Toynbee ist geneigt, in der Kultur »bezeichnenderweise« (aber wohlgemerkt nicht »wesentlicherweise«) »einen gesellschaftlichen Zustand« zu sehen, »der eine Minderheit, und sei sie noch so klein, von der Aufgabe, Nahrung zu beschaffen oder auf andere Weise, zum Beispiel in Industrie oder Handel, für die Wirtschaft tätig zu sein, befreit« (1063). Nun besteht zweifellos ein Zusammenhang zwischen der Befreiung einer Minorität und den

Punkten 20 und 21, aber diese Befreiung muß auch in der richtigen Weise genutzt werden. Immerhin hat es Gesellschaften gegeben, die zu Recht als unzivilisiert galten und in denen doch rund die Hälfte aller Erwachsenen die fragliche Freiheit genossen.

Punkt 21 überschneidet sich mit Punkt 15 insofern, als nur Wissen und Verstehen den Aberglauben eindämmen können.

Einige der Anforderungen (Punkt 2, 13, 20) werden allerdings auch schon von bestimmten, noch auf der Stufe der Nahrungssammler stehenden Völkern und andere von Morgans »Barbaren« oder Zwischenstufe erfüllt, woraus erhellt, daß für eine Urteilsfindung manche Kriterien wichtiger sind (wie die Forderungen 11–14) als andere, und hervorragende Leistungen in Bereichen von beträchtlicher Variationsbreite (wie zum Beispiel 16–18) gegen Mängel in anderen aufgerechnet werden sollten. Die größte Variationsbreite weisen Sparten wie Mathematik (Nummer 17) auf. So hat es noch in jüngster Zeit Unterrassen, ja vielleicht sogar ganze Rassen gegeben, die die Mathematik so gut wie gar nicht kannten, während bestimmte europide Unterrassen schon vor langer Zeit in verschiedenen Zweigen der Mathematik bemerkenswerte Fortschritte gemacht hatten. Beispielsweise findet sich in einem ägyptischen Papyrus von circa 1550 vor Christus (179), der auf ein noch viel früheres Werk zurückgehen soll, bereits eine algebraische Gleichung samt Lösung (793).

Uns geht es in diesem Kapitel in erster Linie um die kultur*schöpferischen* Fähigkeiten der Mitglieder der verschiedenen Rassen. Offensichtlich hat es im Lauf der Geschichte immer wieder einmal eine Gesellschaft gegeben, die aus sich heraus, aus eigener Kraft, eine Kultur aufbaute. Der kulturelle Austausch zwischen solchen kulturschöpferischen Gesellschaften scheint in den frühen Zeiten nur sporadisch stattgefunden zu haben und lediglich von untergeordneter Bedeutung gewesen zu sein. Solche Kulturen, die (1.) als zivilisiert gelten dürfen, (2.) ihre Zivilisation aus eigenen Kräften von anderen zeitgenössischen Kulturen unabhängig oder nur wenig oder kaum beeinflußt selbst aufgebaut haben und (3.) in der Folge ihrerseits zur Entstehung großer Kulturen in anderen Teilen der Welt beigetragen haben, sind: die sumerische (oder sumerisch-akkadische), die altägyptische, die helladisch-minoische, die Industalkultur und die chinesische. Auf sie gehen direkt oder indirekt sämtliche anderen, späteren Kulturen zurück.

Natürlich erstreckt sich die Entwicklung einer solchen Kultur über einen langen Zeitraum, und es wäre müßig, einen Zeitpunkt angeben zu wollen, zu dem dieser Vorgang als vollendet betrachtet werden kann. Dennoch läßt sich die Entstehungszeit der eben genannten Kulturen in etwa festlegen und somit auch ihre Reihenfolge grob fixieren. Jedenfalls bezeichnen die meisten die sumerische Kultur als die älteste uns bekannte. Vermutlich darf man sie auf die zweite Hälfte des 4. vorchristlichen Jahrtausends ansetzen; die ägyptische etwas später um die Jahrtausendwende; die helladisch-minoische auf die erste Hälfte des 3. Jahrtausends; die Induskultur um die Mitte desselben Jahrtausends und die altchinesiche erheblich später, etwa um die Mitte des 2. vorchristlichen Jahrtausends. Diese Datierung schwankt freilich je nach den Kriterien, welche die einzelnen Experten an eine Kultur anlegen.

Nun erhebt sich das für unseren Zusammenhang äußerst wichtige Problem, welcher Rasse diese kulturschaffenden Völker angehörten. Zur Lösung dieser Frage stehen uns hauptsächlich zwei Quellen zur Verfügung: ihre Kunstwerke, in denen sie sich selbst dargestellt haben, und Skelettfunde.

Beginnen wir, auch wenn wir die zeitliche Reihenfolge nicht immer werden beachten können, zunächst einmal (aus Gründen, die später noch erläutert werden sollen) mit der ältesten der genannten Kulturen.

Die sumerische oder sumerisch-akkadische Kultur, wie sie vielfach auch bezeichnet wird (wir freilich wollen diese Bezeichnung nicht übernehmen, da es uns um die Ursprünge und nicht um die späteren Phasen geht, in denen die Akkader, zunächst Schüler der Sumerer, auch ihr Teil beitrugen), hat uns eine Fülle von Bildwerken hinterlassen, zum größten Teil Reliefs, welche die beiden Menschentypen, aus denen sich die Bevölkerung Südmesopotamiens in der Frühzeit zusammensetzte, im Profil zeigen: die glattrasierten Köpfe der Sumerer und dazu die durch Kleidung und Haartracht (wenn schon vor dem Eindringen der Armeniden nicht durch physische Merkmale) deutlich unterschiedenen langhaarigen, bärtigen Akkader. Ihrer Selbstdarstellung nach zu schließen, zeichneten sich die Sumerer durch einen kräftig gewölbten Hinterkopf und eine ausgesprochen fliehende Stirn aus. Die weit vorstehende spitze Nase mit den kleinen Flügeln war schmal und gerade oder leicht konvex, Kinn und Mund klein, die Lippen schmal, Augen und Ohren dagegen groß (Abbildung 66, rechts) (737, 580). Durch die stark vorspringende, spitze und leicht hakenförmig gekrümmte Nase und das fliehende, unbedeutende Kinn kam ein seltsam vogelähnliches Aussehen zustande. Abbildungen sind in fast allen Büchern über die sumerische Kultur zu finden (zum Beispiel bei Delaport, 266, Abbildung 3; King, 580, Abbildung 3–5). Außer den Reliefs stehen uns als Anschauungsmaterial auch noch eine Anzahl Tonfigürchen zur Verfügung, die jedoch weniger zuverlässig sind, da die spitzen Nasen vielfach beschädigt wurden.

Wir kennen kein menschliches Taxon aus Vergangenheit oder Gegenwart, das dieser Kopf- und Gesichtsform genau entspräche. Am nächsten kommen ihr meiner Beobachtung nach noch zwei Profilfotografien von Kurden, die eine bei Chantre (204) (Tafel XIII, Abbildung links oben), die andere bei von Luschan (685) (Tafel XXIV, Abbildung 2). Übertreibt man die auf den Fotos abgebildeten Züge noch etwas, gleichen sie ungefähr den Darstellungen der sumerischen Künstler, was uns jedoch nicht viel weiter bringt, da sich unter der kurdischen Bevölkerung eine überaus große Typenvielfalt findet. Ein beträchtlicher Prozentsatz ist blond und blauäugig, aber darüber wissen wir von den Sumerern nichts. Gelegentlich wurden die Kurden als »proto-nordisch« beschrieben, doch scheint es keinen stichfesten, morphologisch fundierten Grund dafür zu geben, sie nicht zur mediterranid-orientalid-nordindiden Taxagruppe zu rechnen. Chantre jedenfalls hält sie für Abkömmlinge der Kuschiten, die allem Anschein nach ehedem den Hauptanteil der Bevölkerung rund um den Persischen Golf stellten (203).

Wenden wir uns der verläßlicheren Informationsquelle, den in diesem Teil der Welt auf alten Friedhöfen ausgegrabenen Gebeinen zu.

In den letzten Jahrtausenden vor Christus, also zur Zeit der sumerisch-akkadischen Kultur und der Induskultur, waren im heutigen Irak, Iran und Pakistan zwei Menschentypen vertreten, die sich durch ihre Schädel-

66 Ein typischer Sumererkopf aus der Frühzeit – Perlmuttintarsie. Der Fundort ist unbekannt (möglicherweise Uruk). – Ashmolean Museum, Oxford.

formen unterschieden. Daß wir hier, obwohl es uns in erster Linie um die Kulturen Mesopotamiens und des Industals geht, den Iran mit einbeziehen, erklärt sich aus dem Mangel an alten Schädeln aus den uns interessierenden Gebieten, weshalb wir alle sich irgendwo bietenden wichtigen Anhaltspunkte heranziehen müssen. Bedauerlicherweise nämlich haben Archäologen im Mittleren Osten bei ihren Grabungen nach irgendwelchen Tonscherben Skelettüberreste gelegentlich einfach weggeworfen (681).

Beide Schädelformen, vermutlich aus dem 8. bis 5. Jahrhundert vor Christus, haben die britischen Anthropologen Dudley Buxton und Talbot Rice (177) bei Ausgrabungen im sumerischen Palast von Kisch in Mesopotamien und in einem nahegelegenen Grabhügel gefunden. Dieselben oder jedenfalls ganz ähnliche Typen wurden vom französischen Anthropologen H. V. Vallois unter den in Sialk, auf halbem Weg zwischen Teheran und Isfahan, rund 415 Meilen nordöstlich von Kisch aus Gräbern geborgenen Überresten, die hier wahrscheinlich schon vor Beginn der Eisenzeit bis ins 9. vorchristliche Jahrhundert bestattet worden waren (1083), entdeckt, außerdem von Oberst R. B. S. Sewell und Dr. B. S. Guha vom Zoologischen Überwachungsinstitut in Indien in dem über 1000 Meilen ostsüdöstlich gelegenen Mohenjo-Daro, einer der berühmtesten Stätten der Induskultur (961).

Diese Induskultur wird, da Kupfer und Bronze den Stein bei der Werkzeugherstellung noch nicht gänzlich abgelöst hatten, häufig als »Kupfer-Steinkultur« bezeichnet. Mackay hält dies jedoch für eine irreführende Bezeichnung, die auf eine eher primitive Kultur schließen läßt, und das ist in diesem Fall keineswegs zutreffend, da es sich bei den Steinwerkzeugen um schmale Feuersteinblätter handelt, die als billige Messer dienten.

Die obenerwähnten Anthropologen liefern von sämtlichen gefundenen Schädeln eine genaue Beschreibung, die ich hier, obwohl im einzelnen beträchtliche Abweichungen vorkommen, zu einer allgemeinen Kennzeichnung der beiden Schädeltypen zusammenfassen möchte.

Der eine Schädeltyp, der in den dolichokranen oder knapp in den mesokranen Bereich fällt und »wohlgerundet«, aber ziemlich klein erscheint, zeigt nur schwach ausgeprägte Überaugenwülste, eine kaum vorspringende Glabella, eine nur mäßig fliehende Stirn (die bei mutmaßlich weiblichen Schädeln nahezu vertikal sein kann) und ein relativ hohes Schädeldach. Weitere Charakteristika sind das spheno-parietale Pterion, die schwach markierten Muskelansatzstellen und das eher lange Gesicht. Die Jochbögen fliehen (das heißt, es besteht keine Neigung zu Flachgesichtigkeit), die Augenhöhlen weisen nur eine bescheidene Höhe auf, das Nasion wirkt mäßig vertieft, der schmale knöcherne Nasenrücken springt beträchtlich vor, die mesorrhine Nasenöffnung zeigt gewöhnlich (wenn auch nicht durchweg) einen oxycraspedoten Unterrand. Das Palatum ist ziemlich lang, insgesamt eine leichte Tendenz zur Prognathie wahrnehmbar. Während der Unterkiefer zart gebaut scheint, springt das Kinn kräftig vor.

Arm- und Beinknochen (soweit vorhanden) weisen eher auf Kleinwüchsigkeit hin.

Die Schädel dieses Typs sind offensichtlich europid. Laut Buxton und Rice gleichen sie mediterranen, Sewell und Guha erklären dagegen: »Wir halten diesen Schädeltyp für einen Vertreter der echten mediterranen Rasse« (das heißt der mediterranen Unterrasse). Vallois dagegen zählt sie nur zum *type protoméditerranéen,* weil sie in der Struktur gröber sind als die heutigen mediterraniden, betontere Wülste und einen etwas niedrigeren Schädelindex haben. Alles in allem jedoch darf man sie wohl im umfassenden Sinn mediterranid nennen, allerdings mit dem Vorbehalt, daß Orientalide und Nordindide sehr ähnliche Schädel haben, so daß sich ohne den Vergleich anderer Körperteile dieser Aspekt nicht ohne weiteres mit Gewißheit klären läßt.

Auch die Exemplare des zweiten in Kisch,

Sialk und Mohenjo-Daro gefundenen Schädeltyps werden von den obenerwähnten Autoren einzeln und ausführlich beschrieben, und auch bei ihnen lassen sich beträchtliche Unterschiede feststellen. Trotzdem können wir auch in diesem Fall wieder versuchen, die allgemeinen Merkmale herauszustellen.

Der Schädel ist dickwandig und infolge der ungewöhnlichen Länge des Hinterhauptes hinter dem äußeren Gehörgang extrem dolichokran (hyper- und in einem Fall sogar ultradolichokran), mit anderen Worten, alles andere als wohlgerundet, da die Seiten nahezu senkrecht aufsteigen. Dort, wo sie sich auf die Scheitellinie zu nach innen neigen, erscheinen sie etwas abgeflacht und bilden beim Aufeinandertreffen gelegentlich einen kielartigen Wulst (wodurch der Schädel skaphokran wirkt). Trotz alledem jedoch ist die Schädelkapazität bemerkenswert groß. An die kräftig vorspringende Glabella und die gleichfalls stark ausgeprägten Überaugenwülste schließt sich eine fliehende Stirn mit einem hoch gewölbten (hypsikranen) Schädeldach an. Die Muskelansatzstellen sind kräftig markiert, die der Schläfenmuskeln liegen ungewöhnlich nahe bei der Scheitellinie. Das ziemlich lange Gesicht erinnert (mit Ausnahme der weniger fliehenden Jochbögen) an den mediterraniden Typ*, die Orbita sind hoch, das Nasion ist merklich eingesattelt und der knöcherne Nasenrücken ähnlich schmal wie bei den Mediterraniden, aber kräftiger vorgebaut. Der Unterrand der mesorrhinen oder sogar platyrrhinen Nasenöffnung ist in der Regel oxycraspedot, das Palatum in Entsprechung zur ausgeprägten Subnasalprognathie sowie der bis zu einem gewissen Grad feststellbaren allgemeinen Prognathie sehr lang. Der robuste Unterkiefer zeigt kräftige Äste, das Kinn wirkt gleichfalls kräftig; es besteht Aufbiß, nicht Überbiß.

Die spärlichen Skelettreste deuten ebenfalls auf einen ziemlich kleinen Wuchs hin.

Diese kurze Beschreibung läßt sich auf einen noch kürzeren, noch allgemeineren Nenner bringen: Der Schädel ist in mancherlei Hinsicht recht primitiv, hat aber eine überraschend hohe Kapazität (sogar eine höhere als die der Mediterraniden).

1909 wurde in Combe-Capelle bei Montferrand in der Dordogne (Südwestfrankreich) in einem Grab aus dem frühen Aurignac ein in der Form bemerkenswert ähnlicher Schädel samt einem fast unversehrten Skelett gefunden. Der Entdecker, O. Hauser, ein begeisterter Archäologe, hat uns eine anschauliche Schilderung der Umstände hinterlassen und seiner Publikation ausgezeichnete Fotografien sowie eine ausführliche Beschreibung von Schädel und Skelett von Professor H. Klaatsch beigefügt (590). Ich möchte bei dieser Gelegenheit für Angehörige dieses Typs, den man wohl als Unterrasse der europiden Rasse betrachten darf, die Bezeichnung Combe-Capellide oder kurz Capellide (in der Linnéschen Nomenklatur *aurignacensis* Hauser) vorschlagen.

»Von negroidem oder ostasiatischem (mongoloidem) Blut sind bis jetzt«, so Buxton und Rice (177), »weder in Kisch noch in Sialk noch (von einem einzigen Schädel abgesehen) in Mohenjo-Daro irgendwelche Spuren aufgetaucht.«

Die Bevölkerung von Kisch und Mohenjo-Daro bestand also in der Hauptsache aus Mediterraniden (oder einem ähnlichen Volk) und Capelliden, in Kisch überwiegend aus Capelliden* und in Mohenjo-Daro über-

* Manche Experten haben die Begründer der Induskultur als »flachgesichtig« bezeichnet (244), was jedoch nicht zu beweisen ist. Der Begriff läßt sich im Gegenteil nach heutigem Wissensstand auf keines der Völker anwenden, aus denen sich die Bevölkerung des Tales damals im wesentlichen zusammensetzte.

* Vallois unterläuft hier ein Versehen. Er behauptet, die Mehrzahl der von Buxton und Rice bei Kisch gefundenen Schädel gehörten in seine *Groupe dolichocéphale II*, das heißt zur mediterraniden Unterrasse, wohingegen die britischen Autoren keinen Zweifel daran lassen, daß ihre Schädel »*eurafrican*« waren, um ihre eigene Bezeichnung zu gebrauchen.

wiegend aus Mediterraniden. Allerdings läßt die bescheidene Zahl der gefundenen Schädel in beiden Fällen keine Schlüsse über die wirkliche Zusammensetzung der Bevölkerung zu. In Sialk dagegen wurden etwa gleich viele mediterranide und capellide Schädel ausgegraben, dazuhin allerdings (von den frühesten Zeiten abgesehen) noch eine Vielzahl brachykraner Reste.

Da sich die Bevölkerung von Kisch aus Sumerern und Akkadern zusammensetzte, möchte man allzu gern den einen Schädeltyp als sumerisch und den anderen als akkadisch bezeichnen; fragt sich nur, welchen als welchen. Nicht einmal Buxton und Rice vermochten zu sagen, ob die beiden Typen tatsächlich den beiden in Kleidung, Haartracht und Sprache so unterschiedlichen Bevölkerungselementen entsprachen. Erschwert wird die Sache noch dadurch, daß Sir Arthur Keith die Meinung vertritt, bei den im alten Mesopotamien gefundenen Schädeln handle es sich nicht um zwei verschiedene Typen, sondern nur um einen einzigen variablen Typ (575).

Keiths Schädel waren von einer von Briten und Amerikanern gemeinsam unter Leitung von Leonard Wooley gestarteten Expedition ausgegraben worden (461), einige wurden in Ur und einige im »späteren Friedhof« des benachbarten Al-'Ubaid gefunden (1157). Aber: Es läßt sich nicht beweisen, daß zu jener Zeit, aus der die Ausgrabungen stammen, an einem der beiden Orte wirklich Akkader lebten. Andererseits hatte, wie wir von bemalten Tongefäßen her wissen, in früher Zeit ein anderes, prähistorisches Volk Al-'Ubaid besetzt, wir wissen jedoch nicht, ob auch seine Angehörigen auf dem späteren Friedhof beigesetzt wurden. Wooley selbst tendiert aufgrund des archäologischen Materials zu der Meinung, bei den von Keith untersuchten Schädeln handle es sich um Sumerer aus der Zeit der Ersten bis Dritten Dynastie. Immerhin wurde in einem der Gräber auch ein Tongefäß mit einer sumerischen Inschrift gefunden, das zu jener Art Gefäßen gehörte, die während der ganzen Zeit, in der auf dem Friedhof Begräbnisse stattfanden, benützt wurden. Laut Wooley genügt allein schon dieses Zeugnis, um den Friedhof mit einiger Sicherheit in die Zeit der sumerischen Hochkultur einzuordnen. Die Schädel von Ur dagegen dürften seinen Schätzungen zufolge einer wesentlich späteren Zeit, der Epoche zwischen dem 19. und 17. Jahrhundert vor Christus, angehören.

Keith hielt sämtliche Schädel von Al-'Ubaid und Ur für sumerisch und ordnete sie einem einzigen Taxon zu, das er als »arabisch« (vermutlich orientalid) identifizierte. Zum selben Ergebnis kam er nach der Untersuchung von Buxton und Rices Spezimen in Oxford. »Ich habe«, erklärte er, »nicht den geringsten Zweifel, daß in der unteren Euphrat- und Tigrisebene heute dieselbe [arabische] Rasse lebt wie ehedem« (575). Die Unterschiede »sind nicht größer als bei Rassen [Unterrassen], die als rein gelten.« Dieser Ansicht kann man sich allerdings nicht ohne weiteres anschließen.

Der von Keith auf Tafel LXVI abgebildete Schädel Nummer VIII (aus Al-'Ubaid) war orygmocraspedot.

Was läßt sich mit Sicherheit über die taxonomische Stellung der Sumerer und der Begründer der Induskultur aussagen, was als Möglichkeit in Betracht ziehen? Sicher ist, daß es sich um europide Völker handelt, bei denen sich keinerlei mongolide oder negride Elemente finden, auch waren es keine Armeniden (selbst wenn Mitglieder dieses Taxons bei der späteren Entwicklung der babylonischen Kultur eine große Rolle spielten). Möglich ist, daß die Völker, welche die sumerische und die Induskultur schufen, mediterranide (mit der bereits erwähnten Einschränkung) waren oder dem ähnlichen capelliden Taxon, vielleicht sogar beiden angehörten und Mischformen aus beiden einschlossen.

Nebenbei bemerkt, wäre es allein aus praktischen Gründen empfehlenswert, für die Mediterraniden und anderen Völker, die sich nicht anhand von Schädelkriterien eindeutig von ihnen unterscheiden lassen, eine Sammelbezeichnung anzuwenden, die sich sogar als recht brauchbares Taxon erweisen könnte.

Ganz andere Probleme erwarten den biologischen Anthropologen, der sich mit der helladisch-minoischen Kultur auseinandersetzt. Ihm stehen nicht wie im Fall von Mesopotamien zu übersichtlichen Monographien zusammengefaßte ausführliche Beschreibungen der einzelnen Schädelfunde zur Verfügung, sondern im großen und ganzen nur kurze Abhandlungen. Aufgrund der Zerbrechlichkeit und Unvollständigkeit der Spezimen sind sie vielfach von quälender Dürftigkeit. In manchen Fällen haben die Forscher buchstäblich aus Angst, das kostbare Stück zu beschädigen, nicht gewagt, es aus der betreffenden Schicht zu entfernen und nur die Maße festgehalten, die sich an den herausragenden Teilen abnehmen ließen (292). So ist in vielen Fällen lediglich der Schädelindex bekannt; ja, einige Abhandlungen über die alten kretischen Völker könnten einen fast glauben machen, die Aufgabe des biologischen Anthropologen bestehe lediglich darin, diesen für die taxonomische Einordnung gewiß nützlichen, aber doch äußerst unzulänglichen Punkt zu ermitteln. Eine weitere Schwierigkeit besteht darin, daß viele der Beschreibungen keinerlei Angaben über Kunstgegenstände oder Grabbeigaben enthalten, die eine Datierung der Skelettreste ermöglichten.

Über die physischen Merkmale der »prägriechischen« Bevölkerung Griechenlands, die die helladische Kultur begründete, liegen uns nicht viele verläßliche Angaben vor. Vermutlich handelt es sich um die »Pelasger« der griechischen Klassiker (1022); mit Sicherheit jedoch lassen sich die Knochenfunde im Umfeld der helladischen Kultur weder diesem noch einem anderen in der griechischen Literatur erwähnten Volk zuordnen.

Nach Meinung der meisten frühen Forscher, darunter auch Sergi (958, 959) und Ripley (905), war das Land ursprünglich von einem Volk der »mediterranen Rasse« bewohnt. Laut Sergi war ein Zweig dieses Taxons, die Pelasger, aus seiner ursprünglichen Heimat in der Nähe der heutigen Grenze zwischen Libyen und Ägypten über das Meer gekommen, während sich eine andere Gruppe im Süden und Osten Italiens niederließ, eine dritte in Pelasgia selbst und dem Gebiet um das Schwarze Meer, und eine vierte auf Kreta (958). Für den für diesen Zweig der »mediterranen Rasse« als typisch geltenden Schädel prägte Sergi den Terminus »*Ellipsoides pelasgicus*«. Messungen an einer solchen Schädelfotografie (Draufsicht) ergaben einen Schädelindex von rund 66,5 (ultradolichokran).

In der Folge kamen nach Ansicht von Sergi und Ripley brachyzephale Einwanderer aus dem Norden nach Griechenland (wie es scheint, hauptsächlich aus Albanien und bereits in der christlichen Ära). Diese These wurde auch durch spätere Untersuchungen nicht widerlegt. Jedenfalls ist der Prozentsatz an dolichozephalen Menschen selbst heute noch im Süden Griechenlands, wo ehedem die Zentren der helladischen Kultur lagen, am höchsten.

Anfangs scheinen Kreta und das Festland miteinander kaum Kontakte unterhalten zu haben; erst in der späthelladischen Phase (von etwa 1 550 vor Christus an) gewann die Insel zunehmend Einfluß auf Griechenland (1022).

Trotz der Zerbrechlichkeit der Knochenfunde sind wir über die physischen Merkmale der alten kretischen Bevölkerung ziemlich zufriedenstellend unterrichtet. Das haben wir nicht zuletzt den Forschern zu verdanken, die sich als erste diesem Gebiet zuwandten, darunter vor allem Boyd Dawkins (264), W. L. H. Duckworth (292) und Felix von Luschau (686), ausgezeichnete Anatomen, welche die ihnen zur Verfügung stehenden Funde aufs beste auszuwerten verstanden. Selbst heute noch gilt das von ihnen ab 1901 zusammengetragene Material als unübertroffen (531). Die Folgerungen, die Boyd Dawkins anhand der wenigen ihm zugänglichen Schädel zog, haben den Test der Zeit bestanden. Er schloß aus der Ähnlichkeit der von ihm untersuchten frühkretischen Schädel mit den dolichokranen Schädeln der vorgriechischen Bevölkerung Attikas (das heißt der Region der helladischen Kultur), daß es sich um das Eingeborenentaxon der mediterranen Küsten und Inseln handeln müsse und die rundköpfigen Völker erst später zugewandert waren. »Falls das zutrifft«, erklärte er, »gehören die von Mr. Hogarth auf Kreta gefundenen Schädel dem kleinen dunklen mediterranen Volk an, dem ältesten, wenn nicht einzigen ethnischen Element unter den Pelasgern Kretas« (264). In Entsprechung dazu stellte Duckworth bei seinen Schädeluntersuchungen aus alter und neuer Zeit fest, daß sich das Verhältnis von dolichokranen und brachyzephalen Schädeln merklich verschoben hat: Überwogen in den frühen Zeiten die dolichokranen (65 Prozent der Männer, 71 Prozent der Frauen), so herrschen seit dem Beginn unseres Jahrhunderts die brachyzephalen vor (292). Dieses Ergebnis zog auch Hawes in seiner einige Jahre später veröffentlichten Schrift über weitere Funde aus der frühminoischen Epoche II und der spätminoischen Epoche III nicht in Zweifel, obwohl, wie sich mittlerweile herausgestellt hatte, auf Kreta schon in sehr frühen Zeiten auch brachyzephale Typen vertreten waren (479), und auch von Luschan bestätigt in seinem umfassenden, 1913 erschienenen Werk die allgemeine Tendenz des Übergangs vom Langkopftyp der mittleren minoischen Ära zum Rundkopftyp unseres Jahrhunderts (686).

Die Schädel, von denen ausführliche Beschreibungen vorliegen, weisen keinerlei capellide Elemente auf.

Die neben den Schädeln an alten kretischen Begräbnisstätten gefundenen Langknochen lassen auf einen kleinen, zierlichen Menschentyp schließen: Vermutlich waren die Männer in der frühminoischen Epoche I im Durchschnitt nicht größer als 1,63 Meter (1067), was die von den Schädelfunden abgeleitete Folgerung, es müsse sich um ein mediterranides Volk handeln, unterstützt. Sind die Selbstdarstellungen der Sumerer, wie bereits oben schon erwähnt, aufgrund ihres gröblichen und unrealistischen Charakters für den biologischen Anthropologen keine große Hilfe, so verhält es sich bei den Fresken aus dem Palast von Knossos gerade umgekehrt. Genau wie die Schädelfunde weisen sie die Minoer als Mediterranide aus. Beweis dafür ist, abgesehen von allen anderen Darstellungen, das Profilbild einer jungen Frau, das durch die einfarbige Abbildung von Arthur Evans 1901 bekannt wurde und die Bezeichnung *»La Parisienne«* erhielt. Wer sich darüber hinaus dafür interessiert, wie sich die Minoer selbst sahen, schaue sich die sehr eindrucksvollen Bände Sir Arthurs über den Palast mit den zahlreichen Farbfotografien und Schwarzweißaufnahmen an (317). Als berühmtestes Machwerk gilt der »Becherträger« (Band 2, Teil 2, gegenüber Seite 707); für den biologischen Anthropologen allerdings dürften die zahlreichen Gruppenfresken minoischer Frauen in Band 3 aufschlußreicher sein.

Eine Besonderheit sollte noch hervorgehoben werden: Eine beträchtliche Anzahl dieser Frauen (wenn letztlich auch nur eine Minderheit) zeichnet sich wie *»La Parisienne«* durch eine leicht vorspringende Nasenspitze aus.

Im übrigen hat sich weder von den Schädelfunden noch von den Selbstdarstellungen her jemals auch nur der geringste Anhaltspunkt dafür finden lassen, daß an Schöpfung und Weiterentwicklung der kretischen Kultur irgendwelche nichteuropiden Völker beteiligt gewesen wären.

Nach dem Mangel an guterhaltenen alten Schädeln aus Hellas und Kreta überrascht die Fülle, die uns die ägyptische Kultur hinterlassen hat, um so mehr. So ist es kein Wunder, daß die Kraniologie des alten Ägypten ausführlicher untersucht worden ist als die aller anderen Länder der Welt (761). Einer der eifrigsten Forscher auf diesem Gebiet war der britische Anthropologe

G. M. Morant, der nicht nur die von seinen Mitarbeitern an rund 1000 Schädeln abgenommenen Maße statistisch auswertete, sondern darüber hinaus noch sämtliche über ägyptische Schädel publizierten Daten einbezog (761). Alles in allem stand ihm das Material über 5000 aus allen wichtigen, von den vordynastischen bis zu den römischen Zeiten stammende Schädel zur Verfügung. Außerdem können die Gelehrten in diesem Fall noch ganze Skelette und das Haar von Mumien sowie zahllose Selbstdarstellungen auf den alten ägyptischen Monumenten heranziehen.

Auf diesen Selbstbildnissen sind die dynastischen Ägypter mit langem Gesicht, spitz zulaufendem Kinn, dünnem Bart, einer geraden oder nur leicht gekrümmten Nase, schwarzer Iris und rötlichbrauner Haut zu sehen. Das Haupthaar war, den Mumien nach zu schließen, gelockt, gewellt oder auch ziemlich glatt, dunkelbraun bis schwarz, Gesichts- und Körperbehaarung, vom Bart der Männer abgesehen, eher dürftig. Die Skelette lassen auf kleinen Wuchs, die Leichtigkeit der Knochen auf eine eher schwächliche Statur schließen. Die auf der Grenze zwischen meso- und dolichokran stehenden Schädel mit dem stark vorgewölbten Hinterkopf wirken in der Draufsicht sargförmig oder ovoid; die Überaugenwülste sind nur schwach ausgeprägt oder fehlen ganz; die Stirn ist nahezu vertikal. Die Backen sind schmal, die Nase eher breit; der schwach entwickelte Unterkiefer endet in einem spitz zulaufenden Kinn, das die ägyptischen Selbstdarstellungen als realistisch ausweist. Gesicht und Kiefer zeigen eine gewisse Neigung, vorzuspringen (Mesognathie) (vergleiche Smith, 981).

Nach allgemeiner Ansicht scheint das europide Element bei den Ägyptern von der vordynastischen Zeit an überwiegend mediterranid gewesen zu sein, auch wenn es Einflüsse orientalider Einwanderer aus Arabien gegeben hat (981, 302). (Sergi, der Schöpfer des Begriffes der »mediterranen Rasse«, betrachtet die Äthiopiden, die seit vordynastischen Zeiten das Hauptkontingent der ägyptischen Bevölkerung stellten, im allgemeinen als Teil des »afrikanischen Zweigs« [958].) Das negrideElement scheint laut dem britischen Anatomen Elliot Smith (981), der viele Jahre lang in Ägypten gearbeitet hat, und Morant (761) nicht sehr ins Gewicht zu fallen. Nach Meinung Morants, der sechs Kriterien zur Unterscheidung der alten Ägypterschädel und der Schädel acht verschiedener kaffrider, palänegrider und »nördlicher Negerstämme« aufgestellt hat, müßte der negride Beitrag (falls es überhaupt einen gibt, was er nicht mit Sicherheit behauptet) aus vordynastischen Zeiten stammen.

Obwohl die Bewohner Ägyptens in der dynastischen Zeit einander in vielem glichen, wurden ursprünglich zwei lokale Formen unterschieden, die Bewohner des Faijûm und der Unternilregion oder Unterägyptens, um die in anthropologischen Untersuchungen gebräuchliche Bezeichnung zu verwenden, auch wenn sich das Gebiet mit dem der heutigen Provinz desselben Namens nicht ganz deckt, und die weiter stromaufwärts in der Thebais lebenden Oberägypter. Diese zeichneten sich durch schmalere Schädel und folglich auch durch einen etwas niedrigeren Schädelindex aus (im Durchschnitt circa 73,5 im Gegensatz zu 75,0 oder eher mehr bei den Unterägyptern). Außerdem näherten sich ihre Schädel – und das faßt eine Menge statistischer Daten in ein paar Worten zusammen – in allen sechs Unterscheidungsmerkmalen zwischen Ägypter- und Negerschädeln mehr dem negriden Element als die der Unterägypter. Im Lauf der Zeit allerdings ist dann die Bevölkerung des ganzen Landes unter zunehmender Abschwächung des negriden Elementes zu einer mehr oder minder homogenen Einheit verschmolzen. Die Fellachen und Kopten des modernen Ägypten dürfen mit Fug und Recht als nur unwesentlich veränderte Abkömmlinge der Ägypter spätdynastischer Zeiten gelten.

Von der ägyptischen Kultur mit ihrer fast

überwältigenden Fülle an Skeletten kommend, empfinden wir den Mangel der altchinesischen Kultur an Skelettmaterial als um so bedauerlicher. Zum Glück jedoch sind die Siniden insgesamt in ihren physischen Merkmalen über weite Gebiete bemerkenswert uniform, und nichts deutet darauf hin, daß in irgendeinem Teil Chinas von den Anfängen der Kultur bis zum heutigen Tag je stark voneinander abweichende ethnische Taxa gelebt hätten.

Das Schang-Reich (von circa 1500–1100 vor Christus) deckt sich geografisch ungefähr mit der heutigen Provinz Schansi; Anyang und die anderen archäologischen Ausgrabungsstätten liegen in der Nähe des Huang-ho (des Gelben Flusses). Alten Überlieferungen zufolge soll in dieser Region schon in sehr frühen Zeiten ein Königreich errichtet worden sein. Bis zu unserem Jahrhundert jedoch lagen keinerlei positive Informationen darüber vor. Seit 1899 wurden dann immer wieder einmal Knochen und Schildpatt mit Inschriften gefunden und1928 von der Academia Sinica die erste Expedition zu Ausgrabungsarbeiten nach Anyang geschickt. Mittlerweile haben sich die von den chinesischen Gelehrten anfangs mit großer Skepsis betrachteten alten Überlieferungen als durchaus glaubwürdig erwiesen (1165, 340). Wenn man heute auch kaum noch daran zweifelt, daß die Zivilisation Chinas von hier ihren Ausgang nahm, bleibt die Frage, ob die Schang-Kultur nach allem, was wir heute über sie wissen, auch tatsächlich die an eine Kultur gestellten Anforderungen erfüllt, offen.

Nach L. H. Morgans Kriterium gehört sie zweifellos zu den Hochkulturen, denn das Schang-Volk besaß eine wirkliche Schrift, nicht nur eine Bilderschrift (Punkt 16), aus der sich übrigens die heutigen chinesischen Schriftzeichen entwickelt haben. Außerdem verstand sich dieses Volk auf Bronzeherstellung und Bronzeguß (Punkt 8) und domestizierte verschiedene Tierarten (Punkt 7); überdies wurden glasierte, höchstwahrscheinlich auf Töpferscheiben gefertigte Tongefäße gefunden (Punkt 9). Andererseits jedoch sind keine Stein- oder Ziegelbauten bekannt (Punkt 4), und Aberglaube scheint an der Tagesordnung gewesen zu sein (Punkt 15). Jedenfalls handelt es sich beim größten Teil der auf mehr als hunderttausend Knochen- und Schildpattfragmenten gefundenen Inschriften um Ahnenbefragungen, zum Teil mit der Antwort.

Um circa 1100 vor Christus wurde die Schang-Dynastie von der Tschou-Dynastie abgelöst, Kultur und Volk jedoch haben allem Anschein nach überlebt. Fitzgerald hält die Schang-Kultur sogar für den direkten Vorläufer oder eher die Frühphase der späteren chinesischen Kultur; seiner Meinung nach stammt ein beträchtlicher Teil der heutigen chinesischen Bevölkerung von Schang-Ahnen ab (340). Dieses Schang-Volk muß nach unserem heutigen Wissensstand wahrscheinlich als Lokalform der Siniden betrachtet werden, die das Huang-ho-Gebiet bewohnen und von Liu als Huanghoiden bezeichnet werden (675). Wie Liu erläutert, sind sie in China als »die aus dem Norden« bekannt, und ihr Wohngebiet gilt als die »Wiege« des chinesischen Volkes und seiner Kultur.

Die fünf genannten Kulturen – die sumerische, die altägyptische, die Induskultur, die helladisch-minoische und die altchinesische – scheinen die einzigen zu sein, die ohne oder doch fast ohne äußeren Einfluß entstanden sind. Dieses »fast« ist wichtig, denn wie es scheint, hat sich keine Kultur außer der ersten wirklich völlig unabhängig von anderen entwickelt, es sei denn, man ließe auch die Anden- und mittelamerikanischen Kulturen gelten. Michael Edwardes vertritt in seinem Buch *East-west passage* die Meinung, zwar würden nicht ganze »Ideensysteme« übermittelt, wohl aber Fragmente (298). Und tatsächlich scheinen Fragmente aus dem Europa der frühen Zeiten in die altchinesische Welt eingedrungen zu sein. So dürfte sich zum Beispiel der Bronzekult von Europa nach Sibirien ausgebreitet und dann später in der Tschou-Zeit China erreicht haben. Aber auch »Ideensysteme« scheinen zu wandern, denn die »Tochter«- und »Satellitenkulturen«, wie Toynbee sie nennt, übernehmen von ihren Vorbildern und Quellen nicht nur Fragmente. Die Frage, welcher Unterschied nun eigentlich zwischen den beiden Typen besteht, soll uns hier nicht weiter beschäftigen. Wir wollen uns vielmehr mit der Feststellung begnügen, daß manche Kulturen bestimmte charakteristische Merkmale von anderen, früher entstandenen kopiert haben, und in diesem Sinn von ihnen beeinflußt wurden oder abhängig waren, wenn sie daneben auch durchaus eigenständige Züge entwickelten. Zum Beispiel stand die hethitische Kultur letztlich (über die sumerisch-akkadische) unter dem Einfluß der sumerischen, die mykenische und hellenische unter dem der helladisch-minoischen, die der Hindus unter dem von Mohenjo-Daro, die der Japaner unter dem der alten Chinesen und so fort; manche sogar unter dem Einfluß von zwei oder mehreren, wobei auffällt, daß alle großen, unabhängigen Kulturen entweder europid oder mongolid waren.

Außer Europiden und Mongoliden haben nur noch Indianide ähnlich kulturschöpferische Tendenzen entfaltet. Es waren zwei Unterrassen: die Andiden im Westen Südamerikas und die Zentraliden in Mittelamerika (die augenfälligsten physischen Unterschiede zwischen beiden werden kurz im Anhang Seite 383 beschrieben). Beide Kulturen entstanden mit größter Wahrscheinlichkeit unabhängig von den Kulturen der Alten Welt, auch wenn einige erstaunliche Übereinstimmungen bestehen (zum Beispiel kennt die Andenkultur ähnliche Webtechniken oder das Wachsausschmelzverfahren beim Metallguß, (1063). Sie entstanden offensichtlich aber auch unabhängig voneinander. Gewisse »Fragmente« freilich dürften trotz der großen räumlichen Entfernung von Zeit zu Zeit zwischen ihnen hin und her gewandert sein (1082), und ein ebenso sporadischer Austausch scheint zwischen der Anden- und der polynesischen Kultur hin und wieder stattgefunden zu haben (64, 168). Die Eroberer der Andenregion und Mittelamerikas, die Inkas und Azteken, wurden ihrerseits von den Völkern, die sie unterwarfen, beinahe absorbiert; denn obwohl die Herrscher den unterworfenen Stämmen bis zu einem gewissen Grad Einheitlichkeit aufzwangen, hatten diese doch schon die Grundlage für die künftige Kultur geschaffen.

L. H. Morgan ordnete beide indianische Kulturen der »mittleren Stufe der Barbarei« zu, also nicht einmal der höchsten Stufe des Zwischenfelds. Als Grund für diese niedrige Einstufung gab er an, daß sie kein Eisenausschmelzverfahren kannten, kein phonetisches Alphabet erfunden hatten und sich nicht der Schrift für literarische Zwecke bedienten. Ob er diese Mängel freilich so hoch veranschlagt hätte, wenn ihm schon unser heutiges Wissen zugänglich gewesen wäre, ist sehr fraglich. Nach den auf Seite 357 zusammengestellten Punkten jedenfalls darf man die Andenvölker vor der spanischen Eroberung in den dreißiger Jahren des 16. Jahrhunderts wohl in 10 Punkten (1, 2, 4–8, 14, 19 und 20) als zivilisiert und in fünf weiteren (3, 13, 15, 17 und 18) als nicht unberührt betrachten (vergleiche Baudin (64), Burland (168), Hemming (486)). Über die das Rechtssystem umfassenden Punkte 11 und 12 sowie über Punkt 21 kann man scheinbar keine eindeutige Gewißheit erlangen. In drei wichtigen Punkten jedoch (9, 10 und 16) haben sie die Ebene der Kultur eindeutig nicht erreicht: Sie hatten kein allgemein eingeführtes Geldystem, sondern begnügten sich in der Hauptsache mit Tauschhandel, sie hatten keinerlei Kenntnis über das Rad, und sie besaßen keine Schrift. Auch Hemming nennt in seiner Arbeit über die spanische Eroberung drei wichtige Erfindungen, die sie nicht gemacht hatten – Schrift, Rad und Mauerbogen –, und bezeichnet sie als »drei Entdeckungen, die uns doch ausschlaggebend erscheinen«, wenn wir entscheiden sollen, ob der übliche Kulturstandard erreicht worden ist oder nicht

(486). Gewiß aber werden manche Mängel durch das großartige Können ihrer Steinmetzen aufgewogen. Ihre *Quipus* dagegen, Knotenschnüre, bei denen von einem Hauptstrang, dessen Länge sehr unterschiedlich sein konnte, kleinere, farbige, in gewissen Abständen geknotete Schnüre herabhingen, sind wohl oft überbewertet worden. Diese *Quipus*, die auf einem Zehnersystem* aufbauten, wurden als Zahleninformation von Ort zu Ort geschickt, da sie nicht schwer und leicht beförderbar waren; sie konnten jedoch nicht zum Rechnen verwendet werden (179).

Die mittelamerikanische Bevölkerung umfaßte zunächst mehrere Völker einer gemeinsamen Basiskultur mit lokalen Variationen, die natürlich nicht überall denselben Standard erreichten; dafür aber griffen die in einem Volk entwickelten Gewohnheiten allmählich auch auf die anderen über. Ein Teil dieser Völker hatte in mancher Hinsicht Hochkulturniveau erreicht, was jedoch nicht heißen soll, daß sie deshalb schon insgesamt als Hochkulturen anzusprechen gewesen wären. Wie weit dies zutrifft, soll kurz im Licht verschiedener voneinander unabhängiger Quellen untersucht werden (99, 174, 382, 695, 944, 1043, 1082).

Die Maya, deren Gebiet das heutige Guatemala, Britisch Honduras, den Westen von Honduras und El Salvador samt den angrenzenden Teilen Mexikos umfaßte, erreichten als erste einen hohen kulturellen Rang und übertrafen letztlich auch alle anderen Völker. Sie nahmen vom 3. bis zum 9. nachchristlichen Jahrhundert einen »meteorgleichen Aufstieg« (1043), zerstreuten sich dann aber ohne erkennbaren Grund nach Yukatan und in die angrenzenden Gebiete, was einen sichtlichen Niedergang ihrer Kultur zur Folge hatte, und erlebten im 2. Viertel des 16. Jahrhunderts noch vor der Invasion der Spanier einen ersten Zusammenbruch. In der Zwischenzeit hatten sich die Azteken in der Nachbarschaft, im heutigen Mexico City, niedergelassen, die Kultur der Ureinwohner übernommen und ihre Herrschaft über einen beträchtlichen Teil des heutigen Südmexiko ausgedehnt. Zum Zeitpunkt von Cortés Landung in Mittelamerika im Jahr 1519 stand ihre Kultur in voller Blüte.

Diese mittelamerikanischen Völker, voran die Maya, waren den Andenvölkern und darüber hinaus (von bestimmten europiden und mongoliden Unterrassen abgesehen) allen ethnischen Taxa in Mathematik, Astronomie und Kalenderberechnung (Punkt 17 und 18) haushoch überlegen. Das Zahlensystem der Mayas basierte auf der Zahl 20, mit der Ausnahme, daß auf *uinal* oder 20 Einheiten 18 Zahlen folgten. Diese Unregelmäßigkeit ist zweifelsohne mit der Kalenderberechnung zu erklären, da für die Mayas ein Jahr aus (20 × 18) + 5 Tagen bestand. Ihr Hauptverdienst aber soll die Einführung eines Symbols für Null gewesen sein. Nun ist das an sich eine reichlich triviale Angelegenheit. Weitaus wichtiger dagegen war die Erfindung eines die Null einbeziehenden »Stellenwert«-Zahlensystems, das heißt eines Systems, in dem der Wert jedes Zahlensymbols von seiner Stellung in einer Reihe solcher Symbole abhängt und je nachdem auch durch Null ersetzt werden kann. Über diese, von ihm als großartige mathematische Errungenschaft gerühmte Erfindung schrieb Laplace, der allerdings nicht wußte, daß sie auf die Mayas zurückgeht und nicht auf die Inder (weshalb wir im folgenden Zitat im ersten Satz »Indien« durch »Mittelamerika« und »zehn« durch »zwanzig« ersetzen müssen) in der dritten Auflage seiner *Exposition du système du monde* (634):

»Von Indien ist uns die geniale Methode überliefert, alle Zahlen mit Hilfe von zehn Zeichen auszudrücken und diesen gleichzeitig einen absoluten und einen Stellenwert zu geben – eine wahrhaft kluge, äußerst wichtige Idee, die uns heute so einfach scheint, daß

* Wir ziehen »Zehner-« hier »Dezimal-« vor, da das letztgenannte Wort leicht zu Mißverständnissen führen könnte. Es könnte nämlich den Eindruck erwecken, die Andenvölker hätten Bruchteile einer Einheit im Dezimalsystem ausgedrückt, wohingegen sie von dieser Methode in Wirklichkeit keine Ahnung hatten.

wir darüber ganz ihre Vorzüge übersehen. Aber gerade die daraus resultierende Einfachheit aller Kalkulationen sowie die außerordentliche Erleichterung aller Rechenvorgänge rücken unser arithmetisches System in die vorderste Reihe nützlicher Erfindungen. Wie schwer eine solche Erfindung gewesen sein muß, können wir schon daraus ersehen, daß sie weder dem Genie eines Archimedes noch dem eines Apollonius, zwei der größten Geister und Zierden des Altertums, geglückt ist« (634).*

Die Mayas haben, und das ist sehr wichtig, diese Erfindung unabhängig von den Hindus gemacht, deren System heute fast in der ganzen Welt in Gebrauch ist. Beweis dafür ist, daß sie ein Zwanziger- und kein Zehnersystem benutzten, völlig andere Zeichen hatten und die Zahlenreihen nicht horizontal, sondern vertikal aufzeichneten (179). Daß aber eine intellektuell so anspruchsvolle Idee wie die des Stellenwertes unter Einbeziehung von Null in verschiedenen Teilen der Welt unabhängig voneinander erfunden wurde, widerlegt die extreme Ausformung der Verbreitungsdoktrin, derzufolge eine Erfindung nicht zwei- oder gar mehrmals unabhängig voneinander gemacht wird.

Im übrigen haben aber schon die alten Babylonier zwischen 2300 und 1600 vor Christus, also rund zwei Jahrtausende vor der klassischen Periode der Mayakultur, das Positionssystem eingeführt (179), wenn sie sonderbarerweise auch erst viel später ein Zeichen für Null erfanden. Deshalb funktionierte ihr Sechzigersystem nur in den Fällen wirklich zufriedenstellend, in denen dieses Zeichen nicht erforderlich war. Um 200 vor Christus führten sie schließlich doch ein Nullsymbol ein, sollen es aber beim Rechnen nicht gebraucht haben (179).

Vergleicht man die verschiedenen Systeme, das Sechzigersystem der Babylonier, das Zwanziger-/Achtzehnersystem der Mayas und das heute ziemlich allgemein gültige Zehnersystem der Hindu-Araber, so erweist sich letzteres als bei weitem das beste, allein schon, weil bei den beiden erstgenannten das Einmaleins nur sehr schwer zu erlernen gewesen sein dürfte.

Einige der mittelamerikanischen Völker, allen voran die Mayas, stellten bemerkenswert exakte astronomische Beobachtungen an, und obgleich ihr Unvermögen, geeignete Instrumente zu erfinden, ihre Arbeit auf diesem Gebiet behinderte, gelang es ihnen, die Länge des Jahres genau genug zu berechnen, um zuverlässige Kalender aufzustellen. Die auf den Mayakalender zurückgehenden mittelamerikanischen Kalender machen andererseits aber deutlich, wie begabte Menschen durch Einführung unnötiger Komplikationen (die Kalender gleichen in dieser Hinsicht trotz ihres wesentlich höheren Niveaus den bei gewissen primitiven Stämmen üblichen Systemen der »Verwandtschafts«-Notierung) hinter dem bestmöglichen Ergebnis zurückbleiben können.

In der Architektur erreichten die Mittelamerikaner gleichfalls eine hohe Stufe, auch wenn sie statt des eigentlichen Bogens nur das Kragsteingewölbe kannten. Neben riesigen und prunkvollen Pyramidentempeln erbauten sie Städte, deren Größe die spanischen Eroberer in Erstaunen versetzte (695). So soll die Hauptstadt der Azteken rund dreihunderttausend Einwohner gezählt haben (1082).

In Anbetracht dieser großartigen Leistungen könnte man dazu neigen, diese Völker ohne weitere Überlegung als Hochkulturen einzustufen. Trotzdem sind weitere Überlegungen gerade in diesem Fall unerläßlich. So darf man beispielsweise nicht vergessen, daß die Völker Mittelamerikas keine der Mitteilung und Berichterstattung dienende Schrift im eigentlichen Sinn besaßen. Zwar ritzten sie Zahlzeichen in Stein beziehungsweise schrieben sie auf Rindenstücke, die buchartig zusammengefaltet wurden, aber diese Inschriften befaßten sich fast ausschließlich mit Berechnungen und Kalender. Ihre Hierogly-

* In der zweiten Auflage seiner *Exposition* (633) hatte Laplace diese Erfindung, allerdings zögernd, Archimedes zugeschrieben.

phen sind überwiegend ideographisch und dies zum Teil nur indirekt, durch das »Rebus«- oder Wortspiel-Prinzip. Es gab keine Schriftzeichen für Verben, und auch abstrakte Ideen ließen sich, wenn man von den Zahlen einmal absieht, nicht aufzeichnen (382, 1082). Selbst die Schreibtechnik der Mayas scheint sich nur sehr bedingt zur erzählenden Mitteilung geeignet zu haben, weshalb denn auch die meisten zentralamerikanischen Völker nichtkalendarische Informationen mündlich oder durch Bilderfolgen übermittelten.

Wer sich nach dem bisher Gesagten noch immer versucht fühlt, die Mittelamerikaner oder doch jedenfalls die Mayas als Hochkulturen einzustufen, möge sich einige Tatsachen vor Augen halten, die jeden mit ihrer Kultur nicht näher Vertrauten einigermaßen schockieren dürften: Sie kannten (im Gegensatz zu den Andenvölkern) weder Gewichte noch metallene Hacken oder Spatenblätter noch auch (mit Ausnahme einiger beräderter Spielsachen) das Rad (382, 1043). Geld im üblichen Sinn gab es nicht, und so wickelte sich der Güterverkehr in ganz Mittelamerika als Tauschhandel ab. Dazu kam noch ein wildwuchernder Aberglaube, ja, im Grunde bestanden die stark ins Alltagsleben hereinwirkenden mittelamerikanischen Religionen in nichts anderem, und die Menschen richteten ihr ganzes Sinnen und Trachten darauf, die ihr Dasein vermeintlich beeinflussenden und steuernden magischen Kräfte zu durchschauen und günstig zu stimmen. Vaillants knappe Bemerkung über die Azteken: »Ihre Religion ... gelangte nicht auf die Stufe der Ethik« (1082) trifft ebensogut auch auf die anderen Völker dieser Region zu.

Besonders ein Zug der mittelamerikanischen Kultur aber macht es nahezu unmöglich, diese in vieler Hinsicht so begabten Menschen als zivilisiert anzusehen. Es war ihre Gewohnheit, einzig und allein zu dem Zweck Krieg zu führen, um Gefangene zu machen, die sie in Käfigen hielten, um sie zu gegebener Zeit bei besonderen Zeremonien grausam zu töten, indem sie ihnen bei lebendigem Leib die Brust aufschlitzten und das noch schlagende Herz herausrissen. Bei fast allen der in zwanzigtägigem Zyklus stattfindenden Feste wurden Gefangene auf die beschriebene Weise abgeschlachtet, einmal pro Jahr wählte man als Opfer Säuglinge. Eine detaillierte Schilderung der von den Azteken bei den achtzehn Jahresfesten praktizierten Verfahren findet man samt ausführlichen Quellenangaben in Bancrofts *The native races of the Pacific states of North America*, Band 2, Kapitel 9 (55), eine gedrängte Darstellung bei Vaillant (1082). Bei besonderen Anlässen wurde eine ungeheure Zahl von Gefangenen abgeschlachtet – so bei der Einweihung des erweiterten Großen Tempels angeblich zwanzigtausend (1082). Mag man diese Zahl (die immerhin von gebildeten Azteken bestätigt wurde) auch für übertrieben halten, fest steht jedenfalls, daß die spanischen Konquistadoren auf einem besonderen Gerüst in der Hauptstadt Tausende zur Schau gestellter Schädel zählten (1082) und hilflos mitansehen mußten, wie ihre gefangengenommenen Landsleute dieser schauerlichen Prozedur unterworfen wurden (695). Und dabei handelte es sich bei alledem nicht etwa um eine vorübergehende Verwirrung, geboren aus dem Fanatismus eines bestimmten Diktators, sondern im Gegenteil, wie Kunstdenkmäler aus frühen Zeiten beweisen, um einen alteingewurzelten Volksbrauch.

Doch es ging noch über das Abschlachten von Menschen hinaus: Im Verlauf der langen Aztekenherrschaft bürgerte sich fast überall die Gewohnheit ein, das Fleisch der Geopferten zu essen (55). Nur die Mayas sollen den rituellen Opfermord und den Kannibalismus seltener praktiziert haben als die übrigen Völker Mittelamerikas; in Wirklichkeit aber bildete er auch bei ihnen einen wesentlichen Bestandteil des Daseins (382). Wohl nicht ganz von ungefähr schildern einige der wenigen entzifferbaren Maya-Hieroglyphen erzählenden Inhalts die Präliminarien der Opferhandlung und das Öffnen der Brust zwecks Entfernung des Herzens.

Da die Tötung und der Verzehr von Gefangenen die Götter gnädig stimmen sollte, will man den Genuß von Menschenfleisch in diesem Fall »nicht als Kannibalismus im landläufigen Sinn des Wortes« gelten lassen (382). Eindeutig waren die Teilnehmer an diesen Essen jedoch nicht nur von religiösen Beweggründen beseelt. So reservierten zum Beispiel die Mayas Hände und Füße der Opfer als »größte Leckerbissen« für den Oberpriester und höchsten Herrn, und die Kaufleute luden Freunde zu den regelmäßig wiederkehrenden Festen ein, sich »an Menschenfleisch und anderen erlesenen Fleischsorten« gütlich zu tun (55). »Im landläufigen Sinn« aber bedeutet Kannibalismus laut dem *Oxford New English dictionary* die »Praktik, das Fleisch seiner Mitmenschen zu essen« (782), und laut dem amerikanischen *Century dictionary* den »Verzehr von Menschenfleisch durch Menschen« (1139).
Während also ihre Errungenschaften in Mathematik, Astronomie und Kalenderrechnung die mittelamerikanischen Völker als Hochkultur auszuweisen scheinen, laufen andere Merkmale ihrer Kultur einer solchen Einstufung strikt zuwider. Die Andenvölker kommen diesem Ziel schon näher, erreichen es indessen gleichfalls nicht. Man muß sich allerdings, um die Leistungen dieser indianiden Völker richtig zu beurteilen, vor Augen halten, daß sie von der zivilisierten Welt gänzlich und auch voneinander fast völlig abgeschnitten waren, während die Hochkulturen der Alten Welt einschließlich der als »selbständig« bezeichneten (einzig mit Ausnahme der frühsumerischen) durchweg einen gewissen Einfluß aufeinander ausübten.

Es kann kaum einen Zweifel daran geben, daß die Entstehung und Entfaltung einer Kultur stets auf einen kleinen Prozentsatz hochbegabter Personen innerhalb einer Population zurückgeht. Dieser Gesichtspunkt ist sicher vielen geläufig, im einschlägigen Schrifttum wird er dagegen oft unterschlagen. Immerhin findet er sich in einer mit charakteristischem Nachdruck (und einiger Übertreibung) formulierten, um 1802 gehaltenen und später veröffentlichten Rede des französischen Naturforschers und Abstammungstheoretikers J. B. Lamarck (627) sowie in wesentlich gemäßigterer, aber nicht minder eindeutiger Form in einem 1910 publizierten Buch des als Professor für Pädagogik an der Columbia University wirkenden E. L. Thorndike: »Das Vermögen, kulturelle Fortschritte in die Wege zu leiten«, so schreibt er, »ist ein Gradmesser für die Befähigung, doch dürften sich die diesbezüglichen Fähigkeiten auf sehr wenige beschränken.« Und im Anschluß nennt er die Voraussetzungen für das Auftreten solch hochbegabter einzelner innerhalb einer Population:

». . . . die Chance, daß Hochbegabte zur Welt kommen, hängt nicht nur von der zentralen Tendenz* und der Variabilität einer Rasse, sondern auch von ihrer Größe ab. Die Aussicht, daß ein Hochbegabter geboren wird, ist bei sonst gleichen Voraussetzungen bei einem millionenköpfigen Stamm wesentlich größer als bei einem tausendköpfigen. Da ein einziger Mann dieser Art das Wissen der ganzen Gruppe, gleich, welcher Größe, erweitern und ihre Gewohnheiten veredeln kann, wird die Zivilisation im Falle der Isolierung in großen Gruppen raschere Fortschritte machen als in kleinen« (1050).

»Im Falle der Isolierung« besagt, eine Population beliebiger Größe kann die Zivilisation auch von außen übernehmen, selbst wenn sie ihrerseits nicht über die zu ihrer Schöpfung und Weiterentfaltung nötigen Faktoren verfügt. Freilich wird eine Rasse, die es zu keiner eigenständigen Zivilisation gebracht hat, die übernommene wohl auch nicht so leicht durch neue Vorstöße bereichern, wie eine Rasse, die die eingeführte Kultur selber ins Leben rief. Hinzu kommt, daß manche ethnischen Taxa die Fähigkeit, eine Kultur

* Wie Thorndike am Anfang des Buches erklärt, gebraucht er den Terminus »zentrale Tendenz« für den Durchschnitt.

von außen zu übernehmen, noch nicht unter Beweis gestellt haben (womit natürlich nicht gesagt sein soll, daß eine solche Assimilation unmöglich wäre).
Professor A. R. Jensen äußert sich zu diesem Thema kurz folgendermaßen: »Es mag durchaus zutreffen, daß die Art von Befähigung, die wir heute als Intelligenz bezeichnen, bei einem bestimmten Prozentsatz der menschlichen Bevölkerung vorhanden sein mußte, damit unsere Zivilisation entstehen konnte« (551) – fraglos richtig, nur daß neben der Intelligenz wohl auch noch die anderen geistigen Fähigkeiten erforderlich gewesen sein dürften.
Führt man Schöpfung und Entfaltung einer eigenständigen Kultur auf die Aktivitäten eines kleinen, aber ausschlaggebenden Prozentsatzes der Mitglieder eines bestimmten ethnischen Taxons zurück, könnte man die Existenz dieser ungewöhnlichen Individuen im selben Sinne als sekundäres Merkmal des betreffenden Taxons ansehen, wie (beispielsweise) das bei einem kleinen, aber signifikanten Prozentsatz der Australiden beobachtbare frontotemporale Pterion, durch das sich dieses Taxon von all jenen unterscheidet, bei denen diese Pterionform nur sehr selten auftritt.

Der Begriff »Gruppenintelligenz« wird in der psychologischen Literatur manchmal dazu gebraucht, anzudeuten, daß eine weite Streuung intellektueller Fähigkeiten unter den Mitgliedern einer Bevölkerung wichtiger sein kann als die Existenz eines kleinen Prozentsatzes hochintelligenter Personen (auch wenn letztere überhaupt nur von einer Gruppe mit hohem Intelligenzdurchschnitt hervorgebracht werden können). Nach dieser Ansicht ist das beste Indiz für eine hohe »Gruppenintelligenz« die Fähigkeit der Gruppe, zu überleben, und deshalb derjenige Intelligenztest der beste, der bei allen überlebenden Populationen möglichst ähnliche Ergebnisse erbringt. Wem das zu unglaubwürdig klingt, der lese folgendes Zitat:
»Tatsache ist doch, daß diese primitiven Menschen unsere Zeitgenossen sind. Mit anderen Worten, sie haben sich halten können und halten sich in vielen Fällen sogar gegen den Druck und den Wettbewerb von seiten der ›überlegenen‹ Völker.
Daraus folgt, daß ein Test, der die verschiedenen Gruppen der Menschheit in einen engeren Zusammenhang bringt, allgemein gesprochen, das beste Maß sein muß« (852).
Der Verfasser dieses Zitats bezieht sich auf einen ganz bestimmten Test (den Porteus Maze [Labyrinth-]Test), der nach diesem Kriterium offensichtlich als »gut« zu bezeichnen ist. Dazu ist zweierlei zu sagen. Erstens, daß nach dem eben benannten Kriterium jeder noch so simple Test notwendig »gut« ist, daß ihn aber, zum Beispiel wenn man das auf den einfachsten Nenner gebrachte Labyrinth nicht auf dem Papier, sondern in freier Natur herstellte, jeder Hund und jedes andere intelligente Lebewesen ebensogut lesen könnte wie der Mensch – wie jedes Kind sogar dem mathematischen Genie das Wasser reichen kann, solange es nur darum geht, zwei und zwei zusammenzuzählen. Und zweitens, daß Überleben allein noch kein zuverlässiges Kriterium für intellektuelle Fähigkeiten ist. Eine Vielzahl von Tierarten, sowohl Wirbeltiere als auch Wirbellose, überleben, teilweise sogar in großer Zahl, ohne daß deshalb jemand auf die Idee käme, ihre Intelligenz mit der von normalen Menschen zu vergleichen. Demnach wäre es doch wohl absurd, die Intelligenz nach der Fähigkeit zu überleben, statt nach den kulturschöpferischen Fähigkeiten bemessen zu wollen. Überleben ist nur ein Element des Fortschritts und der Kultur – und noch dazu eines, das der Mensch mit all den Millionen und aber Millionen Lebewesen teilt, die heute existieren.
Ganz im Sinne dieser Theorie wird das Unvermögen gewisser Völker, Fortschritte in Richtung auf eine Kultur zu machen, gewissermaßen wegerklärt. So entschuldigt Professor A. Sommerfelt den Umstand, daß

die Arunta keine Zahlen (im eigentlichen Sinn) kannten, mit der Begründung, daß »der Arunta, weit von jedem Einfluß der Weißen entfernt, kein dem unseren vergleichbares Zahlensystem braucht. Er besitzt nichts, was unbedingt gezählt werden müßte, keine Haustiere, keine Handelswaren, kein Geld« (990). Woraus man entnehmen darf, daß er, besäße er nur etwas Zählenswertes, auch Zahlen erfunden hätte. Fragt sich nur: Warum besaß er denn nichts Zählenswertes? Warum gab er sich mit seiner Lage zufrieden? Unabweisbar fällt einem John Stuart Mills Bemerkung ein, es sei »besser, ein unzufriedener Sokrates als ein zufriedener Narr zu sein« (745). Und schließlich müssen die Angehörigen aller ethnischen Taxa in ihrer Geschichte Stadien durchlaufen haben, in denen sie keine Haustiere, keine Handelswaren und kein Geld besaßen. In vielen dieser Taxa aber muß es Leute gegeben haben, die nicht zufrieden waren.
Wie das Unvermögen von Negern und Angehörigen bestimmter anderer, in zivilisierten Ländern lebender Taxa, bei Intelligenz- und Leistungstests dieselben Durchschnittsergebnisse zu erzielen wie Mongolide und Europide, oft mit Umwelteinflüssen entschuldigt wurden, so hat man das Versagen gewisser ethnischer Taxa, die es in ihrem Heimatland zu keiner eigenständigen Kultur bringen konnten, mit der ungünstigen Natur ihres Lebensraums zu erklären versucht. Manche Autoren treten in dieser Hinsicht sogar recht dogmatisch auf. Sommerfelt behauptet beispielsweise, die Unterschiede zwischen »Völkern und Stämmen gehen auf natürliche Umgebung und Geschichte, nicht aber auf angeborene Charakterzüge zurück« (991). Die Erfahrung derjenigen, die selber schon primitive Völker in ihrer natürlichen Umwelt aufgesucht haben, widerspricht dieser Meinung allerdings, wie es scheint, häufig. Livingstone jedenfalls konstatierte voller Erstaunen, welch ausgeprägte geistige Unterschiede zwischen Angehörigen der verschiedenen Rassen bestanden, die alle gleichermaßen in der Kalahari lebten, wobei die Bakalahari, ein kaffrider Stamm, schon in grauer Vorzeit in dieses Gebiet abgedrängt worden waren.
»Seit unvordenklichen Zeiten mit den Buschmännern dieselben Ebenen bewohnend, denselben Durst erduldend und von denselben kargen Nahrungsmitteln lebend, liefern sie allem Anschein nach den lebendigen Beweis dafür, daß sich die Verschiedenheit der Rassen wohl nicht immer befriedigend mit ihrer verschiedenen Umgebung begründen läßt« (676).
Oder wie sonst erklären sich die Vertreter der Umwelthypothese die Tatsache, daß die Negriden im tropischen Regenwald Zentralafrikas nicht einmal die Grundbegriffe der Mathematik erfunden haben, während die im tropischen Regenwald Guatemalas lebenden, ebenfalls von jeder Berührung mit allen Kulturvölkern abgeschnittenen Mayas so erstaunliche Fortschritte auf diesem Gebiet gemacht haben, daß sie auf einem wichtigen Sektor sogar eine Zeitlang der ganzen übrigen Welt überlegen waren?

Mit anderen Worten, man darf nicht glauben, die Entwicklung einer Kultur hinge von einer förderlichen Umwelt ab, eher im Gegenteil. So hat, wie ein Fachmann auf diesem Gebiet hervorhebt, die Mayakultur, die sich über ein weites Gebiet erstreckte, ihre schönsten Blüten ausgerechnet an den ungünstigsten Stellen entfaltet, denn »Kulturen reagieren auf Herausforderungen wie Individuen« (1043). Ähnlich kam, wie A. H. Broderick in seinem Buch *Man and his ancestry* schrieb, die Kultur aus dem Osten zu uns, »wo der Klimaumschwung die Menschen zwang, sich mit Scharfsinn den neuen Bedingungen anzupassen« (142). Die Sumerer hatten in Mesopotamien und den an den Persischen Golf angrenzenden Gebieten wahrhaftig keinen Garten Eden vorgefunden; sie mußten sich ihre Umwelt unter wenig ermutigenden Umständen durch den Bau ausgeklügelter Bewässerungsanlagen erst selber schaffen. Und Azteken wie Angehörige einiger anderer mittelamerikanischer

Stämme legten Gärten auf künstlichen Inseln an, die sie mit eigenen Händen schufen. Das sind nur die augenfälligsten Beispiele für die Tatsache, daß die Umwelt der meisten Menschen, von den allerprimitivsten Stämmen abgesehen, weitgehend vom Menschen selbst gemacht ist, und dies nicht aus Instinkt wie bei bestimmten Tieren, sondern durch den Gebrauch der Vernunft. Kein Spezialist der physikalischen Geographie Amerikas, der die menschliche Geschichte nicht kennt, würde ausgerechnet auf die Anden, also die hohe Bergkette mit dem schmalen Küstenstreifen, als Stätte der Hochblüte der indianiden Kultur verfallen. Gewiß werden auch manchmal kulturell schwächere Stämme in eine außergewöhnlich ungünstige Umgebung abgedrängt, aber daraus folgt keineswegs, daß die Umgebung die Kultur bestimmt; das hat sie nie getan und wird es nicht tun.

Manchmal bekommt man auch das Argument zu hören, in Anbetracht der menschlichen Existenz auf Erden seien einige tausend Jahre eine kurze Spanne, weshalb man denn den Zeitpunkt der kulturellen Reife eines Volkes nicht überbetonen solle. Ob die von uns heute für nicht kulturschöpferisch gehaltenen Rassen auch dann keine Kultur hervorbringen könnten, wenn sie über einen längeren Zeitraum verfügten, lasse sich nicht mit Sicherheit nachweisen, da es heute kaum noch unbeeinflußte Länder gebe oder sich eine Beeinflussung von außen mit Sicherheit nicht lange genug werde aufhalten lassen. In diesem Zusammenhang muß man sich jedoch zweierlei vor Augen halten. Erstens, daß es die Orthogenese nicht gibt (mit diesem Thema haben wir uns ja im Hinblick auf diese Frage bereits in Kapitel 8 beschäftigt). Den Organismen wohnt keine treibende Kraft inne, dank der sie sich automatisch und zwangsläufig entwickelten. Die Evolution hat mit Entwicklung im embryologischen Sinn nichts zu tun; es handelt sich vielmehr um zwei völlig verschiedene Prozesse. Und zweitens darf man den ungeheuren Schritt gewisser Rassen vom Sammlerdasein zur kulturellen Zwischenstufe nicht unterschätzen – ein Schritt, der zu Recht als die »neolithische Revolution« bezeichnet worden ist (215), denn er erforderte ein gerüttelt Maß an Ingenium, genau wie die späteren kulturschöpferischen Taten. Besagte Zwischenstufe aber, und das sollten wir nicht vergessen, haben (und dies nicht nur unabhängig, sondern auch abhängig) keineswegs alle Rassen erreicht.*

Gerechtigkeitshalber aber sei angefügt, daß hier auch viele Unterrassen der kulturschöpferischen Rassen versagt haben. So haben sich die meisten indianiden Unterrassen nicht bemüht, aus eigenen Kräften eine Kultur aufzubauen, und auch einige der mongoliden und europiden Unterrassen (zum Beispiel die Ainuiden) haben sich nicht eben als Kulturträger und -förderer hervorgetan. Andere Unterrassen der beiden letztgenannten Rassen freilich haben, auch wenn man sie nicht als unabhängige Kulturschöpfer betrachten darf, in der späteren Kulturgeschichte doch eine sehr wichtige Rolle gespielt.

* Möglicherweise freilich könnten viele ethnische Taxa, die bis heute zum Fortschritt der Menschheit nicht wesentlich beigetragen haben, durch Verehelichung ihrer intelligentesten Mitglieder untereinander rasche Fortschritte erzielen.

Schlußbemerkung

Auch wenn der Leser, der die gesamte Darstellung dieses weitgespannten und vielfältig aufgefächerten Themas bis zur vorliegenden Seite verfolgt hat, zum Abschluß eines solchen Hinweises wohl kaum bedarf, doch noch ein Wort darüber, wie deutlich das Material zum ethnischen Problem in ein und dieselbe Richtung weist. Schließlich hätten sich vielleicht auch diejenigen ethnischen Taxa als kulturschöpferisch entpuppen können, die aus morphologischen Gründen als primitiv (Seite 99 ff.) oder besonders pädomorph (Seite 107 ff.) gelten oder bei Intelligenz- oder Leistungstests weniger gut abschneiden. Die Fakten beweisen indessen das Gegenteil: Die Australiden (Kapitel 14) sind nicht nur morphologisch primitiv, sie gelangten auch nie aus eigener Initiative über die Sammlerstufe hinaus. Ähnlich verhält es sich bei den klassischen Prototypen der Pädomorphose, Buschmännern und Saniden (Kapitel 15), und selbst, wie die Intelligenz- und Leistungstests zeigen, bei den Vertretern der verschiedenen, in zivilisierten Verhältnissen lebenden Rassen. In beiden Testsparten lagen Mongolide und Europide an der Spitze, gefolgt (mit einigem Abstand) von den Indianiden, während die Negriden wesentlich weniger erfolgreich waren. Dementsprechend zeichneten sich die Mongoliden und Europiden als Kulturschöpfer und -träger aus, ihnen folgten vor allen anderen Taxa zwei indianide Unterrassen, von denen die eine auf gewissen (wenn auch keineswegs allen) Sektoren ein ziemlich eindrucksvolles kulturelles Niveau erreichte, dagegen blieben die Negriden auch hier zurück (Kapitel 18). Es dürfte dem Leser nicht entgangen sein, daß wir uns an allen einschlägigen Stellen ausführlich mit der Möglichkeit eines ursächlichen Einflusses von Umweltgegebenheiten beschäftigt, diese jedoch als unzureichende Erklärung für die Fakten wieder ausgeklammert haben.

Mancher Leser (den ich jedoch an Abbildung 42 erinnern darf) hat sich vielleicht gewundert, welches Gewicht in diesem Buch auf die morphologischen Unterschiede zwischen den verschiedenen Rassen gelegt wurde (immerhin sind diesem in letzter Zeit ziemlich vernachlässigten Thema Kapitel 10–12, 14 und 15 gewidmet). Den größten Teil unseres Wissens über die strukturellen Unterschiede zwischen den verschiedenen Taxa des Menschen verdanken wir dem Studium von Skelettresten und äußeren Merkmalen. Die Schädelkapazität ist für das ethnische Problem natürlich unmittelbar aufschlußreich, weil sie die Hirngröße bei den verschiedenen Taxa begrenzt. Jedoch sind die morphologischen Unterschiede auch auf indirekte Weise wichtig, ist es doch kaum vorstellbar, daß Taxa, die sich im Körperbau (wie vielfach zu beobachten) auffallend unterscheiden, in sämtlichen, Entwicklung und Funktion des Nervensystems und Sinnesapparates steuernden Genen genau übereinstimmen sollten. Nicht umsonst hat man bei verschiedenen Taxa teilweise auch beträchtliche morphologische Unterschiede im Gehirnbau festgestellt.

Das Nachlassen des Interesses an den hervorstechenden morphologischen Unterschieden zwischen den menschlichen Taxa geht wahrscheinlich darauf zurück, daß die genetische Erforschung der Polygene, welche die Ausprägung der fraglichen Strukturen steuern, bis jetzt nicht gelungen ist und heute die Neigung besteht, alles auszuklammern, was sich nicht auf seine Ursachen zurückführen läßt. Aber Fakten sind und bleiben Fakten, ob wir sie nun in einem bestimmten Stadium des biologischen Fortschritts erklären können oder nicht. Derzeit konzentriert sich die Aufmerksamkeit auf »sekundäre«, auf einzelne erforschbare und bei den meisten ethnischen Taxa (wenn auch in unterschiedlichen Anteilen) durch nachweisbare Gene verursachte Unterschiede. Doch so wichtig und interessant das Studium dieser Gene an sich auch ist, es hat doch naturgemäß dazu geführt, das Ausmaß der faktischen Unterschiede zwischen den ethnischen Taxa des Menschen zu verkleinern oder sogar zu ignorieren.

Besonders einen Aspekt möchte ich in diesem Zusammenhang noch betonen. Es ist die Absurdität der Sammelbezeichnung »Farbige«* für verschiedene Taxa, heißt das doch die Hautfarbe mehr oder minder als das einzige Unterscheidungsmerkmal zwischen den einzelnen Menschengruppen hinstellen. Ich will hier nicht wiederholen, was ich weiter vorn bereits mit entsprechendem Nachdruck über dieses Thema gesagt habe, sondern lediglich anmerken, daß diese Fehleinschätzung von den Fakten der biologischen Anthropologie ähnlich weit entfernt ist wie das Analphabetentum vom Literaturstudium, weshalb denn auch kein Gebildeter in diesen Irrtum verfallen sollte.

Zum Schluß meiner Ausführungen möchte ich noch einmal wiederholen, was ich vor Jahren bei der Abfassung der Einleitung schrieb, da nichts in diesem Buch der damals geäußerten Sicht zuwiderläuft oder sie auch nur abschwächt:

»Natürlich gibt es in jedem ethnischen Taxon des Menschen, viele, die im Rahmen ihrer jeweiligen Gemeinschaft ein verantwortungsbewußtes und nützliches Dasein führen, während umgekehrt oft die für ihren Beitrag zum intellektuellen Reichtum der Welt berühmtesten Taxa zahlreiche geistig so unbedarfte Personen einschließen, daß sie in keiner Gesellschaft als brauchbare Mitglieder erachtet würden. Das aber bedeutet, daß niemand allein aus der Zugehörigkeit zu einem bestimmten ethnischen Taxon einen Überlegenheitsanspruch ableiten kann.«

Dennoch müssen wir die im ersten Abschnitt dieser Schlußbemerkung zusammengefaßten Fakten im Auge behalten und wie einst Rousseau jene »schöne Moralsentenz« ablehnen, die Menschen seien allerorten immer dieselben. Mögen wir heute auch einen Gutteil seiner Spekulationen über Natur und Wesen des Primitiven verwerfen, seinem aufrichtigen Wunsch, daß »wir die Menschen in ihren Übereinstimmungen und Unterschieden kennenlernen sollten«, können wir nur zustimmen.

* Das gilt natürlich nicht, wenn der Begriff »farbig« als Terminus technicus dazu dient, eine bestimmte Mischbevölkerung Südafrikas von Negriden und Europiden dieses Landes zu unterscheiden.

Anhang

Klassifikation der im Buch erwähnten Primatengattungen

	Unterordnung	*Überfamilie*	*Familie*	*Gattung*
PRIMATES	Prosimii			*Tupaia* (Tupajas) *Lemur* (Lemuren) *Galago* (Galagos)
	Anthropoidea	Ceboidea (Neuweltaffen)	Cebidae	*Cebus* (Kapuziner)
		Cercopithecoidea (Altweltaffen)	Cercopithecidae	*Cercopithecus* (Eigentliche Meerkatzen) *Papio* (Paviane) *Mandrillus* (Mandrill) *Macaca* (Rhesusaffe, etc.) *Presbytis* (Hulmans)
		Hominoidea (Menschenaffen)	Pongidae (Große Menschenaffen)	*Hylobates* (Gibbons) *Symphalangus* (Siamang) *Proconsul* *Dryopithecus* (fossile »Baumaffen«) *Ramapithecus* *Pongo* (Orang-Utan) *Gorilla* (Gorilla) *Pan* (Schimpanse)
			Hominidae	*Australopithecus* (»Affenmensch«) *Pithecanthropus* (Java- u. Pekingmensch) *Homo* (Neuzeitmensch)

Umfassendere und in manchem etwas abweichende Klassifikationen findet man insbesondere bei Simpson (968, 972). Manche modernen Experten zählen Java- und Pekingmensch zur Gattung *Homo* und den Gorilla mit dem Schimpansen zur Gattung *Pan* (die letztgenannte Einteilung nahm als erster Richard Owen 1853 vor, 814).

Die Felsmalerei der Buschmänner

Manche ethnischen Taxa, die nie aus eigenen Kräften über eine äußerst primitive Lebensweise hinausgelangt sind, haben dennoch einzelne Individuen hervorgebracht, die auf bestimmten kulturellen Sektoren Hervorragendes leisteten, beispielsweise die Buschmänner, deren zu Recht berühmte Felsenkunst zu einer Zeit entstand, in der sie noch als Sammler lebten. Die hauptsächlich von Künstlern aus dem zentraleren Teil des Sanidenterritoriums stammenden Ritzzeichnungen wollen wir hier nicht weiter behandeln, sondern uns mit den von Malern aus den Randgebieten angefertigten Bildern begnügen.

Dabei handelt es sich um oft mehrere Meter große farbige Bilderfolgen in flachen Nischen, die in vielen Gegenden Südafrikas durch Verwitterung der Granitfelsen entstanden und durch überhängende Dächer gegen die Unbilden der Witterung abgeschirmt worden sind. Offensichtlich hatten die Buschmänner in den glatten Felsenwänden einen überaus brauchbaren Leinwandersatz gesehen.

Manche Fachleute, namentlich Frobenius (370), haben die Anfänge dieser Kunst auf fremde Kultureinflüsse zurückführen wollen. Da jedoch keinerlei stichhaltige Beweise dafür vorliegen, daß zur Entstehungszeit vor mehreren Jahrhunderten schon Fremde ins Buschmanngebiet gelangt waren, dürften die heute noch erhaltenen Bilder von den Buschmännern selbst stammen. Ebensowenig besteht übrigens auch Grund zu der Annahme, daß sie diese Kunst von Angehörigen irgendeines anderen Taxons lernten.

Dieselbe Meinung vertreten, nicht unbegründet, die Forscher aus dem 19. Jahrhundert, welche die Buschmänner aus eigener Erfahrung kannten. Gustav Fritsch, einer der angesehensten Kenner der Sitten und Gebräuche der Eingeborenen in diesem Teil der Welt, zögert keinen Augenblick, ihnen diese Gemälde zuzuschreiben (367). Ebensowenig George Stow, der Verfasser eines klassischen Werkes über *The native races of South Africa* (1016), der von 1843 an in Südafrika lebte und mit vielen alten Buschmännern, die sich noch gut an die Ereignisse früherer Zeiten erinnern konnten, eng befreundet war. Auch er hegte keinerlei Zweifel, daß es sich bei den Künstlern, über deren Identität er viele Hinweise sammeln konnte, um Buschmänner handelte. Theophilus Hahn schließlich, der in den sechziger und siebziger Jahren des 19. Jahrhunderts fünf südwestafrikanische Buschmannstämme im Gebiet der langen, vom Oranjeunterlauf nordwärts führenden Bergkette erforschte, begegnete bei allen fünf Stämmen künstlerisch aktiven Felsmalern (458).

Diejenigen aber, die Ursprünge und Ausführung dieser Kunst auf Fremdeinflüsse zurückführen, scheinen übersehen zu haben, daß die auf den Bildern auftauchenden stilisierten Menschenfiguren ganz spezifische typisch sanide anatomische Eigenarten aufweisen, so die auf einem sehr großen Prozentsatz der Gemälde dargestellten kurzen, waagrecht vorstehenden Penes und das betonte Gesäß der Männer sowie Beckenneigung, Steatopygie (Seite 211, 378), Steatomerie und oft komisch übertriebene Labia minora der Frauen (siehe Abbildung 41 Seite 205). (Ganz deutlich ist diese Überbetonung der saniden weiblichen Anatomie auf einer von George Stow nach einem Buschmanngemälde angefertigten und in seinem von Dorothea Bleek herausgegebenen Buch *Rock paintings in South Africa* als Tafel 7 reproduzierten Kopie zu sehen, 1017.) Negride hingegen, die auf den Bildern der Buschmänner gleichfalls gelegentlich auftauchen, sind in einem lebensnäheren Stil gehalten. Sie werden von den Künstlern nicht nur wesentlich größer dargestellt als die Vertreter ihres eigenen Taxons, sondern weisen darüber hinaus noch andere, teilweise sogar ziemlich unauffällige Unterscheidungsmerkmale auf, die zeigen, wie genau die Maler Bescheid wußten, so die vorspringende Ferse und die wesentlich weiter gespreizten Zehen.

Diese beiden kleinen Besonderheiten sowie das prognathe Gesicht sind auf einer weiteren Stowschen Kopie (Tafel 11 in einem anderen, gleichfalls von Bleek herausgegebenen Buch, 1018), auf der auch zwei in der üblichen stilisierten Form dargestellte Buschmänner auftauchen, deutlich zu erkennen.

Wären uns nur die Menschendarstellungen der Buschmänner erhalten geblieben, wüßten wir nicht, welch hervorragende Naturmaler sich unter ihnen befanden. Diese Seite ihres Könnens kommt in ihren Tierbildern zum Ausdruck, die vielfach aufgrund ihrer zarten Schönheit, Genauigkeit und technischen Vollendung als Meisterwerke ihrer Art betrachtet werden müssen. Hahn bezieht sich ganz offensichtlich auf diese Darstellungen, wenn er schreibt, die Formen seien ». . . richtiger aufgefaßt und correcter gezeichnet . . . als manche altägyptische und indische Malereien« (457), und jeder, der diese südafrikanischen Felsbilder gesehen hat, wird sich Fritschs Kommentar anschließen, der meinte: »Die Natur war dem Buschmann Lehrmeisterin zur bildlichen Darstellung der ihn umgebenden Objecte« (367). Einen gewissen Eindruck vom Naturalismus der Buschmannkunst vermitteln die beiden auf Abbildung 67 wiedergegebenen winzigen Ausschnitte aus Felsbildern im rhodesischen Maschonaland (farbige Reproduktionen dieser beiden circa 1.50 × 1.20 Meter großen, von Mrs. E. Goodall sorgfältig kopierten Felsbilder findet man in dem schönen Buch *Prehistoric rock art of the Federation of Rhodesia and Nyasaland,* 1025).

Eine der interessantesten Eigenarten der Buschmannkunst ist die Verquickung realistischer und hochgradig stilisierter Formen auf ein und demselben Bild. So zeigt eine Felsmalerei in einer Schlucht in den Brandberg Mountains nördlich der Walfischbai in Südwestafrika (farbig reproduziert in Obermaiers und Kühns Buch über die Buschmannkunst, 809) fünf, von den Farben abgesehen, naturalistisch dargestellte Antilopen im Gänsemarsch, die von einem höchst phantastischen Menschenwesen verfolgt werden. Der Jäger weist zwar gemäß den Gepflogenheiten der Buschmannkünstler bei der Darstellung von Mitgliedern ihres eigenen Taxons keine Gesichtszüge auf, besitzt dafür aber zwei Schmetterlingsflügel und vier spinnenartige, jeweils durch eine einzige, an den Gelenken abgewinkelte Linie angedeutete Gliedmaßen und möchte offenbar die letzte Antilope mit ausgestreckten Armen fassen. Der auf diese Weise entstehende Kontrast zwischen naturalistischer Darstellung und Phantasie ist höchst frappierend und erinnert stark an den Surrealismus.

Die meisten Bilder haben wirkliche Tiere und stilisierte Buschmänner samt Ausrüstung zum Hauptgegenstand, manche aber stellen auch Phantasietiere und sonderbare unbelebte Dinge dar, zu denen es in der realen Welt keine Entsprechung gibt. Frobenius schreibt darüber: »Ich verweise auf die schier unerklärlichen Darstellungen, neben denen andere ›Gebilde‹ so eigenartig sind, daß wir sie nicht besser als unter einem allgemeinen Begriff ›Formlinge‹ zusammenzufassen vermochten (vergleiche Tafel 56). Knollenhafte Wurzeln, Felsblöcke und andere Vorwürfe gehen hier so wunderlich durcheinander, daß eine langjährige Vergleichsarbeit dazugehören wird, um all das zu enträtseln« (370). Frobenius erklärt nicht, warum er für diese sonderbaren Gebilde ausgerechnet das Wort »Formlinge« (ehedem ein Synonym für Brikett) wählte; jedenfalls aber hat sich der Begriff im Schrifttum über die Felskunst der Saniden eingebürgert.

Wir wissen, daß in der Regel nur ungewöhnlich talentierten Mitgliedern der Gemeinschaft, und da wiederum nur Männern, das Recht zugebilligt wurde, Nischen und Höhlen auszuschmücken. Nach Ansicht der Experten, welche die persönliche Handschrift bestimmter Maler identifizieren konnten, scheinen sich manche Künstler auf über hundert Meilen auseinanderliegenden Felsen verewigt zu haben (207).

Da die Bilder vielfach übereinandergemalt

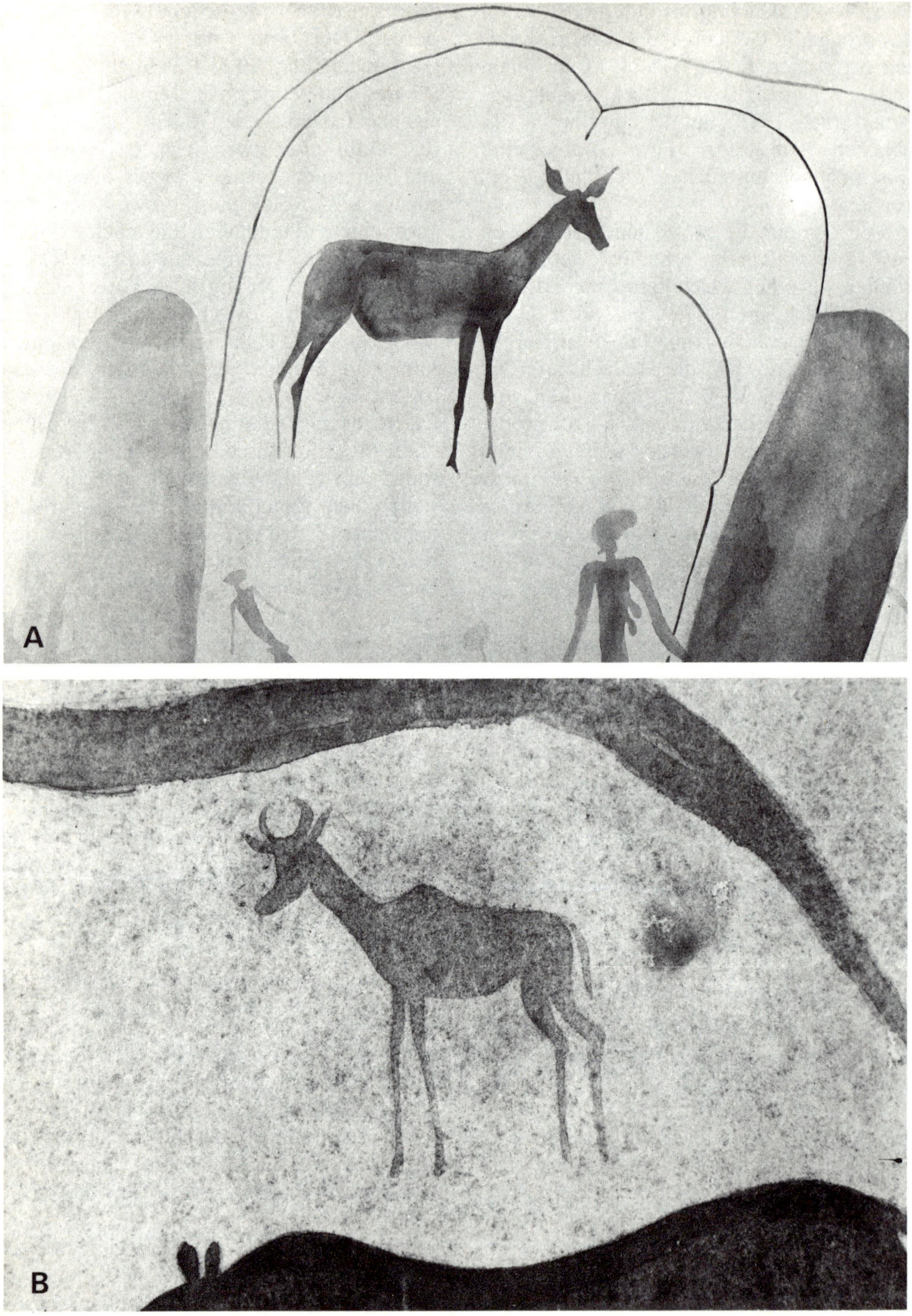
A
B

wurden, konnte man die stufenweise Entwicklung dieser Kunst von einfarbigen Tempera- über zweifarbige bis zu polychromen Bildern nachzeichnen und gleichzeitig die zunehmende Fähigkeit, Tiere von verschiedenen Blickwinkeln darzustellen, verfolgen. Bilder mit weißen Angoraziegen gehören, ein für die Datierung aufschlußreiches Detail, denn wie wir wissen, wurden diese Tiere erstmals 1689 nach Südafrika eingeführt, ausschließlich der polychromen Periode an (809). Was schließlich die Farben angeht, so gewannen die Künstler ihre Gelb-, Ocker- und Rottöne aus Hämatit in seinen verschiedenen Formen, Schwarz aus Holzkohle und Weiß aus Kaolin, Kalk und Zink»oxid« (wahrscheinlicher ist -karbonat) (458, 809).

Was aber bezweckten diese Bilder überhaupt: Über diese Frage wurde viel diskutiert. Manche Experten, insbesondere Kühn (809), haben ihnen eine magische oder religiöse Bedeutung zugeschrieben. Einige scheinen auch tatsächlich religiöse Zeremonien darzustellen, aber der Künstler hält die Ereignisse wie ein Pressefotograf fest, ohne die Absicht also, den Gang der Dinge durch die Magie seiner Kunst zu beeinflussen. Stow, Hahn und Sollas verneinen kurzerhand, daß die Maler irgendeinen religiösen oder magischen Zweck verfolgt haben könnten, und betonen, die Buschmänner hätten ihre Kunst um der reinen Sinnenfreude willen ausgeführt (1016, 457, 458, 989).

Aus welchen Motiven heraus die abstruseren Bilder auch immer entstanden sein mögen, die künstlerische Meisterschaft der Buschmänner steht außer Frage und wird von den Kennern fast einstimmig anerkannt. Wie Summers im Vorwort zu seinem bereits zitierten Buch über die Felskunst Rhodesiens und Nyasalands einräumt (1025), werden dieser Kunst im Grunde nicht einmal die besten Reproduktionen gerecht, da ein Gutteil ihrer Lebendigkeit bei der Wiedergabe verlorengeht. Um diese Werke voll zu würdigen, muß man sie, vom offenen Buschland kommend, in den Felsennischen plötzlich vor sich sehen, denn nur so wird, um Cookes Beschreibung der Tierbilder in der Nische des Weißen Nashorns in den rhodesischen Matopo Hills zu zitieren, deutlich, »mit welch vollendeter Meisterschaft der Künstler sowohl sein Motiv als auch sein Handwerkszeug beherrschte« (223). Verworn meint zu einer von ihm reproduzierten Rhinozerosdarstellung: »Die auf der Wiedergabe erkennbare, ungewöhnlich naturnahe Haltung und Bewegung ist bezeichnend« (1098) – eine durchaus zutreffende Bemerkung, nur, daß der Buschmannkunst das Verdienst zukommt, nicht beim Naturalismus haltzumachen. Zwar behielten die Künstler bei, was den Werken ihrer Vorgänger Rang und Qualität verlieh, zeigten aber gleichzeitig die Bereitschaft, neue Möglichkeiten zu erproben. So faßt Sollas ihre Leistungen in dem Satz zusammen: »Sie durchstreifen nicht länger den sonnenbeschienenen Busch, sie jagen nicht mehr, ihr Volk ist zerstört; doch sie hinterlassen eine unvergängliche Erinnerung, denn sie haben sich in ihrer Kunst ein unsterbliches Denkmal gesetzt« (989).

Für die Untersuchung des ethnischen Problems ist die Buschmannkunst aus mehreren Gründen von Bedeutung. Vor allem beweist sie, daß ein Taxon auf einem kulturellen Sektor Hervorragendes leisten kann, auch wenn es auf fast allen anderen versagt. Hahn meinte: ». . . der Sab (Buschmann) ist ein verbummeltes Genie.« Doch verbummelt hin oder her, ein Genie jedenfalls war der Künstler dieser Untertasse ohne jeden Zweifel, und das Vermögen, dann und wann einen Maler dieses Kalibers hervorzubringen, stellt ein wichtiges sekundäres Merkmal dieses

67 Buschmannkunst: kleine Details aus zwei Felsbildern in Mashonaland, Rhodesien. A: Antilope mit einem männlichen und weiblichen Saniden. B: Antilope, darunter, teilweise sichtbar, ein Flußpferd, darüber ein nicht näher bestimmbares Objekt. – Ausschnitte aus den in Summers (1025) reproduzierten farbigen Kopien von Mrs. E. Goodall nach den Originalfelsmalereien.

Taxons dar. Das sollte uns davon abhalten, unüberlegt irgendwelche dogmatischen Behauptungen von der Überlegenheit eines Taxons über ein anderes aufzustellen. Nur ein geringer Prozentsatz der Vertreter der meisten anderen Rassen könnten die Felskunst dieser einfachen Menschen auch nur mit Erfolg nachahmen – geschweige denn erfinden und vervollkommnen. Und außerdem muß man sich vor Augen halten, daß die Künstler, auch wenn ihre Zahl gering war, nur deshalb so Bedeutendes leisten konnten, weil die übrigen Mitglieder ihrer Gemeinschaft die Fähigkeit besaßen, ihre Arbeit zu würdigen.

Die wichtigsten von den sieben Forschungsreisenden erwähnten negriden Stämme, nach Gruppen geordnet

In der folgenden Aufstellung sind sämtliche Stammesnamen in der von den Reisenden verwendeten Schreibweise aufgeführt, doch werden die mit den heute gebräuchlichen Bezeichnungen für die negriden Stämme vertrauten Leser die meisten ohne allzu große Mühe wiedererkennen. Manchmal gebrauchen die Forscher unkorrekte Namen oder bezeichnen die Einwohner eines bestimmten Bezirks nicht näher, gelegentlich auch weichen zwei Autoren bei der Bezeichnung ein und desselben Stammes voneinander ab. In all diesen Fällen habe ich, soweit möglich, den korrekten heutigen Namen kursiv angefügt.

Obwohl einige der von den Afrikareisenden benannten Stämme im Grunde eher als Untergruppen größerer Stammesverbände eingestuft werden sollten, habe ich ihre Namen doch aufgeführt, um dem Leser die Orientierung in den Originalberichten zu erleichtern.

Manche im Grenzland zwischen kaffridem und Pan 1-Territorium lebende Stämme schließlich zeigen in ihrem physischen Erscheinungsbild gewisse Übergangsformen, und so könnte man einige von mir hier als palänegrid 1 klassifizierte fast ebensogut als kaffrid (wie vielleicht auch umgekehrt) einstufen.

Baker (51)
Palänegrid 3. Madi*, Makkarika Kaffrid. Banyoro
Nilotid. Acholi (Atscholi), Bari, Eingeborene von Ellyria, Kytch, Nuehr (=Nuer), Eingeborene von Obbo, Shir.

Du Chaillu (200)
Palänegrid 1. Apingi, Ashira, Bakalai, Camma=Commi, Mpongwe, Oroungu, Shekiani
Palänegrid 3. Fang (=Pangwe, Pahuin).

Fynn (373)
Kaffrid. Zulu (umfassen viele Stämme).

Galton (377)
Palänegrid 4. Ghou Damup (=Bergdama =Haukhoin
Kaffrid. Damara=Ovaherero, Ovampo.

Livingstone (676)
Palänegrid 1. Balonda (=Lunda), Banyeti, Barotse (=Barutse), Bashinge, Basongo, Batoka, Chiboque (?=Tschokwe)
Kaffrid. Bakalahari, Bakuéna=Bakwain, Bamangwato, Banyai, Batonga, Bechuana, Makololo.

Schweinfurth (951)
Palänegrid 3. A-Banga, A-Madi*, Babackur, Bongo, Kredy, Madi*, Mittoo, Monbuttoo (=Mangbettu), Niam-Niam=Zandey (=Azande)
Nilotid. Dinka, Dyoor, Nueir (=Nuer), Shillouk.

Speke (996)
Palänegrid 3. Madi*
Kaffrid. Waganda (=Baganda), Wanyambo, Wanyamwesi, Wanyoro (=Banyoro), Wasagara, Wazaromo, Wazinza.

*Bakers und Spekes Madi entsprechen weder Schweinfurths Madi noch seinen A-Madi – es handelt sich vielmehr um drei verschiedene Stämme. Vergleiche Schweinfurth (951), Band 1, Seite 523, Fußnote.

Die physischen Merkmale der Andiden und Zentraliden

Dies sind die Anhaltspunkte, anhand deren die beiden einer Hochkultur am nächsten kommenden indianiden Unterrassen als zwei verschiedene Gruppen eingestuft werden, obwohl sie natürlich mit den meisten Indianiden bestimmte Merkmale teilen, wie die spärliche Gesichtsbehaarung der Männer, die Stärke und Festigkeit des Kopfhaars, die dunkelbraune Iris, den stark vorgewölbten Brustkorb, die ausladenden Schultern, das breite Becken und die sehr hohe Frequenz des Gens für Blutgruppe 0.

Die folgende Aufzählung der hervorstechendsten physischen Merkmale der Andiden beruht in der Hauptsache auf den Beobachtungen des französischen Zoologen Alcide d'Orbigny, der – und hier liegt der Vorteil seiner Beschreibung – diese Menschen sorgfältig studieren konnte, bevor sie sich in stärkerem Maße mit Einwanderern vermischt hatten (811).

Die Andiden sind knapp mittelgroß (erwachsene Männer messen etwa 1,60 Meter), ziemlich kräftig gebaut und weisen im Verhältnis zur Gesamtgröße einen sehr langen Rumpf auf. Das ungewöhnlich lange Kopfhaar ist sehr glatt, der Kopf brachyzephal, das Gesicht breit, ohne daß die Jochbögen übermäßig stark vorspringen. Die breite niedrige Stirn erscheint durch den tiefen Haaransatz noch niedriger und mäßig fliehend, das Schädeldach erreicht seine größte Höhe hinten. (Einer der Stämme, die Aymaras, pflegten dieses Merkmal in solchem Maße künstlich zu übersteigern, daß man ihre Schädel auf den ersten Blick gar nicht für menschliche halten würde.) Sehr charakteristisch ist die ziemlich breite, vom Sellion zur Spitze lange, betonte Hakennase mit den weit geblähten Flügeln. Das Kinn ist nicht sehr lang, dafür aber massiv und nicht fliehend. Die Augen zeigen schmale, waagrechte Lidspalten, wobei der Oberlidsaum sich auf der Nasenseite als »Indianerfalte« nach unten zieht (Plica naso-marginalis, 12), die Hornhaut ist hellgelb. Die langen schmalen Ohren sitzen sehr schief am Kopf, die Haut zeigt einen mäßig dunklen Olivton.

Unter den sekundären Merkmalen ist das Vorhandensein eines Wormschen Knöchelchens zu nennen, des zwischen Scheitelbeinen und Hinterhauptsbein liegenden Os epactale, das sowohl an normalen als auch an künstlich deformierten Schädeln so häufig auftritt (268), daß es den Namen »Inkabein« erhalten hat.

Orbigny hebt die Eigenarten der Andiden (der *»Race Ando-Péruvienne«*, wie er dieses Taxon nennt) mit großem Nachdruck hervor: »Die Peruaner«, so schreibt er, »unterscheiden sich von Grund auf von allen anderen Rassen der Welt«, fügt aber – in unserem Zusammenhang wichtig – einschränkend hinzu: ». . . sie sind ein völlig anderer Typ, der lediglich den mexikanischen Völkern (das heißt vermutlich den Zentraliden) gleicht.«

Und nun noch eine kurze, hauptsächlich auf von Eickstedt zurückgehende (302) Charakterisierung der Anatomie der Zentraliden: Sie zeigen in etwa oder beinahe dieselbe Größe wie die Andiden, sind aber schlanker und betonter brachyzephal. Sieht man von der Hautfarbe ab, ähneln sie im Gesichtsschnitt stärker den Europiden als irgendeine andere indianide Unterrasse. Die Jochbögen springen nicht so stark vor wie bei den anderen Unterrassen, die Stirn ist – bei der indianiden Rasse ungewöhnlich – steil, hoch und schmal (allerdings herrschte bei den Mayas früher wie bei den andiden Aymaras der Brauch, sie in manchen Fällen künstlich abzuflachen). Die gewöhnlich gerade oder leicht gekrümmte, aber nie wirklich adlerartig geschwungene Nase läuft in eine Spitze aus, ist insgesamt aber ziemlich breit und zeigt weite Flügel, die Mundwinkel ziehen sich, besonders bei den Frauen, gern nach unten, das breite und ziemlich eckige Kinn ist leicht fliehend. In betontem Gegensatz zu den Andiden halten die Zentraliden die Augen weit geöffnet, so daß zwischen den Lidern eine mandelförmige Spalte entsteht.

Verzeichnis der Rassen und Unterrassen

Die folgende Tabelle umfaßt die meisten der in diesem Buch erwähnten, heute existierenden oder in neuerer Zeit ausgestorbenen Rassen und Unterrassen des *Homo sapiens* L. Bambutide (afrikanische Pygmäen) und Negritide (Negritos) allerdings fehlen, da ihre Verwandtschaft mit anderen ethnischen Taxa noch nicht geklärt ist. Die aufgeführten Namen der Taxa stimmen mit den *Internationalen Regeln der zoologischen Nomenklatur* (1014) überein, die jedoch keine strikten Verbindlichkeiten für die Benennung kleinerer Taxa als der Subspezies aufstellen. Die Klassifikation stammt vom Verfasser.

Subspezies (Rassen)		Unterrassen	
Namen	*Namengeber*	*Namen*	*Namengeber*
australasicus	Bory, 1825[128]	*australasicus*	Bory,** 1825[128]
		melaninus	Bory, 1825[128]
		tasmanianus	Gregory, 1921[433]
*albus**	Gmelin, 1788[408]	*curilanus*	Fischer, 1830[333]
		europaeus	Linnaeus, 1758[669]
		pelagius	Fischer, 1829[332]
		indoafghanus	Gregory, 1921[433]
		arabicus	Bory, 1825[128]
		syriacus	Chamberlain, 1899[201]
		alpinus	Lapouge, 1899[636]
		dinaricus	Lapouge, 1899[636]
		slavonicus	Fischer, 1829[332]
		eurasicus	Sergi, 1908[960]
		africanus	Sergi, 1908[960]
afer	Linnaeus, 1758[669]	*palaeniger*	Montandon, 1937[757]
		aethiopicus	Bory, 1825[128]
		niloticus	Montandon, 1937[757]
		cafer	Bory, 1825[128]
hottentotus	Bory, 1825[128]	*hottentotus*	Bory, 1825[128]
		huzuana	Fischer, 1830[333]
asiaticus	Linnaeus, 1758[669]	*tatarus*	Erxleben, 1777[313]
		sinicus	Bory, 1825[128]
		palaemongolicus	Eickstedt, 1937[303]
americanus	Linnaeus, 1758[669]	*centralis*	Eickstedt, 1937[303]
		andinus	Eickstedt, 1937[303]
		brazilianus	Eickstedt, 1937[303]

*Der korrekte Name für diese Subspezies ist umstritten (möglicherweise *europaeus* Linnaeus, 1758 oder *sapiens* Linnaeus, 1758).
**Aus drucktechnischen Gründen wird Bory de Saint Vincent in der Tabelle durchweg nur als Bory bezeichnet.

Die Klassifikation auf dieser Seite entspricht Zeile für Zeile genau der auf der gegenüberliegenden, nur daß es sich bei den Bezeichnungen der Taxa (mit Ausnahme des australasiden und melanesiden) diesmal um die durch von Eickstedt (303) und Peters (836) eingeführten und standardisierten *Trivialnamen* handelt, also um das System jener beiden Autoren, die mehr als irgend jemand sonst zur Klärung der Nomenklatur der ethnischen Taxa des Menschen beigetragen haben.

Rassen	Unterrassen		
im vorliegend. Buch verwendete Namen	*im vorliegend. Buch verwendete Namen*	*exakte Äquivalente od. annähernde Entsprechungen*	*heutiges oder ehem. Verbreitungsgebiet typ. Vertreter*
australasid	australid	uraustralisch	Australien
	melanesid	melanesisch	Neue Hebriden
	tasmanid	tasmanisch	Tasmanien
europid	Ainuid	Ainu	Kurilen
	nordid	nordisch	Norwegen
	mediterranid	mediterran	Süditalien
	nordindid	indo-afghanisch	Pakistan
	orientalid	»arabisch«	Arabien
	armenid	assyroid	Armenische Soz. Sowjetrepublik
	dinarid	illyrisch	Jugoslawien
	alpinid	alpin	Schweiz
	osteuropid	ostbaltisch	Nordrußland
	turanid	türkisch	Kasachische Soz. Sowj. Rep.
	äthiopid	osthamitisch	Äthiopien
negrid	palänegrid	kongolesisch	Zaïre
	sudanid	westsudanesisch	Senegal
	nilotid	ostsudanesisch	Südsudan
	kaffrid	sambesisch	Rhodesien
khoisanid	khoid	hottentottisch	Südwestafrika
	sanid	Buschmann	Kalahari-Wüste
mongolid	tungid	mongolisch	Mongolei
	sinid	chinesisch	Zentralchina
	palämongolid	südmongolisch	Vietnam
indianid	zentralid	(kein Äquivalent)	Mexiko
	andid	Ando-Péruvienne*	Peru
	brasilid	Brasilio-Guarienne*	Brasilien

*Orbigny (811)

Quellen- und Literaturverzeichnis

2 A. A. ABIE: The anthropological status of the Australian aborigines. In: Homo 17 (1966), 74–88.

12 O. AICHEL: Ergebnisse einer Forschungsreise nach Chile-Bolivien. 4. Epicanthus, Mongolenfalte, Negerfalte, Hottentottenfalte, Indianerfalte. In: Ztschr. Morph. Anthrop. 31 (1933), 123–166.

15 O. AMMON (Hrsg.): Zur Anthropologie der Badener. Bericht über die von der Anthropologischen Kommission des Karlsruher Altertumsvereins an Wehrpflichtigen und Mittelschülern vorgenommenen Untersuchungen, Jena 1899.

18 A. ANASTASI: Psychological testing, London [3]1968.

24 ANONYM: Nouvelle division de la terre, par les différentes espèces ou races d'hommes qui l'habitent. In: J. des Sçavans (1684), 85–89.

30 D. ANOUTCHINE: Sur la conformation du ptérion chez diverses races humaines et les primates. In: Bull. Soc. d'Anthrop. Paris 1 (1878), 330–333.

31 D. ANOUTCHINE: Über einige Anomalien am menschlichen Schädel mit besonderer Berücksichtigung des Vorkommens der Anomalien bei verschiedenen Rassen. In: Biol. Centralbl. 2 (1882), 38–51.

34 M. F. ASHLEY-MONTAGU: The anthropological significance of the pterion in the Primates. In: Amer. J. phys. Anthrop. 18 (1933), 159–336.

41 E. BAELZ: Menschen-Rassen Ost-Asiens mit specieller Rücksicht auf Japan. In: Ztschr. f. Ethnol. 33 (Verh. Berl. Ges. Anthrop. Ethnol. Urgesch., 1901), 166–190.

42 K. E. v. BAER: Über die Entwickelungsgeschichte der Thiere. Beobachtung und Reflexion. Erster Theil, Königsberg 1828.

51 S. W. BAKER: The Albert N'Yanza, great basin of the Nile, and explorations of the Nile sources, London 1866.

64 L. BAUDIN: Daily life in Peru under the last Incas, London 1961.

65 E. BAUR, E. FISCHER u. F. LENZ: Menschliche Erblichkeitslehre und Rassenhygiene, München [3]1931.

69 J. BEDDOE: The races of Britain. A contribution to the anthropology of western Europe, Bristol 1885.

71 G. R. de BEER: Embryos and ancestors, Oxford 1951.

74 R. BENEDICT u. G. WELTFISH: The races of mankind. Public affairs Pamphlet Nr. 85, New York 1943.

77 B. van BERCHEM: Réflexions sur la manière de distinguer les espèces, les races et les variétés dans les animaux quadrupèdes; d'après leurs caractères extérieurs. In: Hist. et mém. Soc. Sci. phys. Lausanne 2 (1789), 45–64.

78 L. S. BERG: Nomogenesis or evolution determined by law. Aus dem Russischen, London 1926.

80 H. A. BERNATZIK: Zwischen weißem Nil und Belgisch-Kongo, Wien 1929.

84 S. BISHEUVEL: The study of African ability. Teil I. The intellectual potentialities of Africans. Some problems in the study of interracial mental differences. In: African Studies 11, 2 (1952), 45–58.

86 R. S. BIGELOW: Hybrid zones and reproductive isolation. In: Evolution 19 (1965), 449–458.

98 A. BINET u. T. SIMON: Le développement de l'intelligence chez les enfants. In: Année psych. 14 (1908), 1–94.

99 K. BIRKET-SMITH: Geschichte der Kultur. Eine allgemeine Ethnologie. Aus dem Dänischen, Zürich[3]1956.

103 R. BLANCHARD: Étude sur la steatopygie et le tablier des femmes boschimanes. In:

Bull. Soc. zool. France 8 (1883), 34–75.
106 J. F. Blumenbach: De generis humani varietate nativa liber, Goettingae 1776.
110 J. F. Blumenbach: The anthropological treatises of Johann Friedrich Blumenbach, London 1865.
114 F. Boas: Race, language and culture, New York 1940.
120 L. Bolk: Das Problem der Menschwerdung, Jena 1926.
150 T. Browne: Pseudodoxia epidemica: or, enquiries into very many received tenents, and commonly presumed truths, London 1646.
156 J. Bruce: An interesting narrative of the travels of James Bruce. Esq., into Abyssinia, to discover the source of the Nile, London 1790.
171 C. Burt: The genetic determination of differences in intelligence. A study of monozygotic twins reared together and apart. In: Brit. J. Psychol. 57 (1966), 137–153.
177 L. H. D. Buxton u. D. T. Rice: Report on the human remains found at Kish. In: J. Roy. Anthrop. Inst. 61 (1931), 57–119.
178 A. J. Cain: Animal species and their evolution, London 1963.
182 H. G. Callan u. L. Lloyd: Lampbrush chromosomes of crested newts Triturus cristatus (Laurenti). In: Phil. Trans. Roy. B. 243 (1960), 135–219.
200 P. B. Du Chaillu: Explorations and adventures in equatorial Africa; with accounts of the manners and customs of the people, and of the chace of the gorilla, crocodile, leopard, elephant, hippopotamus, and other animals, London 1861.
210 W. E. G. Le Clark: Man-apes or ape-men? The story of discoveries in Africa, London 1967.
216 J. S. Coleman u. a.: Equality of educational opportunity, Washington 1966.
221 J. R. Le Conel: The postnatal development of the human cerebral cortex. 8 Bde, Cambridge 1939–1967.
241 G. Cuvier: Femme de race Boschismanne, 1824. Zu: É. de Geoffroy u. F. Cuvier: Histoire naturelle des mammifères, avec des figures originales, coloriées, dessinées d'après des animaux vivants. 4 Bde, Paris 1824–1842.
247 C. D. Darlington: The genetic component of language. In: Heredity 1 (1947).
254 C. Darwin: On the origin of species by means of natural selection, or the preservation of favoured races in the struggle for life, London 1859.
271 M. Deutsch, I. Katz u. A. R. Jensen (Hrsg.): Social class, race, and psychological development, London 1968.
288 J. Drury u. M. R. Drennan: The pudendal parts of the South African Bush race. In: Med. J. South Africa, November 1926.
295 A. Dürer: Herinn sind begriffen vier Bücher von menschlicher Proportion, o. O. 1528.
302 E. von Eickstedt: Rassenkunde und Rassengeschichte der Menschheit, Stuttgart 1934.
303 E. von Eickstedt: Geschichte der anthropologischen Namengebung und Klassification (unter der Betonung der Erforschung von Südasien). Teil II, 2. Hälfte, B. Die jüngere Erforschungsgeschichte der Südasiaten. In: Ztschr. f. Rassenk. 6 (1937), 151–210.
312 L. Erlenmeyer-Kimling u. L. F. Jarvik: Genetics and intelligence. A review. In: Science 142 (1963), 1477–1479.
315 R. D. Estes: The comparative behaviour of Grant's and Thomson's gazelles. In: J. Mammal. 48 (1967), 189–209.
317 A. J. Evans: The palace of Minos. A comparative account of the successive stages of the Cretan civilization as illustrated by the discoveries at Knossos. 4 Bde, London 1921–1935.
319 H. J. Eysenck: Race, intelligence and education, London 1971.
324 G. T. Fechner: Die mathematische Behandlung organischer Gestalten und Processe. In: Ber. Verh. kön. sächs. Ges. Wiss., math.-phys. Classe (1849), 50–64.
326 F. J. Fenner: The Australian aboriginal skull. Its non-metrical characters. In: Trans. Roy. Soc. South Australia 63, 2 (1939), 248–306.
336 R. A. Fisher: The correlation between relatives on the supposition of Mendelian inheritance. In: Trans. Roy. Soc. Edin. 52 (1918), 399–433.
338 R. A. Fisher u. E. B. Ford: The spread of a gene in natural conditions in a colony of the moth Panaxia dominula L. In: Heredity 1 (1947), 143–174.
339 R. A. Fisher, E. B. Ford u. J. S. Huxley:

Taste-testing the anthropoid apes. In: Nature 144 (1939), 750.
355 A. L. Fox: The relationship between chemical constitution and taste. In: Proc. Nat. Acad. Sci. USA 18 (1932), 115–120.
358 F. S. Freeman: Theory and practise of psychological testing, New York 3 1962.
364 K. von Frisch: Tanzsprache und Orientierung der Bienen, Berlin 1965.
373 H. F. Fynn: The diary of Henry Francis Fynn. Hrsg. v. J. Stuart, Pietermaritzburg 1950.
374 J. G. Gall: The lampbrush chromosomes of Triturus viridescens. In: Exp. Cell. Res., Suppl. 2 (1952), 95–102.
376 J. G. Gall: Chromosomal differentiation, 1958. Zu: M. D. McElroy u. B. Glass (Hrsg.): A symposion on the chemical basis of development, Baltimore 1958.
378 F. Galton: Narrative of an explorer in tropical South Africa being an account of a visit to Damaraland in 1851, London [3]1890.
379 F. Galton: Hereditary genius. An inquiry into its laws and consequences, London 1869.
380 F. Galton: Inquiries into human faculty and its development, London 1883.
384 H. E. Garrett: Klineberg's chapter on race and psychology. A review. In: Mankind Quart. 1 (1960), 15–22.
388 W. Garstang: The theory of recapitulation. A critical re-statement of the biogenetic law. In: J. Linn. Soc. 35 (1922), 81–101.
396 R. Gayre of Gayre: Zimbabwe. In: Mankind Quart. 5 (1965), 212–243.
402 H. Guérault: Mémoire sur les caractères différentiels de la conformation cranienne chez les Lapons et les Esquimaux. In: Mém. Soc. d'Anthrop. Paris 1 (1860), 177–186.
409 A. de Gobineau: Essai sur l'inégalité des races humaines. 4 Bde, Paris 1853–1855.
434 W. K. Gregory: The biogenetic law and the skull form of primitive man. In: Amer. J. phys. Anthrop. 8 (1925), 373–378.
436 W. K. Gregory u. M. Hellman: The dentition of Dryopithecus and the origin of man. In: Anthrop. Papers, Amer. Mus. Nat. Hist. 28 (1927), 1–123.
442 J. T. Gulick: On diversity under one set of external conditions. In: J. Linn. Soc. Zool. 11 (1873), 496–505.
443 J. T. Gulick: Divergent evolution through cumulative segregation. In: J. Linn. Soc. 20 (1887), 189–274.
446 W. Haacke: Gestaltung und Vererbung. Eine Entwicklungsmechanik der Organismen, Leipzig 1893.
449 L. W. Hackett u. A. Missiroli: The varieties of Anopheles maculipennis and their relation to the distribution of malaria in Europe. In: Rivista di Malariologica 14 (1935), 45–109.
450 A. C. Haddon: The races of man and their distribution, Cambridge 1924.
452 E. Haeckel: Anthropogenie oder Entwikkelungsgeschichte des Menschen. Gemeinverständliche wissenschaftliche Vorträge über die Grundzüge der menschlichen Keimes- und Stammes-Geschichte, Leipzig 1874.
455 R. A. Haggar u. M. L. Barr: Quantitative data on the size of synaptic end-bulbs in the cat's spinal cord. In: J. comp. Neurol. 93 (1950), 17–35.
461 H. R. Hall u. C. L. Woolley: Ur excavations. Bd. I: Al-'Ubaid. A report on the work carried out at Al-'Ubaid for the British Museum in 1919 and for the joint expedition in 1922–1923, London 1927.
464 W. Hamilton: Lectures on metaphysics. 4 Bde. Hrsg. v. H. L. Mansel u. J. Veitch, Edinburgh 1859–1860.
486 J. Hemming: The conquest of the Incas, London 1970.
489 J. Hiernaux: La diversité humaine en Afrique subsaharienne. Recherches biologiques. Études ethnologiques, Bruxelles 1968.
494 A. Hitler: Mein Kampf. 2 Bde, München 1925–1927.
507 R. Holt: George Washington Carver, London 1947.
517 W. W. Howells: Homo erectus. In: Sci. Amer. 215, 5 (1966), 46–53.
526 J. Hunter: Observations tending to show that the wolf, jackal, and dog, are all of the same species. In: Phil. Trans. Roy. Soc. 77 (1787), 253–266.
533 J. S. Huxley: Clines. An auxiliary taxonomic principle. In: Nature 142 (1938), 219–220.
536 T. H. Huxley: On the methods and results of ethnology. In: Fortnightly Rev. 1 (1865), 257–277.
541 A. Hyatt: Genesis of the Arietidae. In:

Mem. Mus. Comp. Zoöl. Harvard 16, 3 (1889), 1–238.

545 J. Jacobs: On the racial characteristics of modern Jews. In: J. anthr. Inst. 15 (1885), 23–62.

546 J. Jacobs: The comparative distribution of Jewish ability. In: J. anthr. Inst. 15 (1885), 351–379.

551 A. J. Jensen: How much can we boost IQ and scholastic achievement? In: Harvard educ. Rev. 39, 1 (1969), 1–123.

552 G. L. Jepsen: Selection, »orthogenesis«, and the fossil record. In: Proc. Amer. Phil. Soc. 93 (1949), 479–500.

561 J. S. Kagan: Inadequate evidence and illogical conclusions. In: Harvard educ. Rev. 39, 2 (1969), 274–277.

564 I. Kant: Von den verschiedenen Racen der Menschen, 1775. Nachdruck in: Kants gesammelte Schriften. Bd. 2, Berlin 1912, 427–443.

565 I. Kant: Bestimmung des Begriffs einer Menschenrace, 1785. Nachdruck in: Kants gesammelte Schriften. Bd. 8, Berlin 1912, 89–106.

566 I. Kant: Critik der Urtheilskraft, Berlin 1790.

568 I. Kant: Anthropologie in pragmatischer Hinsicht, Königsberg 1798.

572 S. Kawaguti u. K. Baba: A preliminary note on a two-valved saccoglossan gastropod, Tamanovalva limax, n. gen., n. sp., from Tamano, Japan. In: Biol. J. Okayama Univ. 5 (1959), 177–184.

580 L. W. King: A history of Sumer and Akkad. An account of the early races of Babylonia from prehistoric times to the foundation of the Babylonian monarchy, London 1910.

581 W. R. King: The aboriginal tribes of the Nilgiri Hills. In: J. Anthrop. 1 (1870), 18–51.

590 H. Klaatsch u. O. Hauser: Homo Aurignacensis Hauseri, ein paläolithischer Skelettfund aus dem unteren Aurignacien der Station Combe-Capelle bei Montferrand (Périgord). In: Praehist. Ztschr. 1 (1909), 273–338.

591 O. Kleinschmidt: (Ohne Titel). In: J. f. Ornith. 45 (1897), 518–519.

594 W. Klenke: Zur Anthropologie japanischer Wettkämpfer. In: Ztschr. f. Rassenk. 8 (1938), 151–161, 264–293.

595 O. Klineberg: Negro intelligence and selective migration, New York (Columbia University Press), 1935.

596 O. Klineberg: Race differences, London 1935.

616 F. Kuhlmann: The present status of the Binet and Simon tests of the intelligence of children. In: J. Psycho-Asthenics 16 (1912), 113–139.

622 R. E. Kuttner (Hrsg.): Race and modern science. A collection of essays by biologists, anthropologists, sociologists and psychologists, New York 1967.

638 É. Lartet: Note sur un grand single fossile qui se rattache au groupe des singes supérieurs. In: C. de hebd. Séanc. Acad. Sci. Paris 43 (1856), 219–223.

639 L. Lartet: Une sépulture des troglodytes du Périgord (crânes des Eyzies). In: Bull. Soc. d'Anthrop. Paris 3 (1868), 335–349.

647 J. v. Leers: Spenglers weltpolitisches System und der Nationalsozialismus, Berlin 1934.

650 H. Lehmann u. M. Cutbush: Sub-division of some southern Indian communities according to the incidence of sickle-cell trait and blood-groups. In: Trans. Roy. Soc. Trop. Med. & Hyg. 46 (1952), 380–383.

656 A. B. Lerner: Hormones and skin colour. In: Sci. Amer. 205 (1961), 98–108.

657 A. B. Lerner u. T. B. Fitzpatrick: Biochemistry of melanin production. In: Physiol. Rev. 30 (1950), 91–126.

666 N. R. Liley: Ethological isolating mechanisms in four sympatric species of poecilid fishes. In: Behaviour, Suppl. 13 (1966).

675 C. H. Liu: A tentative classification of the races of China. In: Ztschr. f. Rassenk. 6 (1937), 129–150.

676 D. Livingstone: Livingstone der Missionär. Erforschungsreisen im Innern Afrikas. In Schilderungen der bekanntesten älteren und neueren Reisen insbesondere der großen Entdeckungen im südlichen Afrika während der Jahre 1840–1856 durch David Livingstone, Leipzig 1859.

682 B. Lundman: Geographische Anthropologie. Rassen und Völker der Erde, Stuttgart 1967.

694 E. Mackay: The Indus civilization, London 1935.

698 M. Malpighi: De externo tactus organo anatomica observatio, Neapoli 1665.

699 M. Malpighi: Exercitatio epistolica de lin-

gua (Erstveröffentlichung 1665). Nachdruck in: MARCELLI MALPIGHII opera omnia, London 1686.
702 J. MARSHALL: Mohenjo-Daro and the Indus civilization, being an official account of archæological excavations at Mohenjo-Daro carried out by the Government of India between the years 1922 and 1927. 3 Bde, London 1931.
703 W. E. MARSHALL: A phrenologist amongst the Todas, London 1873.
708 R. MARTIN u. K. SALLER: Lehrbuch der Anthropologie in systematischer Darstellung, mit besonderer Berücksichtigung der anthropologischen Methoden. 3 Bde, Stuttgart 1956–1962.
709 K. F. H. MARX: Life of Blumenbach. In: The anthropological treatises of Johann Friedrich Blumenbach, London 1865.
715 P.-L. M. de MAUPERTUIS: Vénus physique (Erstveröffentlichung 1745). In: Œuvres de Maupertuis. Nouvelle édition. 4 Bde, Lyon 1768.
724 F. C. J. McGURK: Psychological test score differences and the culture hypothesis. In: Mankind Quart. 1, 3 (1961), 165–175.
732 W. MEISE: Die Verbreitung der Aaskrähe (Formenkreis Corvus corone L.). In: J. f. Ornith. 76 (1928), 1–203.
739 H. u. V. MEYEROWITZ: Bronzes and terracottas from Ile-Ife. In: Burlington Mag. 75 (1939), 151–155.
741 N. v. MIKLUCHO-MACLAY: Haarlose Australier. In: Ztschr. f. Ethnol. 13 (Verh. Berl. Ges. Anthrop. Ethnol. Urges. 1881), 143–149.
766 L. H. MORGAN: Ancient society or researches in the lines of human progress from savagery, through barbarism to civilization, London 1877.
773 A. E. MOURANT: The distribution of the human blood groups, Oxford 1954.
775 F. MÜLLER: Für Darwin, Leipzig 1864.
785 C. W. v. NÄGELI: Mechanisch-physiologische Theorie der Abstammungslehre, München 1884.
798 H. H. NEWMAN, F. N. FREEMAN u. K. J. HOLZINGER: Twins. A study of heredity, Chicago 1937.
803 F. NIETZSCHE: Morgenröthe. Gedanken über die moralischen Vorurtheile, Chemnitz 1881.
805 F. NIETZSCHE: Also sprach Zarathustra. Ein Buch für Alle und Keinen. Teile 1–4, Chemnitz/Leipzig 1883–1891.
816 S. R. PANDIT: Blood-group distribution in the Todas. In: Indian J. Med. 21 (1934), 613–615.
831 K. PEARSON u. A. LEE: On the laws of inheritance in man. 1. Inheritance of physical characters. In: Biometrika 2 (1903), 357–462.
835 F. PÉRON u. C. A. LESUEUR: Observations sur le tablier des femmes hottentotes. In: Bull. Soc. zool. France 8 (1883), 15–33.
836 H. B. PETERS: Die wissenschaftlichen Namen der menschlichen Körperformgruppen. Eine Zusammenstellung nach den internationalen Nomenklaturregeln. In: Ztschr. f. Rassenk. 6 (1937), 211–241.
849 R. PÖCH: Die Stellung der Buschmannrasse unter den übrigen Menschenrassen. In: Korr.-Bl. dt. Ges. Anthrop. Ethn. Urges. 42 (1911), 7–78.
863 A. M. PULLEN: Despite the colour bar. The story of George Carver – scientist, London 1946.
870 R. R. RACE u. R. SANGER: Blood groups in man, Oxford 1950.
876 J. C. RAVEN: Standardization of progressive matrices, 1938. In: Brit. J. med. Psychol. 19 (1941), 137–150.
886 T. E. REED: Caucasian genes in American Negroes. In: Science 165 (1969), 762–768.
890 M. REICHER: Untersuchungen über die Schädelform der abendländischen und mongolischen Brachycephalen. 2. Vergleich der alpenländischen brachycephalen Schädel mit den mongoloiden. In: Ztschr. Morph. Anthrop. 16 (1914), 1–64.
891 B. RENSCH: Grenzfälle von Rasse und Art. In: J. f. Ornith. 76 (1928), 222–231.
892 B. RENSCH: Zoologische Systematik und Artbildungsproblem. In: Verh. Dt. Zool. Ges. 35 (1933), 19–83.
900 V. C. W. TEN RHYNE: Schediasma de Promontorio Bonæ Spei; ejusve tractus incolis Hottentottis, Schafusii 1686.
906 W. H. R. RIVERS: The Todas, London 1906.
918 J. J. ROUSSEAU: Discours sur l'origine et les fondements de l'inégalité parmi les hommes, Amsterdam 1775.
928 P. SANDIFORD u. R. KERR: Intelligence of Chinese and Japanese children. In: J. educ. Psychol. 17 (1926), 361–367.
932 G. SAUSER: Die Ötztaler. Anthropologie

und Anatomie einer Tiroler Talschaft, Innsbruck 1938.

951 G. SCHWEINFURTH: Im Herzen von Afrika. Reisen und Entdeckungen im centralen Aequatorial-Afrika während der Jahre 1868–1871. Teil 1 und 2, Leipzig 1874.

953 I. SCHWIDETZKY (Hrsg.): Die neue Rassenkunde, Stuttgart 1962.

958 G. SERGI: Origine e diffusione della stirpe mediterranea. Indusioni antropologiche, Roma 1895.

961 R. B. S. SEWELL u. B. S. GUHA: Human remains. In: J. MARSHALL: Mohenjo-Daro and the Indus civilization. 3 Bde, London 1931. Bd. 2, 599–648.

966 A. M. SHUEY: The testing of Negro intelligence, New York 2 1966.

968 G. G. SIMPSON: The principles of classification and a classification of mammals. In: Bull. Amer. Mus. Nat. Hist. 85 (1945), V–XVI, 1–350.

969 G. G. SIMPSON: The species concept. In: Evolution 5 (1951), 285–298.

970 G. G. SIMPSON: Horses. The story of the horse family in the modern world and through sixty million years of history, New York 1951.

972 G. G. SIMPSON: The meaning of taxonomic statements, 1963. In: S. L. WASHBURN (Hrsg.): Classification and human evolution, New York 1963, 1–31.

975 J. D. SKINNER: An appraisal of the eland as a farm animal in Africa. In: Anim. Breed. Abstr. 35 (1967), 177–186.

978 A. SMITH: The theory of moral sentiments; or, an essay towards an analysis of the principles by which men naturally judge concerning the conduct and character, first of their neighbours, and afterwards of themselves. Dazu gehört: A dissertation on the origin of languages. 2 Bde, London 8 1797.

980 G. E. SMITH: The morphology of the occipital region of the cerebral hemisphere in man and the apes. In: Anat. Anz. 24 (1904), 436–451.

985 P. H. A. SNEATH: Trend-surface analysis of transformation grids. In: J. Zool. Lond. 151 (1967), 65–122.

988 S. T. SOEMMERRING: Über die körperliche Verschiedenheit des Negers vom Europäer, Frankfurt 1785.

989 W. J. SOLLAS: Ancient hunters and their modern representatives, London 1911.

990 A. SOMMERFELT: La langue et la société. Charactères sociaux d'une langue de type archaïque, Oslo 1938.

992 P. SOROKIN: Contemporary sociological theories, New York 1928.

993 C. SPEARMAN: General intelligence, objectively determined and measured. In: Amer. J. Psychol. 15 (1904), 201–293.

994 C. SPEARMAN: Correlation between arrays in a table of correlations. In: Proc. Roy. Soc. A. 101 (1922), 94–100.

997 O. SPENGLER: Der Untergang des Abendlandes. Umrisse einer Morphologie der Weltgeschichte. 2 Bde, München 1923.

999 O. SPENGLER: Preußentum und Sozialismus, München 1934.

1005 B. STEGMAN: Über die Formen der großen Möwen (subgenus Larus) und ihre gegenseitigen Beziehungen. In: J. f. Ornith. 82 (1934), 340–380.

1010 W. STERN: Die psychologischen Methoden der Intelligenzprüfung. In: Ber. Kong. exp. Psychol. 5 (1912), 1–109.

1014 N. R. STOLL (Hrsg.): International code of zoological nomenclature adopted by the XV International Congress of Zoology, London 1961.

1020 E. STRESEMANN u. N. W. TIMOFEEFF-RESSOVSKY: Artentstehung in geographischen Formenkreisen. 1. Der Formenkreis Larus argentatus-cachinnans-fuscus. In: Biol. Zentralbl. 66 (1947), 57–76.

1025 R. SUMMERS (Hrsg.): Prehistoric rock art of the Federation of Rhodesia and Nyasaland, Salisbury/Rhodesia 1959.

1038 L. M. TERMAN u. M. A. MERRILL: Measuring intelligence. A guide to the administration of the new revised Stanford-Binet tests of intelligence, London 1937.

1049 M. L. THOMSON: Relative effiency of pigment and horny layer thickness in protecting the skin of Europeans and Africans against solar ultraviolet radiation. In: J. Physiol. 127 (1955), 236–246.

1051 R. L. THORNDIKE u. E. HAGEN: Measurement and evaluation in psychology and education, London 1955.

1056 L. L. THURSTONE: Multiple-factor analysis. A development and expansion of »The vectors of the mind«, Chicago 1947.

1059 F. TIEDEMANN: On the brain of the negro, compared with that of the European and the orang-outang. In: Phil Trans. Roy. Soc. 126 (1836), 497–527.

1066 V. Treus u. D. Kravchenko: Methods of rearing and economic utilization of eland in the Askaniya-Nova Zoological Park. In: Symp. Zool. Soc. Lond. 21 (1968), 395–411.

1069 R. C. Tryon: Genetic differences in maze-learning ability in rats. In: Yearbook Nat. Soc. Stud. Educ. 39, 1 (1940), 111–119.

1080 Unesco (Anon.): The race concept. Results of an enquiry, Paris 1952.

1083 H. V. Vallois: Les ossements humains de Sialk. Contributions à l'étude d'histoire raciale de l'Iran ancient. Zu: R. Ghirshman: Fouilles de Sialk près de Kashan. 2 Bde, Paris 1938–1939. Bd. 2, 113–192.

1085 H. V. Vallois: Les races humaines, Paris, [5]1960.

1099 H. de Villiers: The tablier and steatopygia in Kalahari Bushwomen. In: South Afr. J. Sci. 57 (1961), 223–227.

1108 F. M. A. Voltaire: La philosophie de l'histoire,o. O. 1765.

1109 F. M. A. Voltaire: Questions sur l'encyclopédie, Genève 1777.

1124 S. C. Wecker: The role of early experience in habitat selection by the prairie deer mouse Peromyscus maniculatus. In: Ecol. Monog. 33 (1963), 307–325.

1135 H. Welcker: Die Capacität und die drei Hauptdurchmesser der Schädelkapsel bei den verschiedenen Nationen. In: Archiv f. Anthrop. 16 (1886), 1–159.

1141 F. Willett: Ife in the history of West African sculpture, London 1967.

1144 P. A. Witty u. M. D. Jenkins: The case of B – a gifted Negro girl. In: J. soc. Psychol. 6 (1935), 117–124.

1158 C. L. Woolley: The Sumerians, Oxford 1929.

1162 S. Wright: Fisher and Ford on »The Sewall Wright effect«. In: Amer. Sci. 39 (1951), 452–458.

1164 R. M. Yerkes (Hrsg.): Psychological examining in the United States Army. In: Mem. Nat. Acad. Sci. 15 (1921), 1–890.

1165 W. P. Yetts: The Shang-Yin Dynasty and the An Yang finds. In: J. Roy. Asiatic Soc. (1933), 657–685.

1168 G. U. Yule: On the theory of inheritance of quantitative compound characters on the basis of Mendel's laws – a preliminary note. In: Rep. 3rd Internat. Congr. Genet. (1906), 140–142.

Namen- und Sachregister